FLORICULTURE

화훼학

한국화훼학회 지음

월드사이언스
worldscience.co.kr

화훼학

인　　쇄 | 2021년 08월 20일
발　　행 | 2021년 08월 30일

저　　자 | 한국화훼학회
발 행 인 | 신정숙
발 행 처 | (주)도서출판 월드사이언스

주　　소 | 서울특별시 서초구 도구로115 월드빌딩 1층
등록일자 | 1988년 2월 12일
등록번호 | 제 16-1601호
대표전화 | (02) 581-5811~3
팩　　스 | (02) 521-6418

E-mail | worldscience@hanmail.net
U R L | http://www.worldscience.co.kr

정　　가 | 33,000원
I S B N | 978-89-5881-305-7

머리말

우리나라 화훼 산업은 2000년대 초반까지 지속적으로 발전해 왔으나 최근 해를 거듭하면서 농가 수와 생산액이 감소하고 있습니다. 우리나라는 주변국인 동남아시아 및 중국의 고산지대와 비교하여 볼 때, 현재 화훼 생산비에 있어서 가장 많은 비중을 차지하는 난방비와 인건비 등에서 불리한 환경에 놓여 있습니다. 하지만 네덜란드는 화훼 생산에 있어서 열악한 환경임에도 불구하고 세계에서 가장 우수한 최고품을 생산하여 유통하고 있다는 점에서 우리도 현재의 문제점을 주시하고 해결해 나아가면 희망은 충분히 있다고 봅니다. 이를 위해서 소비자 중심의 화종(품종)을 저비용, 고품질 생산과 유통 방법 개선 등에 대하여 이론이 바탕이 된 경험이 축적되어야 할 것입니다.

한국화훼학회의 전신인 한국화훼연구회는 1998년에 화훼원예학 총론을 펴낸 바 있습니다. 그 후 화훼의 신품종 및 재배기술이 많이 개발되었고 유통 및 소비 경향도 바뀌었기에, 한국화훼학회에서는 몇 년 전부터 우리나라 화훼학도를 지도할 수 있는 대표적인 교과서를 펴낼 것을 몇 차례 시도하였고, 그 결과 본서를 발간하게 되었습니다.

이 책의 총론은 화훼의 정의 및 분류, 생리, 번식, 육종, 병충해, 시설, 유통, 이용 및 장식, 도시농업, 정원 등 17개 장으로 구성되어 있고, 각론은 우리나라에서 유통되는 주요 화종의 생리 생태, 재배, 병충해, 유통 관련 등 7개 장으로 구성되어 있습니다. 각 장은 대학교 교수, 연구원 및 생산자 대표 등 국내 최고 전문가가 최선을 다하여 집필하였습니다. 편집위원이 구성되어 원고를 받은 후 각 장마다 수정, 편집하는 것은 정말로 쉽지 않은 일이었습니다. 그럼에도 불구하고, 시종일관 주도적으로 애써주신 편집위원장 김기선 서울대학교 명예교수님과 출판사와의 긴밀한 소통에 애써주신 서울여자대학교 김윤진 교수님께 진실로 감사의 말씀을 드립니다.

이 책은 화훼학을 공부하는 학생에게는 교과서가 될 것이고, 화훼 산업종사자에게는 참고서가 될 것입니다. 우리 화훼인들이 이 책의 관련 정보를 활용함으로써 화훼산업이 더욱 더 발전되는 디딤돌이 되기를 희망합니다. 화훼는 기호품이기 때문에 시간이 흐름에 따라 선호하는 화종 및 유통 방법이 변화할 것이고, 훗날에 이르면 이 책의 내용을 수정하거나 보완할 필요가 있을 것입니다. 이 책을 바탕으로 해서 더욱 발전된 화훼학 교과서가 계속 이어지길 바랍니다.

끝으로 이 책이 출판되기까지 각별한 배려를 베풀어 주신 월드사이언스출판사 사장님과 편집 실장님께 감사를 드립니다.

2021년 6월 30일

한국화훼학회 회장 송천영

저자 소개

권 송	서울대학교 농업생명과학연구원	**유용권**	목포대학교 원예과학과
권오근	국립원예특작과학원 화훼과	**유은하**	국립원예특작과학원 도시농업과
권혜진	연암대학교 스마트원예계열	**윤숙영**	대구가톨릭대학교 조경학과
김광진	국립원예특작과학원 도시농업과	**윤재길**	경상국립대학교 원예과학부
김기선	서울대학교 원예생명공학전공	**이긍주**	충남대학교 원예학과
김시복	(주)한미종묘	**이수영**	국립원예특작과학원 화훼과
김영선	대구대학교 원예학전공	**이승연**	국립안동대학교 원예생약융합학부
김완순	서울시립대학교 환경원예학과	**이애경**	단국대학교 환경원예조경학부
김원희	국립원예특작과학원 화훼과	**이영란**	국립원예특작과학원 화훼과
김윤진	서울여자대학교 원예생명조경학과	**이영분**	전남대학교 원예생명공학과
김종윤	고려대학교 식물생명공학과	**이용하**	배재대학교 원예산림학과
남상용	삼육대학교 환경디자인원예학과	**이지영**	경기도농업기술원
류병열	삼육대학교 환경디자인원예학과	**인병천**	국립안동대학교 원예생약융합학부
류주현	(주)대정골프엔지니어링	**임기병**	경북대학교 원예과학과
박경일	영남대학교 원예생명과학과	**임진희**	세종대학교 바이오산업자원공학과
박기환	한국농촌경제연구원	**정명일**	국립원예특작과학원 도시농업과
박상근	국립한국농수산대학 화훼학과	**정병룡**	경상국립대학교 원예과학부
박소영	충북대학교 원예과학과	**정봉남**	국립원예특작과학원 원예특작환경과
박신애	건국대학교 일반대학원 바이오힐링융합학과	**정순진**	국립원예특작과학원 도시농업과
박원순	국립세종식물원	**정현환**	국립원예특작과학원 화훼과
박필만	국립원예특작과학원 화훼과	**조주성**	충북대학교 원예과학과
서정남	국립원예특작과학원 화훼과	**주나리**	연암대학교 스마트원예계열 플로리스트리전공
손관화	연암대학교 스마트원예계열 가드닝전공	**최경옥**	경상국립대학교 원예과학과
송천영	국립한국농수산대학 화훼학과	**한경숙**	국립원예특작과학원 약용작물과
안혜련	국립원예특작과학원 화훼과	**한태호**	전남대학교 원예생명공학과
양근모	(주)엘씨엠	**황윤정**	삼육대학교 화학생명과학과
오 욱	영남대학교 원예생명과학과	**황환주**	신구대학교 원예디자인과 스마트가드닝전공
왕경희	신구대학교 원예디자인과 플로리스트전공		

차례

Chapter 23 정원식물 553

FLORICULTURE

CHAPTER 01

화훼의 정의와 분류

김기선

원예(園藝, horticulture, gardening)는 농업의 한 분야로 라틴어 hortus(園, 둘러싸다)와 cultura(藝, 가꾸다)에서 유래하였으며, 채소, 과일, 화초 등을 심어서 가꾸는 일이나 기술을 말한다. 원예학(horticultural science)은 원예를 잘하는 방법에 대한 학문으로 기술적인 면에서의 식물학과 경제성 면에서의 경영학이 혼합된 학문이다(위키백과). **화훼**(花卉, floriculture)는 원예의 한 분야로서 산업적인 면에 있어서는 채소와 과수에 비하여 많이 뒤떨어지지만, 최근 생활 수준의 향상과 더불어 아름다운 환경에서 살고자 하는 인간의 욕구에 따라 급속하게 발전하고 있다. 이 장에서는 화훼의 정의를 살펴본 후 화훼작물을 분류하는 방법에 대하여 학습한다.

1 화훼의 정의

화훼(花卉)는 화초(花草) 또는 화훼작물(floricultural crops)이라고도 불리우며, 꽃이 피는 풀과 나무 또는 꽃이 피지 않더라도 관상용이 되는 모든 식물을 총칭한다. 화훼에서 '화'는 꽃을 관상하는 초본(화초)과 목본(꽃나무)을, '훼'는 풀, 즉 green foundation을 의미하므로, 화훼는 꽃과 그 배경을 이루는 초 · 목본 식물을 모두 포함한다는 것을 알 수 있다. **화훼원예**(花卉園藝, floriculture)란 화초와 화목 등을 집약적이고 기술적으로 재배하는 것을 말한다. 한편, **화훼원예학**은 화훼작물의 생산뿐만 아니라 역사, 분류, 번식, 영양, 유전, 육종, 토양, 병해충, 이용 등을 학문적으로 연구하는 분야를 다룬다. 최근에는 화훼작물의 유통, 가공, 기능성, 원예치료에 이르기까지 그 취급 범위가 광역화되었다. 영어 **floriculture**는 라틴어에서 비롯된 것으로, flori와 cultura의 합성어이다. flori는 flos, floris란 말로서 flower, 즉 꽃을 뜻하고, cultura는 culture로서 재배라는 뜻이다. Floriculture는 주로 절화와 분화 및 종묘를 생산하는 일로서 우리가 화훼원예라고 하는 것과 같은 의미이다. 한편, **ornamental plant**(**관상식물**)은 주로 조경에 이용되는 녹음수, 화목류, 산울타리, 덩굴성 및 지피식물 등 주로 목본성 식물을 대상으로 하고 있으며, **ornamental horticulture**는 **관상원예**라 하는데 주로 관상을 목적으로 하는 모든 초본 및 목본식물을 대상으로 할 뿐만 아니라 그 이용 분야도 함께 다루고 있다.

2 화훼작물의 분류

1) 식물학적 분류

(1) 학명

식물학적 분류란 분류계급에 따라서 식물을 나누는 것이다. 식물의 경우, 종(種, species)에서부터 속(屬, genus), 과(科, family), 목(目, order), 강(綱, class), 문(門, division), 계(界, kingdom) 순의 분류계급으로 묶여서 상위 그룹이 된다. 많은 식물이 포함되는 분류군의 경우에는 분류계급 사이에 '아(亞, sub-)'를 붙여 세분화(예: 장미아과, 조팝나무아과 등)하기도 하며, 속과 과 사이에 '족(tribe)'이라는 분류계급이 종종 이용되고 있다.

식물은 각 종마다 고유의 이름인 정명(正名)이 있다. 또한 옛날에는 고유의 이름인 정명 이외에 하나의 식물에 여러 개의 이름을 붙임으로써 이명(異名, synonyms)이 생겨나는 경우가 많았다. 따라서, 하나의 식물에 하나의 이름을 붙이는 것은 매우 중요했고, 이에 따라 **학명**(學名, scientific name)을 세계 공통의 이름으로 사용하게 되었다. 학명은 **국제식물명명규약**(ICBN, International Code of Botanical Nomenclature)의 정해진 규칙을 따라야 한다.

국제식물명명규약에 따라 식물의 정식 명칭은 **이명법**(二名法, binomial nomenclature), 즉 속명(generic name)과 종소명(specific epithet)으로 쓰인다. 각 식물의 명명은 출판의 선취권에 따르며, 옳은 이름은 단 하나뿐이다. 학명은 라틴어를 사용하거나 또는 라틴어화해야 하며, 라틴어 문법을 준수해야 한다.

정부 기관에서의 화훼 분류

농림축산식품부에서 매년 발행하는 '농림축수산통계'에 의하면 농업 생산을 식량작물, 경제작물, 축산, 임업으로 나누고 있으며, 이중 경제작물은 채소, 과수, 유지작물, 특용작물, 화훼 및 잠업을 포함한다. 또한 농림축산식품부에서 매년 발행하는 '화훼재배현황'에서는 화훼재배의 통계를 조사할 때 품목별로 구분하여, 절화류는 장미, 국화, 백합, 카네이션 등 꽃을 잘라 판매를 목적으로 재배하는 농가, 분화류는 관엽류, 난, 초화류 등을 분에 길러 분 상태로 판매키 위해 재배하는 농가, 초화류(화단용)는 포트 등에 묘를 길러 화단용 묘로 판매키 위해 재배하는 농가, 구근류는 백합, 아이리스, 튤립 등의 종구 판매 또는 자급 사용을 위해 재배하는 농가, 종자류는 야생화, 맨드라미 등의 종자 판매 또는 자급 사용을 위해 재배하는 농가, 화목류는 철쭉, 벚나무 등 꽃을 주로 관상하는 조경수를 판매 목적으로 재배하는 농가, 그리고 관상수는 소나무류, 단풍나무 등 잎과 수형(나무 형태)을 주로 보는 조경수를 판매 목적으로 재배되는 농가들을 대상으로 한다.

(2) 학명의 표기

종소명의 하위 분류군 이름의 표기는 아종(subspecies, subsp. 또는 ssp.), 변종(variety, var.), 품종(forma, f. 또는 for.) 등 계급의 순서대로 쓰며, 종간 잡종의 표기는 속명과 종소명 사이에 ×를 넣어 표기한다. 속명(genus name), 종소명(specific epithet), 아종명, 변종명은 이탤릭체로 쓰며, 속명의 첫 글자는 대문자로 쓴다. 속 내에 여러 종을 지칭할 때에는 종(species)의 복수형인 'spp.(예: *Kalanchoe* spp.)'로 쓰기도 한다. 식물학적 분류에서 다루는 품종(forma)과 화훼 분야의 품종(cultivar)은 한국식 표기는 같지만 의미하는 바는 다르다. 식물학적 분류에서 'variety(변종)'은 각 종 내에 존재하는 유전적, 비유전적 요소에 의한 개체 또는 집단 간의 변이를 의미하고, 'forma(품종)'는 변종 아래의 계급명을 의미한다. 최근에는 품종을 별도의 분리된 종으로 보지 않고 넓은 의미에서 같은 종으로 통합하는 추세이다. 화훼 품종의 표기는 '품종명'의 형태로 표기(예: *Hosta* 'Blue Edge')하거나 재배품종을 의미하는 cultivar의 약자로 'cv.'을 사용하거나 한다.

〈장미 원종인 월계화의 학명 표기법의 예〉

Rosa chinensis Jacq. = *Rosa*(속명) + *chinensis*(종소명) + Jacq.(명명자)

〈찔레의 변종인 덩굴장미의 학명 표기법〉

Rosa multiflora Thunb. var. *platyphylla* Thory

〈재배 품종의 학명 표기법의 예〉

원종으로부터 개발	*Chrysanthemum morifolium* 'Baekma'
종간 교잡으로 개발	*Rosa hybrida* 'Deep Purple'
교잡종이나 양친을 알 수 없을 때	*Hosta* 'Red October'

〈팬지 교잡종으로 새로운 종명으로 학명 표기법〉

Viola × *wittrockiana* Gams 'Morning Purple'

(3) 명명자의 표기

학명은 속명과 종소명 그리고 이름을 처음 제시한 명명자로 구성되어 있으며, 명명자는 다음과 같은 방법으로 표기한다.

- 학명을 지은 명명자가 2명일 때: & 또는 et로 연결
- 학명의 명명자(A)와 그 학명을 실제로 유효출판한 사람(B)이 따로 있을 경우: A ex B
- A가 학명을 만들고, 기재문을 작성하다가 B가 완성 출판한 경우: A in B
- 종소명이 다른 분류계급으로 수정되거나 옮겨진 경우: 종소명 명명자 이름을 (   ) 안에 넣어 인

용하고 새 명명자 이름을 병기

- 속이 변경될 때는 종소명을 유지하면서 처음 작성한 명명자를 괄호로 처리

'한계령풀'이라는 식물의 이름이 '*Leontice microrrhyncha* S.Moore'로 발표되었으나, 후에 'Takhtajan'이라는 분류학자가 이 식물은 *Gymnospermium*속이 타당하다고 발표하면서 한계령풀의 학명은 현재 '*Gymnospermium microrrhynchum* (S.Moore) Takht.'로 바뀌었다. 그렇지만 종소명(*microrrhyncha*)의 선취권은 인정하여 종소명을 처음 작성한 'S.Moore'의 이름을 괄호로 처리하여 정리하였다.

식물학적 분류와 학명

학명(學名, scientific name)은 생물학에서 생물의 종에 붙인 분류학적인 이름으로서, 학명의 표기는 속명과 종소명을 나란히 쓰는 이명법(二名法, binomial nomenclature)으로 하고, 뒤에 학명을 지은 명명자(命名者)의 이름이나 이름의 약자를 병기한다. 같은 식물이라도 나라와 지역에 따라 다르게 불릴 수 있기 때문에 모든 식물은 이러한 방법을 따른다. 뒤를 이어 상업적으로 이용되는 품종(品種, cultivar)이 개발되면 학명 뒤에 품종명(cultivar name)으로 기재하게 된다. 모든 재배식물의 학명은 국제재배식물명명규약(International Code of Nomenclature for Cultivated Plants)을 근거로 일정한 규칙을 따라 작성한다. 학명은 여러 가지 상황 변화로 인하여 개정이 되는 경우가 많은데, 전 세계적으로 가장 많이 참고되고 있는 사이트로는 1) 미국농무성이 주관하는 U.S. National Plant Germplasm System (GRIN, https://npgsweb.ars-grin.gov/gringlobal/taxonomybrowse)과 2) 영국왕립원예협회가 주관하는 The Royal Horticultural Society Database (https://www.rhs.org.uk/plants/search-form)가 있다. 이 외에 the plant list (http://www.theplantlist.org/), IPNI (https://www.ipni.org/), Kew의 Plants of the World Online (http://www.plantsoftheworldonline.org/) 등이 정확한 학명을 찾을 때 이용된다.

2) 원예상의 분류

원예상의 분류는 식물의 생육 습성과 특성에 따라서 구분하는 실용적인 방법으로 가장 많이 쓰이고 있다.

(1) 일년초

일년초(一年草, annuals)는 종자를 파종한 후 일년 이내에 꽃을 피우고 열매를 맺은 후 고사하는 식물로서 주로 종자 번식을 한다. 생육기가 짧고 꽃이 일시에 피기 때문에 화단용으로 많이 사용되고 있으며, 화단을 조성할 때 가장 빠른 시일 내에 적은 비용으로 환경을 미화할 수 있는 재료

식물이다. 파종하는 시기에 따라 춘파일년초와 추파일년초로 나뉜다. 최근에는 꽃도라지, 금어초, 매리골드 등이 절화용이나 분화용으로 많이 이용되고 있다. 갯패랭이처럼, 종자 파종에서부터 개화 및 결실까지 일년이 넘게 걸린 후 고사하는 식물은 **이년초**(二年草, biennials)라고 불린다.

- **춘파일년초**(春播一年草, summer annuals): 주로 열대나 아열대 원산 식물이 많으며, 일반적으로 고온, 건조, 척박한 토양 등에 강하다. 맨드라미, 채송화, 샐비어, 나팔꽃, 봉선화, 해바라기, 매리골드, 백일홍, 코스모스, 페튜니아 등이 대표적인 춘파일년초이다. 춘파일년초는 개화하는 시기에 따라 조생종, 중생종, 만생종으로 분류되는데, 조생종은 꽃이 빨리 피고 키가 작은 편이며, 만생종은 꽃이 늦게 피고 키가 큰 특징이 있다. 화아가 동시에 형성되어 일제히 개화하지 않으며, 개화 중에도 새싹이 계속 자라면서 화아 분화가 진행되기에 계속해서 개화하는 습성을 보인다.

그림 1.1 주요 춘파일년초(맨드라미, 샐비어, 매리골드, 코스모스)

- **추파일년초**(秋播一年草, winter annuals): 주로 온대나 아한대 원산 식물로, 서늘한 기후에서 잘 자라며 저온을 어느 정도 경과해야만 꽃을 잘 피우기에 이른 봄에 꽃이 핀다. 대개 온실 내에서 촉성 재배함으로써 꽃이 귀한 겨울에 절화나 분화를 생산하고, 봄에 일찍 꽃을 피우므로 이른 봄 화단 장식에서 매우 중요한 역할을 한다. 추파일년초는 춘파일년초에 비해서 일반적으로 건조에 약하며, 토양이 비옥해야만 잘 자란다. 봄이 오면 꽃이 동시에 피는데, 팬지, 데이지, 프리뮬러, 금어초, 금잔화 등에서 이러한 현상을 볼 수 있다. 팬지는 꽃이 진 후에 계속 자라면서도 화아가 분화하여 개화가 연속적으로 일어나는 경향이 있다.

그림 1.2 주요 추파일년초(팬지, 데이지, 프리뮬러, 금잔화)

(2) 숙근초

숙근초(宿根草, perennials 또는 herbaceous perennials)는 개화·결실 후에 지상부는 죽지만 지하부는 살아남아 생육을 계속하는 초본성 화훼를 말한다. 주로 삽목이나 분주 등으로 번식되며, 화단용, 절화용, 분화용으로 이용된다. 내한성을 기준으로 노지숙근초, 반노지숙근초, 온실숙근초로 나뉜다.

- **노지숙근초**(露地宿根草, hardy perennials): 내한성이 강하여 노지에서도 지하의 뿌리나 줄기의 일부가 살아남아 월동한 후 이듬해 봄에 싹을 다시 틔워서 꽃을 피우는 종이다. 작약, 옥잠화, 비비추, 원추리, 꽃잔디, 국화, 금계국, 꽃창포, 루드베키아, 에키나시아, 매발톱꽃 등이 여기에 속한다. 국화나 카네이션처럼 품종에 따라 노지에서 완전 월동이 어려운 것들은 **반노지숙근초**(半露地宿根草, semi-hardy perennials)라고 구분하여 부르기도 한다.

그림 1.3 주요 노지숙근초(작약, 원추리, 금계국, 에키나시아)

- **온실숙근초**(溫室宿根草, tender perennials): 열대 및 아열대 원산으로 내한성이 약하여 추운 기간 동안은 온실 내에서 관리해야 하는 종이다. 온실숙근초에는 난과식물과 관엽식물들도 상당수가 포함되지만 이들은 따로 취급한다. 대표적인 작물로는 거베라, 제라늄, 베고니아, 안수리움 등이 있다.

그림 1.4 주요 온실숙근초(거베라, 제라늄, 베고니아, 안수리움)

(3) 구근류

구근류(球根類, bulbs, bulbous crops)는 숙근초처럼 여러 해를 사는 **다년초**(多年草)이지만, 잎, 줄기 또는 뿌리가 비대해져서 알뿌리 모양으로 변형됨에 따라 숙근초와는 아주 다른 특징을 갖기 때문에 구별해서 취급한다. 구근류는 영양 번식으로 번식되기에 품종의 특성이 장기간 유지될 수 있고, 생육·개화할 때까지는 구근의 저장 양분에 의존하므로 재배 시의 영양 조건이 일년초나 숙근초에 비하여 생육·개화하는 데 영향을 적게 미친다. 구근류는 내한성 및 정식기를 기준으로 춘식구근, 추식구근, 그리고 온실구근으로 분류되며, 구근이 형성되는 모양에 따라 **인경**(鱗莖, bulb), **구경**(球莖, corm), **괴경**(塊莖, tuber), **근경**(根莖, rhizome), 그리고 **괴근**(塊根, tuberous root)으로 분류된다.

- **춘식구근**(春植球根, summer bulbs): 봄철에 식재하며, 글라디올러스, 칸나, 다알리아, 아마릴리스 등이 속한다. 내한성이 약하므로 가을에는 반드시 구근을 캐서 10~15°C 정도되는 장소로 옮기며, 노지에서는 반드시 봄에 심어야 한다. 일반적으로 장일 상태에서는 생육 · 개화가 좋지만, 단일 상태에서는 생육·개화가 부진하며 휴면에 들어가는 습성이 있다. 또한 고온에서 생육을 잘 하지만 저온에서는 생육이 나쁘다. 가을에 심는 추식구근에 비해서 비교적 고온, 건조, 그리고 척박한 토양에 강하다. 최근에 칸나와 다알리아에서 종자형 왜성 품종들이 개발되어 화단용으로 많이 이용되고 있다.

그림 1.5 주요 춘식구근류(글라디올러스, 칸나, 다알리아, 아마릴리스)

- **추식구근**(秋植球根, winter bulbs): 가을에 식재하며, 겨울 동안 저온 처리를 받은 후에 휴면이 타파되어 꽃을 피운다. 고온에서는 생육이 불량하고 서늘한 기후에서 잘 자란다. 겨울에도 노지 월동이 가능하며, 가을에 식재하여 노지에서 저온을 보내고서 봄에 기온이 상승하고 장일이 되면 생육·개화하게 된다. 춘식 구근에 비하여 토양이 비옥해야 하며 건조에 약한 편이다. 튤립, 백합, 수선화, 프리지어, 크로커스, 무스카리 등이 여기에 속한다.

그림 1.6 주요 추식구근류(튤립, 백합, 수선화, 프리지어)

- **온실구근**(溫室球根, greenhouse bulbs): 내한성(耐寒性)이 약하여 온실에서 겨울을 나야 하는 종으로서, 시클라멘, 아네모네 등이 있다. 주로 화분에서 키우기에 실내 장식용으로 많이 이용

된다. 대부분 장일에서 개화가 촉진되고 여름 고온기에는 반휴면을 하므로 연중 구가 화분에 심겨진 채로 있는 것이 보통이다.

그림 1.7 주요 온실구근류(시클라멘, 아네모네)

(4) 난과식물

난과식물(蘭科植物, orchids)은 생태 생리적으로는 다년초에 속하지만 독특한 꽃의 모양과 특성으로 인해 난과식물로 따로 분류하고 있다.

- **동양란**(Oriental cymbidium): 온대성 *Cymbidium*속 식물로, 일반적으로 내한성이 강하고 꽃의 크기도 작으며 모양도 화려하지 않지만 은근한 향기가 있다. 일반적으로 꽃의 수명은 짧은 편으로, 비개화기에는 꽃 대신 잎이 주요 관상 대상이 된다. 춘란, 보세란, 한란, 건란, 소심란, 일경구화 등이 있다.

그림 1.8 주요 동양란(춘란, 보세란, 한란)

- **열대성 난**(tropical orchids): **서양란** 또는 **양란**이라고도 하는데, 서양이 원산지인 것보다 동남아시아 등 아열대 또는 열대 지방이 원산지인 것이 많다. 일반적으로 꽃이 매우 크고 화려하며 수명이 매우 긴 반면에 향기는 없는 편이다. 비교적 저온에 약한데, 팔레놉시스(호접란), 심비디움, 덴드로비움, 온시디움, 캐틀레야, 밀토니아, 반다 등이 여기에 속한다.

그림 1.9 주요 열대성 난(팔레놉시스, 심비디움, 덴드로비움, 온시디움)

• **자생란**(自生蘭, native orchids): 우리나라의 산야에 자생하는 온대성 난으로서, 새우란, 풍란, 나도풍란, 자란, 사철란 등과 같이 다양한 종들이 있다.

그림 1.10 주요 자생란(새우란, 풍란, 나도풍란, 자란)

(5) 관엽식물

관엽식물(觀葉植物, foliage plants)은 아름다운 잎과 줄기가 관상의 주요 대상이 되는 식물로서, 대부분 열대나 아열대 원산으로 음지나 반음지 조건에서 잘 자라므로 실내식물(indoor plants, house plants)로 많이 이용되며, 주로 분주나 삽목으로 번식한다. 고무나무, 스킨답서스, 페페로미아, 드라세나, 필로덴드론, 디펜바키아, 크로톤, 야자류 등이 여기에 속한다. 대개 내한성이 약하므로 온실에서 재배 관리하여야 하며, 이러한 생태적 특성 때문에 실내 조경에 많이 사용되고 있다.

그림 1.11 주요 관엽식물(스킨답서스, 페페로미아, 필로덴드론, 테이블야자)

(6) 선인장과 다육식물

선인장은 줄기에, 다육식물은 잎에 수분을 많이 함유하고 있어서 건조에 매우 강하다. **선인장**(仙人掌, cacti)은 선인장과에 속하는 식물로서, 부채선인장, 게발선인장, 삼각주, 비모란, 기둥선인장 등이 있다. **다육식물**(多肉植物, succulents)에는 용설란, 유카, 칼랑코에, 돌나물류, 에케베리아, 꿩의비름, 알로에, 바위솔 등이 있다. 이들 모두 관리가 비교적 용이하기 때문에 최근 생활 원예에서 많이 활용되고 있다.

그림 1.12 **주요 선인장과 다육식물**(게발선인장, 비모란, 칼랑코에, 에케베리아)

(7) 화목류

화목류(花木類, 꽃나무류)는 목본성 식물 중에서 꽃이 화려하여 관상의 대상이 되는 식물을 말한다. **교목성 화목류**(喬木性 花木類, flowering trees)는 한 개의 주간(主幹)을 갖고 있으며, 대체로 키가 높게 자라는 종류로서 벚나무, 꽃사과나무, 목련, 배롱나무, 산딸나무, 동백나무, 이팝나무 등이 있다. **관목성 화목류**(灌木性 花木類, flowering shrubs)는 밑에서부터 여러 개의 줄기가 총생(叢生)하는 비교적 키가 작은 화목류로서 무궁화, 개나리, 진달래, 조팝나무, 장미, 명자꽃나무, 박태기나무, 황매화 등이 여기에 속한다. **온실 화목류**(溫室花木類)는 열대 및 아열대 원산으로 내한성이 약하므로 반드시 온실에서 길러야 한다. 이들 대부분은 화분에 심어 실내 장식용으로 사용하는데, 종류에 따라서는 연중 계속 개화하는 것도 있다. 아잘레아, 포인세티아, 부겐빌레아, 꽃치자, 유도화 등이 있다. 유도화의 경우에 우리나라 남부 지방이나 제주도에서는 노지에서 월동이 가능하여 관목성 화목류가 되기도 한다. 이들 화목류들은 **개화양식**에 따라 4종류로 나뉜다.

개화양식 I에 속하는 나무들은 올해 자란 가지에 여름이나 가을 동안 꽃눈이 생기고서 겨울 동안 휴면하다가 이듬해 이른 봄에 꽃이 먼저 핀 후에 잎이 나는 양식이다. 백목련, 진달래, 벚나무, 박태기나무, 개나리 등이 여기에 속한다. 이들은 다른 화목류에 비하여 가장 먼저 개화가 일어나고 모든 꽃이 동시에 피며 개화 기간이 가장 짧은 특징을 가지고 있다. **개화양식** II에 속하는 나무들은 올해 자라난 가지 끝에 꽃눈이 생기고 겨울을 난 다음 봄에 그 꽃눈이 자라면서 잎이 나와 새로운 짧은 가지가 생기고 그 끝에 꽃이 피는 양식이다. 라일락, 꽃사과, 겹벚나무, 등나무, 불두화 등이 여기에 속한다. **개화양식** III에 속하는 나무들은 올해 자라난 가지 끝에 꽃눈이 생기고 겨울을 난 다음 봄에 다시 신장을 계속하여 새로운 가지를 만들어 그 끝에 꽃이 피는 양식이다. 고광나무, 쥐똥나무 등이 여기에 속한다. 개화 시기는 개화양식 II보다 더 늦고 개화 기간은 더 길다. **개화양식** IV에 속하는 나무들은 개화양식 I, II, III과는 전혀 다르게 봄에 새싹이 자라면서 그 가지에 꽃눈이 생겨나서 꽃이 피고, 화아 분화가 계속적으로 일어나 개화가 연속적으로 이어지는 종이다. 일반적으로 내한성이 약한데, 무궁화, 부겐빌레아, 유도화, 장미, 배롱나무, 능소화 등이 여기에 속한다.

그림 1.13 개화양식에 따른 주요 화목류(I 개나리, II 라일락, III 쥐똥나무, IV 배롱나무)

(8) 관상수

관상수(觀賞樹, woody ornamental plants, ornamental trees)는 관상용으로 쓰이는 목본성 식물 중에서 화목류를 제외한 것으로, 꽃이 아닌 나무의 수형이나 줄기, 가지, 잎 등이 주요 관상 대상이 되는데, 조경수라고 불리기도 한다. 정원이나 가로변에 식재되어 조경적인 기능뿐만 아니라, 공기 정화, 소음 감소, 차폐 등의 기능을 담당하기도 한다. 주요 식물로는 느티나무, 단풍나무, 은행나무, 향나무, 플라타너스, 백합나무 등의 **녹음수**(綠陰樹, shade tree)와 쥐똥나무, 회양목, 사철나무, 화살나무 등의 **산울타리**(hedge), 송악, 마삭줄, 줄사철, 등나무, 능소화, 담쟁이 등의 **덩굴성식물**(蔓莖性植物, vines)이 있다. 이중 송악, 마삭줄, 줄사철 등은 지피식물(地被植物, ground covers)로도 사용된다.

그림 1.14 주요 덩굴성식물(송악, 마삭줄, 등나무, 능소화)

3) 용도에 따른 분류

(1) 절화용

절화용 식물(切花用, cut flowers)은 꽃을 잘라서 꽃꽂이나 꽃다발, 화환 등에 사용하는 식물로서 장미, 국화, 백합, 카네이션, 글라디올러스, 안개초, 프리지어, 꽃도라지, 스타티스, 금어초 등이 있다. 대체적으로 꽃줄기가 긴 종류들이 많이 쓰인다. 한편, 잎이나 가지만을 잘라서 쓰는 종류를 각각 **절엽류**(切葉類)와 **절지류**(切枝類)라고 하는데, 여기에는 엽란, 소철, 종려, 파초일엽 등과 사철나무, 동백나무, 유칼립투스, 아스파라거스, 편백 등이 각각 있다.

(2) 분식용

분식용 식물(盆植用, potted plants) 또는 분화용 식물은 화분에 심어서 꽃이나 잎, 열매를 감상하는 종류이다. 국화, 시클라멘, 프리뮬러, 제라늄, 아잘레아, 아프리칸 바이올렛, 포인세티아, 칼랑코에 등은 꽃을 주로 감상하고, 스킨답서스, 고무나무, 야자류, 페페로미아, 필로덴드론, 렉스베고니아 등의 관엽식물은 잎이 주요 관상 대상이 된다. 난과식물, 선인장과 다육식물도 포함된다.

(3) 화단용

화단용 식물(bedding plants)에는 꽃이 피면 실외의 화단에 옮겨 심을 목적으로 재배되는 팬지, 페튜니아, 프리뮬러, 금잔화, 매리골드, 샐비어, 백일홍, 맨드라미, 아프리카봉선화 등의 일년초와 국화, 작약, 금계국, 비비추 등의 숙근초, 튤립, 백합, 수선화 등의 구근류 등이 포함된다.

(4) 정원용

정원용 식물(garden plants)은 정원이나 공원, 가로변, 도시숲 등 바깥에 주로 심는 식물을 총칭

그림 1.15 절화용, 분식용, 화단용 백합

하는 것으로 화단용 식물을 제외한 식물이다. 즉, 녹음수, 화목류, 산울타리, 덩굴성식물, 지피식물들이 포함되는데, 맥문동, 잔디(turfgrass) 같은 초본류도 여기에 포함된다.

참고문헌

- 국가표준재배식물목록. http://www.nature.go.kr
- 김기선 외. 2021. 원예작물학 II. 한국방송통신대학교출판사
- 문원 외. 2010. 원예학개론. 한국방송통신대학교출판사
- 이종석. 2008. 화훼원예학. 향문사
- Dole JM, Wilkins HF. 2005. Floriculture: principles and species (2nd ed.)
- Kew, plants of the world online. http://www.plantsoftheworldonline.org/
- The germplasm resources information network (GRIN),http://www.ars-grin.gov/cgi-bin/npgs/html/taxengorm.pl
- The royal horticultural society database, http://rhs.org.uk/rhsplantfinder/plantfinder.asp

CHAPTER 02 국내외 화훼산업 동향

정병룡·김완순·김원희

이 장에서는 국내와 국외 화훼산업의 동향을 간략히 소개한다. 국내 화훼산업 동향에서는 국내 화훼산업의 태동, 국내 화훼 재배시설과 유통의 변천, 재배면적과 생산액 추이, 그리고 수출입 추이를 살펴본다. 국외 화훼산업 동향에서는 세계 화훼 재배면적 현황과 세계 화훼 교역 동향을 알아보고, 화훼류의 생산 중심지역과 교역 및 소비 동향을 살펴본다.

1 국내 화훼산업 동향

1) 국내 화훼산업의 태동

국내 화훼의 생산은 1960년대 초반부터 부산에서 시작되었다고 할 수 있지만, 이 시기에는 생산량이 적어 정확한 통계 자료가 거의 없다. 국내 1~2세대 화훼 재배 농업인 중 2003년에 시행한 인터뷰를 통해 얻은 초창기 화훼산업은 다음의 박스 내용과 같이 요약된다.

우리나라 화훼산업 초기 역사

1950년에 귀국한 우장춘 박사가 동래원예시험장 온실에 심은 카네이션, 국화, 소철, 고무나무, 시네라리아, 시클라멘, 팬지 등과 그 당시 동래에 개인이 지은 최초의 유리온실 및 용당동 등지에서 시작한 재배로부터 그 기원을 찾을 수 있을 듯하다. 1950년에는 국화 '을녀', 1950년대 중반에는 국화 '천의원', 그리고 1960년대 초반에는 카네이션과 장미가 도입되었다. 그 당시는 한지에 들기름을 칠해 냉상의 문짝에 붙여서 투과하는 햇빛으로 육묘하던 시절이었으며, 비닐은 그 이후에 도입되었다. 국화 재배의 선구자였던 최연시 씨가 부산 대연동에서 '을녀'를 재배하기 시작하였고, 그 이후 경제력이 좋았던 마산에 다수의 국화 재배자가 있었다. 만생종인 '천원', 저온처리로 로제트를 타파한 '신동아', 그리고 '오도메' 등이 재배되었다. 1972-3년부터 소국이 보급되었고, 국화가 조화용으로 사용되기 시작하면서 빨간색, 핑크색 및 노란색 품종들이 사라졌다. 국화의 전조 재배는 마산에서 최초로 시도되었고, 농대를 졸업하여 전문지식을 가진 사람에 의해 창녕에서 최초로 성공적으로 적용되었다고 한다. 1980년대 중반에는 추위에 강해 2월에도 생산이 가능한 '춘광'이 출시됨으로써, 김해에서도 대량 재배가 이뤄졌으며, 1983년에 마산에서 국화를 최초로 수출하기 시작하였다. 1963년경 하루 인건비가 40원이었던데 반해 국화 1송이는 60원 정도로 매우 비쌌다. 이에 절화 국화를 절반으로 나눠서 졸업 꽃다발에 사용하기도 했었다.

장미의 상업적 재배는 1962년경에 시작되었다. 부산에서는 삽목과 접목기술을 활용하여 생산과 판매를 하였고, 진주, 대구, 전주 등지에서는 접목기술을 적용한 정원 장미를 생산하여 유통하였다. 서울에서 문인들과 상류층 사람들이 장미 경연을 하고 나면 '피스', '퀸엘리자베스', '바카라', '소니아', '골드마스트피스', '수퍼스타' 등의 장미를 사가는 사람이 생겨났다.

1968년부터 1975년까지는 절화 장미산업의 태동기로, 여러 사람이 부산시 대연동과 용담동의 비닐하우스에서 절화 장미를 재배하기 시작하였다. 절화 장미 시설재배는 1968년에 배성장미원에서 최초로 시작하여, 1969년에는 청조장미원과 경춘원, 1970년에는 태양장미원, 1972년에는 제송장미원, 1973년에는 신아장미원, 그리고 1975년에는 형제장미원 등이 개원하였다. 1976년 부산시에 있는 유엔기념공원이 확장되면서 주변에 있던 장미농장들이 편입됨에 따라 태동기의 절화 장미 재배자들이 전국으로 흩어지게 되었는데, 이것이 절화 장미의 시설재배가 전국적으로 확산하는 계기가 된 것으로 보인다. 1977년 경기도로 이전하여 현재의 경기도 일산, 고양, 파주 지역의 단지를 형성하였고, 서울 통일로 근처를 거쳐 특히 정원용 장미의 번식과 묘목을 생산하는 전문회사 그리고 김해시 대동면 단지, 부산시 석대동 단지, 1979년에 경남 창원시와 김해시 진례면 단지가 생겨났고, 전북에서는 1994년 이후 유리온실 위주로 장수, 임실, 김제 등지에 단지가 생겨났다. 그 이후 1988년 경기 평택, 1989년 충북 진천, 전남 강진과 광주 등의 단지에서 재배가 시작되었다. 1992년 이후 시설현대화 사업이 진행되면서 유리온실이 보급됨에 따라서 유리온실을 이용한 장미재배가 급증하였다. 이 시기에 전국적으로 유리온실 단지에서의 장미재배가 늘어났으며, 특히 전북지역에 단지가 많았다. 1997년 IMF로 어려움을 겪던 장미농가 중 여주의 아리랑영농조합법인에서 스프레이 장미인 '리틀마블'을 일본에 최초로 수출하였으며, 이후 절화 장미의 일본 수출이 본격화되었다. 1970~1980년에는 일본을 거쳐 도입된 독일, 프랑스 등 유럽 품종들이 한국 절화 장미 시장의 대부분을 차지하였는데, '슈퍼스타', '마르데보아', '카리나', '뉴카리나', '카라미아', '쏘니아', '마리나' 등이

그림 2.1 경남 마산시 천수원과 경남 김해시 도원장미원의 초창기 모습

여기에 속한다. 1990년대 이후에는 '레드산드라', '카니발', '파스카리', '티네케', '비탈', '노블레스', '아쿠아' 등 유럽 품종의 대부분을 도입하였다. 최초로 도입된 스프레이 장미는 네덜란드 품종인 '리틀마블'이었으며, 2000년에는 농촌진흥청에서 최초의 국산 절화 장미로 육성된 '핑크레이디'가 재배되기 시작하여 2002년에는 일본으로 수출되었다.

2) 국내 화훼 재배시설과 유통의 변천

재배시설의 변천은 시설재배가 주를 이루면서 발전한 절화 장미를 중심으로 요약하면 다음과 같다. 산업 발달의 초창기인 1968년부터 1975년까지의 재배시설은 대부분 목재 비닐하우스였다. 1976년에 철재 비닐하우스가 처음 도입되었고, 1990년대 초반 시설원예 근대화사업의 목적에 의해 1-2W형 플라스틱온실과 유리온실이 등장하였다. 시설의 난방방식은 초기에는 연탄, 톱밥, 또는 석유를 태우는 사발 버너 등이 이용되었다. 1977년에는 전국의 시설원예 농가 중 최초로 부산시 대연동 일대의 농가에서 3,300 m^2의 대면적을 난방할 수 있는 스테인리스 재질의 경유 열풍기를 자체 제작하여 이용하였다. 1979년에는 최초로 벙커A유를 이용하는 온수 보일러가 도입되었고, 그 후에 전기를 이용하는 나노 탄소섬유 난방(2008년), 면세 경유를 이용하는 난방기와 전기히터(2009년), 지열 이용 냉난방 시스템 등처럼 난방비 절감형 시설들이 등장하였다. 양액재배를 최초로 적용한 작물인 절화 장미의 경우, 재배방식 면에서는 1990년 이전에는 전부가 토양재배였지만, 1990년 이후 펄라이트와 암면을 배지로 사용하는 양액재배 방식이 일본과 네덜란드로부터 도입되었다. 이로 인해 국내 상업적 양액재배의 초기에는 토마토와 더불어 장미가 재배면적상 가장 큰 작물로 자리잡았다. 전반적으로 경기도 고양시와 파주시 및 경남 김해시에 가장 넓은 재배면적이 분포하고 있지만, 재배단지가 전국적으로 고르게 형성되어 있다.

절화 장미의 판로는 1990년대를 전후로 변하였는데, 초창기부터 1990년대까지는 주로 서울에 위치한 시장에 출하되었고, 1998년 이후에는 일본을 위주로 한 외국시장에 수출되었다. 1976년도에는 절화 장미 한 아름의 가격이 쌀 한 가마니의 가격과 맞먹었는데, '수퍼스타' 품종의 경우 겨울에 한 단의 가격이 4,500원이었다. 절화 장미 선도 농가의 수입은 초창기부터 1980년까지는 평당 14~15만 원 정도였는데, '파스카리'가 한 단에 10,000~12,000원에 출하되기도 하였다. 이 가격은 당시 온실에서 일하는 여성의 한 달 월급과 같았다. 그 당시는 남녀 임금 차이가 심했던 탓에 남성의 월급은 4만원 정도였다. 초기의 유통은 모두 서울 남대문꽃시장에서 시작되었다. 그 이후에 꽃시장이 점차 늘어 남대문꽃시장 맞은편의 서울대도꽃시장, 미륭지하상가, 인창상가, 고속터미널상가, 그리고 양재동화훼공판장이 순서대로 등장하였다. 1990년대에는 절화 장미의 수출이 미미하였으나 IMF 외환 관리를 맞은 1997년도를 계기로 연료비 등 생산비용으로 인해 어려움을

그림 2.2 1970년대 중반에 비닐 피복 목재 하우스의 내부에 두 겹으로 여닫을 수 있는 비닐을 설치하고 나무 말뚝으로 지지하며 재배하였던 형제장미원(좌)와 수경재배 절화 장미를 생산하는 로즈피아의 현대식 유리온실(우).

겪던 전국의 유리온실 농가들이 일본으로 수출하기 시작하였고, 이후 비닐하우스 재배농가들도 동참함에 따라 수출량이 크게 늘어났다. 주로 스프레이 형태의 장미가 80% 이상을 차지하며 대부분 일본에 수출하였지만, 2008년 세계적인 금융위기와 2011년 일본의 쓰나미 피해 등으로 인해 일본의 시장 여건이 나빠지면서 수출이 줄어들고 있다.

3) 재배면적과 생산액 추이

화훼재배면적은 1980년 1,280 ha, 1990년 3,503 ha로 점차적으로 증가하는 추세였으며, 2005년에 7,522 ha로 최고 정점을 기록하는 등 크게 확대되었다. 그러나 2010년 6,829 ha, 2015년 5,831 ha, 2019년에는 4,243 ha로 2006부터 2019년까지 연평균 약 3.0%씩 감소함에 따라 최근의 재배면적은 1990년대 초·중반 수준까지 줄어든 상황이다. 산업의 초창기에는 노지재배 면적이 더 컸고, 1990년도에 노지와 시설재배 면적이 같아진 이후 10여 년간은 시설재배가 노지재배보다 더 많았지만, 그 이후에는 다시 노지재배의 면적이 더 커졌다. 화훼 생산액은 2015년 6,332억 원, 2019년 5,174억 원으로 한국 농업총생산액의 약 2.5%와 세계 화훼생산액의 약 2%를 차지하고 있다. 1980년과 비교하여 24.3배 증가하였다(표 2.1).

주요 꽃 소비국인 서유럽 국가, 미국 및 일본보다는 아주 낮지만, 한국의 국민 1인당 GNI의 증가와 함께 1인당 꽃 소비액 역시 많이 증가하였으며, 1980년과 비교하여 2019년에 20배 이상 늘었다(표 2.1). 꽃 소비의 형태는 절화 대부분은 경조사용으로 사용되어 졸업식, 입학식, 생일, 개업 등의 선물용이고, 자기 자신을 위해 사는 비율은 10% 이하로 매우 낮다. 나머지는 꽃꽂이학원 등에서 사용하는 교육·취미용과 성탄일, 현충일, 중요 회의 등에 사용된다. 분화는 선물용이 40% 정

표 2.1 한국의 주요 화훼산업 지표(농림축산식품부, 각 연도)

구분		1980	1985	1990	1995	2000	2005	2010	2015	2019
재배농가수(호)		2,733	5,365	8,945	12,509	13,080	13,159	10,347	8,328	6,824
재배면적 (ha)	총면적	1,280	2,249	3,503	5,156	5,891	7,522	6,829	5,831	4,243
	시설면적	180	581	1,752	3,054	3,336	3,448	2,994	2,489	2,024
생산액(억원)		213	746	2,393	5,090	6,649	9,218	8,509	6,332	5,174
무역액(만$)		396	632	840	3,406	4,836	9,171	10,306	2,846	1,159
1인당 꽃소비액(원)		531	1,823	5,646	11,462	13,861	18,647	16,098	13,310	11,616

도로 가장 많고, 가정용과 사무실용이 각각 30%와 20% 정도이며, 나머지는 교육·취미용 등이다. 화단묘는 가정용이 45% 내외로 가장 많고, 선물용, 교육·취미용 및 사무실용으로 주로 소비된다.

부류별로는 1980년에는 관상수의 생산액이 가장 많았으나, 2019년에는 절화와 분화의 비중이 매우 높다(표 2.2). 절화류가 화훼 전체 재배면적에서 차지하는 비중이 1990년 27.4%에서 2005년 32.7%로 확대되었으나, 이후 면적 감소 영향으로 인해 2018년에는 다시 27.9%로 줄었다. 분화류는 1990년 22.9%, 2005년 16.2%에서, 현재는 16~17% 수준을 유지하고 있다. 화단묘는 1990년 3.2%에서 2005년 6.3%로 비중이 증가하였으나, 이후에는 4% 내외로 줄었다. 관상수류는 1990년대 초반 33.5%의 비중으로 대표적인 화훼였으나, 절화류의 면적 확대 영향으로 인해 2005년에는 27.8%까지 줄었다가 2018년에 31.7%로 회복하면서 최근 화훼류 중 가장 큰 비중을 차지하고 있다. 화목류는 1990년 10.3%에서 2005년 16.0%로 늘었으며, 최근에는 18%대 수준을 유지하고 있다. 종자·종묘류는 대체로 0.5~0.6%의 비중을 최근에 유지하고 있으며, 구근류는 1990년 2.3%를 기록하였다가 최근에는 0.5~0.6% 내외로 감소하였다.

절화 총생산액은 1980년 35억 원에서 2019년 1,781억 원으로 대폭 증가하였다(표 2.2). 2019년에는 절화 중 장미 비중이 가장 높아 절화 총생산액의 28%를 차지하고 있으며, 국화 26.3%, 카네이션과 백합이 각각 4.6%와 6.4%를 차지하고 있다. 이처럼, 이들 4대 절화가 차지하는 비중이 총생산액의 65.3%로 지나치게 높다. 이들은 화색과 화형 등이 풍부하여 품종이 다양하고 주년생산이 가능하며 노력 분포의 평균화가 쉽기에 생산액이 많다고 여겨진다. 이어 숙근안개초, 거베라, 금어초, 프리지어, 글라디올러스, 칼라, 스타티스 등이 뒤를 잇고 있고 과거보다는 품목이 더 다양화되었으며, 거의 모든 품목에서 생산액이 증가하고 있지만, 4대 절화보다 상대적으로 소비가 적다는 의미이다.

2019년도 분화 총생산액은 2,014억 원이며, 호접란 9.7%, 기타 동양란 5.6%, 선인장 4.6%의 순이다(표 2.2). 절화보다 다품목 소량생산이 이루어지지만 난류가 22.2%를 차지하고, 외국보다 포인세티아, 시클라멘 등의 관화류가 적은 편이다. 최근에는 야생화의 생산이 많이 증가하고 있고,

표 2.2 화훼류의 부류별 생산액(억원)

연도	절화	분화	화단묘	관상수	화목류	종자	구근	계
1980	35(16.4)	33(15.5)	–	125	18	0	2	213(100)
1985	144	147	–	353	85	2	17	746
1990	592	995	–	558	195	7	46	2,393
1995	2,258	1,890	–	673	196	4	69	5,090
2000	3,012	2,685	–	585	293	16	58	6,649
2005	4,516	3,490	865	608	442	156	25	10,105
2010	2,975	2,941	1,375	425	623	129	38	8,509
2015	2,174	2,214	1,213	283	302	109	34	6,332
2019	1,781(34.4)	2,014(38.9)	896	183	194	73	30	5,174(100)

( )안의 수치는 구성 비율임.

관음죽, 야자류 등의 관엽식물은 감소나 답보 상태에 있어, 꽃이 피는 관화류를 중심으로 한 품목의 다양화가 필요해 보인다. 2019년도에 페튜니아, 꽃베고니아, 팬지, 매리골드, 색양배추, 데이지 등이 주요 품목인 화단묘의 생산액은 896억 원으로, 최근에 거의 모든 품목에서 생산액이 감소하고 있다. 소나무, 단풍나무, 느티나무, 회양목, 쥐똥나무 등 관상수 생산액은 2019년도에 183억 원이며, 1990년 이후 감소 추세에 있다. 철쭉, 벚나무, 동백나무, 백일홍, 무궁화, 장미 등 화목류의 생산액은 최근 수년간 답보 상태를 보이고 있다. 그에 반해 야생화, 맨드라미, 데이지, 석죽, 팬지, 페튜니아 등의 종자와 국화 및 카네이션 묘목의 생산액이 최근 증가하고 있다. 나리, 구근아이리스, 튤립 등 구근류의 생산액은 감소 추세를 보이는데, 이들 기타 부류는 화훼류 총생산액의 10.8%이다.

4) 수출입 추이

화훼류의 주된 무역 품목은 절화류이고, 유럽, 미국 및 일본이 세계의 3대 절화 시장이다. 분화는 수송비가 비싸고, 뿌리와 배양토가 있어서 검역문제로 절화보다 수출이 어렵다. 우리나라의 심비디움이 2000년부터 중국에서 선풍적 인기를 끌면서 수출이 활발하였지만 최근 중국의 정책 변화로 인하여 급감하였다. 최근 미국과의 논의에서 팔레놉시스를 화분에 심긴 채로 수출할 수 있는 검역 협상이 타결되면서 미국으로의 수출이 시도되고 있다. 화훼 수출은 국가 간의 생물체의 이동이기 때문에 검역 관련 문제가 해결되어야 한다. 또한 새로운 시장을 지속적으로 탐색하고 시도하는 노력이 필요하다. 최근에는 구근, 삽수, 접수, 조직배양묘처럼 종묘의 무역량이 증가하고 있다.

화훼류 무역액은 1980년 미화 396만 달러, 2010년 14,780만 달러로 대폭 증가하여 정점에 달했다가 2019년 10,366만 달러로 다시 줄었다. 수출액은 1980년 284만 달러, 2010년 10,306만 달러로 정점에 달했다가 그 이후로 감소하여 2019년에는 1,715만 달러로 줄었다. 수입액은 1980년 112만 달러에서 이후 1995년 2,674만 달러로 계속해서 증가하는 추세를 보이고 있으며, 2019년에는 8,651만 달러로 사상 최대치를 기록하였다. 무역수지는 1980년 172만 달러 흑자를 보인 이후 계속 적자를 보이면서 1995년 1,942만 달러 적자를 기록하였다. 국제통화기금(IMF) 관리체제에 들어가면서 다시 흑자를 보이기 시작해 2010년 사상 최대치인 5,832만 달러의 흑자를 기록하였지만, 이후 계속 적자를 보였고, 2019년에는 6,936만 달러의 적자를 기록했다.

수출은 절화, 묘목, 절지(엽), 구근, 종자 등 모든 품목이 대상이지만 주요 품목은 절화와 묘목이고, 대상국은 일본, 중국, 미국, 네덜란드, 대만, 캐나다, 홍콩 등이다. 수입 역시 묘목, 구근, 종자, 절화, 가공품을 포함한 절지/절엽 등 모든 품목이 대상이고, 수입액은 모든 품목에서 1990년 이후 증가 추세에 있으며, 절화용, 분화용, 화단용 등의 원자재로 이용되는 묘목, 구근 및 종자의 수입액이 전체 수입액의 대부분을 차지한다. 수입국은 대만, 중국, 네덜란드, 태국, 미국, 일본 등으로 수출국보다 다양한 편이며, 품목별로는 난, 카네이션, 열대식물 등의 묘와 백합, 튤립, 구근 아이리스, 글라올러스, 히아신스 등의 구근류, 그리고 1·2년초의 종자이다.

화훼의 산지 형성 측면에서 한국은 겨울철 생산 위주의 재배방식(작형)을 가지고 있지만, 겨울철 온도가 낮아 생산성이 낮은 편이다. 또 여름철은 기온이 지나치게 높고 강수량이 많아서 고품질의 절화나 분화를 평지에서 이 시기에 생산하는 것은 매우 어려운데, 내서성 품종의 육성, 시설물의 구조와 환경 제어 기술의 개선으로도 생산성이 크게 늘지 않고 있다. 그러나 배지를 사용하여 시설에서 이루어지는 양액재배 기술의 보급과 장미, 국화, 거베라 등 주요 절화류의 국산 품종 육성에 힘입어 절화 산지가 토양 조건과 관계없이 형성되고 있다.

2 국외 화훼산업 동향

세계적으로 화훼의 주요 소비권은 북미의 미국, 유럽의 독일, 프랑스, 영국 및 네덜란드, 그리고 아시아의 일본으로, 이들 국가는 화훼류의 수입국들이다. 초기의 화훼산업도 이들 국가에서 발달하기 시작하였지만, 지리, 사회 및 경제적 여건에 따라 화훼의 주산지가 변화해 왔다. 네덜란드의 화훼산업은 시계식 경매 방식(그림 2.3) 등 그 기술 수준과 혁신성이 매우 잘 알려져 있고, 수송에 많은 비용이 소요되기에 자국 내 생산 경쟁력을 가진 분화 위주의 생산활동이 현재에도 활발하다(그림 2.4). 그러나 과거 네덜란드와 미국에서 번창했던 절화 위주의 화훼산업은 기후조건과 인건비 등 생산 경쟁력의 변화로 인해 그 축이 각각 아프리카와 남미 대륙으로 이동하였다. 네덜란드는 한 때 자국에서의 생산 후 수출이 주를 이루었으나 인건비 상승과 상대적으로 불리한 기후 조건 등으로 인하여 자국 내 절화의 생산은 급격히 줄고 있으며(그림 2.5), 자국 내에서 생산한 꽃을 수출하기도 하지만, 이스라엘, 케냐, 짐바브웨, 에콰도르로부터 수입하여 재수출하는 중계무역을 하고 있다. 일례로 화훼산업을 압도적으로 주도해 오던 네덜란드는 중동과 아프리카 국가들, 그리고 미국의 경우에는 중남미 국가들로부터 절화를 수입함에 따라 자국 내 절화류 재배면적은 줄어들었지만, 대신 분화류나 초화류 생산은 여전히 유지되고 있다.

화훼 경매 방식

경매 방식은 영국식 경매(English auction)와 네덜란드식(Dutch auction) 경매가 있다. 가장 널리 사용되는 방식인 영국식 경매는 한 명의 판매자가 다수의 구매자에게 제품을 판매하는 방식이다. 이 방식은 가격과 구매 물량, 그리고 시간에 따라 입찰 정보를 정렬한 뒤, 경매가 마감되면 가장 높은 가격을 제시한 순서대로 입찰자가 낙찰을 받는다. 네덜란드식 경매는 한 종류의 상품을 여러 개 팔고 싶을 때 이용하는 경매 방식이다. 이 방식은 매도자가 최고 호가로부터 점차 가격을 낮추어 가다가 매수 희망자가 나오면 최초의 매수 희망자에게 매도하는 경매 방식이다. 이른 바 역경매 방식인데, 오늘날 여러 나라에서의 화훼 경매는 이러한 네덜란드식 역경매 방식을 채택하고 있다. 그 이유는 첫째 생산자들에게 이윤을 남겨서 농가의 발전을 도모하기 위함이고, 둘째 경매 시간을 최소화할 수 있어 하루에 많은 물량을 소화할 수 있으므로 경매 수수료를 책정하는 경매회사에게도 유리하다. 마지막으로 중도매인은 사전에 상품에 대한 매입 상한선을 정해둘 수 있으므로 구매 계획을 마련할 수 있고, 또한 낙찰에 대한 불확실성을 줄일 수 있다. 화훼 경매는 네덜란드에서 1911년 세계 최초로 실시되었으며, 현재 Royal Flora Holland에서 화훼종합경매장을 운영하고 있는데, 2020년 기준으로 하루 거래 96,432건, 연간 거래 품종 22,800여 종, 절화와 분화 거래량 114억 개에 달한다. 한편, 우리나라에서는 양재동화훼공판장에서 1997년 화훼 경매 방식이 처음 도입되어 지금까지 시행하고 있다.

그림 2.3 네덜란드 알스미어 화훼 경매시스템(좌)과 경매용 거베라 절화 집하장(우)

그림 2.4 네덜란드 화훼산업. 베고니아 분화 수확시설(좌)과 벤치 이동식 거베라 절화 생산시설(우)

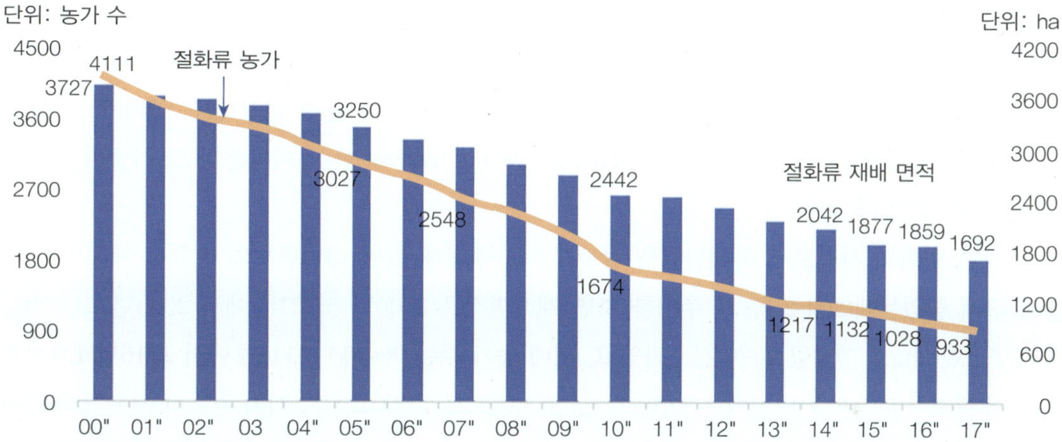

그림 2.5 네덜란드의 절화류 재배면적 및 농가 수 추이(Wageningen University & Research, Agro & Food Portal)

1) 세계 화훼 재배면적 현황

앞서 언급했듯이, EU 소속 27개국 중 16개국을 대상으로 하는 것과 같이 자료 제공이 가능한 국가들의 정보만을 다루기 때문에 실제 통계수치는 더 클 것으로 생각되지만, 화훼 재배면적 자료는 AIPH 2017년을 기준으로 해서 권역별 절화류와 분화류로 구분하여 제시한다.

2017년 세계 화훼 재배면적 178만 9천 ha 중에 아태 지역이 130만 3천 ha로 전체의 72.8%를 차지하고, 다음으로 북미가 21만 6천 ha로 12.1%를, EU가 19만 8천 ha로 11.1%를, 그리고 중동과 중남미 등 나머지 국가가 7만 1천 ha로 0.4%를 차지한다(그림 2.6).

한편, 세계 절화류/분화류 재배면적은 65만 ha이며, 권역별로는 48만 ha로 73.8%를 차지하는 아태 지역 중 인도가 47.4%(30만 8천 ha), 중국이 18만 1천 ha로 28%를 차지하고 있다. EU 국

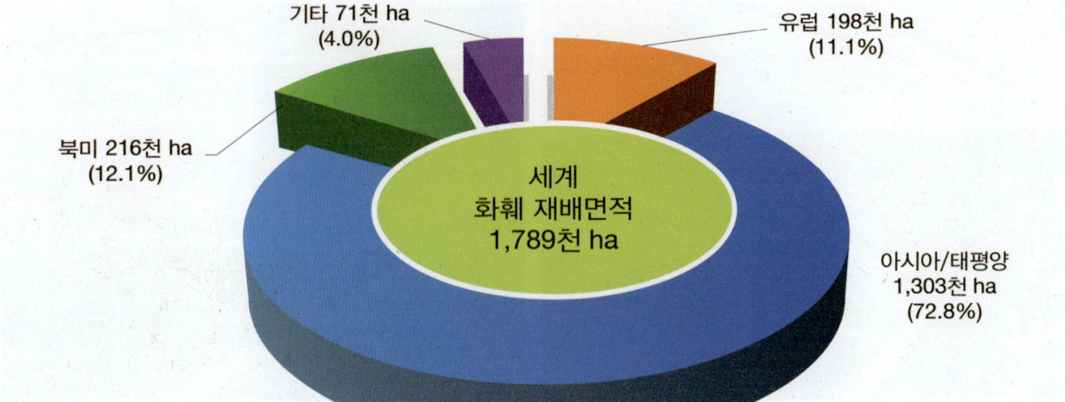

그림 2.6 세계 화훼 재배면적(2017 기준; AIPH/UF, 박기환 2019)

가 중에는 프랑스가 6만 5천 ha(10%)로 가장 많다. 미국은 2만 9천 ha(4.5%), 멕시코와 브라질은 각각 1만 7천 ha(2.6%)와 1만 5천 ha(2.3%)를 차지한다. 수출이 꾸준히 늘고 있는 에콰도르는 1만 ha(1.5%), 콜롬비아와 케냐는 각각 7.5천 ha(1.2%)와 4천 ha(0.6%)를 차지하는데 그 비중이 점차적으로 증가하고 있다.

주산지 변화의 사례로서 화훼산업을 압도적으로 주도해 왔던 네덜란드의 절화류 재배면적 비중이 크게 줄었는데(그림 2.5), 그 추이를 보면 재배면적은 2000년 3,727ha에서 2008년 2,809ha, 2017년 1,692ha로 연평균 4.8% 감소하였고, 재배 농가 수는 2000년 4,111호에서 2016년 1,028호로 크게 감소하였으며 2017년에는 933호로 사상 처음으로 1,000호 미만까지 감소하였다. 절화류에서는 재배면적보다 농가 수가 더 크게 줄었다. 이러한 농가 수의 감소는 농가당 평균 재배면적을 오히려 2배 이상 증가시켜서 2000년 단위농가당 시설재배면적이 0.9 ha에서 2017년 1.8 ha로 늘었다.

2) 세계 화훼 교역 동향

전 세계 화훼 교역 정보는 AIPH(International Association of Horticultural Producers)/Union Fleurs (International Floricultural Trade Association) 자료를 통해 확인할 수 있다(표 2.3). 하지만 자료 제공이 가능한 국가들의 정보만을 다루기 때문에 실제 통계수치는 더 클 것으로 예상된다. 특히 EU 자료는 소속 27개 회원국 중 16개 국가(오스트리아, 벨기에, 덴마크, 핀란드, 프랑스, 독일, 아일랜드, 이탈리아, 네덜란드, 노르웨이, 폴란드, 포르투갈, 스페인, 스웨덴, 스위스, 영국)만을 대상으로 하고 있다. 교역 대상 화훼는 주로 절화류와 분화류이며, 이 중에서 절화류가 상대적으로 교역량이 많지만 최근에는 분화류의 증가세가 두드러지고 있다. 여기서는 교역 정보를 수출과 수입으로 구분하여 기술한다.

표 2.3 세계 주요 국가별 절화류/분화류 재배면적(ha)과 생산액(백만 유로)(AIPH/UF)

구분	재배면적				생산액	
	시설	노지	전체	기준 연도	생산액	기준 연도
오스트리아	176	173	349	2017	197	2016
벨기에	386	728	1114	2017	186	2016
덴마크	282		282	2017	359	2016
핀란드	121	93	214	2017	91	2016
프랑스			6,510	2017	1,004	2016
독일	1,703	4,885	6,588	2017	1,108	2017
아일랜드			415	2010	33	2016
이탈리아	5,443	7,282	12,725	2010	1,125	2016
네덜란드	3,592	3,108	6,700	2017	2,439	2016
노르웨이	113		113	2006	25	2016
폴란드	1,615	3,845	5,460	2016	526	2016
포르투갈	610	1,090	1,700	2010	196	2016
스페인	2,167	4,277	6,444	2017	698	2016
스웨덴	226	131	357	2014	141	2016
스위스	166		166	2017	301	2016
영국	522	5,800	6,322	2017	1,541	2017
유럽			**60,000**		**11,000**	
이스라엘	1,748	1,000	2,748	2004		
터키	1,337		1,337	2017		
중동			**6,200**			
에티오피아			1,695	2017	196	2017
케냐			4,039	2012	527	2017
남아프리카공화국			11,461	2007	71	2017
아프리카			**18,000**		**1,000**	
호주	316	3,980	4,296	2015/2016	175	2008/2009
중국			181,840	2017	7,553	2017
대만			5,173	2016		
인도			308,000	2017/2018		
이란	2,390	2,281	4,671	2017		
일본			11,638	2015		
대한민국			2,565	2017		
태국			12,324	2013		
베트남			4,500	2008		

(계속)

표 2.3 세계 주요 국가별 절화류/분화류 재배면적(ha)과 생산액(백만 유로)(AIPH/UF) (계속)

구분	재배면적				생산액	
	시설	노지	전체	기준 연도	생산액	기준 연도
아시아/태평양			480,000		15,000	
캐나다	734		734	2017	760	2017
미국	21,294	8,113	29,407	2012	4,434	2012
북아메리카			**30,200**		**5,500**	
브라질			14,992	2014	1,770	2014
콜롬비아			7,532	2017	1,239	2017
코스타리카			850	2016	117	2017
에콰도르	7,704	2,282	9,986	2017	780	2017
멕시코	2,106	14,712	16,818	2017		
중앙/남아메리카			**49,000**		**3,000**	
세계			**650,000**		**35,500**	

주: 절화, 절엽, 분화, 화단용 식물, 다년생 등은 포함되지만 구근과 묘목 등은 제외되어 있음.

(1) 세계 화훼 수출 현황

전 세계적으로 절화류의 수출액은 2012~2018년 동안 연평균 3.7%씩 증가하였으며, 2018년 기준 77억 유로이다. 분화류의 수출액은 현재 유일하게 발표되고 있는 EU 집계치로 살펴보면, 2012~2018년 동안 연평균 증가율이 5.3%로 나타나 EU의 절화류 수출 증가율인 3.6%보다 증가세가 높으며, 2018년 기준 49억 유로이다.

절화 수출을 권역별로 살펴보면, 2018년 기준으로 EU가 54.5%로 세계의 과반을 차지하고 있으며, 2012년 점유율이 54.8%였던 것과 비교할 때 비중 변화 없이 최대 절화 수출 지역이다. 아메리카 대륙의 경우 세계 수출의 28.6%를 차지하고 있어서, 2012년 27.4%보다 소폭 늘었고, 아프리카 대륙은 2012년 9.2%에서 2018년 9.6%로 약간 증가한 반면에, 아시아 대륙은 같은 기간 동안 6.3%에서 4.9%로 오히려 감소하였다.

한편, EU권에 속하는 네덜란드는 EU 전체 절화 수출액의 90.3%와 세계 전체 수출액의 49.3%를 차지하고 있는 대표적인 화훼 교역국이다. EU 다음으로 수출 비중이 큰 아메리카 대륙에는 신흥 화훼 수출국 콜롬비아와 에콰도르가 아메리카 대륙 절화 수출액의 56.1%와 32.8%를 각각 점유하고 있다. 특히 콜롬비아는 세계 전체 절화 수출의 16.0%를 차지할 만큼 많은 양을 수출하고 있다. 또한, 아프리카는 네덜란드의 자본과 기술 유입을 바탕으로 화훼 수출이 증가하고 있으며, 케냐와 에티오피아가 절화 수출을 주도하고 있는데, 아프리카 대륙에서 차지하는 수출 비중은 각각 65.8%와 24.3%로 전체의 90% 이상이다. 아시아에서는 말레이시아, 중국, 태국이 주요 절화 수출국으로 각각 25.8%, 24.2% 및 17.4%를 차지하는데, 이는 아시아 전체 절화 수출액의 67.4%에 해당하는 양이다.

(2) 세계 화훼 수입 현황

세계 절화류 수입액은 2012년 61억 유로에서 2018년 70억 유로로 연평균 2.5%씩 증가하였다. EU의 분화류 수입액은 2012~2018년 동안 연평균 증가율이 3.8%로 지속해서 증가하고 있으며, 2018년에는 40억 유로에 이르렀다. 권역별 절화 수입 비중을 보면, EU가 2012년 59.5%, 2018년 58.6%로 세계 수출 절화의 60% 정도를 수입하고 있다. 대륙별로는 아메리카가 2018년 세계 절화 수입액의 17.9%를 점유하고, 아시아는 2018년에 10.7%를 차지한 반면에, 아프리카는 절화 수출 비중이 10% 정도지만 수입이 거의 없는 수출 위주의 대륙이다.

참고문헌

- 김완순 외. 2020. 수입꽃 현황과 국내 화훼 산업 진단 분석 및 발전 방안. 한국화훼자조금협의회
- 농림축산식품부. 각 연도. 화훼재배현황
- 박기환 외. 2019. 국내·외 화훼산업 현황 조사 및 조사분석 연구
- 정병룡. 2013. 한국 절화 장미 산업의 역사. 제2장 회고록. I. 회고록. 한국 절화 장미 산업의 역사(김원윤). 한국원예발달사. 농촌진흥청 원예특작과학원, (사)한국원예학회
- 정병룡. 2013. 한국 화훼산업의 변천과 전망. 한국원예학회 창립 50주년 기념 심포지엄 '한국의 화훼연구 50년' 발표자료
- AIPH(International association of horticultural producers)/Union Fleurs (International floricultural trade association). https://unionfleurs.org/
- Wageningen university and research, agro and food portal. https://www.wur.nl/en/Value-Creation-Cooperation/WDCC/data-portal/dataset-agrimatie.htm

FLORICULTURE

CHAPTER 03

화훼육종과 생명공학

임기병·송천영·한태호·임진희
황윤정·안혜련·이수영

인류의 육종 역사는 식량작물로 시작하였지만, 육종의 최첨단은 화훼작물의 육종이라 할 수 있다. 생명공학적 기술을 적용하여 개발하는 육종은 **GMO**인 경우가 많지만, 이러한 GMO가 시판되기 위해서는 인체에 미치는 안전성과 환경 위해성 평가를 거쳐야 한다. 화훼작물은 환경 위해성 평가만 거치면 되기 때문에 식량작물에 비하여 단기간에 개발할 수 있다. 이미 생명공학적 기술과 이론을 응용하여 푸른장미, 푸른호접란, 푸른카네이션을 개발하여 이를 시판하고 있으며, 화훼작물은 앞으로도 첨단육종기술의 모델식물이 될 것으로 기대된다.

1 화훼육종

인류가 경작을 시작한 것은 대략 10만 년 전이다. 작물과 지역에 따라 다르지만, '선발'이라는 작업을 시작한 것은 그로부터 한참 지나서인 1만 년 전부터라고 추정된다. 육종에서 '선발'과 '도태'는 동전의 양면성과 같은 개념으로 볼 수 있다. 육종의 개념이 대중에게 처음으로 소개된 것은 **찰스 다윈**(1809~1882; 영국)의 '종의 기원(1859)'이다. 이는 '진화론'이라는 거대한 담론으로 더 유명하지만, 대중에게 처음으로 '육종'의 개념을 소개한 것으로 간주할 수 있다. 멘델의 법칙으로 알려진 **그레고어 멘델**(1822~1884; 오스트리아)의 「Mendelian inheritance」(1866)를 보면, 이미 이 시기에 상당한 경험적 육종 결과를 가지고서 **'유전'**이라는 개념이 'Heredity'라는 단어로 사용되고 있었음을 알 수 있다. 육종의 큰 맥락은 다윈의 **'종의 기원'**으로 시작되어 우장춘 박사(1898~1959)의 **'종의 합성'**으로 완성되었다고 해도 과언이 아니다. '종의 기원'은 야생종 집단에서 변종을 거처 새로운 종으로 만들어지며 변종과 품종이 다소 겹쳐지는 부분을 내포하고 있다. '종의 합성'은 자연에서 가장 부자연스러운 이종 간의 결합이 자연적으로나 인위적으로 가능하다는 것이다. 즉, 전혀 다른 이종 간 염색체들($2n = x_a x_a + 2n = x_b x_b$; autodiploid)의 다양한 경로에 의해 발생된 결과물($2n = x_a x_b$; allodiploid = amphihaploid)이 임성을 결정하는 **감수분열**시(제1분열 중기) 일반적인 이

배체($2n = x_a x_a x_b x_b$; allotetraploid=amphidiploid)와 같은 움직임으로 임성이 회복되어 새로운 종과 같은 기능을 함으로써 진화와 육종의 무한함을 보고한 이론이다.

1) 화훼육종의 필요성

화훼작물은 채소, 과수 등과 같은 다른 작물에 비해 신품종의 육성 빈도가 높은 것이 특징이다. 화훼류의 신품종 육성이 필요한 이유는 다음과 같다.

- 화형, 화색, 방향성, 저장성, 재배·생리적 특성 등 화훼류의 가치 개선
- 다양한 기호성과 끊임없는 신품종에 대한 소비자의 요구
- 개발된 한 품종에 대한 선호도(유행)가 4~5년 정도로 짧음
- **국제식물신품종보호동맹**(UPOV) 협약에 따른 품종 보호 제도의 시행
- 수입 대체 가능한 국제 경쟁력이 있는 국산 신품종의 개발 필요성

2) 화훼육종의 목표

화훼류의 신품종 육성의 목표는 화형, 꽃의 크기와 형태, 엽형 등의 양적 형질 개량, 개화와 관련된 화아분화와 화색, 생장과 관련된 저온신장성, 방향성의 질적 형질 개량, 개화기 조절, 병 저항성, 내환경성, 생산량 증가, 생육의 균일성 등의 생리적 형질 개량을 목적으로 시행된다.

(1) 화형

꽃의 모양, 꽃의 크기 개량은 심미적 가치를 높여서 소비자의 구매 심리를 자극하고 다양한 기호성에 대해 충족을 제공할 수 있다. 개화 방향의 개선은 유통, 수출 단계에서 고려되어 경제적인 가치를 부여하기도 한다.

- **꽃의 크기**: 화훼류를 절화용, 분화용, 화단용 등과 같이 이용 목적에 따라 꽃의 크기를 대형화, 중형화, 소형화로 구분하여 생산할 필요성이 있다. 소형화는 작고 콤팩트하여 생산 시설에서 자리를 덜 차지하고, 다루기 쉬우며, 운송하기 쉬운 장점이 있다. 거베라, 장미, 라일락, 팔레놉시스 등에 대하여 소형화에 대한 관심이 높다.
- **꽃 모양**: 독특한 화형을 가진 국화의 경우, 홑꽃(single), 겹꽃(double), 아네모네(anemone), 폼폰(pompon), 스파이더(spider), 스푼(spoon)형 등으로 구성된다.

2) 화색

꽃의 색은 **카로티노이드**(황색, 적색 계열), **플라보노이드**(황색, 적색~청색), **안토시아닌**(적색, 청색, 자색) 등의 화색소 발현에 의해 나타난다. 다양한 화색을 구현하기 위해 다양한 색깔을 지닌 품종의 교배 육성을 수행하였으나 일부에서는 실현이 제한적이었다(예를 들어, 장미의 청색, 아이리스의 적색꽃 등). 이를 극복하기 위해 생명공학적 기술의 이용, 이온빔과 감마선의 인공적인 조사를 통한 돌연변이 유도 등이 시행되고 있다.

(3) 방향성

화훼류의 방향성 물질은 화훼류의 가치를 제고할 뿐만 아니라, 수분매개체 유도와 방어의 기능으로서도 중요하다. 화훼류의 주요 방향성 물질은 **테르페노이드**(Terpenoid), **페닐프로파노이드**(Phenylpropanoid), **벤제노이드**(Benzenoid), **지방산 유도체**이다.

(4) 생리적 특성

화훼류 육종에 있어 주요 생리적 형질로는 휴면타파, 화아분화, 온도적응성(저온신장성), 블라인드 등 생리장해, 환경에 대한 안정적 형질 발현(유전적 안전성) 등이다.

- 개화: 개화는 저온감응성, 휴면타파, 화아분화, 버날리제이션(Vernalization)과 깊은 관련성이 있다. 이러한 일련의 생리적 특성은 화훼류 육종에 있어 매우 중요한 질적 형질의 목표가 된다.
- 온도적응성: 온도적응성은 저온신장성, 고온적응성이 모두 해당된다. 백합 등 저온성 식물은 저온에 견디는 편이지만 고온에 약하다. 우리나라에 자생하는 참나리는 다른 백합에 비하여 고온에 견디는 특성이 있으므로 정원용 품종 육성에 적합하다.
- 생리장해: 신품종의 구비조건 중에는 환경에 대한 적응력이나 유전적 안정성, 표현형질의 안정적 발현과 함께 환경에 대한 생리적 내적형질(저온 감응성 등)의 안정성이 중요하다.

(5) 생산성(주년생산)

주년생산은 연중 계속 생산뿐만 아니라 단위면적당 생산량을 늘림으로써, 재배자의 경제적인 수익을 증가시킬 수 있다.

(6) 병해충 저항성

연작 장해를 회피하고 수확량의 손실을 줄이기 위해서는 토양전염성 병해 및 해충에 대한 저항성을 가진 품종의 육성이 필요하다. 카네이션의 경우, 토양으로부터 유입된 후자리움(fusarium)

이 관다발을 막아 수분공급이 차단되어 위조병이 발생된다. 이를 해결하기 위해, 후자리움 저항성이 높은 카네이션을 선발한 후, 이들 간의 교배와 선발을 반복함으로써, 후자리움 저항성 카네이션이 개발되었다.

3) 주요 육종 방법

(1) 도입 육종

도입 육종은 가치가 있는 새로운 **유전자원**(germplasm)을 국내에서 수집하거나 외국으로부터 도입한 후, 특성 검정 과정을 거쳐서 확인된 우수한 품종을 직접 품종으로서 이용하는 방법이다. 일년초와 구근류 작물들이 미국, 일본, 유럽 등으로부터 도입되어 소개되었고, 수국, 하와이무궁화, 붓들레야 등의 신화훼 품종들이 화훼시장에 새롭게 소개되고 있다.

(2) 선발 육종

선발 육종은 **자가수정**이나 **타가수정**이 일어나거나 자연돌연변이에 의해 유전자형이 혼합 또는 변형된 잡종이 섞인 개체를 가지고 있는 집단에서 특정한(우수한) 형질을 지닌 개체를 선발하여 신품종으로 등록하는 방법이다. 자식성 식물에서는 개체 선발을 통해 순계를 육성할 수 있고, 타식성 식물에서는 집단 선발에 의해 집단 개량을 할 수 있다.

(3) 교잡 육종

교잡 육종은 우수한 유전형질을 가진 부계와 모계의 개체 간의 교배를 통해 잡종후대를 형성하고 유용한 변이체를 선발하는 방법이다. 이는 목적하는 품종의 특성 또는 형질의 유전적 변이를 창출할 수 있는 적극적인 육종 방법이다. **종간 잡종 육종**은 유전적으로 원연인 양친을 교잡하므로 배가 퇴화하는 경우를 대비하여 **배주배양**이나 **배배양**을 통해서 씨방이나 배가 퇴화하기 전 배구출(embryo rescue) 등을 통하여 후대의 육성이 가능하다.

(4) 방사선 육종

방사선 육종은 **물리적**(이온빔, 방사선, 감마선 등) 돌연변이원 처리에 의해 나타나는 돌연변이 중 우수한 개체를 선발하여 품종으로 이용하는 방법이다. 돌연변이를 유도하는 다른 육종 방법에 비해 안전하기 때문에 전 세계적으로 널리 이용되며, 품종 등록 시 GMO와 달리 안정선 검사 등이 필요 없다. 화훼작물에서는 난, 코레옵시스속, 다육식물 등에 적용함으로써, 품종으로 등록한 성과가 있다. 일부 품종은 외국에 수출하고 있어 경제적 가치가 있는 우수한 품종을 육성할 필요가 있다.

(5) 배수성 육종

감수분열을 통해 부모로부터 전달받는 염색체의 수는 반수체(n)로 수정이 일어난 후에 각 염색체가 쌍으로 이루어진 이배체($2n$)가 형성된다. 기본 염색체가 쌍으로 이루어진 것을 **정배수체**(euploid), 염색체 일부가 쌍을 이루지 못하고 더해지거나 빠진 것을 **이수체**(aneuploid)라고 한다. 자연적 또는 인위적 원인에 의해 기본 염색체가 3배가 된 것을 3배체(triploid), 4배가 된 것을 4배체(tetraploid) 등으로 구분하는데, 이처럼 염색체를 배가시켜 품종을 육성하는 것을 배수성 육종이라 한다. 배수성 육종은 **콜히친**(colchicine), **아산화질소**(nitrous oxide), **오리잘린**(oryzalin) 등의 화학물질을 처리하여 유도한다. 배수화된 작물은 내건성, 내서성, 제초제 내성 등의 긍정적 효과를 나타내기도 한다. 배수체는 초장을 제외한 대부분의 형질이 커진다. 세포의 크기가 커지고, 잎과 꽃, 줄기의 굵기가 더 커지는 효과가 있다. 단, 기존에 열성인 형질은 더욱 약해지는 경향이 있다. 약배양이나 화분배양을 통한 반수체 육종도 배수성 육종의 한 종류이다.

(6) 생명공학의 이용

유전자변형기술(GMO; Genetically Modified Organism)은 외래의 생물이 가지고 있는 유용한 유전자를 변형하고자 하는 생물에 삽입하여 새로운 형질을 육성하는 기술이다. 일례로, 일본의 산토리사와 호주의 바이오벤처 기업 Florigene(사)가 공동개발한 최초의 블루 카네이션 'Moondust'가 있다. 또한 최근 CRISPR/Cas9 유전자 가위 기술을 이용하여 페튜니아의 원형질체 세포에 화색 유전자를 정밀 교정함으로써, 신품종인 페튜니아(pale pinky purple 색상)가 개발되었다.

2 주요 화훼작물의 육종 실제

1) 초화류 유전육종

우리나라는 초화류의 국내 육성 보급 품종이 거의 없는 상태여서, 외국 종자회사의 의지대로 초화의 종자 가격이 조정되고, 원하는 시기에 원하는 품종을 구입하는 데 어려움을 겪는다. 대부분 초화류는 종자번식을 한다. 그러므로 초화류의 품종은 고정된 순계의 양친을 이용한 일대잡종의 종자로 유통된다.

초화의 일대잡종을 육성하기 위한 순계 육성은 원하는 품종을 체계적이고 지속적이며 재현성 있게 육성할 수 있는 능력을 보유했다고 볼 수 있다. 따라서 초화 육종가들은 가능하면 조합 능력이 좋으면서 다양한 특성을 가지는 순계 확보에 역점을 두어야 한다. 관상가치의 중점이 되는 화색, 화형 등은 질적 형질로 소수의 유전인자가 관여하므로 3대 정도를 자식으로 근교계가 될 수 있다.

(1) 초화류의 육종 과정

종자로 번식되는 초화 육종은 오랜 세월과 많은 노력이 필요하므로 미래 지향적 기호의 다양성을 감안하여 화경, 화색, 향기, 화형 등의 형질이 우수하고, 내병성, 내서성, 내습성, 내한성, 공해저항성 등의 환경적응성이 높으며, 생력화 재배가 가능한 품종의 육성 등을 목표로 설정한다.

육종 방법은 화종에 따른 육종 목표, 면적, 시설, 육종 연한 및 육종가의 노력을 충분히 고려하여 선택하되, 대상 작물의 번식 방법(자가수정, 타가수정, 영양번식), 품종의 종류(고정종, 일대잡종, 영양계통), 선발 방법(개체 선발, 계통 선발, 집단 선발), 육종 대상 형질(질적 형질, 양적 형질), 가용 예산 및 인력 등에 따라 다르다. 육종 방법은 수단이지 결코 목적이 아니므로 방법에 너무 구애 받지 않는 것이 좋다. 또한 육종도 사업이므로 육종의 효율성이 매우 중요하다. 선발은 취사선택이므로 버려야 할 계통은 과감히 버리고, 취해야 할 계통은 유지를 잘 해야 한다.

표 3.1 초화류의 육종 과정 모식도

소요 년수		육종 과정
양적 형질	질적 형질	
1	1	육종 목표 및 방법 결정, 육종 자원 수집 ↓
6	3	변이의 창성, 세대 진전으로 자식계통 육성 • 유전 변이 창성(인공교배, 방사선 또는 화학물질 처리) • 자식계통(inbreed line) 육성: 질적 형질(화색, 화경 등)은 3~4회 자식, 양적 형질(초장, 개화수 등)은 6~7회 자식 ↓
1	1	우량 계통 선발 및 교배 조합 교배 ↓
1	1	조합 능력 검정(조합의 생육 검정) ↓
1	1	우수 조합 선발 ↓
2	2	지역 적응 시험 및 특성 검정 ↓
1	1	신품종 등록
13년	10년	

종자번식을 하는 초화의 육종은 우선 가능한 많은 유전자원을 수집하여 그들의 특성을 파악한다. 국내 연구소, 종묘회사, 농장 및 국제 연구기관을 통해서 시판되는 품종 및 계통을 수집한다. 또한 야생종에도 많은 유전 변이가 축적되어 있으므로, 직접 육종의 기본 집단으로 이용이 가능하다. 수집된 자료를 이용하여 최대한 변이를 창성한다. 일반적으로 교잡을 통하여 변이를 창성할 수 있고, 최대한의 변이를 위하여 이면 교잡을 할 수 있다. 교잡 과정 없이 돌연변이를 유발시키는 방법에는 방사선 및 화학물질 처리가 있다.

목표에 맞게 변이를 창성한 후 이들을 자식계통으로 육성한다. 화색 및 화경 등의 질적 형질의 동형접합체를 위해서는 3차례 정도, 초장 및 화수 등의 양적 형질을 위해서는 6차례 정도 자식을 하여 생육 및 개화 특성 조사를 바탕으로 하여 순도를 검정한다. 또한 이들의 내병, 내서, 내한성 등 환경 적응 특성 조사를 바탕으로 하여 우수한 계통을 선발한다.

육종 목표에 맞게 주요 우수 계통(leading line)을 교잡하여 **잡종강세**(hybrid vigor) 능력이 탁월한 조합을 품종으로 선정한다. 잡종강세(F_1) 능력을 강화시키기 위하여 일반 조합 능력이 우수한 계통을 선발하여 이들 간에 교잡을 하고, 우수한 조합은 생육 및 개화 조사, 환경 적응력, 소비자 기호도 등을 바탕으로 새로운 품종이 될 수 있다.

(2) 우리나라 초화 육종 내역 및 품종

우리나라는 초화류 육성을 위해 페튜니아, 팬지, 매리골드, 맨드라미, 백일홍 위주로 1990년대 초반부터 유전자원을 수집하였다. 이후 2000년대 초반까지 **자식계통 육성**을 위하여 6~7차례에 거쳐 **자가수정** 또는 형매교배를 한 다음, 생장 및 개화 특성이 균일해 보이는 계통을 최종선발하였다. 이들을 이용하여 교배조합을 작성한 **일대잡종** 중에서 생장 및 개화 특성이 우수하고 균일한 것에 대하여 품평회를 개최하여 최종적으로 선발하였다. 선발된 이들 교배조합은 국립종자원에 출원하여 2년 간의 품종 심사를 거친 후 신품종으로 등록되었다.

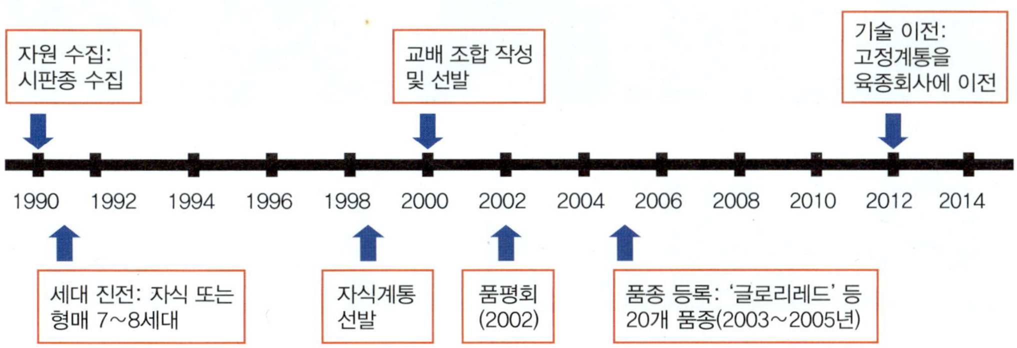

그림 3.1 실제적인 초화류 육종 과정(페튜니아 중심)

그림 3.2 페튜니아의 5회 자가수정에 의한 다양한 화색의 자식계통 육성

그림 3.3 페튜니아 자식계통(A, B, C, D, E) 간 이면 교잡에 의한 일대잡종의 생육 및 개화 특성

그림 3.4 국내에서 육성된 페튜니아, 팬지, 매리골드 및 맨드라미 품종

2) 백합 유전육종

백합은 전 세계적으로 장미, 국화와 함께 3대 절화품목이다. 현대 백합의 육종 역사는 1930년대 이전까지 *Lilium maculatum*, *L. davidii*, *L. dauricum*, *L. bulbiferum*, *L. tigrinum*을 이용한 Preston hybrids, the Mid-Century hybrids, the Patterson hybrids, the Harlequin hybrids가 육성되었고, 1940년대 Oregon Bulb Farms(OBF) 회사를 비롯하여 미국 서부지역에서 육종과 상업용 구근 생산이 일어났으며, Mid-Century Hybrid인 'Enchantment'가 Jan de Graaf에 의해 육성(1944년)되었다. 이 품종은 단일품종으로 700ha 이상 재배되는 최초의 품종이 되었다. 1970년대 이후 네덜란드에서 왕성한 육종이 이루어져 현재에 이르게 되었고, 현재 네덜란드에는 19개 정도의 백합 전문 육종회사가 있다. 백합은 아시아틱계 백합 육종이 1970년부터 2000년까지, 그리고 1990년대부터 오리엔탈계 백합 육종으로 진행되어 1997년 상향 개화하는 동양계 교잡종 품종인 '스타게이져' 품종이 개발되어 25년 간 시장을 지배하였다. 1990년대 이후에는 종간 잡종이 본격적으로 개발되기 시작해서, LA hybrid, LO hybrid, OT hybrid, OA hybrid가 개발되었고, 현재는 OT hybrid가 주류를 이루고 있다. 현재 재배되고 있는 대부분의 종간 잡종 품종은 3배체로서 생식세포 염색체 배수화 기술을 이용하여 육성한 품종들이다. 2010년 이후에는 Rose lily로 알려진 겹꽃 변이가 동양계 교잡종, 아시아틱계 교잡종, LA 교잡종, OT 교

표 3.2 2010년 기준 네덜란드에서 재배되고 있는 상위 25 품종의 재배면적과 육종회사

품종명	그룹	배수성	생산 지역(ha)		육성가	도입 시기
			2010	1994		
Sorbonne	O	2배체	200		VH	1994
Siberia	O	2배체	193	6	Mak	1992
Robina	OT	3배체	84		Marklily	2004
Tiber	O	2배체	71		VH	1994
Conca dór	OT	3배체	67		VH	2002
Brindisi	LA	3배체	67		VH	2002
Rialto	O	2배체	63		VH	2002
Santander	O	2배체	61		VH	2007
Litouwen	LA	3배체	59		VH	2005
Tresor	A	4배체	56		VH	1997
Casa Blanca	O	2배체	53	48	VH	1977
Pavia	LA	3배체	50		VH	2003
Yelloween	OT	2배체	50		WB	2005
Original Love	LA	3배체	41		Mak	2006
Dazzle	LA	3배체	40		Mak	1997
Nova Zembla	O	2배체	33		Mak	2001
White Heaven	L	2배체	38		WB	1999
Crystal Blanca	O	2배체	38		WB	1999
Star Gazer	O	2배체	37	437	Woodriff	1977
Merostar	O	2배체	37	18	IM	1991
Navona	A	3배체	34		VH	1994
Belladonna	OT	3배체	33		VH	2003
Corvara	O	2배체	32		Sande	2003
Acapulco	O	2배체	30	48	VH	1990
Triumphator	LO	3배체	30		RVZ	2003

*A = Asiatic, O = Oriental, L = longiflorum, LA, LO, OT

**VH = Vletter and Den Haan BV, M = Mak breeding, IM = Imanse, RVZ = Royal van Zanten, WB = World Breeding

잡종으로도 개발되고 있다.

(1) 백합의 분류

백합(*Lilium* spp.)은 백합과(Liliaceae) 백합속(Genus *Lilium*)의 다년생 구근으로 전 세계에 약 100여 종이 분포한다. 주요 분포지역은 아시아를 중심으로 유럽 및 북아메리카 등의 4계절이 뚜렷하게 나타나는 북반구 지역이다. 백합의 분류는 형태학, 생리학적 특징을 기초로 종자 발아 형태, 잎차례, 잎 모양, 주두 크기, 종자 크기, 꽃 형태, 구근색, 교잡친화성 등 15가지 형

그림 3.5 주요 백합 종간 교잡 모식도

질을 고려해서, Martagon, Pseudolirium, Lilium(Liriotypus), Archelirion, Sinomartagon, Leucolirion, Oxypetalum의 7절(section)로 구별한다. 상업적 재배종에는 Oriental hybrid(O), Asiatic hybrid(A), Longiflorum hybrid(L)와 이들 간의 종간 잡종에서 유래한 LA, LO, OA, OT 품종이 있다. 3가지 주요 백합 절간에 종간 잡종교배에 의하여 LA, LO, OA hybrid가 생성되었다. OT hybrid는 Oriental계 교잡종 그룹과 Trumpet 계통간 종간 잡종법에 의하여 육성되었다.

(2) 우리나라에 자생하는 나리 유전자원

우리나라에는 백합의 원시종인 섬말나리(울릉도에만 자생)를 비롯한 11종이 자생한다. Martagon 절에 속하는 **하늘말나리**(*L. tsingtauense* Gilg.), **말나리**(*L. distichum* Nakai), **섬말나리**(*L. hansonii* Leichtl.)의 3종, Sinomartagon 절에 속하는 **하늘나리**(*L. concolor* Bak.), **큰솔나리**(*L. tenuifolium* Fisch.), **털중나리**(*L. amabile* Palibin.), **중나리**(*L. leichtlinii* var. *maximo*), **참나리**(*L. lancifolium* Thunb.), **땅나리**(*L. callosum* Sieb.), **솔나리**(*L. cernuum* Kom.)의 7종, Daurolirion 절에 속하는 **날개하늘나리**(*L. dauricum* Ker Gawl.; *L. pensylvanicum* Ker Gawl.)이다. 특별히 Martagon 절에 속하는 섬말나리는 백합의 발생계통도에서 가장 하단에 위치하는 원시종으로 모든 백합의 원시종으로 알려져 있다. 국내에서 자생하는 백합은 유색계로 화색과 화형이 선명하여 관상가치가 높을 뿐만 아니라, 내한성, 내병성 등의 우수한 형질을 지니고 있어 육종 재료로서의 가치도 높다.

(3) 백합 그룹별 품종의 특징

아시아틱 교잡종은 화색이 다양하고, 향기가 없거나 약하며, 상향개화, 조기개화, 후자리움 저항성, 바이러스 저항성의 특징이 있다. **나팔나리**는 저온신장성, 나팔 모양의 독특한 화형, 은은한 향기, 백색의 화색이 특징이다. **동양계 교잡종**은 꽃이 크고, 화색이 주로 적색, 분홍, 노랑, 백색이며, 초세가 강하고 향기가 강하다. 종간 잡종 품종은 이들 주요 3가지 그룹 간에 이루어지며, 나팔나리 대신 트럼펫백합을 교배친으로 한 OT 종간 잡종 품종이 인기가 높다. 최근에는 겹꽃 품종이 개발되어 다양한 겹꽃 종간 잡종 품종이 개발되고 있다.

그림 3.6 백합 겹피기 품종. MADS 유전자 변이로 인해서 수술과 암술이 꽃잎으로 변화되는 개체를 교잡하여 새로운 품종으로 개발하고 있다.

(4) 백합의 육종기술

백합 육종은 전 세계적으로 2000년까지는 다양한 화색을 지닌 아시아틱 교잡종이 주도하였으나, 그 이후에는 동양계 및 나팔나리가 뒤를 이어 육성되기 시작하였다. 우리나라에서 백합 육종은 1991년부터 국립원예특작과학원에서 아시아틱 교잡종을 중심으로 해서 본격적으로 시작되었다. 국내의 백합 수요는 절화뿐만 아니라 화단 및 분화용 백합 수요도 증가하고 있는 추세이지만, 여름철 고온다습한 기후에서는 양구가 어렵고 바이러스 이병율이 높을 뿐 아니라 기계화 작업이 가능한 사질토양을 가진 대규모 토지를 구하기 어렵다. 이에 따라 대부분 네덜란드의 품종이 고가로 수입되어 재배되고 있다.

① 백합 육종 시 고려하는 원예적 형질

네덜란드를 중심으로 이루어진 신품종 백합 육성의 목표는 다음과 같은 중요한 원예학적 형질을 개량하기 위함이다.

- **후자리움, 보트리티스**(잿빛곰팡이병) 등의 병에 대한 저항성, 다양한 바이러스(TBV, LSV, LVX)에 대한 저항성
- 새로운 화형 및 화색, 단단한 줄기, 진한 엽색 등의 형태적 특성

- 저광과 고온의 적응성, 빠른 구비대, 연중 개화 등의 생리적 특징

② 국내 백합 육종 시 고려하는 환경적 요인

기후 조건과 재배 방법을 고려하여 국내에서 재배 및 소비되는 신품종 육성 전략은 다음과 같이 수행되어야 한다.

- 여름철 기후의 특수성(고온, 다습, 집중된 우기기간 등)을 고려한 환경에 적응성 있는 품종을 육성
- 국내에서는 대부분 토경재배가 이루어지므로 토양 병해충에 저항성을 지닌 품종을 육성

③ 백합 육종 체계도

아시아틱계 백합은 비교적 단시간에 육종이 가능하고, 오리엔탈계 백합은 더 긴 시간을 필요로 한다.

표 3.3 백합 육종 체계도

인공교배(1년) → 종자발아(1년) → 실생 구근 양성(2~3년) → 1, 2차 선발(2년) → 선발 개체 증식(4년) → 3차 선발(1년) → 품종 보호 등록(2년) → 시험 재배 및 양구(4~6년) → 구근 판매 및 재배 생산

④ 종간 잡종 육종

백합의 원종은 대부분 2배체($2n = 2x = 24$)이고, 동일한 절(Section) 내에서 이루어지는 종내 교잡은 유연관계가 가까운 개체 간에 교배 육성이 이루어지므로 교잡이 용이하다. 그러나 다른 절에 속하는 원종 또는 품종 간의 교잡이 이루어지는 **종간 교잡**(interspecific crossing)은 다양한 유전자 이입이 이루어질 수 있어 신품종 백합 육성을 위해 선호되는 육성 방법이다. 그러나 원연 간의 종간 교잡은 수정 전 장벽과 수정 후 장벽으로 인해 교배가 쉽지 않다. **수정 전 장벽**(pre-fertilization barrier)은 화주절단(cut-style) 수분 방법, 수분 전 암술대에 열을 가하는 방법, 화분에 방사선을 처리하여 이용하는 'Mentor pollen'법, 암술대에 호르몬을 처리하는 방법 등으로 해결할 수 있으며 **수정 후 장벽**(post fertilization barrier)은 **배배양, 배주배양, 자방절편** 등의 방법을 통해 타파하고 있다.

종간 교잡은 화분관 발달 저해를 극복하기 위하여 화주절단 수분법이 이용된다. 화주절단 수분법이란 해부용 칼로 화주를 씨방 상단의 0.5cm 정도 남기고 절단한 후, 화주의 빈 공간에 화분을 삽입한 다음, 호일로 절단면을 감싸 건조를 막고 수분을 시도하는 방법이다.

원연 간의 교잡 후, 수정 후 장벽을 타파하기 위해 조직배양 기술을 이용한다. 수분 후, 정상적으로 비대하지 못하는 씨방을 배주배양 하거나 미숙한 꼬투리 안의 배를 구출하는 배배양을 통해 수정 후 장벽을 해결할 수 있다.

화주절단 수분법으로 교배

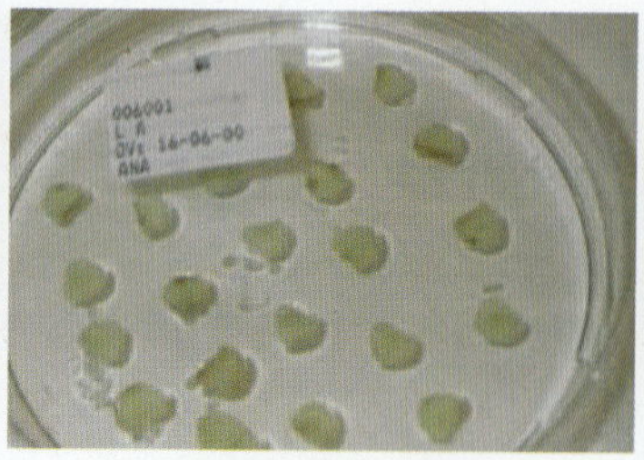

배 또는 배주배양

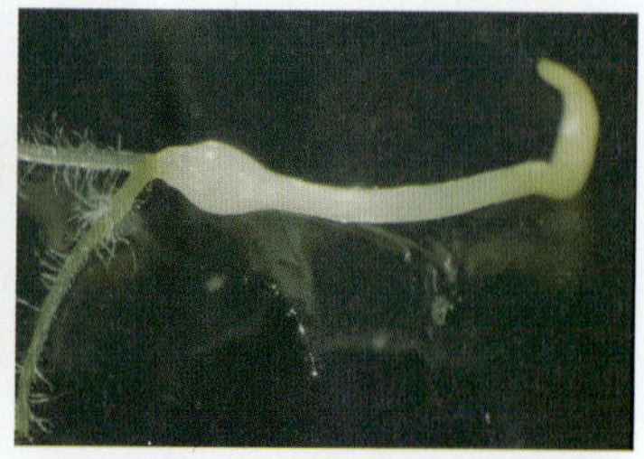

배 발아

종간 잡종 개체의 구비대

새로운 형태의 종간 잡종

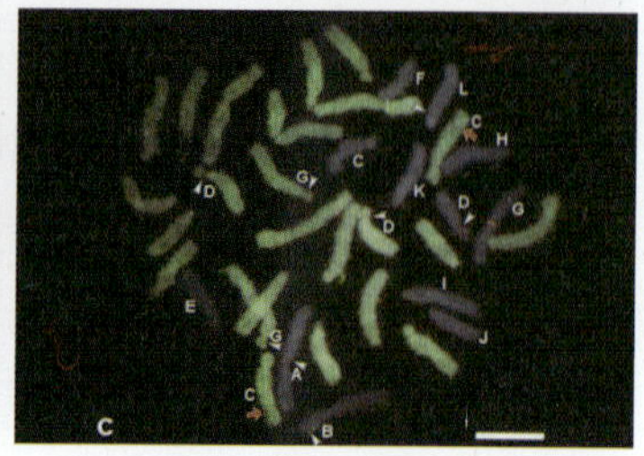

염색체 페인팅 기법에 의한 종간 잡종의 확인

그림 3.7 백합 종간 잡종 육성 과정

종간 잡종 육종법과 생식세포 배수성 육종법

생식세포 배수성 육종법은 종간 잡종법과 매우 밀접한 관계가 있다. 원연간 종간 잡종은 유연관계가 상당히 먼 종간의 잡종을 의미한다. 종이 각각 다른 2배체 간의 종간 잡종교배를 하면 배가 정상적으로 비대, 발달하다가 어느 시점에서 퇴화된다. 퇴화는 양친의 근연관계에 따라 빨라지기도 하고 늦어지기도 한다. 백합은 수정배의 퇴화시기에 따라서 자방절편배양, 배주배양, 배배양해야 한다. 종간 잡종에서 만들어진 F_1 개체는 대부분 웅성배우자(꽃가루)나 자성배우자(배)에 임성이 없다. 그러나 아주 드물게 임성을 지니는 개체가 있다. 이러한 개체는 웅성배우자(꽃가루, male gamete)나 자성배우자(난세포, female gamete)가 **2가 배우자**(2*n* gamete)를 생산하기 때문에 임성을 지니게 되고, 이를 2배체의 다른 한쪽 친에 교배하면 3배체의 후대가 생산된다. 즉, 2배체 간 교배를 통하여 3배체의 후대가 생산된다. 만약 2가 배우자를 생산하는 2배체 양친 간 교배를 하면 4배체의 후대가 생산된다. 생식세포 배수화 육종법의 장점은 양친을 고정시키지 않은 채 바로 교배 모본으로 사용할 수 있다는 것과 F_2나 BC_1 세대에 다양한 개체가 유전분리가 일어나므로 선발 효과가 매우 높다.

체세포 배수화법에 의해 생산된 BC_1 개체들(모든 개체들이 매우 유사하여 선발 기회가 적다)

생식세포 배수화법에 의해 생산된 BC_1 개체들(다양한 형질이 분리가 되고 선발 기회가 많아 두 번 교배로도 신품종을 선발할 수 있는 기회가 생긴다)

⑤ 종내 교잡 육종

종내 교잡은 주로 **암술머리 수분법**에 의해 이루어진다. 암술머리 수분법이란 개화 2~3일 전의 꽃봉오리를 열어 화분을 제거(제웅)하고, 자가수분 및 수분매개자에 의한 타가수분을 방지하기 위해서 주두를 알루미늄 호일로 감싸준다. 제웅 후 2~3일에 암술머리가 성숙한 시점에 화분을 암술머리에 골고루 묻혀(수분) 다시 알루미늄 호일을 씌운다. 수분 가능한 기간은 개화 전후 1주 정도인데, 제웅과 동시에 수분을 하여 호일 씌우기는 1회로 하는 것이 효과적이다. 3~4일이 지나면 화분관이 씨방에 도달하여 수정된다.

3) 장미 유전육종

장미(*Rosa hybrida*)는 4,000만 년 전 화석에서 발견되고, 지구 북반구 전역에 거쳐 서식하면서 오랜 역사를 통해 전 세계인들에게 공통적인 미의 기준으로 가장 많이 사랑을 받은 대표적인 식물이다. 재배의 흔적은 아시아 대륙과 북아프리카에서 5,000년 전부터 시작된 것으로 추정된다. 최근에는 관상을 주요 목적으로 하는 화훼식물 개발이 큰 흐름이고 향수를 위한 개발이 일부 차지하지만, 긴 역사에서의 사랑은 애당초 약용 목적으로 꽃, 열매, 향기(아로마)를 개발하려는 의도가 주요 목적이었음을 상기할 필요가 있다. 장미 원종은 지금까지 360여 종 이상이 분류되었으며, 한국에는 10여 종이 서식하고 있는 것으로 파악된다. 국내에서 자생하는 해당화(*Rosa rugosa*) 열매는 고함량 비타민 C를 함유하고 있다. 18세기부터 자연에서 발견된 종간 교배종을 변종으로 간주하여 재배하였으며, 19세기부터 교배육종법을 통한 본격적인 장미 품종 육성이 활발해졌고, 유전학과 생명공학의 발전에 발맞춰 육종의 깊이와 속도가 더해지고 있다. 장미 품종은 유럽과 북미의 주요 장미육종회사와 개인 육종가들을 중심으로 개발되고 있으며, 세계장미협회(WFRS)를 통하여 장미 동호인들로부터 사랑을 받고 있다. 장미 동호인들로 구성된 한국장미협회도 2018년에 정식으로 세계장미협회 회원국이 되었다. 식물신품종보호법에 따른 품종보호권을 인정하고, 한국 장미를 보호하려는 국내 장미 동호인들의 활동에 의해 한국 민간육종가들의 활동 영역 또한 확대되어 가고 있다.

(1) 장미의 유전

① 장미의 유전자원과 다양성

Rosaceae과에 속하는 *Rosa*속 장미 야생 원종은 지구 북반구의 어디에서라도 찾아 볼 수 있는 있으며, 4개의 아속[*Hulthemia* (1종), *Hesperhodos* (2종), *Platyhodon* (3종), *Rosa* (나머지 대부분의 장미종 포함하여 10 sections 분류)]으로 현재는 360여 종으로 분류되고 있다. *Rosa*아속의 10 sections은 *Pimpinellifoliae*, *Rosa*, *Caninae*, *Carolinae*, *Cinnamomeae*, *Synstylae*, *Indicae*, *Banksianae*, *Laevigatae*, *Bracteatae*로 구성되어 있다. 우리나라에는 대표적으로 section *Synstylae*에 속하는 찔레(*Rosa multiflora*)와 돌가시나무(*Rosa wichuraiana*) 그리고 section *Cinnamomeae*에 속하는 해당화(*Rosa rugosa*), 인가목(*Rosa acicularis*; *Rosa marretii*), 생열귀나무(*Rosa davurica*) 등이 서식한다. 관상 목적 교배육종은 17세기부터 시작된 것으로 추정되는데, *R. chinensis*와 *R. galica*종을 중심으로 *R. gigantea*, *R. moschata*, *R. gallica*, *R. damask* 등이 사용되었다. *R. multiflora*로부터 스프레이형이 유래되고, *R. foetida*로부터 노랑색 꽃이 유래되고, *R. chinensis minima*로부터 미니장미가 만들어지고, *R. wichuraiana*로부터 넝쿨형 장미가 유래된 것으로 보인다. 장미 육종 역사의 특징으로는 육종 과정 중에 인위적으로 만들어져 소개되었다가 이제는 독립된 종으로 구분되는 *R.* × *damascena* (*R. gallica* × *R. moschata*) 또는 *R.* × *centifolia* [lit. hundred leaved/petaled rose; syn. *R. gallica* var. *centifolia* (L.) Regel] 등이 있다. 따라서 소개되는 장미 품종(*Rosa hybrida*)들은 기본적으로 2개 이상의 종이 섞인 이종 간 교배종으로 간주한다. 정상적인 종자가 생성되는 경우에는 감수분열시 정상적인 bivalent가 형성되는 유전적인 소질을 가지는 allotetraploid($2n = 4x = 2x_A + 2x_B = 28$) 형태를 기본으로 보는 것이 올바르다. 또한 열매가 달리지 않음에 따라 종자가 생성되지 않는 장미 품종(*Rosa hybrida*)들의 경우에는 감수분열시 multivalent가 생성되는 autopolyploid ($2n = px$)로 봐야 한다.

② 장미의 주요 형질

• 절화장미 육종에서의 주요 형질

- 남미, 아프리카의 우수한 재배환경보다 집약적인 온실 시설에서 높은 생산량
- 남미, 아프리카와 같은 원거리에서 생산된 상품의 수확 후 향상된 저장력
- 남미, 아프리카의 평범한 시설에서 생산될 수 있는 넓은 환경 적응력
- 남미, 아프리카와 같이 자동 포장 시설이 없는 생산지를 위한 무가시 품종
- 접목이 필요 없이 강한 뿌리와 수경재배 시스템에 적합한 품종
- 지저부에서 눈이 쉽게 발생하여 절곡재배에 적합한 품종
- 향기가 있는 장미는 약한 경우가 많은데, 이를 극복한 향기 있는 절화
- 꽃 모양, 화서, 잎 색, 잎 모양 등을 기존 트랜드와 다르게 타겟팅

• 정원장미 육종에서의 주요 형질

- 전형적인 장미향 범위를 벗어나서, 다양하고 강한 향기를 지닌 정원 장미
- 다양한 환경에서 적응이 가능하고 병해충에 강해 농약 살포를 적게 해도 되는 정원 장미
- 다양한 정원 형태에 적합한 다양한 꽃 모양, 풍부한 꽃잎 수, 'care-free'에 적합한 수형
- 절화 생산 능력, 열매 모양이 좋아 소재로의 사용 능력, 병충해에 강한 근계

– 열매를 맺지 않아 연중 개화하는 성질

- 미니장미/분화장미 육종에서의 주요 형질
  – 삽목부터 성장까지 발근 능력이 좋고, 키가 작으며, 수형이 아담한 형질
  – 꽃이 크고 꽃잎의 개수가 풍부하며, 꽃의 모양이 새로운 트랜드인 형질
  – 국제 교역의 증가로 장거리 수송 시 악조건에서도 저장 능력이 뛰어난 형질
  – 주거 문화의 변화로 인한 발코니 재배 환경에서도 병해충 저항력이 강한 형질

(2) 장미의 상업적 육종

① 장미의 육종기술

- 종내 교잡 육종

장미에서 종내 교배 육종은 19세기부터 10개 정도 원종들의 자연 또는 인위적 교배를 통해 초기에는 $2n = 2x$, $2n = 4x$, $2n = 5x$ 염색체 구조를 가지고 있었다. 하지만, 유전적 혼합이 누적된 최근에는 임성이 회복되어 열매(hips)가 형성되는 사례를 보면, *Rosa hybrida*의 유전적 구성을 감수분열시 정상적인 bivalent가 형성되는 $2n = 4x = 2x_A + 2x_B = 28$라고 불리는 복합적인 혼합 교배종이 인위적으로 만들어진 경우가 많다고 볼 수 있다. 그러므로, *Rosa hybrida*는 인간에 의한 긴 육종의 역사가 만든 새로운 '**종**(species)'으로 간주되어야 한다.

장미 원종($2n = 2x = 14$)이 존재하므로, 복배체로 간주되는 장미 품종들은 열매가 생기지 않는 경우 **동질배수체**[autopolyloid ($2n = px$)]라고 부르는 것이 합당하다. 또한 열매가 생겨 종자가 맺히는 경우에는, 다수의 원시 염색체형이 복합적으로 섞인 2배체 상태인 **이질4배체**[allotetraploid ($2n = 4x = 2x_A + 2x_B = 28$)]라고 보는 것이 적절하다. 이런 경우는 우장춘 박사의 U's triangle에서 설명된 allotetraploid인 2개의 염색체 셋트가 배가되어 유채(AACC), 갓(AABB)처럼 새로운 '종(species)'으로 만들어진 경우와 비슷하며, 결과적으로 감수분열때 bivalent가 형성돼서 2배체와 같이 임성이 회복되어 종자가 맺히는 경우가 많다.

육종 과정으로는 다양한 *Rosa hybrida* 육종자원을 수집하여 암수의 교배 능력을 확인하고, 육종 목적에 따라 교배 호환성과 임성율을 확인하여 교배 횟수를 결정한다. 교배 적기에 제웅과 교배 후 열매(hips)가 완숙(3~4개월)되면 적출된 종자를 소독 후 습윤처리하여 냉장 상태로 8~12주 보관 후 휴면타파되면 파종한다. 1년차에 개화하므로, 꽃의 특징과 병 저항성 등의 형질을 시작으로 5년차까지 선발한다. 최초 20만 개 종자를 파종한다면, 최종적으로 3~4개 품종만 등록하는 과정을 거치게 된다.

*Rosa hybrida*의 경우에는 유전적 구성이 복잡한 결과로 말미암아 종내 교배에서도 불임이 된 계통을 찾을 수 있다. 이런 경우 개화 후 꽃을 제거해 주는 dead-heading 작업 없이도 열매(hips)

가 생성되지 않으므로, 사계절 지속적으로 개화하는 품종을 개발할 수 있다.

• 종간 교잡 육종

Rosa hybrida ($2n = 4x = 2x_A + 2x_B = 28$)는 인위적인 이질4배체(allotetraploid)로서, 장미 10여 종 사이의 긴 교배 과정을 통해 '종(species)'으로 일반화되었다. 장미 종간 교배 육종은 *Rosa hybrida*와 장미 원종($2n = 2x = 14$)를 교배 후 미숙아 배양 같은 과정을 통하여 3배체($2n = 3x = 21$)나 일반적이지 않는 유전적 구성체를 얻게 되는 경우를 일컫는다. 이후 **2가 배우자**(*2n-gamete*) 메커니즘을 통하여 자연적으로 임성이 회복된 allotetraploid ($2n = 4x = 2x_A + 2x_B = 28$) 개체가 얻어질 경우도 있다.

다른 식물 품목에서 종간 교배 육종의 일반적인 목적과 마찬가지로, 장미 육종에서 종간 교배 육종의 목적도 기존 *Rosa hybrida* 유전자원 집단에서 얻어지지 않는 병해충 저항성, 특별한 생장 습성 같은 형질을 도입하는 것이다.

• 돌연변이 육종

돌연변이 육종에는 일반적으로는 품종을 개발한 육종가에 의해서 자연 돌연변이체가 등록되는 사례가 높다. 또한 1970년대부터 방사선이나 화학적인 방법을 통해서 인위 돌연변이 발생 빈도를 높여 기존 품종과 차별성이 있는 품종을 개발하였다. 돌연변이 육종은 재배 요령은 동일하고 특정 형질만 차이가 나는 시리즈 품종을 만드는 경우(예: 화색)가 좋은 이용 사례이다.

② 대표적 상업 육종 품종

그림 3.8 우리나라에서 개발된 장미 '필립' 품종(국외는 'Deep Purple'로 등록)

- **육성년도:** 2010년
- **품종보호출원**
  국내 제2010-383호, 에콰도르 1182-13, 콜롬비아 A131826
- **주요 특성**
  분홍과 진분홍 투톤컬러, 줄기에 가시가 없음
- **수상실적**
  - 대한민국우수품종상 대통령상('16)
  - 일본 동경플라워엑스포 그랑프리('15)
  - 네덜란드 쿠켄호프 꽃 축제 최고상('14)
  - 러시아 모스크바국제화훼박람회 대상('12)

4) 국화 유전육종

국화속(菊花屬)은 전 세계에 200여 종(種)이 분포되어 있으며, 대부분 종(種)은 중국으로부터 유래되었다. 중국에서는 약 5,000년 전부터, 일본에서는 17~18세기부터, 구미에서는 18~19세기부터 재배되어 왔으나 품종 개발의 근거는 분명하지 않다. 현재 재배되고 있는 국화 품종은 *Chrysanthemum indicum*(감국), *C. morifolium*(라일락 및 장미색), *C. zawadskii*(구절초) 및 추산 데이지(종 불명)로부터 자연교잡 또는 자연 돌연변이에 의한 변이체를 이용해서 육성되어 온 것으로 추정하고 있다. 일부 기록에 의하면 영국과 네덜란드는 1843년 영국의 로버트 포츈(Robert Fortune)에 의해 추산 데이지가 도입되기 이전부터 교배가 이뤄졌으며, 미국에서는 1889년, Elmer D. Smith가 교배를 시작한 것에서 육종이 시작되었다. 절화 국화의 생산 및 재배는 광주기성이 발견된 이후 1930년부터 시작되었으며, 오늘날 유럽, 아시아 및 미국에서는 상업용 품종 개발이 지속적으로 이뤄지고 있다. 꽃의 형태도 데이지, 데코러티브, 폼폰, 스푼 화형 등처럼 다양할 뿐만 아니라, 다양한 화색의 원예용 품종으로 개발되고 있다.

(1) 국화의 유전

① 주요 원종

- **구절초**(九折草, *Chrysanthemum zawadskii* var. *latilobum*): 한반도, 일본, 중국 북부 등에 분포한다. 백색 또는 분홍색의 꽃이 8~11월 개화, 직경 3~8 cm 수준. 염색체는 $2n = 18, 36, 54$로 2배체에서 6배체에 이르기까지 다양하다.
- **감국**(甘菊, *Chrysanthemum indicum*): 한국, 일본, 대만, 중국 등에 분포한다. 염색체는 $2n = 36$, 황색의 꽃은 직경 2.5 cm 정도이다. 10월에 개화하며, 절화용 품종 개량에 많이 이용하고 있다.
- **산국**(山菊, *Chrysanthemum boreale*): 한국, 중국, 일본 등지에 자생한다. 황색의 꽃은 직경이 1.5 cm 정도이다. 10월 개화한다. 흰녹병(白銹病) 저항성이 있다. 염색체 수는 $2n = 18$이다.
- **일본국화**(*Chrysanthemum japonicum*): 일본에 자생한다. 10월 하순~11월 상순에 개화한다.

구절초 감국 산국 일본국화 갯국

그림 3.9 국화 주요 원종(구절초, 감국, 산국, 일본국화, 갯국)

백색의 꽃으로 직경 2.5~5 cm이다. 염색체는 $2n = 18$이다.

- 갯국(*Chrysanthemum pacificum*): 일본에 자생한다. 10월 하순~11월에 개화한다. 직경 5 mm의 작은 꽃이 줄기 끝에 밀집하며, 꽃잎이 없다. 염색체는 $2n = 90$인 10배체이다.

② 국화 분류

- 개화기에 따른 분류
  - 하국(夏菊): 일장과 무관하게 화아분화·개화하는 품종군. 10°C 내외의 저온에서도 쉽게 화아분화 가능하다. 개화 조절이 어려운 단점이 있다.
  - 하추국(7~9월 국화): 한계 일장이 16~24시간이고, 적정 일장 한계는 12~14시간인 품종군이다.
  - 추국: 단일에 의해 화아분화 및 개화가 유도되며, 추국의 자연 화아분화 시기는 8월 하순~9월 상순이다. 화아분화는 13.5~14시간 일장에서 화아 발달은 12시간 일장에서 가장 좋다.

- 착화습성에 따른 분류(표 3.4)
  - 스탠다드 국화(Standard mum): 하나의 꽃대에 하나의 꽃만 피워 출하하는 국화
  - 스프레이 국화(Spray mum): 하나의 꽃대에 여러 개의 꽃을 피워서 출하하는 국화
  - 산티니(Santini): 스프레이 국화 중 꽃의 직경이 4cm 이하의 작은 국화

- 화형의 따른 분류
  - 홑꽃: 중심부는 통상화로 이뤄져 있고, 가장자리에 설상화(꽃잎)가 1~2겹으로 착생한 화형이다. '리간 시리즈', '금수', '보라미', '파이어핑크', '에스홀릭' 등
  - 아네모네: 홑꽃에 비해 통상화가 다소 길게 신장한 형태의 화형이다. '포드', '일월', '아르거스' 등
  - 폼폰: 탁구공처럼 작은 원형을 이루는 화형이다. '프로기', '핑크팡팡', '그린팡팡' 등
  - 겹꽃: 꽃의 크기가 중대형으로 통상화가 거의 없이 설상화로만 이뤄진 화형이다. '신마', '백마', '백강' 등 백색 대국과 에일린, 코랄킹과 같은 유색의 디스버드 국화 등
  - 스파이더: 꽃잎이 가늘고 길게 신장하며 거미 모양을 하는 화형이다. '슈퍼 옐로우', '토쿄', '스파이더 화이트(옐로우)' 등

③ 국화의 주요 형질

- 국화의 염색체 및 유전체: 국화는 기본 염색체가 9개($x = 9$)로 구성되며, 2배체로부터 10배체까지 다양한 배수성을 지닌다(그림 3.10 참고). 상업용 품종은 대부분 $2n = 54$인 6배체(倍體, Hexaploid)이고, 이수체도 다수 포함하고 있다. 2배체 야생국화 산국의 유전체 크기는 2.947 Gbp이고, 전사체 분석으로 370,893 유전자가 확보되었으며, *C. seticuspe*의 게놈분석을 통해 상업용 국화의 유전분석 가능성이 제시되었다.

표 3.4 절화 국화의 분류

가. 착화습성에 따른 분류		

스탠다드	스프레이	산티니
나. 화형에 따른 분류		

홑꽃형	겹꽃형	스파이더형

아네모네형	폼폰형	스푼형

출처: https://dekkerchrysanten.com/en-asian/

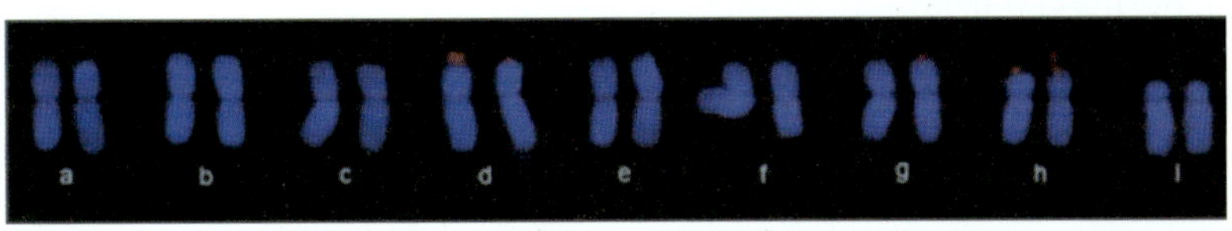

그림 3.10 산국의 염색체 핵형 분석($2n = 18$)

• **화색**: 국화의 화색은 설상화의 색상에 의해 결정되며, 단일 우성 유전자에 의해 발현된다. 화색 변이 관련 색소 물질은 생합성 및 조절이 가능하다. 시아니딘 계열의 안토시아닌 축적에 의해 분홍색 및 적색이 발현되며, 카로티노이드계열 색소 물질 축적에 의해 노란색과 초록색이 발현되며, 플라보노이드계 물질의 생합성 및 조절에 따라 청색 발현을 유도할 수 있다. 캄파눌라의 경우, 꽃잎 특이 프로모터인 Campanula F3′5′H 과발현에 의해 델피니딘 색소가 축적되는 것도 볼 수 있다.

• **화형**: 국화의 화형은 교배친에 따라 다르게 발현이 된다. 홑꽃과 겹꽃을 교배했을 때 홑꽃이 부분 우성으로 홑꽃 29%, 반겹꽃 58%, 겹꽃 12% 수준으로 발현됨을 확인할 수 있었다. 또한 아네모네와 홑꽃을 교배했을 때는 아네모네 50%, 홑꽃 40%, 중간형 10% 수준으로 발현됨을 볼 수 있었다. chrysanthemum-AGAMOUS gene의 발현 억제에 의해 꽃잎의 형태가 변화됨을 볼 수 있다.

• **흰녹병 저항성**: 국화의 흰녹병은 단일 우성 유전자에 의해 발현이 된다. 저항성 품종인 '댄서'와 이병성 품종인 '화이트퓨마'의 후대로부터 국화 흰녹병저항성 연관 분자표지인 OPI-13520 RAPD marker가 개발되었으며, 또한 국화의 유전자원에 대한 흰녹병 저항성 수준이 구명된 바 있다.

• **무측지성**: 국화의 무측지성 발현은 열성 동형유전자에 의한 것이다. RNA-seq 기반으로 측지성과 무측지성 특이적 발현 유전자 조직별로 발굴하여 국화 측지 발달 조절 유전자 및 메커니즘을 규명한 바 있으며, 측지 조절 주요 메커니즘인 strigolactone 호르몬 관련 유전자에 대한 정보를 획득하게 되었다.

(2) 국화의 육종기술

① 육종 방법의 종류

• **도입 육종**: 외국에서 육성된 품종을 도입해서 통해 국내 환경에 맞는 품종을 선발하는 방법

• **교잡 육종**: 품종 또는 계통 간 교배를 통해 신품종 육성하는 방법

• **돌연변이 육종**: 방사선 또는 화학적 방법을 통해 돌연변이를 유기하는 방법

– X선, γ선 처리(1.0~2.5 krad = 10~25 Gy): 스프레이 국화의 경우, 총선량 17.5 Gy, 선량률은 시간당 0.875 Gy 정도 처리

– 화학제 처리(콜히친 0.06%) 등

• **유전자 전환**: 제초제 저항성, 무측지성, 조기 개화성 유전자 등

② 국내 육성 품종 성공 사례

- 백마(*Chrysanthemum morifolium* 'Baekma')
  - 육성 내력: 백색 대국, '백마'는 2001년, '백선'에, '신마'를 교배하여 얻은 후대로부터 선발되어 2006년에 품종보호 등록된 국립원예특작과학원 육성 품종이다.
  - 주요 특성:
    - 9월 하순에 자연 개화하는 백색의 스탠다드형 하추국이다.
    - 꽃의 중앙부는 녹색을 띠고 있어 깨끗함이 돋보이는 절화용 품종이다.
    - 생육이 왕성하며, 촉성재배 및 억제재배에서도 개화가 빠르다.
    - 꽃잎수가 많아 노심현상(꽃의 중앙이 비는 현상)이 없다.
- 예스홀릭
  - 육성 내력: 스프레이 국화 '예스홀릭'은 2010년 'SP09-251-01'과 'SP08-010-16'의 교배 후대로 2015년에 품종보호 등록된 충남농업기술원 화훼연구소 육성 품종이다.
  - 주요 특성: 10월 중하순에 자연개화하는 황색 홑꽃 추국으로서, 통상화 화심의 짙은 녹색이 선명하여 기호도가 우수한 7주 반응주기형 절화용 품종이다.

그림 3.11 국화 '백마'(좌) 및 '예스홀릭'(우)

5) 다육식물 유전육종

(1) 다육식물이란?

다육식물이란 물을 저장하는 조직인 저수조직이 식물체의 줄기나 잎 등에 두터운 육질의 형태로 발달하여 수분을 많이 함유할 수 있는 식물로, 오랫동안 물이 없는 환경에서 생존이 가능한 식물을 의미한다. 넓은 의미에서 선인장도 다육식물이지만, 선인장 자체가 거대한 식물군을 이루고 있으므로 선인장과와는 따로 분류하고 있다. 또한 형태학적으로 차이가 있는데, 선인장은 잎이 변화하여 가시와 가시 자리(areola)를 형성하고, 다육식물은 줄기가 변화되거나 표피조직이 돌출되어 가시를 형성한다. 또한 서식지에서도 차이가 있는데, 선인장의 대부분은 건조하고 비교적 시원한 고지대에서 서식하지만, 다육식물은 대부분은 건조하고 더운 곳에서 서식한다.

다육식물은 아프리카 남부를 중심으로 아프리카 대륙 전체, 카나리아제도, 마다가스카르섬, 아라비아반도, 남부 인도 등에 주로 분포하는 것으로 알려져 있다. 돌나무과(Crassulaceae), 대극과(Euphorbiaceae), 백합과(Asphodelaceae) 등을 포함하여 약 50과 10,000종이 넘는 식물이 존재하는 것으로 알려져 있다. 이 중 에케베리아속(*Echeveria*), 알로에속(*Aloe*), 칼랑코에속(*Kalanchoe*), 세덤속(*Sedum*)에 속하는 약 1,000여 종이 재배되어 유통되고 있다. 다육식물의 분류는 다육화된 부위에 따라 다음과 같이 3가지 타입으로 분류한다(표 3.5).

표 3.5 다육화된 부위에 따른 다육식물의 분류

타입	대표 식물
1) 잎이 다육으로 된 식물	용설란과, 꿩비름과, 번행초과, 백합과(알로에, 하월시아), 쇠비름과 등
2) 줄기가 다육으로 된 식물	박주가리과, 등대풀과, 선인장과 등
3) 줄기 하부나 지하부가 비대한 식물	협죽도과, 석산과 등

다육식물은 품종이 다양하고 건조에 대한 저항성이 커서 실내에서 관리가 용이하므로 실내식물로 적합하게 평가되고 있다. 다육식물 중 **에케베리아속**과 **하월시아(*Haworthia*)속**은 관상가치가 높고 소비자 선호도가 높은 인기 있는 품목이다. 에케베리아속은 돌나무과에 속하는데, 미국 및 멕시코 등 아메리카 대륙에서 자생하고 있으며 약 140여 종을 포함하는 것으로 알려져 있다. 유통되는 품종들은 종간 잡종 또는 속간 잡종에 의해 전 세계적으로 약 600여 종이 생산 및 판매가 되고 있다. 하월시아속은 백합과에 속하는데, 주로 남아프리카에 약 100여 종이 자생하는 것으로 알려져 있다. 번식이 어렵고 생장 속도가 느려 국내에서는 고가에 판매가 되고 있다.

(2) 다육식물의 국내 육종 성과

에케베리아(*Echeveria*) 속의 주요 관상 부위는 잎으로, 잎의 무늬, 잎의 형태, 식물체의 크기 등이 다양하고, 또한 잎의 주름, 백분, 광택, 모용(솜털) 유무에 의해서도 다양성이 커진다. 계절에 따라 색상의 변화가 일어나는 품종도 있어 관상가치가 매우 크다. 국내에서는 2012년부터 신품종의 에케베리아를 개발하여 2019년까지 33품종이 육성되었다. 연구기관뿐만 아니라, 농업인을 주축으로 하는 민간 육종가에 의해 육성된 에케베리아 신품종도 지속적으로 증가하고 있는 추세이다(그림 3.12). 국내에서 최초로 개발된 에케베리아 품종은 '모닝듀'(경기도농업기술원)이며, '아이시그린'(경기도농업기술원)은 해외로 가장 많이 수출된 품종이다(그림 3.12). 국내에서 육성되는 에케베리

아는 "국내 소비와 해외 수출에 적합한 품종을 육성하기 위해 로제트 형성이 강하고 백분과 색상 발현이 우수한 품종을 육성"하기 위한 목표로서 육성되고 있다.

하월시아속은 다양한 형태와 잎의 독특한 무늬가 있고, 일부 종은 잎의 윗면에 엽록체가 결핍됨에 따라 투명한 창 형태의 구조가 형성되어 빛을 투과시켜서 내부에서 광합성이 이루어지는 독특한 형태이다. 국내외 애호가들에 의해 관심과 소비가 증가하고 있다. 하월시아속에는 집단 변이나 지리적 변이에 대한 연구를 통해 67종이 포함되는 것으로 알려져 있지만, 이에 대한 이견이 있어 분류에 대한 논란은 여전히 현재 진행형이다. 하월시아의 개화는 재배 후 빠르게는 3년부터 종에 따라서는 5년에서(*H. mauganii*) 10년까지(*H. marxi*) 걸리기도 한다. 하월시아의 신품종 육성에 관한 정보는 많이 공개되어 있지 않지만, 주로 잎의 형태, 잎의 색, 잎의 창(window)의 개선을 위해 육종이 수행된다.

신품종 다육식물을 육성하기 위한 주요 육종 방법은 교배 육성이다. 교배 육성 과정은 육성 목표(색상 발현 우수, 높은 생산성 및 기호도 등)에 따라 유전자원을 수집하고 교배 육성에 의해 실생묘를 양성한다. 실생묘를 대상으로 육종 목표에 맞는 우수한 개체를 선발한 후, 증식하여 약 3년 간 특성 검정을 실시하여 우수 계통으로 육종하게 된다(그림 3.13). 최근에는 다육식물의 돌연변이 유도를 위해 방사선 처리를 통하여 엽색이 변이된 개체가 개발되었다. 또한 화학제 처리(colchicine 등)에 의한 2배체와 4배체가 혼합된 키메라(chimera)가 발생된다는 보고가 있어 전통 육종에만 한정되어 있는 다육식물 육성의 한계를 극복하고 보다 다양한 품종을 육성할 수 있을 것으로 기대된다.

모닝듀 (경기도농업기술원) | 아이시그린 (경기도농업기술원) | 글램핑크 (민간 육성 품종)

그림 3.12 국내에서 육성된 에케베리아 품종

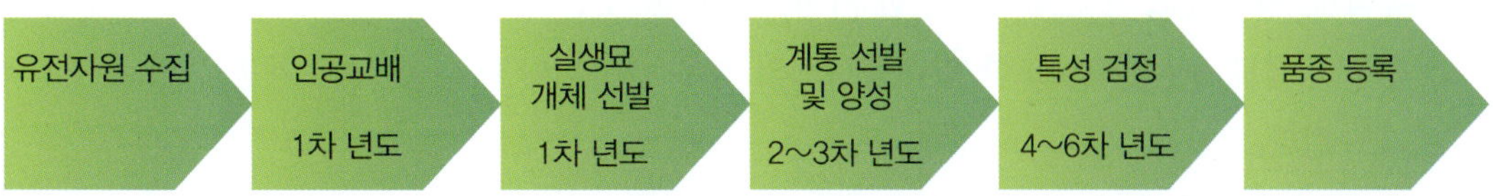

그림 3.13 다육식물 육성과정 모식도

6) 난과식물 유전육종

난 육종은 1852년 영국에서 처음 인공교배를 시작하였는데, 주로 교배를 통해 새로운 유전자를 도입하는 방식으로 이루어졌다. 국내에서는 1992년부터 산업 비중이 높은 **심비디움**(*Cymbidium*)과 **팔레놉시스**(*Phalaenopsis*)를 중심으로 난 육종 연구가 추진되어 왔다. 난은 배유가 없는 **무배유 종자**로 교배 후 파종시 인공적으로 무기물을 공급할 수 있는 배지에서 발아가 가능하므로, 실생 개체 양성을 위해서는 기내 배양이 선행되어야 한다. 선발한 개체의 조직 배양을 통한 기내 증식 및 온실내 육묘 과정으로 육종에 약 10년 이상의 기간이 소요되며, 높은 기술력이 요구되어 진입 장벽이 높은 편이다.

(1) 난과식물의 유전

① 난의 유전자원과 다양성

난과식물은 **단자엽식물** 중 가장 진화된 분류군으로 800여 속 2만 5천여 종 이상이 열대에서 한대에 이르기까지 넓게 분포하고 있다. 상업적으로 가장 많은 품종이 개발된 심비디움과 팔레놉시스는 원종이 각각 약 94여 종, 60여 종이 알려져 있으며, 이를 중심으로 한 교배가 활발히 이루어져 화색 별로 백색계, 분홍색계, 황색계 등으로 진전되었다. 주요 원종으로 심비디움에는 *Cym. eburneum*(백색), *Cym. aloifolium*(황색) 등이 있고, 팔레놉시스에는 *Phal. amabilis*(백색), *Phal. schilleriana*(분홍색) 등이 있다.

② 난과식물의 육종에 영향을 미치는 주요 형질

- **크기 및 형태**: 난은 소형종이면서 다화성인 품종에 대한 선호도가 점차적으로 높아지고 있다. 꽃의 형태는 꽃잎과 꽃받침의 굽는 형태에 따라 구분할 수 있는데, 심비디움은 안으로 굽는 형태(안아피기형)를 선호하는 경향이 있다. 팔레놉시스는 꽃의 형태에 따른 선호도 차이가 크지 않지만, 잎술꽃잎이 꽃잎처럼 커진 빅립(Big-lip) 화형이 최근 새롭게 떠오르고 있다.
- **화색**: 난의 화색 유전 양식은 영국의 허스트 박사(C.C. Hurst)에 의해 멘델의 유전법칙을 난에서 재확인하는 방식으로 유전정보가 보고된 바 있다. 난은 화색을 기반으로 크게 백색계, 분홍색계, 황색계로 나눌 수 있고, 한 가지 색상만을 갖는 단색계와 두 가지 이상의 색상을 갖는 복색계로 구분한다. 또한 팔레놉시스의 경우 줄무늬나 무늬를 갖는 계통을 따로 구분하기도 한다.
- **향기**: 난과 식물 중 75% 이상이 향기를 가지고 있는 것으로 알려져 있으나 상업적인 신품종을 개발하는 과정에서 대부분 소실되었다. 심비디움에서는 향기 형질을 도입하기 위해 종

간 교잡을 실시하고 있는데, 향기를 지닌 자원은 꽃수가 적거나 개화수명이 짧은 단점이 있어 중간 형질로 선발한다. 유향종이면서 시장성 있는 신품종을 개발하는 것은 난 육종의 오랜 목표가 되고 있다.

• 기타: 재배를 용이하게 하기 위해 잎의 자세 또한 주요 형질로 여겨진다. 잎 자세가 직립 혹은 반직립할 경우 재식밀도를 높일 수 있고 재배관리가 편리하므로 선호하는 경향이 있다. 이 외에도 세균성 감염에 의한 무름병 등 병충해 저항성, 바이러스 저항성, 내한성, 내서성 등 환경 적응력도 중요한 형질 중 하나이다.

(2) 난과식물의 육종기술

① 난의 육종기술

• **교잡 육종**: 난의 대표적인 육종 방식으로, 헤테로성이 높아 교배를 통해 다양한 변이를 창출할 수 있다. 목표 형질 발현을 위해 인공교배하여 잡종을 만든 다음, 후대에서 우수한 형질을 갖는 개체의 선발 및 증식을 통해 계통 양성 및 품종을 개발한다. 난의 화기는 **꽃잎**(petal), **꽃받침**(sepal), **입술꽃잎**(순판, lip), 암술과 수술이 하나된 기관인 **꽃술대**(column)로 구분한다. 난 교배는 단단한 2개의 꽃가루 덩어리인 **화분괴**(pollinia)를 꽃술대의 주두 안쪽에 넣는 방식으로 이루어진다. 심비디움은 다양한 형질 발현을 위해 종간 교잡을 통한 동서양 교배종이 개발되고 있다. 팔레놉시스는 종간뿐만 아니라 속간 교잡을 통해서 여러 색깔과 무늬의 품종들이 개발되어 왔으며, 대표적으로 팔레놉시스(*Phalaenopsis*)속과 도리티스(*Doritis*)속 간 교잡을 통해 개발된 도리테놉시스(*Doritaenopsis*)계 품종이 큰 성과라 할 수 있다.

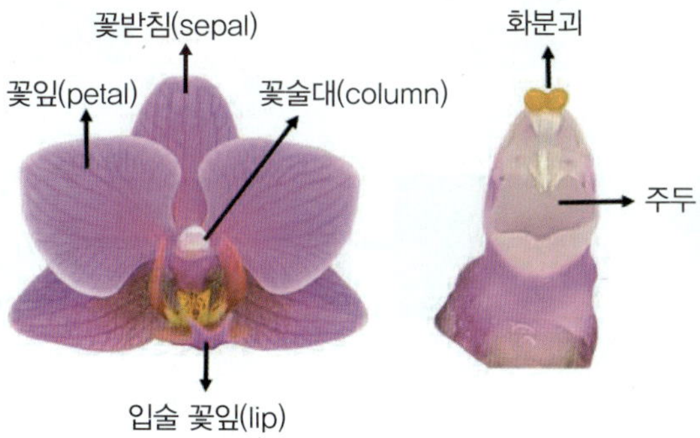

그림 3.14 난의 화기와 꽃술대의 형태적 특성(출처: 국립원예특작과학원)

• **배수성 육종**: 난은 다른 작물에 비해 배수체를 유기하는 데 용이하고 배수성의 특징이 꽃과 식물체에 나타나 육종에 실용적으로 이용되고 있다. 배수체는 2배체에 비해 생육이 왕성하고 꽃의 크기가 커지며, 3배체의 우수한 특성 도입을 위해 임성을 회복하는 등 유용성이 매

우 큰 것으로 알려져 있다. 국내에서 심비디움의 생장점 배양을 통해 유도한 **PLB**(Protocorm-like body, 원괴체)를 기내에서 콜히친 처리(농도 0.01%에서 3주 처리 또는 0.05%에서 1주 처리)하여 배수체를 얻은 바 있다.

- **돌연변이 육종**: 돌연변이는 자연적으로 발생되거나 혹은 인위적인 처리를 통해 발생시킬 수 있다. 동양란 중 춘란의 경우 자연계에서 잎의 색, 다양한 형태의 무늬가 발현되면 이러한 변이체에 대한 관상 가치를 높게 평가하여 상업적으로 유용하게 이용된다. 인위적으로 돌연변이를 유기하는 방법으로는 방사선 조사나 화학적 처리가 있다. 최근에는 동양 심비디움에서 방사선(감마선)을 PLB에 30~60 gray 수준에서 24시간 처리하여 돌연변이를 유기하기도 한다.

② 대표적 상업 육종 품종과 육성 경위

국내에서는 1990년대 초반 유전자원 수집을 시작으로 교배, 목표 형질을 보유한 개체 선발 및 실생 계통 양성, 선발 및 대량 증식, 특성 검정 등 일련의 과정을 통해 2002년 신품종을 선보였다. 대표 육성 품종으로서, 심비디움은 노란색 조생종 '골드썬(2010)'이 국내시장에서 높은 경매가를 기록한 바 있다. 또한, 분홍색의 화경이 단단한 '해피데이(2012)'는 일본 절화 수출용으로 유망하다. 팔레놉시스는 최근에 미니 혹은 소형종에 주력하면서 다양한 화색과 화형을 보유한 품종을 개발하고 있다. 대표적으로 분홍색 빅립 화형의 '러블리엔젤(2017)'과 다화성 소형종 '아리아(2019)'가 있다.

그림 3.15 국내 대표 육성 품종 및 육성 경위(좌: 심비디움 '해피데이', 중: 팔레놉시스 '러블리엔젤', 우: 육성 경위)

7) 카네이션 유전육종

카네이션(*Dianthus caryophyllus* L.)은 석죽과(Caryophyllaceae) 석죽속(Genus *Dianthus*)의 일종

으로 분류된다. 석죽과의 식물은 대부분 일년초 또는 다년초로서 약 80속 2,000종 이상이 북반구의 온대 지역을 중심으로 하여 열대에서 한대까지 넓게 분포되어 있다. 석죽속의 약 300종은 유럽, 지중해 연안, 아시아, 열대 및 남아프리카산지 등에 자생한다. 대부분 다년초이며, 소수의 일년초와 일본의 자생종 *D. shinanensis*와 같은 2년생도 있다. 카네이션의 원종은 시실리 섬, 남유럽, 북아프리카, 서아시아 등 지중해 지역에 자생하고 있다. 카네이션의 속명 다이안사스(*Dianthus*)는 그리스의 식물학자 테오프라스토스(Theophrastus, B.C. 372~288)가 '신(Dios)'의 '꽃(Anthos)'라는 뜻으로 이름을 붙였다. 종명은 카네이션의 색과 향기가 카리오필루스(caryophyllus)에서 얻은 정향(丁香)과 비슷한 점에서 유래하였는데, 당시에는 화관(花冠)식물로 분류하였다고 한다.

(1) 카네이션의 유전

① 카네이션의 유전자원과 다양성

• 주요 원종

– *Dianthus barbatus* (Sweet William): 원산지는 남부 유럽과 아시아 일부. 이년생 또는 다년생 초본, 정원용

– *Dianthus deltoides* (Maiden Pink): 원산지는 유럽, 서아시아이며, 도입종은 북미에서 많이 볼 수 있음. 석회암지대, 바위틈, 광산 등지에서 발견

– *Dianthus superbus* (Fringed pink or large pink): 원산지는 유럽과 북아시아, 해발 2,400m 고도에서 자생. 다년생 초본, 달콤한 향을 지님. 6가지 아종이 있음

– *Dianthus chinensis* (석죽, Rainbow pink 또는 China pink): 중국 북부, 한국, 몽골 및 러시아 남동부 다년생 초본

Dianthus barbatus *Dianthus deltoides* *Dianthus superbus* *Dianthus chinensis*

그림 3.16 패랭이꽃의 다양한 유전자원

• 카네이션 분류

– 스탠다드 카네이션(Standard carnation, *Dianthus caryophyllus*)

결눈을 제거하여 한 꽃대에 한 개의 꽃을 유도한다. 꽃 크기가 크고, 꽃 길이는 60~80cm 정도이다. 현재 절화용으로 쓰이고 있는 카네이션이 여기에 속하며, 심계와 지중해계가 있다.

· 심계: 윌리엄심(미국)이 1939년에 육성되어, 현재는 변종이 300종 이상이 된다. 대표적인 품종은 '스케니아(Scania)', '린다(Linda)', '글로리(Glory)', '핑크심(Pink Sim)' 등이다. 특성은 꽃 모양이 우수하고 초세가 좋으며, 키가 크고 줄기가 굵으며 강하다. 변이 품종이 많고 카네이션의 중심 품종군을 이룬다.

· 지중해계: 지중해 연안지역에서 육성되었다. 품종은 '팔라스(Pallas)', '마농(Manon)', '탕가(Tanga)', '캔디(Candy)' 등이다. 특성은 대륜이며, 꽃 모양이 풍만하고 줄기가 강하다. 또한 키가 크며, 특히 위조병저항성, 내저온성이 강하다.

– 스프레이 카네이션(Spray carnation, *Dianthus caryophyllus*)

중심화는 제거하고 액아는 그대로 키워 개화시킴으로써 한 꽃대에 여러 개의 꽃이 피는 형으로, 길이는 40~70 cm 정도이다. 현재 절화용으로 이용되는 스프레이가 여기에 속한다. 심계 변종의 인자를 넣어 육성하였고, 1960년에 스위스에서 재배를 시작하였다. 주요 품종으로는 레퍼스(Lepus), 카민(Carmine), 크라운(Crown) 등이 있으며, 엘레강스계, 미니스타계 등 변이종이 많이 재배되고 있다. 품종간 차이가 많고 화색이 다양한 특성을 가진다. 절화본수가 적다. 후자리움병에 저항성인 것이 많다.

② 카네이션의 주요 형질

카네이션의 육종 주요 형질로는 내서성, 시들음병 저항성, 응애저항성, 다양한 화색 및 화형을 들 수가 있다. 저온성 작물인 카네이션의 하계재배를 위해서는 내서성 품종이 절실하며, 또한 푸사리움에 의해 야기되는 시들음병 저항성 품종 육성 역시 생산비 절감을 위해 요구되는 품종이다.

주요 형질을 개선하기 위해 카네이션의 열 감응 유전자에 대한 연구와 시들음병에 대한 연구가 이루어지고 있는데, Florigene(사)에서 화색 변이를 통해 'Moon series'를 개발하였다.

(2) 카네이션의 육종기술

카네이션의 품종 육성은 대부분 종간 또는 품종 간 교잡에 의한 것으로 교잡 육종에 근간을 두고 있다. 근래에 와서는 이종 F3050H 유전자를 발현하여 델피니딘 기반 안토시아닌을 축적하는 형질전환에 의해 새로운 청자색 카네이션 품종이 육성되었다. 국내에서는 다음과 같은 육성 사례가 있다.

① 마블매직(*Dianthus caryophyllus* L. 'Marble Magic')

• **육성 내력**: 2011년도에 붉은색 줄무늬 테두리가 있는 선발계통 '0932-1'과 '0909-1'을 모, 부본으로 교배하여 얻은 후대로부터 선발되었으며, 2017년에 품종보호 등록된 국립원예특작과학원 육성 품종이다.

• 주요 특성:
  - 절화용 스프레이품종, 투톤색(베이지색 바탕 + 진적색 줄무늬테)
  - 밝은 화색, 절화수량이 많고 동시개화성 우수
  - 개화소요일수가 짧고, 여름철 고온기에도 적응성 우수

② **퍼플뷰티**(*Dianthus caryophyllus* L. 'Purple Beauty')

• 육성 내력: 2011년도에 'Milli Melissa'를 모본으로 하고, '0913-2'를 부본으로 교배하여 얻은 후대로부터 선발되었으며, 2017년에 품종보호 등록된 국립원예특작과학원 육성 품종이다.

• 주요 특성:
  - 절화용 스프레이품종, 투톤색(연분홍색 바탕 + 보라색 줄무늬테)
  - 밝은 화색, 화형 우수

'마블매직'

'퍼플뷰티'

그림 3.17 카네이션 품종 '마블매직'과 '퍼플뷰티'

8) 화훼작물 생명공학

화훼작물의 대다수 신품종은 품종 간 또는 종간 교잡 등 교잡 육종 기술에 의해 개발된다. 하지만, 이 교잡 육종 기술은 유전자원들이 보유하지 않은 특성을 가진 품종 개발이 불가능하며, 설사 유전자원들이 보유하고 있는 특성이라도 유전자원들 간에 교잡 화합성이 없을 경우에는 그 특성을 가진 품종을 개발하기가 쉽지 않다. 더욱이 유전적 조성이 복잡한 대다수 주요 화훼작물의 경우에는 교잡 육종 기술을 이용하여 다른 특성의 변함없이 목적하는 특성만을 변형시키는 것은 불가능

하다. 이러한 교잡 육종 기술의 한계점을 극복할 수 있는 유일한 육종 방법이 **생명공학 기술**이다.

(1) 개발 과정

생물(식물, 동물 미생물 등)은 각기 다른 유전자 조성을 가짐으로써 유전적 다양성을 나타낸다. 화훼작물에서 유용한 특성인 진귀한 꽃색이나 꽃 모양, 병해충에 강하거나 환경 변화에 잘 견디는 능력 등은 이를 발휘하게 하는 유전자에 의해 결정된다. 생명공학 화훼작물 개발 과정의 첫 번째 단계는 유용 유전자 분리이다. 두 번째 단계는 분리시킨 후, 다른 식물로 옮겨 그 특성을 발현시킬 수 있는 운반체(식물 발현 vector)에 재조합시킨 유용 유전자를 세균인 **아그로박테리아**(*Agrobacterium tumefaciens*)나 유전자 총을 이용하여 특성을 바꾸고자 하는 화훼작물의 세포로 도입시키는 것이다. 세 번째 단계는 유용 유전자가 도입된 세포로부터 식물체를 재분화시켜 특성을 확인하는 것이다(그림 3.18). 네 번째 단계는 유용 유전자가 도입되었는지 여부에 대한 **분자생물학적 분석**과 **환경위해성 평가** 후 품종으로 상업화시키는 것이다.

(2) 상업화된 생명공학 화훼작물

전 세계 시장에서 판매되고 있는 생명공학 화훼작물에는 푸른색 색소인 **델피니딘**(delphinidin)이 합성되지 않는 카네이션과 장미에 푸른색 색소를 생성시키는 유전자를 도입하는 데에 성공한 푸른색 카네이션과 장미가 있다. 푸른색 카네이션으로는 호주의 Florigene(사)가 1992년에 푸른색 페튜니아로부터 분리한 델피니딘 합성 유전자 '**blue genes**' [Flavonoid 3,5-hydroxylase 효소 유전자 *F3'5'H*와 dihydroflavonol 4-reductase 효소 유전자, *DFR*]을 흰색 카네이션 품종에 도입하여 푸른빛 바이올렛 카네이션을 획득한 후, 1997년에 상업화시킨 블루 카네이션 품종 '**Moondust**'를 시작으로 해서 시리즈로 개발된 Moonseries 12품종이 있다(그림 3.18). 푸른색 장미로는 일본 Suntory(사)에서 팬지로부터 분리한 푸른색 색소 유전자 *F3'5'H*와 토레니아로부터 분리한 acyltransferase 효소 유전자 *5AT*를 분홍색 장미 품종에 도입해서, 2004년에 푸른빛 바이올렛 장미를 획득한 후, 환경위해성 평가를 거쳐 2009년 말에 상업화시킨 블루 장미 품종인 '**APPLAUSE**'가 있다(그림 3.19).

(3) 우리나라에서 연구 개발된 생명공학 화훼작물

화훼작물은 차세대바이오그린21사업 GM개발사업단에서 실용화를 목표로 중점적으로 연구개발하고자 하는 5대 작물 중의 하나이다. 2011년부터 개발 이후 지적재산권 장벽에 막혀서 실용화 진입에 문제가 발생되지 않게 하기 위해 생명공학 식물체를 개발하는 방향으로 연구가 진행되었다.

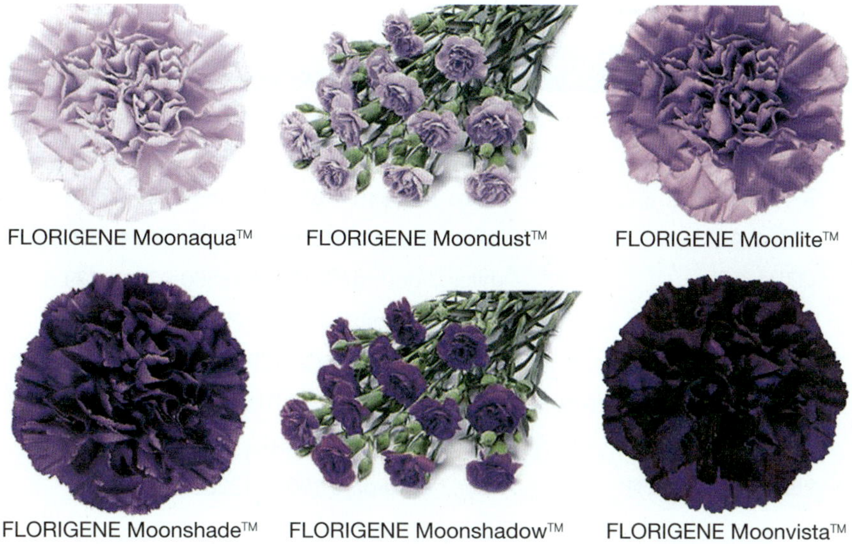

그림 3.18 생명공학 카네이션 품종(출처 : http://www.florigene.com)

그림 3.19 생명공학 장미 품종 'APPLAUSE'(출처 : http://www.suntorybluerose.com)

국립원예특작과학원에서 조기개화성 및 무측지성 국화, 톨루엔 정화능력 증진 산호수, 내건성 증진 장미, 환경 스트레스 저항성과 대기 환경오염 저항성 및 포름알데히드 제거 능력 증진 페튜니아 등을 개발하였고, 제주대학교에서는 저온 저항성 증진 잔디를 개발하였으며, 경북대학교에서는 유전자편집 기술을 이용하여 꽃 수명 증진 페튜니아와 안토시아닌 함량이 증진된 토레니아를 개발한 바 있다.(표 3.6).

표 3.6 우리나라에서 연구 개발된 생명공학 화훼작물

화훼작물	변형된 특성	출처	년도
국화	조기개화성	DOI:10.5010/JPB.2009.36.4.366	2009
	무측지성	DOI 10.1007/s13580-013-0116-9	2013
산호수	톨루엔 제거 능력 증진	https://doi.org/10.1007/s13580-020-00275-1	2020
잔디	저온 내성 증진	https://doi.org/10.1007/s11816-019-00570-z	2020
장미	내건성 증진	https://doi.org/10.1007/s13580-020-00239-5	2020
페튜니아	환경 스트레스 저항성	https://doi.org/10.5010/JPB.2011.38.3.215	2011
	대기 환경오염 저항성	https://dx.doi.org/10.12972/kjhst.20160051	2016
	포름알데히드 제거 능력 증진	DOI 10.1007/s13580-015-0087-0	2015
	꽃 수명 증진	doi: 10.1111/pbi.13197	2019
토레니아	안토시아닌 함량 조절	http://doi.org/10.1007/s13205-018-1505-7	2018

DANIELLE VENTON SCIENCE 09.14.2011 12:37 PM

World's First 'Blue' Rose Soon Available in U.S.

Long a symbol of the unattainable, blue roses will be for sale this fall in the United States and Canada.

Long a symbol of the unattainable, blue roses will be for sale this fall in the United States and Canada.

Named "Applause," the rose is genetically modified to synthesize delphinidin, a pigment found in most blue flowers. The rose was first released in in Tokyo in 2009, after 20 years of research by Suntory, a Japanese company that also distills whisky, and its Australian subsidiary, Florigene (now Suntory Flowers). Today Suntory announced the rose will be for sale at select florists in North America, beginning early November. While the flower might appear more silver-purple than sky-blue, Applause is the nearest to a true blue rose yet.

인류가 오랫동안 불가능하다고 여겨 왔던 푸른 장미가 생명공학적 기술로 개발되어 미국 시판을 앞두고 있다는 기사가 실렸다. 일본 Suntory 화훼종묘회사에서 개발하였으며, 장미뿐만 아니라 푸른 국화, 푸른 호접란도 잇따라 개발하였다.

출처: https://www.wired.com/2011/09/blue-roses-for-sale/

참고문헌

[초화류 유전육종]

- Song CY. 2002. Correlation and combining ability related to growth and flowering characteristics in F1 hybrids by diallel cross of *Viola tricolor*. J Kor Soc Hort Sci 43:239-243
- Song CY. 2005. Selection of pure lines with various growth and flowering characteristics in *Primula polyantha*. Kor J Hor Sci Tech 23:89-96
- Song CY. 2009. Selection of pure lines with various growth and flowering characteristics of spreading petunia, *Petunia* × *hybrida*. Flower Res J 17:128-136
- Song CY, Bang CS, Huh KY et al. 1999. Selection of pure lines with various petal colors and flower diameters in petunia (*Petunia hybrida* Vilm.). J Kor Soc Hort Sci 40:489-491
- Song CY, Bang CS, Park SC. 2002. Selection of male sterile lines and their F1 hybrids in petunia. J Kor Soc Hort Sci 43:347-354
- Song CY, Bang CS, Park SC et al. 2001. Inheritance of corolla color in *Petunia hybrida*. J Kor Soc Hort Sci 42:473-478
- Song CY, Park SC. 2002. Selection of self-incompatibility lines and their combinations of hanging *Petunia*. J Kor Flower Res Soc 10:69-76

[백합 유전육종]

- De Jong Lily. https://www.dejonglelies.nl/
- Lilium Breeding. https://www.liliumbreeding.nl/
- Lim, KB, Barba-Gonzalez R, Zhou S, Ramanna MS, van Tuyl JM. 2007. Interspecific hybridization in lily (*Lilium*): Taxonomic and commercial aspects of using species hybrids in breeding. In: Floriculture, ornamental and plant biotechnology: advances and topical issues, Global Science Books, pp 138-145
- Lim KB, van Tuyl JM. 2006. Lily, Lilium hybrids. In: Flower breeding & genetics: Issues, challenges and opportunities for the 21st century, Springer Verlag, pp 517-537
- Nongsaro. http://www.nongsaro.go.kr/portal/ps/psb/psbk/kidofcomdtyDtl.ps;jsessionid=sqB7uHpGiv1qFdiZ3RJa9fhVCJfEIaluehdrqWsumZiGM11NMoyzoO1ucu5n1UgC.nongsaro-web_servlet_engine1?menuId=PS00067&kidofcomdtyNo=24748
- Marklily. https://www.marklily.nl/
- PF Oning. https://onings.com/
- Royal Van Zanten. https://www.royalvanzanten.com/
- Steenvoorden. https://www.steenvoorden.nl/
- Van Den Bos. https://www.vandenbos.com/en

- van Tuyl JM, Arens P. 2011. *Lilium*: Breeding history of the modern cultivar assortment. Acta Horticulturae 900:223-230
- van Tuyl JM, Meijer B, van Diën MP. 1992. The use of oryzalin as an alternative OFR colchicine in in-vitro chromosome doubling of *Lilium* and *Nerine*. VI ISHS 325:625-630
- Vletter and Den Haan. https://www.vletterdenhaan.nl/
- Zabo Plant. https://zaboplant.nl/

[장미 유전육종]

- 한국장미 Korea rose. https://www.youtube.com/playlist?list=PLtjB2f6CAGgnR1YCT6elN12P3FVo-5twR
- David austin roses. https://eu.davidaustinroses.com
- Rosen tantau. https://www.rosen-tantau.com
- Schreurs roses. https://www.schreursroses.com
- Thomas debener and serge gudin. 2003. Encyclopedia of Rose Science
- World federation of rose societies. https://www.worldrose.org/

[국화 유전육종]

- 농촌진흥청 국립농업과학원. 2018.
- 데커(Dekker). https://dekkerchrysanten.com/en-asian/
- 델리플로어(Deliflor). https://www.deliflor.nl/en
- 듀먼오렌지(Dümmen Orange). https://na.dummenorange.com/site/en
- 로열반잔텐(Royal van Zanten). https://www.royalvanzanten.com/
- 박상근. 2016. 국화 흰녹병 저항성 유전 양상 구명 및 분자 표지 개발. 서울대학교 박사학위논문
- 이노치오세이코엔(Inochio Seikoen). https://www.seikoen-kiku.co.jp/en/
- Hirakawa H, Sumitomo K, Hisamatsu T et al. 2019. De novo whole-genome assembly in *Chrysanthemum seticuspe*, a model species of chrysanthemums, and its application to genetic and gene discovery analysis. DNA Res 26:195-203
- Kim DH, Park SK, Park BR et al. 2018. Flavonoid metabolic engineering for modification of flower color in chrysanthemum. Korean J Breed Sci 50:351-363
- Shin HK, Choi SY, Joung HY. 2003. Inheritance and variation of nonbranching habit in chrysanthemum. Acta Hort 620:29
- Su J, Jiang J, Zhang F et al. 2019. Current achievements and future prospects in the genetic breeding of chrysanthemum: a review. Hort Res 6:109
- Mekapogu M, Vasamsetti BMK, Kwon OK et al. 2020. Anthocyanins in floral colors: biosynthesis and regulation in chrysanthemum flowers. Int J Mol Sci 21:6537
- Noda N, Aida R, Kishimoto S et al. 2013. Genetic engineering of novel bluer-colored

chrysanthemums produced by accumulation of delphinidin-based anthocyanins. Plant and Cell Physiol 54:1684-1695

- Park SK, Lim JH, Shin HK et al. 2014. Identification of chrysanthemum genetic resources resistant to white rust caused by *Puccinia horiana*. Plant Breed Biotech 2:184-193
- Won SY, Kim JS, Kang SH et al. 2016. Current status and prospects of chrysanthemum genomics. J Plant Biotechnol 43:272-280
- Won SY, Kwon SJ, Lee TH et al. 2017. Comparative transcriptome analysis reveals whole-genome duplications and gene selection patterns in cultivated and wild *Chrysanthemum* species. Plant Mol Biol 95:451-461

[다육식물 유전육종]

- 농업기술원 선인장다육식물 연구소. 2020. 다육식물 신품종 육성 연구
- 연합뉴스 (2006.08.29). https://www.yna.co.kr/view/AKR20160829074800063
- 월간원예 (2017.11.30). http://www.hortitimes.com/news/articleView.html?idxno=7754
- 월간원예 (2019.07.01). http://www.hortitimes.com/news/articleView.html?idxno=21831
- 정명일 외. 2001. 선인장과 다육식물 재배. 수원, 삼미기획 p. 192
- 최이진 외. 2019. 다육식물 재배매뉴얼. 서울, 플러스 p. 77
- Attila K, Rudolf S. 2010. Succulents-care and propagation. p. 239
- Eric W. 1972. *Echeveria*. California Academy of Science pp. 7-60
- Lee HS. 2015. A study of characterization of cultivating *Haworthia* in Korea. Master thesis, Sahmyook University, Korea
- Lee SD. 2004. Classification of CAM types and characteristics of diurnal CO2 exchange on different light and temperature environments in cacti and succulents. Dissertation, Konkuk Univ, Seoul, Korea
- Lorraine S, Atilla K. 2005. *Echeveria* cultivars. Schulz Publishing pp. 6-44
- Pina P, Valverde T, Reyes SJ. 2007. Propagation of the endanged species *Echeveria laui* with conservation purpose, Mexican Cacti and Succulents 52:4-19
- Ram C, Thi My Khanh HT, Lim KB et al. 2020. Phenotype and ploidy analysis of the colchicine induced M1 generation of *Echeveria* species. Hortic Sci Technol 38:522-537
- Thedoris G. 2011. *Haworthia* hybridization: Where art and the botanical meet. BioOne 83:188-195

[난과 식물의 유전육종]

- 농촌진흥청 원예연구소. 2001. 화훼육종기술, 과학원예
- Chen WH, Chen HH. 2007. Orchid biotechnology. World scientific. Singapore
- Kim WH, Park PH, Jung JA et al. 2020. Achievement of flower breeding in Korea and its

prospects. Korean J Breed Sci 52:161-169

[카네이션 유전육종]

- https://www.florigene.com/product/
- https://www.frontiersin.org/articles/10.3389/fpls.2015.00519/full
- https://www.researchgate.net/figure/Commercially-launched-FLORIGENE-Moon
- Leon DB. 1912. Carnation Breeding. Journal of Heredity 7:199-205
- Onozaki T. 2018. Breeding of carnations (*Dianthus caryophyllus* L.) for long vase life. Breeding Sci 68:3-13
- Onozaki T, Tanikawa N, Yagi M et al. 2006. Breeding of carnations (*Dianthus caryophyllus* L.) for long vase life and rapid decrease in ethylene sensitivity of flowers after anthesis. J Japanese Soc Hort Sci 75:256-263
- Selecta-one.com. http://www.selectacutflowers.com/en/cat/1/carnation
- Yagi M, Tanikawa N, Shibata M, Onozaki T. 2010. breeding of carnations(*Dianthus caryophyllus* L.) for resistance to bacterial wilt (*Burkholderia caryophylli*). Acta Hort 937:427-437

[화훼작물 생명공학]

- 일본산토리사 푸른장미. http://suntory.com/sic/research/s_bluerose/story/
- 한국생명공학연구원. 바이오안전성백서 2011, 2013, 2015, 2017, 2019
- http://www.florigene.com

FLORICULTURE

CHAPTER 04 번식과 육묘

김시복·박소영·이승연·조주성

화훼작물의 번식은 크게 종자를 이용한 유성번식 방법과 영양기관의 일부를 떼어내서 새로운 개체를 유도하는 무성번식 방법으로 구분된다. 종자번식은 암술머리에 꽃가루가 수분되고, 꽃가루로부터 화분관이 신장하여 수정됨으로써 접합자배(zygotic embryo) 형성을 통해 이루어진다. 한편, 식물의 영양기관인 잎, 줄기, 뿌리 등을 이용하여 삽목, 접목, 분주, 분구 등과 같은 다양한 방식으로 번식하는 영양번식은 교배의 과정 없이 번식이 이루어지므로 무성번식이라고도 한다. 위와는 별도로 꽃을 피우지 않은 채 포자(spore)로 번식하는 포자번식도 있는데, 고사리류와 같은 양치식물이 이에 속한다. 최근에는 식물 생명공학 기술을 이용하여 무균적으로 식물체의 일부를 번식시키는 미세번식 기술도 번식뿐만 아니라 육종 등 다양한 목적으로 이용되고 있다.

화훼작물은 그 종류와 형태가 매우 다양하며, 이에 맞는 번식 방법도 각기 다르다. 본 장에서는 위에서 언급한 번식 방법을 크게 1) 종자번식과 육묘, 2) 영양번식, 3) 미세번식으로 나눠서 다루며, 각 번식 방법의 이론과 더불어 최신기술까지 살펴본다.

1 종자번식과 육묘

1) 종자번식

(1) 종자번식의 의의

꽃이 피고 난 뒤, 열매 속에 결실되는 종자를 이용하여 번식하는 것을 **종자번식**(seed propagation)이라 한다. 종자는 암수 양성의 배우자가 수정됨으로써 결실되기에 **유성번식**(有性繁植, sexual propagation)이라고도 하며, 또한 종자가 발아하여 자란 어린 식물체는 **실생묘**(實生苗, seedling)이기에 **실생번식**이라고도 한다.

종자는 생태적·생리적·원예적으로 중요한 의미를 갖는다. 첫째, 종자는 식물 개체로서 식물 종이 영속하는 데 세대를 이어주는 역할을 한다. 둘째, 식물 종에 따라 생명을 유지한 상태로 휴면(dormancy)을 함으로써 불량한 환경을 극복한다. 셋째, 종자나 화분(花粉, pollen)은 식물의 중요한 이동수단으로서 곤충, 동물, 바람 또는 물을 통해 생육 장소를 옮길 수 있다. 넷째, 유전적 다양성(변이)이 발생하여 새로운 품종이 생겨날 수 있다. 다섯째, 농업생산의 중요한 수단으로써 가장 널리 이용되는 번식 방법이며, 실제로 초본 화훼류 및 대부분의 채소작물이 종자로 번식한다.

종자번식의 장점으로는 대량 번식이 가능하고 수송과 저장에서 취급이 용이하며, 교잡에 의한 품종개량이 가능하다는 점을 들 수 있다. 한편, 교잡에 의해서 원하지 않은 변이가 나타날 수 있고, 목본류의 경우에서는 개화와 결실에 이르는 기간이 오래 걸린다는 단점이 있다. 또한 휴면 종자의 경우에 별도의 처리가 선행되어야 한다는 것도 단점이라 할 수 있으며, 이를 극복하기 위한 다양한 연구가 지속되고 있다.

(2) 화훼류 종자의 특성

대부분 초화는 꽃이 피고 진 후에 결실되는 종자로 번식을 하지만 일부 품종에서는 종자번식이 어려워 영양번식으로 유통되는 경우도 있다. 초화류의 종자가 발아력(發芽力)을 보유하고 있는 기간인 **종자 수명**은 초화의 종류, 품종, 채종 환경 또는 저장 조건에 따라 차이가 난다. 보통 종자 수명은 상온에서 1~2년으로 짧은 화종을 **단명(短命) 종자**, 2~4년까지 유지되는 화종을 **상명(常命) 종자**, 4~6년까지 유지되는 화종을 **장명(長命) 종자**라고 한다. 단명 종자에는 프리뮬라, 팬지, 칼세올라리아, 제라늄, 살비아, 일일초, 과꽃 등이 있고, 상명 종자에는 데이지, 페튜니아, 시클라멘, 글록시니아, 분꽃, 봉선화, 코스모스, 채송화 등이 있으며, 장명 종자에는 맨드라미, 색비름, 백일홍, 금어초, 콜레우스, 스토크, 패랭이꽃 등이 있다.

초화의 발아에 요구되는 적정 온도는 화종에 따라 다르지만, 일반적으로 온대산 초화는 15~20°C 정도이고, 열대 및 아열대 초화는 20~28°C이다. **광 발아 종자**는 빛이 있어야 발아가 잘 되지만 계속 밝은 곳에 두지 않아도 몇 시간 동안의 약한 광에도 발아한다. 광 발아 초화에는 프리뮬라, 아게라텀, 칼세올라리아, 글록시니아, 베고니아 등이 있다. **암 발아 종자**는 암흑 상태에서 발아하는 것으로 팬지, 일일초, 고데치아, 스타티스 등이 있다. 또한 빛의 광선유무에 관계없이 발아하는 초화로는 매리골드, 채송화, 알리섬, 패랭이꽃, 국화, 색비름 등이 있다.

(3) 종자의 발아 조건

종자는 기본적으로 **배**(embryo)와 저장된 영양물질(storage reserves)인 **배유**(endosperm) 또는 자엽(cotyledon)이 피복물(covering)인 **종피**(seed coat) 또는 **과피**(pericarp)에 싸여 있는 형태로 존재한다. 이러한 종자는 모체로부터 산포될 때 매우 건조한 상태이지만, 적절한 발아 환경에서 발아에 필요한 수분을 흡수한 다음에는 복잡한 대사작용을 거쳐 종자 내의 배가 신장하면 결과적으로 **유근**이 종피를 뚫고 발아하게 된다.

그림 4.1 종자의 발아능 평가[표준 발아 검사(좌), 테트라졸리움 검사(중), X-선 분석(우)]

종자가 발아하기 위해서는 기본적으로 정상적인 식물로 계속 발육할 수 있는 능력인 **발아능**(seed viability)을 갖고 있어야 하는데, 이때 활력(vigor)은 정상적인 묘로 자랄 수 있는 능력을 의미한다. 발아능을 평가하는 방법에는 표준 발아 검사, 배아 추출 검사 및 테트라졸리움 검사(tetrazolium test) 등이 있으며, 비파괴적 방법으로써 x-ray 분석을 통한 충실도 검정이 있다.

종자 휴면(seed dormancy)은 발아능을 갖고 있는 종자가 적합한 발아 환경에서도 발아하지 않는 상태를 의미한다. 종자 휴면은 발아가 발생할 시간, 조건 및 장소를 조절하여 즉각적인 발아를 방지함으로써 종이 세대를 이어갈 수 있게끔 진화된 식물의 특성이다. 최근까지 다양한 종자 휴면 유형이 분류되었으며, 크게 대범주와 세부범주로 구분할 수 있다. 대범주는 모체에서 산포될 때부터 존재하는 1차 휴면과 부적합한 환경에 의해 부과되는 2차 휴면으로 나뉜다. 1차 휴면의 세부범주에는 외생, 내생 및 복합 휴면이 있으며, 2차 휴면의 세부범주에는 열(thermo-) 휴면과 조건부

표 4.1 종자 휴면의 유형

유형	원인	기본 타파 조건
1차 휴면		
외생 휴면	**배의 외부적 요인**	
물리적 휴면	종피/과피의 불투수성	종피/과피 파상
화학적 휴면	종자 피복물 내 발아 억제 물질	종자 피복물 제거, 침출
내생 휴면	**배의 내부적 요인**	
생리적 휴면	배 내부의 발아 억제 요인 존재, 배의 성장 잠재력 부족	후숙, 단기 냉습 층적, 장기 냉습 층적
형태적 휴면	배의 발달이 불완전한 상태	온습 또는 냉습 층적
형태생리적 휴면	형태적 휴면과 생리적 휴면의 조합	온습과 냉습(변온) 층적
조합 휴면	**외생 휴면과 내생 휴면의 조합**	**각 휴면의 순차적 타파**
2차 휴면		
열 휴면	1차 휴면이 완화된 후 고온에 의해 다시 유발되는 휴면	생장조절제(GA_3) 처리, 냉습 층적
조건부 휴면	**휴면과 비휴면의 전환 단계로서 좁은 발아 적온에서만 발아**	냉습 층적

(conditional) 휴면이 있다. 이처럼 식물마다 갖는 종자 휴면 유형이 다양하므로 각 휴면의 원인을 파악한 다음 적절한 휴면타파 조건을 처리하여야 성공적인 종자번식이 가능하다.

종자 내 존재하는 배는 발아 후 어린 묘로 자라는 잠재적 식물체이기 때문에 종자에서 가장 중요한 구성 요소라 할 수 있다. 종자 휴면의 유형에서 알 수 있듯이 배의 불완전한 발달 상태는 종자의 형태적 휴면으로 간주되는데, 이때 관찰되는 배의 유형에는 기저형(rudimentary), 선형(linear), 주걱형(spatulate) 그리고 미분화형(undifferentiated) 배가 있다. 이러한 미숙배는 일정기간의 온습(wet-warm) 또는 냉습 층적(wet-cold stratification) 처리에 의해 신장하며 완전한 형태를 갖추어 발아가 가능하다.

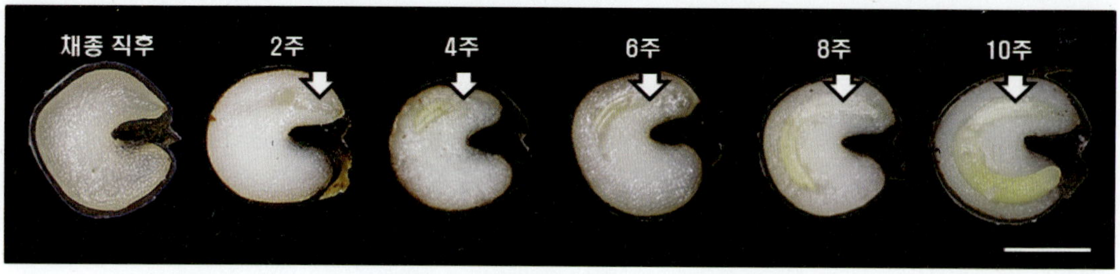

그림 4.2 냉습층적 처리에 따른 눈괴불주머니 종자의 기간별 배 발달

종자번식을 위해서는 식물 종마다 적절한 환경 조건일 때 높은 발아율(final germination percentage, FGP)을 기대할 수 있다. 종자가 발아하기 위해서는 외적 요인인 수분, 온도, 산소 및 광 조건이 충족되어야 한다. 첫째, 수분은 종피의 연화, 호르몬 및 효소의 활성화를 위해 절대적으로 요구된다. 단단한 종피로 인해 수분 흡수에 장해를 받는 불투수성 종자(impermeable seed)는 기계적 · 화학적 파상(scarification) 처리를 통해서 침투성을 높일 수 있다. 둘째, 온도는 발아를 위한 효소 활동 및 물질 대사에 필요한 요인이며, 발아적온은 발아에 적합한 온도이다. 화훼식물의 발아적온은 그 식물의 자생지 기온과 관계가 깊은데, 일반적으로 온대산 화훼류의 발아적온은 12~21°C, 아열대산은 16~27°C, 열대산은 25~35°C가 적절하다. 셋째, 산소는 발아를 위한 종자의 호흡에 필수적이다. 과도한 복토 또는 지나치게 건조해서 토양 표면이 굳거나 반대로 토양 수분이 지나치게 많을 때는 산소 공급이 제한될 수 있다. 또한 종피가 두껍거나 치밀한 경우에도 종자 내의 가스 교환이 억제될 수 있다. 넷째, 화훼식물의 종자는 발아에 광이 필요한 **명발아 종자**(호광성 종자), 발아에 광이 필요치 않거나 오히려 억제되는 **암발아 종자**(혐광성 종자) 그리고 광의 유무에 관계없이 발아하는 광무관성 종자로 구분된다. 종자 발아에 미치는 광의 기작은 종자 내에 존재하는 파이토크롬(phytochrome) 색소가 광의 유무에 따라 가역 반응을 일으켜서 발아를 조절하는 것으로 알려져 있다. 명발아 종자에는 금어초, 디기탈리스, 칼랑코에 등이 있으며, 암발아 종자에는 백일홍, 시클라멘, 팬지 등이 있다.

표 4.2 각종 화훼식물의 발아 환경과 발아 소요 일수

구분	광 요구 유무	발아적온(℃)	발아 소요 일수(일)
거베라	암	20~24	10~14
구근베고니아	명	24~26	15~30
국화	광	16~21	5~10
금어초	명	21~24	7~14
금잔화	암	21	10~14
다알리아	암	26~27	5~10
매발톱	명	21~24	21~28
맨드라미	암	24	8~10
미모사	암	27	12~15
시클라멘	암	16~20	28~35
아네모네	–	15	17~21
아스틸베	명	16~21	14~21
제라니움	암	21~24	7~10
칸나	암	21~24	8~12
칼랑코에	명	21	10~15
페튜니아	명	24~26	10~12
프리지아	암	18	21~25

(4) 종자 검사

번식용 종자의 품질을 결정하기 위해서는 법적 기준을 충족하는 **종자 검사**(seed testing)를 실시하고, 장기간 보관된 종자의 경우에는 사용 전 재검사가 필요하다. 종자 검사의 규정은 국제종자검사협회(International Seed Testing Association, ISTA)의 발표에 따르며, 국내에서는 국립종자원의 종자검정연구센터에서 표본추출, 순도, 발아, 수분, 천립중(千粒重), 활력검정 등의 절차를 거친 후에 증명서를 발급하고 있다. 종자 검사의 각 항목별 분석 방법은 **표 4.3**과 같다.

(5) 종자 처리

파종 전에 이루어지는 **종자 처리**는 종자 산업에서 일반화가 되었으며, 종자 생산자 또는 농장에서 적용될 수 있는 방법이다. 이는 발아 및 묘목 출현 가능성을 높이며, 빠르고 균일한 출현, 건강한 묘 생산 그리고 기계적 종자 파종을 가능하게 한다. 물론 휴면 종자의 경우 휴면이 타파된 이후에 이루어지는 과정을 의미한다. 종자 처리의 유형은 종자 보호(protectants), 발아 향상

표 4.3 종자 검사의 구분

항목	목적	검사 방법
표본추출(sampling)	균일한 표본 추출, 종자 검사의 신뢰도 향상	표본 추출봉 사용, 랜덤 추출 후 혼합
발아능(viability)	발아 및 정상 생육의 잠재적 가능성 추정	표준 발아 검사, TZ test, 배아 추출 검사 등
순도(purity) • 물리적 순도 • 유전적 순도	 • 정립, 이종종자 및 이물의 중량백분율 산출 • 품종 고유의 유전적 특성을 갖춘 비율 분석	 • 입자선별, 비중선별, 색채선별, 풍압선별 등 • 단백질 전기영동, 형광분석, DNA finger-printing 등
활력(vigor)	이상적이지 않은 환경조건에서의 발아능력 추정	인위 노화, 전해질 누출, 저온(cold, cool) 테스트 등
종자 병리(health)	미생물, 선충 및 곤충에 의한 병 감염 검사	시각적 평가, 습윤지 배양, 효소면역측정(ELISA) 등

(germination enhancement) 및 코팅 처리(seed coating)로 구분된다. 종자 보호는 화학적 처리, 열처리 및 유익 미생물의 접종 등을 통해서 종자전염병균(seed-borne pathogens), 유해 진균 및 유해충으로부터 종자를 보호한다. 또한 발아 향상은 발아율과 발아세를 향상시키기 위한 처리로서, 종자의 크기별 선별(sizing), 종자 프라이밍(priming) 및 최아(催芽, pregermination) 처리로 구분된다. 특히 **종자 프라이밍**은 수분퍼텐셜의 원리를 이용하여 발아 직전까지 종자를 수화시키는 방법으로, 묘의 균일성과 유근의 출현 속도를 향상시켜준다. 마지막으로, **코팅 처리**는 펠렛(pellet)과 필름 코팅(film-coating)으로 구분되며, 펠렛 코팅은 점토나 규조토 분말을 이용하여 작고 불균일한 종자를 둥글고 균일한 크기의 종자로 만드는 방법이다. 필름 코팅은 폴리머 필름을 종자 표면에 얇게 피복하여 유동성을 개선시키고, 안료를 첨가하여 시인성(視認性)과 가시적인 품질을 높여준다. 공통적으로 코팅 재료에 살균제나 유익 미생물 등을 첨가함으로써 추가적인 이점을 얻을 수 있다. 이에 대해서는 앞으로 나올 공정육묘에서 더욱 자세히 설명한다.

(6) 종자의 저장과 수명

종자는 번식을 위하여 사용하기 전에 다양한 기간 동안 저장된다. 하지만 이 기간 동안 발아능과 활력을 잃을 수 있으므로 종자의 수분함량(moisture content)과 저장 온도를 고려하여야 한다. **진정종자**(orthodox seeds)는 건조된 상태에서 수년간 보관이 가능하며, **비진정종자**(recalcitrant seeds)는 일정 수준 이하로 수분함량이 떨어지거나 온도가 낮은 조건에서 수명이 짧아지는 종자이다. 대부분의 작물 종자는 진정종자이며, 종자 수분함량이 4~6% 수준일 때 낮은 온도에서 장기 보관이 가능하다. 화훼작물 종자의 수명은 저온 건조 저장 시에 베고니아, 빈카, 스타티스, 팬지 등이 1~2년, 매리골드, 시클라멘, 페튜니아, 카네이션 등이 3~5년, 백일홍, 샤스타데이지, 셀피그로시, 접시꽃 등이 5년 이상으로 알려져 있다.

2) 육묘

(1) 육묘의 의의

종자나 영양번식 방법으로 증식된 어린 개체들을 성숙한 묘종으로 건전하게 기르는 것을 **육묘**(raising seedling)라 한다. 육묘의 목적은 생육에 부적합한 환경과 병충해로부터 피해를 입지 않도록 길러서 정식한 이후에 빠른 활착 및 건전한 생육을 도모하는 것이다.

육묘는 환경과 병충해에 대하여 저항성이 약한 어린 묘를 좁은 면적에서 집중적으로 관리하여 건실한 묘로 육성하고, 균일한 크기와 생육 상태의 규격화된 묘를 생산할 수 있다는 장점이 있다. 또한 번식에 소요되는 종자의 절약과 육묘 후 이식재배를 통해 토지의 이용도를 제고할 뿐만 아니라 수확 시기를 앞당길 수 있다.

(2) 육묘용 상토

육묘를 위해 사용되는 토양을 **육묘용 상토**(床土, nursery bed soil)라 한다. 농가에서는 일반 밭흙을 육묘용 상토로 제조하여 사용하기도 하지만 육묘시설에서는 용도에 맞게 제조 및 소독된 시판 토양을 사용한다. 육묘용 상토는 다양한 소재를 단용 또는 혼용하여 사용하는데, 소재의 종류를 식물성 소재와 광물성 소재로 구분할 수 있다. 식물성 소재는 물이끼를 건조한 수태(sphagnum moss), 습지 또는 수생식물이 퇴적되어 분해된 피트(peat), 나무의 수피를 잘게 부수어 부식시킨 바크(bark), 코코넛 껍질의 섬유질을 가공한 코이어(coir) 등이 있으며, 광물성 소재로는 광물을 고열 처리하여 팽창시킨 질석(vermiculite)과 펄라이트(perlite) 그리고 암석을 고온에 녹여 섬유화한 암면(巖綿, rock wool) 등이 있다.

이러한 기질들은 원활한 종자 발아 및 유묘 생육을 위해 다음과 같은 특성이 요구된다. 첫째, 어린뿌리의 안정적인 활착과 건조 상태에서의 과도한 수축이 일어나지 않도록 조밀해야 한다. 둘째, 충분히 분해되어 안정적인 상태인 것으로서 육묘 기간 중에 물리성과 화학성이 변하지 않아야 한다. 셋째, 토양의 보수력과 함께 뿌리 호흡을 위한 배수성과 통기성이 있어야 한다. 넷째, 해충, 병원균 및 잡초 종자 등이 없어야 하며, 필요 시 소독이 이루어져야 한다. 다섯째, 토양 산도는 중성에 가깝고 염도가 낮아야 한다. 이외에도 구하기 쉽고 가격이 저렴할수록 사용에 유리하다.

(3) 육묘 과정

육묘의 과정으로는 파종, 솎기, 가식 및 정식이 있으며, 어린 묘는 이러한 일련의 과정을 거쳐 빠른 활착과 건전한 생육을 하게 된다. 1) **파종**(播種, sowing)은 넓은 의미로 번식용 종자를 토양에 심는 것을 말한다. 보통 파종 전에는 종자의 휴면타파 및 발아촉진을 위해서 층적, 침수, 파상처리 등과 병해 방재를 위한 소독 처리를 한다. 파종 방법에 따라 점파, 산파 및 조파로, 또한 파종 장소에 따라 직파, 상파, 분파 및 기계 파종으로 구분한다. 2) **솎기**(thinning)는 출현한 유묘 사이에 간격을 넓혀 수분과 양분의 쟁탈을 완화하기 위해 밀식된 개체들을 부분적으로 제거하는 작업이다. 3) **가식**(假植, temporary planting)은 종자나 영양번식 방법으로 번식된 유묘의 웃자람 현상을 억제하고 잔뿌리 발생을 유도하기 위하여 새로운 포트나 육묘상에 옮겨 심는 것이다. 4) **정식**(定植, fixed-planting)은 가식한 묘를 본 포장(圃場, field)이나 화분 또는 재배시설 등 수확 시까지 재배할 곳에 심는 것이다.

(4) 공정육묘 및 공정묘 생산

① 공정육묘

육묘의 생력화, 효율화, 안정화 및 품질이 균일하고 규격화된 묘의 연중 계획 생산을 목적으로 하는 것을 **공정육묘**(工程育苗, plug seedling production)라 한다. 여기에는 상토 제조 및 충전, 파종, 관수, 시비, 환경관리 등의 제반된 육묘 작업이 포함되며, 이를 체계화, 장치화한 묘 생산 시설에서 균일하고 규격화된 묘를 연중 계획적으로 생산한다. 특히 플러그트레이와 같은 성형 용기와 자동 파종기, 자동 투입기 등 기계의 발달로 인해 공정육묘가 더욱 보편화되었다. 최근에는 이러한 자동화 설비와 더불어 정보통신기술(ICT)을 이용한 스마트팜 시스템을 접목하여 생육 환경 관리 및 생산의 효율성을 높이려는 시도가 이루어지고 있다.

공정육묘 작업을 통해 규격화된 묘판에서 파종되어 특정 공정 과정을 거친 다음 독립적인 근군을 형성하여 생산된 묘를 **공정묘** 혹은 **플러그 묘**라 한다. 규격화된 묘판에서 파종되어 특정 공정 과정을 거친 다음 독립적인 근군을 형성하여 생산된 묘를 공정묘 혹은 플러그(Plug) 묘라 한다. 공정묘는 묘 생산의 규격화, 분업화, 기계화 그리고 과학화의 개념을 도입한 공정 과정을 거쳐 생산된 것으로 일반 육묘에 비해 재배기간이 짧고 원하는 시기에 계획적인 대량생산이 가능하다. **플러그 묘**는 폴리스티렌, 스티로폼 또는 식물성 소재 등으로 성형되어 연결된 포트인 플러그트레이에 토양을 충진하고 파종하여 육묘한 묘를 뜻한다. 플러그트레이는 한 시트에 다양한 크기의 아래가 좁은 셀(32~800공)로 제작되기 때문에 투입되는 상토의 양이 적으므로 경제적이다. 또한 적은 면적에서 운반하거나 대량 육묘 시 집중관리가 용이하므로 전반적인 묘 생산 과정에서 기계화 및 자동화를 가능하게 한다. 육묘된 묘의 지하부는 아래가 좁은 형태로 뿌리가 엉켜서 흙을 감싸고 있기 때문에 묘를 꺼내거나 이식이 쉽다.

② 공정묘 생산을 위한 종자의 가공

초화의 공정묘의 발아율 및 득묘율(得苗率)을 향상시키고 기계 파종이 가능하도록 종자의 특성에 따라 가공 처리한다. 종자 처리의 기초적인 과정으로 종자 수확 후 꽃가루, 꽃잎, 먼지 등을 제거하는 등 정선 과정을 거친 종자를 'Refined Seed'라 한다. 발아율 향상을 위해 유통되는 대부분 초화 종자는 무게, 색, 크기 및 형태에 따라서 각기 다른 방법으로 종자 정선 과정을 거친다. 기계 파종이 가능하고 파종 속도를 높이기 위해 종자의 물리적 형태를 변형시킨 것을 'D-Seed'라 한다. 아네모네처럼 잔털을 제거한 종자를 'Defuzed Seed', 아게라텀과 라넌큘러스처럼 날개를 제거한 종자를 'Dewing Seed', 그리고 매리골드나 코스모스처럼 꼬리를 제거한 종자를 'Detailed Seed'라 한다.

Primed Seed란 종자에 발아촉진 물질을 흡수시키거나 발아 억제 물질을 제거한 것이다. 이러한 과정을 거친 종자는 발아가 일시에 균일하게 빨리 되므로 육묘 일수도 줄일 수 있지만, 처리 후 일정기간이 지나면 발아율이 급격하게 낮아진다. 따라서 Primed Seed는 가급적 빨리 파종하는 것이 좋다. 시네라리아, 양귀비, 펜스테몬, 버베나, 팬지, 일일초, 백묘국, 석죽, 임파치엔스 등의 종자가 Primed Seed로 판매되고 있다.

기계 파종이 가능하도록 종자의 형태를 변경시키는데, 가공하는 방법에 따라 Pelleted와 Coated Seed로 구분한다. Pelleted Seed는 끈적끈적한 형광물질이 포함된 염료를 뿌려서 작은 씨앗을 크고 둥글게 만든 것이다. 외형을 둥글게 만들기 어려워서 종자 외형에 단순히 여러 겹의

그림 4.3 초화 종자의 가공(사진 자료: Ball Horticultural Company)

얇은 막을 입힌 후 가공한 종자를 Coated Seed라 한다. 유통되는 대부분의 가공된 초화 종자는 Refined와 Primed 과정을 거친 후 Pelleted와 Coated Seed를 생산하므로 발아율이 우수하다.

유전적으로 발아력이 좋지 않은 종자 여러 개(3~10개)를 한 덩어리로 만들어 기계 파종이 가능하도록 가공 처리한 것을 **Multi-seed**라 한다. Multi-seed를 사용하면 파종에 소요되는 시간과 노동력을 절감할 수 있다. 발아력이 비교적 좋지 않고 크기가 작은 채송화와 알릿섬 등의 종자가 Multi-seed 형태로 가공되어 판매되고 있다.

③ 공정묘 생산 과정

공정묘의 생육은 단계별로 요구되는 온도, 수분, 비료, 광의 정도가 다르다. 파종 단계는 모종판에 상토를 담은 후 종자가 생명 활동이 시작되기 전까지이다. 1단계는 발아 및 발근 시기, 2단계는 자엽이 전개되고 발아가 끝나는 시기, 3단계는 잎과 뿌리가 발달되는 시기, 4단계는 정식 전 순화시키는 시기이다. 파종 후 모종이 성장함에 따라 온도는 점점 낮게, 광은 점점 많게, 비료의 농도는 점점 높게, 그리고 관수의 횟수는 줄이고, 관수량은 많게 관리한다.

공정묘의 파종은 일반적으로 상토 충진, 파종자리 홈파기, 파종, 복토, 관수의 순으로 진행된다. 모종판에 상토를 충전할 때 각 구멍에 상토를 균일하게 담아야 발아뿐만 아니라 생육이 균일하게 된다. 파종할 자리에 홈을 파는 이유는 종자가 모종판 구멍의 가운데에 놓여져서 균일한 생장

파종 준비 / 파종 / 1단계

2단계 / 3단계 / 4단계

그림 4.4 페튜니아 공정묘 생산 과정

을 도모하기 위함이다. 페튜니아, 베고니아, 임파치엔스, 유스토마와 같이 종자가 미세하거나 광발아하는 종자는 복토를 하지 않으며, 팬지, 매리골드, 과꽃, 다알리아, 꽃양배추 등의 종자는 복토를 한다. 복토를 하는 이유는 암조건을 만들어 주는 역할도 있지만, 그 보다는 종자에 수분을 균일하게 제공해 발아가 잘 되도록 하는 것이다. 초화마다 발아에 요구되는 수분 정도는 다르다. 비교적 수분을 많이 요구하는 작물은 베고니아, 임파치엔스, 팬지, 살비아, 일일초 등이고, 중간 정도의 수분을 요구하는 작물은 아게라텀, 알리섬, 맨드라미, 콜레우스, 백묘국, 로벨리아, 페튜니아, 스토크 등이며, 상대적으로 적은 양의 수분을 요구하는 작물은 과꽃, 금계국, 코스모스, 다알리아, 버베나 등이다.

(5) 묘상의 관리

묘상(nursery)이란 노지 또는 시설 내에 어린 묘를 기르기 위하여 만든 공간이다. 노지 묘상에서는 통기성과 배수성이 좋은 토양에 비료를 첨가하여 비옥하게 만든 후에 파종량을 계산해서 직파하여 묘를 길러내는데, 이때 종자를 파종한 다음 솎기(thinning) 작업을 해서 밀식된 개체 간의 간격을 넓혀준다. 시설 내 묘상은 포트나 플러그트레이와 같은 육묘용 용기를 지면에 구비하거나 작업이 용이한 배드 위에 올려둔 형태이다. 특히 시설 내에서 이루어지는 **공정육묘**는 관수, 시비, 환경관리 등이 자동화·시스템화되어 있어 노동력 절감 및 연중 계획 생산이 가능하다.

플러그 묘의 성장은 단계별로 형태적인 변화를 보이는데, 1단계는 종자의 발아, 2단계는 유묘의 자엽 전개 및 근계(root system) 구축, 3단계는 3~4장의 본엽 전개 및 뿌리의 생장, 4단계는 이식, 또는 출하가 가능한 형태로 갖추는 것이다. 화훼작물의 종류에 따라서 각 단계별로 요구되는 환경 조건이 다르기 때문에 적절한 환경 제어가 요구된다.

표 4.4 몇 가지 화훼작물의 생장 단계별 요구 환경

조건	페튜니아	팬지	임파치엔스
1단계: 종자의 발아			
온도	24~26°C	17~20°C	21~27°C
습도	100% RH	100% RH	100% RH
광	90 μmol·sec^{-1}·m^{-2}	80 μmol·sec^{-1}·m^{-2}	90 μmol·sec^{-1}·m^{-2}
2단계: 유묘의 자엽 전개 및 근계 구축			
온도	24°C	18°C	22~24°C
습도	85% RH	75% RH	75% RH
광	90 μmol·sec^{-1}·m^{-2}	80 μmol·sec^{-1}·m^{-2}	90 μmol·sec^{-1}·m^{-2}

시설 내에서 육묘를 할 경우, 외적 환경이 일정부분 통제되기 때문에 수분, 온도, 광, 통기 등 환경 관리가 매우 중요하다. 첫째, 수분 관리는 크게 관수와 대기습도 조절로 이루어진다. 식물은 건조뿐만 아니라 과도한 관수 조건에서도 생육 장해를 받을 수 있으며, 모잘록병의 발생이나 뿌리 부패 현상은 주로 고인 물에서 발생하므로 주의가 필요하다. 대기습도가 지나치게 낮으면 유묘의 과도한 증산을 일으키고, 너무 높으면 물방울이 응축되어 병원균이나 우산이끼의 증식을 촉진하기 때문에 육묘기간 내내 적절한 대기습도를 유지하여야 한다. 둘째, 온도 관리를 위해서, 여름철에는 차광이나 미스트, 포그 시스템과 같은 시설을 통해 온도를 낮추어 주고, 겨울철에는 열풍을 순환시키거나 묘상 가까이 온수관, 온열 패드와 같은 가온 설비를 하여 온도를 높여준다. 셋째, 광 조건은 광 조사량(light irradiance), 광주기 및 광질로 구분하여 조절해야 하는데, 특히 광주기는 식물체의 휴면과 생육 촉진에, 광질은 종자 발아 및 유묘 발달에 중요한 요인이 된다. 겨울철 시설 내에서는 광합성을 위한 일조량이 부족하기 때문에 인공광원을 사용하여 보광을 해 줘야 하는데, 특정 스펙트럼의 광질을 조사할 수 있는 발광다이오드(LED, light emitting diodes)를 사용하면 높은 에너지 효율을 얻을 수 있다.

그림 4.5 겨울철 인공광원을 이용한 보광

2 영양번식

1) 영양번식의 의의

(1) 영양번식의 개념

영양번식(vegetative propagation)은 식물체의 잎, 줄기, 뿌리 등 **영양기관**의 일부를 번식에 활용하는 방법이다. 이들 영양기관을 모식물(stock plant, mother plant)로부터 분리하여 번식하기 때문에 **무성번식**(asexual propagation)이라고도 한다. 모식물의 기관 또는 조직의 일부분을 갖고서 번식하고 하나의 개체로부터 동일한 유전형질을 가진 개체들이 많이 증식되기 때문에, 이를 **영양계**(clone)라 한다. 일부 조직이나 기관이 하나의 완전한 개체로 발달할 수 있는 것은 식물 세포가 가지고 있는 **전형성능**(전분화능, totipotency) 때문이다. 이러한 영양번식 방법에는 **삽목**(cuttings), **접목**(grafting), **취목**(layering), **분주**(division), **분구**(separation) **등**이 있다. 넓은 의미에서 조직배양 그리고 미세번식(micropropagation)도 영양번식에 포함시키는 경우도 있으나, 이 장에서는 따로 다루기로 한다. 영양번식을 통하여 증식된 개체들은 모식물체와 똑같은 유전형질을 가지므로 관상을 목적으로 하는 화훼식물의 번식에서 매우 중요한 수단이라 할 수 있다.

그림 4.6 천손초의 부정아(좌, 중)와 참나리의 주아(bulbils)(우)

(2) 영양번식의 특성

화훼처럼 관상을 목적으로 하는 경우, 관상하는 부위의 특성(화색, 무늬 등)을 유지하고 상업적으로 활용하기 위해서 영양번식을 많이 이용한다. 영양번식은 다음과 같은 장점을 가지고 있다. 1) 모식물체와 동일한 특성(형질)을 가진 개체를 대량으로 증식하고, 2) 종자번식이 어려운 식물의 번식 수단이며, 3) 종자번식에 비하여 유년기(juvenile phase)가 짧기 때문에 조기에 개화하고 결실을 유도한다. 또한 4) 접목에 활용되는 대목과 접수는 주로 영양번식으로 확보하고, 5) 일부 식물에서 내병성 대목(rootstock)을 사용하여 접수(scion)의 병 저항성을 증진시킬 수 있다. 단점으로는 1) 종자번식에 비하여 일시에 많은 개체를 얻기 어렵고, 2) 종자번식 개체에 비하여 수명이 짧으며, 3) 식물에 따라 특별한 기술이 필요하고, 4) 종자번식 개체에 비하여 근권부의 발달이 저조하다.

2) 삽목번식

(1) 삽목번식의 특성

삽목번식(cutting propagation)은 식물의 줄기, 뿌리, 잎 등 영양기관의 일부를 모식물체로부터 분리한 후 부정근(adventitious root)과 새싹을 발생시켜서 새로운 개체를 만들어내는 방법이다. 무성번식의 가장 일반적인 방법으로 많은 화훼작물에서 가장 중요한 번식 방법이다. 특히 포인세티아, 국화, 카네이션, 장미, 관엽식물, 화단 초화 등의 번식에 가장 널리 이용되고 있다. 삽목번식은 종자번식에 비하여 상대적으로 짧은 생산기간이 소요되는 장점이 있지만, 다양한 병이 전파될 가능성이 크다는 단점도 있다.

(2) 병 지수화

건강한 번식 재료를 선발하기 위해서는 위생 관리를 철저히 해야 한다. 삽수가 병원균에 접촉되지 않도록 항상 위생적인 환경을 유지해야 한다. 번식 상, 도구, 용기 및 손을 청결히 하고 소독하는 것은 필수이며, 많은 종에서 위생적인 환경은 번식의 성패를 좌우할 정도로 중요하다. 국화, 카네이션, 제라늄, 베고니아, 칼랑코에, 뉴기니아봉선화 등과 같은 영양번식체의 무병 삽수 생산을 위해서는 '병 지수화(disease indexing)'가 필요하다. 병 지수화를 위해 선발된 식물은 품종 고유의 특성을 가져야 한다.

병 지수화는 culture indexing과 virus indexing의 2단계로 나뉘져 있다. Culture indexing은 엄격한 위생 관리 하에 선택된 모주로부터 삽수를 채취하고, 개개 삽수에서 작은 줄기 조각을 제거한 후 박테리아와 진균의 존재를 조사하여 균이 발견되면 그 삽수와 삽수를 제공한 모주를 폐기한다. 깨끗한 삽수를 발근시킨 식물체는 virus indexing을 통해 바이러스의 존재를 조사한다. 바이러스가 검출되면 바이러스 농도를 줄이기 위해 열처리를 한다. 열처리 후 정단분열조직 배양을 통해서 바이러스 무병주일 가능성을 높인 소식물체를 획득할 수 있다. 정단분열조직 배양을 통해 생산된 식물은 여러 차례에 걸쳐 바이러스 유무를 검사하여 오염된 식물은 제거한다. 무병묘를 가지고 모식물체를 만들고 이를 갖고서 향후 대량번식에 활용한다. 지수화(indexing) 또는 삽수 생산 과정에 병든 모주나 삽수가 발견되면 그 개체는 물론 그로부터 번식된 모든 식물을 제거한다.

(3) 모주

모주(모식물체, stock plants)란 삽수를 제공하는 식물체를 뜻한다. 모주를 사용할 경우, 고품질의 삽수를 생산하기 위한 독립된 식물체로 생각해야 한다. 모주의 영양이 부족하거나, 병충해에 감염 또는 묘령이 오래되면 고품질의 삽수를 생산할 수 없으며, 이는 고품질의 상품을 생산하는 데 장애요인이 될 수 있다.

모주로부터 삽수를 생산하기 위한 계획을 세우는 것은 매우 중요하다. 이는 적심을 한 후 적절한 기간이 경과할 때 삽수를 수확하지 않으면 발근이 지연될 수 있기 때문이다. 예를 들어, 포인세티아의 경우에 삽수를 수확하는 모주의 나이가 발근력에 영향을 크게 미친다. 일장에 민감하게 반응하는 식물의 경우, 모주가 조기에 개화하지 않도록 주의해야 한다. 왜냐하면, 개화가 유도됨으로써 식물에 따라 발근을 지연시키고, 번식기간을 지연시킬 수 있기 때문이다. 만약 삽수가 도장하는 것이 문제인 경우, 모주로부터 삽수를 수확하기 전에 생장억제제를 처리할 수 있다.

마지막으로, 모주를 선택할 때 주의를 기울여야 한다. 이는 품종 고유의 특성을 가지고 있는지, 건강하고 활력이 있는지가 중요하기 때문이다. 일반적으로 모주의 상태를 관찰하여 변이가 발생했는지, 생육의 활력이 저하되었는지 등을 살펴보고서 문제가 있는 경우에는 모주를 제거한다. 또한 식물 고유의 특성에 변화가 없는지도 지속 관찰해야 한다. 예를 들어, 관엽식물의 잎 무늬에 이상한 변화들이 생긴다면, 이는 모주의 선택이 잘못되었을 가능성이 크다.

(4) 발근촉진제

발근촉진제 처리가 필요한지는 번식하는 식물의 종류에 따라 다르다. 많은 식물들은 발근촉진제를 처리할 필요가 없지만, 발근이 어렵거나 균일한 개체를 확보하는 데 사용하면 매우 경제적이다. 발근촉진제를 삽수의 절단면에 처리하는 4가지 주요 이유가 있다. 이는 1) 뿌리를 형성하는 절단면의 비율을 증가시키고, 2) 뿌리가 유도되는 시간을 단축시키며, 3) 삽수당 뿌리의 수를 증가시키고, 4) 발근 및 삽목묘의 균일성을 증가시킨다.

일반적으로 발근의 촉진을 위해 사용되는 화합물은 indoleacetic acid(IAA), indole-3-butyric acid(IBA), naphthaleneacetic acid(NAA) 등과 같은 옥신(auxin)류이다. IAA는 식물체 내에서 합성되는 천연옥신이지만, 식물 조직에 의해 비활성 형태로 쉽게 대사되기 때문에 널리 사용되지 않는다. IBA도 천연옥신이지만 상업적으로 가장 많이 사용되는 발근촉진제이다. NAA는 합성 옥신으로 가루 형태의 발근촉진제로 많이 활용되고 있다. 이러한 발근촉진제는 순도가 높은 시약 형태로 구매하여 사용할 수도 있고, 상업용으로 만들어진 다양한 제품들을 구매하여 사용할 수 있다. 실험용 옥신의 경우 순도는 높지만 수용성이 아니기 때문에 반드시 에탄올 등의 유기용매에 녹여서 사용해야 한다. 그러나 최근에는 포타슘 형태의 옥신(K-IBA, K-NAA 등)을 많이 사용하는데, 이

그림 4.7 돌마타리의 줄기 삽목. 하단부의 잎을 제거한 삽수(좌)와 삽목(우). 발근촉진제(IBA, NAA) 처리에 따른 뿌리 수의 증가(하)

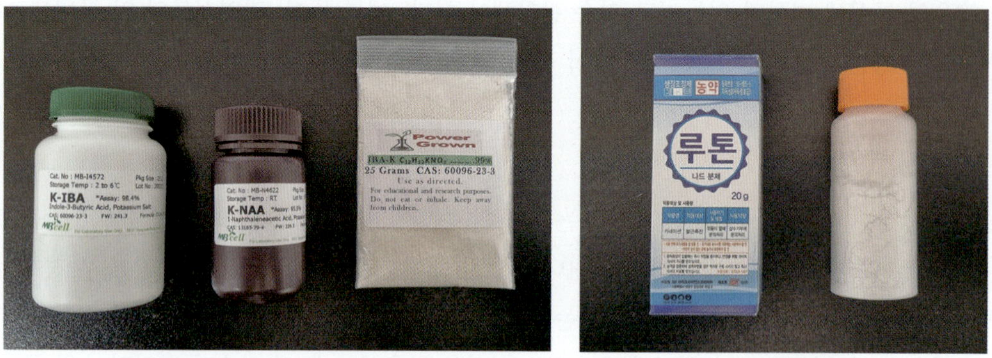

그림 4.8 칼륨 형태의 수용성 옥신류(좌)와 상업용 분말 형태의 발근촉진제(우)

는 수용성으로서 물에 쉽게 녹여서 사용할 수 있기 때문이다.

옥신류의 발근촉진제를 처리하는 방법에는 4가지가 있다. 1) 분말 형태로 처리할 경우, 삽수의 기부를 분말에 직접 묻힌다. 삽수 기부를 물에 적신 다음 분말에 처리하면 기부에 처리되는 발근촉진제의 양을 늘릴 수 있다. 2) 희석액에 처리할 경우, 저농도의 옥신을 사용하고 삽수의 기부를 용액에 침지(soaking)하는 시간을 상대적으로 길게 한다. 3) 순간 침지(quick dip) 처리할 경우, 고농도의 옥신을 사용하고 침지 시간을 짧게 한다. 4) 최근에는 옥신의 엽면살포(foliar spray) 방법도 적용되고 있다. 번식하는 사람에 따라서 식물의 발근 반응을 관찰한 후에 처리하는 농도를 높이거나 낮추어 적용할 수 있다.

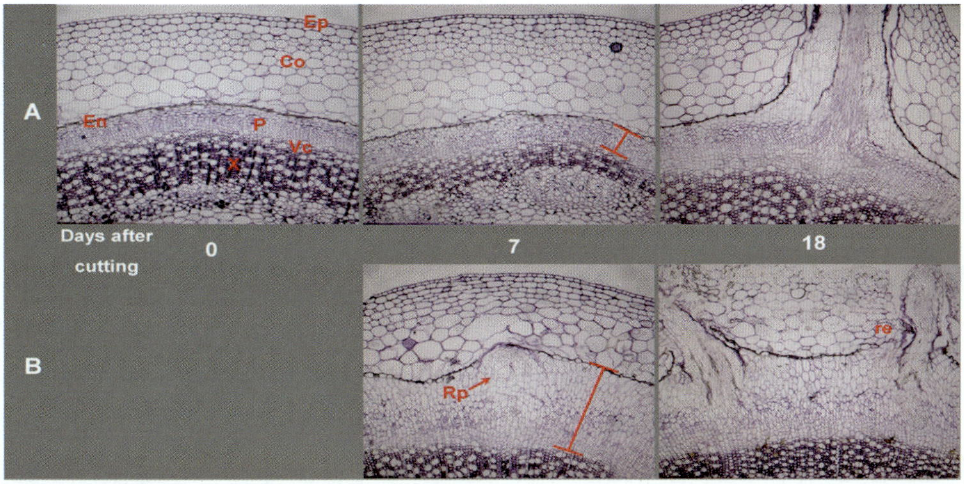

그림 4.9 산수국에서 발근촉진제 처리에 따른 뿌리원기(root primordia) 형성 촉진. (A) 무처리구, (B) IBA 50 ppm 처리구. 피층(Co), 내피(En), 표피(Ep), 사부(P), 사부 방사조직(Pr), 뿌리원기(Rp), 뿌리 출현(re), 유관속형성층(Vc), 목부(X).

(5) 삽목용토

삽수는 물에 적셔서 사용하는 폼(foam), 암면(rockwool), 팽창하는 피트 펠렛(peat pellet), 다양한 상토가 충진된 화분 및 삽목상자 등에서 삽목 번식을 할 수 있다. 이때 삽수 주변의 상토를 피복하거나 호스로 관수하는 것은 피해야 하는데, 이는 상토를 압축시키고 삽수 기부로의 산소 공급을 방해하기 때문이다. 상토가 답압되거나 공기의 순환이 억제되면 뿌리 발달을 억제하고 병원균의 감염이 초래될 수 있으므로, 가능한 한 상단부에서 미스트로 관수를 하고 삽수의 팽압을 유지해야 한다. 미스트보다 입자가 더 작은 포그 관수를 적용할 수도 있다. 이 경우, 상토 공극 내 수분 포화를 방지하면서 습도를 유지시킬 수 있다. 저농도의 비료성분이 상토에 함유되어 있을 수 있으므로, 상토의 EC를 0.8 $dS \cdot m^{-1}$ 이하(2 : 1 water:medium 방법 기준)로 유지해야 한다.

(6) 온도

삽목할 때는 삽상토의 온도가 중요하며, 일반적으로 22~25°C가 적정하다. 적정한 온도 조건은 발근을 촉진시킨다. 온도가 너무 낮거나 높으면, 발근을 지연시키고, 발근률을 감소시킨다. 또한 발근의 균일도를 떨어뜨리고 병 발생을 증가시킬 수 있다. 저온 조건에서는 적정한 상토의 온도를 유지하기 위해서 저면 가온(bottom heating, 바닥 난방)을 할 수 있다.

(7) 광

삽수가 건조 또는 시드는 것을 방지하기 위해서는 삽목하는 공간을 충분하게 차광해야 한다.

일반적으로 광도는 400 μmol·m^{-2}·s^{-1} 보다 낮게 유지한다. 그러나 너무 낮은 광도는 발근을 지연시키고 신초의 생장을 저하시킬 수 있으므로, 일반적으로 280~360 μmol·m^{-2}·s^{-1} 정도가 적정하다. 가능하다면, 삽수에서 부정근이 형성되어 가면 광도를 점차적으로 높여주는 것이 좋다.

(8) 미스트와 포그

미스트(misting)와 포그(fogging)는 삽수나 공기에 수분을 직접적으로 공급하는 것으로써, 증산을 감소시키고 삽수의 팽압을 유지시켜서 뿌리 발달을 촉진시킨다. 일반적으로 포그 시스템이 미스트보다 더 작은 입자의 물방울을 공급한다. 따라서 물 사용량을 줄일 수 있으며, 잎에서 양분이 적게 유실된다. 다음 몇 가지 사항을 고려할 수 있다. 1) 뿌리에 감염되는 병에 민감한 식물의 경우에는 포그를, 2) 삽수의 발근을 유도할 때에는 포그를, 3) 발근된 개체는 미스트를, 4) 온도를 낮추거나 습도를 조절할 때에는 둘 다 사용 가능하고, 5) 50 μm 이하의 입자가 필요할 때는 포그를, 6) 50~100 μm 입자가 필요할 때는 미스트 시스템을 사용할 수 있다.

(9) 삽목의 종류

- **초본삽**(herbaceous cuttings): 콜레우스, 국화 등 1~2년생의 초화류 또는 숙근초류의 삽수를 재료로 하는 삽목을 말한다. 보통 7~12 cm 정도의 삽수를 모식물체로부터 잘라낸다. 삽수의 하단부 잎은 제거한다. 보통 발근률이 높고 쉽게 번식한다.
- **녹지삽**(softwood cuttings): 당년에 자란 새 가지가 경화하기 시작할 때의 부드럽고 다육질인 줄기를 사용하는 방법이다. 대부분의 목본식물에서, 시기적으로 5~7월경에 실시한다. 녹지는 매우 부드럽기에 삽수가 마르지 않도록 각별히 주의해야 한다. 보통 발근이 빠르다.
- **반숙지삽**(semi-hardwood cuttings, semi-ripe cuttings): 당년에 자란 가지로서 녹지삽보다는 좀 더 경화된 가지를 사용한다. 반숙지삽은 보통 7월 중순부터 초가을까지 삽목을 한다. 가지는 상당히 단단하며, 잎은 성숙한 크기이다. 많은 상록성 관목류와 일부 침엽수가 이 방법으로 번식한다.
- **숙지삽**(hardwood cuttings): 일반적으로 완전한 휴면상태에 놓여 있는 늦가을, 겨울 또는 이른 봄에 삽수를 채취한다. 삽수는 단단해서 쉽게 구부러지지 않는다. 숙지삽은 낙엽 관목에 가장 많이 사용되지만 상록수에도 사용될 수 있다. 숙지삽으로 번식하는 식물의 예로는 개나리, 쥐똥나무, 고무나무, 조팝나무 등이 있다.
- **엽아삽**(leaf-bud cuttings): 보통 하나의 잎과 짧은 줄기 또는 잎과 줄기 사이에 액아가 붙어있는 상태로 삽목을 하는 방법이다. 엽삽과 경삽의 중간적인 형태의 방법이라 할 수 있다. 보통 반숙지 상태의 줄기를 이용하는 것이 좋으며, 제한된 재료로 다수의 삽목묘를 얻을 수 있

그림 4.10 다양한 삽목의 종류[상좌에서 우하로 녹지삽, 숙지삽, 엽삽(전체 잎, 부분 잎)], **엽아삽, 근삽**

으므로 경제적이다. 엽아삽을 이용한 번식은 동백나무, 인도고무나무 등의 상록수, 국화류, 불두화 등에도 적용할 수 있다.

- **엽삽**(leaf cuttings): 극히 제한적인 식물들이 잎 또는 잎의 절편체에서 새로운 개체로 만들어질 수 있다. 베고니아류, 파키피툼 같은 다육식물, 글록시니아 등에 이용할 수 있다. 클레마티스, 호야, 마호니아 등에서는 발근하고 잎을 만들 수는 있으나 새로운 눈이 잘 생성되지 않으므로 완전한 식물체로 발달하기 어렵다.
- **근삽**(root cuttings): 뿌리의 일부를 잘라 삽목하는 방법으로 뿌리꽂이라고도 한다. 새로운 부정아와 부정근이 형성된다. 라일락, 무궁화, 등나무 등에서 뿌리로부터 부정아와 새싹이 생기는 것을 볼 수 있다. 이외에 개나리, 개느삼, 팥꽃나무, 황매화, 플록스 등에도 이용할 수 있다.

3) 접목번식

(1) 접목의 개념

접목은 2개의 서로 다른 식물체가 결합하여 하나의 식물체로서 기능하는 것을 의미한다. 근권부의 역할을 하는 것을 대목(stock, rootstock)이라 하고, 지상부의 역할을 하는 것을 접수(scion)라고 한다. 대목이 접수의 생장에 큰 영향을 미치지만, 둘 다 서로 다른 유전적 특성을 가지고 있으므로 접착된 부분의 세포 조직이 완전히 동일하게 변화되지 않는다. 접목은 대목과 접수를 준비하고 수행하는 데에 있어 특별한 기술을 필요로 한다.

접목은 1) 다른 방법으로 번식할 수 없는 종 또는 품종을 번식하는 데 사용하고, 2) 생장을 왕성하게 촉진시키며, 3) 대목의 선택에 따라서 수세, 환경적응성, 내병성, 품질개선 등의 효과가 있고, 4) 종자번식에 비해 개화 및 결실에 소요되는 기간을 단축시킬 수 있다.

(2) 접목 친화성

접목은 대목과 접수의 형성층 부위가 붙게 되면, 상호 간에 세포 분열 및 캘러스 형성 과정을 거치면서 서로 연결되게 된다. 접목한 것이 잘 접합해서 생리작용의 교류가 원만하게 이루어지면 **활착**(graft take)이 되었다라고 하고, 이 개체를 **접합체**(graft union)라 부른다. 활착된 후에 정상적인 생장과 발육이 잘 이루어지면 **접목친화**(graft compatibility)라고 하고, 정상적인 생육이 안 되거나 고사하게 되면 **접목불친화**(graft incompatibility)라고 한다. 화훼에서는 단풍나무, 동백나무, 목련, 벚나무류, 장미, 철쭉류 등이 접목으로 번식할 수 있다.

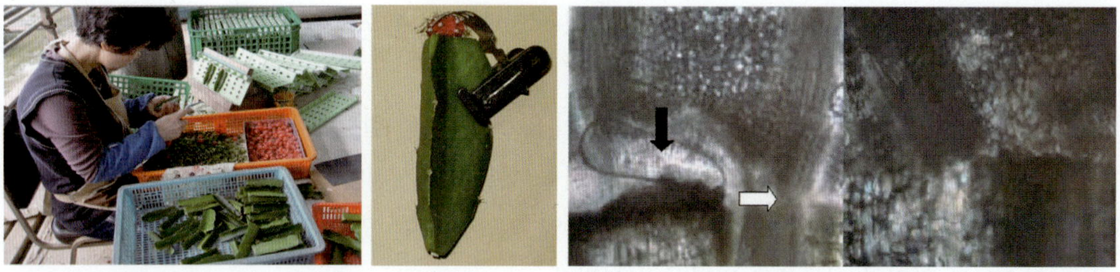

그림 4.11 접목선인장의 접목 및 활착. 설홍 품종의 삼각주와 모구 간에 유관속 조직의 연결. 형성층(흰색 화살표), 연결 캘러스(검은색 화살표)

(3) 접목의 종류

접목 방법에는 다양한 종류가 있다. **합접**(合椄, splice graft)은 비슷한 직경의 대목과 접수를 비스듬하게 깎아서 붙이는 방법으로 장미, 벚나무류 등에 사용할 수 있다. **설접**(舌椄, whip & tongue graft)은 혀접이라고도 하며, 대목과 접수의 절단면에 3개의 접합부가 결합되도록 접목하는 방법이다. **할접**(割椄, cleft graft, split graft)은 **쪼개접(짜개접)**이라고도 하며 다알리아, 박과 및 가지과 작물에 이용하는 방법이다. 대목의 중앙부를 칼로 쪼갠 후 접수의 기부를 V자 모양으로 다듬어서 끼워 넣는 방법이다. **절접**(切椄, veneer graft)은 **깎기접**이라고도 하며 대목의 지상부를 깍아 잘라내서 각이 진 경사진 절단과 수평의 선반(기부)을 갖게 만든다. 접수는 위를 경사지게 자르고 기부도 경사지게 잘라 다듬은 후, 접수의 기부를 각지게 자른 대목에 끼워 넣어 테이프로 단단히 고정시킨다. **홈접**(wedge graft)은 짜개접과 비슷하지만, 대목을 쪼개지 않고 대목의 일부에 홈을 판 후 접수를 측면에서 꽂는 방법이다. **아접**(芽椄, 눈접, budding, bud-grafting)과 **깍기눈접**(chip-budding)은 접수 대신 접눈을 이용하는 방법이다. 장미, 단풍나무, 하와이무궁화 등에 적용할 수 있다. 순형아접과 T자 눈접(shield & T-budding)은 접수의 눈(scion bud)을 채취한 후 대목의 삽입부를 수평, 수직으로 베어 표시한다. 껍질을 들어올리고 눈을 삽입한 후, 접목 테이프로 고정한다. 장미와 과수 등에 사용하기 훌륭한 방법이다. **고접**(高椄, top grafting)은 수피에 약 2.5 cm 길이의 동일한 간격으로 3개의 칼집을 낸 후에 접수를 수피 안쪽으로 삽입하여 고정하는 방법이다. **기접**(技椄, approach grafting)은 맞접, 호접, 쌍접이라고도 불리며, 한쪽 가지에 절단면을 만들어 형성층을 노출시키고 다른 가지에도 같은 작업을 한 다음 두 가지가 잘 맞는지 확인한 후 노출된 두 부위를 붙여서 접목 테이프로 고정한다.

그림 4.12 장미 접목의 몇 가지 예(좌, 합접; 우, 아접)

4) 취목번식

취목(取木, layering)은 휘묻이 또는 묻어떼기라고도 한다. 삽목번식에서 발근이 잘 안되는 나무의 줄기나 가지에 부정근을 발생시켜서 따로 분리하거나, 줄기를 흙에 묻어 두었다가 발근이 되면 분리하여 독립적인 개체로 만드는 방법이다.

취목번식의 종류에는 1) 단순취목(simple layering), 2) 망치묻이법(compound layering), 3) 물결묻이, 파상취목(波狀取木, serpentine layering), 4) 고취법(高取法, 높이떼기, air layering), 5) 성토법, 묻어떼기[盛土法, mound(stool) layering], 6) 고랑묻이(트렌치취목, trench layering), 7) 분취법(drop) 등이 있다.

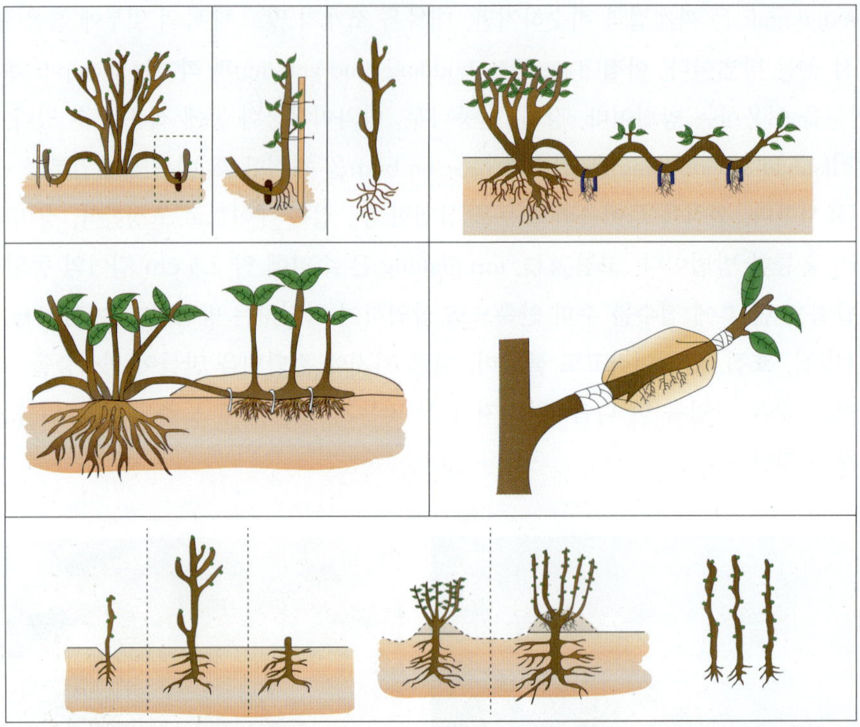

그림 4.13 취목의 몇 가지 예[좌상, 단순취목; 우상, 물결묻이(파상취목); 좌중, 망치묻이법; 우중, 고취법; 하, 성토법(묻어떼기)]

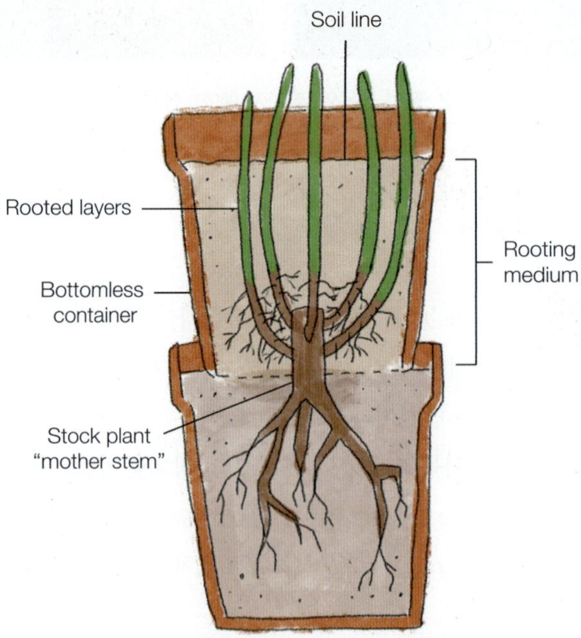

그림 4.14 분취법의 모식도. 분취법은 성토법의 변형된 방법으로서 분주와 성토법의 복합 형태라 할 수 있다. 모주의 양이 적거나 강의실 내에서 실습용으로 사용할 수 있다.

표 4.5 다양한 취목 기술의 비교(modified from Hartman & Kester's Plant Propagation, 2018)

취목 기술	방법	적용 식물
단순취목 (simple layering)	모식물체로부터 나온 1년생 가지를 굽혀서 흙이나 기타 발근 상토로 덮은 다음, 가지의 선단이 약간 지상에 나오도록 U자형으로 만들어 발근을 유도한다.	다양한 열대, 온대 관목과 나무에 적용할 수 있다. 예) 헤이즐넛, *Viburnum*속, 개나리류, 수국류 등
망치묻이법 (compound layering)	가지를 옆으로 수평이 되게 눕히고서 전체를 복토한다. 각 마디로부터 새로운 가지와 부정근이 발생한다.	초본, 목본성 덩굴식물류에 적용한다. 예) 등나무, 포도, 스킨답서스 등
물결묻이, 파상취목 (serpentine layering)	가지를 여러번 구부려서 낮은 부분만 흙에 묻어서 발근시키고, 지상에 노출된 가지에는 눈이 1개 이상 붙어 있어 신초가 발생하게 한다.	초본, 목본성 덩굴식물류에 적용한다. 예) 등나무, 포도, 클레마티스, 필로덴드론, 스킨답서스 등
고취법, 높이떼기 (air layering)	지상부 가지의 일부분을 환상박피를 하고 수태 등으로 감싼 다음에 고정하여 발근시킨다.	주로 열대식물에 적용한다. 예) 고무나무, 크로톤, 감귤류, 드라세나 등
성토법, 묻어떼기 (mound layering)	식물체의 중간 높이까지 흙을 높게 쌓아올려 복토하고 발근을 유도한다. 가지의 길이가 짧거나 부러지기 쉬운 경우에 적용한다.	주로 유실수 등 목본식물, 관목류에 적용한다. 예) 사과나무, 체리, 페칸 등
고랑묻이, 당목취목, 트렌치취목 (trench layering)	가지를 30~45° 각도로 휘어준 다음 여러 측지가 생장을 개시하기 직전에 평평하게 땅에 고정시킨다. 상토, 톱밥 등으로 살짝 덮어준 다음 황백화(etiolation)를 유도하고 신초가 생장할 때마다 조금씩 더 덮어준다. 마지막에 상토를 제거하고 발근된 가지를 분리하여 독립된 개체로 만든다.	성토법을 적용하기 어려운 목본식물에 적용한다. 예) 사과 왜성대목, 호두나무, 체리, 마르멜로, 오디 등
분취법(drop)	성토법의 변형이다. 포장에서 취목하는 것이 아닌, 이중으로 쌓아 올린 용기에서 자란 식물에 적용한다. 취목의 재료 양이 적을 때 또는 성토법을 강의실에서 교육용으로 유용하다.	일부 관목에 적용한다. 예) 매자나무류, 회양목, 철쭉류 등

5) 분주

분주(division)는 줄기나 눈이 무성하게 자란 식물체를 뽑아서 여러 개로 분리하고 쪼개어 독립된 개체로 만드는 것이다. 이는 많은 식물에서 줄기 또는 눈이 밀착해서 무더기로 생장하는 습성을 이용하는 것이다. 칼이나 전정가위 등으로 지제부의 밀착부위(clumps)를 자른다. 분리된 각각의 개체에는 뿌리가 있고 하나 이상의 생장할 수 있는 눈을 가지고 있어야 한다. 늦봄에서 여름에 개화하는 에키나세아, 아스틸베 등은 개화 이후에도 지속적으로 생장하는데, 이런 경우는 가을에 분주하는 것이 좋다. 여름부터 가을에 개화하는 아스터 등의 숙근류는 개화 후에 생장이 급격하게 줄어드는데, 이런 경우는 봄에 분주하는 것이 좋다. 연중 생장하는 실내 식물의 경우는 언제든지 분주할 수 있다. 다만 봄부터 초여름까지가 일장이 길고 광도가 충분하기 때문에 생장을 촉진하기에 적정한 시기라 할 수 있다. 상업적으로는 노동집약적이고 번식량이 상대적으로 적기 때문에 제한적으로 사용된다. 그러나 많은 관엽류에서 사용되고 있다.

그림 4.15 벼룩이울타리의 분주 번식

6) 분구

(1) 분구의 개념

일부 식물은 특수한 형태의 지하 저장기관을 발달시켰다. 저장기관은 생장 환경이 좋아질 때까지 휴면기간 동안 생존하기 위하여 영양분을 저장하는 기관이다. 이러한 식물을 구근류(bulbs, bulbous plants) 또는 땅속식물, 지중식물(geophyte)이라고 하는데, 사실 일부 식물만이 실제 뿌리(true bulbs)이고 대부분은 줄기 등 일부 기관이 변형된 형태이다. 여기에는 인경(bulb), 구경(corm), 괴경(tuber), 괴근(tuberous root), 근경(지하경, rhizome), 그리고 위경(위구경, pseudobulb) 등이 있다. 분구(separation)는 지하에 새로 생성된 이러한 영양기관들을 떼 내어 번식시키는 것이다.

(2) 번식 방법

많은 구근식물은 자연적으로 생성된 저장기관을 통해 재생장이 가능하다. 글라디올러스의 경우, 많은 작은 소구경(cormlets)을 생산한다. 상업적으로는 이러한 구경, 괴경, 괴근, 근경 등을 절편 또는 조각(하나 이상의 생장점, 측아를 보유)으로 잘라서 번식효율을 증진시킬 수 있다. 칼라디움, 다알리아, 아이리스, 수선화 등은 이러한 방법으로 번식시킬 수 있다. 나리, 백합류의 인경은 각각의 인편을 분리시켜서 번식시킬 수 있다. 일반적으로 외피가 있는 구근류는 자구수가 적기 때문에 번식이 쉽지 않다. 따라서 *Hyacinthus*, *Scilla*속 식물들은 구근의 하단부를 '스쿠핑(scooping)' 또는 '스코어링(scoring)' 처리로 생장점을 제거하거나 상처를 줘서 번식시킨다.

그림 4.16 구근 번식의 몇 가지 예

- **인편번식**(scaling): 구근이 분명하게 구분되는 여러 겹의 인편들로 덮여 있다. 이러한 인편의 50~75% 정도는 새로운 식물체를 만드는 데 사용할 수 있다. 예) 백합류
- **스쿠핑**(scooping): 구근의 하단부를 떠내듯이 파낸다. 하단부 테두리와 바닥 인편의 노출된 기부는 남겨 두는 것이 중요하다. 새로운 소인경(bulblets)이 인편(scales)의 하단부에 생성된다. 예) 히아신스
- **스코어링**(scoring): 칼로 구근의 하단부에 조각을 내듯이 2~3군데 대각선으로 칼집을 내어준다. 상처 부위에서 소인경이 형성된다. 예) 프리틸라리아
- **치핑**(chipping): 절편법(sectioning)이라고도 하며, 인편이 없는 모구를 조각으로 잘라내는 방법이다. 예) 아마릴리스, 수선화, 상사화

많은 구근식물들은 번식과 수확 이후에, 병충해 피해를 줄이기 위하여 열처리를 하기도 한다.

3 미세번식

1) 화훼작물 미세번식의 의미와 이용

(1) 미세번식의 의의

미세번식(micropropagation)이란 식물의 조직이나 기관의 일부를 절취한 다음 다양한 영양염류가 첨가된 배지에서 무균적으로 배양하는 방법이다. 따라서 엄밀히 말하자면 식물의 조직, 기관 및 세포 배양(Plant cell, tissue and organ culture)이 맞지만 간략히 **조직 배양**(tissue culture)이라고도 한다. 또한 이러한 과정이 모두 무균 상태의 배양 용기 내에서 이루어지기에 **무균배양**(aseptic culture), 혹은 **기내배양**(in vitro culture)이라고도 한다. 이 기술은 번식뿐만 아니라, 육종, 유전자 도입, 유전자원 보존 등 다양한 목적으로 이용되지만, 이 장에서는 화훼작물의 번식에 이용되는 기술적인 내용을 다루고 있기 때문에 **미세번식**이라고 칭한다.

기본적인 원리는 Schleiden(1838)과 Schmann(1839)에 의하여 식물 세포가 **전형성능**(totipotency)을 가지고 있다는 사실, 즉 세포 증식에 필요한 양분과 환경 하에 놓이게 되면 세포가 분열하여 완전한 식물체로 발달할 수 있다는 이론에서 출발하였다. 화훼류에서는 Morel과 Martin(1952)이 바이러스에 감염된 다알리아의 경정 분열조직을 배양한 이후에, 다양한 식물에서 미세번식이 이루어졌다. 이렇게 세포의 전형성능을 이용하여 하나의 개체를 짧은 기간 내에 신속하게 동일한 유전자형(genotype)을 가진 개체(clone)로 대량증식할 수 있다는 점이 미세번식의 가장 매력적인 점이라 하겠다.

(2) 미세번식의 장단점

① 장점

- 비교적 좁은 면적에서 계절에 상관없이 연중 종묘의 생산이 가능하다.
- 증식률이 기존의 기외(ex vitro) 영양번식에 비해 월등히 높다.
- 병원균이나 바이러스에 의해 화색이 퇴화되거나 품질이 저하된 화훼작물의 품질과 생산성을 증가시킬 수 있다.
- 신품종의 보급 기간을 단축할 수 있다.
- 멸종위기 식물의 급속 증식을 통해서 생태계를 보존함과 동시에 자연적인 훼손 없이 원예적으로 품종화할 수 있다.
- 약배양(anther culture)이나 배배양(embryo culture)을 통해서 육종연한을 단축할 수 있다.

② **단점**

- 전문적인 기술을 가진 숙달된 인력이 필요하고, 노동집약적이다.
- 무균배양을 위한 특수한 설비와 시설이 필요하므로 초기 투자 비용이 많이 든다.
- 식물종이나 품종마다 영양염류와 생장 조절 물질에 대한 요구도가 다르므로, 각각의 종, 혹은 품종마다 초기 배양시 적합한 배지의 개발에 대한 부가적인 노력과 비용이 소요된다.
- 배양이 장기간 반복적으로 이루어지면 원하지 않은 변이체나 퇴화묘가 발생할 수 있다.

그림 4.17 미세번식을 위한 조직배양실(좌)과 배지 분주 모습(우)

(3) 화훼작물에서 미세번식의 이용

미세번식 기술은 화훼작물에 있어서 다양하게 이용될 수 있으며, 크게 다음과 같이 요약할 수 있다. 첫째, 유전적으로 안정이 되지 않은 개체의 경우에 교배 과정 없이 유전자형이 동일한 개체를 **대량 급속증식**하여 품종화할 수 있다. 즉, 아직 유전적으로 안정되지 않은 개체의 경우에는 종자번식 시 유전적 분리가 일어나 모본과 다른 개체들이 생산될 수 있으므로, 유전적으로 안정화시키기 위해서는 오랜 기간 교배를 해야 하지만, 미세번식을 통해 모본과 동일한 유전자형을 가진 개체를 급속 증식하여 대량생산할 수가 있다. 둘째, 종자번식이 어려운 화훼작물에서도 증식이 가능하다. 일례로, 종자의 발아율이 자연적으로 매우 낮거나, 혹은 난과식물(orchid)과 같이 배유가 없는 극미세 무배유종자 등에서 매우 유용하게 이용될 수 있다. 셋째, 새로운 품종을 비교적 단기간에 육성할 수가 있다. 자연적으로 발생했거나 인위적으로 유도된 돌연변이체(mutant), 혹은 약배양을 통해 유도된 반수체(haploid), 콜히친이나 오리잘린(oryzalin) 같은 화학물질 처리를 통해 육성된 배수체(polyploid)를 빠르게 증식시킴으로써 단기간에 **품종화**가 가능하다. 마지막으로, **무병묘**(Virus-free plant) 생산을 통해 화훼류의 생산성과 품질을 향상시킬 수 있다. 국화나 나리처럼 주로 영양번식에 의해 묘 생산이 이루어지는 화훼류가 바이러스에 감염되면 화색이 감퇴하고 생산성이 감소되는데, 이런 경우 생장점 배양이나 경정 배양을 통해 바이러스가 제거된 **무병묘**(virus-free plant)를 생산할 수 있다.

2) 미세번식 방법

(1) 경정 배양(shoot-tip culture)

경정 배양은 대부분의 화훼작물에서 처음 배양을 시작할 때 가장 일반적으로 이용하는 배양 방법이다. 줄기 끝에 생장점이 있는 부위와 함께 약 5~10 mm의 크기로 잘라서 배양한다. 최근에는 무병묘 생산을 위해 생장점 배양 시 생장점의 생존율을 높일 목적으로 고온처리 및 경정 배양을 실시하기도 한다.

(2) 생장점 배양(meristem culture)

0.1~0.5 mm 이하의 생장점을 엽원기 1~2매와 같이 배양하는 것을 **생장점 배양**이라고 한다. 오랜 기간 반복적으로 영양번식된 화훼작물에서 바이러스와 다른 병원성 내생균류를 제거하는 유일한 방법이며, 기존의 품종을 갱신하기 위한 목적으로써 유용하게 이용되고 있다. 난과식물인 심비디움의 경우, 이론적으로는 1개의 생장적으로부터 1년 동안 약 20만 개 이상의 무병묘를 생산할 수 있다는 보고가 있다.

(3) 다신초 배양(multiple shoot culture)

기내번식 시 배지에 시토키닌을 첨가하면 배양한 식물체의 기부에서 다수의 신초가 유도되는데, 이러한 증식하는 방법을 **다신초 배양**이라고 한다. 에키네시아, 스타티스, 안개초, 호스타 같은 근출엽 숙근 화훼류와 장미 같은 목본성 화훼류가 다신초 배양을 통한 기내 번식이 가능하다.

(4) 엽편 배양(leaf segment culture)

잎의 재분화 능력이 뛰어난 식물의 경우에서, 잎의 절편을 적정한 농도의 생장조절제가 첨가된 배지에 배양하면 1 cm 미만의 작은 잎 조각에서도 여러 개의 식물체를 유도할 수 있다. 이 번식법은 잎이 비대한 인편(scale)을 갖는 나리류의 번식에서도 동일하게 이용될 수 있다. 아프리칸바이올렛, 베고니아, 백합 등이 **엽편 배양**으로 기내 번식이 가능하다.

(5) 기타

위와 같은 방법으로 번식이 곤란한 고사리류 같은 식물은 잎의 뒷면에 있는 포자를 채취한 다음 무균영양염류가 첨가된 배지에서 배양하여 전엽체를 유도하고, 전엽체로부터 배우체를 발생시켜서 완전한 고사리로 번식시킬 수 있는데, 이를 **포자 배양**(spore culture)이라고 한다.

3) 미세번식의 실제

(1) 시료 준비

미세번식에 사용할 시료는 생장이 활발한 시기에 병해충 피해가 없으면서, 개체(혹은 품종)의 특성을 가장 잘 나타내고, 외관상 상태가 좋은 식물을 이용하도록 한다. 오염을 최소화하기 위해서는 배양에 사용할 식물을 깨끗한 온실과 토양에서 관리를 하는 것이 좋다. 가지를 잘라서 물꽂이를 하다가 새로운 신초가 자라나면 잘라서 이용하는 것도 좋은 방법이다.

(2) 초대 배양

배양할 신초는 70% 에탄올에 몇 초 동안 담갔다가 1~2% NaOCl(sodium hypochlorite)에 10~20분 동안 표면살균(surface sterilization)한 다음에 멸균수로 수세한 후, 클린벤치(cleanbench)에서 배양할 조직만을 절단하여 적절한 생장조절제가 첨가된 MS 배지에 치상하여 약광 하에서 배양한다.

(3) 증식

초대 배양을 통해 오염되지 않은 깨끗한 무균 식물체가 확보되면, BA, kinetin과 같은 시토키닌류의 생장조절제가 첨가된 배지에서 식물체를 증식시킨다. 국화처럼 마디 증식을 하는 식물은 1개월 간격을 두고서 1~2개의 마디로 절단하여 새 배지에 배양하면 빠르게 증식시킬 수 있다.

(4) 발근

증식된 대부분의 식물체는 생장조절제가 첨가되지 않은 MS 배지에서 2~4주 이내에 자연스럽게 발근이 이루어진다. 일부 목본성 화훼류나 난류 같이 자연적 발근이 어려운 식물은 IBA, NAA와 같은 오옥신이 첨가된 배지에서 4~8주간 배양하여 발근을 유도한다.

(5) 순화

기내 환경은 습도가 높고, 광도가 낮으며, 식물이 종속영양하는 형태이지만, 기외 환경은 습도가 낮고, 광도가 높으며, 식물이 스스로 광합성을 해야 하기에, 순화 기간 동안 식물은 생리적, 물리적으로 급격한 환경적 변화를 마주하게 된다. 따라서, 미세번식을 통해 생산된 소식물체는 영양염류 농도가 낮은 질석이나, 혼합 상토에 식재한 다음 저광도하에서 1개월 정도 적응 과정을 거쳐야 한다. 난과식물은 토양 대신 뿌리를 수태로 감싸서 순화하는 것이 좋다. 나리류 같은 구근식물은 특별한 순화 과정을 필요로 하지 않으나 순화 전 저온(2~4°C)에서 4주 이상 저온저장한 후 토양에 옮겨 심으면 기내 휴면을 타파할 수 있다.

미세번식을 통한 팔레놉시스 우량묘의 대량생산

팔레놉시스는 열대지방 원산의 난초과 식물로 우리나라를 비롯하여 전 세계적으로 분화용으로 매우 선호도가 높은 난과식물이다. 종자에서 유래한 실생묘는 화색과 저온 감응성 등의 특성이 서로 달라서 개화 품질이 저조하다. 따라서 개화 후 우수한 개화 특성을 가진 개체의 화경 배양(flower-stalk culture)을 통해 유전적으로 동일한 형질을 가진 개체를 대량으로 증식한 후에 순화 과정을 거쳐 대량으로 생산한다.

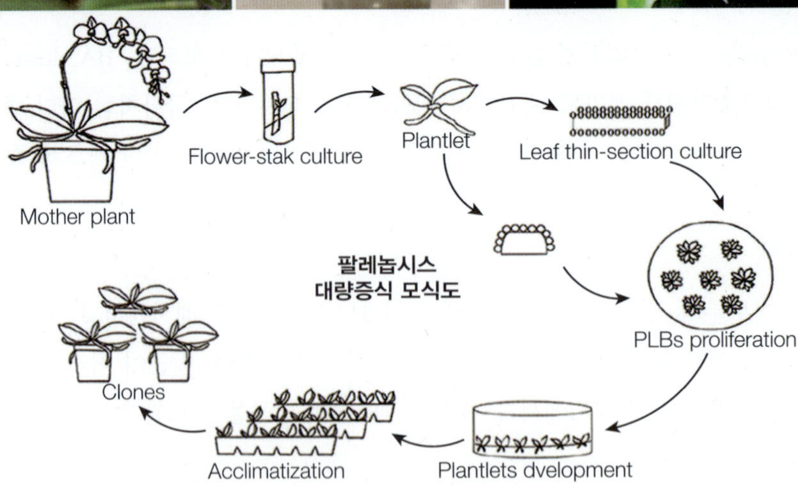

그림 4.18 페튜니아의 잎 절편에서 신초 재분화와 기내 배양

4) 미세번식의 특수 기술

미세번식 기술은 화훼류의 번식 방법 중 생산비가 가장 많이 소요되며, 이 생산비의 대부분을 고가의 인건비가 차지한다. 1990년대 연구 목적으로 식물에서 개발된 **생물반응기**(bioreactor)는 최근 다양하게 개량되어, 종묘 생산에서도 비교적 저렴하게 이용 가능하도록 발전되었다. 생물반응기는 배양용기에 고체 배지가 아닌 액체 배지를 채우고 시료를 증식시키는 기술로, 작은 것은 2~3 L에서 큰 것은 톤 단위로까지 규모를 키울 수 있으므로 생산비를 대폭 절감할 수 있다. 생물반응기에는 병균이 없는 새로운 공기를 공급해 줄 수 있고, 광합성을 촉진시키기 위해 공기 중의 이산화탄소 농도를 조절할 수도 있다. 이처럼, 생물반응기는 고체배지를 기본으로 한 미세번식의 단점을 개선하여 화훼 종묘의 묘 소질을 최상으로 개선시킬 수 있다. 이러한 과정을 통해 생산된 식물체는 순화 과정에서 생존률이 증가하고 초기 활착이 빠르므로, 건전묘 생산을 위한 최적의 생산기술이라고 하겠다.

그림 4.19 다양한 시스템의 생물반응기에서 배양 중인 국화(좌)와 나리 종구(우)

참고문헌

- 김광식 외. 2003. (개정)화훼학총론. 선진문화사
- 김기선 외. 2021. 원예작물학II. 한국방송통신대학교출판문화원
- 농업용어사전. 농촌진흥청. https://www.nongsaro.go.kr/
- 박권우 외. 2019. 원예번식학. 선진문화사
- 이종석. 2008. 화훼원예학. 향문사
- 정병룡 외. 2020. 번식과 육묘. 경상대학교출판부
- 종자용어사전. 국립종자원. http://www.seed.go.kr/seed/122/subview.do
- Davies FT, Geneve RL, Wilson SB. 2018. Hartmann and Kester's plant propagation: principles and practices 9th ed, Pearson Prentice Hall
- Hartmann HT, Kester DE, Geneve RL. 2013. Hartmann and Kester's plant propagation: principles and practices 8th ed, Pearson Prentice Hall
- Jang HR, Leem HJ, Shohael AM, Park BJ, Paek KY, Park SY. 2016. Production of biomass and bioactive compounds from shoot cultures of *Rosa rugosa* using a bioreactor culture system. Hortic Environ Biotechnol 57:79-87
- Kim JH, Ho TT, Jang EB, Kim S, Lee KH, Shin SS, Park SY. 2019. An in vitro culture system for the conservation and production of bioactive compounds from *Lilium dauricum*. Flower Res J 27:285-295
- Morel G, Martin C. 1952. Guérison de Dahlias atteints d'une maladieà virus. CR Acad Sci Paris 235:1324-1325
- Morrow RC. 2008. LED lighting in horticulture. HortScience 43:1947-1950
- Murashige T, Skoog F. 1962. A revised medium for rapid growth and bioassays with tobacco tissue cultures. Physiol Plant 15:473-497
- Toogood A. 1999. Plant propagation. DK Publ. Inc. NY

FLORICULTURE

CHAPTER 05

개화 생리 및 조절

김기선·김완순·오 욱

개화(開花, flowering, blooming, anthesis)란 식물이 일정 기간의 영양생장을 마친 후 번식을 위해 생식생장으로 전환하여 꽃을 피우는 것을 말한다. 꽃 식물들은 일정 기간 동안의 **유년기**(유약기, juvenile stage)를 지난 후에 식물체의 내·외부로부터 호르몬이나 환경 등에 의해 자극이 주어지면 **개화유도**(開花誘導, flowering induction)가 이루어지고, 이어 **화아**(花芽, 꽃눈, flower-bud)의 **환기**(喚起, evocation), **창시**(創始, initiation)와 **분화**(分化, differentiation), 그리고 **발달**(發達, development) 등 일련의 과정을 거쳐 꽃이 피는 개화에 이르게 된다. 화아의 분화와 발달은 생장점에서 **화아원기**(flower primordia)가 형성되면, 바깥에서 안쪽 방향으로 **꽃받침**(sepal, 집합적으로 calyx), **꽃잎**[화판(花瓣), petal], **수술**[웅예(雄蕊), stamen], **암술**[자예(雌蕊), pistil]의 순으로 이루어진다(그림 5.1). 이 장에서는 꽃의 구조를 이해하고, 개화에 미치는 여러 가지 요인을 살펴본 후, 실제 상업적으로 개화가 어떻게 조절되고 있는 지에 대하여 살펴본다.

1 꽃의 구조

하나의 꽃이 생식에 직접 관여하는 **암술**과 **수술**을 모두 가지고 있으면 **완전화**(完全花, perfect flower) 또는 **양성화**(兩性花, monocliny)라고 하고, **꽃잎**과 **꽃받침**까지 4가지의 기관을 모두 가지고 있으면 **완비화**(完備花, complete flower)라고 한다(그림 5.2). 생식에 직접 관여하지 않지만 암·수술을 둘러싸서 보호하고 화분 매개를 돕는 부위를 통틀어서 **꽃덮개**[화피(花被), perianth]라 부르는데, **꽃잎**이 모여 이루어진 **꽃부리**[화관(花冠), corolla]와 **꽃받침조각**[악편(萼片), sepal]이 모여 이루어진 **꽃받침**[악(萼), calyx]으로 구성된다. 화피는 **화피조각**(화피편, tepal)으로 이루어지며, 꽃부리와 꽃받침을 구별하기 어려운 **동화피화**(同花被花, homochlamydeous flower)에서 일반적으로 사용되는 용어이지만, **이화피화**(異花被花, heterochlamydeous flower)에 대해서도 사용될 수 있다.

대부분의 꽃은 완비화이지만, 포인세티아는 꽃잎과 꽃받침이 없는 **배상화서**(杯狀花序, cyathium)의 노란색 꽃을 가지고 있다. 붉은 꽃잎처럼 보이는 것은 잎이 변형된 것으로 **포엽**(苞葉, bract)이라 부른다. 안수리움 꽃에서 화려한 색을 띠는 것 역시 잎이 변형된 것으로 **불염포**(佛焰苞, spathe)

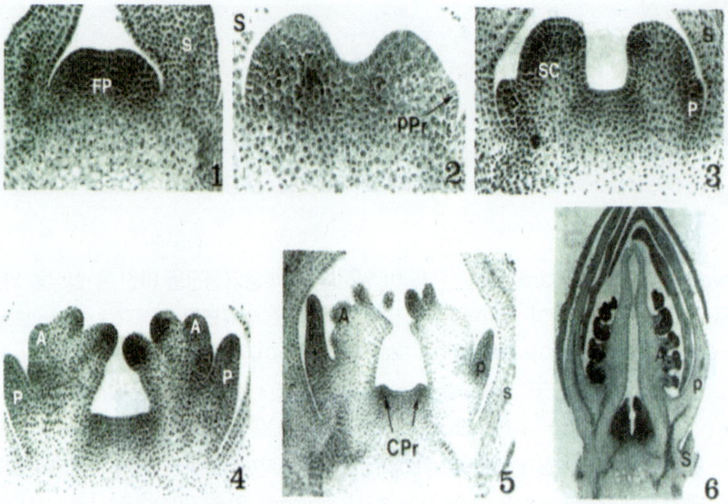

그림 5.1 **무궁화 꽃의 꽃눈 발달 순서(김종화).** FP: 화아원기(flower primordia), S: 꽃받침(sepal), PPr: 꽃잎원기(petal primordia), P: 꽃잎(petal), A: 수술군(androecium), CPr: 암술원기(carpel primordia)

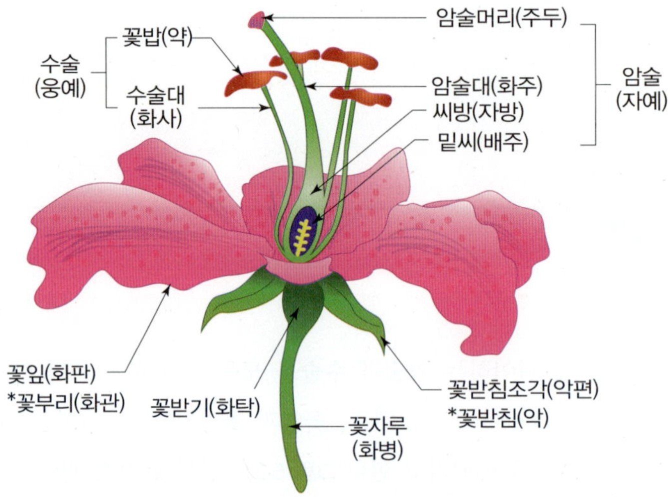

그림 5.2 **일반적인 완비화의 구조**

라 하며, 가운데 노랗게 솟아나온 것이 육수화서의 꽃이다(그림 5.3). 장미과나 진달래과에 속하는 꽃은 **홑꽃**인 경우에 5장의 꽃잎과 꽃받침 그리고 5개이거나 그 배수인 수술을 가지고 있는 반면, 개나리가 속해 있는 물푸레나무과, 산딸나무가 속해 있는 층층나무과, 스토크와 유채가 속해 있는 배추과는 4개씩 가지고 있다. 한편, 캐틀레야, 호접란 등 난과식물의 경우에는 꽃잎처럼 보이는 6장 가운데 3장만 꽃잎이고, 나머지 3장은 꽃받침이 변형된 것이다. 꽃잎 3장 중 위로 나온 2장은 꽃잎 모양이지만 아래로 처진 것은 동물의 혀를 닮았기에 **입술꽃잎**(**순판**, 脣瓣; labellum, lip)이라 부

그림 5.3 포엽과 불염포가 꽃으로 변형된 포인세티아와 안수리움

그림 5.4 호접란 꽃의 구조(P: 꽃잎, S: 꽃받침, L: 입술꽃잎)

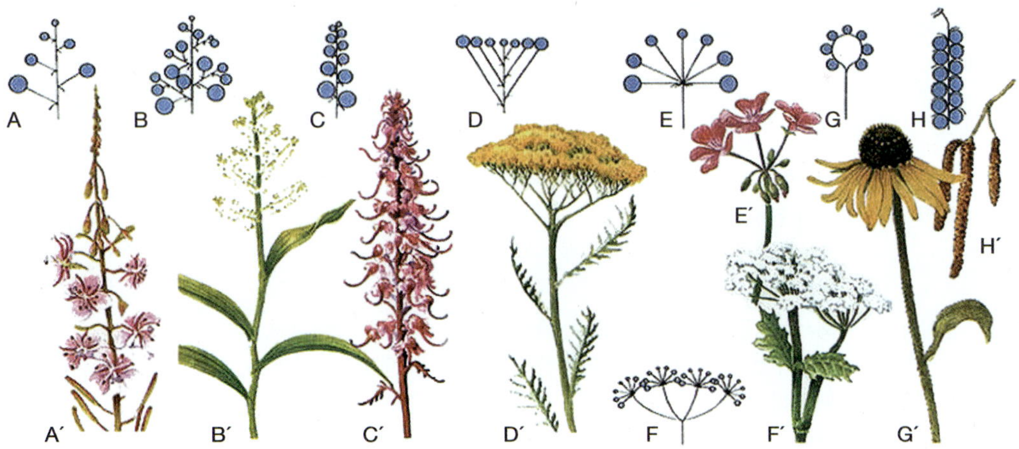

그림 5.5 피자식물에서 많이 볼 수 있는 무한화서의 종류. A~A′: 총상화서, B~B′: 원추화서, C~C′: 수상화서, D~D′: 산방화서, E~E′: 단순 산형화서, F~F′: 복산형화서, G~G′: 두상화서, H~H′: 미상화서

른다(**그림 5.4**). 꽃받침 밑에서 꽃을 받치고 있는 부위를 **꽃받기**[화탁(花托), receptacle]라 하며, 그 아래는 **꽃자루**[화병(花柄), peduncle]로 이어진다(그림 5.2).

무궁화나 장미처럼 한 개의 꽃대에 한 개의 꽃이 피면 꽃(flower)이라 하고, 호접란처럼 여러 개의 꽃이 피면 각각을 **소화**(小花, floret), 전체를 **화수**(花穗, spike)라고 한다. 그리고 소화들이 화경(화축)에 붙어 있는 배열 상태 또는 집합되어 있는 모양을 **화서**(花序, inflorescence)라고 한다. 화서는 많은 종류가 있지만, 크게 **무한화서**(無限花序, indefinite inflorescence)와 **유한화서**(有限花序, definite

표 5.1 주요 화서의 종류와 특성

화서의 종류		특성	화훼작물	모양
무한화서	총상화서 (raceme)	긴 화서축, 소화경 유, 소화가 위쪽을 향함, 분지하지 않음	루피너스, 무스카리, 백합, 심비디움, 호접란, 옥잠화, 히아신스	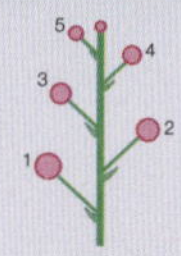
	수상화서 (spike)	총상화서와 비슷, 소화경 무, 이삭 모양	익시아, 맥문동, 글라디올러스, 프리지아	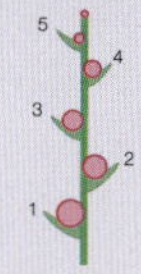
	산방화서 (corymb)	총상화서와 비슷, 하부의 소화경이 길어 화서의 선단부가 편평(총상과 산형의 중간형)	수국, 조팝나무, 산사나무, 윤노리나무	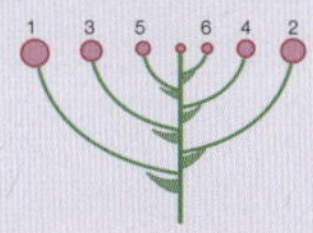
	산형화서 (umbel)	화서축의 선단부에 우산살(부채살) 모양(방사형)의 소화경 발생, 선단부가 둥글거나 편평	석산, 아가판서스, 상사화, 알리움, 네리네, 문주란 등	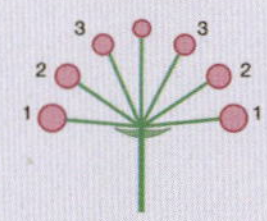
	복산형화서 (compound umbel)	산형화서의 복합형	팔손이, 펜넬 등	
	원추화서 (panicle)	하나의 화서축에 총상화서가 분지한 형태, 전체가 원추(고깔)형	남천, 쥐똥나무, 수수, 억새 등	
	두상화서 (head)	화서축이 단축되어 두상으로 된 화서축에 소화경이 없는 소화가 밀집되어 단생화(단정화서)처럼 보임	국화과 식물(국화, 코스모스, 해바라기, 거베라, 루드베키아 등), 맨드라미	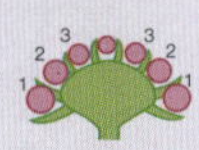
	육수화서 (spadix)	곤봉 모양인 육질의 화서축에 꽃받침과 꽃잎이 퇴화된 소화가 밀집(살찐 수상화서), 불염포가 크게 발달함	천남성과(안수리움, 스파티필럼, 칼라, 몬스테라 등)	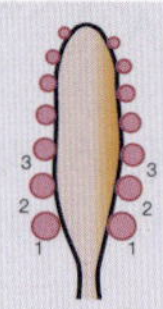
	미상화서 (catkin)	수상화서와 비슷하며, 화서축이 연약하여 아래로 늘어짐. 소화는 단성화(수꽃 또는 암꽃)	밤나무, 버드나무, 자작나무, 오리나무 등	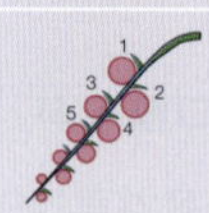

표 5.1 주요 화서의 종류와 특성(계속)

화서의 종류		특성	화훼작물	모양
유한화서	단정화서 (solitary)	화서축의 선단에 1개의 꽃을 피움	튤립, 장미, 아네모네, 목련, 작약, 모란, 할미꽃, 개양귀비 등	
	취산화서 (cyme)	화서축의 선단부에 소화경이 있는 1개의 소화가 발생 → 그 기부에 한 쌍의 소화경이 발생 → 각각의 선단부에 다시 소화경이 있는 1개의 소화가 발생 → 이 과정이 반복되면 전체적으로 삼각형의 화서가 됨(이 화서에는 여러 가지 변형이 있으나 여기에서는 생략)	작살나무, 수국, 백당나무 등	
	배상화서 (cyathium)	암술과 수술이 각 한 개로 된 한 개의 암꽃과 여러 개의 수꽃이 잔 모양의 화탁 안쪽에 달림. 포엽이 발달.	대극과 식물(포인세티아 등)	
복합화서	밀추화서 (thyrse)	화축의 분지 상태는 일정하지 않으나 소화가 밀집하며 전체적으로는 원추형	포도나무	
	윤산화서 (verticillaster)	화축의 마디에 여러 소화들이 돌려가며 남	꿀풀과 식물(민트 등)	

inflorescence)로 나눌 수 있다. 무한화서는 아래쪽 또는 바깥쪽 소화가 먼저 개화한 후 위쪽 또는 안쪽 방향으로 개화하며, **총상화서, 원추화서, 수상화서, 산방화서, 산형화서, 복산형화서, 두상화서, 미상화서** 등이 있다(그림 5.5). 유한화서는 무한화서와는 반대 방향, 즉 위쪽에서 아래쪽으로 혹은 안쪽에서 바깥쪽으로 소화가 개화하며, **취산화서, 단정화서, 배상화서** 등이 있다(표 5.1). 그 외에 무한화서와 유한화서의 특징이 함께 나타나는 **복합화서**도 있다.

2 개화생리

식물의 개화는 줄기 **정단분열조직**(shoot apical meristem, SAM)이 영양생장 단계에서 생식생장 단계, 즉 꽃을 만드는 발육 단계로 전환하는 것을 뜻한다. 모든 다세포생물과 마찬가지로 고등식물은 비생식 및 생식단계를 거치면서 발달하는데, 이러한 변화는 SAM이라는 단일한 역동적인 부위에서 일어난다. 식물체가 배발생 이후 발달하는 과정에서 SAM은 연속적인 3단계의 발달기를 거친다. 이러한 3단계는 **유년기**(juvenile stage), **성년 영양기**(adult vegetative development stage), **성년 생식기**(adult reproductive development stage)로 구분되는데, 한 단계에서 다른 단계로의 전이를 **발달기 변화**(phase change) 또는 **상 변화**(stage change)라고 한다. 한편, 유년기와는 별도로 성년 영양기와 성년 생식기를 **성년기**(adult stage)로 구분한다. 유년기와 성년 영양기 사이의 중요한 차이는 생식구조, 즉 꽃을 형성할 수 있는 능력의 유무이다. 성년 영양기에서 성년 생식기로의 전환, 즉 개화는 특정한 환경과 내적 발달 신호에 의존하게 된다. **개화 능력**을 가지는 성년기 단계로 발달한 식물체는 **개화유도**(flowering induction)와 **화아 발달**(flower development) 과정을 거쳐서 개화하게 된다.

1) 개화유도

식물이 일정한 나이나 크기에 도달하면 개화 능력을 획득하게 된다. 이후 개화로의 전이는 식물에 따라 차이가 있는데, 일부 식물에서는 환경과 무관하게 **내적 신호**(endogenous signal)에 따라 자율적으로 일어난다. 다른 식물은 적절한 환경 조건에 노출되어야 하며, 개화하기 위한 가장 보편적인 외적 신호는 **환경 신호**(environmental signal)로 일장과 온도가 여기에 속한다. 이러한 개화유도 과정은 화아 발달 과정의 전 단계로서 꽃눈의 분화와 발달이 일어나는 세포나 조직 상태의 형태적 변화는 없지만, 식물체가 내외 신호에 의해서 내적으로 **화아환기**(flowering evocation)에 이르는 단계이다. 고등식물은 개화 능력을 가지는 성년기에 도달하면 다양한 내외 신호들에 반응하여 개화가 유도되는데, 이것은 불리한 여건에서도 개화에 이를 수 있는 다양한 **우회 경로**(bypass pathway)를 진화과정에서 획득한 것으로 보인다. 고등식물에서 **개화유도 경로**(flowering induction pathway)는 다음 4가지로 구분되며, 화훼식물의 경우 생태 습성에 따라 4가지 경로를 모두 가지고 있거나 일부 경로만을 선택적으로 가지기도 한다(**표 5.2**).

표 5.2 고등식물의 개화유도 경로(Glover, 2014)

개화유도 경로	신호 구분
자율적 촉진 경로(autonomous promotion pathway)	내적 신호(endogenous signal)
일장 경로(photoperiod pathway)	외적 신호(environmental signal)
춘화 경로(vernalization pathway)	외적 신호(environmental signal)
지베렐린 경로(gibberellin pathway)	내적 신호(endogenous signal)

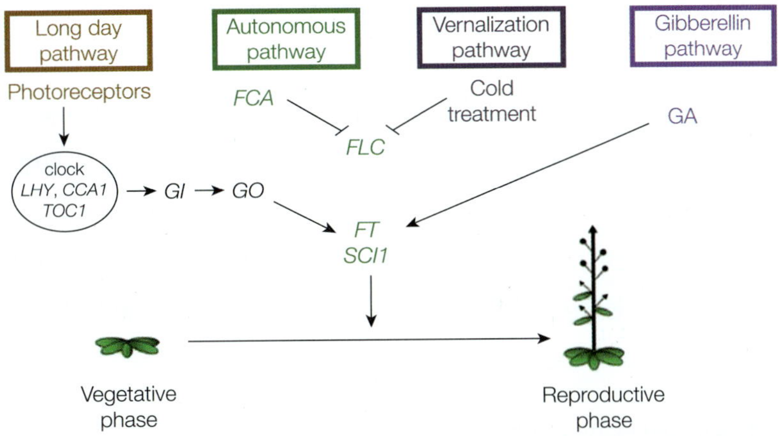

그림 5.6 고등 화훼식물의 개화유도 경로(flower induction pathway)(Kumar 등, 2011)

(1) 자율적 촉진 경로

화훼식물의 경우, 성년 영양기에 도달하고 나서 시간이 충분히 경과하여 나이를 먹거나 일정 크기 이상으로 크게 생장했을 때, 외적 개화유도 신호인 일장이나 저온 등 환경 신호가 주어지지 않아도 개화가 유도되는 과정을 **자율적 촉진 경로**(autonomous promotion pathway)라고 한다. 이러한 경로는 식물체의 바이오매스, 즉 식물체 크기나 생장기간에 의존적이다. 이것은 유년기 상태인 작은 개체들이 장일이나 저온 과정을 충족하더라도 개화에 이르지 않는 개념(autonomous inhibition pathway)과 함께 고려되고 있다.

(2) 일장 경로

하루 중 낮의 길이(실제로는 연속된 밤의 길이)인 **일장**(day length 또는 photoperiod)이 개화유도 신호로 작용하는 경로이다. 식물이 일장 길이에 따라 개화가 유도되는 특성을 **광주기성**(광주성, photoperiodism)이라고 한다. 성년 영양기에 도달한 화훼식물은 일장을 감지한 잎에서 **Flowering Locus T**(FT) **단백질**이 생성되고, 이동 단백질과 함께 줄기 끝으로 이동해서 개화를 유도하게 된다. FT 단백질은 1995년에 밝혀지기 전까지 호르몬의 일종으로 여겨져 왔으며, 개화 호르몬 또는 화성 호르몬 '**플로리겐**(florigen)'으로 불리기도 했다.

식물의 일장 반응은 실제로는 낮의 길이보다는 연속된 밤의 길이에 의한 것이지만, 일반적으로 장일, 단일, 중일, 중성 개념으로 표현한다. 일장이 개화유도 신호로 작동하는 기점의 일장을 **한계일장**(critical day length)이라고 하는데, 화훼식물은 각기 다른 한계일장을 가지고 있다(**표 5.3, 표 18.1** 참조). 화훼식물을 광주성으로 분류하면 다음과 같다. 스토크, 금어초, 칼세올라리아, 페튜니아 같이 일장이 한계일장보다 길어져야만 꽃을 피우는 식물을 **장일식물**(long-day plants, LDP),

국화, 포인세티아, 코스모스, 나팔꽃, 칼랑코에처럼 한계일장보다 짧아져야 꽃을 피우는 **단일식물**(short-day plants, SDP), 꽃고추처럼 한정된 일장에서만 꽃을 피우는 **중일식물**(intermediate-day plants, IDP), 장미, 제라늄, 꽃베고니아처럼 일장에 관계없이 개화하는 **중성식물**(day-neutral plants, DNP)로 구분된다(**표 5.4**). 한편, 식물의 종류에 따라 일장의 개화유도 신호는 **절대적**(obligate; 질적, qualitative) 또는 **상대적**(facultative; 양적, quantitative)으로 작동하기 때문에, 절대적/상대적 장일식물 또는 단일식물로도 구분하기도 한다. 또한 화아 분화에 작용하는 일장과 화아 발달에 작용하는 일장을 구분하여 **장단일식물** 또는 **단장일식물**로 구분하기도 한다. 즉, 화아 분화에는 단일이, 화아 발달에는 장일이 관여하는 식물을 **단장일식물**이라고 하고, 반대의 경우를 **장단일식물**이라고 한다.

표 5.3 주요 화훼작물의 일장 반응과 한계 일장

단일식물		장일식물	
작물명(품종명)	한계일장(시간)	작물명	한계일장(시간)
국화(Encore)	14.5	금잔화	6.5
콜레우스	13~14	퍼레니얼라이그래스	
포인세티아	12.5	(조생종)	9
칼랑코에	12	(만생종)	13
나팔꽃(Violet)	15~16	루드베키아	10

표 5.4 주요 화훼작물의 일장 반응에 따른 분류(Thomas와 Vince-Prue, 1997)

No.	일장 반응[z]	화훼작물
1	질적 단일식물	포인세티아, 칼랑코에, 나팔꽃, 봉선화, 한국잔디, 황색코스모스(9)*, *Coleus fredericii*
2	양적 단일식물	국화, 맨드라미, 코스모스, 글라디올러스, 매리골드, 토레니아, 백일홍, 부겐빌레아, 일일초, *Primula malacoides*, 아잘레아, 해당화, 샐비어(3, 9)*, 해바라기(4, 9)*, 다알리아(1, 9)*
3	질적 장일식물	금잔화, 센토레아, 옥스아이데이지, 샤스타데이지, 캘리포니아포피, 숙근안개초, 후크시아(4, 9)*, 무궁화, 숙근플록스, 루드베키아, 서양솔체꽃, 큰꿩의비름, 자주꿩의비름, 끈끈이대나물, *Coleus lanuginosus* [3b[y]] 나팔나리, 칼세올라리아
4	양적 장일식물	페튜니아, 금어초, 카네이션, 스토크, 팬지, 꽃도라지, 원추리, 펜타스, 동백(9)*, 샐비어(2, 9)*, *Coleus blumei* (9)* [4a[x]] 서양매발톱, 델피늄, 디기탈리스, 스타티스, 라넌큘러스
7	중일식물	꽃고추, 사탕수수, *Solidago canadensis*
9	중성식물	장미, 시클라멘, 천일홍, 꽃베고니아, *Coleus blumei* (4), 하와이무궁화, 아마릴리스, 제라늄, 공조팝나무, 아프리칸바이올렛, 극락조화, 시네라리아, 칼라

[z]장단일식물(5), 단장일식물(6), ambiphotoperiodic plants(8)와 그 외 다양한 반응들은 원문 참조.
[y]3b: 질적 장일식물임에도 춘화처리가 장일을 전적으로 또는 부분적으로 대체할 수 있음.
[x]4a: 양적 장일식물임에도 개화에 춘화처리가 꼭 필요하거나 춘화처리로 개화를 촉진할 수 있음.
*계통이나 품종에 따라 다른 반응에도 속하는 경우가 있음.

(3) 춘화 경로

일장과 마찬가지로, 온도가 개화유도 신호로 작용하는 경로이다. 특히 온대지역에서의 겨울철과 같이 일정 기간 동안 저온에 노출되는 것을 **춘화**(vernalization)라고 하며, 이러한 춘화 과정을 경과해야만 개화가 유도되는 것은 식물이 환경에 적응한 결과이다. 성년 영양기에 도달한 식물체 내에서 겨울철 추운 시기에 개화가 진행되지 않도록 개화유도 억제인자인 **Flowering Locus C**(FLC)가 활성화되었다가 춘화 과정이 진행되면서 불활성화되고, 결국 활성이 완전하게 억제되면서 개화가 유도된다. 인위적으로 개화를 유도하기 위해 일정 기간 동안 저온처리하는 것을 **춘화처리**(vernalization treatment)라고 한다. 이러한 춘화 신호는 양적으로 작용하며 화훼식물의 종류와 생태 습성에 따라 필요한 온도와 기간이 다르다.

(4) 지베렐린 경로

식물 호르몬의 일종인 **지베렐린**(gibberellin, GA)이 화훼식물의 개화를 유도하는 것으로 알려져 있으며, 일장, 저온과 마찬가지로 개화 유도 신호로 작용하는 경로이다. 그 동안의 여러 실험 결과에서는 GA가 춘화 경로를 보조하는 것으로 보고되기도 하였으나, 최근에 애기장대를 통해 독립적인 개화유도 신호 경로임이 밝혀졌다. 춘화 경로는 FLC를 상류 단계(upstream)에서 억제하지만, GA는 FLC 하류 단계(downstream)의 **개화통합조절유전자**(flowering integrators)를 활성화시키므로 FLC 활성 여부와 관계없이 작동한다. 이와 같은 GA 경로는 일장이나 저온 등 다른 개화유도 경로의 대체 경로(bypass)로 여겨지고 있다.

2) 화아 발달

화훼식물은 개화유도 신호에 의해 줄기 끝 정단분열조직(SAM)이 **화아분열조직**(floral meristem, FM)으로의 내적 전환이 이뤄지게 된다. 이 과정에서 개화통합유전자와 **화아분열조직인식유전자**(floral meristem identity genes, FMIG), **화아기관인식유전자**(floral organ identity genes, FOIG)를 발현시키게 된다. SAM이 FM으로의 전환이 결정되면, 꽃받침, 꽃잎, 수술, 암술 등 화아기관이 발달하게 되어 FMIG의 발현으로 진행되는데, 이는 **ABC 모델**로 설명된다. **완비화**(갖춘꽃)은 꽃받침(sepal), 꽃잎(petal), 수술(stamen), 암술(carpel 또는 pistil)의 기관으로 구분된다. 화아기관은 세포 분열에 의해 꽃받침이 가장 먼저 형성되고, 이어서 꽃잎, 수술, 암술 순으로 형성되므로 자연스럽게 외곽에서 내부로 배치하게 된다. 각 화아기관을 결정하는 3가지 다른 기능을 가진 유전자 그룹을 A, B, C로 구분하는데, 이들 유전자 그룹을 이용하여 화아 발달을 설명한 것이 ABC 모델이다(그

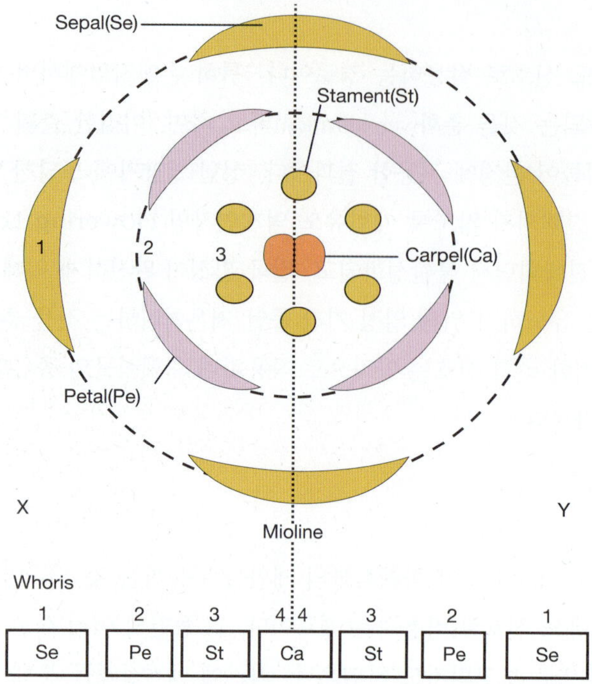

그림 5.7 화아 발달 ABC 모델 예시
(https://www.letstalkacademy.com/publication/read/the-abc-model-of-flower-development)

그림 5.8 화훼식물의 화아발달과 ABC 모델 예시(Irish, 2017 참고). A: 무궁화, B: 장미, C: 튤립

림 5.7). A만 발현하면 꽃받침, A와 B가 동시에 발현되면 꽃잎, B와 C가 동시에 발현되면 수술, C만 발현하면 암술이 발달하게 된다. 이때 A 유전자는 C 유전자와 상호 억제 효과를 가지게 되므로 A, B, C 유전자 중 하나가 돌연변이 등으로 발현이 억제되거나 확장되면 화아기관의 구성이 변화된다. 최근에는 ABC 모델이 배주 발달(ovule development)에 필요한 유전자 그룹 D를 포함하는 **ABCD 모델**로, 꽃받침을 제외한 화아기관 발달에 필수적인 유전자 그룹 E를 포함하는 **ABCDE 모델**로 설명되기도 한다.

3 개화 조절

1) 온도 조절

(1) 온도 처리에 의한 개화 촉진 및 촉성 재배

온대 원산의 다년생 식물들은 **휴면**(dormancy), **춘화**(vernalization) 같은 현상을 갖는 경우가 많이 있으므로, 자연 개화기보다 앞당겨 출하하기 위해서는 필요한 온도를 적정 기간 동안 처리하여 휴면를 타파하거나 저온 요구도를 만족시켜 주어야 한다. 여름 고온기에 휴면하는 프리지아, 구근아이리스와 같은 구근류는 고온에 의해, 가을에 휴면을 시작하는 다알리아, 도라지, 리아트리스 같은 식물은 저온에 의해 각각 휴면이 타파된다. 국화 또한 저온 경과에 의해 **로제트**(rosette) 현상이 타파된다.

또한 춘화처리가 되어야만 개화하는 온대 원산의 숙근초나 이년초는 작물에 따라 0~8°C 범위의 온도에 4~12주간 처리해야 꽃을 피울 수 있는 상태가 된다. 춘화처리의 온도에는 유효온도와 적정온도가 있다. 적정온도에서는 상대적으로 짧은 기간 동안 춘화처리를 해도 개화가 되지만, 적정온도에서 벗어나게 되면 장기간 처리해야만 개화를 유도할 수 있다(그림 5.9). 그리고 춘화처리 기간 또한 최적온도에서도 최소 유효기간 이상 동안 처리해야 한다.

춘화처리가 개화에 미치는 효과는 식물의 종류에 따라 매우 다양하며, 그 양상을 춘화를 위한 저온처리가 개화에 불필요한 종, 촉진적인 종, 필수적인 종으로 나눌 수 있다. 또한 효과의 양상에 따라서 춘화처리가 개화에 필수적인 종은 **절대적**(obligate) 또는 **질적**(qualitative) **반응**, 그리고 촉진적인 종은 **상대적**(quantitative) 또는 **양적**(facultative) **반응**을 한다고 볼 수 있다. 온대의 다년생 식물의 개화유도는 춘화와 광주기에 대한 반응에 따라 **표 5.5**와 같이 9가지로 나눌 수 있다. 단일식물은 거의 모두 춘화처리에 대해 반응하지 않으므로 중성 또는 장일식물이다(Padhye 등, 2006).

추식구근류는 **촉성 재배**를 위해 먼저 **휴면타파**를 실시하는데, 구근 수확 직후 1~2주간 30~35°C의 고온 처리하면 휴면을 조기에 타파할 수 있다. 구근아이리스, 프리지아 등은 훈연 처리로, 나리류는 40~45°C의 온탕에 30~60분간 침지시켜 각각 휴면을 타파한다. 휴면타파 후에는 자연 상태의 저온 경과 같은 과정이 필요하므로 식재 전에 구근을 냉장 보관한다. 저온 처리의 목적은 구근아이리스, 프리지어의 경우에서는 화아 분화 촉진, 크로커스, 수선화, 튤립, 히아신스 경우에서는 뿌리 발달, 신초 생장, 화아 발달 등이다. 한편, 나리류는 그 특성이 달라, 식물체나 구근이 저온을 거친 후 생육 적온에서 신초가 발생해야만 화아 분화가 일어난다.

서양란인 팔레놉시스(호접란)는 28°C 이상의 온도에서는 화아 분화가 억제되어 영양생장을 하

그림 5.9 춘화처리 온도 및 기간에 따른 *Campanula* 'Birch Hybrid'의 개화 반응 (Padhye와 Carmeron, 2009).

표 5.5 온대성 다년초의 춘화와 광주기에 대한 반응(Padhye 등, 2006)

춘화요구도 / 장일요구도	없음(중성)	상대적	절대적
없음 (중성)	저온 및 장일처리 없이 개화*	저온이 개화를 향상시키지만 절대적으로 필요한 것은 아님; 광주기에는 중성	저온이 개화에 절대적으로 필요함; 저온 처리 후 개화는 광주기에 중성
상대적	개화에 저온은 불필요; 장일이 개화 촉진	저온과 장일이 모두 개화율, 화수, 품질을 향상시키며, 개화를 앞당길 수 있음	개화에 저온이 꼭 필요함; 장일 조건에서 품질 향상 또는 개화 소요 일수 단축
절대적	개화에 저온은 불필요; 개화에 장일 조건이 필수적	저온이 개화를 향상시킬 수 있지만, 장일이 개화에 필수적임	개화에 저온과 장일이 꼭 필요함

*온대성 단일식물은 춘화요구도가 없다고 알려져 있음.

지만, 상대적으로 낮은 20~25°C에 일정기간 처리하면 화아 분화가 유도되어 개화한다(그림 5.10). 여름철 고온은 시클라멘, 팔레놉시스, 심비디움, 덴드로비움 등의 화아 발달을 중단 또는 지연시키므로 온도를 낮추는 것이 매우 중요하다. 여름철에 평난지 온실의 온도를 낮추는 것은 비용이 많이 들기 때문에 고랭지로 이동하여 고온을 회피하거나 개화를 유도한 다음 가을에 다시 되돌아오

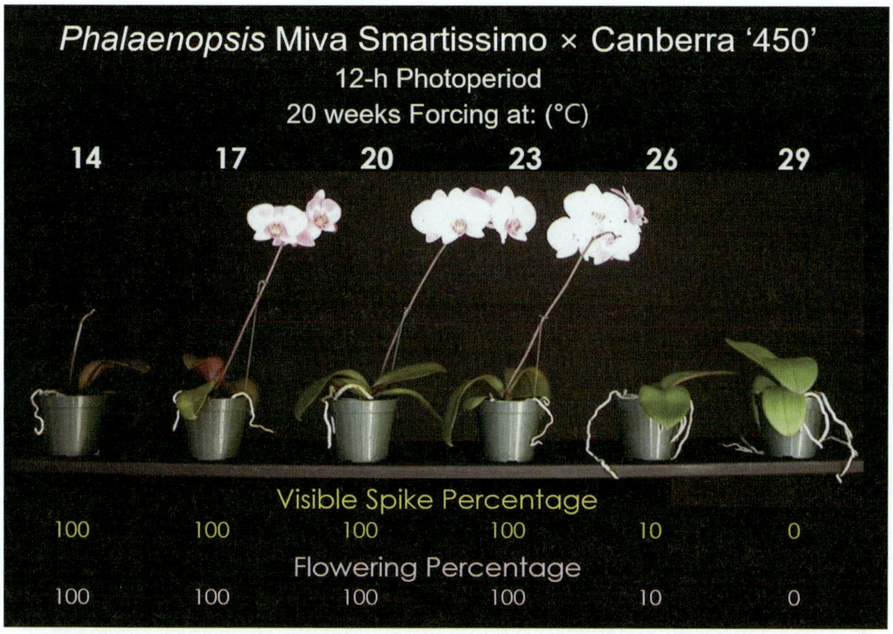

그림 5.10 온도에 따른 호접란의 개화 반응(Lopez 등, 2007)(사진 제공: Blanchard와 Runkle)

는 **릴레이 재배**(relay culture) 방법을 활용해 왔다. 그러나 이동 과정에서 발생하는 상처나 수송 비용 등의 문제와 냉방 효율의 향상에 의해 최근에는 평난지의 온실에 에어컨이나 기화 냉각 시스템을 설치하여 적정 온도를 낮추는 사례가 늘고 있다.

식물의 개화 속도는 온도의 영향을 크게 받으므로 온도를 제어함으로써 개화의 속도를 조절할 수 있다. 즉, 광량 등 다른 조건이 같다면 일정 온도까지는 온도와 개화 속도가 비례한다. 아프리칸매리골드의 경우에는 동일한 광량 하에서 14~23°C까지 증가시킴에 따라 개화 소요 일수가 34~28일 가량 감소하였다(**그림 5.11**).

(2) 온도 처리에 의한 개화 억제 및 억제 재배

온도 조절을 통해 개화를 억제하는 방법으로는 휴면타파, 춘화처리 등 질적 변화를 위한 유효 온도에 노출시키지 않거나 저온장해는 없으면서도 생육을 억제할 수 있는 낮은 온도에 저장하는 방법이 있다. 즉, 생장이 불가능한 온도 또는 **영양생장**에서 **생식생장**으로의 전환을 허용하지 않는 조건에 저장하는 것이다. 예로서, 구근아이리스, 프리지아, 백합, 튤립, 히아신스의 경우에 0~5°C의 저온에서 장기간 휴면을 유지시켜서 **억제 재배**를 할 수 있다. 일부 추식구근류는 이 온도에서 **맹아**(sprouting)할 수 있으므로 0~−2°C에서 **동결저장**(freezing storage)을 하기도 한다. 또한 팔레놉시스는 28°C 이상의 고온에서 화아 분화를 억제시킬 수 있다(그림 5.10). 실제로 튤립이나 히아신

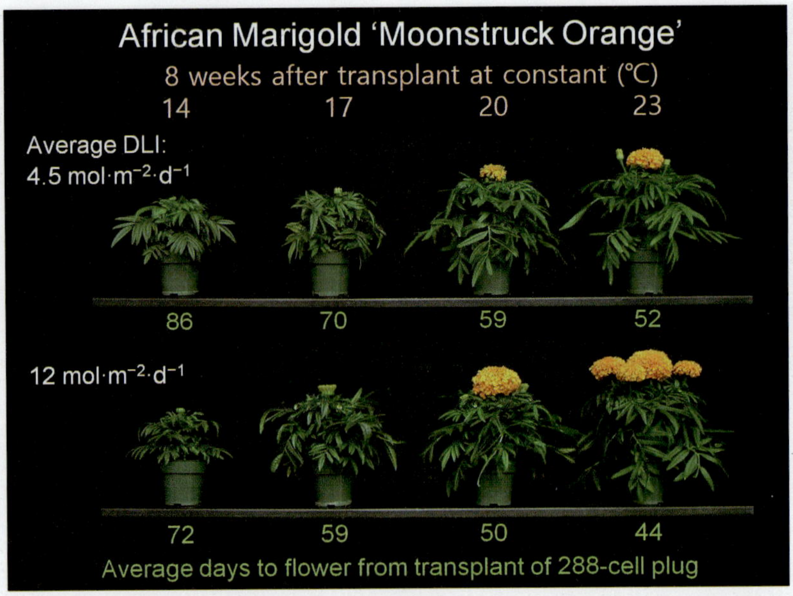

그림 5.11 온도 및 일적산광량(DLI)에 따른 아프리칸매리골드 'Moonstruck Orange'의 개화 소요 일수(Blanchard와 Runkle, 2010)

그림 5.12 튤립 상자 재배(촉성 및 억제 재배). (A) 플라스틱 상자에 상토 충전 후 구근 식재 및 저온저장 → (B) 저온저장고에서 맹아 → (C) 온실로 이동 → (D) 적정 환경에서 생장 및 개화

스 구근을 상토가 들어 있는 플라스틱 상자에 심어 저온저장고(5°C 이하)에 놓아 두었다가, 필요 시 15°C 이상의 개화실에 옮겨 두는 것만으로 꽃을 피울 수 있다(그림 5.12).

2) 광조절

(1) 전조에 의한 장일처리

밤에 인공광원으로 조명을 해주는 **전조 재배**(light culture)는 일장이 짧은 가을과 겨울철에 **단일**

식물의 개화를 억제하거나 **장일식물**의 개화를 촉진하기 위해서 사용하는 방법이다. 국화, 포인세티아, 칼랑코에와 같은 단일식물에서는 억제 재배용으로 많이 활용되며, 봄에 일찍 출하되는 장일식물의 촉성 재배에도 일부 활용되고 있다. 다만 장일식물을 전조 재배할 때 광원에 따라서는 개화 촉진 외에도 줄기가 과도하게 신장됨으로써 분화류나 정원식물에서 품질 저하가 발생할 수 있으므로 조명의 광도와 광질에 유의해야 한다.

전조 방법에는 자연 일장에 연결하여 새벽 또는 저녁에 전조하는 **명기 연장**(day extension)과 한밤중에 전조하는 **야파**(夜破, night interruption) 혹은 **광중단**(night break) 처리가 있다(그림 5.13). 유효 야파 시간은 식물 종이나 품종에 따라 다르지만, 보통 자정을 중심으로 하여 4~5시간(예, 22:00~02:00 4시간) 동안 충분히 실시한다. 또한 야파 시 일정 간격으로 점멸을 반복하는 **교호조명**(**간헐조명**, cyclic lighting)을 실시하면 전력 소모를 줄일 수 있지만, 야파보다 개화 조절 효과가 적을 때는 활용하지 않는 것이 좋다(그림 5.14). 장일처리를 위한 유효광도는 작물마다 다르고 또한 광원의 광질에 따라서도 달라질 수 있다(그림 5.15). 장일식물의 개화 촉진 또는 단일식물의 개화 억제를 위해 실용적으로는 식물체 최상위엽 위치에서 2 $\mu mol \cdot m^{-2} \cdot s^{-1}$ 이상이 되도록 권장하고 있다(표 8.4 참조). 이를 위해 백열등, 전구형 형광등, 개화조절용 LED(light-emitting diode, 발광 다이오드) 같은 전구 한 개가 식물체 윗부분으로부터 약 1 m의 높이에서 2 m 사방을 비추도록 설치하는 것이 일반적이다.

단일식물의 개화 억제를 위한 전조 처리는 화아 분화가 명확하게 일어나지 않은 시기에 시작하는 것이 좋으며, 적절한 영양생장 후 소등을 해 줌으로써 화아 분화를 유도할 수 있다. 다만, 화아 분화 후 다시 전조로 장일 조건에 처해지면 기형화가 생기거나 개화가 되지 않을 수 있으므로

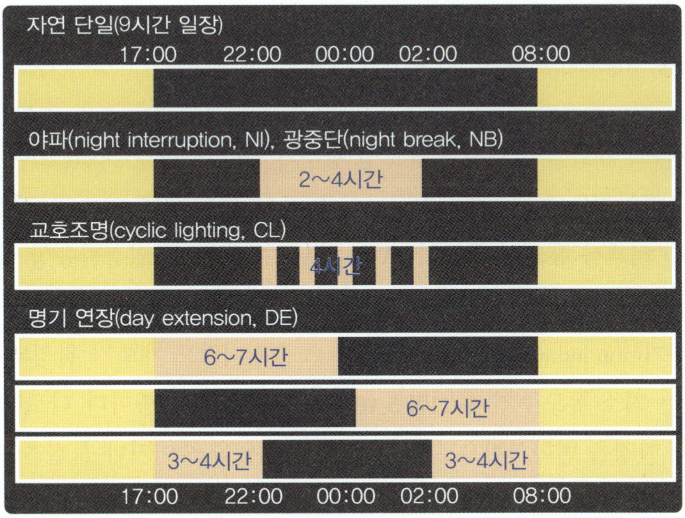

그림 5.13 자연 단일조건에서 인공광원을 활용한 일장처리 방법

그림 5.14 장일식물인 캄파눌라 'Blue Crips'의 개화유도를 위한 유효 야파 시간. 4 HR 10%와 20%는 교호조명 처리로 4시간의 야파처리 동안에 각각 6분 점등 + 54분 멸등의 4회 반복과 6분 점등 + 24분 멸등의 8회 반복을 의미함. (사진 제공: Runkle과 Heins; Lopez와 Runkle, 2017)

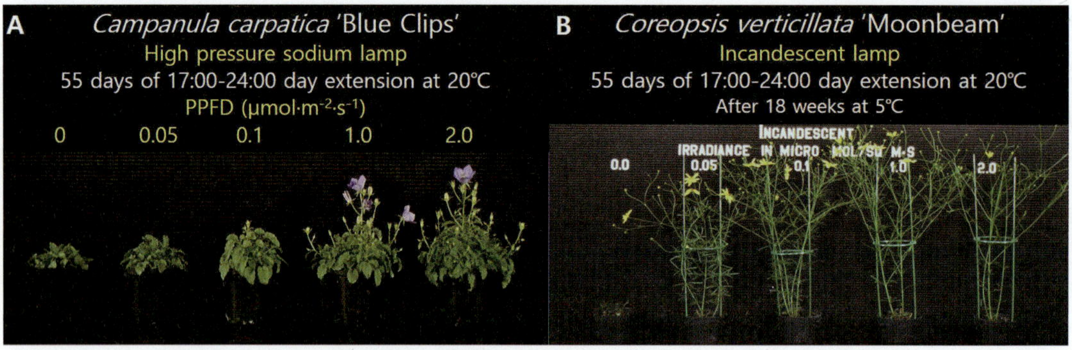

그림 5.15 개화유도를 위한 광원 및 종별 장일처리 유효광도. (A) 캄파눌라 'Blue Crips'/고압나트륨등, (B) 금계국 'Moonbeam'/백열등(사진 제공: Whitman과 Heins; Lopez와 Runkle, 2017)

주의해야 한다. 식물의 개화를 유도하는 **유도성 광주기**(inductive photoperiod)란 식물의 개화를 유도하는 광주기, 즉 단일식물에서는 한계일장보다 일장이 짧은 하루(24시간), 장일식물에서는 한계일장보다 일장이 긴 하루를 유도성 광주기 또는 **유도주기**라 한다. 일장반응성 식물은 그 유도주기에 연속적으로 일정 기간(횟수) 이상 놓여야 개화한다. **임계주기 수**(critical cycle number, CCN)란 식물이 **비유도성 광주기**(non-inductive photoperiod)에 노출되더라도 개화가 완성되도록 하기 위해 식물이 경험해야 하는 최소 유도주기 수(그림 5.18)이며, 종 또는 품종마다 다르다. 각 작물별 CCN을 알면 CNN 이후 환경을 변화시킴으로써 개화 조절 비용을 줄이거나 품질을 향상시킬 수 있다.

장일식물에서는 **제한유도주기**(limited inductive photoperiod, LIP) 기술을 사용하여 유도성 광주기에 노출되는 기간을 최소화함으로써 초장을 조절할 수 있다. 즉, CCN의 장일 광주기에만 노출

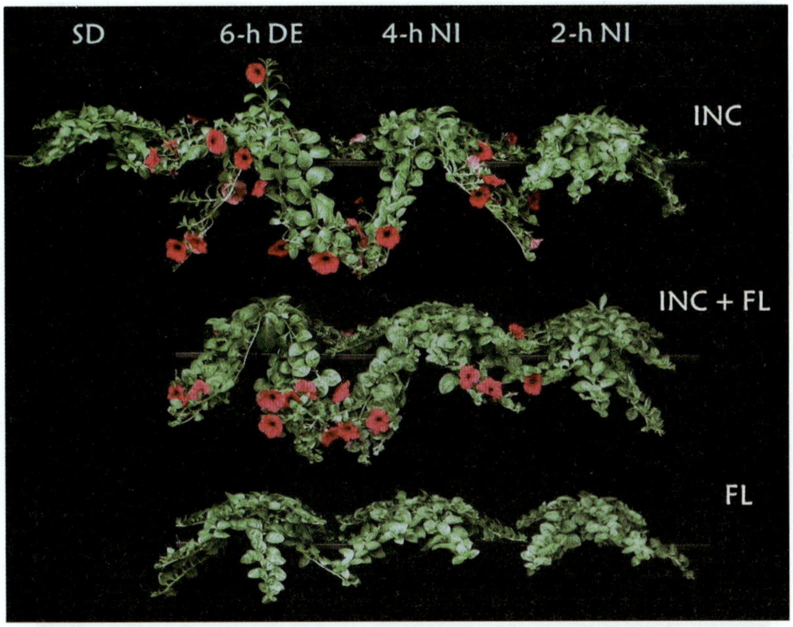

그림 5.16 장일처리 광원 및 전조 방법에 따른 페튜니아 'Wave Purple'의 개화 및 초형. SD: 9시간 단일, DE: day extension, NI: night interruption(야파), INC: 백열등, CFL: 전구형 형광등(Oh와 Runkle, 2016)

시킨 다음 비유도성 단일 조건에 두면 개화는 정상적으로 이루어지지만, GA 생합성의 감소에 의해 초장이 짧은 식물을 생산할 수 있다. 그러나 LIP를 사용하는 것이 모든 작물에 이상적인 것은 아닌데, 일례로 장일 하에서 지속적으로 생장한 금어초는 30일 이하의 장일(LIP)에 노출된 식물보다 더 빨리 개화한다.

전통적으로 전조 재배에는 사용되어 왔던 백열등은 낮은 효율로 인해 퇴출되었으며, 이후로는 반사갓을 붙인 전구형 형광등(일명 삼파장등)이 활용되어 왔다. 하지만 피튜니아, 팬지, 리시안서스 같은 일부 장일식물에서는 전구형 형광등의 R:FR(적색/적외선) 비율이 지나치게 높아 개화를 지연시킬 수 있으므로 주의해야 한다(**그림 5.16**, 그림 8.4 참조). 그리고 LED를 이용한 연구(**그림 5.17**)를 통해 적절한 R:FR 비율을 가진 개화조절용 LED가 개발되어 시판되면서 활용되기 시작하였다(그림 8.5C 참조). 그리고 **고압나트륨**(high pressure sodium, HPS)**등**을 활용한 고광도 장일처리는 개화 조절은 물론 품질 향상에도 효과가 있으므로 장일식물의 개화 조절에 활용한다(그림 19.5 참조).

(2) 암막 차광에 의한 단일처리

암막 차광(blackout)은 해가 지기 전부터 해가 뜰 때까지 식물을 **암막**(black cloth)으로 덮어서 명기를 짧게, 즉 암기를 길게 하는 방법이다. **차광 재배**는 주로 자연 일장이 긴 계절에 국화, 포인세티아, 칼랑코에 등 단일성 식물의 개화를 촉진할 목적으로 사용되는데, 가장 대표적인 것이 가을

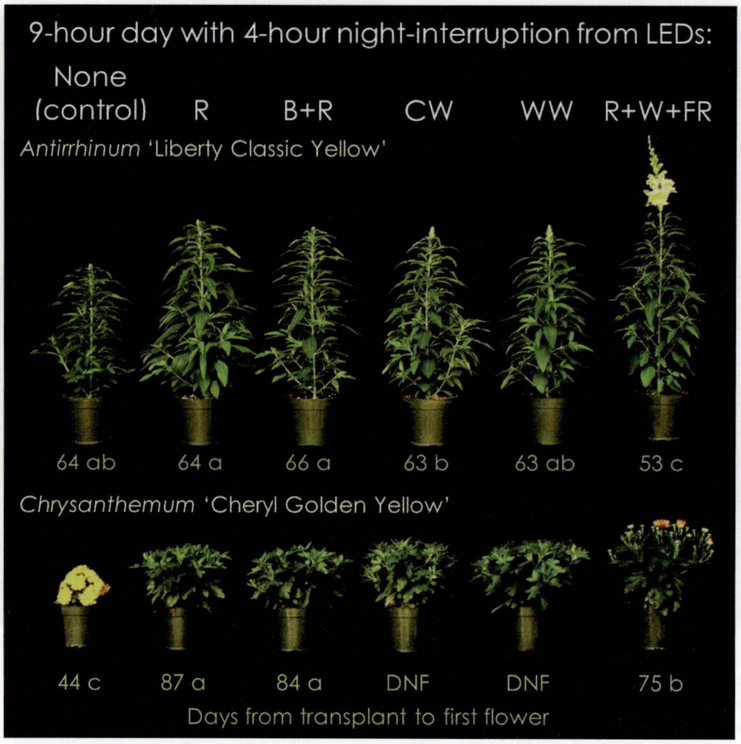

그림 5.17 9시간 단일조건에서 4시간 야파처리 시 LED 파장에 따른 금어초(장일식물)와 국화(단일식물)의 개화 소요 일수. R: red, B: blue, W: white, FR: far-red, CW: cool white, WW: warm white (Lopez와 Runkle, 2017). (사진 제공: Meng과 Runkle)

국화(추국)의 촉성 재배이다. 한편, 장일성 식물의 개화 지연을 목적으로 암막 차광처리를 하면 광량이 감소하여 생육이 억제되므로, 8월에 개화하는 에크메아를 4월부터 단일처리해서 개화를 억제하는 것 외에는 거의 사용되지 않는다.

광주기에 영향을 주는 최저 광도는 종이나 품종에 따라 달라지는데(그림 5.15), 국화 등 단일식물의 개화를 촉진하기 위한 암막처리 시에는 적어도 신문의 활자를 읽기 어려운 정도로 어두워야 한다. 이때 어린잎은 성숙한 잎보다 광에 민감하기 때문에 암막의 윗부분이 찢어져 빛이 새어 들어가면 차광 효과가 감소하므로 주의해야 한다.

단일식물의 촉성 재배 시 단일처리 기간이 충분하지 않은 상태로 장일 조건에 노출되는 경우에 개화가 지연되거나 개화 과정이 멈추는 경우가 있다. 즉, 각 작물이 CCN을 조우해야만 비유도성 광주기에 노출되더라도 개화가 완성된다. 단일식물인 코스모스는 최소 10일 동안 한계일장보다 짧은 단일 조건에 놓여야 개화가 잘 진행되며, 10일보다 짧으면 개화가 억제된다(그림 5.18). 즉, 정상적인 개화를 위해서는 최소 10일 간의 연속적인 단일조건이 필요하므로 코스모스의 CCN

그림 5.18 코스모스의 임계주기 수(CCN). 개화를 억제하는 비유도성(non-inductive) 장일 조건으로 옮겨도 개화가 정상적으로 이루어지는 유도성(inductive) 단일의 최소 일수(사진 제공: Ryan Warner, Michigan State University)

은 10이라 할 수 있다. 국화에서는 CCN의 단일처리 후 재전조를 통해 품질을 향상시키기도 하지만, 개화 시까지 유도일장에 두어야만 정상적인 개화가 이루어지는 식물도 있으므로 주의하여야 한다.

암막은 검고 두꺼운 천이라서 통기성이 좋지만 가격이 비싸므로 보통 0.1mm 두께의 흑색이나 은색의 플라스틱 필름을 사용한다. 우리나라의 경우 차광 처리가 대부분 여름 고온기에 행해지므로 암막 내부가 고온 다습해질 수 있다. 이러한 고온에서는 단일성 식물의 개화가 지연(heat delay)되거나 꽃의 품질이 떨어지므로 주의해야 한다. 해가 진 후 외부가 완전히 어두워지면 암막을 걷고, 해가 뜨기 전에 다시 암막을 쳐서 야간에 자연 온도 하에 두면 좋다. 차광막 속의 열 집적 현상을 막기 위해 차광막의 아래쪽을 약간 노출하여 환기를 시켜도 아랫잎은 빛에 둔감하기 때문에 큰 문제가 없다.

(3) 광도 및 광질의 조절

화훼류는 대체로 광도를 높여 재배하면 광합성에 의해 체내 탄수화물의 축적이 증가되어 광도가 낮은 상태에서보다 꽃을 빨리 그리고 많이 피우는 경향이 있다. **일적산광량**(daily light integral, DLI)이 4.5 $mol \cdot m^{-2} \cdot d^{-1}$에서 12 $mol \cdot m^{-2} \cdot d^{-1}$로 증가할 경우, 아프리칸 매리골드의 개화가 8~14일 앞당겨지는 것을 볼 수 있다(그림 5.11). 그리고 작물마다 적정 DLI 수준이 있으며, 최저 DLI에서 최고 DLI로 광량이 증가할수록 일장 반응에 관계없이 개화는 앞당겨진다(**표 5.6**).

표 5.6 주요 절화류의 일장 반응과 적정 일적산광량(Lopez와 Runkle, 2017)

작물명	일장 반응*	적정 DLI(mol · m^{-2} · d^{-1})	
		최저	최고
국화	절대적 단일식물(OSDP)	7	> 30
카네이션	상대적 장일식물(FLDP)	20	> 30
리시안서스(꽃도라지)	상대적 장일식물(FLDP)	9	> 30
프리지어	중성식물(DNP)	4	10~20
거베라	상대적 단일식물(FSDP)	8	20~30
글라디올러스	상대적 장일식물(FLDP)	13	> 30
아이리스	중성식물(DNP)	5	20~30
백합(Asiatic, Oriental)	상대적 장일식물(FLDP)	5	> 30
장미	중성식물(DNP)	13	> 30

* DNP = 중성식물(day-neutral plant); FLDP = 상대적 장일식물(facultative long-day plant); FSDP = 상대적 단일식물(facultative short-day plant); OSDP = 절대적 단일식물(obligate SDP).

장미, 시클라멘, 제라늄과 같은 중성식물도 높은 광도에서 재배하면 낮은 광도에서보다 개화가 빨라진다. 최근에는 화단용 초화류를 광량 증가로 개화가 촉진되는 **상대적 광량 반응식물**(facultative irradiance plants)과 높은 광 수준이 개화에 영향을 주지 않는 **광량 무반응 식물**(irradiance indifferent plants)로 나누기도 한다(Lopez와 Runkle, 2017). 상대적 광량 반응이란 광량이 증가하면서 개화 소요 일수 감소와 함께 첫 꽃 아래의 마디수 감소가 동반되는 발육적 개화 촉진을 뜻한다. 상대적 광량 반응식물에는 *Centranthus*, 클레오메, 코스모스, 꽃담배, 가자니아, *Lavatera*, 꽃양귀비, *Silene* 등이 있으며, 광량 무반응 식물에는 아게라텀, 스토크, 색비름(*Amaranthus*), *Thunbergia*, 맨드라미, *Verbascum*, 석죽, 백일홍, 천일홍, 로벨리아, *Mimulus*, 스타티스 등이 있다.

야파용 조명의 광질이 페튜니아, 유스토마, 팬지 등 일부 장일 식물의 개화에 영향을 주는 경우가 있다. 일례로, **R:FR**가 높은 형광등은 R:FR이 낮은 백열등보다 피튜니어의 개화를 지연시킨다(그림 5.16, 5.17; 그림 8.4 참조). 이 때문에 최근 개발된 개화조절용 LED에는 적정 수준의 FR가 들어 있다. R:FR가 낮아지면 줄기 신장을 촉진하므로 분화류나 정원식물을 재배할 때는 주의하여야 한다. 최근에는 광(일장, 광도, 파장 등) 및 온도 환경을 자동제어할 수 있는 LED 식물공장 시스템을 소형 분화류인 호접란, 국화, 선인장과 다육식물 등의 재배에 도입하여 생장 및 개화 조절에 활용하기 시작했다(그림 5.19).

그림 5.19 LED를 활용한 식물공장(수직농장) 내에서의 국화(좌) 및 호접란(우) 소형 분화 생산

3) 식물 생장조절제

(1) 개화 조절

화훼작물의 재배 시 개화 시기를 촉진하거나 억제할 경우에 일차적으로 환경을 조절함으로써 개화 시기를 조절한다. 그것이 불가능하거나 어려울 경우에는 **식물생장조절제**(plant growth regulators, PGRs)를 이용하는 것이 일반적이다. 휴면과 로제트 타파, 춘화 등을 위해서 일정 기간 동안 저온이 필요할 경우에 **지베렐린**(GA)은 이러한 저온의 효과를 대신할 수 있다. 예를 들어, 도라지와 리아트리스를 GA 용액에 담그면 휴면이 타파되는데, 작약과 용담의 휴면아에도 GA의 처리가 효과적이다. 튤립이나 벌개미취는 GA 처리에 의해 화아 성숙과 꽃대 신장이 촉진된다. 자란의 경우는 늦가을 무렵에 구근에 GA를 처리하여 성탄절에 맞추어 개화시키고 있으며, 시클라멘도 꽃봉오리가 보일 무렵에 저농도로 처리함으로써 꽃대를 신장시켜 관상 가치를 높이고 있다. 포인세티아를 분화하여 재배할 때 초장 조절을 위한 생장억제제 처리에 의해 포엽이 작아질 경우, GA 처리를 함으로써 포엽 크기를 어느 정도 회복할 수도 있다(그림 5.20).

한편, 줄기의 신장 억제에 사용되는 **왜화제**(growth retardant) 중 일부는 화아 분화를 촉진시키는 효과도 가지고 있다. 예를 들어, 철쭉은 daminozide나 chlormequat chloride의 살포로 인해 착화수가 증가되고, 만병초는 uniconazole을 처리하면 유묘기에도 화아가 분화된다. 이러한 효과는 부겐빌레아(daminozide, chlormequat chloride), 히비스커스(chlormequat chloride), 동백(ancymidol) 등에서도 볼 수 있다.

그림 5.20 **Bonzi 관주 후 GA_{4+7}(Fascination®) 처리가 포인세티아 'Freedon Red'의 화포 크기에 미치는 영향**(Blanchard 등, 2005). (사진 제공: Blanchard와 Runkle)

에틸렌은 그 자체가 가스이기에 다루기 쉽지 않다. 따라서 액체로 된 에틸렌 가스 발생제인 **에테폰**(ethephon)을 사용한다. 에테폰은 주로 아나나스류의 화아 분화 유도에 사용되는데, 에테폰 용액을 잎 사이에 떨어뜨리거나 엽면 살포하면 화아 분화가 일어난다. 또한, 프리지어나 구근아이리스 등 여름 휴면 구근류의 휴면 타파와 개화 촉진에도 에테폰이 이용된다.

이 밖에도 벤질아데닌(BA)과 같은 **사이토키닌**을 이용하여 동양란의 화아를 유도하거나 팔레놉시스의 꽃대 수를 증가시키는(그림 5.21) 등 화학 물질을 이용하여 개화를 유도하거나 상품성을 향

그림 5.21 **벤질아데닌(BA) 처리에 의한 호접란의 화서 수 증가**(Blanchard와 Runkle, 2008). (사진 제공: Blanchard와 Runkle)

상시키는 다양한 기술들이 계속 개발되고 있다.

(2) 휴면 및 로제트 타파를 통한 개화 조절

휴면은 여러 가지 요인에 의해서 지배되고 있지만 가장 중요한 것은 체내 호르몬 중 ABA와 GA의 균형에 의해서 조절된다. 즉, ABA의 함량이 GA보다 높을 때는 휴면하며, 그 반대의 경우에는 휴면이 타파된다. 철쭉, 수국 등 화목류의 눈이 저온에 의해 휴면이 유도된 경우나 리아트리스, 자란 같은 숙근초의 휴면이나 로제트 현상은 GA 처리에 의해 타파할 수 있다. 한편, 나리, 히아신스, 튤립 등 구근류에서도 GA가 저온 기간의 일부를 대체할 수 있으며, 글라디올러스의 경우에는 에테폰에 침지하면 휴면이 타파된다.

4) 기타 요인

식물의 생육은 근권부 수분함량, 무기양분 등 지하부 환경의 영향도 받는다. 수분이 부족하거나 질소가 부족하면 생식생장으로 전환되는 경우도 일부 있다. 질소의 부족은 체내 **탄수화물-질소 비율**(C/N ratio)의 증가와 관련이 있다. 그 외에도 태풍 등 강한 물리적 스트레스가 있을 경우 개화시기에 혼란이 발생하기도 하는데, 개나리가 가을에 개화하는 것이 대표적이다. 용설란은 60년 이상 자라야 개화하는 식물임에도 태풍이 지나간 이후 스트레스로 조기 개화했던 사례도 있다. 다만, 스트레스가 이후 개화나 개화 이후 생육에 부정적인 영향을 줄 수 있기에 실용적으로 활용되는 경우는 드물다.

청색 LED를 이용한 개화 조절

장일식물 및 단일식물 같은 일장 감응형 식물을 자연 단일 시기에 재배할 때 야파나 명기연장으로 개화를 조절할 수 있다. 과거에는 백열등을 사용했으나 광효율이 낮아 전구형 형광등으로 교체되어 왔다. 하지만 형광등은 백열등에 비해 FR가 적어 R:FR가 높으므로 야파처리 시 일부 장일식물의 개화가 백열등에 비해 늦어진다(그림 5.16). 이에 따라 최근에는 LED를 이용하여 개화 조절에 적절한 파장을 혼합한 개화 조절용 LED 램프를 개발하였다(그림 5.17, 그림 8.4C). 장일 처리에 효과적인 피토크롬 광 평형(phytochrome photoequilibrium)을 발생시키는 조명은 자연 단일시기에 재배되는 광주기 반응성 화훼류의 개화를 조절할 수 있다. 즉, 개화에는 적정 R:FR 비율을 가진 광원이 필요한 것이다.

청색광(B)은 개화 및 줄기 신장과 같은 크립토크롬 매개 광주기 반응(cryptochrome-mediated photoperiodic responses)을 유도할 수 있다. 저광도(1~2 $\mu mol \cdot m^{-2} \cdot s^{-1}$)의 청색광은 개화에 영향을 미치지 않지

(계속)

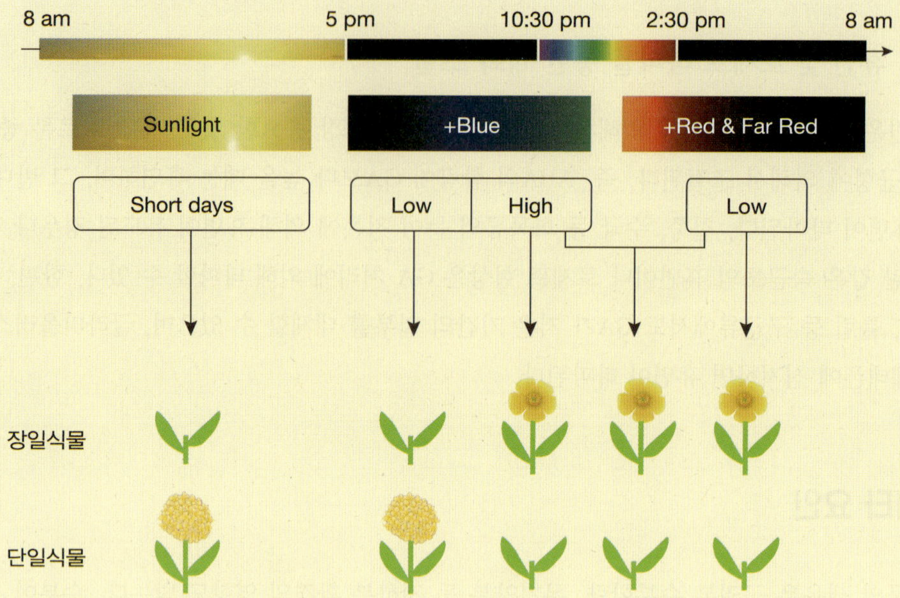

그림 5.22 **야파 광원의 광질과 장일 및 단일식물의 개화**(Meng과 Runkle, 2017)

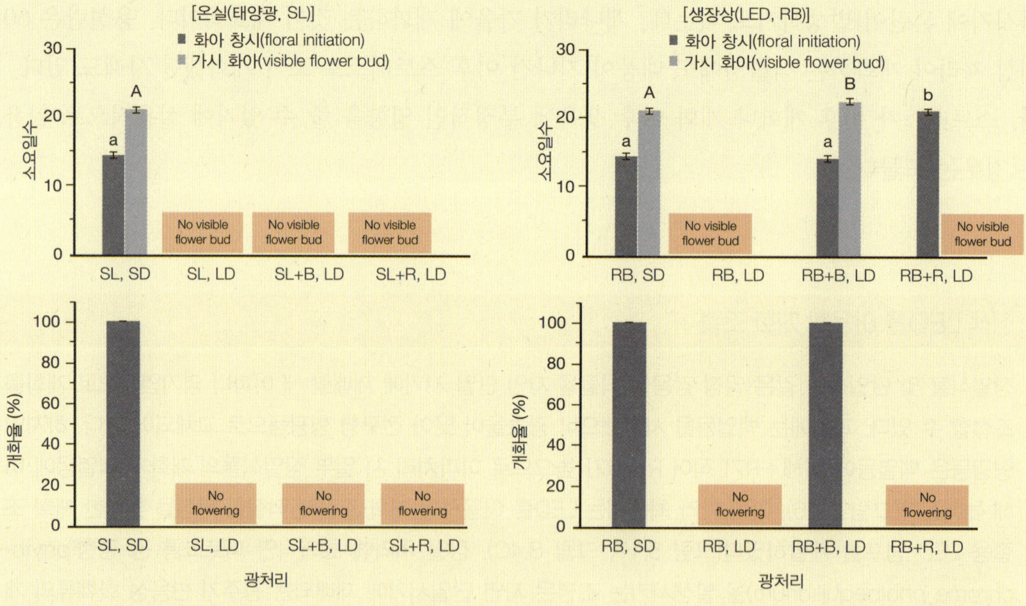

그림 5.23 **장일처리 광질이 국화의 개화에 미치는 영향.** 11시간 명기(단일, SD)는 적색(R) + 청색(B) LED 100 $\mu mol \cdot m^{-2} \cdot s^{-1}$(R:B = 6:4)로, 4시간 명기연장(장일 처리, LD)은 청색(B) 또는 적색(R) LED 40 $\mu mol \cdot m^{-2} \cdot s^{-1}$로 조성(SharathKumar 등, 2021)

만, 20 μmol · m^{-2} · s^{-1} 이상의 고광도의 청색광은 장일식물의 개화를 촉진하거나 단일식물의 개화를 억제할 수 있었다(그림 5.22). 다만 고광도의 청색광을 이용한 야파 처리 시 줄기 신장 억제의 효과는 일관성이 없다.

최근 인공광을 활용한 식물공장 기술이 발전하면서 일부 화훼류의 재배기술 개발도 이루어지고 있다(그림 5.19). 인공광원만으로 조성된 광환경에서 자라는 식물은 태양광을 사용하는 온실의 광환경에서와는 다른 반응을 보이기도 한다. 단일식물인 국화의 경우, 온실에서는 11시간 단일기에 LED(40 μmol · m^{-2} · s^{-1})로 4시간 명기연장(15시간 장일)을 할 경우 장일처리 광원에 관계없이 모두 개화가 억제되었다(그림 5.23). 하지만 적색(R) + 청색(B) LED 100 μmol · m^{-2} · s^{-1}(R:B = 6:4)로 11시간 단일조건을 만드는 생장상에서는 청색 LED를 이용한 4시간 명기연장(40 μmol · m^{-2} · s^{-1}) 시 개화가 억제되지 않은 채 단일조건과 같은 개화 반응을 보였다(SharathKumar 등, 2021).

청색 LED는 일반 조명용 백색 LED를 만드는 데 사용되므로 매우 효율적이고 저렴하다. 따라서 청색 LED를 활용한 개화 및 초장 조절, 식물공장에서의 생육조절 등 다양한 용도로 화훼 분야에 사용될 수 있을 것이다. 그러나 청색에서 방출되는 빛의 높은 에너지로 인해 청색광이 상대적으로 어둡게 보인다. 따라서 청색 LED를 보거나 그 아래에서 일할 때에는 UV/청색 차단 보안경을 반드시 착용해야 한다(Meng과 Runkle, 2017).

참고문헌

- 김태성 외. 2021. 원예작물학2. 한국방송통신대학교출판부. 서울
- 농촌진흥청. 2018. 스마트 온실환경관리 가이드라인. 농촌진흥청. 전주
- 이종석. 2008. 화훼원예학. 향문사. 서울
- 한국화훼연구회. 2006. 화훼원예학총론. 문운당. 서울
- Blanchard M, Olrich M, Runkle E. 2005. Fascination on poinsettia. Greenhouse production news (GPN), September 2005
- Blanchard M, Runkle E. 2010. Daily light integral and flowering of annuals. Greenhouse grower, Nov. 2010
- Blanchard MG, Runkle ES. 2008. Benzyladenine promotes flowering in *Doritaenopsis* and *Phalaenopsis* orchids. J Plant Growth Regul 27:141-150
- Dole JM, Wilkins HF. 2005. Floriculture: principles and species, 2nd ed. Prentice-Hall Inc., Upper Saddle River, NJ, USA
- Erwin JE, Heins RD. 1995. Thermomorphogenic responses in stem and leaf development. HortScience 30:940-949
- Lopez R, Runkle ES (eds.). 2017. Light management in controlled environments. Meister media worldwide, Willoughby, OH. USA

- Lopez R, Runkle E, Wang YT, Blanchard M, Hsu T. 2007. Growing the best *Phalaenopsis*. Part 3: temperature and light requirements, height, insect and disease control. Orchids 76:182-187
- Meng Q, Runkle ES. 2017. Moderate-intensity blue radiation can regulate flowering, but not extension growth, of several photoperiodic ornamental crops. Environ Exp Bot 134:12-20
- Oh W, Runkle ES. 2016. Flowering and morphological responses of petunia and pansy as influenced by lamp type and lighting period to provide long days. Korean J Hortic Sci Technol 34:207-21
- Padhye SR, Cameron AC. 2009. Vernalization responses of campanula 'Birch Hybrid'. J Amer Soc Hort Sci 134:497-504
- Padhye SR, Fausey B, Runkle E, Cameron AC. 2006. Life after cold. Greenhouse grower, May 2006 pp. 58-61
- SharathKumar M, Heuvelink E, Marcelis LFM, van Ieperen W. 2021. Floral induction in the short-day plant chrysanthemum under blue and red extended long-days. Front Plant Sci 11:610041
- Thomas B, Vince-Prue D. 1997. Photoperiodism in plants. Academic Press, San Diego, CA, USA
- 大川清. 2009. 花卉園芸総論. 株式会社 養賢堂, 東京, 日本

CHAPTER 06 화색과 향기

김완순·권오근

새로운 꽃에 대한 기호와 소비 증가로 다양한 화색과 풍부한 향기를 가진 품종을 개발하는 것이 화훼 육종의 대표적인 목표로 대두되고 있다. 개화식물의 화색과 향기는 일차적으로 수분매개체를 유인하기 위한 수단으로 진화의 산물이다. 실제 식물의 입장에서는 화색과 향기를 동시에 활용하기보다는 상호 보조적인 수단으로 순차적으로 활용하는 것이 수분수정 및 결실에 좀 더 효과적일 수 있다. 생화학적 생성 과정을 살펴보면, 주요 화색과 향기 물질이 중간 물질을 공유하거나 동일한 전구물질에서 출발하는 경우가 많다. 최근 **식물 화색과 향기의 연관성**(linkage between pigments and scent in flowers)에 대한 연구가 매개충과의 공진화(co-evolution) 차원에서 생화학적, 분자생물학적 유전자 및 유전체 수준에서 활발히 진행되고 있다. 이 장에서는 **화색과 향기의 정의, 화색소 및 향기 성분의 종류와 발현기구**에 대해 이해하고, 실제 상업적으로 향기가 어떻게 **추출되고 이용**되고 있는 가에 대하여 학습한다.

1 화색

1) 화색의 정의

빛이 꽃잎에 닿으면 흡수되거나 투과되며, 나머지는 반사된다. 인간은 꽃잎으로부터 반사되어 나온 빛의 가시광선 조합을 색깔로 인지하게 된다. 따라서 **화색**(flower color)은 꽃잎에 흡수되지 않은 채 반사되어 나오는 가시광선 스펙트럼(visual spectrum)의 총합이라고 정의할 수 있다. 화색은 꽃잎의 두께나 구조에도 영향을 받지만, 대개는 꽃잎에 함유된 색소의 종류나 함량에 영향을 받는다. 식물 잎이 주로 녹색으로 보이는 것은 잎에 많이 분포하고 있는 엽록소(chlorophyll)가 적색광(650 nm 부근)과 청색광(450 nm 부근) 영역을 강하게 흡수하고 나머지 녹색(green)과 황색(yellow) 광선 스펙트럼을 반사하여 인간의 눈에 인지되기 때문이다. 마찬가지로 꽃잎이 적색으로 보이는 것은 꽃잎에 주로 분포하는 색소인 안토시아닌(anthocyanin)이 녹색(500 nm 부근)과 청색(450 nm 부근) 광을 주로 흡수하고 나머지 황색과 적색 광을 대부분 반사하기 때문이다. 즉, 우리가 감지하는 꽃의 색깔은 주로 꽃잎에 함유되어 있는 색소에 의해 어느 파장의 빛이 얼마만큼 흡수되었는지에 따라 결정된다.

2) 화색소

꽃잎에 분포하는 색소에 의해 주로 결정되는 화색이 자연계에서 매우 다양한 것은 색소 종류가 많기 때문이다. 꽃잎의 색깔에 관여하는 색소는 일반적으로 **화색소**(floral pigment)로 구분되며, 이는 다시 **카로티노이드계**(carotenoid), **플라보노이드계**(flavonoid), **베탈레인계**(betalain)로 구분된다. 엽록소 역시 화색에 관여하지만 제한적이다.

(1) 카로티노이드(carotenoid)계 색소

① 카로티노이드 종류

카로티노이드는 카로틴(carotene)과 잔토필(xanthophyll, 크산토필)의 총칭이며, 황색, 주황색, 갈색의 화색을 표현하는 색소이다. 이는 꽃잎뿐만 아니라 잎, 뿌리, 과실 등에도 널리 분포한다. 카로틴($C_{40}H_{56}$)은 수소와 탄소만으로 이루어진 카로티노이드를 일컫고, 잔토필($C_{40}H_{56}O_2$)은 카로틴에 산소를 함유하는 카로티노이드이다. 대표적인 카로틴은 β-carotene($C_{40}H_{56}$)으로 황색 프리지아와 백합, 주황색 거베라의 화색소이며, 당근에도 포함되어 있다. 이성질체로 α-, γ-, ε-, χ-, ψ- 등 다양하다. ψ-carotene은 라이코펜(lycopene)으로도 불리며 토마토의 적색을 나타낸다. 잔토필(xanthophyll)로는 루테인(lutein, $C_{40}H_{56}O_2$), 제아잔틴(zeaxanthin, $C_{40}H_{56}O_2$)이 대표적이며 주황색 매리골드에 다량 분포한다(그림 6.1).

그림 6.1 카로티노이드 화색 발현(좌측부터 프리지아, 거베라, 백합, 매리골드)

② 카로티노이드 화학 구조

카로티노이드는 40개의 탄소원자로 이루어진 물질($C_{40}H_x$)로 이소프렌(isoprene, C_5H_8)을 기본단위로 하며, 분자 양쪽 끝에 6각의 환상(環狀) 구조를 하고 있다(그림 6.2). 자세히 보면 이중결합이

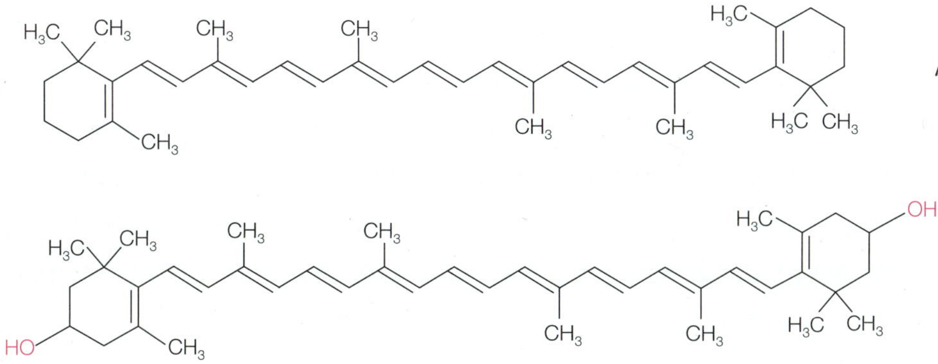

β-Carotene

zeaxanthin

그림 6.2 카로틴(위: β-carotene)**과 잔토필**(아래: zeaxanthin) **분자 구조**

하나 걸러서 하나씩 있는데, 이들 이중결합이 각각의 특유 색깔을 나타내는 것으로 알려져 있다. 카로티노이드 생합성 경로는 다양한 효소 관련 유전자에 의해 연결되어 있다(그림 6.3).

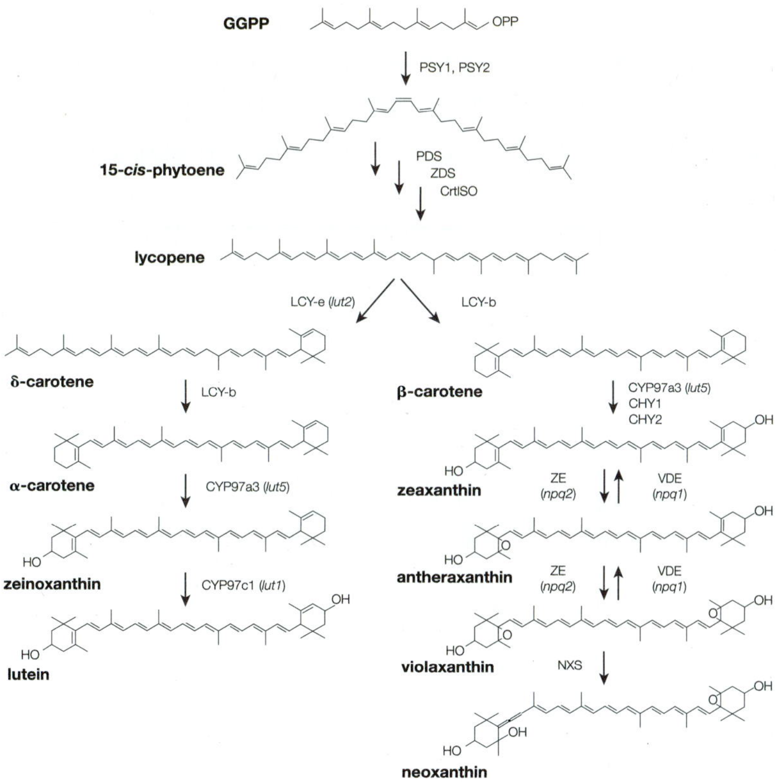

그림 6.3 카로티노이드의 생합성 경로(Cazzaniga et al., 2016). lycopene β-cyclase(LCY-b), lycopene ε-cyclase (LCY-e), β-carotene hydroxylase(CYP97A3), ε-β-carotene hydroxylase(CYP97C1), β-carotene hydroxylase 1 and 2 (CHY1 and CHY2, respectively), Zea epoxidase(ZEP), Viodeepoxidase(VDE), and Neoxanthin synthase(NXS).
출처: https://pubs.acs.org/doi/pdf/10.1021/acs.biochem.6b00425

③ 카로티노이드 분포와 성질

카로티노이드는 대개 지용성으로 세포내 색소체(plastid)에 결정상(crystalline)이나 침전상으로 존재하며, 리포이드(lipoid)라는 유지질에 녹아 있거나 단백질과 결합하여 각종 막(membrane)에 존재하기도 한다. 꽃잎에서는 대부분 색소체에 분포한다. 지용성인 카로티노이드는 물이나 알콜에는 잘 녹지 않고 벤젠이나 에테르 등 탄화수소에는 잘 용해된다. 하지만, 물과 알콜에 용해되는 종류도 있다. 수용성인 플라보노이드와 정반대의 성질을 가지고 있으므로, 꽃잎의 화색이 카로티노이드에 의한 것인지 아니면 플라보노이드에 의한 것인지를 용매를 이용해 손쉽게 판별할 수 있다. 그러나 추출된 카로티노이드는 광, 열, 산 등에 매우 민감할 뿐만 아니라, 공기 중에서 쉽게 산화되거나 이성질화되기 때문에 카로티노이드의 종류를 알아내기 어렵다.

- 탄화수소에 용해되는 것: α-, β-, γ- carotene, lycopene
- 알콜이나 물에 용해되는 것: xanthophyll(zeaxanthin, lutein)

④ 카로티노이드 발현 화색

고등식물에서 대표적인 8가지 카로티노이드의 광흡수 스펙트럼은 그림 6.4와 같다. 카로티노이드 종류에 따라 조금씩 차이가 있지만, 대체로 자주색부터 청색을 정점으로 해서 녹색까지의 빛을 흡수하는 것을 알 수 있다. 따라서 황색부터 주황색 및 적색까지가 반사되어 우리 눈에 색깔로 인

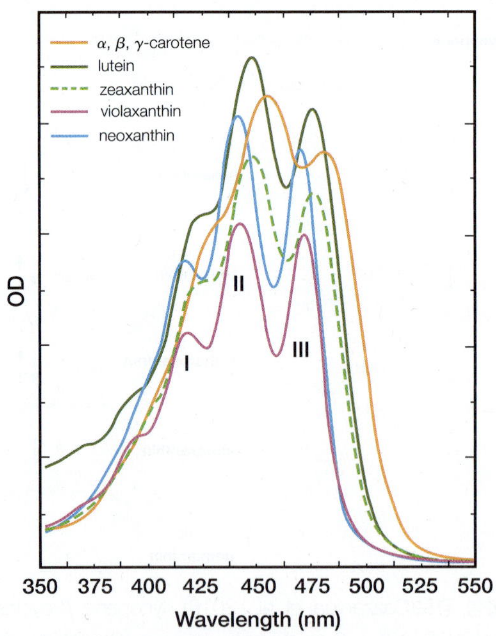

그림 6.4 8가지 카로티노이드 흡수 스펙트럼(용매제 아세톤)(Britton, 1995). https://www.researchgate.net/figure/Absorption-spectra-of-the-most-important-higherplant-carotenoids-in-acetone-The_fig5_230560789

지된다. 한편 카로티노이드가 플라보노이드의 일종인 안토시아닌(anthocyanin)과 공존할 때는 갈색을 나타낸다.

(2) 플라보노이드(Flavonoid)계 색소

① 플라보노이드 종류

플라보노이드는 개화식물에서 가장 대표적인 화색소로, 플라본(flavone, $C_{15}H_{10}O_2$)을 기본 골격으로 하고 있다. 화학 구조와 수산화, 기본 골격 변화에 따라 **플라본류**(flavone and flavonol), **안토시아닌류**(anthocyanin), **오론류**(aurone)로 구분된다. 이는 백색부터 연하고 선명한 연미색(ivory and cream by flavone and flavonol), 황색과 주황색(yellow and orange by chalcone and aurone), 적색-분홍색-자주색-청색(yellow-pink-purple-blue range by anthocyanin) 등 대부분의 화색을 표현하는 화색소이며, 꽃잎 외에도 잎과 줄기, 뿌리, 과실에서도 확인된다. 플라보노이드는 수용성으로 세포내 액포(vacuole)에 축적된다. 특히 꽃잎의 상면 표피세포는 구조적으로 액포가 대부분을 차지하고 있어 플라보노이드에 의해 화색이 잘 발현된다. 또한 플라보노이드는 화색소 외에도 병해충 접근을 억제하고, 자외선으로부터 세포 손상을 막아주며, 꽃가루(pollen) 발달과 발아에도 관여하는 등 다양하고 중요한 역할을 한다.

- **플라본류:** 플라본류에는 기본 골격인 플라본(flavone)과 변형인 플라바논(flavanone), 플라바놀(flavanol), 이소플라본(isoflavone), 플라보놀(flavonol) 등이 있다. 플라본류는 일반적으로 무색에서 백색, 연미색으로 우리 눈에는 잘 띄지 않지만, 자외선의 일부 파장을 강력하게 반사시키기에 곤충에게는 매우 잘 보이는 색소로 알려져 있다. 보통 백색이라 부르는 꽃잎을 자세히 관찰하면 연한 상아색(ivory)을 띠고 있는 것을 볼 수 있는데 이러한 백색 꽃에는 플라본류가 대부분 분포하고 있다. 플라본류는 꽃잎뿐만 아니라, 잎, 줄기, 뿌리 등 식물 전체에 분포하고 있다. 특히 플라본류 중에서 연한 황색을 나타내는 것은 메틸화(methylation)된 **플라보놀**(flavonol)로 알려져 있다(**그림 6.5**).

그림 6.5 플라보놀의 화색 발현(좌: 하와이무궁화 'Acadian Spring', 우: 회화나무 화서)

• **안토시아닌류:** 플라보노이드 중에서도 플라본 골격에서 C3 유닛(unit)의 산소가 **양이온**(cation)의 형태를 취하는 일련의 색소들을 안토시아니딘(anthocyanidin)으로 분류한다. 안토시아니딘은 주로 배당체(glycoside)로 존재하는데, 이 배당체를 안토시아닌(anthocyanin)이라 부른다. 배당체인 안토시아닌은 산성 조건에 안정적이지만, 알칼리 조건이나 가열 시 당 결합이 가수분해되면서 당과 당 이외의 성분(aglycon, 아글리콘)인 안토시아니딘으로 분리된다. 일반적으로 배당체 상태에서는 색상이 흐려지는 경향이 있고, 배당체가 가수분해되면 진해진다. 안토시아니딘은 매우 다양하지만 6가지가 자연계에서 대표적인 화색소로 알려져 있다. 이들 중 야생의 꽃잎에 가장 많이 분포하는 것은 **펠라르고니딘**(pelargonidin), **시아니딘**(cyanidin), **델피니딘**(delphinidin)의 3종류이며, 여기에 메틸화가 된 나머지 3종류는 **피어니딘**(peonidin), **페튜니딘**(petunidin), **말비딘**(malvidin)이다. 분포한다. 펠라르고니딘은 선홍색(orange red)을 나타내는데, 선홍색계 제라늄(*Pelagonium*)에서 처음 분리되었다. 델피니딘은 청색계 델피늄(*Delphinium*에)에서, 페튜니딘은 청색계 페튜니아(*Petunia*)에서 각각 최초로 분리되었으며 청색 및 자주색을 나타낸다. 시아니딘은 적색을 나타내고, 적색 장미(*Rosa*)에 많이 함유되어 있다. 말비딘은 아욱(*Malva silvestris*)에서 자주색을 나타내며, 피어니딘은 작약(*Paeonia lactiflora*)에서 분홍색을 나타낸다(그림 6.6). 안토시아닌 구조와 종류는 그림 6.7과 같다.

• **오론류:** 플라보노이드 생합성 경로에서 찰콘합성효소인 chalcone synthase(CHS)에 의해 tetrahydroxychalcone이 만들어지면 여기에 chalcone invertase(CHI)가 작용하여 안토시아닌 생합성이 진행되게 되는데, 오론은 CHI 작용 없이 tetrahydroxychalcone에서 직접 생성된다. 오론은 플라보이드 중에서 가장 **선명한 황색**을 나타내는 색소로, **황색 금어초**(*Antirrhinum majus*)에서 쉽게 관찰할 수 있다. 언뜻 보면 카로티노이드에 의한 것으로 생각할 수 있지만, 분명히 액포 속에 존재하며 다른 안토시아닌과 공존하기도 한다.

② 플라보노이드의 구조

플라보노이드는 산소를 포함하는 C3 유닛(unit)이 2개의 벤젠환(benzene rings)을 연결시키고

그림 6.6 주요 안토시아닌 화색 발현 모습(좌: 아욱-pelargonidin, 장미-cyanidin, 델피늄-delphinidin)

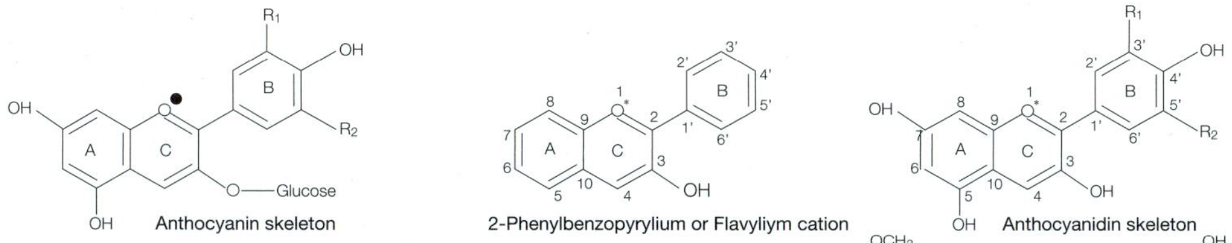

R_1	R_2	Anthocyanin
H	H	Pelargonidin-3-glucoside
OH	H	Cyanidin-3-glucoside
OH	OH	Delphinidin-3-glucoside
OCH_3	H	Peonidin-3-glucoside
OCH_3	OH	Petunidin-3-glucoside
OCH_3	OCH_3	Malvidin-3-glucoside

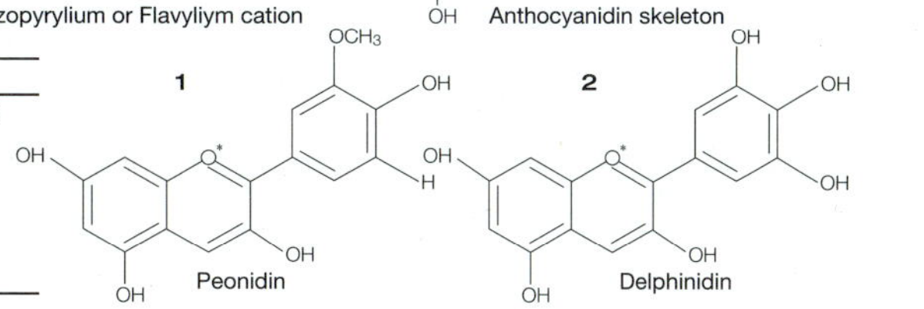

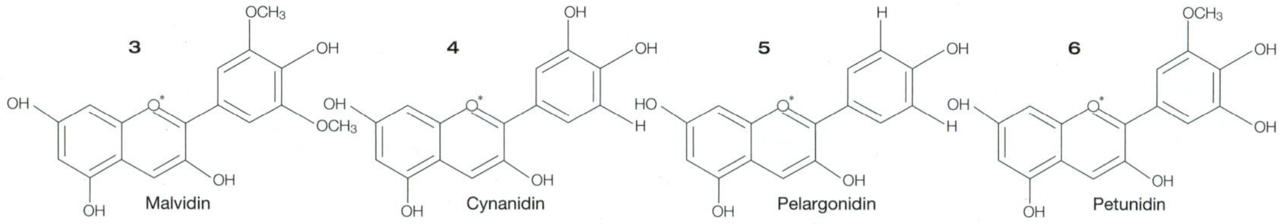

그림 6.7 안토시아닌의 구조와 종류. Anthocyanidins and 2-phenyl benzopyrylium moiety or flavylium cations: two benzoyl rings(A and B) separated by a heterocyclic(C) ring. (1-6) most common anthocyanidins found in nature; cyanidin(cy), delphinidin(dp) pelargonidin(pl), peonidin(peo), petunidin (pt), and malvidin(mv).

있는 2-페닐크로몬(2-phenylchromone), 즉 플라본을 기본 골격으로 하고 있는 것의 총칭이다(그림 6.8). 각각의 벤젠환을 A와 B환으로 부르며, 각 탄소의 번호를 그림 6.8과 같이 표시한다. 이 기

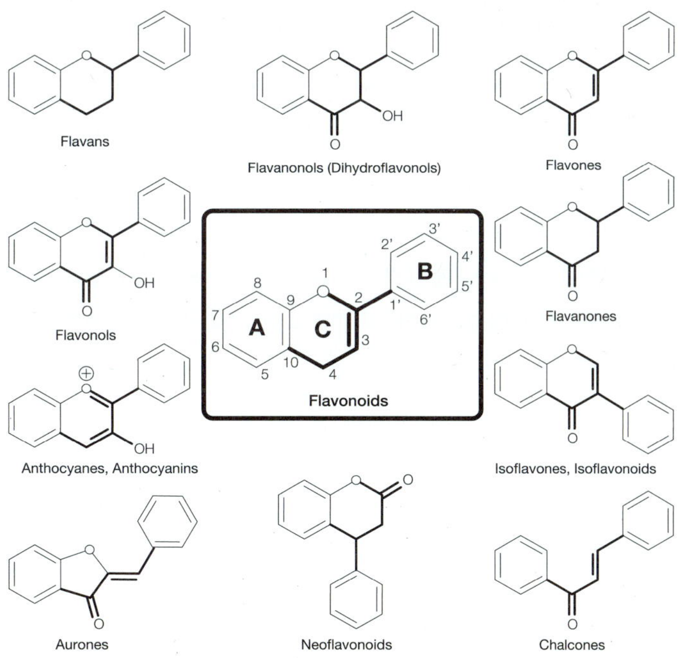

그림 6.8 플라보노이드 구조와 주요 종류(Tarahovsky et al., 2014)(출처: https://doi.org)

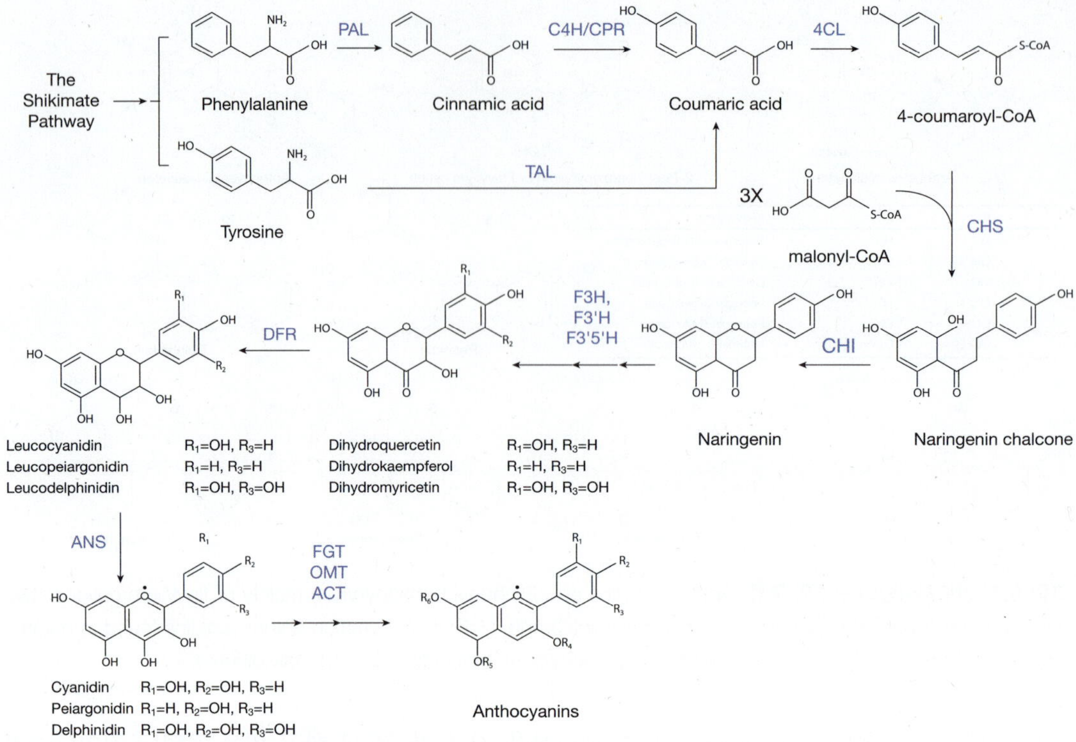

그림 6.9 안토시아닌 생합성 경로(Zha and Koffas, 2017)(출처: https://doi.org)

본구조의 3번 탄소에 수산기가 결합된 종류들을 플라보놀(flavonol)이라 하여 플라본류에 속하며, C3 유닛이 여러 가지로 변형되어 플라반(flavan), 플라바논(flavanone), 플라바노놀(flavanono), 이소플라본(isoflavone) 등을 형성한다. 기본 골격이 조금 달라진 찰콘(chalkone)과 오론(aurone)도 플라보노이드에 포함시킨다. 이들과 구조적으로 매우 유사하지만 C3 유닛의 산소가 양이온(cation)의 형태를 취하는 일련의 색소들을 안토시아니딘(anthocyanidin)으로 분류한다(그림 6.9). 각 플라보노이드에 **수산기**(−OH)와 **당**(glycoside), **메틸기**(methyl group, Me)가 각 탄소 위치별로 어떻게 조합되느냐에 따라 색소가 달라지게 되고, 치환 형태에 따라서도 무수히 많은 색소가 존재하게 된다. 지금까지 300가지 이상의 플라본류, 50가지 이상의 찰콘류, 20가지 이상의 안토시아니딘이 알려져 있는데, 이들 색소에 당 및 유기산이 결합되는 조합에 따라 무수히 많은 종류의 색소가 존재하게 된다.

(3) 베탈레인(Betalain)계 색소

베탈레인은 석죽목(Caryophyllales) 화훼 식물의 종자나 꽃의 색깔 발현에서 안토시아닌을 대체한다. 플라보노이드와 같이 액포에 존재하며, 수용성이지만 질소(N)를 갖고 있고 밝는 적색과 황색을 나타낸다. 베탈레인에는 **베타시아닌**(betacyanin)과 **베타잔틴**(betaxantin)이 대표적이다. 베타시아닌은 게발선인장(Christmas cactus, *Schlumbergera truncata*)의 꽃과 부겐빌레아(*Bougainvillea glabra*)의 포(bract)의 밝은 적색을 나타내고, 비트(beet, *Beta vulgaris*)의 뿌리에 많이 분포한다. 베타시아닌의 최대 흡수파장은 530~545nm로 안토시아닌과 유사하다. 베타시아닌은 보통 배당체로 존재하며, 보통 2개의 아글리콘(aglycone)을 가지면서 질소를 함유하고 있다. 아미노산으로부터 생성되는 독특한 화색소이다. 베타크산틴은 분꽃(*Mirabilis jalapa*)과 채송화(*Portulaca grandiflora*)의 황색 꽃잎에서 확인된다(그림 6.10, 그림 6.11).

그림 6.10 베탈레인 화색 발현 모습(좌: 게발선인장, 부겐빌레아, 분꽃)

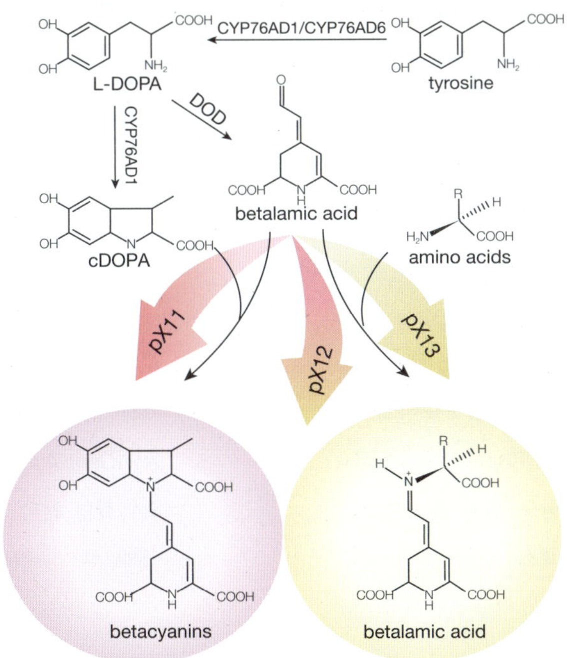

그림 6.11 베탈레인의 구조와 종류(Polturak et al., 2017)

3) 화색 발현 기구

화색은 색소의 종류에 따라 근본적으로 달라지지만, 화색 발현에는 색소의 함량과 종류, 상대적인 함량, 세포내 색소의 물리적 화학적 상태, 화판의 표면 구조 등에 따라 영향을 받는다. 앞서 언급했듯이, 카로티노이드계 화색은 주로 황색을 중심으로 형성되고 변이가 크지 않지만, 안토시아닌계 화색은 매우 복잡하고 다양하다. 따라서 화색은 주로 안토시아닌에 의해서 많은 영향을 받으며, 카로티노이드와 함께 할 때 더욱 복잡하고 다양하게 나타난다. 자연계에서 관찰되는 화색 발현 기구를 요약하면 **표 6.1**과 같다.

표 6.1 피자식물에서의 화색 발현과 색소와의 관계(Harborne, 1998)

화색	발현 색소	대표 식물
백색(white) 상아색(ivory) 미색(cream) 황색(yellow)	플라본(예:leuteolin), 라보놀(예:quercetin)	백색꽃 종의 95%(나머지는 albino)
	(a) 카로티노이드 단독	대다수 황색꽃을 갖는 종
	(b) 황색 플라보놀 단독	황색 앵초, 목화
	(c) anthochlor 단독	황색 사랑초, 다알리아, 리나리아
	(d) 카로티노이드 + 황색 플라보노이드	금계국, 루드베키아
주황색(orange)	(a) 카로티노이드 단독	백합(*Lilium*), 금잔화(*Calendula*)
	(b) 펠라르고니딘 + 오론	주황색 금어초(*Antirrhinium*)
홍적색, 등적색 (scarlet)	(a) 펠라르고니딘 단독	샐비어(*salvia*)
	(b) 시아니딘 + 카로티노이드	튤립(*Tulipa*)
갈색(brown)	카로티노이드(바탕) + 시아니딘	꽃무, 난과식물(*Orchidaceae*)
자홍색(crimson red), 자주색(magenta)	시아니딘 단독	적색 장미, 대부분 적색꽃 식물
분홍색(pink)	피어니딘 단독	작약(*Paeonia*), 해당화(*Rosa rugosa*)
담자색(mauve), 보라색(violet)	델피니딘 단독	델피늄(*Delphinium*), 버베나(*Verbena*)
청색(blue)	(a) 시아니딘 + 보색소/금속	수레국화(*Centaurea*)
	(b) 델피니딘 + 보색소/금속	용담(*Gentiana*), 대부분 청색꽃 식물
검정색(purple black)	고농도 델피니딘	흑색 튤립, 팬지
녹색(green)	엽록소	헬레보루스(*Helleborus*)

2 향기

1) 향기의 정의

일반적으로 우리 주변에는 많은 냄새가 존재하며, 그 중에서 '생쾌한 냄새'를 '향기(香氣)'라고 하고 불쾌한 냄새를 '악취'라고 표현한다. 향기에는 식물성, 동물성, 광물성이 있으나 인간과 가장 밀접한 관계를 갖는 것은 식물성 향기, 특히 **꽃의 향기**(scent)라 할 수 있다. Perfume은 '향료' 또는 '향수'를 지칭하지만, 최근에는 향수의 의미로 많이 통용되고 있다. 어원은 라틴어의 'Per fumum'으로 '연기에 의해' 또는 '연기를 통해서'라는 의미로 '훈향', '방향성 수지나 향목, 향초를 태우는 것'을 뜻하였다. 향기란 여러 가지 물질의 분자가 비산하여 후각 기관을 자극시켜서 발현되는 것으로 특유한 냄새 또는 맛을 주는 물질로 단일 물질뿐만 아니라, 두 가지 이상의 조합 물질을 총칭한다.

식물에서 꽃향기는 자손을 남기기 위해 곤충을 유인하여 수분을 조장하는 역할을 한다. 식물에 함유되어 있는 에센셜오일은 살균력을 갖고 있어서 꽃과 잎 등에 기생하는 미생물의 번식을 방지하고 상처를 치유한다. 다른 식물이 싹을 틔우거나 성장하는 것을 억제하기도 하며, 필요 이상의 수분 증발을 막아 건조되는 것을 방지하기도 한다. 또한 초식동물이나 곤충이 싫어하는 향기와 독을 분비하여, 먹이가 되지 않도록 자신을 보호하기도 한다.

2) 향기의 정체

식물에서 풍겨 나오는 향기의 정체는 정유, 즉 **에센셜오일**(essential oil)이라는 물질이다. 에센셜오일은 몇 가지 방향 성분의 혼합체로, 그 각각의 성분이 약리적 효능을 가지고 있다. 에센셜오일의 주성분은 탄화수소류, 알코올류, 알데히드류, 에스테르류의 유기화합물이며, 꽃의 종류에 따라 함유된 성분도 다양하다. 이들 방향유의 성분은 꽃 이외의 부위에도 많이 함유되어 있다. 예를 들면, 꿀풀과 식물에는 잎의 표면, 산형과 식물에는 줄기 속, 생강과 식물에는 뿌리줄기 속, 운향과 식물인 레몬, 유자 등에는 과피에 존재한다.

표 6.2 식물체 부위별 에센셜오일 생산 식물종

부위	에센셜오일을 발생하는 식물 종류
꽃	금목서, 미모사, 장미, 정향, 쟈스민, 카네이션, 캐모마일, 클로버, 히아신스
꽃과 잎	라벤더, 로즈마리, 바질, 버베나, 페퍼민트, 타임
잎과 줄기	계피, 유칼립투스, 소엽, 소나무, 세이지, 제라늄
수피	시네몬, 카넬라
목재	녹나무, 백단, 시더목, 편백
지하경	생강, 아이리스, 엔젤리카
과실	레몬, 만다린, 불수감, 오렌지, 유자, 자몽
종자	고수, 당근, 블랙페퍼, 아니스, 셀러리, 주니퍼베리, 후추, 회향, 커민, 파슬리
수지	몰약, 안식향, 유향, 프랑킨센스

3) 꽃향기

꽃의 방향 성분은 대부분이 꽃잎 이외에 꽃잎화된 악편이나 포엽 등의 상부 표면 조직의 세포 속에 각종 화합물의 형태로 배당체로서 일정 기간에 걸쳐 저장된다. 각종 꽃향기의 근본 물질인 에센셜오일은 효소의 역할에 의해 용해되어 공기 중에 발산된다(그림 6.12). 우리는 이렇게 발산된 방향 성분을 후각신경을 통해서 꽃의 향기로 감지하게 된다. 에세셜오일은 원료식물의 생육환경, 재

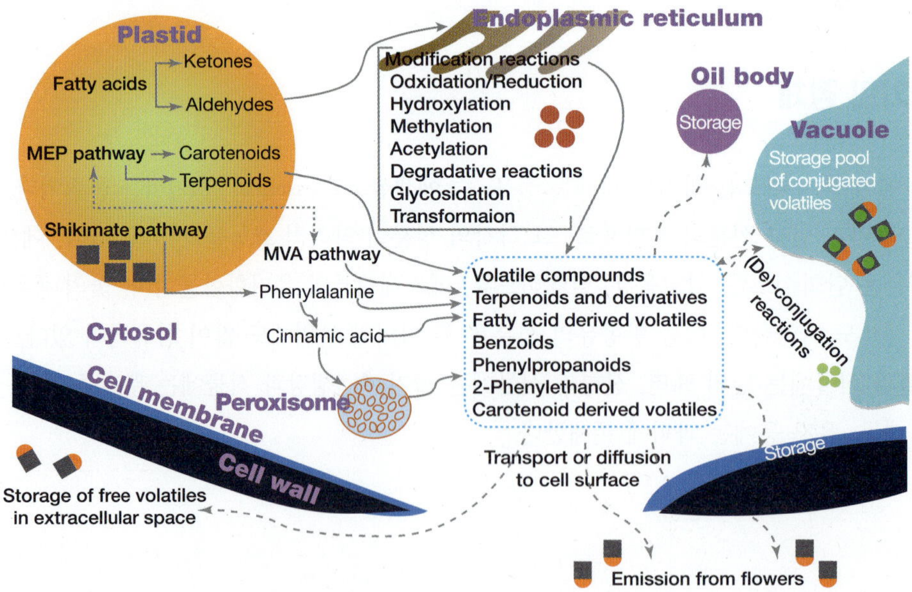

그림 6.12 장미 꽃향기의 생화학적 발생 경로 모식도(Baldermann et al., 2009)

배 방법, 수확 시기 등에 따라서 추출량과 품질이 달라진다. 작물의 종류별로 개화 단계에 따라 에센션오일의 추출량이 달라지므로 가장 많이 생성되는 시기에 수확하며, 신선한 상태 또는 그늘에 말려 두었다가 추출한다.

4) 향기의 추출 방법

(1) 수증기 증류법

수증기 증류법은 크기 수증기 증류법(steam distillation)과 물 증류법(water distillation)으로 나뉜다. 수증기 증류법은 원주형 탱크 하단에 물을 넣어 가열한 수증기가 탱크 상단에 놓여 있는 꽃잎, 잎, 줄기 등을 통과하면서 식물의 세포벽을 파괴하면 향 성분이 증기 형태로 방출된다. 이것이 파이프를 통해 냉각관을 지나면 물보다 가벼운 에센셜오일은 위쪽에 모이고 증류액은 아래쪽으로 분리된다. 아래쪽에 모인 증류액은 에센션오일이 약간 녹아 있는 방향 증류수로 **하이드로졸**(hydrosol) 또는 **플로럴워터**(floral water)라고 한다. 하이드로졸은 꽃 외에 잎, 줄기, 뿌리, 열매 등을 이용하여 정유를 추출하고서 남은 증류수를 말한다.

플로럴 워터란 꽃잎만 사용했을 때 발생한 증류수를 말한다. 스킨, 로션 등의 화장품 원료 또는

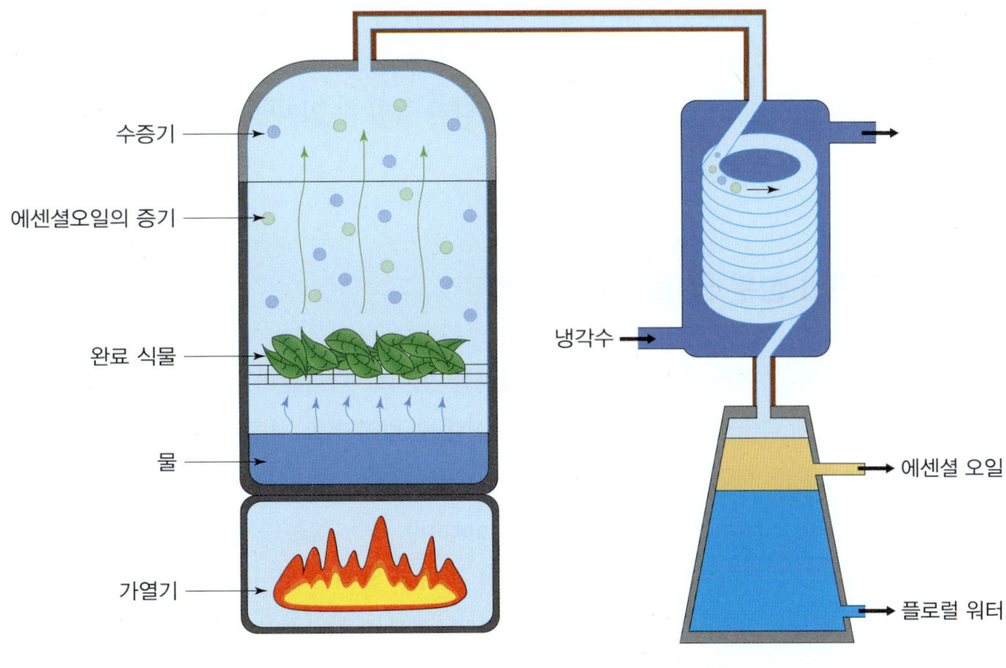

그림 6.13 수증기 증류장치

화장수로 이용하거나 가습제, 향장 소재로 활용한다. **수증기 증류법**은 방향 성분이 변화하지 않는 식물에 한해서 사용되는데, 고온으로 처리하기 때문에 열에 불안정한 성분이 파괴되는 단점이 있다. 하지만 수증기 증류법은 가장 간편하고 보편적으로 사용하는 방법으로 전체 **에센셜오일 추출의 80% 이상**을 차지하며, 주로 라벤더, 편백, 유칼립투스, 로즈마리, 티드리, 캐모마일 추출에 이용하고 있다. **물 증류법**은 용기에 물과 원료를 가득 채우고 100℃ 이하의 온도에서 천천히 가열하면서 수증기 증류법과 같은 방법으로 에센셜오일을 추출하는 방법이다. 열에 민감하지만 추출 시간에는 영향을 받지 않는 **장미** 등에서 오일을 추출할 때 사용한다.

(2) 압착법

압착법은 열에 민감해서 증류추출법을 사용할 수 없을 때 사용하는 저온추출법이다. 압착하여 방향 성분을 추출하므로 열이나 물에 의해 변화할 수 있는 성분을 그대로 보존할 수 있는 장점이 있다. 감귤류인 레몬, 오렌지, 자몽 등의 오일 추출에서 주로 이용한다.

(3) 용매추출법

추출하고자 하는 재료를 헥산, 에테르, 알콜 등 유기용제를 이용하여 추출하는 방법이다. 용기에 원료물질과 용매를 넣어 에센셜오일 성분이 추출되면 용매와 수분을 증발시킨다. 이 과정을 거치면 반 고형물질인 콘크리트(concrete)라는 물질이 남게 된다. 식물체의 천연 왁스, 수지, 에센셜오일의 혼합물인 콘크리트를 헥산에 녹여 증류하고서 알콜에 용해한 다음, 알콜 성분을 제거한 것을 앱솔루트(absolute)라고 한다. 이 방법을 사용하면 수증기 증류법으로 추출하기 어려운 성분이나 색소, 밀랍 성분 등을 더 얻을 수 있고 생산량도 약간 늘릴 수 있지만, 용매를 완전히 제거하는 것은 불가능하며 독성이 남아 있을 수 있다.

5) 주요 꽃향기의 성분 및 효능

에센셜오일의 효능은 여러 방면에 걸쳐서 다양한 형태로 나타난다. 보통 여러 가지를 혼합하여 사용하기 때문에 다양한 효과가 나타난다. 실내용 방향제로 사용하는 것이 목적이었다고 해도 천연 에센셜오일은 사람들의 몸과 마음에 작용을 한다. 에센셜오일에 들어있는 linalool, coriandrol, geraniol, citronellol, eugenol, eucaptol과 같은 성분은 세균이나 바이러스, 곰팡이 증식을 억제하여 감염증을 예방하고 방부 작용을 한다고 알려져 있다. Limonene 성분은 폐렴구균, 연쇄상구균, 쌍구균, 황색포도상구균을 강력히 억제하는 항균작용이 있어 악취를 제거해 준다. Geraniol, d-limonene 성분은 향기로 흡입하면 두통을 해소하는 작용을 한다. α-terpineol

표 6.3 천연향료 추출방법, 주성분 및 주요 효능

구분	추출법	주성분	효능
라벤더	수증기 증류법	linalyacetate, camphene, α-pinene, cineole, lavandulol, geranyl acetate borneol, geraniol, linalool	호흡기 질환, 소화불량, 통풍, 타박상, 항염증, 두피 손상, 진통, 체취 방지, 요리 풍미료
로즈마리	수증기 증류법	1.8-cineole, camphor, α-terpineol, pinene, borneol, β-caryophyllene, camphene, terpinen-4-ol, limonene	노화 방지, 소화 촉진, 간 해독, 치아 플러그 억제, 피부염, 여드름, 스트레스 억제, 진통
바질	수증기 증류법	linalool, cineol, eugenol, estragol	스파게티, 샐러드, 스프, 야채, 치즈, 버터 등 요리에 활용, 소화 촉진, 건강 회복, 신경 안정
세이지	수증기 증류법	α-shinone, β-shinone, monoperpene, camphor, 1.8-cineole, camphene, α-pinene, β-pinene, borneol	입 냄새 제거, 콧물 억제, 강장, 살균, 이뇨, 인후통, 신장 질환, 해열, 궤양, 상처 치료, 발모
생강	수증기 증류법	gingerol, sesquiterpene, camphene, sesquiphellandrene, bisabolene, monoterpene, β-pinene, linonene	구토 억제, 소화 촉진, 해독 작용, 살균 작용, 진통, 거담 작용, 혈액순환 촉진, 피로 회복, 냉증
오렌지	수증기 증류법 압착법	limeone, myrcebe, linalool, octanol, β-caryophyllene, hexanol, sabinene, geraniol, octanal, nerol, valencene	자율신경 조절, 우울증, 위경련, 혈액순환 촉진, 식욕 증진, 이뇨, 피부 염증 및 개선
유자	수증기 증류법 압착법	limonene, α-pinene, citral	피로 회복, 근육통, 피부 보습, 신경통, 머리 맑고 집중력 향상, 냉증 개선, 혈액순환 촉진
유칼립투스	수증기 증류법	1.8-cineole(=eucaptol), α-pinene, α-terpineol, terpinene	감기, 인후통, 폐렴, 기관지염, 거담, 혈당 강하, 해열, 진통, 이뇨, 소취, 살균
장미	유기용매 추출법 수증기 증류법	damasenone, phenylethylalcohol, citronellol, geraniol, linalool, eugenol benzlalchol rosexide	혈압 강하, 항염, 면역 증강, 스트레스 완화, 진정, 항우울, 갱년기 장애, 피부 재생
쟈스민	수증기 증류법	nerol, neroldidol, phytol, geraniol, α-terpineol, benzyl alcohol, indole, vanillin, farnesol, jasmone, eugenol	월경불순, 유즙 생성 촉진, 갱년기 장애, 산후 우울증, 매끈한 피부 유지, 항균
제라늄	수증기 증류법	d-1-citronellol, geraniol, linalol, citronellol formic acid, isomenthone	호흡기 감염치료제, 대장염, 갱년기 호르몬 조절, 류마티스, 관절염, 월경통, 방충, 방향제
편백	수증기 증류법	sabinene, α-terpinyl acetate, elemol, bornyl acetate, limonene, myrcene, hibaene, lignan glycoside, flavonoids	알레르기 및 피부 질환 개선, 항균, 스트레스 완화, 진정, 탈취, 면역기능 증대, 신경안정

성분은 실내 분무제로 공기 중에 사용하면 살균 소독효과가 있다. Farnesol 성분은 에센셜오일로 사용하여 흡입하면 머리를 맑게 해 준다. 유자껍질에 들어있는 citral 성분은 신진대사를 활발하게 하여 혈액순환을 촉진하며, 특히 신체를 따뜻하게 하여 신체의 냉증을 다스린다.

한편, 에센셜오일 성분 중에는 안전하게 사용할 수 있고 효능이 좋은 것도 있지만, 바람직하지 않게 하는 것도 있다. 안 좋은 작용을 하는 성분이 많은 에센셜오일을 취급할 때는 물론이고 유아, 임산부, 고령자, 동물에게 사용할 때 세심한 주의를 기울여야 한다. 에센셜오일은 그 성분이 식물체 내에 있을 때보다 수십 배 농축되어 있는 상태이므로 작용성이 매우 강하다. 그러므로 사용하는 사람의 몸 상태와 체질, 사용방법에 따라서 피부염이나 가려움증, 자극감을 느끼는 원인이 될 수도 있다.

6) 향기의 이용

(1) 아로마테라피

아로마테라피라는 용어는 프랑스어의 아로마(aroma, 향기)와 테라피(therapie, 요법)가 합쳐진 것으로, 프랑스 화학자인 모리스 가트포스(1881~1950)가 만든 말이다. 프랑스 의사인 장 발네(1920-1995) 박사는 제2차 세계대전 중에 부상당한 병사들을 치료할 때 에센셜오일을 사용했으며, 1964년 저서 《아로마테라피》가 출판됨으로써 에센셜오일의 약리 작용이 널리 전해지게 되었다. 방향식물은 고대로부터 향을 피우고 주문을 외우면서 치료를 행하거나 미라를 만드는 데 사용되었다. 아로마테라피는 최근에 이르러서 식물의 꽃, 잎, 과피, 나무, 뿌리, 종자 등으로부터 추출한 정유를 이용하여 질병을 예방하고 치료하는 대체 의료방법 중 하나로 이용하고 있다. 에센셜오일의 향기를 맡으면 엔도르핀, 세로토닌, 아드레날린 등이 분비되어 행복감, 정서적 안정감을 느낄 수 있으며, 우리의 몸의 바이러스나 세균 등과 싸워 이길 수 있는 면역 기능을 향상시키는 작용을 하는 것으로 알려져 있다. 또한, 에센션오일을 이용하여 마시지 하게 되면 살균 소독작용과 더불어 심신이 편안해지고, 긴장이 완화된다. 또한 혈관이 확장됨으로써 혈액순환과 피부의 신진대사가 촉진되어 피부미용 효과를 기대할 수 있다.

(2) 향장품

에센셜오일을 이용하여 향수는 물론 로션, 크림, 미스트, 에센스 등 천연 화장품을 만들 수 있다. 화학적 방부제(메칠파라벤, 페녹시에탄올, 프로필파라벤 등)가 첨가되지 않은 경우에는 모두 천연 화장품으로 분류한다. 화장품에 첨가된 화학 성분은 피부를 자극하거나 트러블을 발생시키기 때문에

표 6.4 향장 소재의 산업적 이용

구분	주요 향 소재 식물	용도 및 효능
아로마 테라피	라벤더, 로즈마리, 타임, 유칼립투스, 캐모마일, 마조람, 레몬, 오렌지, 유자, 바질, 페퍼민트, 펜넬, 장미, 세이지, 제라늄, 샌달우드, 일랑일랑, 티트리, 시더우드, 사이플러스, 자스민, 편백	• 향, 로션, 오일, 향초 • 집중력 향상, 항우울, 진통, 불면증 해소, 편두통 치료, 스트레스 완화, 피부미용, 여성질환 치료, 악취 제거
향장품	아카시아, 회향, 캐모마일, 로즈마리, 백리향, 감국, 장미, 인삼, 세이지, 라벤더, 연, 난	• 향수, 크림, 로션, 화장수 • 피부보습, 피지분비 조절, 향균작용, 미백, 주름 개선
생활용품	아르니카, 방아풀, 황백나무, 인동덩쿨, 고삼, 샐비어, 타임(백리향), 유자, 금장화, 세이지, 케모마일, 로즈마리, 유칼립투스, 꽃창포, 타임, 후추, 정향, 캐모마일, 세이지, 당귀, 홍화	• 샴푸, 비누, 린스, 치약, 헤어크림, 바디케어 • 수렴작용, 항균, 항염증, 모발 보호, 비듬과 가려움 방지, 혈액순환 촉진, 소염, 발모 촉진, 지혈, 면역 증진
포푸리	장미, 라벤더, 제라늄, 제비꽃, 흰붓꽃, 정향, 계피, 월계수잎, 바닐라, 로즈마리, 편백	• 향주머니, 향단지 • 악취 제거, 수면 유도
식품	캐모마일, 레몬밤, 세이지, 로즈마리, 박하, 안젤리카, 바질, 히솝, 마조람, 백리향, 바닐라, 국화, 사프란	• 차, 샐러드, 아이스크림, 껌, 캔디, 과자, 조미료 • 음식 장식, 착색, 잡냄새 제거, 식욕 촉진, 살균, 방부

많은 사람들이 천연 화장품을 대안으로 사용하고 있다. 일반 화장품을 만드는 원리와 천연 화장품을 만드는 원리는 동일하다. 화장품 제조사에서는 기계를 이용해서 대량생산하지만, 가정에서도 간단하게 화장품을 만들어 이용할 수 있다.

(3) 생활용품

에센셜오일을 이용하여 샴푸, 린스, 비누, 클렌싱 오일, 치약, 구강 세정제 등을 만들 수 있다. 생활 인테리어 측면에서는 공기정화, 소취 및 탈취, 해충 퇴치의 용도나 아파트의 향 공조 시스템, 휴식 공간의 건강 향 설치 등으로 이용 가능하다. 또한 스포츠 분야에서는 경기력 향상과 스포츠산업과의 공조체계로의 발전이 가능하다.

(4) 식품

허브 식물은 샐러드로 직접 먹거나 육류요리에 조미료로 많이 활용하고 있다. 제빵 분야에서는 빵, 케이크 그리고 비스켓 등을 만드는 데 향과 색깔을 내기 위해서 이용한다. 여기에 많이 이용하는 종류로는 로즈메리, 세이지, 차이브, 사프란 등이다. 한편, 방향성 식물 중 국화, 재스민, 제라늄, 매리골드, 캐모마일 등은 차로 많이 활용하고 있으며, 바닐라, 민트류 등은 아이스크림이나 과자, 껌 등에 이용하기도 한다.

참고문헌

- 박권우. 2007. 허브 및 아로마테라피. 선진문화사
- 생활의 향기. www.aromainlife.com
- 와다후미오. 2013. 누구나 쉽게 배우는 아로마테라피 교과서. 도서출판 이아소
- 육창수 외. 2020. 향료와 아로마테라피. 신일서적
- 이승우 외. 2011. 생활원예. 동화기술
- 이정식. 2012. 화훼류의 개화생리와 재배법. 월드사이언스
- 이정식 외. 2012. 화훼원예총론. 문운당
- 이정아. 2008. 방향성 화훼식물의 향기분석과 아로마테라피적 작용. 한국학술정보(주)
- 이종석. 2008. 화훼원예학. 향문사
- 채병섭 외. 2018. 고르고 고른 천연화장품 레시피. PAN n PEN
- 허브아일랜드. www.herbisland.net
- Baldermann S, Yang Z, Sakai M, Fleischmann P, Watanabe N. 2009 Volatile constituents in the scent of roses. Floriculture Ornam Biotechnol 3:89-97
- Beverley G. 2014. Understanding flowers and flowerings. 2nd ed., Oxford
- Lee SK, Kim WS. 2015. Floral pigmentation and expression of anthocyanin-related genes in bicolored roses 'Pinky Girl' as affected by temporal heat stress. Kor J Hortic Sci Technol 33:923-931
- Lee YB, Kim WS. 2015. Effects of UV-B radiation timing on growth and antioxidant in edible flower pansy. Flower Res J 26:102-108
- Yeon JY, Kim WS. 2020a. Floral pigment-scent associations in eight cut rose cultivars with various petal colors. Hortic Environ Biotechnol 61:633-641
- Yeon JY, Kim WS. 2020b. Positive correlation between color and scent in rose petals with floral bud development. Hortic Sci Technol 38:608-619
- Yeon JY, Kim WS. 2020c. Heat stress to the developing floral buds decreases the synthesis of flowering pigments and scent compounds in the rose petals. Acta Hortic 1291: 249-260

FLORICULTURE

CHAPTER 07

화훼재배 환경 및 관리

정병룡·김종윤·이용하

이 장에서는 화훼의 생육에 영향을 미치는 환경요인과 관리에 대하여 살펴본다. 광, 온도, 습도, 온실환경 가스 등의 지상부 환경과 배지, 지하부 특성 결정 요인, 수분 관리, 무기영양과 시비 관리, 수경재배 등의 지하부 환경으로 구분하여 살펴본다.

1 지상부 환경

1) 빛

재배 환경에서의 빛은 세 가지 요소인 **광질**(light quality), **광도**(light intensity), **광주기**(photoperiod)로 분류될 수 있다. 광질은 빛의 파장을 의미하고, 광도는 빛의 세기, 광주기는 낮 또는 밤의 길이를 나타내는데, **일장**(day length)으로 표현되기도 한다. 이 3가지 요소 모두 식물 생육에 중요하며, (1) 광합성을 통해 에너지를 얻는 생장과 (2) 종자 발아 또는 개화와 같은 발육에 영향을 미친다.

(1) 광질

광질은 빛의 고유한 파장을 의미하며 나노미터(nm) 단위로 표현된다. 보통 식물은 가시광선에 속한 모든 파장에서 광합성이 가능하지만, 적색(660 nm)과 청색(450 nm) 파장 부근에서 광합성 속도가 가장 빠르다(그림 7.1). 한편, 광 주기성이나 광 형태형성에 영향을 미치는 광질은 적색광(660 nm)과 원적색광(730 nm, far-red light)으로 알려져 있으며, 파이토크롬(phytochrome)이 이를 감지한다.

원적색광은 절간 길이와 잎의 크기를 증대시키지만, 측지 발생을 억제하고 화색을 옅어지게 한다(Runkle and Heins, 2002). 반면 적색광에서 자란 식물은 엽색이 진하고 측지 발생이 촉진된다(Cerny et al., 2003). 빛이 식물체의 잎에 조사될 때 적색광은 잎에 흡수가 되지만 원적색광은 흡수되지 않고 잎을 그대로 투과하므로 수관 아래에 있는 식물이 원적색광을 상대적으로 많이 받게 된다. 재식 간격이 좁아 잎이 서로 겹쳐졌을 때 식물이 도장을 하는 것은 바로 이러한 이유 때문이다. 또한 백열등은 형광등에 비해 원적색 파장의 빛이 강하기 때문에 보광에 사용할 경우 식물이 도장을 할 수 있다. 일출과 일몰 때 근적외선이 상대적으로 강하다는 것에 착안해서, 일출, 일몰때 차광함으로써 식물의 줄기 신장을 억제할 수 있다. 그러나 절화 생산에 있어서는 긴 초장이 확보되는 것이 중요하므로 오히려 필터를 이용해 적색광을 줄임으로써 절간 신장을 유도하기도 한다. 이전에는 광질을 선택적으로 투과시키는 필름을 이용하여 광질을 조절했지만, 최근에는 LED가 개발되어 전체 광도를 줄이지 않으면서도 특정 파장을 제어할 수 있게 되었다.

(2) 광도

광도를 측정하는 단위 중 하나인 조도(단위 lux)는 사람의 눈에 가장 민감한 녹색-노란색 파장(530~580 nm)에 집중되어 있다. 하지만 식물의 광합성에 영향을 미치는 파장은 적색과 청색광 등 광범위 하기 때문에 식물의 생육에 있어 조도를 사용하는 것은 적합하지 않다. **광합성유효방사**(photosynthetically active radiation, PAR)는 400~700 nm의 모든 파장대의 광에너지를 측정한 것으로 단위는 $W \cdot m^{-2}$이다. **광합성광량자속밀도**(photosynthetic photon flux density, PPFD)는 400~700 nm 파장대의 광입자(광자, photon) 수를 측정한 것이며, 단위는 $\mu mol \cdot m^{-2} \cdot s^{-1}$이다. PAR과 PPFD는 식물의 광합성에 관여하는 파장을 반영하므로, 광도를 측정하기에 적합한 단위라고 할 수 있다.

식물의 생장에 적합한 광도는 식물 종에 따라 다르다. 실내 관엽식물처럼 광을 적게 요구하는 식물이 있는 반면에, 대부분의 절화나 분화류는 빛을 많이 요구한다. 예를 들면, 칼라데아(*Calathea*)는 200~400 $\mu mol \cdot m^{-2} \cdot s^{-1}$의 광도가 적당하지만, 장미(*Rosa hybrida*)는 광포화점인 1,000 $\mu mol \cdot m^{-2} \cdot s^{-1}$까지 높아야만 생육이 좋다(Zieslin and Mor, 1990). 생육 단계에 따라서도 광요구도가 다르다. 화훼 식물의 육묘 단계에서는 고 광도보다는 400 $\mu mol \cdot m^{-2} \cdot s^{-1}$ 정도의 광도가

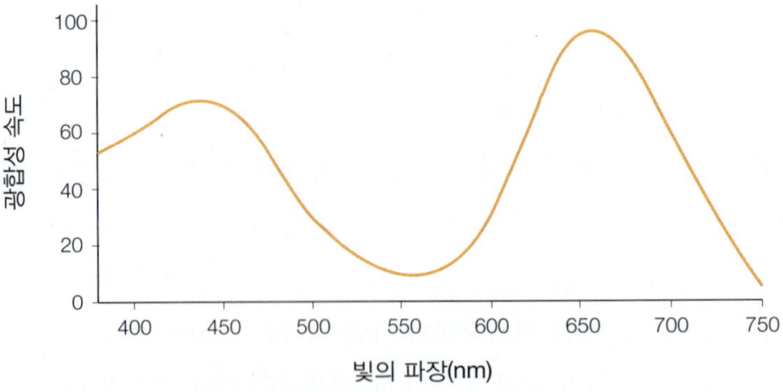

그림 7.1 빛의 파장에 따른 광합성 속도

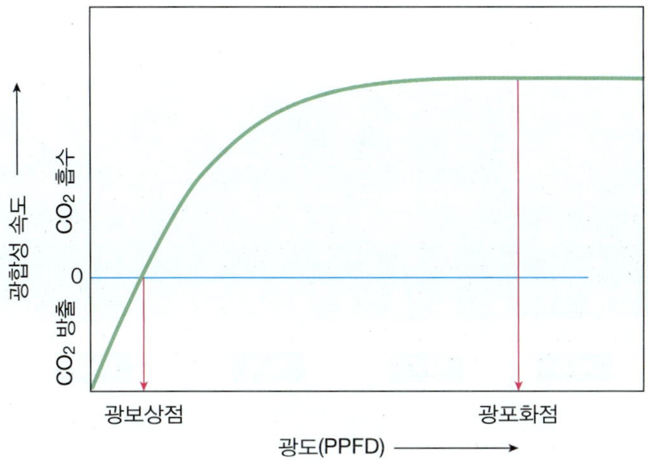

그림 7.2 광도에 따른 광합성 속도

적당하다고 알려져 있다. 포인센티아(*Euphorbia pulcherrima*)는 화포가 타거나 탈색되는 것을 방지할 목적으로 출하 직전에는 낮은 광도에서 재배하기도 한다.

화훼 식물은 광도가 높아질수록 광합성 속도가 빨라지며, 식물이 최대로 광합성을 할 수 있는 광도를 **광포화점**(light saturation point)이라고 한다(그림 7.2). 광포화점 이상의 광도는 **엽소현상**(leaf burn)을 일으키므로 오히려 식물에 해로울 수 있다. 광도가 낮아지면 식물은 이산화탄소를 흡수하여 포도당을 생성하는 광합성 속도와 이산화탄소를 배출하는 호흡 속도가 같아지게 되는데, 이때의 광도를 **광보상점**(light compensation point)이라고 한다. 이론적으로는 광보상점에서 식물이 더 이상 자랄 수 없으므로, 식물의 내음성을 판단하는 기준이 될 수 있다. 보통 관엽식물은 광보상점이 낮아서 실내 식물로 적당하며, 관화식물의 경우 광보상점이 높아 상대적으로 광도를 높여 생육시켜야 한다. 그런데 광포화점이나 광보상점은 식물의 환경에 따라 변할 수 있다. 관엽식물을 재배할 때 높은 광도 하에서 식물 생장을 최대로 이끌어내지만 출하하기 전에는 광도를 낮춰서 식물이 낮은 광도에 적응할 수 있도록 **순화**(acclimation) 과정을 거친다. 광도가 매우 낮은 환경을 가진 일반 가정집에서는 낮은 광도에 순화되어 광보상점이 낮아진 식물이 순화가 이루어지지 않은 식물에 비해 더 잘 살아남을 수 있다. 순화 과정을 거치지 않은 식물은 갑작스런 높은 광도 또는 낮은 광도 환경에서 잎이 황백화되거나 탈리될 수 있다.

(3) 광주기

광주기 또는 일장은 2가지 방향으로 화훼식물에 영향을 준다. 첫째, 동일한 광도라는 가정 하에 장일 조건은 총광량이 많고 단일 조건은 총광량이 적으므로 생장에 차이를 나타낸다. 둘째, 일장이 개화와 같은 식물의 발육에 변화를 나타내는 것으로, 이를 **광주기성**(photoperiodism)이라고

그림 7.3 광주기성과 광질에 따른 국화 '가야옐로'의 개화와 생장 반응: SD, 단일처리; LD, 장일처리; NI-B, 청색광 야파처리; NI-Fr, 원적생광 야파처리; NI-R, 적색광 야파처리; NI-W, 백색광 야파처리; ST, 신초 정단; YL, 최성엽; OL, 늙은 잎(Park and Jeong, 2019)

한다. 광주기성은 광도에 관계없이 반응이 나타나는데, 국화의 경우 단일 식물이어서 낮의 길이가 짧은 단일 조건에서 개화한다. 실제로 식물은 낮의 길이보다는 밤의 길이를 감지하여 반응한다. 일장과 개화 반응에 대한 자세한 내용은 제5장의 '개화생리 및 조절'을 참고하기 바란다. 최근에는 LED 광원과 광질 조절 기술의 발달에 힘입어서 광질에 따라 화훼류 개화와 형태형성의 광주기성 반응이 달리 나타나기도 한다는 것이 밝혀지고 있다(**그림 7.3**).

(4) 일적산광량

일적산광량(daily light integral, DLI)은 하루 동안에 식물이 받는 총광량을 표현한 단위이다. 1초

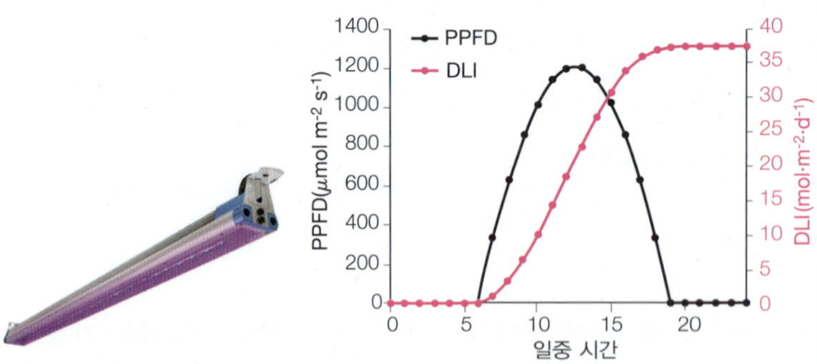

화훼식물의 적정 DLI(mol·m^{-2}·d^{-1})	
아프리칸바이올렛	6~10
스파티필룸	6~10
드라세나	8~14
거베라	>14
시클라멘	10~18
임파첸스	10~22
프리뮬라	10~22
칼랑코에	10~22
페튜니아	>18
아이비제라늄	10~26
무늬제라늄	>14
포인세티아	>12
국화	>14
장미	>22

그림 7.4 인공광원으로 널리 활용되는 다양한 파장의 LED 광원(좌), 맑은 날의 일중 시간에 따른 태양광의 PPFD와 DLI(중) 및 화훼식물별 권장 DLI 수준(우)(Ball, 1998)

그림 7.5 일적산광량에 따른 시클라멘(*Cyclamen persicum*)의 생장(Oh et al., 2008)

동안 단위면적에 받는 광도를 식물이 빛을 받는 시간에 적산한 것으로, 단위는 $mol \cdot m^{-2} \cdot d^{-1}$이다(**그림 7.4**). 광도는 하루 동안에도 수시로 변하기 때문에 일적산광량을 측정하기 위해서는 광센서(quantum sensor)와 데이터로거를 이용하여 계산한다. 적정 일적산광량은 식물 종에 따라 다른데, 아프리칸바이올렛(*Saintpaulia ionantha*)은 5~10 $mol \cdot m^{-2} \cdot d^{-1}$가 적당하고, 보통 분화와 절화를 생산할 때는 10~20 $mol \cdot m^{-2} \cdot d^{-1}$ 정도가 필요하다(그림 7.4). **그림 7.5**는 형광등을 광원으로 하여 DLI를 증가시켰을 때 시클라멘(*Cyclamen persicum*)의 생장의 차이를 나타낸 것으로 일적산광량이 높을수록 영양생장과 개화가 촉진되었다.

2) 온도

화훼 식물에 영향을 미치는 온도는 기온(air temperature), 엽온(leaf temperature), 지온(soil temperature) 3가지로 분류된다. 기온은 시설 내에서의 공기 온도를 뜻하는데, 조사된 광량과 식물의 증산량에 따라 엽온은 기온과 다를 수 있다. 지온은 종자나 식물 뿌리에 직접 영향을 주는 토양의 온도이다. 예전에는 온도를 조절한다고 하면 기온을 조절하는 것으로 여겨졌지만, 최근에는 센서와 데이터로거의 발달로 환경 측정이 고도화되면서 엽온과 지온의 조절도 주목을 받고 있다. 온도의 변화에 의해 식물 생장이 증가하거나 감소하는 생장뿐 아니라, 춘화처리나 저온처리에 따라서 개화유도, 휴면타파 등처럼 화훼식물의 발육에도 영향을 미친다. 이 장에서는 주로 생장에 미치는 온도의 영향에 대해 알아본다.

(1) 기온

① 최적온도와 한계온도

식물 종마다 **최적온도**와 **한계온도**의 범위가 다르다. 최적온도는 화훼 식물이 가장 빠르게 자랄 수 있는 온도로, **표 7.1**에 주요 식물의 최적 야간 온도를 나타내었다. 한계온도는 식물이 자랄 수 있지만 최적온도에서 자란 식물에 비해 재배기간이 길고 품질이 떨어질 수 있다. 예를 들면, 국화(*Chrysanthemum* × *morifolium*)의 최적온도는 16~18°C이지만, 한계온도인 4°C의 저온 또는 27°C 이상의 고온에서도 생장이 가능하다(Wilkins et al., 1990). 최적온도에서 벗어난 한계온도에서는 생육이 느려지거나 품질이 저하될 수 있으나 때때로 출하하기 몇 주 전부터는 좋은 화색을 유도하고 절화수명을 늘릴 목적으로 최적온도보다 기온을 약간 낮춰서 재배하기도 한다. 온도 관리 시 겨울철 난방은 경제성을 고려해야 할 것이다. 난방비가 많이 들 경우 생산비를 절감하기 위해 난방을 덜 하게 되면, 낮은 온도에서 화훼 식물의 생장이 느려지고 재배기간이 연장됨으로써, 식물을 관리하는 비용이 더 발생할 수 있다. 온도는 식물 종에 따라 다르게 관리해야 하는데, 예를 들면 야간 온도가 12~17°C로 유지될 때 튤립(*Tulipa*)의 경우에는 개화만 며칠 늦춰질 뿐이지

표 7.1 화훼식물의 최적 생육을 위한 야간 온도

학명	일반명	야간 온도
Alstroemeria hybrida	알스트로메리아	저온, 서늘
Amaranthus caudatus	아마란서스	온난
Antirrhinum majus	금어초	저온, 서늘
Begonia spp.	베고니아	중온
Catharanthus roseus	일일초	온난
Cyclamen persicum	시클라멘	서늘, 중온
Chrysanthemum × *morifolium*	국화	중온
Impatiens walleriana	아프리카봉선화	중온
Kalanchoe blossfeldiana	칼랑코에	중온, 온난
Lilium longiflorum	나팔나리	중온
Petunia × *hybrida*	페튜니아	서늘, 중온
Rosa hybrida	장미	중온
Tulipa gesneriana	튤립	중온
Viola × *wittrockiana*	팬지	저온, 서늘

저온(cold) 10°C 이하; 서늘(cool) 10~14°C; 중온(moderate) 14~18°C; 온난(warm) 18~22°C(Dole and Wilkins, 2004).

만 포인세티아(*Euphorbia pulcherrima*)의 경우에서는 생육이 정지된다(Dole and Wilkins, 2004).

한계온도를 벗어난 고온과 저온은 식물에 치명적인 해를 끼친다. 기온이 0°C 이하로 낮을 때 나타나는 식물의 피해를 **동해**(freezing injury)라고 하며, 기온이 0°C 이상이지만 식물체에서 방사열이 공기 중으로 빠져나가 식물체 온도가 0°C 이하로 낮아져 생기는 피해를 **동상해**(또는 상해, frost injury)라고 한다. 동해 또는 동상해는 화훼 식물의 갈변화, 엽아와 화아의 퇴화 등으로 나타난다. 동해처럼 온도가 낮지는 않지만 저온 기간이 지속되면 열대, 아열대 식물들에 피해 증상이 나타나는데, 이를 **냉해**(chilling injury)라고 한다. 난과식물의 경우 20°C 정도를 유지하여도 냉해가 나타나기도 한다. 고온 또한 식물의 생육을 저해하거나 잎의 황백화 및 고사 등과 같은 피해를 입힌다. 고온에 의한 피해는 광도와도 관계가 깊은데, 과도한 광은 불충분한 증산과 결부되어 엽온의 상승을 초래한다. 고온과 고광도에 의한 식물의 피해는 수분 스트레스와 함께 나타난다.

② 일평균기온

일반적으로 일평균기온이 높을수록 화훼식물의 생육이 빨라지지만 빠른 생육이 고품질의 화훼류 생산을 보장하는 것은 아니다. 고온에서의 과도한 생장은 때때로 병 또는 환경에 취약한 식물이 되게 하기도 한다. 여름철에 온도를 낮추기 위해 차광을 과하게 하면 고온에 의한 피해가 더 심각하게 발생하기도 한다. 한편, 일평균기온이 낮으면 영양생장을 충분히 이루지 못할 뿐 아니라, 개화가 조기에 유도되어 충실하지 않은 화훼식물이 생산될 수 있다.

③ 주야간온도

주간 온도는 낮 동안에 조사되는 광에 의해 변화가 심하게 일어나는 반면에, 야간 온도는 변동폭이 크지 않고 안정적으로 유지되는 편이다. 이는 야간 온도는 가온이나 냉방을 통해 관리하기 쉽지만 주간 온도는 조절하기 쉽지 않은 이유이다. 대부분의 화훼식물에서는 주간 온도보다 야간 온도가 생장에 미치는 영향이 크다고 알려져 있다. 예를 들면, 야간의 온도가 높으면 포인센티아(*Euphorbia pulcherrima*)와 칼랑코에(*Kalanchoe blossfeldiana*)의 경우 개화유도가 늦어지는 경향이 있다. 이와 달리, 야간 온도가 낮으면 조기 개화와 휴면을 유기할 수 있다. 그러나 아직도 많은 화훼식물에서 주간 온도, 야간 온도, 일평균기온 중에 어떤 온도가 생장에 영향을 주는지에 대해서는 더 연구되어야 한다.

④ 주야간온도차(DIF)

주야간온도차(DIF, difference between day and night temperatures)는 주간 평균기온과 야간 평균기온의 상대적인 차이를 조절하여 식물의 줄기 신장을 조절하는 개념으로 만들어졌다. DIF의 수치가 커질수록 줄기 신장이 촉진되는데, 초장이 화훼식물의 품질에 중요한 경우라면 DIF를 반드시 고려해야 한다. 일평균기온이 13°C로 같더라도 주야간 온도를 어떻게 조절하느냐에 따라 초장의 신장 속도가 다르게 나타남을 **표 7.2**의 예에서 알 수 있다.

표 7.2 DIF에 의한 화훼식물의 초장 조절의 예(Dole and Wilkins, 2004)

구분	온실		
	1	2	3
주간 온도(°C)	15.5	13	10
야간 온도(°C)	10	13	15.5
DIF	+5.5	0	−5.5
일평균기온(°C)	13	13	13
초장 신장 속도	빠름	중간	느림

⑤ 온도 관리

초장이 화훼식물의 품질에서 중요한 요소가 아니라면 주간 온도를 야간 온도보다 0~3°C(흐린 날) 또는 6~8°C(맑은 날) 높게 유지하는 것이 광합성을 높이고 야간의 호흡을 억제하는 데 효과적이라고 알려져 있다. 보통 겨울철에는 난방비를 줄이고자 야간 온도를 최대한 낮게 유지할 것이다. 하지만 초장이 화훼식물의 중요한 품질조건이고 식물을 컴팩트하게 생산하고자 한다면 가온을 하여 주간 온도와 야간 온도가 비슷하도록 관리해야 한다.

(2) 지온

지온은 삽수의 활착 속도, 종자의 발아 및 다년생 식물의 휴면타파 등에 있어서 중요한 영향을 미친다. 겨울철 배지를 가온하기 위해 벤치 위나 아래에 열선이나 온수관을 설치한 후 열이 빠져나가지 않도록 보온막을 두르는 방법이 있다. 하지만 뜨거운 공기를 벤치 아래로 순환시킬 때 배지가 과도하게 건조되는 것을 주의해야 한다.

근권부를 가열하는 것이 난방비를 절약하는 방안이 될 수도 있다. 시클라멘(*Cyclamen*), 금어초(*Antirrhinum*), 페튜니아(*Petunia* × *hybrida*)에서 근권난방을 통한 생육의 촉진 효과가 있었다. **그림 7.6**은 페튜니아에서 근권부 가온의 효과를 보여주는 것으로, 기온이 15°C(59°F)이지만 지온을 23°C(75°F)로 높여 주면, 기온이 20°C(68°F)일 때의 생육과 비슷함을 보여준다.

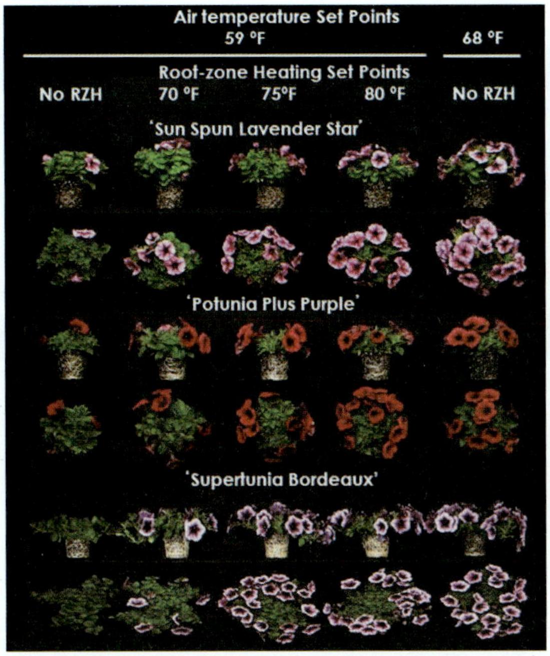

그림 7.6 근권부 난방이 페튜니아의 생육 및 개화에 미치는 영향.
(https://www.canr.msu.edu/news/growing_high-quality_petunias_with_energy_efficient_root-zone_heating)

3) 습도

대기가 습하면 식물에 병이 생기기 쉽고, 너무 건조하면 식물의 생장이 저해되기 때문에 온실 내 적절한 습도를 유지하는 것이 중요하다. 하지만 습도는 앞서 다루었던 광과 온도에 비하여 정밀하게 제어하기 어려운 환경 요소로 알려져 있다. 왜냐하면, 온실 내 기온의 변화에 따라 상대습도가 수시로 변하고 식물과 배지에서 증발산이 지속적으로 이루어지는 것과 같이 비의도적인 요소들이 온실 내 습도에 영향을 주기 때문이다.

(1) 수증기압포차

습도를 표현하는 가장 일반적인 단위는 **상대습도**(relative humidity)이다. 상대습도란 공기가 보유할 수 있는 최대의 수증기 양과 비교하여 현재 수증기 양의 상대적인 비율(현재 수증기압/포화 수증기압 × 100)을 나타낸 것으로 단위는 %이다. 그런데 공기가 최대로 보유할 수 있는 **포화수증기**의 양은 기온이 높아지면 증가하고 기온이 낮아지면 감소하기 때문에(26°C의 포화수증기 양은 15°C에서의 포화수증기 양보다 2배 정도 큼) 공기 중의 절대적인 수분의 양(**절대습도**, absolute humidity)이 변하지 않아도 상대습도는 온도에 따라 달라진다. 상대습도 이외에 습도를 표현하는 단위인 **수증기압**

표 7.3 온도를 상승시키면서 상대습도를 유지하였을 때의 VPD의 변화(Wollaeger and Runkle, 2015)

기온(°C)	상대습도(%)	VPD(kPa)
15	70	0.55
24	70	0.90
32	70	1.45

표 7.4 온도를 상승시키면서 VPD를 유지하였을 때의 상대습도의 변화(Wollaeger and Runkle, 2015)

기온(°C)	상대습도(%)	VPD(kPa)
15	22	1.38
24	41	1.38
32	71	1.38

포차(vapor pressure deficit, VPD)는 식물 잎 안의 수증기압과 대기의 수증기압 차이를 나타내는 것으로 단위는 psi 또는 kPa이다. 식물 잎 안은 수분으로 차 있으므로 상대습도를 100%로 가정하고 VPD를 계산한다. VPD는 상대습도와 달리 기온에 영향을 받지 않으므로, 식물 기공에서 대기로의 수증기의 이동을 잘 설명할 수 있는 개념이다. **표 7.3**은 상대습도를 70%로 유지하면서 기온을 증가시킬 때 VPD의 변화량을 추정한 것이며, **표 7.4**는 VPD를 1.38 kPa로 유지하며 기온을 증가시킬 때의 상대습도의 변화를 나타낸 것이다. 식물의 증산량은 VPD에 비례하기 때문에 상대습도보다는 VPD가 온실의 습도 환경을 반영하는 정확한 개념이라고 할 수 있다. VPD 값이 높다는 것은 식물 잎과 대기 사이의 수증기압의 기울기가 커서 기공에서 증산이 활발하게 이루어짐을 의미한다. 반면 VPD가 낮다는 것은 대기가 수증기로 거의 차 있다는 것으로 수증기의 이동이 거의 일어나지 않음을 의미한다. 이론적으로 VPD가 0이라는 것은 증산이 전혀 이루어지지 않는 것이다.

(2) 습도가 식물에 미치는 영향

습도는 화훼식물에서 증산과 광합성이라는 2가지 생리 현상에 영향을 끼친다. 대기 중 습도가 너무 높으면(VPD가 낮으면) 잎의 기공은 계속 열려 있어도 증산이 이루어지지 않는다. 이는 식물 내 수분 이동의 저하를 의미하는 것으로, 뿌리에서 양분의 흡수도가 잘 이루어지지 않는 것이다. 특히 칼슘은 이동성이 낮은 원소이기 때문에 증산이 잘 이루어지지 않는 식물에서 칼슘 부족 증상이 나타나기 쉽다. 반면 습도가 너무 낮으면(VPD가 높으면) 과도한 증산이 일어나므로, 식물은 수분 손실을 막기 위해 인위적으로 기공을 닫는다. 기공의 폐쇄는 이산화탄소의 흡수를 막으므로 광합성이 저해되어 건전한 식물 생장이 일어나지 못한다. 습도는 식물의 생육에 직접적인 영향을 줄 뿐 아니라 간접적인 영향도 미치는데, 과습한 환경에서는 식물체 표면에 결로가 형성되기 쉽다. 이는 병의 발생으로 이어져 식물의 생육에 악영향을 미친다. 이러한 결로는 환기가 어렵고 외부의 온도가 낮은 겨울철에 자주 일어난다.

적정 수준의 VPD를 유지하고 온실 내 습도 환경을 조절할 필요가 있다. 이는 식물의 생육 단계에 따라 다르게 조절하여야 한다. 예를 들면, 삽목 단계에서는 증산을 막기 위해 되도록 습도를 높게(VPD 0.3 kPa 이하) 유지함으로써 삽수가 건조해지는 것을 막아야 한다. 식물의 생육이 왕성한 단계에서는 VPD를 높게 유지함으로써 식물의 광합성 속도를 높이고 생육을 촉진할 수 있다. 하지만 VPD가 2.2 kPa 이상이 되면 과도한 증산으로 인해 식물이 건조 스트레스를 받게 된다. VPD는 수확 후 절화 수명에도 영향을 미치는데, 겨울철 환기를 하지 않아 과습한 환경(VPD가 낮은 환경)에서 생육한 장미는 수확 이후에 과다한 증산이 일어나서 절화수명이 줄어드는 문제가 발생한다(In et al., 2016).

(3) 습도를 낮추는 방법

온실 내 습도를 낮게 유지하려면 우선 시설 내의 바닥이나 식물에 과도한 관수를 피해야 한다. 그리고 오전이나 낮에 관수하여 일몰 이후에는 식물이 건조하도록 유지한다. 관수를 늦게 하면 온실이 과습한 상태에서 일몰 이후 온도가 이슬점 온도로 하강하여 식물체에 결로가 생길 수 있다. 온실 내 가장 습도가 높은 곳은 식물의 증산이 이루어지면서 공기의 이동이 정체된 식물 군락 내부이다. 따라서 식물이 너무 밀식되지 않게 적정한 재식 간격을 유지해야 하고, 필요하다면 공기순환기를 사용할 수 있다. 온실 내 잡초는 공기 순환을 방해하고 증산을 통해 습도를 높이는 원인이 되기도 한다. 온실 바닥은 물이 고이지 않고 배수가 잘 되도록 관리해야 한다. **저면가열**(bottom heating)은 식물 군락 내의 대류가 잘 이루어지게 하고, 식물 잎 표면에 결로가 생기는 것을 방지해 주는 효과가 있다.

온실 내 습도를 낮출 수 있는 가장 효과적인 방법은 환기와 가온이다. 환기는 외부의 건조한 공기가 온실 내로 유입되도록 하는 것이며, 가온은 식물의 생장을 위한 적정 온도를 유지하는 것 뿐만 아니라 결로 현상을 막는 효과도 있다. 이 두 가지 방법은 함께 사용할 때 효과가 큰데, 가온이 없는 환기는 외부의 낮은 기온이 식물에 냉해를 입힐 수 있고, 환기가 없는 가온은 과습한 공기를 가온하는 데 더 많은 에너지가 사용됨으로써 생산비를 높이게 된다. 팬을 이용한 환기를 할 경우에, 먼저 팬을 작동시켜서 외부의 공기가 온실 안으로 유입되게 한 후, 팬을 정지시킨 이후에 가온을 하도록 한다. 팬과 환기가 동시에 가동되면, 가온을 할 때 발생하는 유해 가스가 온실 내로 유입되므로 다른 시간대에 작동되게끔 한다. 환기와 가온은 1시간에 2~3번의 주기를 가지고서 일몰 후나 일출 직후에 하는 것이 일반적이다. 환기에 필요한 시간은 온실의 규모, 팬의 설치 위치, 개수 등에 따라 다르다. 팬이 설치된 온실의 경우 2~3분의 환기만으로도 충분한 경우도 있지만, 팬없이 자연 환기를 하는 온실이라면 30분 이상 환기하는 것이 좋다. 환기가 이루어질 때 온실 외부 공기의 기온과 습도에 따라 습도의 하강 효과도 달라진다.

(4) 습도를 높이는 방법

삽수의 발근이 필요하거나 대기가 너무 건조하고 기온이 높을 경우에는 습도를 인위적으로 높일 필요가 있다. 하지만 온실 바닥에 물이 고여 있게 하거나 식물체 표면에 수분이 계속 남아있게 하는 것은 바람직하지 않다. 대기의 습도를 높이기 위해서 미스트, 포그, 스프링클러 등이 이용되는데, 이러한 기구를 사용하면 습도를 낮추는 것 뿐 아니라 식물에도 어느 정도의 관수가 이루어진다. 따라서 가습을 할 경우 관수 계획을 적절히 조절하는 것이 필요하다.

4) 온실가스

대기는 여러 종류의 가스로 조성되어 있다. 이 중에서 이산화탄소(CO_2)와 산소(O_2)는 화훼식물의 광합성과 호흡에 직결되어 있다. 산소는 대기 중에 비교적 많은 비중을 차지하고 있어 결핍의 문제는 거의 발생하지 않지만, 이산화탄소는 일반 대기에서 약 0.04%(410 μmol·mol^{-1}) 밖에 되지 않으며, 환기가 일어나지 않는 온실 환경에서는 결핍이 일어나 식물의 광합성 감소로 이어진다. 또한 온실에서 난방을 할 경우 연소 시에 발생하는 에틸렌 및 유해 가스에 대해서도 이해하여야 한다.

(1) 이산화탄소 시비

이산화탄소의 농도가 증가할수록 광합성량도 비례하여 증가하지만, 어느 일정 농도에 다다르면 더 이상 증가하지 않는다(그림 7.7). 광합성량과 호흡량이 같아지는 **보상점**과 광합성량이 최대가 되는 **포화점**은 식물의 종류(C3, C4 식물)에 따라, 그리고 같은 식물이라도 생육 단계, 광도, 시비 조건에 따라 다르게 나타난다. 일반 대기의 이산화탄소 농도인 410 μmol·mol^{-1} 보다 높게 공급하면 광합성량이 대체적으로 증가하지만, 농도가 너무 높은 경우에는 오히려 식물에 해를 입힐 수 있으므로 화훼식물에 따라서 적정농도로 처리해야 한다. 장미의 경우에는 700~1,000 μmol·mol^{-1}이 적정농도로 알려져 있다(Dole and Wilkins, 2004). 고농도의 이산화탄소 조건에서는 잎의 기공이 닫혀서 증산작용이 감소하게 된다. 이는 식물의 온도 상승을 초래하기에 잎이 타는 증상(엽소현상)이 나타나기도 한다. 온실 내의 이산화탄소 농도는 하루 동안에도 시간대나 날씨에 따라 크게 변한다. 야간 동안의 식물 호흡에 의해 해뜨기 직전에 대기 중 이산화탄소가 가장 높지만, 일출 후에는 식물의 광합성이 촉진되면서 이산화탄소 농도가 급속히 감소한다. 이산화탄소 농도가 감소

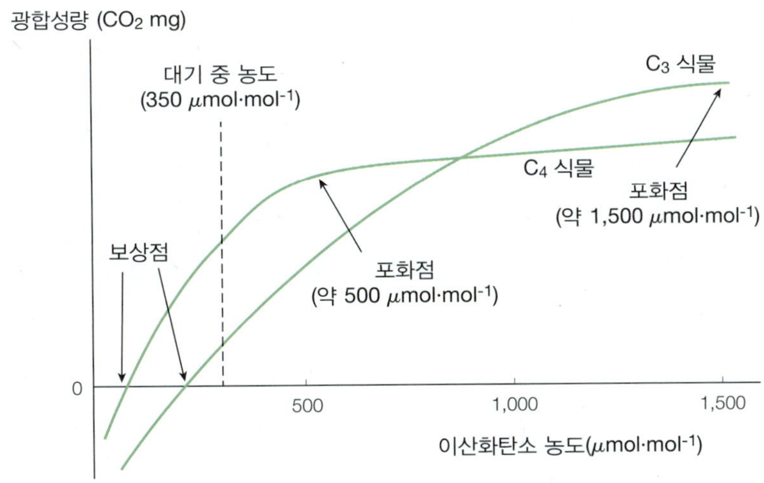

그림 7.7 이산화탄소 농도에 따른 광합성량의 변화(시설원예학, 2011)

하면 결과적으로 광합성량의 감소를 초래하므로 환기 또는 이산화탄소 시비(CO_2 enfichment, CO_2 fertilization)를 해 줘야 한다.

이산화탄소 적정 시비량은 화훼식물의 종류와 생육 단계, 그리고 광도와 수분 등 환경 조건에 따라 다르다. 예를 들면, 광도가 낮은 환경에서는 이산화탄소 포화점이 낮아지므로 이산화탄소 시비 농도를 낮추고, 광도가 높은 환경에서는 시비 농도를 높여야 한다. 이산화탄소 시비는 일출 후부터 오후 2~3시까지 하는 것이 효과가 좋은데, 특히 일사량이 충분한 오전에 하는 것이 좋다. 비가 오거나 흐린 날은 이산화탄소 시비를 하지 않거나 맑은 날 보다 30~40% 적게 한다. 호접란의 경우, 공기 중의 이산화탄소 농도를 400 $\mu mol \cdot mol^{-1}$에서 800 $\mu mol \cdot mol^{-1}$으로 높였을 때 생장이 촉진되고 엽수, 꽃수, 꽃의 크기가 증가하였다(Cho et al., 2020).

이산화탄소 시비 방법에는 액체 또는 고체 이산화탄소를 직접 주입하는 방법과 프로판가스(LPG) 등 각종 연료를 연소시켜서 이산화탄소를 발생시키는 방법이 있다. 현재 가장 일반적으로 사용되는 방법은 백등유 연소기를 이용한 직접 연소식 이산화탄소 시용이다. 앞으로 화훼식물의 생산성을 향상하고 재배기간을 단축하기 위한 이산화탄소 시용 기술은 발전할 전망이다.

(2) 유해 가스

온실의 유해 가스의 발생원은 주로 중유를 난방기 연료로 사용할 때 중유에 함유되어 있는 불순물인 유황이 산화하면서 생기는 아황산 가스가 시설 내로 유입되는 경우이다. 또한 불완전연소로 인한 일산화탄소, 에틸렌, 오존, PAN(peroxyacetyl nitrates)과 같은 산화제(oxidants), 불화수소(HF) 등도 드물기는 하지만 온실에서 발생하거나 유입되어 식물에 장해를 유발할 수 있다.

유해 가스에 의한 식물 장해는 급성형, 만성형, 혼합형으로 분류할 수 있다. 급성장해는 오염 발생원으로부터 배출된 고농도(일반적으로 ppm 수준 이상)의 오염물질이 식물에 피해를 줘서 황백화(chlorosis) 또는 괴사(necrosis)를 일으키는 것이다. 만성장해는 비교적 저농도(일반적으로 ppm-ppb 수준)의 오염물질에 식물이 장기간 노출돼서 생육이 불량해지고 가벼운 황백화 증상을 나타내는 것이다. 혼합장해는 급성피해와 만성피해가 중복되어 발생되는 경우이다. 산업용 이산화탄산소를 온실에 시비할 때 미량의 에틸렌 가스가 유입되어 작물의 낙화와 엽의 황화를 일으키기도 한다. 야간에 10 $\mu mol \cdot mol^{-1}$ 이상의 에틸렌에 식물이 노출되면, 줄기 꼬임, 잎의 쳐짐과 황화, 낙화를 유발할 수 있다.

2 지하부 환경

식물체의 대부분은 90% 이상의 수분으로 구성되어 있으며, 식물체의 생명유지를 위해서는 물의 원활한 공급이 필수적이다. 물 뿐만 아니라 무기양분도 뿌리를 통해서 흡수되므로, 뿌리가 있는 지하부의 환경은 화훼작물의 원활한 생육을 위해 매우 중요하다. 지하부 환경은 화훼작물의 뿌리를 지탱하여 주며, 작물에 필요한 수분과 무기양분을 제공하는 환경으로 **근권부 환경**이라 일컫기도 한다. 화훼작물이 자라는 지하부 환경을 **배지**(medium, 복수 media)라고 하는데, 배지는 크게 토양(soil)과 무토양배지(soilless media)로 나눌 수 있다. 토양은 규소와 같은 자연 광물질 위주로 이루어진 것에 반해서, 무토양배지는 피트모스, 코이어(coir), 펄라이트와 같은 재료를 이용하여 인위적으로 제조한 것이다. 토양과 무토양배지의 물리적 및 화학적 특성이 매우 다르기 때문에 어떤 배지를 사용하느냐에 따라 재배 관리가 달라질 수 있다. 작물이 필요한 수분과 무기양분을 잘 흡수해서 알맞게 생장하기 위해서는 작물 생육에 최적화된 지하부 환경 조건을 제공해 주어야 하며, 이를 위해서는 배지의 수분을 포함한 물리적 특성 뿐만 아니라 화학적 특성에 대한 올바른 이해가 필요하다.

1) 배지

배지는 크게 고상(solid), 기상(air), 액상(liquid)의 삼상으로 구성되며, 특히 고상을 제외한 기상과 액상 부분을 **공극**(pore)이라고 한다. 일반적으로 고상과 공극의 비율은 빠르게 변하지 않지만, 배지 내의 수분 함량에 따라 액상과 기상의 비율은 수시로 변한다. 배지의 특성으로는 물과 비료성분

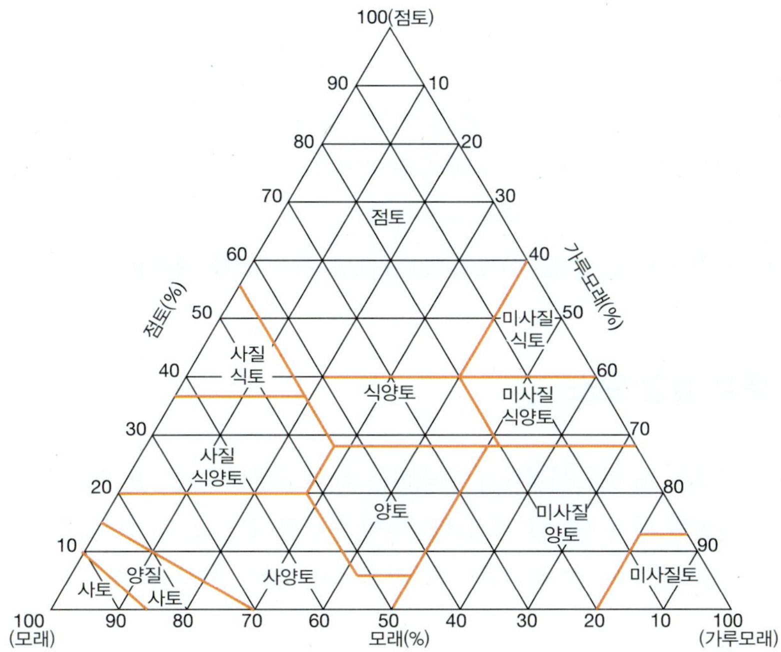

그림 7.8 토성의 구분(미국농무성 기준)

을 잘 보유할 수 있는 보수력과 보비력, 뿌리에 원활한 호흡을 위한 공기를 제공해 주는 통기성, 물을 잘 흘려 보내주는 배수성 등이 있으며, 배지의 구성과 구조에 따라 이러한 성질들이 달라진다.

토양은 자연에서 여러 암석이 풍화되어 지구의 부드러운 지표층을 구성하는 물질로서, 크게 광물질, 유기물, 공기 및 물로 구성되어 있다. 토양은 고상을 구성하고 있는 토양 입자 성분 분포에 따라 다양한 **토성**(soil texture)으로 분류되며, 토양 입자 성분 중 모래(sand, 입경 0.05~2.0 mm), 가루모래(fine sand 또는 silt, 입경 0.002~0.05 mm), 점토(clay, 0.002 mm 이하)의 함량 비율에 따라 12가지의 토성으로 나뉘어서, 토성 삼각도시법(textural triangle)에 준하여 결정한다(그림 7.8). 일반적으로 굵은 토양 입자는 대공극을 형성하여 배수성과 통기성을 좋게 해주고, 가는 토양 입자는 소공극을 형성하여 보수력과 보비력을 높여준다. 토양은 개별 토양 입자뿐만 아니라 입자의 덩어리인 **입단**(粒團, aggregate)을 형성하여 공극량을 늘려주며, 작물에게 양수분뿐만 아니라 통기성도 좋게 해주므로 토양을 깊이 갈아주거나, 석회비료를 공급해 토양의 입단화를 촉진하기도 한다.

지역과 토성에 따라 재배 관리에 차이가 있으므로, 균일한 작물 생산을 위하여 무토양배지의 사용이 증가하고 있다. 일반적으로 무토양배지는 ① 토양에 비해 가벼워 노동력이 절감되고, ② 고상 비율이 낮고 공극 비율이 높아 보수력과 보비력이 우수하며, ③ 수분 및 양분 관리에 용이한 이점이 있다. 또한 무토양배지는 ④ 토양에 비해 병과 잡초 발생이 적고, ⑤ 구성이 균일하여 화훼 상품의 균일한 생산이 가능한 이점이 있으나, ⑥ 토양에 비하여 비용이 더 드는 단점이 있다. 무토양배지는 피트모스, 코이어, 바크, 훈탄, 펄라이트, 암면, 버미큘라이트 등의 유·무기물을 목적하는 바에 따라 혼합하여 사용하고 있으며, 이용 방법에 따라 (원예)상토, 배양토, 배합토, 용토, 배토, 배합(혼합)배지, 인공(혼합)토 등 다양한 명칭으로 불린다. 작물 특성과 재배 방식에 따라 사용되는 배지는 매우 다양하지만, 대체로 그 배지를 구성하는 재료들로는 높은 보수력과 보비력을 지닌 피트(피트모스, 코이어)와 통기성과 배수성을 높여주는 펄라이트, 버미큘라이트 등이 주재료로 사용되고 있으며, 그 외에 바크, 수태, 우드칩(wood chip) 등이 화훼 재배용 배지 재료로 사용된다.

2) 지하부 특성 결정 요소

작물 생산에 알맞은 배지를 선정하기 위해서는 작물 종류와 품종 및 생육 시기를 고려하여야 한다. 이를 위해 다양한 배지 재료를 직접 배합하여 사용할 수도 있고 시판하는 다양한 종류의 배지를 사용할 수도 있지만, 배지의 물리적, 화학적 특성에 대해 이해하여 선택할 수 있어야 한다.

(1) 배지의 용적밀도

배지의 **용적밀도**(bulk density)는 작물의 지지와 관계되며, 배지의 부피에 대한 건조시킨 배지의 무게 비율($g \cdot cm^{-3}$ 혹은 $mg \cdot cm^{-3}$)로 표기한다. 일반적으로 배지의 무게는 작업 시의 노동력과 연관이 되므로, 주로 경량 배지를 사용하지만, 화분에 작물을 키우는 경우에는 주의해야 한다. 예를 들어, 피트모스와 펄라이트의 혼합물은 급수 직후 충분히 무거워지지만, 작물의 증산에 의해서 배지 내 수분이 감소하면 배지는 매우 가벼워지게 된다. 이로 인해 지상부가 큰 작물의 경우는 화분이 쓰러질 염려가 있으므로, 재배 목적에 알맞은 용적밀도의 배지를 사용하는 것이 좋다.

(2) 배지의 입도분포와 혼합비율

입도분포(particle-size distribution)은 배지의 **질감**(texture)을 구성하는 요소로 배지를 구성하는 입자들이 어떤 비율로 분포되어 있는지 알려준다. 입자가 큰 재료들로 조성된 배지는 대체로 배수성과 통기성이 좋지만 보수력이 떨어지고, 반대로 입자가 작은 재료들로 이루어진 배지는 보수력은 좋으나 배수성과 통기성이 떨어진다. 일반적으로 배지는 다양한 재료의 혼합물이므로, 어떤 재료들이 어떤 비율로 혼합되었는지에 따라 물리·화학성이 달라진다. 조제되어 시판되는 배지의 경우에는 혼합된 재료의 비율, 각 재료의 입자 크기 등을 표기하여 배지의 특성을 가늠할 수 있게 도와준다.

(3) 공극률과 수분보유력

공극률(porosity)은 배지의 전체 부피 중 수분과 공기가 들어갈 수 있는 공극의 부피비를 뜻하며, 배지를 구성한 재료 입자의 형태, 크기, 분포에 따라 달라진다. 일반적으로 무토양배지의 공극률은 토양에 비해 월등히 높은데, 피트모스와 코이어의 경우 80% 이상의 공극률을 지닌다. 배지의 공극 내의 수분 양에 따라 공기의 양이 결정되는데, 무토양배지에 수분을 포화시킨 후 중력수에 의해 배출되고 난 직후의 수분 보유량을 **용기용수량**(container capacity)이라고 한다. 무토양배지는 토양과 다르게 주로 플러그판이나 화분에서 사용되므로, 토양에서 중력수가 빠진 뒤의 토양의 수분 보유량을 설명하는 **포장용수량**(field capacity)과는 차이가 있다. 배지의 용기용수량 상태에서의 공기의 비율을 **기상률**(air space 혹은 air-filled porosity)이라 하며, **총공극**(total porosity)은 용기용수량과 기상률의 합으로 나타낼 수 있다. 토양이 충분한 물을 지니는 포장용수량은 −30 kPa 정도이나, 무토양배지의 경우에는 토양과 다르게 작물이 잘 자랄 수 있는 수분장력 범위가 다르다. 작물은 −10~−1 kPa 범위[유효수분 범위(easily available water, −5~−1 kPa)와 완충수분능(water buffering capacity, −10~−5 kPa)]의 장력에서 수분을 잘 이용할 수 있다. 이는 일반적인 무토양배지에서 약 30~70% 정도의 용적 수분 함량이므로 토양의 수분과는 큰 차이가 있다.

(4) pH

배지의 산도를 나타내는 pH는 배지 내 영양분의 유용도를 결정하지만, 토양과 무토양배지의 유용도에는 차이가 있다(그림 7.9). 대부분의 작물은 천연토양이 첨가된 배지의 경우에서는 6.2~6.8 정도의 약산성 pH, 무토양배지에서는 5.4~6.0 정도의 pH에서 잘 자란다. 피트모스는

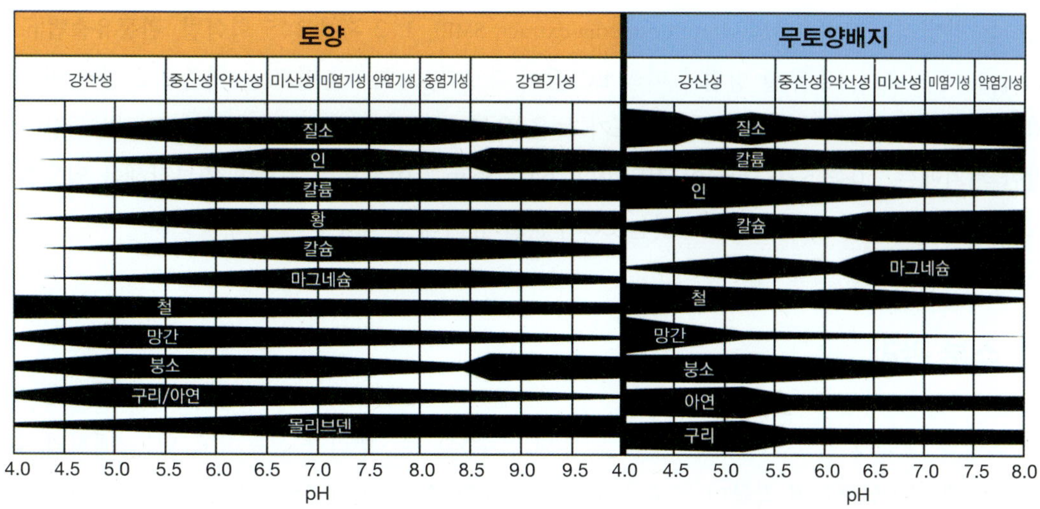

그림 7.9 토양과 무토양배지의 pH에 따른 무기양분 유효도

pH 4.0 정도의 강산성이고, 펄라이트는 pH 7.0 정도의 중성, 질석은 pH 8.5, 암면은 pH 7.0 이상의 알칼리성이다. 배지의 산도를 높일 때는 석회석이 주로 이용된다. 화훼작물은 식물종마다 생육에 알맞은 pH가 다르며, 같은 식물종에서도 수국처럼 품종에 따라서도 적정 pH 수준이 다른 경우도 있다.

(5) 양이온치환용량

피트모스, 코이어, 버미큘라이트 등의 무토양배지 입자는 전기적으로 음전하를 띠고 있어 양이온(cation)을 끌어당긴다. 대부분의 비료도 전하를 띠는데, 작물 생육에 중요한 역할을 하는 암모니아태 질소, 칼륨, 칼슘, 마그네슘, 철, 망간, 아연, 구리는 양전하를 띠고 있다. **양이온치환용량**(cation exchange capacity, CEC)은 고정 음전하의 크기를 나타내며, 보통 건조한 배지의 100 cm^3 중 mg당량(milliequivalent, me)으로 me/100cc 혹은 $cmol \cdot kg^{-1}$ 단위로 표시한다. 양이온치환용량은 무기영양 저장고의 크기를 의미하므로 CEC가 클수록 작물재배에 유리한데, 배지 100 mL당 6~15 me가 가장 좋다. 배지 재료의 입자는 표면적이 넓을수록 양이온치환용량이 커지며, 같은 양이라면 입자가 작을수록 표면적이 커진다. CEC가 높은 물질로는 피트모스와 질석이 있고, 낮은 물질로는 펄라이트와 암면이 있다.

(6) 전기전도도

배지나 양액 내의 비료 함량은 녹아있는 **총가용성염류**(total soluble salts) 수준을 전기전도도(electrical conductivity, EC, 단위 $dS \cdot m^{-1}$ 또는 $mS \cdot cm^{-1}$)로 표기한다. 비료 함량이 높을수록 EC 값은 높아지며, 작물의 건강한 생육을 위해서는 적정 범위의 EC가 필요하다. 배지 내 수분의 EC를 측정하는 방법에는 **포화추출법**(saturated media extract, SME), 1:2 혹은 1:5 희석법, **관통유출법**(pour-through)이 있으며, 각 추출 방법에 따라 EC 값이 다르다. 포화추출법 값을 기준으로 한 일반 작물의 경우에는 생육시기에 따라 생육 속도가 늦은 유묘 시기에는 2.0 $dS \cdot m^{-1}$ 이하, 영양생장이 활발한 시기에는 2.0~3.5 $dS \cdot m^{-1}$이 적당하다. 6.0 $dS \cdot m^{-1}$ 이상으로 높으면 염류장해를 일으킬 수 있으므로 작물별로 생육 시기에 알맞는 EC 수준을 유지해 주어야 한다.

3) 수분 관리

식물의 생육에 필요한 수분은 뿌리를 통해 흡수되므로, 뿌리가 분포하고 있는 배지의 수분을 알맞게 관리함으로써 작물이 건조장해 없이 생육할 수 있게 해준다. 생육 시기에 알맞게 배지 내 수분을 조절해 주면 작물의 품질을 높일 수 있다. 인공적으로 작물에 수분을 공급해 주는 것

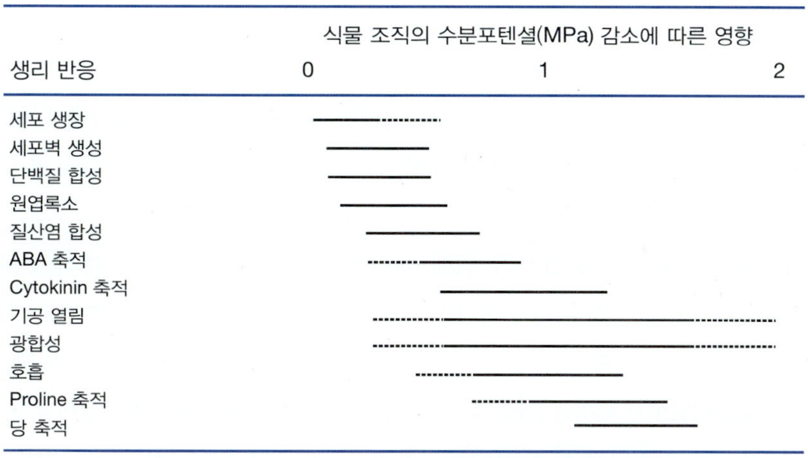

그림 7.10 건조장해에 따른 식물의 생리적 반응(Hsiao, 1973)

을 **관수**(irrigation)라고 하며, 언제, 얼마나 관수하는지에 따라 작물의 생육이 달라진다. 작물에 필요한 수분이 부족하면 건조장해를 입어 생육이 억제되거나 품질이 저하되는 경우가 생기지만(그림 7.10), 수분이 너무 많은 상태에서도 뿌리의 호흡 불량과 병해충 발생으로 인해 피해를 입을 수 있다. 식물종에 따라 수분요구도에 차이가 있으므로, 각 식물종에 알맞게 관수하여야 한다.

관수 방법으로는 일반적으로 식물 위에서 물을 주는 **두상관수**(overhead irrigation)로서 파이프관수, 스프링클러 관수 등이 있다. 또한 개별 식물에 튜브 등을 꽂아 배지에 직접적으로 물을 제공해 주는 **점적관수**(drip irrigation), 화분 아래에 물을 담아 배지의 모세관 현상을 이용하여 아래에서 위로 물을 제공해 주는 **저면관수**(subirrigation), 그리고 배지 내에 튜브를 매설하여 물을 공급하는 **지중관수**(subsurface irrigation)가 있다. 작물의 알맞은 생육을 위해서는 물의 온도와 수질 역시 고려해야 한다. 관수 계획에 있어서는 주로 재배자의 경험에 의해 관수하는 것이 가장 보편적이지만, 최근 개발된 다양한 센서 기술을 이용하여 관수 개시점을 정하고 작물이 요구할 때 자동으로 관수하는 기술이 개발되어 활용되고 있다.

4) 무기영양과 시비 관리

(1) 식물의 필수원소와 비료

식물은 여러 가지 무기원소들이 화학적으로 결합하여 식물체를 구성하는데, 이러한 화합물들은 생육에 필요한 물질대사의 기본 재료가 된다. 화훼작물의 경우 외형 품질도 매우 중요하므로, 건강한 생육을 위해서는 수분 뿐만 아니라 식물체를 구성하는 무기성분이 필요하다. 원소 중에서 작물이 정상적으로 일생을 완성하는 데 반드시 필요한 원소들을 **필수원소**(essential elements)라 하는데, 현재까지 알려진 작물의 필수원소는 17가지이다. 필수원소 중 C, H, O, N, S, K, P, Mg, Ca와 같이 체내 함량이 높고(1,000 ppm 이상) 작물의 요구량이 많은 원소들을 다량원소라 하고, Mo, Cu, Zn, Mn, B, Fe, Cl, Ni와 같이 체내 함량이 낮고(100 ppm 미만) 작물의 요구량이 적은 원소들을 미량원소라고 한다.

비료란 식물에 무기원소를 공급하기 위해 배지에 첨가되는 물질인데, 특히 무토양배지 사용 시 시비가 중요하다. 비료는 함유 성분에 따라 질소질 비료, 암모니아태/질산태 비료 등으로 분류되기도 하고, 구성 성분에 따라 유기질 비료, 화학 비료로 분류되기도 한다. 또한, 비료의 효과 속도가 빠른 **속효성비료**(fast acting fertilizer), 효과가 천천히 나타나는 **지효성비료**(slowly available fertilizer), 혹은 효과가 지속되는 **완효성비료**(controlled release fertilizer)로 구분되기도 한다. 시비하는 2가지 방법에는 완효성(slow release)비료를 사용하는 방법과 수용성 비료(water soluble fertilizer)를 주입 시스템을 사용하여 공급하는 방법이 있다. 완효성비료는 장기간에 걸친 소량의 양분이 연속적으로 유출되도록 제조되는데, 플라스틱 수지나 황 코팅 내에 넣은 수용성 비료가 천천히 유출되게 조절한 형태이다. 완효성 비료 이용의 이점으로는 식물을 심기 전에 배지와 안전하게 혼합할 수 있고, 수용성 비료보다 더 일정한 양분을 공급해 주며, 모세관 매트 관수 시스템과 잘 맞을 뿐만 아니라, 온실에서 출하 후 식물의 수명을 더 유지할 수 있다. 식물 종류에 따라 요구하는 비료의 양과 성분이 다르고, 생육 환경에 따라서도 흡수하는 양이 달라질 수 있지만, 대체적으로 비료 성분을 많이 요구하는 식물을 다비성 식물, 적게 요구하는 식물을 저비성 식물이라 한다. 필수원소를 공급하는 비료는 매우 다양하며, 비료마다 공급하는 원소, 물에의 용해도, pH에 미치는 영향 등이 다르다.

인위적으로 원소들을 공급해 주는 것을 **시비**(fertilization)라고 하는데, 토양 중에는 질소, 인산, 칼륨의 3가지 원소가 많이 흡수·이용되므로 이들을 비료의 3요소라고 한다. 시설내 재배, 비활성 배지, 인공배지를 이용하여 식물을 재배할 경우에는 무기영양원이 배지 내에 극히 제한되어 있으므로, 필수원소가 모두 함유된 완전한 비료를 공급해 주어야만 정상적인 생육이 가능하다.

(2) 화훼류의 시비

화훼류의 생육 단계 마다 요구되는 무기원소의 수준은 다르다. 꽃을 피우는 분화의 경우에는 어린 실생묘나 삽목묘 같은 유년기(1단계), 영양생장 또는 잎의 무성한 생장 조장을 위해 더 많은 질소가 필요한 단계(2단계), 꽃눈 개시 단계(3단계), 꽃눈 발달 단계(4단계) 및 적은 질소와 많은 인산을 요구하는 개화단계(5단계)로 나눌 수 있다. 단계별로 요구되는 시비 수준과 조성이 다르다.

시비 방법에는 배지에 이식하기 전에 비료를 혼합하는 기비, 생육 중간에 비료를 추가하는 추비 형태의 배지배합형이 있다. 최근에는 물에 녹는 수용성 비료를 사용하여 물과 함께 시비하는 **관비**(fertigation) 방법이 많이 사용되고 있다. 특히 모든 필요한 무기성분을 조합한 양액으로 물/비료 관리를 하는 방식을 **수경재배**(hydroponics) 또는 **양액재배**(nutrient solution culture, nutriculture)라고 한다.

(3) 필수원소의 흡수와 결핍

필수원소는 이용 형태로 존재해야만 흡수와 이용이 가능하다. 예를 들면, C, H, O는 H_2O와 CO_2의 형태로, N은 NH_4^+, NO_3^-의 형태로만 작물이 흡수할 수 있다. C, H, O를 제외한 나머지 원소는 대부분 토양에 분포되어 있다가 수분의 흡수와 함께 수동적으로 또는 능동적으로 식물에 흡수된다.

무기이온은 토양과 식물 체내에서 서로 다른 이동성을 가진다. 토양에서는 대부분 음이온(NO_3^-, SO_4^{2-}, H_3BO_3, Cl^-)이 양호하고, 양이온(NH_4^+, K^+, Mg^{2+}, Ca^{2+})은 중간/불량이며, P(HPO_4^{2-}, $H_2PO_4^-$), Fe^{2+}, Mn^{2+}, Zn^{2+}, Cu^{2+}, MoO_4^{2-}는 잘 이동되지 않는다. 식물체 내에서의 무기이온 이동은 K^+, Mg^{2+}, Cl^-, Na^+, N, S는 양호하고, Fe^{2+}, Mn^{2+}, Zn^{2+}, Cu^{2+}, MoO_4^{2-}는 중간이며, Ca^{2+}, H_3BO_3는 매우 어려우므로, 식물체 내 이동성이 나쁜 원소들은 기존에 생성된 잎에 비해 신엽에 결핍증이 나타난다. 양분 결핍이란 어떤 필수원소가 없으면 식물 생육과 품질이 감소하는 것이다. 이는 공급이 부족한 무기원소별로 증상이 다르다. 흔한 증상으로는 잎의 변색, 잎 조직의 고사 및 왜화된 생장 등이다. 원소 간 복잡한 상호작용 때문에 다른 원소에서 나타나는 것과 유사한 증상이 나타나기도 한다. 다른 원소에 의해 특정 원소의 흡수가 저해되는 것을 길항작용(antagonism)이라고 한다. 양분결핍의 원인으로는 부적당한 pH, 부적절한 장비 작동, 과습 스트레스(수분 과다), 낮은 가용성염 수준, 미네랄의 길항작용, 저온장해 및 병 발생을 들 수 있다. 양분 결핍을 확인하는 방법으로는 원수의 분석, 비료 효과 시험, 배지 분석, 조직 분석 및 시각적 증상으로 판별하는 법이 있다. 필수원소의 공급과 흡수의 이상은 이온 간의 경합, 염류 집적과 이온 간의 불균형 등인데, 일반적으로 발생하는 이온 간 길항작용의 예로는 철분의 독성을 들 수 있다. 온실 식물은 배지에 존재하는 것에 완전히 의존적이므로, 재배자는 무기원소를 조절하여 공급할 수 있다. 무토양배지는 양분을 잘 저장하지 않기도 하므로 식물에 주기적으로 공급해야 한다. 모든 양분을 적정한 수준으로 공급해 주면 고품질 작물을 이른 기간 내에 생산할 수 있지만 작물마다 요구되는 양분 수준이 다르다.

5) 수경재배

(1) 화훼류 수경재배 개요

수용성 비료 주입 시스템 또는 양액공급 시스템을 사용하여 공급하는 방법이 현재 절화와 분화 등의 수경재배에서 널리 사용된다. 2009년 국내 화훼류의 수경재배는 745 농가에서 총 342.5 ha로 추정되었으며, 재배면적 면에서는 409 농가 176 ha의 장미, 122 농가 96 ha의 분화류, 79 농가 25 ha의 국화, 53 농가 22 ha의 양란, 29 농가 11 ha의 백합, 11 농가 3 ha의 순이었다.

액비주입(fertilizer injection) 시스템은 현대식 수경재배 온실에서 표준화된 장비이다. 화훼류의 수경재배에는 여러 형태가 존재하지만, 기본적으로 1) 수용성 비료를 물에 완전히 녹여 고농도로 용액화하는 단계[농축양액은 양액주입기의 희석비율(예, 1:100 또는 1:200)에 근거하여 조제]와 2) 식물에 관수 직전에 농축액비를 액비주입기에 의해서 물과 정확한 비율로 혼합하는 과정으로 구성된다. 액비주입기를 이용하면 작물이 연속적으로 급액(constant liquid feeding, CLF)을 받아서 관수 시마다 시비되므로 노동력이 절감된다. 또한 모든 식물은 동일한 수준의 양분을 받으므로 균일한 작물의 생산이 가능하며, 양액 내 양분 수준의 조절이 용이하다.

(2) 원수의 수질과 처리

원수의 수경재배 적합성 판정, 원수에 함유된 무기이온 양 제시, 특정 기기류(노즐 등)의 사용가능 여부 판정, 양분의 균형 처방, 최적의 비료 선택, 생육 단계별 시비량 조절 등의 목적으로 원수의 **수질**(water quality)을 분석해야 한다. 수질을 판정하는 기준이 마련되어 있다. 원수의 수질 분석에서는 수중에 함유된 물질 종류, 종류별 수준, EC(가용성염 수준의 척도인 전기전도도), pH, 알칼리도 등을 측정한다.

나쁜 수질의 원인으로는 화학적(이온 등), 생물적(병원균 등) 및 물리적(여과를 요하는 이물질 등) 요인이 있을 수 있다. 수질이 나쁠 경우에는 우물물, 지하수, 지표수, 수돗물, 빗물 등의 대체 수원을 발굴하거나 **역삼투**(reverse osmosis), 탈이온, 증류, 흡착, 여과 등 수질 정화시스템을 이용하여 개선한다. 또는 수질에 따라 양액을 조절하여 **균형 처방**(balanced prescription)을 하는 방법 등이 있다.

알칼리도(alkalinity)는 알칼리성과는 다른 개념으로, 수중의 **중탄산이온**(HCO_3^-)과 **탄산이온**(CO_3^{2-}) 농도의 합으로 표기한다. 이들은 배지의 pH에 영향을 줘서 결국 공급한 원소들의 유용도에 영향을 미치게 되므로 매우 중요하게 취급된다. 지역에 따라 흔히 문제시 되는 pH와 알칼리도가 높은 원수는 H^+(산)을 추가함으로써 처리할 수 있다.

알칼리도가 높다는 것은 중탄산이나 탄산 이온의 농도가 높은 것이다. 이는 pH를 높일뿐만 아니라 pH의 조절을 곤란하게 하고 작물에서 철분 결핍을 조장한다. 고알칼리도를 보정하려면 수원

그림 7.11 높은 알칼리도와 pH로 인해 야기된 철분결핍증상. 좌로부터 온실 재배 국화, 칼랑코에, 수국 분식물 및 정원의 영산홍(사진 제공: 정병룡)

의 교체나 빗물 등 수질이 좋은 물과의 혼합, 원수에 산 주입, 산성 비료의 사용 등이 있다. 원수의 높은 pH는 주로 고알칼리도에 기인하는데, 질산(HNO_3), 인산(H_3PO_4), 또는 황산(H_2SO_4)으로 중탄산이온(HCO_3^-) 농도와 동일 당량의 산(H^+)을 공급하여 보정할 수 있다. pH를 조절하기 위해 비료를 사용하는 방법으로서, pH를 낮추기 위한 암모니움 태 질소 비율 증가와 pH를 높이기 위한 질산태 질소 비율이 증가하는 방법을 사용한다. 일사량이 적거나 기온이 낮은 경우에는 식물은 식물에 독성이 있는 암모니움태 질소를 축적하므로 이 방법이 작용하지 않는다. 암모니움태 질소의 비율을 늘려도 석회가 함유된 배지나 원수의 알칼리도가 높은 경우에는 배지의 pH를 낮추지 못하기도 한다(그림 7.11).

이에 반해 원수의 알칼리도가 낮으면, 혼합배지 pH의 급격한 변화, 칼슘 결핍, 낮은 pH로 인한 철/망간 독성을 유발한다. 원수가 다소의 탄산 완충시스템을 가지고 있으면 양액 pH의 심한 변화를 억제할 수 있다. 적정 알칼리도는 중탄산이온 기준으로, 플러그묘에서는 60~100 ppm, 작은 셀 용기나 작은 분화에서는 80~120 ppm 정도이다. 원수에 고농도로 함유된 철분과 망간은 원수통/저수지에 원수를 공기 중으로 뿌려 함유된 철분이 산화되어 침전되게 처리할 수 있는데, 저장된 물을 사용하기 전에 충분히 침전될 수 있도록 원수통이 커야 한다. 일부 열대 관엽식물과 나리에서 엽소현상을 유발하는 불소(F)는 비료(특히 과인산), 배지(펄라이트) 및 관개수(불소 처리된 상수도)로부터 오염되기 쉬운데, 1 $mg \cdot L^{-1}$ 또는 그 이하 농도에서는 식물에 무해하다고 알려져 있다. 고농도의 불소가 함유된 원수는 활성 알루미나 또는 활성탄을 이용하여 제거할 수 있고, 높은 pH에서 불용성이므로 pH를 6.0~6.5로 유지하면 피해를 예방할 수 있다.

(3) 수질 분석에 따른 양액의 처방

액비조제용으로 사용되는 원수는 종종 식물의 무기양분인 염류와 미네랄을 함유하고 있다. 미량원소에 대한 조절은 원수가 충분한 양을 함유하고 있기 때문에 필요하지 않을 수도 있다. 권장되는 이온의 농도에서 원수에 이미 함유되어 있는 이온의 농도를 제함으로써 작물의 생육에 최적화한 농도로 양액을 조제할 수 있고 동시에 비료의 소요량도 줄일 수 있다. 원수 내에 함유된 모든 이온의 농도가 무시해도 될 정도도 저농도일 경우에는 권장하는 처방대로 양액을 제조하여 이용해도 무방하다. 수경재배 시설에서 거의 빠짐없이 사용되는 액비주입기의 희석비란 농축된 액비가 희석기를 통해 주입될 때 희석된 용액에 들어 있는 물(용수) + 농축액비의 총량에 대한 농축액비의 부피 비율이다. 액비주입기는 양액의 조제 회수를 줄여 주고, 양액 저장용기의 크기를 줄이기 위해 농축한 양액을 조제하여 관비시마다 최종 용액으로 희석하여 사용할 수 있게 해준다. 가장 단순한 액비주입기 시스템의 경우에는 농축한 농도에서 혼합시 침전 등의 문제가 생기는 비료를 A액과 B액으로 분리하여 저장한 후 사용하는 방식을 취한다.

양액을 조성하는 데 있어서 혼합할 수 없는 비료의 좋은 예인 $CaSO_4$(황산칼슘, 석회석)은 물에 거의 녹지 않으므로 관주식 수경재배 시스템에서는 침전이 되는 문제가 있어 좋지 않다. 공급하고자 하는 영양분이 식물에 주어지지 않고, 알갱이 형태를 갖고 있어서 관주 시스템이 막히는 등의 문제가 발생할 우려가 있다. 또한 꽃은 물론 잎까지도 흠결이 없게 생산해야 하는 화훼류에서는 잎에 하얀 자국을 남기게 된다. 수경재배용 비료는 물에 잘 녹고(완전 수용성) 순도도 높아야 한다. 왜냐하면, 비료에 함유된 불순물(입자, Fe, Mn, Ca, 중탄산이온 등)은 노즐 등 관수자재와 장치에 문제를 유발할 수 있기 때문이다.

(4) 수경재배 중 배지의 이화학성 측정과 관리

화훼류의 수경재배, 특히 다량의 양액으로 분화류를 저면관수하는 시스템에서는 양액을 재순환해서 재사용하는데, 이 경우 양액의 병원균을 제거하는 방법으로 할로겐화(예, 2~3 ppm 염소 첨가), 오존 공급, 가열, 자외선(UV) 조사, 여과 등의 방법이 이용되고 있다. 그 중에서 저속 모래여과(slow sand filtration)는 물리적으로는 점적관개시설에서 노즐, 점적 튜브 등을 용액에 함유된 입자들로부터 보호할 수 있고, 생물적으로는 재순환 양액 내 미생물의 환경친화적, 선택적 제거가 가능하다.

재배 중인 화훼작물의 무기영양 상태를 점검하기 위해서는 주기적으로 배지와 식물체를 분석해야 하는데, 식물체는 과거의 양분 공급 상태를, 그리고 배지는 현재의 양분 공급 상태를 나타내준다. 작물마다 식물체의 시료를 채취하는 방법이 다르지만, 최성엽을 이용하는 것이 표준적인 방법이다. 배지 시료는 5~10개의 대표적인 식물에서 뿌리가 자라고 있는 중간 부위에서 채취한 것을 모으는데, 대부분의 분석실은 1~2컵의 재료를 요구한다. 배지 표면에서의 수분의 증발로 인해 재배용기의 위쪽 1/3 부위에서 채취한 시료는 비옥도를 부풀릴 수 있다. 채취한 배지에 함유된 성분을 증류수로 추출하는 데는 주로 1:2 추출법, 1:5 추출법, 포화용출액 및 관수 후 배액 분석의 4가지 방법이 이용된다. 배지에 가용성염이 너무 많을 경우에는 생리적 건조장해가 발생할 수 있다. 성장속도가 느리고 경화된 생장을 하며, 잎 가장자리가 죽는 괴사현상이 발생한다. 또한 종자 발아율과 삽목의 발근율이 떨어지거나 불균일해지고, *Pythium*에 의한 뿌리썩음병 등 뿌리나 수관부에 병 발생이 많아지며, 생리적 건조장해로 식물이 물을 흡수하지 못하여 시드는 현상이 나타난다. 이는 과도한 염분축적으로 인해 배지 수분퍼텐셜이 낮아지면 배지에 수분이 많아도 식물체로 수분이 이동 흡수되지 못하기 때문이다. 식물종마다 반응이 다르지만, 어린 식물일수록 고염류 장애가 잘 일어나고, 다비성인 포인세티아처럼 저항성 강한 식물이 있는 반면에, 아프리칸바이올렛처럼 저항성이 약한 것도 있다. 생리적 한발에 대한 최선의 대책은 관수량을 늘리는 것인데, 10~20% 정도 더 많이 관수하거나 비료를 첨가하지 않은 원수를 공급한다. 문제가 심각한 경우에는 4시간 간격으로 2회 이상 관수하면 두 번째 관수 시에 염이 용탈된다. 배지 내 수분 함량도 배지의 염 수준에 영향을 주는데, 배지 내에 동일한 함량의 가용성염이 있어도 배지가 건조해지면 염의 농도가 높아지므로 재배 중이나 수송 등 유통 과정에서 배지가 마르면 곤란하다. 배지 내 염류집적을 방지하기 위해서는 관수 시마다 용기 밖으로 용탈이 일어나게 해야 한다. 배지의 염류집적 수준을 원하는 일정 수준으로 유지하기 위하여 추가로 필요한 관수량을 용탈요구량이라고 한다.

원수/배지 내 가용성염은 주로 전기전도도(EC, electrical conductivity)로 측정한 배지 용액 내에 용해되어 있는 이온의 총 농도로 표기한다. EC가 높은 원수는 함유된 이온이 많아 양액을 조성함에 있어서 시비량을 조절하기가 곤란할 수 있으므로 EC가 낮은 관개수를 사용하는 것이 좋다. 적정 생장에는 적정농도의 염(비료)이 공급되어야 하고, 가용성이 너무 많거나 적을 때에는 고염에 의한 독성이나 양분 부족의 문제가 발생한다.

양액을 조성하기 위해 수용성 비료를 사용함으로써 나타날 수 있는 문제점으로는 가용성염의 축적이다. 고농도의 염이 배지에 축적되는 원인으로는 원수에 함유된 많은 양의 용해 양분, 식물 요구도보다 많은 시비량, 그리고 관수 시의 불충분한 용출이나 저면관개(그림 7.12) 등 관수 방법

그림 7.12 저면관개법으로 양액재배한 분국화의 배지 표면에 하얗게 축적된 염분(사진 제공: 정병룡)

등에서 발생할 수 있다. 고농도의 가용성염은 식물, 특히 어린 식물에 생장에 해로운데, 그 원인인 역삼투작용에 의해 뿌리가 타고, 잎 조직이 위조 또는 고사하기도 하기 때문이다. 과다한 가용성염의 증상으로는 노엽의 가장자리가 황화하거나 괴사, 뿌리 끝이 타고 끝이 마름, *Pythium*에 의한 뿌리썩음병에 감염되기 쉬운 뿌리, 그리고 물로 포화된 배지에서도 식물이 시드는 현상 등이다. 관수하는 용기의 하부에서 물이 배수될 때까지 관수하므로써 염의 침출을 유발한다. 이와 같이, 배지에 가용성염이 축적되는 것을 예방함으로써 장해를 회피할 수 있다. 한편, 불충분한 시비 수준이나 관수시의 과다한 용출로 가용성 염 농도가 지나치게 낮을 수도 있다. 배지 내 낮은 수준의 가용염 또는 낮은 비옥도로 인해서 유발되는 증상으로는 식물 생장의 정지, 가시적인 결핍증상 발생 등이 있는데, 특히 질소의 결핍증이 가장 먼저 나타난다.

온실재배 화훼작물의 생산과 관련된 무기영양 장애의 절반은 pH와 관련된 문제라고 알려져 있다. 뿌리는 용해된 원소만 흡수할 수 있고, pH는 무기양분의 용해도와 유용도에 영향을 미친다. 화훼작물 재배에 적정한 pH는 일반적으로 5.4~6.4이지만, 작물별 미량원소의 흡수 효율성을 근거로 세분할 수도 있다. 배지의 pH에 영향을 미치는 요인으로는 배지 재료, 석회석의 혼합 여부, 원수의 알칼리도 및 사용한 비료의 종류 등이 있다. 배지 재료 중 산성(pH 7 이하)인 것으로는 스패그넘 피트모스, 소나무 바크, 코이어, 부숙한 유기물 등이 있고, 중성(pH 7 정도)인 것으로는 펄라이트, 모래, 폴리스티렌이 있으며, 알칼리성(pH 7 이상)인 것으로는 활엽수 바크, 버미큘라이트, 암면, 왕겨 등이 있다. 배지에 첨가된 석회석/백운석과 원수의 높은 알칼리도는 시간이 지날수록 pH를 높인다. 암모늄이나 요소 비료는 배지를 산성화시키는 데 반해 질산태질소는 뿌리의 pH를 높이는 경향을 가진다. 대부분의 필수원소는 pH 5.5~7.0에서 유용하지만 가장 잘 자랄 수 있는 배지의 pH는 천연토양의 경우에, 대부분 식물은 pH 6.0~7.0, 아잘레아는 pH 5.5~6.0로 알려져 있다. pH가 너무 낮으면 철, 망간, 아연, 구리의 용해도가 증가하여 독성이 나타날 수 있다. 반면,

그림 7.13 고알칼리도 등으로 인해 배지/양액의 pH가 지나치게 높은 경우에는 절화 장미에서와 같이 신초의 상부 잎에서 흔히 철분(Fe) 결핍 증상이 나타난다(사진 제공: 정병룡).

칼슘, 마그네슘, 몰리브덴의 용해도가 감소하여 결핍증이 나타날 수 있다. 한편, pH가 너무 높으면, 철, 망간, 아연, 구리, 붕소의 용해도가 줄어 결핍될 수 있는 반면에, *Thielaviopsis*에 의한 뿌리썩음병 등 특정 병의 확산이 촉진될 수도 있다(그림 7.13).

배지의 pH 변화로 인한 철 등의 미량원소 유용도와 이동을 도와서 결핍을 억제하기 위하여 사용되는 물질로는 킬레이트가 있다. 필수 미량원소는 주로 황과 결합된 형태로 이용되는데, 이들은 배지나 원수의 pH가 높은 경우는 여과가 잘 안되므로, 황화된 형태보다는 가격이 더 비싸지만 킬레이트 형태를 이용하는 것이 바람직하다. 킬레이트도 종류에 따라서 그 유용도가 pH의 영향을 받는데, pH가 증가하면 유용도가 감소한다.

참고문헌

- 문원 외. 2011. 시설원예학. 방송통신대학교출판부
- 최종명 외. 2009. 상토학. 학예사
- Ball V. 1998. Ball redbook. Ball Publishing
- Cerny TA, Faust JE, Layne DR, Rajapakse NC. 2003. Influence of photoselective films and growing season on stem growth and flowering of six plant species. J Amer Soc Hort Sci 128:486-491
- Cho AR, Chung SW, Kim YJ. 2020. Flowering responses under elevated CO2 and graded nutrient supply in *Phalaenopsis* Queen Beer 'Mantefon'. Sci Hortic 273:109602
- Dole JM, Wilkins HF. 2004. Floriculture: Principles and species. Pearson, NJ, USA
- Egrowlight. https://egrowlight.com/about-the-mol-par-ppf-and-ppfd-of-the-led-grow-light.html
- GPN greenhouse product news. https://gpnmag.com/article/growing-plants-with-green-light/
- Hartmann HT, Kester DE, Davies Jr. FT, Geneve RL. 2011. Plant propagation: principles and practice. Prentice Hall, Upper Saddle River, NJ, USA
- Hsiao T. 1973. Plant responses to water stress. Ann Rev Plant Physiol 24:519-570
- In BC, Seo JY, Lim JH. 2016. Preharvest environmental conditions affect the vase life of winter-cut roses grown under different commercial greenhouses. Hort Environ Biotechnol 57:27-37
- Nau J. 2011. Ball redbook 18th ed. Ball Publishing West Chicago, IL, USA
- North Carolina State University, http://www.pourthruinfo.com
- Oh W, Rhie YH., Park JH, Runkle ES, Kim KS. 2008. Flowering of cyclamen is accelerated by an increase in temperature, photoperiod, and daily light integral. J Hort Sci Biotechnol 83:559-562
- Park YG, Jeong BR. 2019. Night interruption light quality changes morphogenesis, flowering, and gene expression in *Dendranthema grandiflorum*. Hort Environ Biotechnol 60:167-173

- Raviv M, Lieth JH, Bar-Tal A. 2019. Soilless culture: Theory and practice. Academic Press, London, UK
- Runkle ES, Heins RD. 2002. Stem extension and subsequent flowering of seedlings grown under a film creating a far-red deficient environment. Sci Hortic 96:257-265
- Wilkins HF, Healy WE, Grueber KL. 1990. Temperature regime at various stages of production influences growth and flowering of *Dendranthema* × *grandiflorum*. J Amer Soc Hort Sci 115:732-736
- Wollaeger H, Runkle E. 2015. Why should greenhouse growers pay attention to vapor-pressure deficit and not relative humidity? https://www.canr.msu.edu/news/growing_high-quality_petunias_with_energy_efficient_root-zone_heating
- Zieslin N, Mor Y. 1990. Light on roses. a review. Sci Hortic 43:1-14

FLORICULTURE

CHAPTER 08

화훼 시설과 자재

박상근·이용하·오 욱·김종윤

화훼작물의 최적 생육을 위해서는 알맞은 환경을 제공해 주어야 하므로, 이를 적극적으로 제어하기 위한 다양한 시설과 자재를 활용할 수 있어야 한다. 특히 우리나라와 같이 사계절이 뚜렷한 환경에서는 노지 재배에 많은 제약이 따르기 때문에, 많은 화훼작물이 시장에 알맞는 수확 시기 조절과 주년생산을 위하여 시설에서 생산되고 있다. 시설의 골격 구조와 피복 재료는 채광, 보온, 내구성 등을 최적화하기 위해 고도화되고 있으며, 시설 내에서는 효율적인 온도, 광, 수분, 양분 등 각종 환경을 조절하기 위하여 다양한 설비가 이용되고 있다. 최근에는 4차 산업혁명을 통해 개발된 다양한 스마트팜 기술이 화훼재배 시설에 활용되고 있으므로, 작물의 최적 생육을 위한 복합 환경 조절 시설과 자재에 대하여 살펴본다.

1 화훼 시설의 종류와 자재

화훼작물의 재배시설은 외부 기상 환경조건으로부터의 자유도와 시설 내외부의 물질 및 에너지 교환의 수준에 따라 폐쇄형 시설과 개방형 시설로 구분된다. 완전제어형 식물공장(수직농장)으로 대표되는 폐쇄형 시설은 인위적인 환경조절을 통해 계절과 장소의 제약 없이 작물을 생산할 수 있지만, 설치와 운영에 필요한 비용이 높다. 현재 실용적으로 이용되는 대부분의 화훼 재배시설은 온실로 대표되는 개방형 시설이며, 사용된 피복 자재의 종류나 구조 자재, 지붕의 모양 등 외부 형태에 따라 다양하게 구분된다.

1) 화훼 시설의 종류 및 분류

화훼작물의 재배시설은 피복 자재의 종류에 따라 크게 유리온실과 플라스틱온실로 구분되며, 구조 자재, 지붕의 모양, 이용 목적 등 외부 형태에 따라 다양하게 세분된다.

(1) 유리온실

유리온실은 고정형 재배시설로, 초기 건축비가 많이 들지만 내구연한이 길고 각종 부대장치의 도입과 환경관리가 용이한 이상적인 재배시설이다. 지붕의 모양에 따라 외지붕형(반지붕형), 쓰리쿼터(3/4)형, 양지붕형, 더치라이트형, 곡선지붕형, 둥근지붕형, 연동형, 벤로형 등으로 세분된다(표 8.1).

(2) 플라스틱온실

플라스틱 재료로 피복한 온실로, 기능면에서는 유리온실과 같으나 유리온실에 비해 내구연한이 짧고 환경조절 및 부대장치의 도입이 불편하다. 그러나 조립과 해체, 이동이 간편하고 설치비용이 낮으므로, 국내 화훼 농가에서는 비닐하우스라고 불리는 플라스틱온실이 대부분을 차지하고 있다. 플라스틱온실은 사용되는 재질에 따라 비닐온실, 폴리카보네이트온실, 아크릴온실, 경질비닐온실 등으로 나뉘고, 지붕의 모양에 따라 지붕형, 터널형, 아치형으로 세분된다(표 8.1).

(3) 식물공장

식물공장(plant factory)은 **수직농장**(vertical farm) 혹은 **실내농장**(indoor farm)으로도 불리며, 광, 온도, 습도, 공기의 조성, 양수분 등의 생육환경 조건을 작물 생장에 알맞게 인위적으로 제어하고, 생산 공정을 자동화·생력화할 수 있는 새로운 생산 시설이다. 빛을 이용하는 방식에 따라서, 빛이 투과되지 않는 건물 등에서 인공조명만을 이용하여 작물을 재배하는 인공광이용형(완전제어형), 유리나 플라스틱필름으로 피복된 시설 내에서 태양광을 이용하여 재배하되 빛이 약하거나 일조 시간이 부족한 시기에 인공조명을 함께 사용하는 태양광병용형, 그리고 광투과성 자재로 건립된 시설 내에서 태양광만을 이용하여 재배하는 태양광이용형 식물공장으로 구분된다. 아직까지는 식물공장의 설치 및 운용에 필요한 비용, 그리고 자동화·생력화에 필요한 기술적인 문제로 인하여 태양광이용형과 태양광병용형 식물공장이 주를 이루고 있다. 하지만 식물공장과 관련된 연구가 활발히 진행되고 있고, 파종에서 수확은 물론 유통까지도 종합적으로 대처할 수 있는 고효율 작물생산 시스템에 대한 수요가 증가되고 있으므로, 앞으로는 인공광이용형 식물공장도 실용화될 수 있을 것으로 기대된다.

2) 화훼 시설의 자재

화훼 시설의 자재는 크게 **골격 자재**와 **피복 자재**로 구분된다. 골격 자재는 기존에 죽재나 목재

표 8.1 지붕 형태에 따른 온실의 분류 및 특성

온실 모형	구분	특성
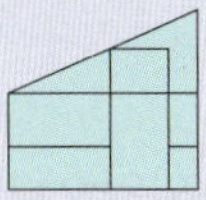	외지붕형	• 지붕이 한쪽만 있으며, 대개 동서방향으로 지음 • 북쪽은 벽면 또는 기존 건물과 잇대어 지으므로, 겨울철 채광과 보온성이 뛰어남 • 한쪽 방향으로만 빛이 투입되므로, 작물이 휘어 자라기 쉬움. 영리재배보다는 번식과 육묘용, 관엽식물의 월동에 많이 이용
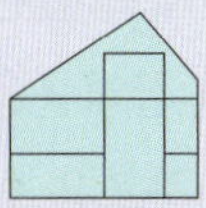	쓰리쿼터형 (3/4형)	• 양지붕형과 외지붕형의 중간형 • 주로 동서방향으로 설치하며, 남쪽 지붕의 길이가 지붕 전체 길이의 3/4 정도임(실제로는 60~64%) • 채광과 보온성에 유리하여 동계에 고온을 요하는 관엽식물 재배에 많이 이용
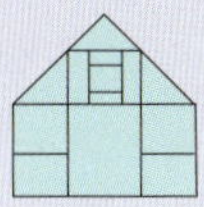	양지붕형	• 양쪽 지붕의 길이와 기울기가 같은 좌우대칭형 • 남북방향으로 짓는 것이 일반적이며, 광선이 사방으로 균일하게 입사하고 통풍이 잘됨 • 각종 자동화, 생력화 장비의 설치가 용이하여 절화 생산에 많이 이용되며, 육묘와 분화 생산에도 이용
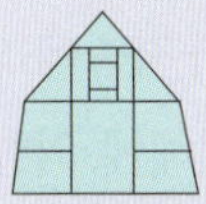	더치라이트형	• 양지붕형의 변형 온실 • 양쪽 측벽을 바깥쪽으로 다소 경사지게 지음으로써 시설 전체의 구조강도를 높이고 측면의 풍압을 경감함
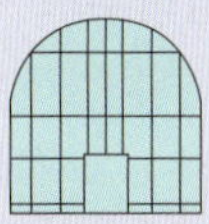	둥근지붕형	• 곡면의 유리를 사용하여 지붕이 반원형 또는 그에 가까운 곡선의 형태 • 시설 내부에 그늘이 덜 생기고 지붕의 곡면이 다른 온실에 비해 높게 지을 수 있으므로, 키 큰 열대식물들을 전시하는 표본온실로 활용 가능함
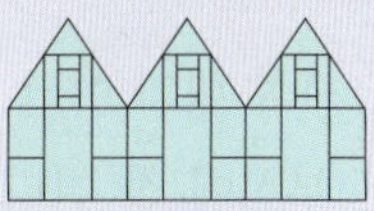	연동형	• 양지붕형 온실을 2개 이상 연결하고 내부의 칸막이를 제거한 온실 • 단위면적당 건축비가 적게 들고 토지이용률이 높음 • 방열면적을 줄여 난방비가 적게 들고, 재배관리 효율이 높아 대규모의 화훼 생산에 많이 이용
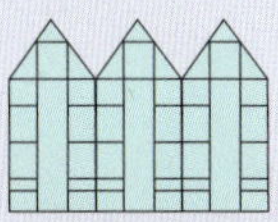	벤로형	• 온실 폭이 좁고 처마가 높은 양지붕형 온실을 연결한 것으로 연동형 온실의 결점을 보완한 온실 • 골격률이 12%(일반 온실 20%)로 낮아 채광성이 우수 • 대면적, 대용적의 다연동에 많이 이용
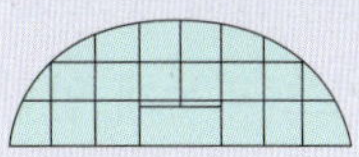	터널형	• 우리나라 시설원예 초창기부터 사용된 대표적 비닐하우스 시설로, 반원형의 형태 • 보온성이 우수하고 수광이 고르나, 환기가 불량하고 내설성이 약하며 작업효율이 떨어짐 • 키가 낮은 초화류 육묘 및 생산에 이용
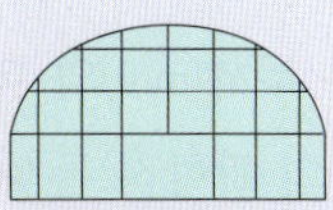	아치형	• 양쪽에 벽이 있고 지붕이 원형인 플라스틱온실 • 철재 또는 아연을 도금한 펜타이트 파이프(pentite pipe)를 사용하여 상대적으로 내구 연한이 김 • 구조적으로 환기창 설치가 어려워 환기가 불량하고 내설성이 약하지만, 내풍성이 강하고 채광이 고름 • 단동 또는 연동으로 설계가 가능하므로, 정부에서 농가보급형 현대화 하우스로 보급하고 있음 • 국내 화훼생산 시설의 대부분을 차지

를 사용하기도 하였으나, 현재는 주로 철재, 경합금재 등을 사용한다. 피복 자재는 기초 피복재와 추가 피복재로 구분된다.

(1) 골격 자재

시설의 골격 자재는 초기에는 값이 싸고 구하기 쉬운 목재나 죽재가 많이 이용되었으나, 내구성이 짧고 규격화가 어려워 점차 철재나 경합금재로 대체되었다. 유리온실에는 철재로 만든 형강이 기본 골격재로 사용되었으나, 최근에는 녹이 슬지 않으며 가볍고 용적이 작아서 골격률을 작게 할 수 있는 경합금재가 많이 사용되고 있다. 플라스틱온실의 경우에도 골격 자재로 구조용 철재 강관이 사용되었으나, 최근에는 아연을 용융도금한 펜타이트 파이프가 널리 사용되고 있다.

① 철재

강도가 강하므로 시설의 안정성과 내구성을 높이고, 골조에 의한 차광을 줄일 수 있어 광투과율을 향상시킬 수 있다. 철재 골격 자재에는 형강과 강관이 있다. 가공성이 적어 규격품에 의존하며, 부식이 되기 쉬우나 도장 및 도금으로 부식을 방지할 수 있다. 최근에는 기상재해에 의한 피해를 예방하기 위해서, 파이프 전체에 아연도금 부착량과 인장강도 기준을 높인 비닐하우스 구조용(steel pipe vinyl house structure, SPVHS) 파이프가 보급되고 있다.

② 경합금재

알루미늄을 주성분으로 하는 여러 가지의 합금으로, 가볍고 다루기 쉬우며, 시설 내의 여러 가지 불량조건에서도 잘 견딘다. 철재보다 강도가 다소 떨어지며 값이 비싸지만, 부식에 잘 견디고 용적이 작으므로 골격률을 낮춰 광투과율을 높일 수 있다.

(2) 피복 자재

온실의 피복 자재는 투광성과 보온성을 결정하는 중요한 요소로, 온실의 기본 골격 구조물 위에 고정시켜 피복하는 기초 피복재와 보온, 차광, 보광, 방충 등을 목적으로 기초 피복재 안팎에 사용하는 추가 피복재로 나눌 수 있다. 기초 피복재는 크게 판유리와 플라스틱 자재로 구분되며, 플라스틱 자재는 다시 부드러운 형태의 **연질필름**과 딱딱한 형태의 **경질필름**, **경질판** 등으로 구분된다. 추가 피복재로는 보온용 매트, 한랭사, 부직포, 반사필름 등이 있다.

피복 자재의 특성으로는 투광성과 보온성을 결정하고 무게에 영향을 미치는 두께(mm)와 비중(g/cm^3)이 기본적 특성이며, 그 외 광투과율, 반사율, 흡수율, 굴절률, 산란율 등의 광학적 특성과, 열전도율, 보온성 등의 열적 특성, 그리고 신장률, 인장강도, 인열강도 등의 내구성을 고려하여야 한다. 또한, 피복재에 맺힌 물방울이 제거되는 유적성, 수증기를 피복재 외부로 배출하는 투습성,

광합성에 유효하게 광질을 조절하는 광전환성, 피복재에 먼지 부착을 억제하는 방진성 및 피복재의 수명을 높여주는 자외선 차단 등의 기능성도 피복 자재에 따른 특성이므로, 이러한 특성을 기준으로 작물과 환경에 알맞은 피복 자재를 선정하여야 한다.

① 유리 자재

유리는 유리온실의 기초 피복재로, 광투과성, 불연성, 내구성, 보온성 등이 우수해서, 오래전부터 고정형 온실의 피복재로 이용되어 왔다. 피복 자재 중 내후성이 가장 높고, 방진성, 내약품성이 우수하여 오염이나 변질에 의한 광투과율의 변화가 적다. 친수성으로 물방울이 잘 생기지 않으나 충격에 약하고 시설비가 많이 든다.

유리 피복재로는 투명판유리, 형판유리(산광유리), 열선흡수(반사)유리 등이 있다. 일반적으로는 두께 3 mm의 투명판유리가 많이 이용되고 있으나, 벤로형 온실이나 적설량이 많은 지역의 연동형 온실의 곡부와 바람이 강한 지역의 측벽에는 4 mm 정도의 두꺼운 유리를 사용하는 것이 안전하다. 투명판유리는 가시광선의 투과율은 90% 정도로, 광투과율이 높다. 유리 표면에 요철 모양이 있어 빛을 산란시키는 형판유리는 광투과율은 떨어지지만 시설 내의 광분포를 고르게 한다. 유리에 금속산화물 또는 금속을 첨가하여 만든 열선흡수(반사)유리는 태양광의 열선(적외선)을 흡수하거나 반사시켜서, 낮에는 시설 내부의 온도를 낮추고 밤에는 보온력을 향상시킨다.

② 플라스틱 자재

연질필름은 두께가 0.05~0.1 mm(PVC는 0.2 mm) 정도되는 부드럽고 얇은 플라스틱 필름으로, 우리나라에서는 주로 **폴리에틸렌**(PE) **필름**을 가장 많이 사용되고 있지만, 최근에는 **폴리염화비닐**(PVC) **필름**이나 **에틸렌아세트산**(EVA) **필름** 및 **폴리올레핀**(PO)**계 필름**의 사용이 늘고 있다.

- **폴리에틸렌**(polyethylene, PE) **필름**: 광투과율이 높고 먼지가 필름 표면에 잘 부착되지 않으며, 필름이 서로 달라붙지 않아 취급이 용이하고 약품에 대한 내성이 크다. 값이 저렴하므로, 우리나라에서는 시설재배 초기부터 기초 피복재로 많이 이용되어 왔다. 수명이 짧고 보온력이 떨어지며 항장력과 신장력이 낮으므로, 기초 피복재보다는 커튼, 이중터널 피복, 멀칭, 소형 터널 피복 등 추가 피복재로 이용하는 것이 바람직하다.
- **에틸렌아세트산**(ethylene vinyl acetate, EVA) **필름**: 광투과율이 높고 항장력과 신장력이 크며, 먼지의 부착이 적고 화학약품에 대한 내성이 강하다. 내부피복이나 터널 등에 많이 이용된다.
- **폴리염화비닐**(polyvinyl chloride, PVC) **필름**: 광투과율이 높고 장파장투과율과 열전도율이 낮으므로 보온력이 뛰어나다. 항장력과 신장력이 크고 내후성이 강하며, 화학약품에 대한 내성도 우수하지만, 무겁고 끈적거리며 먼지가 잘 달라붙어 사용 중 광투과율이 낮아지기 쉽다.
- **폴리올레핀**(polyolefin, PO)**계 필름**: PO 필름은 저밀도 PE, 메타로센 선형 저밀도 PE, EVA를

중합 반응시켜 제조된다. 광투과율이 높고 필름에 맺히는 물방울 제거능(유적성)도 뛰어나며, 인장력과 내구성이 매우 뛰어나 3년 이상 장기 사용이 가능하지만, PE 필름에 비하여 가격이 비싸다. 최근에는 국산 PO계 장기성 코팅 필름이 개발되어 농가에 보급되고 있다.

표 8.2 연질 필름재질별 특성

재질	특성				비고
	투광성	내구성	보온성	경제성	
PE 필름	우수	약함	보통	매우 우수	
EVA 필름	우수	약함	우수	우수	
PVC 필름	보통	약함	우수	약함	투습성
PO 필름	매우우수	보통	우수	보통	장기 사용

경질필름은 가소제를 첨가하지 않은 두께 0.1~0.2 mm의 플라스틱 필름으로, **경질폴리염화비닐 필름**과 **폴리에스테르 필름**, **불소수지 필름** 등이 있다.

- **경질폴리염화비닐**(rigid polyvinyl chloride, RPVC) **필름**: 자외선 투과율은 낮은 반면, 3,000 nm 이상의 장파장 투과율은 상대적으로 높다. 내충격성은 큰 편이지만 인열강도가 낮아 찢어지기 쉽다. 내구연한은 3년 정도이다.
- **경질폴리에스테르**(polyethylene terephthalate, PET) **필름**: 광투과율은 높은 반면 장파장 투과율은 낮아 보온성이 높다. 인열강도가 높고 유적성도 우수하며, 내구연한이 5~8년으로 상대적으로 길다.
- **불소수지**(ethylene tetrafluoroethylene, ETFE) **필름**: 자외선 방사투과율이 높아 필름의 광산화 및 열화가 잘 일어나지 않는다. 또한 광투과율이 높고 표면반사가 잘 이루어지지 않으므로 시설 내 광환경을 자연광에 가깝게 구현할 수 있다. 보온성 및 강도와 내구성이 우수하다. 내구연한이 10~15년 정도로 매우 길다.

경질판은 두께 0.2 mm 이상의 플라스틱판으로 **FRP**, **FRA**, **MMA**, **PC** 등이 있으며, 강도나 광투과율에 있어 유리와 거의 비슷한 수준의 우수성을 갖는다.

- FRP(fiberglass reinforced polyester): 불포화폴리에스터 수지에 유리섬유를 보강한 유리섬유강화 플라스틱으로, 충격에 강하고 열수축도 없으며, 경질판 중 자외선 투과율이 가장 낮다. 시간이 지남에 따라 유리섬유가 분출되어 먼지가 쉽게 부착되고, 광투과율이 다소 낮아질 수 있으며, 값이 비싸다. 내구연한은 8~10년으로 길다.
- FRA(fiberglass reinforced acryl): 아크릴 수지에 유리섬유를 샌드위치 모양으로 보강한 유리섬유강화 플라스틱으로, 광투과율이 높고 내구연한이 FRP보다 길다. 산광성 피복재로 자외선

투과율이 FRP보다 높고, 수지와 유리섬유가 벗겨지면 백화한다.

- MMA(polymethyl methacrylate): 유리섬유를 첨가하지 않은 아크릴 경질판으로, 유리와 비슷한 광투과율을 보이며, 10년 이상 사용해도 광투과율이 크게 저하되지 않는다. 300 nm 이하의 자외선 투과율이 높은 반면에, 2,500 nm 이상의 적외선은 거의 투과시키지 않으므로 보온성이 높다. 하지만 FRP나 FRA에 비해 충격에 약하고, 열에 의한 팽창과 수축이 크다.
- PC(polycarbonate): 가시광선 투과율이 90%로 유리와 거의 같은 수준이고, 자외선 투과율은 매우 낮다. 가벼우면서 충격에 대한 강도가 다른 경질판에 비해 매우 높으며, 보온성이 우수하고 자외선에 의한 황변현상도 낮다. 가격이 유리에 비해 비싸지만 시공이 간편하여 전체 시공비는 유리보다 다소 낮다.
- **복층판**(double skin wall): 난방비 절감을 위해 2개의 경질판 사이에 두께 4~20 mm의 공간을 만들어 보온성을 향상시킨 이중구조의 중공판으로, 아크릴 복층판과 PC 복층판 등이 있다. 실제 사용되고 있는 복층판은 두께가 4 mm와 6 mm로 매우 얇은 편이다. 보온성은 높지만, 광투과율이 낮고 값이 비싸다.

추가 피복재는 보온, 차광, 보광, 방충 등을 목적으로 기초 피복재 안팎에 이용하는 피복재로서, 외면피복, 지면피복, 소형터널피복, 보온커튼, 차광피복 등이 있다. 기초 피복재인 연질필름도 보온을 위한 추가 피복재로 이용되고 있으며, 그 이외에 주요 추가 피복재는 다음과 같다.

- **반사필름**은 두께에 의한 보온과는 달리 복사열을 반사시켜서 태양에너지를 보다 적극적으로 이용하는 필름으로, 시설 내 커튼 및 터널 등의 보온용과 시설 북쪽면에 피복하여 시설 내 광량을 증가시키는 보광용으로 이용되고 있다. 반사필름의 종류에는 알루미늄 분말 혼입 필름, 알루미늄 증착 필름, 알루미늄 박(箔)을 이용한 필름 등이 있다.
- **부직포**는 폴리에스터의 긴 섬유로 된 두께 0.1~0.2 mm의 천 모양 시트로, 색깔은 흰색 또는 검은색이다. 광투과율이 일반 필름에 비해 크게 낮으므로 커튼이나 차광용 피복재로 많이 사용된다. PVC나 PE에 비해 보온성은 떨어지나 보수성과 투습성이 있어서, 커튼으로 사용할 경우 시설 내 습도가 높아지지 않는다. 커튼 피복재로 사용할 경우 수명은 3~4년이다.
- **매트**는 흰색의 폴리에틸렌 발포 시트로, 두께는 저배율 발포 시트가 0.3 mm, 고배율 발포 시트가 1~2 mm 정도이다. 열전도율이 낮아 투명필름에 비해 단열성은 크지만, 광투과율과 유연성이 낮아 소형터널의 보온 피복에 주로 이용된다.
- **한랭사**는 비닐론, 폴리에스터, 아크릴 등 실 모양의 섬유로 짠 것으로, 주로 차광용으로 사용된다. **네트**는 폴리에틸렌이나 폴리프로필렌을 원료로 한 노끈 모양의 섬유로 짠 것으로, 주로 서리 방지용으로 사용된다.

2 화훼재배를 위한 온도 조절 설비

우리나라는 더운 여름과 추운 겨울로 인해, 식물을 재배하기에 불리한 환경 조건을 가지고 있다. 하지만 시설에서 냉난방을 적절히 하여 화훼식물의 출하시기를 조절할 수 있으므로, 오히려 농가에서 고소득을 창출할 수 있는 기회가 되기도 한다. 물론 화훼식물의 생육 최적 온도 조건을 맞추어 고품질의 작물을 생산하는 것과 냉난방에 소요되는 생산비를 고려하여 경영해야 할 것이다. 이 절에서는 화훼작물의 재배에 사용되고 있는 주요 난방 및 냉방 설비에 대해 알아본다.

1) 난방설비(겨울철 관리)

(1) 난로난방

시설 내에 난로를 설치한 후 연탄, 석유 등을 연소시켜 발생하는 열을 이용하는 방식이다. 설치비가 저렴하지만, 열효율이 낮고 난로 주변의 높은 기온으로 작물에 피해가 일어날 수 있는 위험성이 있다. 또한 일산화탄소, 아황산가스 등 유해가스가 발생하는 등의 단점이 있어 소규모 온실이나 보조난방으로 제한적으로 사용된다.

(2) 전열난방

전열선과 전열온풍기로 난방을 하는 방식이다. 저렴한 설치비, 온도 조절의 용이성, 유해가스의 염려가 없다는 장점을 가지고 있다. 다만 전기를 이용하기 때문에 정전의 위험성이 있고, 대규모 온실에서는 많은 수의 전열난방기가 필요하므로 소형 온실에 적합하다.

(3) 온수난방

시설 내에 방열 파이프를 설치한 다음, 보일러에서 70~110°C로 데워진 온수를 보내 난방을 하는 방식이다. 넓은 온실에 적용이 가능하고, 균일한 난방이 가능하므로 가장 이상적인 난방 방법이다. 하지만 설치비가 비싸고, 파이프 배관이 시설 내 공간을 차지하여 작업성을 떨어뜨린다는 단점이 있다.

(4) 증기난방

보일러에서 발생한 고온의 증기를 방열 파이프와 방열기에 보내어 난방을 하는 방식이다. 대규모 온실에서 멀리까지 열을 쉽게 전송할 수 있기에 난방관리가 용이하고, 방열량이 많아 방열관을 줄일 수 있으므로 온수난방에 비해 상대적으로 작업성이 좋다. 하지만 방열관 부근에서 고온장해가 나타나기 쉽고 운전 중단 시 기온의 급강하가 발생한다.

(5) 온풍난방

난방기의 연소실에서 직접 가열된 공기를 시설 내에 설치된 덕트(duct)를 통해 균일하게 난방을 하는 방식이다. 저렴한 설치비와 온도 조절의 용이성 뿐만 아니라 물을 사용하지 않아 예열 시간이 적게 드는 장점이 있다. 하지만 실내 공기가 건조해지며 정전시 급격히 냉각된다.

(6) 지열 히트펌프

땅 속에 PE 파이프를 설치하고 물을 순환시켜 지열을 흡수하고, 흡수한 지열을 히트펌프로 온도를 높여 40~45°C의 온수 또는 온풍을 만들어 난방을 하는 방법이다. 지열뿐만 아니라 발전소, 폐기물 처리장에서 발생하는 폐열을 회수하는 기술도 개발됨으로써 화력에너지를 사용하지 않는 친환경 신재생에너지 난방 방법으로 주목받고 있다.

(7) 적외선등

적외선등에서 발생하는 복사열을 이용하여 식물체의 온도를 높이는 방법이다. 시설 내의 기온을 높이지 않고, 적외선이 조사되는 식물체와 상토만의 온도를 높이기 때문에 난방비용을 절감할 수 있다. 하지만 적외선이 조사된 정도에 따라 온도의 불균형이 생기고 주변 공기 온도에 영향을 받기 때문에, 적외선등의 위치, 간격, 공기 대류에 관한 연구가 필요하다.

(8) 보온

시설에서 난방의 실시 못지 않게 중요한 것이 보온이다. 시설의 보온력은 보온 방법과 보온 피복 자재에 따라 달라진다. 1층 커튼을 할 경우에 부직포, PE 필름, PVC 필름, 알루미늄 필름의 열절감률(heat saving rate)이 각각 25%, 30%, 35%, 45~50%이다. 2층 커튼을 할 경우에, PE 필름 2층, PE 필름 + 알루미늄 필름의 열절감률은 45%, 65%로 1층 커튼보다 2층으로 보온을 하였을 때 효과가 크다.

2) 냉방설비(여름철 관리)

(1) 팬앤드패드

팬앤드패드(fan and pad) 방식은 시설의 외벽에 골판지로 만든 패드를 설치한 후 지속적으로 물을 흘려주고, 반대쪽 외벽에 환풍기를 설치하여 시설 내 공기를 밖으로 빼내는 방법이다(그림 8.1). 환풍기로 인해 시설 내 음압이 생기게 되고 외부 공기가 시설에 유입되는데, 물이 적셔진 패드를 통과할 때 기화열로 인해 온도가 낮아져서 시설 내 온도를 낮출 수 있다. 물의 소비량이 적고, 내구연한이 길며, 팬앤드미스트 방식에 비해 저습으로 관리가 되어 병해충 발생 억제, 작업환경 개선, 작업 능률의 향상을 꾀할 수 있다. 공기 중 습도가 낮으면 온도 하강 폭이 커서 냉방 효과가 크지만, 습도가 높으면 그 효과가 적다.

(2) 팬앤드미스트

팬앤드미스트(fan and mist) 방식은 0.1 mm 내외의 미스트(mist)를 분무실을 통해 시설에 유입하는 방식이다. 이 냉각 방식은 다습해지기 쉬우므로 제적장치가 반드시 필요하다.

(3) 팬앤드포그

팬앤드포그(fan and fog) 방식은 시설 벽면 위 또는 아래의 흡기창에 노즐로 0.05 mm 이하의 세무(fog)를 만들고서 시설의 천정에 설치된 풍량형 환풍기로 실내공기를 뽑아내는 방식이다. 외부 공기가 흡기창을 통해 세무와 함께 유입되면서 순간적으로 기화가 일어나 실내공기를 냉각시킨다.

(4) 보조냉방법

위에 설명한 방법 외에, 시설 지붕의 표면에 물을 분무하여 지붕의 내면에 접한 공기를 냉각시켜서 실온을 낮추는 지붕분무법과 식물체에 직접 분무하여 체온을 낮추는 식물체분무법이 있다. 그 외에도 차광, 옥상유수, 열선흡수유리 이용법 등이 있다. 차광은 발, 한랭사 등의 재료를 시설에 피복하여 광선의 투과를 제한하는 것이고, 옥상유수는 시설의 지붕에 물을 계속 흘려보내서 지

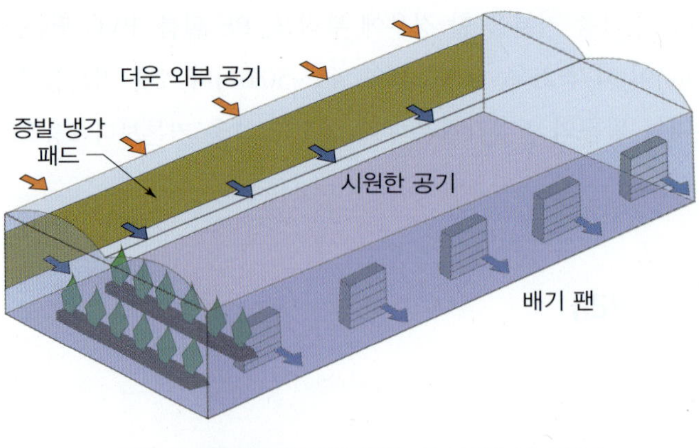

그림 8.1 화훼시설에서의 팬앤드패드 냉방 설비 원리

붕면의 냉각을 꾀하는 방법이다. 식물 생육에 필요한 가시광선은 투과시키지만 적외선(열선)을 흡수하는 열선흡수유리로 피복하면, 시설 내의 온도 상승을 크게 억제시킬 수 있다.

3) 작물별 냉난방 설비 활용

저온 또는 고온에 의한 작물별 생리장해를 파악하고, 적정 온도를 유지할 수 있도록 냉난방을 실시해야 한다. 같은 화훼작물이라도 유묘기, 생장기, 화아분화 및 발달기, 휴면기 등 특정 단계에 따라 최적 온도로 관리하는 것이 비용 절감에도 좋다.

표 8.3 작물별 부적당한 온도에 의한 문제점 및 대책(농촌진흥청, 2011)

작물	저온기		고온기	
	문제점	보온 · 난방 활용	문제점	환기 · 냉방 활용
국화	개화 지연, 로제트 발생, 품질 저하, 재배기간 연장에 따른 비용 증가	난방(20~22°C)으로 정상적인 화아분화 유도, 야간 가온으로 공중습도를 낮춰 흰녹병 발생억제	개화 지연, 생리장해 발생, 기형화 발생, 품질 저하	고온기 적극적인 환기로 정상적인 화아분화 유도
장미	생리장해 및 기형화 발생, 수량 및 품질 저하	야간 14°C 이상 유지, 난방비 절감을 위해 지열 히트펌프 활용	기형화 발생, 생육 저하, 절화수명 감소, 꽃잎수 감소로 품질 저하	환기, 차광 등 온도 저하 노력, 근권냉방(20~22°C), 팬앤드패드
백합	–	제주 등 남부지방에서 재배	생리장해 발생	강원도 등 고랭지에서 재배
호접란	잎의 적색화	최저기온보다 낮지 않게 유지	28°C 이상이면 화경휴면, 고온에 의해 블라스팅 발생	25°C 이하 유지
심비디움	–	–	30°C 이상의 고온 지속 시 꽃떨이 현상 발생	25°C 이하 유지

3 화훼재배를 위한 광환경 조절 시설

화훼작물은 종 또는 품종에 따라 광량, 일장, 광질에 대한 반응이 다르기 때문에 광합성에 따른 생장, 개화 반응, 줄기 신장 등이 광환경에 따라서 다른 양상을 보인다. 우리나라와 같은 중위도 지역에서는 광환경이 연중 시기별로 크게 변화하는데, 광량과 일장은 하지에 최고값을 갖고, 춘분과 추분에 중간값을 가지며, 동지에 최저값을 갖는다. 그리고 광량, 일장, 광질은 기상환경, 하루 중 시간대, 지형에 따라서 변화를 보이기도 한다. 고품질의 상품을 가능한 한 적은 비용으로 대량 생산해야 하는 화훼산업에서는 광환경을 인위적으로 조절하는 원리와 그 기술, 그리고 이를 활용한 광환경 조절 시설 및 자재에 대한 이해는 매우 중요하다.

1) 보광 시설

(1) 보광의 목적

화훼 시설재배에서 **보광**(supplemental lighting)을 하는 시기는 작물의 광합성과 생육 촉진을 위하여 부족한 광량을 보충해야 할 때, 장일처리를 위해 야간에 일정한 시간을 조명해야 할 때, 그리고 초형 조절이나 색소 발현 등을 위해 특정 광질의 빛을 조사할 때이다(**표 8.4**).

표 8.4 식물생산용 인공광원의 활용 및 특성

구분	전조용 조명 (photoperiodic lighting)	광합성용 조명 (supplemental or assimilation lighting)	광형태형성 조명 (photomorphogenic lighting)
목적	장일 환경 조성	일적산광량(DLI) 증가에 의한 광합성 촉진	파장 조절에 의한 형태 변화
대상 식물	일장 반응 식물	호광성 식물	분화 및 화단용 식물
식물 반응	단일식물의 개화 억제 장일식물의 개화 촉진	발근 향상, 측지 발생 증가, 줄기 두께 증가, 꽃수 증가, 개화 촉진(일부 식물)	줄기 신장 및 분지, 화색 조절
광도(PPFD)	2~4 $\mu mol \cdot m^{-2} \cdot s^{-1}$	50~100 $\mu mol \cdot m^{-2} \cdot s^{-1}$	목적에 따라 다양
적용 계절	단일기(9월~이듬해 3월)	약광기(10월~이듬해 3월)	연중(약광기에 효과적)
적용 시간	일몰 후 또는 한밤 중	야간, 흐린 날의 주간	전일(약광 시간대, 일몰 직후, 야간에 효과적)

① 광량 증대에 의한 광합성 촉진

광합성과 생장 촉진을 위한 보광에는 일조시간의 연장, 흐린 날 주간조명, 그리고 야간조명이 있다. 이러한 목적으로 보광을 할 때 광도는 **광보상점** 이상이 되어야 하며, **광포화점**까지는 광도가 높을수록 효과가 커진다. 실제 광합성 촉진을 위한 **보광**은 전기요금에 의한 비용이 많이 소요되기 때문에 보통 단위면적당 개체수가 많은 육묘나 장미, 유스토마 등 경제성이 높은 작물 재배에서 주로 이용한다. **인공광원**을 활용하는 것은 아니지만, 광투과율이 높은 피복재의 사용, 피복재 세척(그림 8.3G), 반사필름 사용 등으로도 식물이 이용할 수 있는 광량을 증대시킬 수 있다.

② 장일처리에 의한 개화 조절

일장을 조절하기 위한 보광은 국화 등 단일식물의 개화 억제 또는 장일식물의 개화 촉진을 목적으로 장일처리를 할 때 많이 이용되고 있다. 인공조명으로 장일처리를 하는 방법에는 일몰 직후부터의 **명기연장**(day extension), 암기 중의 **광중단**(光中斷, night break; 야파, night interruption, 夜破), 그리고 암기 중의 **교호조명**(交互照明, cyclic lighting)이 있다(그림 5.13 참조). 과거 백열등이 많이 사용되었으나 에너지 효율이 낮아 컴팩트(안정기 내장형) 형광등으로 교체되었고, 지금은 개화조절 전용 **발광다이오드**(LED)가 출시되고 있다. 개화조절용 광원의 특성은 **표 8.5**와 같다.

표 8.5 개화조절용 광원의 특성 및 백열등 대비 교체 기준(출처: 산업통상자원부, 2013)

구분	백열등	컴팩트 형광등	LED
에너지 효율	10~15 lm/W	50~80 lm/W	60~80 lm/W
제품 수명	1,000시간	5,000~15,000시간	25,000시간 이상
제품 가격	1,000원	3,000~5,000원	10,000~20,000원
교체 기준	30W	10W	4W
	60W	20W	8W
	100W	30W	12W

③ 광질에 의한 초장 및 화색 조절

작물에 조사되는 광 중의 **적색광**(red, R)과 **원적색광**(far-red, FR)의 비율, 즉 **R:FR**가 높으면 식물의 줄기 신장이 억제되고 분지가 촉진되며, 낮으면 줄기 신장이 촉진되고 분지는 억제된다. 일반적으로 FR이 풍부한 백열등 하에서 도장하며, FR이 부족한 형광등 하에서는 줄기 신장이 억제되고 분지가 촉진된다. 해질녘(end of day, EOD)의 FR 처리가 절화용 국화의 줄기를 신장시킨 예도 있다. 청색광은 줄기 신장을 억제한다. 즉, 청색광이 부족한 고압나트륨등이나 백열등은 줄기 신장을 촉진하고 청색광이 많은 형광등이나 메탈할라이드등은 줄기 신장을 억제한다. 다만 줄기 신장 억제를 위한 조명처리가 일부 장일식물의 개화를 지연시킬 수 있으므로 주의해야 한다. 자외선은 안토시아닌 색소의 발현을 촉진하므로 자외선이 부족한 조건에서는 화색 발현이 약한 경우가 있다.

(2) 인공광별 특성 분석 및 목적별 활용법

자연광만으로는 작물의 광요구도를 만족시킬 수 없을 때 **인공광**을 이용하여 보광을 해 주면 좋다. 그리고 인위적으로 장일조건을 만들어 작물의 발육을 조절할 때에도 인공광을 이용해야 한다. 화훼작물의 초장 조절이나 화색 발현에도 인공광을 활용할 수 있는 여지가 있다. 그러나 인공광은 종류에 따라 광질과 광량이 달라서, 식물의 생육 반응이 달라지고 에너지 효율에도 차이가 나므로 선택 시 주의해야 한다. 지금까지 개발되어 화훼재배용으로 이용되는 인공광에는 **백열등, 형광등, 수은등, 메탈할라이드등, 고압나트륨등, LED** 등이 있다.

- **백열등**(incandescent lamp)은 전류가 텅스텐 필라멘트를 가열할 때 발생하는 빛을 이용하는 것으로 분광분포를 봤을 때 자외선과 청자색광이 없는 반면, 적색광이 많고 원적색광이 매우 많아 장일식물의 개화 촉진 또는 국화 같은 단일식물의 개화 억제에 효과적이다. 다만, 매우 많은 원적색광에 의해 식물의 신장 생장을 지나치게 촉진하는 경향이 있다. 가격이 저렴하고 소형으로 설치 및 사용이 간편해서 개화조절용으로 많이 활용되어 왔으나, 수명이 짧고 특히 광전환 효율이 낮아 일반 조명용으로는 생산이 금지되면서 활용이 어려워졌다.
- **형광등**(fluorescent lamp)은 백열등에 비해 용도나 모양, 광질이 다양하고 발광효율이 4배 높으면서도 수명은 10배나 길다. 적외선과 원적색광이 적어 식물의 체온 상승이 상대적으로 적고 도장의 위험이 적으며, 표면 온도가 낮고 식물 생장용으로 다양한 광질의 램프를 선택할 수 있다. 특히 식물 생장용은 광합성에 효과가 큰 적색광과 청색광을 많이 방사한다. 일반 직관(튜브)형 형광등은 용적당 출력이 적고 등기구가 길어 작업이 불편한 반면, 전구형 형광등(compact fluorescent lamp, CFL)은 백열등처럼 설치가 간단하고 크기가 작아 활용도가 높다. 일반적으로 광량은 많지 않지만 근접조사가 가능한 육묘장에서 광합성 촉진용으로 이용되고, 백열등을 대신하여 개화조절용으로 활용된다. 다만 원적색광이 부족하여 페튜니아, 리시안서스 등 일부 장일식물에서는 백열등에 비하여 개화가 지연될 수 있다(그림 8.2).

그림 8.2 야파처리 광원에 따른 페튜니아의 생육 및 개화(Oh and Runkle, 2016). CFL: 전구형 형광등

- **메탈할라이드등**(metal halide lamp)은 광분포가 균형을 이루고 있고, 적색광과 원적색광의 에너지 분포가 자연광과 유사하여 실험용 생장상(growth chamber)에 많이 이용된다. 또한 청색광도 풍부하므로 청색광 보광을 위해 사용한다. 넓은 면적을 가진 시설에서 사용되고 있

지만, 가격이 수은등의 2배이고, 설치비가 많이 든다. 또한 고압나트륨 등에 비해서 수명이 짧다.

- **고압나트륨등**(high pressure sodium lamp)은 농업용 조명 가운데 출력이 가장 높고, 광합성 효과가 높은 파장을 가지고 있다. 500 nm 이하의 청색광이 적으므로 자연광 병용의 온실에서는 보광용으로 사용할 수 있지만, 인공광만을 활용하는 식물공장에서는 식물의 도장을 유발할 수 있으므로 메탈할라이드등으로 청색광을 보강할 필요가 있다. 온실 보광용으로는 보통 400, 600 및 1,000 W가 사용된다.
- **발광다이오드**(LED, light-emitting diode)는 반도체의 발광 특성을 이용한 광원으로서, 특정 파장의 단색광만을 방출할 수 있어 적색, 청색, 원적색 등 필요한 특정 파장을 단독 또는 혼합 조명으로 사용하여 식물의 생육을 조절할 수 있는 장점이 있다. LED는 적외선(열선)을 포함하지 않기 때문에 식물체 가까이에서 근접조사도 가능하다. 최근에는 보광용의 고휘도 LED, 개화조절용 LED 등이 상품화되어 있지만, 아직 다른 조명에 비해 고가인 것이 단점이다. 일반 조명으로 형광등을 대체하고 있는 백색 LED에는 일반 형광등과 유사하게 cool white와 warm white 유형이 있는데, 전자는 차가운 백색을 띠는 반면, 후자는 청색광 및 녹색광의 비율이 적고 적색광 비율이 높아서 주황색을 약간 띤다. 두 백색 LED 모두 단색 LED에 비해 가시광선 영역에서 연속광을 가지며, 최근에는 광합성에 필요한 파장대를 강조한 식물 생장용 LED가 지속적으로 개발되어 활용되기도 한다.

표 8.6 식물 생산용 광원별 광질분포 및 원적색광(far-red)의 분포와 광효율(Lopez and Runkle, 2017)

광원 종류		광질 분포(%)				R:FR	광전환 효율[z] (%)
		청색광(B) (400~500 nm)	녹색광(G) (500~600 nm)	적색광(R) (600~700 nm)	원적색광(FR) (700~800 nm)		
태양광		23	26	26	25	1.10	43
백열등(60W)		3	14	30	53	0.56	6~7
형광등(CFL: 15 W)		14	37	42	7	6.00	22~27
고압나트륨등(400 W)		5	51	38	6	6.33	29~31
메탈할라이드등		18	49	25	8	3.00	20~21
LED	개화조절용[y]	7	14	36	44	0.82	파장 비율 및 제품에 따라 다양
	식물생장용[x]	12	2	61	27	2.26	
	Cool-white	20	46	30	4	7.50	
	Warm-white	12	39	43	6	7.20	

[z]광전환효율(radiant yield): 투입된 총전기에너지 중 광합성 유효광(PAR)으로 전환되는 비율.
[y]GreenPower LED flowering DR/W/FR(Philips Lighting, Eindhoven, the Netherlands).
[x]Total Grow Night & Day Management lamp (Venntis Technologies, Holland, MI, USA).

그 외에도 플라즈마 램프, 레이저 등 새로운 광원들이 화훼작물을 대상으로 시험되고 있다.

표 8.7 식물 생산용 인공광원 종류별 특징과 용도(技術情報協會, 2009)

광원 종류	특징	주요 용도
백열등	Red와 far-red 많음, 저가, 설치 용이, 비효율, 발열	온실 형태형성용(개화 조절), 식물공장 형태형성용(발아 촉진)
형광등	효율적, 저발열, 다종의 식물재배용 램프 시판, 저가	온실 보광용, 식물공장 광합성용(묘, 근접조사), 조직배양 광합성/형태형성용
고압나트륨등	고효율·장수명, red 많음	온실 보광용, 식물공장 광합성용
메탈할라이드등	효율적, Blue 많음, 태양광 유사형 있음	온실 형태형성/보광용(꽃, 과실의 착색 등), 식물공장 형태형성/광합성용(착색, 형태 조절)
LED	고효율·장수명, 단색광 및 혼합광 모두 조사 가능, 발열이 적어 근접조사 가능	온실 개화 조절(전조), 광합성 촉진(보광), 초장 조절(형태형성), 식물공장의 기본 광원 등 대부분의 광조절에 활용 가능

표 8.8 주요 광원별 측정 단위 간 전환(Lopez and Runkle, 2017)

광원	PPFD (μmol·m^{-2}·s^{-1})	W·m^{-2}		Lux	Foot-candle
		총에너지	PAR[z]		
태양광	1	0.51	0.22	54	5.0
고압나트륨등	1	0.56	0.20	82	7.6
메탈할라이드등	1	0.59	0.22	71	6.6
형광등(cool-white)	1	0.54	0.21	84	6.9
백열등(100W)	1	2.58	0.20	50	4.6

[z]광합성 유효방사(PAR, 400~700 nm) 범위 내에서는 모든 광원의 1 μmol·m^{-2}·s^{-1} ≒ 0.2 W·m^{-2}.
*LED의 경우는 광원 조성과 제품에 따라 전환 수치가 다양함.

2) 차광 시설 및 자재

(1) 차광의 목적

- **광량 감소에 의한 스트레스 저감 및 온도 하강:** 광량이 증가함에 따라 화훼작물의 광합성과 생장이 증가한다. 그러나 과도한 광량에 의해서 온실 내 온도 상승이 일어나거나, 식물이 스트레스를 받을 수 있으므로 작물에 알맞은 광량이 필요하다. 맑은 여름날의 노지에서 식물은 정오경에 **PPFD**(photosynthetic photon flux density, 광합성 유효 광량 자속 밀도)가 약 2,000 μmol·m^{-2}·s^{-1}인 광도에 노출된다. 이때 피복재나 구조물의 차광에 의해 햇빛의

그림 8.3 **다양한 인공광원의 종류 및 유리온실 천정세척기계**(A: 백열등, B: 전구형 형광등(CFL), C: 개화조절용 LED, D: 고압나트륨등, E: 플라즈마 램프, F: 보광용 LED), G: 유리온실 천정 세척 기계

30%가 온실 내부의 식물에 도달하지 않더라도 광포화점보다 상당히 높은 광환경이 된다. 과도한 열과 빛은 잎이나 식물 전체에 스트레스를 일으켜서 광합성을 저하시키며, 심하면 세포 사멸 및 식물 조직 괴사로 이어질 수 있다. 따라서 **차광**은 과도한 햇빛과 지나치게 높은 온도에 따른 스트레스를 줄이기 위해 사용하는 전략 중 하나이다. 차광 시 직사광선이 차광 자재에 의해 산란되면서 온실 내의 광량이 균일해지기도 한다.

- **암흑 조성에 의한 단일처리**: 일장에 감응하는 화훼류의 주년생산에서는 장일기에 단일처리를 통해 단일식물의 개화를 촉진하거나 장일식물의 개화를 억제할 필요가 있다. 예를 들어, 늦봄부터 여름에 영양생장을 하고 있는 국화에 오후 늦게부터 다음날 아침까지 검은 천이나 비닐로 빛을 완전히 차단(**암막처리**)해 주면 개화가 촉진된다. 하지만 이 시기는 고온기이면서 단일처리 시간에도 광량이 일정 수준 이상이 되므로, 암막 내부의 온도가 올라가 개화가 지연(heat delay)될 수 있다. 따라서 온도가 지나치게 올라가지 않도록 환기 등을 실시해 준다. 다만 장일식물의 개화 억제를 위한 단일처리는 실용적으로 활용되지 않는다.

(2) 차광 시설 및 자재

- **차광제**: 화이트워시(whitewash)를 포함한 **차광제**(shading compounds)는 광투과율을 감소시키기 위해 외부에서 온실 유리에 뿌리는 코팅제이며, 적정 시기에는 제거할 수 있다(그림 8.4A). 상대적으로 저렴하며, 온실로 들어가기 전에 빛을 반사하여 열의 유입을 줄이는 장점이 있

그림 8.4 다양한 온실 차광 방식. A: Whitewash 도포를 이용한 차광 처리, B: 고정식 차광, C, D: 개폐식 차광 커튼, E: 차광 · 보온 겸용 개폐식 커튼, F, G: 개폐식 외부 차광 커튼, H: 개화조절용 암막 커튼

다. 하지만 일단 처리된 후에는 차광률이 일정하여 이른 아침이나 흐린 날에는 광량이 부족해 질 수 있고, 시간이 흐름에 따라 조금씩 지워지면서 차광률이 감소하며, 도포 및 제거에 노동력이 많이 들 수 있다.

- **차광막:** 우리나라에서 가장 많이 활용되고 있는 차광 방식은 검정색의 **차광망**(black saran) 또는 알루미늄 증착 필름을 온실 외부나 내부에 고정식 또는 개폐식으로 설치하는 것이다(그림 8.4B~G). 고정식은 저렴하지만 차광률 조절이 안 되는 단점이 있다. 반면 개폐식은 외부 광량에 따라 개폐를 조절할 수 있어 적절한 광량 제어가 가능하고, 보온용 커튼까지 차광용으로 활용하면 광량 관리를 효율적으로 할 수 있다. 보통은 차광 커튼의 개폐 시스템에 타이머가 연결돼서 단순 제어를 하지만, 광센서를 연결하면 식물 생리에 맞는 제어도 가능하다. 온실 외부에 차광막을 설치하면 온실 내부로의 에너지(열) 유입을 감소시켜 온도 상승을 어느 정도 방지할 수 있다. 그러나 강풍이나 호우 등 외부 충격에 의해 손상될 수 있어 국내에서는 내부에 설치하는 경우가 더 많다.
- **암막:** 불투명한 검정색 천이나 검정색 플라스틱(비닐)로 일장이 긴 시기에 모든 빛을 차단하여 인공적으로 낮의 길이를 짧게, 즉 밤의 길이를 길게 한다(그림 8.4H). 태양열로 인해 **암막** 내부의 온도가 상승하여 야간에도 고온(예: 23℃ 이상)이 지속되면, 포인세티아, 국화 등 일부 단일식물에서는 개화가 지연된다. 이러한 열 지연(heat delay)를 회피하기 위해 내서성 품종을 재배하는 것 외에도 해가 지고 나서(예: 오후 9시) 닫고 아침 늦게(예: 오전 9시) 열거나 밤중에는 암막을 열어 두는 방법도 있다. 또한 열을 흡수하는 검은 천이나 플라스틱 대신 빛을 반사하는 알루미늄 또는 반사 외부면이 있는 검은 천을 사용하는 것도 좋다.

3) 특정 광질 차단 및 광질 변환 자재

광합성 유효 파장의 증대, 온도 조절 등을 위해 광질을 변화시키거나 특정 광질을 차단하는 경우도 있다. 광합성에 유효하지 않거나 효율이 좋지 않은 파장을 광합성 효율이 좋은 파장으로 바꾸는 광전환재를 피복 자재에 코팅한 **광전환 필름**이 개발되고 있다. 빛이 피복재를 통과하면서 피복 자재로 인하여 직달광 비율은 낮아지고, 산란광 비율이 증가하는 산광성 필름도 활용된다. 직달광에 비해 산란광은 작물 군락에서 하부까지 투광되고, 온실 내에 균일한 광 분포를 가지는 특징이 있다. 1,000 nm 이상 근적외선의 광투과율을 낮춰서 온실 내 온도의 급격한 상승을 방지하는 적외선 차단 필름도 있다. 피복재에 의해 근자외선을 흡수하거나 반사하는 자재는 응애, 진딧물 등을 억제하는 효과가 있다. 최근에는 유색 네트(photoselective nets)를 사용하여 온실 내의 온도 상승 방지와 더불어 삽수의 발근 촉진, 광합성 효율 증진, 산광 등의 효과를 얻기도 한다.

표 8.9 광요소에 따른 화훼 작물 분류 및 광 조절

광 요소	작물 분류	광요소 조절법	작물	광원/장치
광도	양생식물	약광기(겨울, 장마철) 고광도 보광으로 수량 증대, 품질 향상, 일부 개화촉진 효과	장미, 국화, 리시안서스, 모종(육묘) 등	고압나트륨등 메탈할라이드등 고휘도 LED
		고광기(5~8월)에 차광	대부분의 화훼류	개폐형 차광 커튼
	음생식물	연중 고광도 시기에 차광	관엽식물, 난과식물 등	차광 커튼, 화이트워시
일장	장일식물	단일기 장일처리로 개화 촉진 (촉성재배) 장일기 암막처리로 개화 억제 (억제재배)	리시안서스, 카네이션, 페튜니아 등	백열등 컴팩트 형광등 개화조절용 LED 고압나트륨등(광합성 촉진 겸용) 암막 차광
	단일식물	단일기 장일처리로 개화 억제 (억제재배) 장일기 암막처리로 개화 촉진 (촉성재배)	국화, 포인세티아, 칼랑코에 등	
광질		광질 조절에 의한 줄기 신장 조절	육묘 및 초화류 재배 시 신장 억제 국화 등 절화 재배 시 신장 촉진	고 R:FR, 청색광, UV 광원은 억제, 저 R:FR 광원은 촉진

4 화훼재배를 위한 양수분 조절 시설과 설비

식물은 체내의 70~90% 이상이 수분으로 이루어져 있으며, 뿌리를 통해 흡수한 수분은 식물 세포의 팽압 유지, 다양한 물질의 이동, 대사의 기질 및 용매로 작용하므로, 화훼작물의 원활한 생육과 고품질 생산을 위해서는 적절한 관수가 필수적이다. 또한, 여러 대사작용을 위한 무기원소 흡수 역시 뿌리를 통해 주로 흡수하므로, 뿌리가 있는 근권부 환경의 수분 및 무기원소로 이루어진 비료성분 조절이 매우 중요하다. 인공적으로 식물에게 수분을 제공하는 것을 **관수**(irrigation)라고 하고, **수용성 비료**를 이용하여 시비와 동시에 관수하는 것을 **관비**(fertigation)라 한다. 관비는 기존의 **시비**(fertilization)와 비교하여 비료 시용이 간편하고 빠른 효과를 기대할 수 있어 최근 화훼재배에서 많이 사용되고 있다.

1) 관수시설의 종류 및 특성

(1) 두상관수

두상관수(頭上灌水, overhead irrigation)는 일반 호스와 분사기를 사용하여 식물 위에서 물을 뿌리는 방법으로 가장 저렴하고 기본적인 관수 방법이다. **살수관수**라 불리우는 **스프링클러**(sprinkler)와 유공튜브, 미스트를 이용하여 두상관수를 진행할 수 있다. 설치가 간편하고 비용이 저렴하지만, 작물에 균일한 관수가 어렵고, 상토에 닿지 않는 물이 많아 효율성이 떨어지며, 식물체에 물이 직접 닿게 되어 병충해를 유발할 수 있다는 단점이 있다. 미스트 관수는 강한 수압으로 미세한 물방울을 만들어 식물체 전체를 적시면서 관수하는 것이다. 공중습도도 높일 수 있어 파종상, 삽목상 등 번식용으로 많이 이용된다.

(2) 점적관수

점적관수(點滴灌水, drip irrigation)는 플라스틱 파이프나 튜브에 분출공을 만들어 물이 방울방울 떨어지게 하거나 천천히 흘러나오게 하는 방법이다. 균일한 관수를 위해 **압력보상단추**(pressure compensated emitter)를 사용하는 경우가 일반적이다. 이를 통해 필요한 양만 저압으로 관수하여 물과 전기를 절약할 수 있으며, 하우스 내 습도의 영향도 줄일 수 있다. 식물체 근권 위 지면에 관수되기에 잎, 줄기 및 꽃에 직접 살수되지 않으므로 화훼작물 재배에 많이 사용된다. 양액을 사용할 경우 불순물 등에 의해 분출공이 막힐 수 있으므로 주의해야 한다.

(3) 저면관수

저면관수(底面灌水, subirrigation)는 화분 등 재배용기의 배수공을 통해 모세관 현상을 이용하여 상토에 수분을 흡수시키는 방법으로 상토의 수분 함량이 감소하면 저절로 물이 상승하면서 토양 수분을 일정 수준으로 유지할 수 있다. 저면관수로는 벤치에 흡수성의 매트를 깔고서 물이나 양액을 흡수시켜서 그 위에 놓인 화분의 배수공을 통해 수분을 공급해 주는 **매트관수**와 벤치 내부에 물이나 양액을 일시적으로 채워 배수공을 통해 화분 토양이 수분을 흡수하도록 하는 **담배수**(ebb and flow) **관수**가 있다. 초기 투자비가 다른 관수보다 비교적 많이 들지만 비용을 낮출 수 있는 여지가 있고, 대규모의 자동관수 재배가 가능하며, 화분의 크기에 관계없이 이용할 수 있다. 다만 토양의 과습과 염류집적의 피해를 받을 수 있으므로 주의해야 한다.

그림 8.5 **화훼시설에서 이용되는 관수시설**(A: 두상관수 – 붐 시스템, B: 점적관수 – 점적 핀, C: 점적관수 – 점적 튜브, D: 저면관수 – 매트 재배)

2) 관수 자재

화훼작물의 관수 방법에 따라 배관 및 관수 설비에 차이가 있지만, 대부분 관수관, 펌프, 전자 밸브 및 여과기가 공통적으로 사용된다.

(1) 관수관

관수관은 관수 혹은 관비를 위한 물, 양액이 다니는 통로로, 형태에 따라 파이프(pipe), 튜브(tube), 호스(hose) 등으로도 불리운다. 배관의 길이와 직경에 따라 공급할 수 있는 유량이 달라지므로 관수 배관을 설계할 때 펌프나 시스템으로부터의 거리를 고려하여 관수관의 직경을 결정한다. 관수관은 쉽게 구부러지는 롤관과 곧게 뻗은 직관으로 나뉘는데, 일반적으로 직경 16~60 mm의 규격을 지니고 있다. 관수관의 직경이 크고 주관 길이가 짧을수록 유량이 커지므로, 시설 크기에 알맞은 관수관 규격을 사용하여야 한다.

관수관으로 사용하는 자재로는 폴리에틸렌(PE)으로 만들어진 경질관과 연질관(LD관, low-density 관)이 있다. 경질관은 주로 직관으로 직경 25~75 mm의 규격이 있고, LD관은 직경 13~50 mm의 규격이 일반적이며 롤(roll)관 형태이다. 직관은 주로 펌프, 관비 시스템, 물탱크 등에 접하여 짧거나 모양을 낼 때 주로 사용되며, 롤관은 먼 거리를 배관할 때 사용된다. 연질관은 원예용으로 개발된 호스로 경질 호스에 비해 부드러워서 설치 시간을 단축할 수 있으며, 연결구와 밀착이 잘 되므로 누수를 방지할 수 있다. 각 관의 연결은 연결 목적에 따라 다양한 이음관[새들(saddle), 유니언(union), 엘보(elbow), 티(tee), 미늘(barbed connector), 이경관(reducer), 니플(nipple), 부싱(bushing)]을 사용한다(**표 8.9**).

표 8.9 관수배관에 사용되는 이음관 부품 및 용도

부품명	사진	용도	부품명	사진	용도
새들		관수관을 나눌 때 사용하는 말안장 모양의 버팀용 부품	유니언 (밸브)		관수관의 분해 및 조립이 쉽도록 사용하는 배관 부품
엘보		관수배관에서 방향을 전환하는 부품	티		관수 배관을 분기하는 부품
미늘		나사부속과 연질관 또는 점적 호스를 연결하는 부품	이경관		지름이 다른 관을 접속시키는 부품
니플		양 끝이 수나사로, 피팅과 밸브, 파이프를 연결하는 부품	부싱		배관의 관경 크기를 조절하는 부품

(2) 펌프

펌프는 관수 시 매우 중요한 부속 기계로서, 제조사에서 펌프 성능곡선을 제시하므로 관수시설을 설치할 때 참고하면 유용하다. 재배시 관수 방법과 관수 설비 크기에 따라 펌프가 물을 빨아들이는 능력(흡상), 밀어내는 압력(압상), 그리고 흡상과 압상의 합인 온양정을 참고하여 알맞은 펌프를 사용해야 한다.

(3) 전자 밸브

원예작물의 관수용으로 수동형의 밸브를 사용할 수도 있으나, 최근에는 타이머나 자동급액시스템에 연결하여 관수, 급액이 이루어지는 **전자 밸브**(magnetic valve, 솔레노이드 밸브, solenoid valve)를 사용한다. 전자 밸브에 전기신호가 주어지면 전자석이 작동하여 고무판을 밀어내 밸브를 열어서 물을 통과시키는 방식으로 작동한다. 관수관 및 유량에 따라 알맞은 전자 밸브를 선택하여 이용하여야 한다.

(4) 여과기

이물질의 혼입으로 인해 관수 자재의 막힘이 발생하기 쉬우므로 **여과기** 설치는 매우 중요하다. 관비재배에 이용되는 여과기로는 스크린 필터(screen filter)나 디스크 필터(disk filter)가 주로 사용되고 있다. 스크린 필터의 망은 부식되지 않는 금속이나 플라스틱 재질로 제작되고, 망의 크기는 20~200 mesh(0.08~0.8 mm), 점적관수 시에는 100~200 mesh(0.08~0.15 mm) 규격을 사용한다. 스크린 필터 여과기는 디스크 필터 여과기보다 유기물을 여과하는 능력이 떨어지고, 특히 오래 사용하면 망이 막히는 경우가 있으므로 자주 세척해야 한다. 디스크 필터는 링 모양의 디스크를 여러 장 겹친 후에 압력을 가하여 밀착시키면, 디스크와 디스크 사이, 디스크에 파여 있는 홈에 물이 통과되면서 불순물이 여과된다.

(5) 점적 호스 및 스프링클러

점적관수는 일정한 물량을 균일하게 공급하기 위해 압력조절장치를 이용하는데, 일반적으로 톱니형, 미세관형, 압력조절형이 있고, 형태로는 단추형, 내장형, 테이프형 등이 있다. 스프링클러는 노즐, 배관, 펌프, 원동기 등으로 구성되어 있고, 배관 고정식과 배관 이동식으로 나뉜다. 노즐에서 분출된 물방울은 살수기에서 가까울수록 많이, 그리고 멀수록 적게 분포된다. 그 밖에 노즐의 구경과 수압에 의해서도 살수 분포가 변한다. 그러므로 적정한 분포를 얻기 위해서는 노즐의 구경에 알맞은 최적 수압을 유지해야 한다.

3) 수경재배 설비

수경재배(양액재배)에는 다양한 방식이 이용되고 있는데, 같은 유형이라도 작물의 종류에 따라 조금씩 개량되면서 다양한 시스템이 개발되고 있다. 그러나 수경재배의 시설과 장치는 공통적으로 작물을 심는 베드, 양액을 저장하는 양액탱크, 양액의 급배액장치, 양액의 환경 조절을 위한 환경 조절부 등 4부분으로 나뉜다.

(1) 베드

베드(bed)는 작물을 심어 재배하는 장소로서 작물의 지지수단이 된다. 배양액을 공급받는 상토를 컨테이너, 자루(bag), 슬라브(slab) 등의 다양한 형태로 사용하는데, 작물의 종류, 생육 단계, 크기, 재배 방식 등에 따라 베드의 규격이 달라진다. 여러 가지 형태의 조립형 성형제품이 시판되고 있으므로, 노력과 경비를 절감할 수 있으면서 내구성이 크고 관리가 간편한 자재를 선택한다.

(2) 양액탱크

양액을 공급하거나 배수된 양액을 저장하는 대형 용기로서 플라스틱 성형탱크나 콘크리트 구조물로 지상 또는 지하에 설치한다. 소규모 재배에서는 소형 콘크리트 양액조나 플라스틱 양액통을 사용한다.

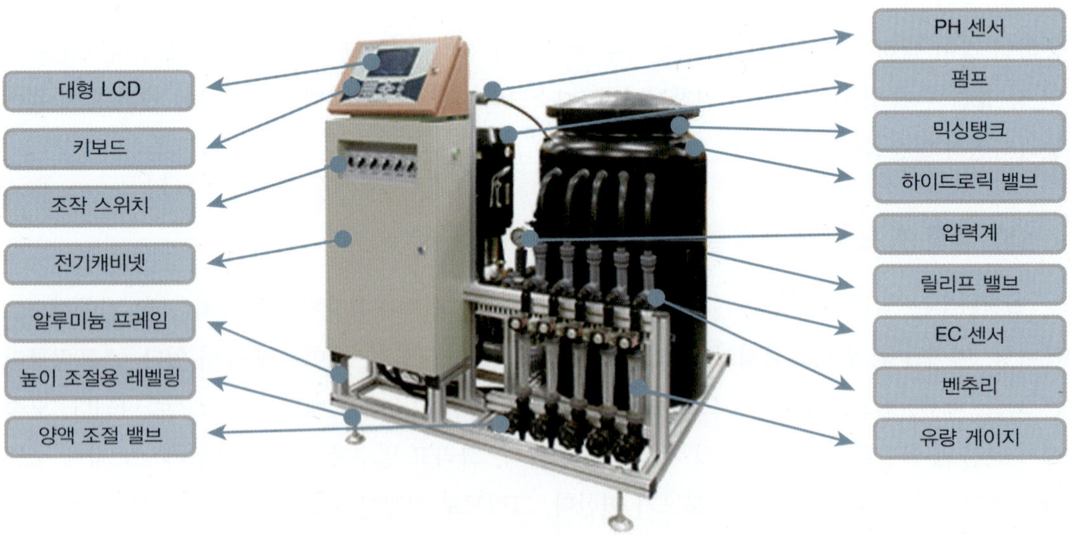

그림 8.6 시설재배에 사용되는 양액기의 형태 및 부품(예시)

(3) 양액 급배액장치

양액의 급배액장치는 펌프와 급배액 파이프로 구성되며, 펌프에 타이머와 전자 밸브를 부착하여 자동화할 수 있다. 배액 속의 뿌리나 상토의 잔류물은 재순환되지 않도록 급액 파이프에 여과기를 부착하거나 양액 탱크로 회수되기 전에 침반조 같은 여과설비를 갖춰서 제거한다.

(4) 환경조절부

양액 탱크나 베드 내의 액온을 조절하는 온도조절장치, 양액 공급을 자동화하는 양액공급장치 등을 설치하여 온도, 농도 및 pH 조절을 생력화할 수 있다. 양액 농도 조절장치는 고농도로 조제된 양액을 물과 혼합하여 식물에 알맞은 농도로 맞추어 주는 장치로, pH 조절장치도 함께 연결될 수 있다.

5 상토

1) 상토의 기능과 특성

상토는 지역에 따라 특성의 차이가 있는 토양과 다르게 작물 재배에 적합한 상토의 특성을 지니고 있는 다양한 소재를 혼합하여 제작한 **무토양배지**(soilless media)이다. 상토(床土, bed soil)의 본래 의미는 어린 묘를 키우는 배지를 뜻하였으나, 최근에는 묘뿐 아니라 전반적인 작물 재배에 사용되고 있는 무토양배지(soilless media)를 혼합하여 사용되는 배양토(growing media, substrate)를 통칭하는 의미로 확대되어 사용되고 있다. 식물을 기른다는 의미에서 **배지**(培地, media)라는 넓은 의미의 용어를 사용하기도 하고, 그 외에 배양토, 배합토, 용토, 배토, 배합(혼합)배지, 인공(혼합)배토 등 다양한 명칭을 사용한다. 상토의 장점은 동일한 품질로 생산할 수 있고, 병과 잡초 발생률이 감소하며, 무게가 가볍고 다루기 쉽다.

일찍부터 상토의 사용을 주도하였던 유럽의 경우에는 인공상토(artificial substrate) 또는 상토(substrate)라고 하는데, 채소류나 화훼류의 육묘 및 재배 시 이용되는 모든 상토를 포함하는 개념이다. 2차 대전 이후 발전된 미국에서는 상토를 배지(media) 또는 원예용토(horticultural substrate)라고 부른다. 원예용토는 무토양배지(soilless media)와 토양 혼합배지(soil based media)로 구분하고 있으며, 재배용배지(growing media)라고도 칭한다.

2) 상토 재료

상토는 광물질을 지닌 토양을 혼합하는 경우도 있으나 다양한 유무기질 재료들을 혼합해서 무토양배지로 사용한다. 작물 특성과 재배 방식에 따라 사용되는 상토는 매우 다양하지만, 그 상토를 구성하는 재료들로는 대체로 높은 보수력과 보비력을 지닌 피트(피트모스, 코이어)와, 통기성과 배수성을 높여주는 펄라이트, 버미큘라이트 등이 주재료로 사용되고 있으며, 그 외 난과식물의 경우 바크, 난석 등의 보완재가 있다.

(1) 피트모스

피트(peat)는 이탄(泥炭)이라고 하여 완전히 탄화할 정도로 오래되지 않은 석탄의 일종을 뜻하지만, 원예에서는 주로 **피트모스**(peat moss)를 뜻한다. 가장 많이 사용되고 있는 피트모스는 **물이끼**(**수태**, sphagnum moss)로부터 만들어지기 때문에 sphagnum peat moss라고도 불리며, 주로 연한 황갈색 또는 갈색을 띤다. 뿌리가 두꺼운 난과식물에 사용하는 물이끼는 건조시킨 **물이끼**를 활용하기도 하는데, 피트모스와는 생산 공정이 다르다. 피트모스는 습지에서 오랜 기간에 걸쳐 만들어지므로, 피트 광산이 있는 북유럽, 북미 지역에서 주로 수입하여 사용한다.

피트모스는 현재 세계적으로 가장 많이 이용되고 있는 상토의 유기물 자재이다. 부피의 80% 이상이 공극으로 되어 있고, 물과 공기가 이상적인 비율로 함유되어 있어 통기성 및 보수력이 매우 우수하다. 또한 **양이온치환용량**(CEC, cation exchange capacity)이 크고, 그에 따라 보비력이 좋으며, 분해에 안정한 유기탄소의 상태로 되어 있다. 이에 따라 상토 내에서 분해가 느리게 일어나기 때문에 이화학성의 유지가 장기간 지속될 수 있다. 이 외에도 무기성분의 함유량이 매우 적고 난분해성으로 분해과정에서의 무기성분 용출도 많지 않으므로 시비조절이 용이하다. 또한 한랭지의 습한 곳에서 생산되므로 사상균, 세균, 해충 및 잡초 종자 등이 없고, 가벼워서 취급이 용이하며, 섬유질상으로 되어 있어 자체 결합력이 우수하여 성형성도 좋다. pH는 3.2~5.5로 낮지만 조정 후에는 안정되는 특징이 있다. 피트모스의 pH를 증가시켜 주기 위하여, 석회를 통해 pH 교정을 하는 경우가 일반적이다. 그러나 보수력이 지나치게 좋아 과습의 우려가 있고, 한번 건조된 후에는 재흡수가 다소 어려운 특징을 지니고 있으므로, 초기에 습윤제(wetting agent)의 사용을 필요로 한다. 우리나라에서는 전량 수입에 의존하므로 고가이고, 수급이 불안정할 수 있으며, 생산지 및 가공 상태에 따라서도 품질이 현저하게 달라질 수 있다. 그러므로 피트모스를 상토로서 사용할 경우에는 이를 충분히 고려하여야 한다.

(2) 코이어(코코피트)

코코넛은 야자나무의 열매로, 열매 껍질에 해당하는 coconut husk의 구조는 최외부에 섬세하고 얇은 섬유층을 지니고 있어서, 이전부터 식물성 천연섬유 소재로 널리 이용되고 있다. 이때 부산물로 산출되는 coconut dust는 몇 년 전까지 그 용도를 찾지 못하여 대부분 폐기처분되었다. 그러나 지속가능한 원예상토 재료로서의 가치가 발견되었고, **코이어**(coir, cocopeat, coir dust)라는 이름으로 그 쓰임새와 관련 연구가 늘어나고 있다.

코이어는 보수력과 보비력이 높고, 통기성이 좋으며, 용적밀도가 낮고, 양이온치환용량이 높아 피트모스와 매우 유사한 이화학적 특성을 지니고 있다. 코이어의 장점으로는 100% 식물성 섬유질 성분으로 자연친화적이며, 통기성, 보수력, 보비력이 좋아 식물의 뿌리 성장에 좋다. 타 상토 재료에 비해 값이 저렴하고, 취급이 간편하며, 암갈색이나 흙색으로 변화시켜서 태양열의 흡수율을 높인다. 또한, 토양미생물의 활동을 촉진하여 토양에 유용한 화학 반응을 촉진시키며, 토양과 혼합 시 토양 속에서 장기간 부패하지 않아 물리성을 개선시킨다. 코이어는 화학적으로는 리그닌, 셀룰로오스 등 불활성 섬유질 성분이면서도 상당한 유기 양분과 미량요소를 함유하고 있다. 물리적으로는 보수, 보비, 통기, 흡수성이 좋고, pH는 5.5~6.5, EC는 0.4 $dS \cdot m^{-1}$ 이하이며, 독성이나 악취가 없다.

코이어는 나뭇가지, 잡초 및 병원균 등 이물질의 오염이 적고, 피트모스와 달리 친수성이므로 초기 관수부터 수분을 쉽게 흡수하며, 보수력과 배수력이 피트모스와 비슷하거나 그 이상으로 있다. 또한, 피트모스보다 물리적 탄력성이 높고, 분해 속도가 더디며, pH, 양이온치환용량이 육묘에 적정한 범위 내에 있고, 한정된 자원이 고갈되어 가는 피트모스와 달리 계속적인 생산이 가능하여, 국내에서 많이 사용되고 있다.

(3) 버미큘라이트

버미큘라이트(질석, vermiculite)는 질석이라 불리우는 운모로 이루어진 무기질 광물로, 가열하면 팽창되는 성질을 이용하여 내열재 및 방음재 등과 같은 건축 자재로 사용하였으나, 최근에는 그 특성을 이용하여 원예상토 재료로 사용하고 있다. 화학적으로는 수화된 마그네슘-알루미늄-철 규산염이며 여러 화학 반응에 우수한 완충작용을 지니고 있다. 약 1,090°C의 온도의 용광로에서 팽창할 시에 질석 표면에 있는 층 사이의 물들이 수증기로 변하면서 작은 다공성의 알맹이들을 형성하게 된다. 또한 고온으로 처리를 하기 때문에 완전히 살균된 상태가 되므로 상토 재료로 사용하기에 적합하다. 팽창된 버미큘라이트는 무게가 매우 가볍고(90~150 kg/m^3) 물에 녹지 않으며, 팽창하면서 생긴 다공성으로 인하여 보수력과 양이온치환용량이 높아 작물 재배에 적합한 경량형 상토 재료로 이용된다. 원예용 버미큘라이트는 보통 4가지 크기로 등급이 매겨지고, 번호로 표기한다. 일반적으로 종자 발아에는 No. 4(0.75~1 mm) 제품을 사용하는데, 종자 파종 후 플러그를 덮어주면 적절한 수분 보유와 함께 통기성을 제공해준다. 버미큘라이트는 압력에 의해 압축되어 다공성 구조가 파괴될 수 있으므로, 운반이나 보관시 조심해야 하며, 비원예용(건축용) 버미큘라이트는 식물 조직에 독성이 있는 화학물질을 이용해서 처리하는 경우도 있으므로 주의하여야 한다.

(4) 펄라이트

펄라이트(perlite)는 진주암(眞珠岩)이라 불리는 용암에서 나온 화산석을 이용하여 만들어진 무기질 광물로, 원석을 분쇄한 후 약 760°C 용광로에서 가열하여 팽창된 물질이다. 버미큘라이트처럼 팽창된 암석이므로 매우 가볍고(80~100 kg/m^3) 멸균상태가 된다. 이에 따라 경량형 상토 재료로 이용될 수 있다. 이렇게 팽창된 펄라이트는 많은 미세한 틈과 공기방울을 보유함과 동시에 통기성과 배수성이 좋아서, 보수력이 좋은 피트(피트모스, 코이어) 위주의 혼합상토 제조 시 과습을 방지해주고 통기성을 확보하기 위한 재료로 사용된다. 펄라이트는 자체 무게의 3~4배의 물을 보유할 수 있으나, 버미큘라이트와 다르게 양이온치환능력이 매우 낮고, pH는 6.0~8.0으로 중성을 띄고 있으나 완충능력은 없다. 펄라이트도 크기가 다양하므로 작물의 재배 목적에 알맞은 입자 크기를 사용하는 것이 좋다. 육묘용 상토에서는 소립자의 펄라이트를 사용해서 삽목묘의 발근이 잘 이루어질 수 있게 해준다.

(5) 암면

암면(rockwool)은 현무암과 같은 다양한 암석을 약 1,600°C의 높은 온도로 녹인 다음 회전시키면서 섬유로 뽑아내어 큐브(cube)와 슬라브 형태로 만들어낸 인공배지 물질로, 현재에는 과채류 및 화훼 수경재배에서 많이 사용하고 있는 상토이다. 암면은 상당한 양의 물을 보유하면서도 공기 공급을 원활히 해주는 장점을 지닌다. 또한 거의 무시할 수 있을 정도의 양이온치환용량을 가지고 있기 때문에 양분을 거의 보유하지 않고 있으며, 따라서 수경재배 시 양액 조절이 수월하다. 암면은 인공적으로 만들어낸 제품으로, 자연적으로 만들어진 호흡기, 발암성 문제를 지닌 석면과는 다르다. 육묘용에는 입상 암면이, 수경재배용 육묘에는 큐브가 널리 이용되고 있다.

(6) 바크

바크(bark)는 주로 삼나무나 전나무, 혹은 다른 활엽수의 나무껍질을 이용한 상토의 재료로, 난과식물이나 목본류와 같이 뿌리가 굵은 식물의 상토로 사용한다. 다른 상토 재료들에 비해 가격이 저렴한 편이나, C/N율을 맞추어 주기 위한 부식이 필요하므로 적절한 가공 후에 사용해야 식물의 질소 흡수에 부정적인 영향을 줄일 수 있다. 해외에서는 바크를 천연 멀칭 재료로 사용하기도 한다.

(7) 난석

난(蘭)과식물은 뿌리가 두껍고, 벨라멘(velemen)이라고 하는 특수한 표피조직이 형성되어 있어서 과습상태가 되면 뿌리에 산소 공급이 어려워진다. 따라서 배수가 잘되고 통기성이 좋은 상토가 요구된다. 화산석의 일종인 경석(pumice)은 다공질로 매우 가벼워 물에 뜨는 특성으로 인해 부석이라고도 하며, 난을 심을 때 많이 이용되고 있다. 특히 일본의 Miyazaki현에서 채취한 휴가토(ひゅが土)가 **난석**으로 많이 이용되는데, 입자의 크기에 따라 대립, 중립, 소립으로 구분하여 사용한다.

(8) 혼합상토

재배하는 작물의 특성 및 재배 유형에 알맞게 여러 상토 재료들을 혼합하여 조제할 수 있으며, 이를 위해서는 재배 품목의 생육습성에 대한 충분한 이해가 필요하다. 기존에는 모래와 무토양배지를 배합하여 혼합상토로 사용하였으나, 현재는 균일한 생산과 노동력 및 유통 비용을 절감하기 위하여 무토양배지를 위주로 한 경량 혼합상토를 많이 사용하고 있으며, 다양한 국내외 상토 업체에서 피트모스, 코이어, 버미큘라이트, 펄라이트 등을 주재료로 해서, 다양한 입자 크기와 비율로 배합한 뒤 pH와 EC 등을 보정하여 균일한 품질의 혼합상토를 생산하고 있으므로, 재배 목적에 알맞은 혼합상토를 선택하여 사용하면 된다.

그림 8.7 다양한 상토 재료

6 화훼 스마트팜(온실복합환경제어 시스템)

1) 스마트팜의 개념과 미래 스마트농업

컴퓨터와 인터넷 기술의 발달과 함께 ICT(information and communication technology) 기술이 일상화되었고, 이를 통해 모여진 **빅데이터**(big data)를 **인공지능**(AI)이 분석하는 **4차 산업혁명** 기술과 더불어 농업의 새로운 방향이 제시되고 있다. **스마트팜**(smart farm)이란 센서, 구동기, 인터페이스 등의 하드웨어, 작물의 최적 생육을 위한 재배 환경 제어 결정지원시스템(decision support system)을 지닌 소프트웨어, 이러한 정보를 실시간으로 전송하여 원격 모니터링과 제어가 가능한 네트워크가 탑재된 스마트 기술이 적용된 농장을 의미한다. 현재 이러한 기술들이 적용된 **온실복합환경제어시스템**이 대표적인 스마트팜 기술의 예이다. 인터넷과 같은 네트워크를 이용하여 온실 내 환경요인을 원격으로 모니터링하고, 필요시 목적에 맞게 효율적으로 환경을 조절함으로써 작물의 적정 생육환경을 효율적으로 관리할 수 있으므로, 지속가능한(sustainable) 미래를 위한 농업이라 할 수 있다. 단지 작물 생산에만 국한된 것이 아니라 생산에 이어, 가공, 유통, 시장, 계획을 포함한 부분을 **스마트 농업**(smart agriculture)이라 한다. 초연결시대에 알맞게 시장에서 요구하는 상품을 효율적으로 생산, 유통하고, 생산자들의 경영 지원까지 이르는 방식으로 전 세계적으로 새로운 농업의 변화 방향성을 제시하고 있다.

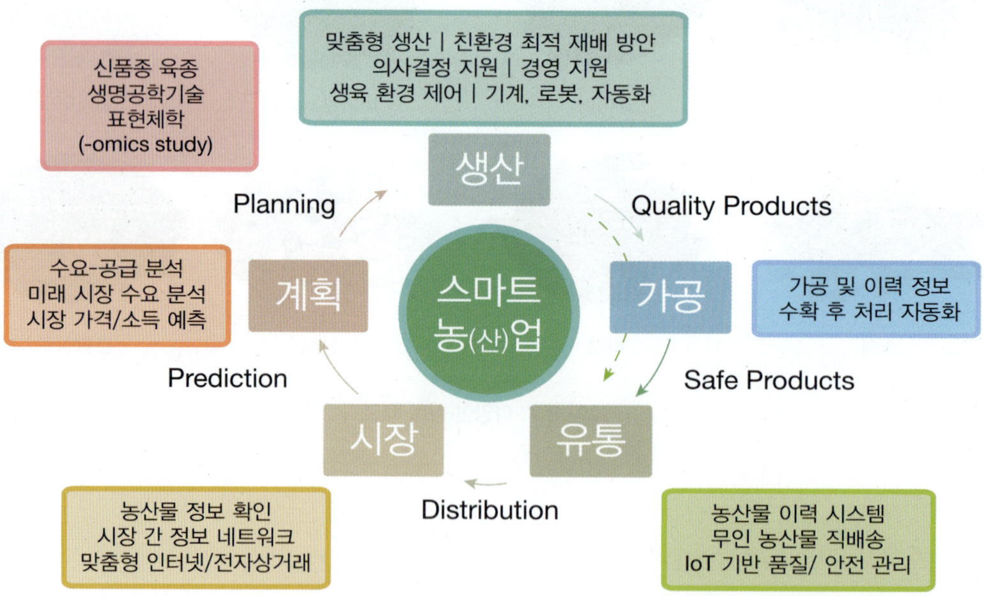

그림 8.8 4차 산업혁명을 통해 생산-가공-유통-시장-계획이 연결된 스마트 농업

2) 스마트팜 구성 요소

작물 재배에 필요한 온실 환경을 적정하게 유지 및 관리하기 위해서는 무엇보다도 온실 환경 상태(온도, 습도, 광, 이산화탄소 및 근권부 환경 등)를 정확히 측정하고 식물 생장을 모니터링할 수 있는 계측장치가 필요하다. 온실 내외부에서 다양한 종류의 센서와 계측장치들이 사용되는데, 특히 온실 외부 모니터링 센서가 제공하는 정보들은 외부 기상조건에 의한 온실 내부의 변화를 예측해 주므로 올바른 조치를 미리 취하는 데에 큰 도움이 된다. 이론적으로는 다양한 센서 및 계측장비들을 통해 식물 생장과 온실 환경 상태에 대한 정보를 더 많이 확보할수록 재배에 필요한 최적화된 의사결정을 수행할 가능성이 상대적으로 높아진다.

(1) 계측장치

계측장치(sensor node)는 일반적으로 작물 생육에 영향을 미치는 환경요인을 측정하는 센서들로 온습도, 광도, 이산화탄소 농도 센서들을 이용하여 지상부 환경을 측정하며, 토양 센서를 활용하여 근권부 환경의 수분함량, 온도, 전기전도도(EC)를 측정할 수 있다. 온실 내의 광도를 측정할 센서로 일사량 센서(pyranometer) 혹은 광량자속밀도(PPFD)를 측정하는 광량자 센서(quantum sensor)를 사용할 수 있다. 온실 외의 일사량, 온도, 상대습도, 풍향, 풍속, 강우 등도 센서를 이용하여 측정할 수 있다. 자체적인 데이터 수집 기능을 지닌 데이터로거(data logger)를 사용하거나 메인시스템으로의 통신 기능을 위하여 노드를 사용하기도 한다.

(2) 제어장치

제어장치(actuator node)는 온도 조절을 위한 환기, 난방, 천창/측창 개폐, 광 조절을 위한 차광커튼, 보광, 이산화탄소 공급, 관수 및 양액기 제어 장치 등으로 구성된다. 중앙제어장치를 통해 구동이 되는 경우도 있지만, 넓은 범위의 농장에서는 통신 기능을 위하여 노드가 사용되기도 한다.

(3) 영상 장비

비파괴 온도 측정용 적외선 카메라(infrared thermocamera), 작물 생장 및 병충해 예찰을 위한 초분광카메라(hyperspectral camera)뿐만 아니라, 작물 생육 모니터링을 위한 CCTV 또는 웹캠 등도 사용한다. 통신 기능을 위하여 노드가 사용된다.

(4) 통신 장비

센서, 센서노드, 제어장치, 영상장비, 복합환경제어시스템 간의 인터페이스(interface) 데이터 전송뿐만 아니라, 데이터 서버와 스마트폰 클라이언트 간의 통신에 이르기까지 다양한 통신 프로토콜이 사용되며, 국내에서는 센서-구동기 통합 노드 간 통신 프로토콜 및 다양한 인터페이스 통신 방법에 표준화를 진행하여 활용하고 있다.

(5) 복합환경제어시스템

센서 노드로부터의 측정 데이터를 온실운영시스템으로 전달하고, 온실운영시스템으로부터의 명령을 다시 구동기 노드에 전달하는 데 사용한다. 데이터를 수집하고 분석하는 데 사용할 수 있으며, 효율적 재배를 위한 의사결정지원시스템을 제공할 수 있다.

(6) 무인자동화 장비

복합환경제어시스템의 의사결정지원시스템에 따라 단순 구동뿐만 아니라, 적극적인 로봇 활용을 통해서 생력화 생산을 위한 재배, 방제, 수확, 선별이 가능한 기술이 개발되고 있다.

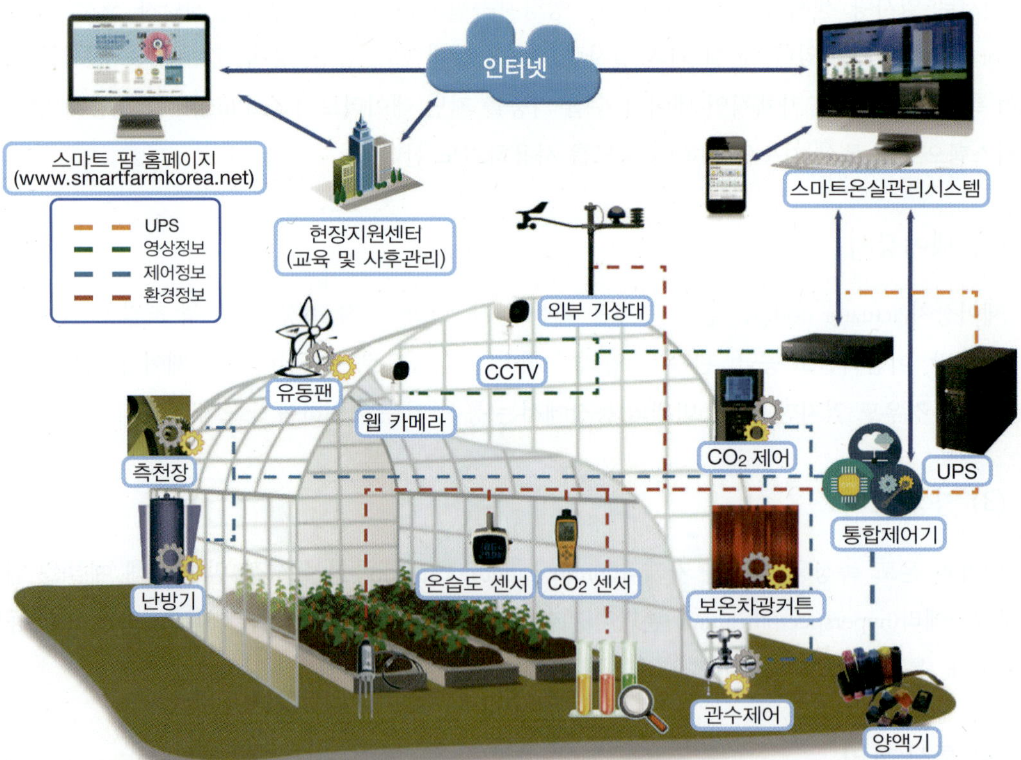

그림 8.9 스마트 온실 구성도 〈농림수산식품교육문화정보원〉

참고문헌

- 농림수산식품교육문화정보원. https://www.smartfarmkorea.net
- 농촌진흥청. 2011. 품목별 농업소득 향상 운영 매뉴얼(화훼 분야). https://amis.rda.go.kr/portal/cm/articlemenu/lst
- 산업통상자원부 보도자료. 2013. 2014년부터 백열전구 생산수입 금지. http://www.motie.go.kr
- 오욱. 2011. 식물생산용 인공광원의 특성과 활용. 전기의 세계 60:33-40
- 최종명 외. 2009. 상토학. 학예사
- 한국화훼연구회. 2006. 화훼원예학총론. 문운당
- 技術情報協會. 2009. 植物工場ビジネス戰略と最新栽培技術. (株)長榮印刷, 東京, 日本
- Dole JM, Wilkins HF. 2004. Floriculture: principles and species, 2nd ed. Prentice-Hall Inc., Upper Saddle River, NJ. USA
- Lopez R, Runkle ES. 2017. Light management in controlled environments. Meister Media Worldwide, Willoughby, OH. USA
- Nau J. 2011. Ball redbook 18th ed. Ball publshing, West Chicago, IL. USA
- Oh W, Runkle ES. 2016. Flowering and morphological responses of petunia and pansy as influenced by lamp type and lighting period to provide long days. Korean J Hortic Sci Technol 34:207-219

FLORICULTURE

CHAPTER 09

생장조절물질

유용권·이승연·정현환

발아, 발근, 생장, 개화, 결실, 휴면, 노화와 같은 **식물생활환**(life cycle)의 과정이 정상적으로 진행되기 위해서는 적당한 환경이 필요하며, 환경의 영향을 받은 식물체는 생장을 조절하는 화학물질을 생성하게 된다. 이들 화학물질이 **식물호르몬**(phytohormones)이다. 식물호르몬은 mRNA를 합성하여 단백질을 생성함으로써 생활환이 정상적으로 진행되게 한다. 식물호르몬은 1) 식물체 내에서 합성되는 유기화합물로, 2) 매우 낮은 농도(0.01~1 μM)로 작용하며, 3) 합성된 부위에서 작용 부위로 이동하여, 4) 생리 반응을 조절하는 물질로 정의된다. **식물생장조절물질**(plant growth regulators)은 식물호르몬 및 유사한 작용을 하는 인위적으로 합성한 물질을 포함하며, 낮은 농도로 식물의 모든 생리 반응을 조절하는 물질이다. 생장조절물질은 식물의 생장을 촉진하는 것과 억제하는 것으로 구분할 수 있다. 화훼류에서 생장조절물질의 역할을 이해하면, 이를 이용하여 생리현상들을 조절할 수 있기 때문에 매우 중요하다.

1 옥신류

1) 발견의 역사 및 특성

옥신(auxin)은 식물호르몬 중 가장 먼저 발견되었으며, 화훼작물에서는 발근 촉진을 위해 주로 활용되지만 2,4-D와 같은 합성옥신은 제초제로도 이용되고 있다. 다윈(1880), 보이센-얀센(1913), 파알(1919), 벤트(1926) 등이 유묘와 자엽초 실험으로 **굴광성**이 생장조절물질과 농도에 비례하여 조절된다고 밝힌 이후, 쾨글(1931)이 사람의 소변으로부터 동일한 성질의 물질을 분리하였고 이를 옥신이라 명명하였다.

2) 옥신의 종류, 합성 및 이동

식물체 내에서 합성되어 분포하며 활성을 나타내는 천연옥신에는 IAA, IBA, 4-Cl-IAA, IPA,

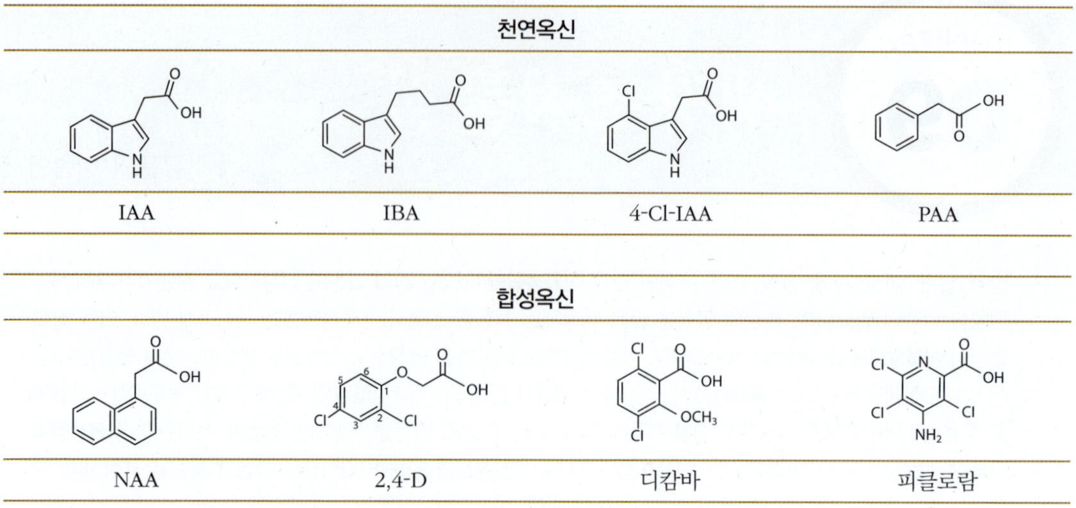

그림 9.1 옥신의 종류(https://en.wikipedia.org/wiki/Auxin)

PAA 등이 있다. 인위적으로 합성된 옥신에는 2,4-D, 2,4,6-T, MCPA, NAA, picloram, dicamba 등이 있다. 이 가운데 2,4-D와 같은 클로로페녹시산 그룹은 쌍자엽식물류의 광엽제초제로 사용되기도 한다(그림 9.1).

옥신의 생합성은 줄기의 분열조직이나 어린 조직에서 일어나고, 조직이 오래될수록 생성 능력이 떨어지며, 활발하게 신장하는 뿌리의 근단에서는 옥신이 합성되기도 한다. 빛이 필수적인 것은 아니지만, 빛이 있으면 합성량이 높아지고, 겨울보다 온도가 높은 봄에 생성량이 많다. 생합성된 옥신은 정단부에서 기부로 세포와 세포 사이를 통과하는 **향기적**(basiptal) 이동(극성수송)을 하여 줄기를 뒤집어 놓으면 옥신은 중력의 반대 방향으로 이동하게 된다. 성숙한 잎에서 생합성된 경우에는 체관부를 통해 비극성수송을 나타내며 확산보다 빠르게 상하 측면으로 이동할 수 있다. 뿌리의 정단부에서는 극성수송(표피와 피층 유세포)과 더불어 **향정적**(acropetal)으로 이동하는 비극성수송(체관)을 나타낸다(DOI:10.1199/tab.010).

3) 옥신의 생리적 기능

(1) 세포 분열과 생장 촉진

옥신은 세포의 신장과 확장을 촉진하며, 식물의 기관과 분포 농도에 따라 생장을 촉진하기도 하고 억제하기도 한다. 뿌리, 눈, 줄기 순으로 옥신 농도에 민감하게 반응하며, 줄기 생장을 촉진하는 농도는 뿌리 생장을 억제하는 편이다(DOI: 10.1079/ivp2002393).

(2) 조직과 기관 분화

조직배양 시 옥신은 시토키닌과 함께 **캘러스** 형성을 촉진하고, 줄기나 캘러스로부터 통도조직과 **부정근**의 분화를 유도하며, 삽목시에는 발근을 촉진하는 경우가 많다. 신초 형성과 뿌리 발생은 옥신과 시토키닌의 비율에 따라 조절되며, 일반적으로 옥신의 비율이 높아지면 뿌리 발생이 촉진된다.

삽수의 발근 촉진에는 일반적으로 NAA와 IBA가 IAA에 비해 많이 사용되지만, 종에 따라 옥신의 종류와 농도에 대한 반응이 상이하므로 선행연구를 참조하여야 한다. IAA는 체내에서 안정성이 떨어지고 쉽게 분해되지만, 합성옥신인 NAA와 IBA는 지속성이 높고 효과가 좋아 많이 사용된다. NAA 또는 IBA를 주성분으로 하는 **발근촉진제**가 액제 또는 분제 형태로 판매되고 있는데, 일부 제품은 시토키닌인 BA(benzyladenin)을 함유하기도 한다. 시중에 많이 알려져 있는 발근촉진제로는 루톤, 호르맥스 등이 있다.

발근촉진제는 발근이 어렵고 느린 종의 발근율, 발근 수, 발근 속도를 향상시킨다. 하지만, 발근이 잘되는 종에서는 비교적 효과가 적거나 고농도에서는 억제 효과를 나타내기도 한다. 옥신류는 물에 잘 녹지 않기 때문에 알콜이나 유기용매에 녹인 후 물로 희석하는 경우가 많은데, 알콜이나 유기용매에 의한 피해와 희석 과정에서 옥신류가 용출되는 경우가 많이 발생한다. 최근에는 물에 쉽게 녹는 K-IBA, K-NAA 등이 생산되고 있다.

삽목시 옥신 처리는 저농도에서 비교적 긴 시간을 침지하거나 고농도에서 순간침지하는 방식을 많이 사용하고 있으며, 잎이 있는 녹지삽목을 할 때는 엽면살포 방식을 사용하기도 한다. 옥신 처리는 삽수조제 후 배지에 삽목하기 전에 이루어지는 것이 일반적이지만, 발근이 매우 어려운 동백은 삽목 2주 후에 처리하면 발근율이 향상되기도 한다(Blythe et al., 2007). 삽수의 발근은 옥신 농도보다는 발근억제물질의 존재여부나 삽수의 옥신 감수성(활성) 등에 영향을 더 받는다.

(3) 노화와 기관의 탈리 억제

잎의 옥신 함량이 감소하면 생장이 멈추고 노화가 촉진되는데, 옥신을 인위적으로 처리하면 잎의 노화가 지연된다. 가을에 잎의 옥신 함량이 감소하면 **탈리층** 형성이 촉진되는 반면, 옥신 함량이 충분하면 탈리층 형성이 억제된다. 탈리층은 가지, 꽃, 과실 등에서도 나타나는데, 과수의 낙과 방지를 위해 옥신을 인위적으로 사용하기도 한다.

(4) 정아우세성

정아우세성(apical dominance)은 줄기 선단부에서 생성된 옥신이 측아의 생장을 억제하는 현상으로, 스탠다드형 절화 등에서는 측아의 발생과 생장을 억제하기 위하여 사용되기도 한다.

(5) 굴광성과 굴지성

식물의 줄기가 빛의 방향으로 자라는 현상을 **굴광성**이라 하고, 줄기를 수평으로 놓았을 때 지상부는 위로 지하부는 아래로 자라는 현상을 **굴지성**(굴중성)이라 한다. 이는 광이나 중력의 영향을 받아 줄기와 뿌리 내 옥신의 분포가 불균일해지면서 나타나는 현상이다. 줄기는 빛이 비추는 반대면의 옥신 농도가 높아지면서 생장이 이루어져 빛의 방향으로 휘어지지만, 뿌리에서는 아랫면 쪽에 옥신의 농도가 높아지면 생장이 억제되고 윗면이 생장된다. 이에 따라 뿌리는 아래로 굽게 된다(DOI:101016/S0960-9822(99)80033-5).

2 시토키닌

1) 발견의 역사와 화화적 구조

Skoog 등(1955)은 세포 분열이 일어나지 않는 담배의 수 조직에 정어리 정액을 처리했을 때 세포 분열이 촉진되는 것을 관찰하고서, 이 물질을 **키네틴**(kinetin)이라고 명명하였다. 천연 시토키닌은 Letham(1963)에 의해 옥수수의 미숙 종자에서 분리된 **지아틴**(zeatin)이다. 시토키닌은 키네틴과 유사한 생리작용을 하는 화합물로서, 6-아미노퓨린(6-aminopurine)의 아미노기가 치환된 유도체이다. 시토키닌 종류에는 지아틴, 키네틴, BA(6-benzylaminopurine), TDZ(thidiazuron) 등이 있다(그림 9.2).

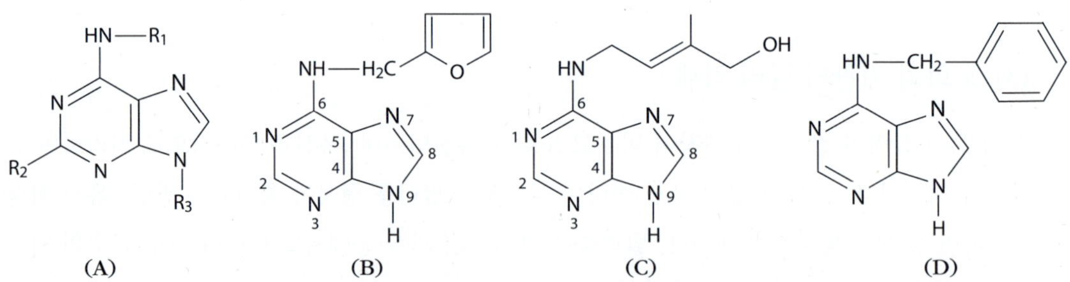

그림 9.2 시토키닌의 기본 구조(A)와 키네틴(B), 지아틴(C), BA(D)의 구조

2) 생리작용

(1) 세포 분열 촉진

시토키닌은 옥신과 함께 배양한 조직의 세포 분열을 촉진하는 것으로 알려져 있다. 크로코스미아의 자방과 소화 배양에서 BA와 2,4-D를 혼용하여 처리하면 캘러스의 형성률이 향상되어 세포 분열이 촉진되었다(고 등, 2007).

(2) 잎과 줄기 형성 촉진

시토키닌은 화훼류의 잎과 줄기의 형성을 촉진하는데, 유색칼라 경정배양에서 BA나 TDZ를 처리하면 무처리나 옥신류를 혼용한 처리보다 줄기 형성이 촉진되었다(유, 2009). 또한 시클라멘 육묘 시 BA를 처리하면, 무처리에 비해 엽수가 8매 정도 더 많아졌다(안 등, 2005).

(3) 곁눈 발달 촉진

시토키닌은 정아우세 현상의 원인인 옥신과 길항적으로 작용하여 측아의 생장을 촉진한다. 전정 시 정아 부분을 절단하면 측아 생장이 촉진되어 옆으로 퍼지는 수형을 만들게 되는데, 이는 뿌리에서 전류된 시토키닌이 측아에 공급되기 때문이다. 버베나 삽목에서 BA 10~30 mg·L^{-1}을 엽면살포하면 측아 신장을 촉진한다(Svenson, 1991). 포인세티아에 BA 25~50 mg·L^{-1}을 처리하면, 측아 생장이 유도되고 측지 발달이 촉진된다(Semeniuk and Griesbach, 1985).

(4) 종자 발아와 휴면타파

자생 중나리는 BA 처리에 의해 종자 발아율이 향상되었다(김과 김, 2009). 마가목(*Sorbus commixta*)의 종자 휴면타파를 위해 BA 200 mg·L^{-1} 용액에 20분간 침지한 후 파종하면, GA_3 처리보다 발아율이 크게 향상되었다(이 등, 2003).

(5) 화아 형성과 개화 촉진

시토키닌은 개화에도 영향을 미치는데, *Phalaenopsis* 'Brother Apollo'와 'Golden Treasure'에 BA 400 mg·L^{-1}을 살포하면 꽃대 수와 소화경 수가 많이 증가하였다(Blanchard and Runkle, 2008). 또한, Easter cactus에 BA 50 mg·L^{-1}을 살포하면 꽃봉오리의 수가 증가되었다(Boyle, 1995).

(6) 노화 억제

절화 유스토마를 BA 50 mg·L^{-1} 용액에 24시간 침지 처리했을 때, 에틸렌 생성이 억제되어 엽록소 함량이 증가하고 꽃의 노화가 지연됨에 따라서 절화 수명이 연장되었다(Karimi and Asil, 2010). 또한, 무늬둥글레 절지를 수확 직후 BA 200 mg·L^{-1}로 엽면살포했을 때, 엽록소 함량이 대조구보다 높게 유지되고, 절지의 수명도 3배 정도 연장되었다(이 등, 2011). 시토키닌이 잎의 노화를 억제할 수 있는 것은 주변으로부터 영양분을 모으는 능력이 있기 때문이다.

3 지베렐린

1) 발견의 역사와 화학적 구조

지베렐린(gibberellin, GA)의 발견은 1920년대 일본의 식물병리학자인 Kurosawa의 벼 키다리병 연구로부터 시작되었는데, 그 병원균인 *Gibberella fujikuroi*의 균사 배양액을 벼에 처리한 결과에서 키다리병이 발생함에 따라, 이 병의 병징이 화학물질에 의해 유발됨이 밝혀졌다. 이 물질은 Yabuta와 Sumiki(1938)에 의해 순수분리되었으며, 병원균의 이름을 따서 지베렐린이라 명명하였다. *Gibberella fujikuroi*의 배양액과 각종 식물로부터 130종류 이상 분리, 동정되어 구조가 결정되었다. 기본 구조는 ent-gibberellane을 기본 골격으로 한다(그림 9.3).

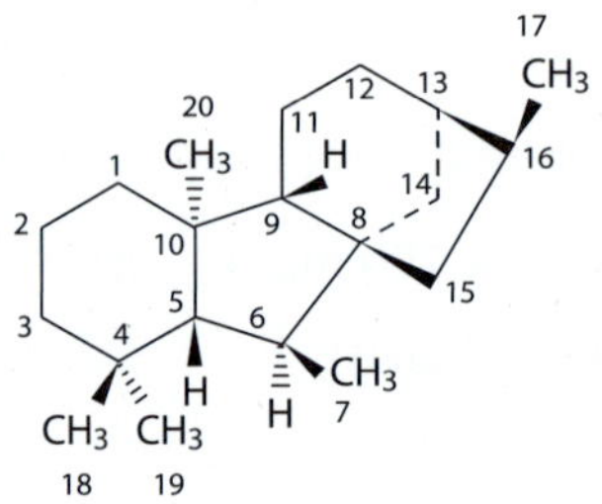

그림 9.3 지베렐린의 기본 골격인 ent-gibberellane의 구조

2) 생리작용

(1) 세포와 줄기 신장 촉진

GA는 식물의 초장을 조절하는 호르몬으로 알려져 있는데, 왜성식물에 처리하면 초장이 길어

진다. 시클라멘은 고온과 저광도 조건에서 초장이 길어지고, 잎이 커지는데, GA_3와 GA_{4+7}을 엽면 살포하면 동일한 현상이 나타난다. 이러한 결과는 고온과 저광도 조건에서 내생 GA의 함량이 높아지고, GA의 작용으로 세포가 신장하기 때문이다(Oh et al., 2015).

(2) 화아분화와 개화 촉진

개화에 저온을 요구하는 식물에 대한 GA 처리는 저온을 대체하여 추대를 유도하는 경우가 많다. 장일성 식물도 단일조건에서 GA 처리에 의해 꽃눈 형성과 개화가 촉진된다. 복수초나 노루귀는 화아 발달에 저온을 요구하는데, 복수초에 저온 대신 GA_3 100~500 mg·L^{-1} 처리하면 휴면이 타파되고 정상적인 개화를 유도한다(Jung and Kim, 2011). 4주일 자란 아프리칸 매리골드의 잎과 정단 부분에 GA_3 400 mg·L^{-1}을 처리하면 개화수가 160% 증가한다(Meshram et al., 2015). 또한, GA는 수꽃의 분화를 촉진하는데, 상대적으로 옥신/GA의 비율이 높을 때는 암꽃이, 낮을 때 수꽃이 되게 한다.

(3) 휴면 종자의 발아

생리적 휴면을 하는 종자는 **저온층적**(cold stratification)이나 GA 처리에 의해 휴면이 타파되어 발아가 촉진된다. 또한, GA 처리는 저온층적 처리를 완전 또는 일부 대체하여 휴면타파의 효과가 나타난다. 제비동자꽃은 5°C에서 6주일 이상 저온처리하거나 GA_3 1,000 mg·L^{-1}으로 24시간 처리하면 발아율이 무처리보다 70~80% 향상된다(류 등, 2017). 종자의 휴면타파를 위한 GA의 적정 처리 농도와 시간은 식물의 종류에 따라 다르다.

(4) 종자 발아

종자 발아 과정 중 배나 배반에서 생성된 GA는 가수분해효소의 생성을 유도하고, 생성된 효소에 의해 배유의 저장양분이 분해되어 배가 발아하는 데 필요한 양분으로 사용된다.

(5) 노화 억제

GA는 엽록소, 단백질, RNA의 감소를 억제하고, 잎과 경정의 노화를 억제한다. 무늬둥글레의 절지는 무처리에서는 엽록소 함량이 75%까지 감소하지만, GA_3 200 mg·L^{-1} 처리에서는 엽록소가 거의 소실되지 않아 잎의 황화현상이 억제되어 노화가 지연된다(이 등, 2011). 오리엔탈백합 '카사블랑카' 절화를 GA_3 25 mg·L^{-1}가 함유된 보존용액에 놓으면 잎의 엽록소 소실이 적어 황화현상이 지연되어 절화수명이 연장된다(황 등, 2009).

4 에틸렌

1) 발견 역사와 화학적 구조

러시아의 Neljubow(1901)는 석탄 가스에 노출된 완두의 줄기에서 나타나는 3중 반응(신장억제, 비대생장, 수평생장)이 석탄 가스 중에 함유된 에틸렌의 작용에 의한 것임을 밝혀냈다. Cousin(1910)은 오렌지와 바나나 과일을 섞어 수송하는 경우에, 오렌지에서 발생한 가스에 의해 바나나의 숙성이 촉진되는 것을 발견한 후 식물체에서 에틸렌이 생성됨을 처음으로 제안하였다. Gane(1934)은 성숙한 사과 과일에서 발생하는 가스가 실제 에틸렌임을 화학적 방법을 통해 증명하였다.

에틸렌은 2개의 탄소 원자가 불포화 결합된 단순한 구조의 탄화수소이며(그림 9.4), 무색의 가스로서 상온에서는 공기보다 가볍고, 물 속에서는 미량이 용해된다. 식물에서 에틸렌 생합성 재료로는 methionine이 이용되는데, methionine은 SAM(S-adenosylmethionine)으로 전환되고, SAM은 ACC synthase에 의해 ACC로, ACC는 ACC oxidase에 의해 에틸렌으로 합성된다(Yang and Hoffman, 1984). 에틸렌을 원예적으로 이용하려면 에틸렌을 발생시키는 에테폰(ethephon)을 처리해야 한다. 이러한 물질의 상품명으로는 에스렐(ethrel)과 플로렐(florel) 등이 있다.

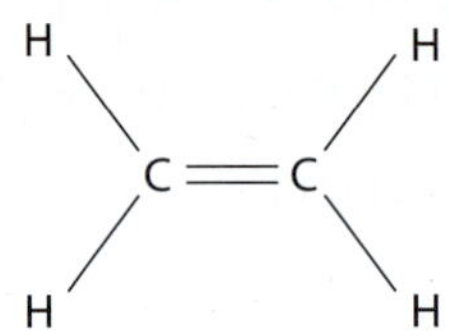

그림 9.4 에틸렌의 화학적 구조

2) 생리작용

(1) 신장 생장

나팔나리와 녹자백합은 접촉 자극에 의해 에틸렌이 생성되어 신장 생장이 억제되고, 세포의 횡적 팽창이 증가함에 따라 줄기가 비대한다. 이는 횡적으로 팽창하는 세포에서는 정상 세포보다 세포벽의 섬유소가 더 많이 상하 방향으로 배열됨으로써, 상하 신장이 억제되고 횡적으로 더 잘 팽창하기 때문이다.

(2) 화아 유도와 개화 촉진

에틸렌은 대부분 화훼류의 개화를 억제 또는 지연시키는데, *Guzmania*, *Aechmea*, *Neoregelia*, *Ananas* 등 파인애플과와 *Plumbago indica*, *Mangifera indica* 등의 식물에서 개화를 촉진한다(Dukovski et al., 2006).

(3) 휴면아 발아

수선, 튤립, 백합, 글라디올러스, 크로커스, 베고니아, 시클라멘 등 구근류의 **휴면아**는 에틸렌에 의해서 휴면이 타파되어 발아가 촉진된다. 프리지아 'Yvonne' 구근은 에틸렌을 처리하면 휴면이 타파되어 맹아율이 증가하였다(이 등, 1998).

(4) 기관 탈리

잎, 과실, 꽃 등의 기관이 줄기에서 떨어지는 탈리 현상은 이들 기관과 줄기 사이에 **이층**(abscission layer)이 형성되기 때문이다. 에틸렌은 잎의 옥신 합성과 이동을 방해하고, 세포벽 분해효소를 합성하여 이층 세포의 세포벽 분해와 기관의 탈리 현상이 나타난다. ABA는 에틸렌의 생성을 촉진해서 이층 형성을 촉진한다.

(5) 노화

식물에 에틸렌을 처리하면 노화가 촉진되는데, 엽록소의 분해, 각종 가수분해효소의 활성 증가, 세포막 투과성의 촉진, 호흡율의 증가 등 생리적인 변화가 나타난다. 나팔나리는 에틸렌 처리로 노화가 촉진되어 꽃의 조기 위조와 조기 낙화 현상이 나타났다(이와 노, 1985). 카네이션 꽃은 꽃잎이 안쪽으로 오므라들고 시들며 노화하는데, 클라이막테릭 호흡을 하는 과일처럼, 에틸렌 생성량이 수확 후 6일째에 급격히 증가했다가 감소한 이후에 노화가 시작되었다. 또한, 꽃 자체에서 에틸렌이 생성되는데, 에틸렌의 작용을 억제하는 STS(silver thiosulfate) 또는 에틸렌의 합성을 억제하는 AOA(aminooxyacetic acid)로 처리하면 노화가 억제되었다(이 등, 1990).

(6) 액아 착생 및 분지 촉진

무측지성 국화 'Shinweoljo'에 에세폰을 처리하면 액아(腋芽, axillary bud)의 착생이 2배 증가하였다(신과 최, 1996). 또한, 분화식물에 에틸렌을 발생시키는 'Florel'을 살포하면, 분지가 촉진되어 초형이 향상되었다. 이 뿐만 아니라, 모주에 살포하였을 때는 더 많은 삽수를 얻을 수 있었다.

5 앱시스산

1) 발견 역사와 화학적 구조

(1) 발견 역사

식물체에는 오래전부터 **생장억제물질**(plant growth retardants)이 존재한다고 알려져 왔으며, 1) 눈의 휴면과 관련되어 있으면서 눈의 생장을 억제하는 물질, 2) 생물검정법에서 생장억제 작용을 나타내고 옥신과 상반된 작용을 하는 물질, 3) 잎, 줄기, 과실 등 기관의 탈리를 일으키는 물질 탐색의 3가지 방향으로 연구되어 왔다. Liu와 Carns(1961)는 목화의 성숙한 과피로부터 낙과를 촉진하는 생장억제물질을 분리하여 'abscisin'으로 명명하였다. Ohkuma 등(1963)은 목화의 어린 과실로부터 엽병의 탈리를 촉진하는 또 다른 물질을 분리하여 'abscisin II'로 명명하였다. 이후 꽃, 과실 등의 탈리를 일으키는 물질이 abscisin II와 동일한 물질임이 밝혀졌다. Wareing(1964)은 단풍나무, 자작나무 등의 잎으로부터 억제물질을 추출, 분리하여 'dormin'이라고 명명하였다. 이후 'dormin'은 'abscisin II'와 동일한 물질임이 밝혀져서(Cornforth 등, 1965), **앱시스산**(ABA, abscisic acid)로 명명되었다. 위 옥신의 작용 억제물질은 'β-complex inhibitor'로 명명되었으나, 이후 ABA를 주요 성분으로 하는 억제물질의 복합체임이 밝혀졌다.

(2) 화학적 구조

ABA는 엽록체나 녹말체를 포함하는 거의 모든 세포에서 40-탄소인 카로티노이드 중간체를 통한 간접적인 경로에 의해 합성된다. ABA의 기본 구조는 5-carbon isoprene 단위로 이루어지며, 4개의 isoprene 단위(diterpene)로 된 지베렐린과는 다르게 3개의 단위(sesquiterpene)로 되어 있다. ABA는 하나의 카복실기(−COOH)를 가지고 있고, 비대칭 탄소원자를 가지므로 2개의 광학 이성질체가 생성된다. 식물체 내에서 생합성되는 천연 ABA는 (+)−ABA이다(**그림 9.5**).

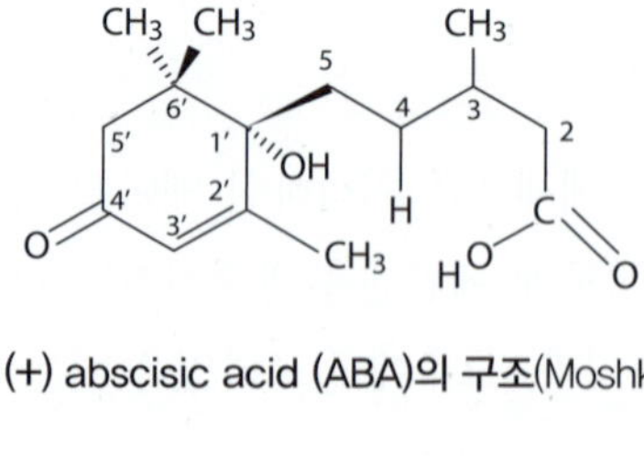

그림 9.5 cis−(+) abscisic acid (ABA)의 구조(Moshkov et al., 2008)

2) 생리작용

(1) 기공 폐쇄

기공의 개폐 작용은 식물의 가장 중요한 생리작용 중 하나인데, 기공 폐쇄에는 ABA가 조절인자로서 관여한다. ABA 처리나 건조 스트레스를 받은 식물은 ABA 함량 증가와 함께 기공이 닫혀서 증산량이 줄어든다. 기공의 개폐는 공변세포의 팽압 변화 때문에 일어나는데, 팽압이 높아지면 기공이 열리고 반대의 경우에는 기공이 닫힌다. ABA에 의해서 유도되는 공변세포 내의 칼슘과 pH의 증가는 원형질막의 내향성 K^+ 채널과 양성자 펌프의 작용을 억제하여 기공의 열림을 억제하는 동시에 K^+ 유출 채널을 활성화하여 기공의 닫힘을 촉진한다. 이러한 원리를 이용하여 인위적인 ABA 처리로 화훼작물의 수확 후 품질을 높이는 다양한 연구들이 진행되었다. 특히 많은 화훼작물에서 ABA를 sprench(heavy spray, 250~500 ppm) 방법으로 처리한 경우, 시드는 시기를 1~6일 가량 연장시킬 수 있음이 확인되었다(그림 9.6). 다만, 일부 식물에서는 꽃에 반점이 생기거나 하단부 잎의 황화현상이 생길 수 있으므로 사용시 주의해야 한다.

그림 9.6 **ABA 관주 처리가 샐비어(*Salvia splendens*)의 수확 후 품질에 미치는 영향**(사진제공: 김종윤). ABA 관주 처리는 증산을 억제하여 수확 후 품질을 향상시키고(좌), 시들음 시기를 연장시킬 수 있다(우).

(2) 종자 형성과 휴면

종자의 발달 과정에서 ABA는 중요한 역할을 한다. 종자에 ABA를 처리하면 발아가 억제되는 반면, ABA 생합성이 결손된 돌연변이체의 종자는 휴면 없이 모식물체에서도 발아하는 때도 있다. ABA는 종자가 미성숙 상태에서 발아하는 것을 방지하며, 성숙한 종자가 환경이 좋아질 때까지 발아를 억제해서 휴면상태를 유지한다.

(3) 식물체 휴면

식물체 눈의 휴면에는 ABA가 중심적인 역할을 한다. ABA 발견의 단서 중 하나는 단일조건에서 단풍나무, 자작나무 등의 눈 휴면의 유도에 관한 연구였다. 보통 온대 지방에 자생하는 많은 식물의 ABA 함량은 가을부터 초겨울까지 증가하고, 일정 기간의 겨울 저온기간을 지나면서 감소한다. 이는 휴면 중인 눈을 보호하기 위한 전략이라 할 수 있다. 물론 ABA 함량의 감소가 완전한 휴면타파를 의미하는 것은 아니며, 여기에 더해서 옥신, 지베렐린 및 다양한 효소가 관여하는 것으로 보고되어 있다.

(4) 환경 스트레스에 대한 내성

식물이 저온(low temperature), 건조(drought), 염(salt) 등 여러 가지 환경 스트레스를 받으면 체내의 ABA 농도가 증가한다. 이런 의미에서 ABA를 스트레스 호르몬이라고도 한다. 스트레스 하에서는 ABA가 주로 뿌리에서 합성된 후, 물관을 통하여 잎으로 운반되어 기공 개폐에 영향을 미친다. 화훼작물에서는 아프리카봉선화, 제라늄, 페튜니아, 샐비어, 팬지 등의 여러 화종에서 수확 후 위조 시점을 지연시키는 효과들이 보고되었다.

(5) 노화 기관 탈리

식물체로부터 분리된 잎에 ABA를 처리하면, 엽록소의 분해가 촉진되어 노화(senescence)가 촉진되지만, 상처받지 않은 정상 식물에서는 그 효과가 거의 나타나지 않는다. 과거에는 ABA가 잎과 과실의 탈리에 관여한다고 생각하여 이 호르몬의 명칭을 'abscission(탈리)'에서 따왔지만, 최근에는 잎과 과일의 탈리를 일으키는 것은 일반적이 아닌 일부 종에서만 제한적으로 나타나는 것으로 알려졌다. 잎의 탈리에는 ABA보다 에틸렌이 더 주요하게 작용하는 것으로 알려져 있다.

(6) 기타

ABA는 지베렐린에 의한 종자 내부의 가수분해효소 합성을 저해한다. 보리 종자 호분층에서 지베렐린에 의해 유도되는 α-아밀라아제 합성에 대한 ABA의 효과를 연구한 결과, ABA는 α-아밀라아제 발현을 중개하는 전사인자의 유도를 저해하는 것으로 밝혀졌다. 또한, 과실 성숙에도 ABA가 관여하는 것으로 밝혀지고 있다. ABA는 climacteric형, non-climacteric형 과실에서 성숙 기간 동안 ABA 함량의 증가와 감소가 뚜렷하게 나타난다고 보고되었다.

6 생장억제제

1) 개념

식물생장억제제(plant growth retardants)는 화훼산업에서 가장 널리 사용되는 매우 중요한 화학적 생장조절제(chemical growth regulators)로, 국내에서는 왜화제로 불리기도 한다. 해외에서는 상업적으로 PGRs(plant growth regulators)로 부르기도 하고, 조경수에 사용할 때에는 TGRs(tree growth regulators), 잔디에 사용할 때는 TGRs(turf growth regulators)로 부르기도 한다. 잔디 관리에 있어서는 경사지처럼 잔디를 자주 깎기 힘든 곳에 한번 뿌리고 나면 더 깎을 필요가 없어서 연중 관리가 편리하다. 따라서 전형적인 화훼작물 이외에도 구상나무 등의 조경수나 가로수, 잔디의 생장을 억제하기 위해 사용되기도 한다.

많은 화훼작물은 3가지 단계의 생장형을 가지는데, 첫 번째는 번식 또는 적심 직후에 천천히 생장하는 단계, 두 번째는 빠르게 길이 생장을 하는 영양생장 단계, 세 번째는 꽃이 발달하면서 천천히 생장하는 생식생장 단계이다. 생장억제제의 효과를 높이기 위해서는 마디의 길이 생장을 억제하게 생장이 왕성하게 일어나는 시기 이전 또는 중간에 처리해야 한다. 생장억제제라도 다 큰 식물의 크기를 줄일 수는 없으며, 또한 늦게 처리하면 초장 조절을 제대로 할 수 없다. 생장억제제를 올바르게 처리하기 위해서는 재배하는 작물의 생장곡선을 그려보고서, 언제, 어느 정도의 양을 처리해야 할지 결정해야 한다.

생장억제제를 처리하면, 줄기가 굵어지고 진한 녹색의 잎을 가지는 촘촘한 초형의 식물체를 얻을 수 있다. 이러한 형태의 변화는 운송이나 그 이후의 과정에서 식물의 생존율을 높일 수 있다. 생장억제제 처리는 철쭉류에서 화서당 소화의 수를 증가시키고 제라늄에서는 개화를 촉진하는 효과도 있다.

이러한 생장억제제에는 다양한 종류가 있다. Chlormequat-Cl, Ancymidol, Flurprimidol, Paclobutrazol, Uniconazole, Daminozide, Prohexadione-Ca, Triexapac-ethyl 등이 있으며, 지베렐린의 생합성을 억제해서 식물의 초장을 조절한다. 그러나 각 생장억제제마다 생합성을 억제하는 단계가 다르므로 식물 종류에 따라 효과도 다르게 나타난다(그림 9.7). 따라서 각 식물에 맞는 효과적인 생장억제제를 선택적으로 적용해야 하며, 처리 방법도 고려해야 한다(그림 9.8).

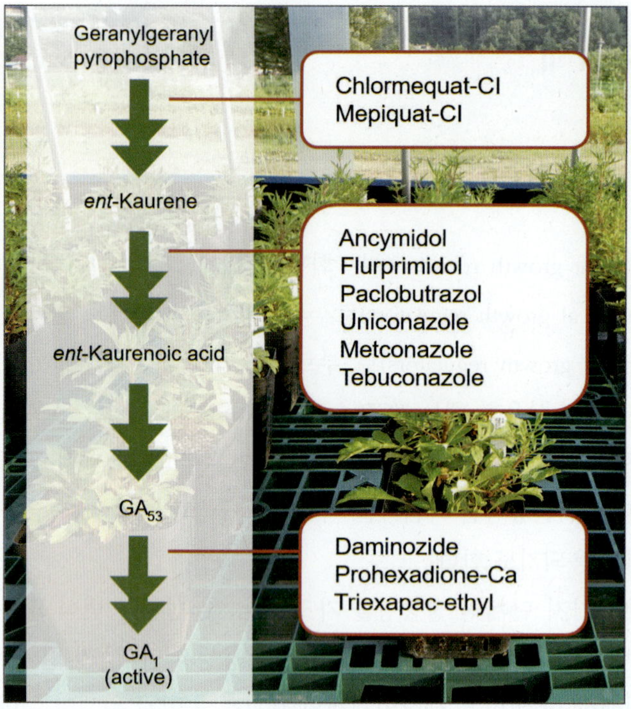

그림 9.7 지베렐린(GA)의 생합성 및 일반적인 생장억제에 의해 생합성이 차단되는 단계에 대한 모식도(Rademacher, 2016)

그림 9.8 생장억제제 종류와 처리 농도(mg·L^{-1})에 따라 다르게 나타난 바위미나리아재비의 왜화 효과(사진제공: 이승연)

2) 활용

많은 생장억제제는 spray(분무), drench(관주), sprench(분무+관주, heavy spray), dip(침지) 등의 방법으로 처리할 수 있다(그림 9.9). Sprench(분무+관주) 방법은 넓은 면적에 처리하는 방법으로서, 많은 양의 생장억제제를 분무하면 일부는 식물체 지상부의 잎을 통해서 흡수되고 일부는 상토 표면으로 침투하여 생장억제 효과를 보는 방법이다. 최근에는 화분에 이식하기 전에 플러그묘 상태에서 침지처리하는 'plug dip', 'liner dip' 방법이 적용되고 있다.

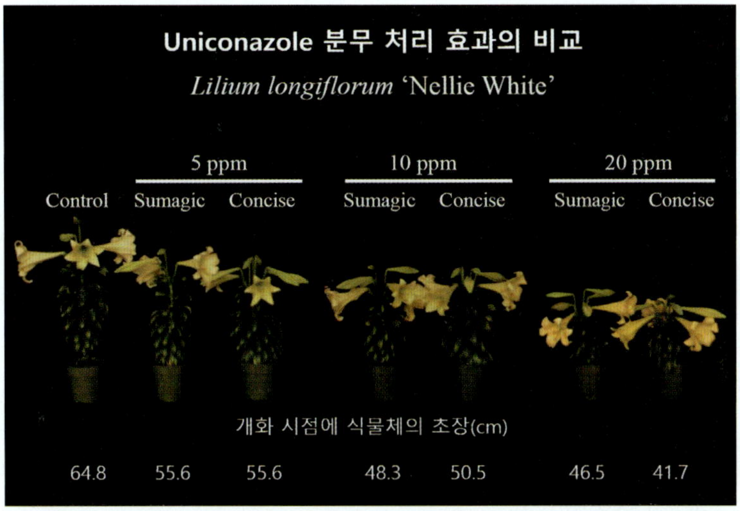

그림 9.9 *Lilium longiflorum* 'Nellie White'의 Concise(uniconazole, Fine Americas)와 Sumagic(uniconazole, Valent USA) **처리에 따른 왜화 효과.** 백합 구근을 15 cm 화분에 이식하였고, 생장억제제를 분무처리하여 15~19°C에서 재배하였다(Lopez et al., 2008).

생장억제제는 주로 지베렐린의 생합성이나 작용을 억제하여 식물의 초장을 억제하는데, 약제에 따라서 생합성을 억제하는 경로와 강도 등이 다양하므로 재배하는 작물에 따라 선택적으로 사용해야 한다. 일반적으로 CCC 등의 억제제는 지베렐린 생합성 첫 단계에서, paclobutrazol, uniconazole, ancymidol, flurprimidol 등은 두 번째 단계에서, 그리고 prohexadione-Ca, triexapac-ethyl, daminozide 등은 생합성의 마지막 단계에서 작용하는 것으로 알려져 있다.

생장억제제를 처리할 때에는 식물의 1) 생장 단계, 2) 활력, 3) 처리 농도, 4) 처리량, 5) 처리 방법, 6) 처리하는 날의 기상 조건 등을 고려해야 한다. 다양한 생장억제제의 종류와 사용방법을 **표 9.1**에 정리하였다. 대부분의 화훼작물에서 사용하기 때문에 각 재배자의 식물 종류에 따라 선택적으로 적용할 필요가 있다.

표 9.1 온실 분화류에 사용되는 다양한 생장억제제의 종류와 사용방법(modified from Lopez et al., 2016)

생장억제제 종류	주요 상품명	상대적 활성도	주요 흡수 부위	처리 방법	농도 범위($mg \cdot L^{-1}$)	REI (hours)
ancymidol	A-Rest® Abide®	Medium	Leaves, roots	Spray, dip, drench	S:6-66 D:0.15-4	12 12
chlormequat chloride	Chlormequat E-Pro® Citadel® Cycocel®	Low	Leaves, roots	spray	S:1,000-3,000 D:1,500-3,000	12 12 12

표 9.1 온실 분화류에 사용되는 다양한 생장억제제의 종류와 사용방법(계속)

생장억제제 종류	주요 상품명	상대적 활성도	주요 흡수 부위	처리 방법	농도 범위(mg·L^{-1})	REI (hours)
Daminozide	B-Nine® Dazide®	Low	Leaves	Spary	S:1,250-5,000	24 24
Ethephon	Florel®	Medium	Leaves	Spary	S:100-1,000	48
Flurprimidol	Topflor®	High	Leaves, stems, roots	Spary, dip, drench	S:1-80 D:0.01-4	12
Paclobutrazol	Bonzi® Downsize® Paczol® Piccolo®	High	Leaves, stems, roots	Spary, dip, drench	S:2.5-90 D:0.25-3	12 12 12 12
Uniconazole	Concise® Sumagic®	High	Leaves, stems, roots	Spary, dip, drench	S:1-50 D:0.1-2	12 12
Dikegulac-sodium	Augeo	Medium	Leaves	Spray	S:400-1,600	12

S: spray, D: drench, REI: re-entry intervals(약제를 작물에 적용한 시간과 보호복과 장비 없이 사람들이 들어갈 수 있는 시간 사이에 경과해야 하는 최소 시간).

생장억제제 처리 시 고려사항

생장억제제를 처리할 때는 고려할 사항이 몇 가지 있다. 일반적으로 daminozide의 경우는 분무처리를 해야만 효과가 있으나, 대부분의 다른 성분에서는 분무, 침지, 관주처리 모두에서 효과를 볼 수 있다. 분무처리는 처리 후, 효과의 지속성이 다른 처리에 비하여 상대적으로 짧고, 관주처리는 효과의 지속성이 가장 길게 나타난다. 그러므로, 관주처리는 상품화 단계의 마지막 화분에 이식한 상태에서 처리하는 것이 효과적이다. 효과의 지속성이 길기에 공중 걸이 화분에도 적용할 수 있다.

환경과 생장억제제의 상호작용

생장억제제에 대한 반응은 다양한 환경 조건에 따라 다르게 나타난다. 습도가 높을수록 처리한 생장억제제가 천천히 마르므로, 식물이 흡수하는 기간이 길고 이후의 효과도 높아진다. 이와 달리, 바람이 많은 곳에서는 빠르게 건조되기 때문에 효과가 낮을 수 있다. 일반적으로 생장온도 범위 내에서는 온도가 높아질수록 식물의 생육이 빠르게 진행되므로, 생장억제제의 효과가 낮고 온도가 낮을수록 효과는 높게 나타난다. 일반적으로 일적산광량(daily light integral)이 높을수록 식물은 왕성하게 생장하므로, 광량이 높을수록 상대적으로 고농도의 생장억제제를 더 많이 처리하는게 좋다.

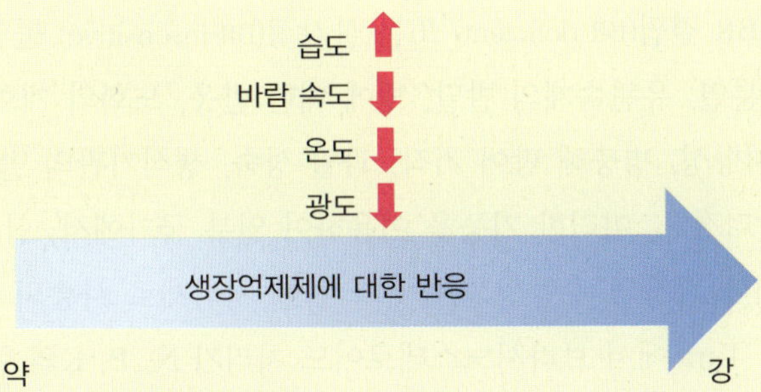

7 기타 생장조절물질

1) 브라시노스테로이드

(1) 발견 역사와 화학적 구조

근래에 브라시노스테로이드, 살리실산, 자스몬산, 스트리고락톤, 카리킨 등 새로운 생장조절물질이 많이 발견되면서 새로운 식물호르몬으로 인정받고 있다. 스테로이드성 화합물인 **브라시노스**

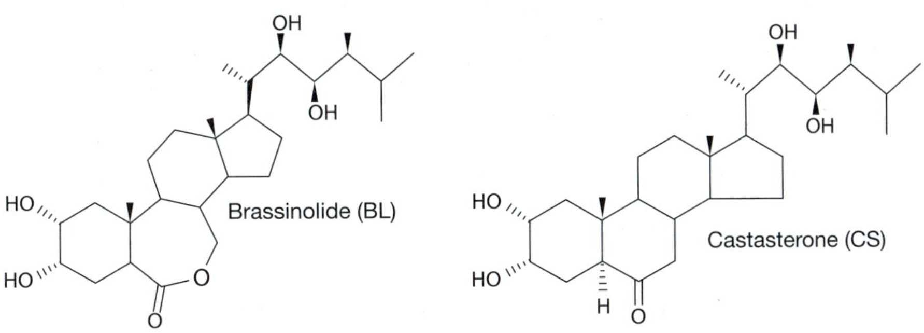

그림 9.10 브라시노스테로이드의 화학적 구조(George et al., 2008)

테로이드(brassinosteroids, BRs)는 식물의 다양한 생리 반응을 조절하는 식물호르몬으로(그림 9.10), 1979년 유채의 화분에서 brassinolide라는 화합물이 최초로 발견된 이후 현재까지 70종 이상의 관련 화합물이 식물계 전반에서 동정되고 있다. 브라시노스테로이드 이름의 "Brassin"은 유채의 학명에서 유래하였다.

(2) 생리작용

애기장대, 완두, 토마토, 보리, 벼, 옥수수 등 다양한 식물종에서 극심한 왜성(dwarf) 표현형을 나타내는 많은 종류의 BR 결핍(BR deficient) 또는 불감성(BR-insensitive) 돌연변이들이 동정되었다. BRs은 세포의 신장과 분열, 유관속계의 발달, 빛에 대한 반응, 노화와 개화 시기 조절, 굴중성 촉진, 스트레스에 대한 저항성, 병충해 방어 기작, 과일 성숙, 생식기관의 발달 등 다양한 생리학적 기능을 가진 것으로 알려졌다. 이러한 기능을 이용하여 일부 국가에서, 담배, 사탕수수, 유채, 과실류 등의 생육 촉진이나 감자의 수량성을 높이기 위한 처리제로 사용되기도 한다. 최근 절화용 *Solidago canadensis* 'Tara'에서 브라시노스테로이드 처리가 N, P, K의 함량을 증가시키고 절화 수명을 증가시킨다는 결과도 보고되었다. 또한, 선인장에서 엽상경(cladodes)의 생장 촉진, 단일식물인 나팔꽃의 꽃 수 감소 등이 보고되었다.

2) 살리실산

(1) 발견 역사와 화학적 구조

살리실산(salicylic acid, SA)과 그 유도체는 과거부터 인체에서의 약리작용이 매우 잘 연구되었다. 고대 북미 인디언이나 그리스인이 버드나무의 잎이나 껍질이 통증과 열을 치료하는 데 효과가 있음을 알고 있었다. 19세기 말 아스피린으로 알려진 아세틸살리실산(acetylsalicylic acid)이 합성되어 해열진통제로 출시되었다. 살리실산(salicylic acid)은 벤조산(benzoic aicd)의 2번 위치에 하이드록시 작용기가 붙어있는 무색 무취의 화합물이다(그림 9.11). 이름은 버드나무를 뜻하는 라틴어 Salix에서 유래했는데, 실제로 버드나무 껍데기 추출물로부터 살리실산을 얻을 수 있다.

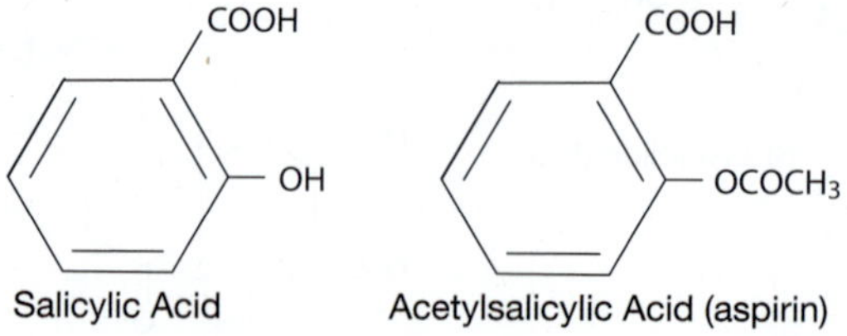

그림 9.11 살리실산의 화학적 구조(George et al., 2008)

(2) 생리작용

살리실산은 식물의 병원균에 대한 저항성과 열·UV 등 환경요인에 대한 저항성을 증가시킨다. 토란과 식물의 꽃에서 발열 반응을 촉진해서 화분 매개 곤충을 유인하는 역할을 하는 것으로 알려져 있다. 절화를 꽂은 화병에 아스피린을 첨가하면 절화 수명이 증가하는데, 이는 ACC가 에틸렌으로 전환되는 과정을 살리실산이 차단하여 에틸렌 발생을 억제하기 때문이다. 최근 국화, 거베라, 글라디올러스 등의 절화 수명 연장, 매리골드에서 개화 촉진 및 꽃 수 증가 등의 효과가 보고되었다.

3) 자스몬산

(1) 발견 역사와 화학적 구조

1971년 식물 병원균 배양액으로부터 추출된 물질인 **자스몬산**(jasmonic acid, JA)이 식물 생장을 억제한다는 것이 발견되었고, 1980년 라벤더에서 추출하여 분리한 식물 노화 촉진물질이 메틸자스몬산(methyl jasmonate)이라는 것이 밝혀졌다(그림 9.12). 사실 메틸자스몬산은 1962년에 허브류인 자스민에서 분리되었는데, 자스민의 향기의 주요 성분이다.

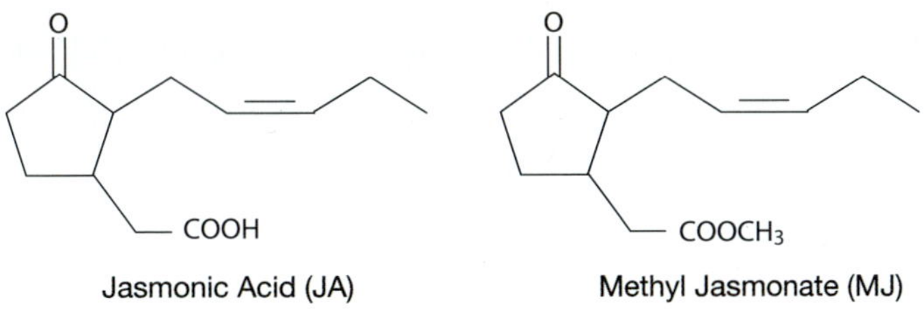

그림 9.12 자스몬산의 화학적 구조(George et al., 2008)

(2) 생리작용

식물체에서 다양한 역할을 한다. 병충해 저항성(잿빛곰팡이병에 대한 딸기 썩음 방지 등), 과실 성숙(토마토의 Lycopene 함량 증진, 딸기에서 안토시아닌 합성 촉진), 스트레스 저항성 등에 역할을 하는 것으로 알려져 있다. 잎의 노화와 이층 형성 촉진, 약의 형성 및 화분의 발아, 유묘의 뿌리·잎·상배축의 생장억제, 꽃잎 확장의 억제 등에도 중요한 역할을 하며, 최근에는 기공 개폐에도 관여한다고 보고되었다. 화훼작물에 있어서는, 수선화, 백합 등의 조직배양에서 소구경 수 증가 및 품질 향상, 수선화의 화아형성 촉진 등이 보고되었다. 단일식물 나팔꽃의 경우에 개화 억제, 장일식물 *Wolffia arrhiza*(L.) Horkel ex Wimm., *Lemna minor* L. 등에서는 개화 촉진 효과가 보고되었다.

4) 스트리고락톤

(1) 발견 역사와 화학적 구조

Orobanchaceae에 속하는 기생식물인 'witchweed(*Striga hermonthica*)'의 발아는 기주식물의 뿌리 배출물에 의해 촉진되는데, 이 배출물에 포함된 스트리고락톤이 발아를 촉진시킨는 것으로 밝혀졌다. **스트리고락톤**(strigolactones)은 2008년에 새로운 식물호르몬으로 분류되었으며, 기생식물의 속명 'Striga'로부터 이름이 지어졌다(**그림 9.13**).

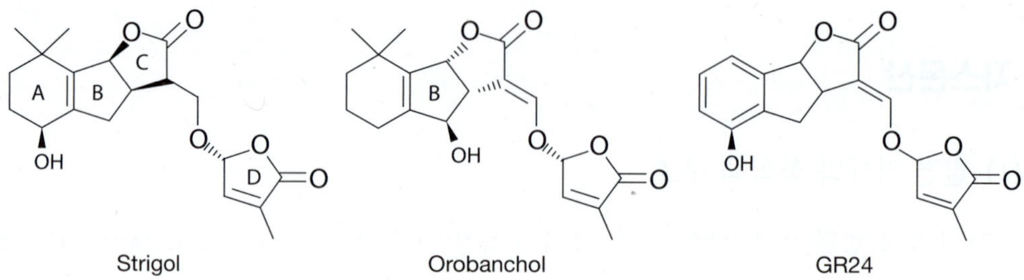

그림 9.13 스트리고락톤의 화학적 구조. Strigol과 orobanchol은 천연 스트리고락톤이고 GR24는 합성형임(Smith, 2014).

(2) 생리작용

스트리고락톤은 식물의 분지(branching)를 억제하는 것으로 알려져 있다. 애기장대에서 스트리고락톤을 합성하지 못하는 돌연변이에서 많은 측지 생장이 촉진되었다. 또한, 식물체에서 기공 개폐에 관여하여 건조나 염 스트레스 등에 견디는 능력에 영향을 미치고, ABA와 에틸렌처럼 잎의 노화를 촉진하는 데 역할을 하는 것으로 보고되었다. 그뿐만 아니라, 식물과 공생하는 효모균과의 상호작용에도 매우 중요한데, 효모균은 상호이익이 되게 무기양분을 토양에서 식물로 운반해 주고, 식물은 효모균에 당을 공급한다. 스트리고락톤은 향후 절화나 분화의 관상 가치를 증대시키는 데 많은 역할을 할 것으로 보인다. 화훼작물에서, 칼라에서는 측지 수 감소 및 측지생장 억제, 그리고 알스트로메리아에서는 측아생장 억제 효과 등이 보고되었다.

5) 카리킨

(1) 발견의 역사 및 화학적 구조

카리킨(karrikins)은 식물체가 불에 탈 때 생산되는 유기화합물이다. 산불이 난 이후에 많은 식물의 발아가 촉진되는 현상이 알려져 있다. 이 식물들의 종자는 땅 속에서 휴면 상태로 존재하다

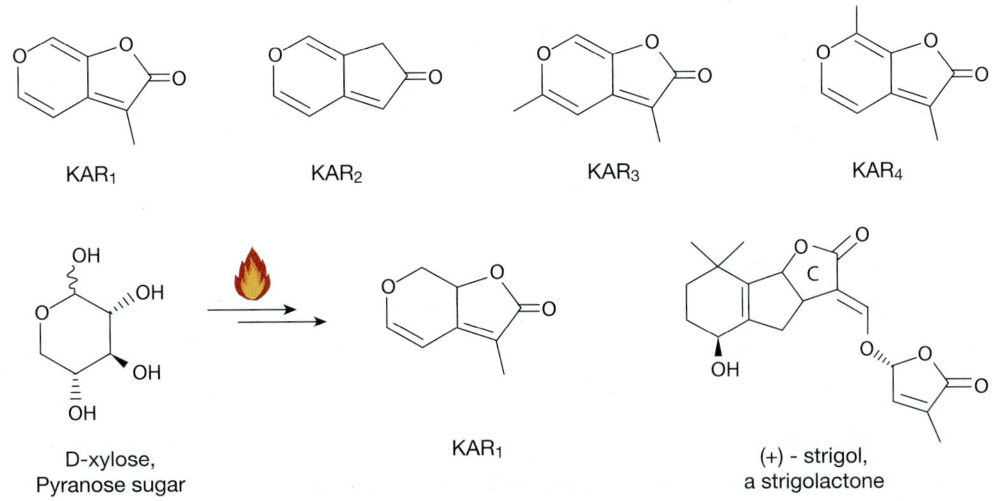

그림 9.14 카리킨의 화학적 구조

가 불이 나고 난 후 비가 오면 발아하는데, 이는 karrikins에 의해서 발아가 촉진된 것으로 'fire followers' 또는 'fire ephmerals'라고도 불린다. 호주 연구팀(Flematti 등, 2004)이 발아를 촉진하는 물질을 정확히 분리하여 동정하였고, 연기(smoke)에서 발견했다는 의미를 반영해서, 그 화합물들을 통칭하여 'karrikins'라고 명명하였다(그림 9.14). karrik은 호주 원주민(Western Australian Noongar people)이 '연기'를 칭하는 용어이고, 'karrikinolide'의 접미사 '–olide'는 lactone을 의미한다. karrikins는 'KAR'라는 약어로 표기되며 '$KAR_{1,2,3,4}$'의 숫자는 smoke에서 동정되어 명명된 순서이다.

(2) 생리작용

카리킨은 규칙적으로 불(fire)과 연기(smoke)를 겪게 되는 환경에 적응한 많은 식물종 종자의 휴면을 타파하는 효능이 있다. 또한, 불과 좀처럼 만나기 어려운 식물종에서도 카리킨이 종자 발아를 유도하고 묘 생장을 조절한다는 것이 보고되었다. 이는 식물종에 일반적으로 존재한다는 것을 의미하는 것으로, 교목, 관목, 초본 등 대부분 식물에서 발견되고 있다. 최근 호주와 남아프리카공화국 연구진에 의해 종자의 발아를 촉진하는 연구가 진행되고 있으며, 광 형태형성에도 중요한 역할을 하는 것으로 밝혀지고 있다. 최근에 밝혀진 호르몬이라서 화훼작물에 적용된 사례는 많지 않다. 그러나 많은 식물에서의 휴면타파 및 발아촉진 효과는 향후 화훼산업에 상업적으로 이용할 가치가 있다고 할 수 있다.

참고문헌

- 고재철 외. 2007. Crocosmia의 캘러스 유도 및 자구형성에 미치는 생장조절제의 영향. Flower Res J 15:238-244
- 김민희 외. 2009. 자생나리의 종자발아에 미치는 파종상의 환경, 온탕처리, 습윤냉장과 건조저장의 영향. Flower Res J 17:106-113
- 류선희 외. 2017. 후숙, 저온층적 및 GA3 처리가 제비동자꽃 종자 발아에 미치는 영향. Hortic Sci Technol 35:525-533
- 신학기 외. 1996. 생장조절제 처리에 의한 무측지성 국화의 액아착생. J Kor Soc Hort Sci 3:299-303
- 안광복 외. 2005. 시클라멘 육묘시 BA 처리가 생육에 미치는 영향. Flower Res J 13:181-183
- 유용권. 2009. 유색칼라 'Florex Gold' 경정배양에 있어서 다아체 형성 및 식물체 재분화에 미치는 생장조절제의 영향. Flower Res J 17:23-28
- 이성열 외. 2003. 마가목 종자의 발아율 향상 및 육묘기술. Korean J Med Crop Sci 11:135-142
- 이종석 외. 1985. Ethylene이 나팔백합의 개화와 노화에 미치는 영향. J Kor Soc Hort Sci 26:145-149
- 이종석 외. 1990. Ethylene 합성 및 작용 억제제가 카네이션의 Ethylene 생합성 및 절화수명에 미치는 영향. J Kor Soc Hort Sci 31:284-293
- 이진범 외. 2016. 식물생리학. 라이프사이언스. 서울
- 이진재 외. 1998. 고온 처리기간 및 에틸렌 처리가 프리지어 구근의 휴면타파에 미치는 영향. Kor J Hort Sci Technol 39:789-793
- 이풍옥 외. 2011. 전처리와 보존용액이 무늬둥글레 절지의 수명과 품질에 미치는 영향. Kor J Hort Sci Technol 29:217-223
- 전방욱 외. 2017. 식물 생리와 발달. 라이프사이언스. 서울
- 한국화훼연구회. 1999. 화훼원예총론. 문운당
- 황선애 외. 2009. 보존용액처리가 오리엔탈 백합 '카사블랑카'의 절화수명과 당함량 변화에 미치는 영향. Kor J Hort Sci Technol 27:263-268
- Blanchard M, Runkle ES. 2008. Benzyladenine promotes flowering in *Doritaenopsis* and *Phalaenopsis* orchids. J Plant Growth Regul 27:141-150
- Blythe EK, Sibley JL, Tilt KM, Ruter JM. 2007. Methods of auxin application in cutting propagation: a review of 70 years of scientific discovery and commercial practice. J Environ Hort 25:166-185
- Boyle TH. 1995. BA influences flowering and dry-matter partitioning in shoots of 'Crimson Giant' easter cactus. HortScience 30:289-291
- Dukovski D, Bernatzky R, Han S. 2006. Flowering induction of *Guzmania* by ethylene. Sci Hortic 110:104-108
- Flematti GR, Dixon KW, Smith SM. 2015. What are karrikins and how were they 'discovered'

by plants? BMC Biology 13:108

- Flematti GR, Ghisalberti EL, Dixon KW, Trengove RD. 2004. A compound from smoke that promotes seed germination. Science 305:977
- Jung HH, Kim KS. 2011. Flowering of *Adonis amurensis* by breaking dormancy using gibberllins and cytokinins. Hortic Environ Biotechnol 52:246-251
- Karimi M, Asil MH. 2010. Role of benzyladenine on vase life and quality of cut lisianthus flowers. Hortic Environ Biotechnol 51:284-287
- Lopez RG, Camberato DM, Currey CJ. 2016. Plant growth regulators for greenhouse production pocket reference. Purdue Extension
- Manandhar, S. 2016. Strigolactones and hormonal interaction in control of branching in *Zantedeschia* and other horticultural species. Dissertation. Massey Univ Palmerston North, New Zealand
- Meshram, P, S. Badge, V. Kalamkar, and A. Gaidhani. 2015. Effect of foliar application of GA3 and NAA on growth flowering, yield and quality of African marigold. J Soils Crops 25:215-219
- Moshkov IE, Novikova GV, Hall MA, George EF. 2008. Plant growth regulators III: Gibberellins, ethylene, abscisic acid, their analogues and inhibitors; miscellaneous compounds. E. F. George et al. (eds.), Plant propagation by tissue culture 3rd ed. pp.227-281. Springer, The Netherlands
- Oh W, Kim J, Kim YH, Lee IJ, Kim KS. 2015. Shoot elongation and gibberellin contents in *Cyclamen persicum* are influenced by temperature and light intensity. Hortic Environ Biotechnol 56:762-768
- Rademacher W. 2016. Chemical regulators of gibberellin status and their application in plant production. P. Hedden and S.G. Thomas (eds.). The gibberellins. Annual Plant Reviews 49:359-403
- Semeniuk P, Griesbach RJ. 1985. Bud applications of n-6-benzyladenine induces branching of a nonbranching poinsettia *Euphorbia pulcherrima* cultivar ruff and reddy. HortScience 29:120-121
- Smith SM. 2014. What are strigolactones and why are they important to plants and soil microbes? BMC Biology 12:19
- Suge H. 1972. Inhibition of photoperiodic floral induction in *Pharbitis nil* by ethylene. Plant Cell Physiol 13:1031-1038
- Svenson SE. 1991. Rooting and lateral shoot elongation of *Verbena* following benzyl-aminopurine application. HortScience 26:391-392
- Yang SF, Hoffman NE. 1984. Ethylene biosynthesis and its regulation in higher plants. Annu Rev Plant Physiol 35:155-189

- Yang T, Lian Y, Wang C. 2019. Comparing and contrasting the multiple roles of butenolide plant growth regulators: strigolactones and karrikins in plant development and adaptation to abiotic stresses. Int J Mol Sci 20:6270
- Zhang Y, Lv S, Wang G. 2018. Strigolactones are common regulators in induction of stomatal closure in planta. Plant Signaling Behavior 13
- Michigan State University. 2021. Height management of ornamentals. Accessed on 15 February 2021. https://www.canr.msu.edu/floriculture/resources/height- management
- Purdue University. 2021. Extension publications: Plant growth regulators (PGRs). Accessed on 15 February 2021. https://www.purdue.edu/hla/sites/cea/category/ archive/extension-publications/ plant-growth-regulators-pgrs/

CHAPTER 10 병해충 관리

오욱·박경일·정봉남·한경숙

식물은 자라는 동안 정상적인 생육 특성을 벗어나 이상 증상을 보이는 경우가 있다. 이상 증상의 원인은 **병원균**(pathogen)이나 **해충**(insect pest) 등의 생물학적 원인에 의한 **병충해**(damage by disease and insect pest)와 작물 생육에 부적당한 재배 상토 및 기상환경, 농약 오남용, 비료 과부족, 기계적 상처 및 오염 물질 등 비생물학적 원인에 의한 **생리장해**(physiological disorder)로 나눌 수 있다. 식물에 병충해가 발생하기 위해서는 **유해 생물**(병원균, 해충), **기주**(host plant), 유해 생물의 성장과 번식에 적합한 **환경**(environment) 등 3요소가 갖추어져야 한다. 이들 중 어느 한 요소를 없애면, 병충해를 막을 수 있다. 병충해는 병원균이 원인인 **병해**(disease)와 해충으로 인한 **충해**(damage by insect pest)로 나눌 수 있다.

주요 화훼작물에 발생하는 주요 병해와 충해는 **표 10.1~표 10.3**과 같다. 같은 병명 또는 병징이라 하더라도 병을 유발하는 병원균이 다를 수 있으며, 종이나 품종에 따라 **감수성**(disease susceptibility)이 달라지는 사례도 있다. 또한 화훼작물은 노지와는 온도, 광, 습도 등의 환경조건이 다른 시설 내에서 연중 생산이 이루어지는 경우가 많고, 병해충 발생 양상 또한 노지와 아주 다르다. 시설 내에서는 밀식, 다비, 연작 등으로 인해 병해충에 대한 내성이 저하되어 발병이 심해지는 사례도 있으므로, 병해충에 대한 이해가 작물 재배에 있어서 매우 중요하다. 제10장에서는 화훼작물에 발생하는 주요 질병과 해충의 진단, 증상, 방제법 등에 대해 살펴본다.

1 병해와 관리

화훼작물에 병을 유발하는 전염성 병원균(pathogen)에는 진균(곰팡이, fungi), 세균(박테리아, bacteria), 바이러스(virus), 바이로이드(viroid), 파이토플라즈마(phytoplasma) 등이 있다.

1) 곰팡이에 의한 화훼작물의 병

(1) 곰팡이병 종류 및 진단

① 잿빛곰팡이병

잿빛곰팡이병(gray mold, botrytis blight)은 주로 꽃잎, 어린 줄기, 잎에 발생한다. 잎의 가장자리

표 10.1 화훼작물별 주요 진균 및 세균병

작물명	식물병명	병원균 학명	비고
장미	잿빛곰팡이병	*Botrytis cinerea* Pers.	진균
	가지마름병	*Coniothyrium fuckelii* Sacc.	진균
	검은무늬병	*Marssonina rosae* (Lib.) Died.	진균
	노균병	*Peronospora sparsa* Berk.	진균
	흰가루병	*Sphaerotheca pannosa* (Wallr.) Lév.	진균
	세균성시들음병	*Ralstonia solanacearum* (Smith) Yabuuchi et al.	세균
국화	잿빛곰팡이병	*Botrytis cinerea* Pers.	진균
	역병	*Phytophthora cactorum* (Lebert & Cohn) J. Schröt.	진균
	흰녹병	*Puccinia horiana* Henn.	진균
	반쪽시들음병	*Verticillium dahliae* Kleb.	진균
백합	잎마름병	*Botrytis elliptica* (Berk.) Cooke.	진균
	역병	*Phytophthora nicotianae* Breda de Haan.	진균
	흰비단병	*Sclerotium rolfsii* Sacc.	진균
거베라	시들음병	*Fusarium oxysporum* Schltdl.	진균
	역병	*Phytophthora cryptogea* Pethybr. & Laff.	진균
	흰가루병	*Sphaerotheca fusca* (Fr.) S. Blumer.	진균
카네이션	검은무늬병	*Alternaria dianthi* F. Stevens & J.G. Hall	진균
	시들음병	*Fusarium oxysporum* f. sp. *dianthi* W.C. Snyder & H.N. Hansen	진균
	녹병	*Uromyces dianthi* (Pers.) Niessl	진균
	세균점무늬병	*Burkholderia andropogonis* (Smith) Gillis et al.	세균
심비디움	탄저병	*Colletotrichum gloeosporioides* (Penz.) Penz. & Sacc.	진균
	점무늬병	*Fusarium subglutinans* (Wollenw. & Reinking) P.E. Nelson, Toussoun & Marasas	진균
	검은잎마름병	*Pseudocercospora cymbidiicola* Braun & Hill	진균
	흰비단병	*Sclerotium rolfsii* Sacc.	진균
	무름병	*Dickeya chrysanthemi* (Burkholder et al.) Samson et al.	세균
팔레놉시스 (호접란)	뿌리썩음병 줄기기부썩음병	*Fusarium oxysporum* Schltdl. *Fusarium solani* (Mart.) Sacc. *Fusarium proliferatum* (Matsush.) Nirenberg ex Gerlach & Nirenberg	진균
	세균성갈색점무늬병	*Acidovorax avenae* subsp. *cattleyae* (Pavarino) Willems et al.	진균
	무름병	*Dickeya chrysanthemi* (Burkholder et al.) Samson et al.	세균
시클라멘	탄저병	*Colletotrichum gloeosporioides* (Penz.) Penz. & Sacc.	진균
	시들음병	*Fusarium oxysporum* f. sp. *cyclaminis* Gerlach	진균
제라늄	잿빛곰팡이병	*Botrytis cinerea* Pers.	진균
	세균점무늬병	*Xanthomonas hortorum* pv. *pelargonii* (Brown) Vauterin et al.	세균

표 10.1 화훼작물별 주요 진균 및 세균병(계속)

작물명	식물병명	병원균 학명	비고
포인세티아	역병	*Phytophthora drechsleri* Tucker *Phytophthora nicotianae* Breda de Haan	진균
게발선인장	줄기썩음병	*Fusarium oxysporum* Schltdl.	진균
	역병	*Phytophthora nicotianae* Breda de Haan	진균
산취선인장	줄기썩음병	*Bipolaris cactivora* (Petr.) Alcorn	진균
	탄저병	*Glomerella cingulata* (Stoneman) Spauld. & H. Schrenk	진균
	무름병	*Pectobacterium carotovorum* subsp. *carotovorum* (Jones) Hauben et al.	세균
칼랑코에	흰가루병	*Erysiphe sedi* U. Braun	진균
	역병	*Phytophthora nicotianae* Breda de Haan	진균
	점무늬병	*Stemphylium lycopersici* (Enjoji) W. Yamam *Stemphylium xanthosomatis* B. Huguenin	진균
산세베리아	탄저병	*Colletotrichum sansevieriae* Miho Nakam. & Ohzono	진균
드라세나	점무늬병	*Fusarium moniliforme* J. Sheld.	진균
	세균점무늬병	*Xanthomonas campestris* (Pammel) Dowson	세균
철쭉	떡병	*Exobasidium japonicum* Shirai	진균
	점무늬병	*Phyllosticta* spp.	진균
배롱나무	흰가루병	*Uncinula australiana* McAlpine	진균
	그을음병	*Leptoxyphium kurandae* Crous & R.G. Shivas	진균

표 10.2 화훼작물별 주요 바이러스병

작물명	병명	매개생물[z] 또는 전염 경로
국화	국화왜화바이로이드(chrysanthemum stunt viroid)	기계적 전염[y]
	토마토반점위조바이러스(tomato spotted wilt virus)	총채벌레류
	국화괴저반점바이러스(chrysanthemum stem necrosis virus)	총채벌레류
백합	오이모자이크바이러스(cucumber mosaic virus)	복숭아혹진딧물(*Myzus persicae*), 목화진딧물(*Aphis gossypii*) 등
	질경이모자이크바이러스(plantago asiatica mosaic virus)	총채벌레류
	백합모틀바이러스(lily mottle virus)	복숭아혹진딧물
	백합무병징바이러스(lily symptomless virus)	복숭아혹진딧물
프리지아	프리지아모자이크바이러스(freesia mosaic virus)	복숭아혹진딧물, 감자진딧물(*Macrosiphum euphorbiae*)
	프리지아스닉바이러스(freesia sneak virus)	진균(*Olpidium brassicae*)

표 10.2 화훼작물별 주요 바이러스병(계속)

작물명	병명	매개생물[z] 또는 전염 경로
카네이션	카네이션모틀바이러스(carnation mottle virus)	기계적 전염
	카네이션식각고리바이러스(carnation etched ring virus)	복숭아혹진딧물
	카네이션고리반점바이러스(carnation ring spot virus)	기계적 전염, 토양 전염[x]
	카네이션잠재바이러스(carnation latent virus)	복숭아혹진딧물
	카네이션괴저반점바이러스(carnation necrotic fleck virus)	진딧물류(기계적 전염은 잘 안 됨)
난과식물	심비디움모자이크바이러스(cymbidium mosaic virus)	기계적 전염
	난윤문바이러스(odontoglossum ringspot virus)	기계적 전염
	심비디움황화모자이크바이러스(cymbidium chlorotic mosaic virus)	기계적 전염
접목선인장	선인장바이러스X(cactus virus X)	기계적 전염, 토양 전염
	선인장약한모틀바이러스(cactus mild mottle virus)	기계적 전염

[z] 매개생물이 제시되지 않은 병은 매개생물에 의한 전염이 없거나 보고되지 않은 것임.

[y] 기계적 전염은 감염주의 즙액이 접촉(손, 장갑, 칼, 가위 등 도구)에 의해 전염되는 것으로 매개생물이 제시된 바이러스도 대부분 이 방식으로도 전염됨.

[x] 토양 전염은 뿌리의 상처를 통한 것임.

표 10.3 화훼작목별 주요 해충(상세 내용은 표 10.4 참조)

작물명	주요 해충[*]
국화	목화진딧물, 국화하늘소, 점박이응애, 국화꼬마수염진딧물, 아메리카잎굴파리, 꽃노랑총채벌레, 담배거세미나방, 도롱이깍지벌레, 온실가루이, 파밤나방, 대만거세미나방
거베라	담배거세미나방, 목화진딧물, 온실가루이, 왕담배나방, 작은뿌리파리, 파밤나방, 파총채벌레, 꽃노랑총채벌레, 차먼지응애, 아메리카잎굴파리, 담배가루이, 오이총채벌레
글라디올러스	담배거세미나방
안개꽃	복숭아혹진딧물, 아메리카잎굴파리, 왕담배나방, 점박이응애, 파밤나방
카네이션	꽃노랑총채벌레, 담배거세미나방, 왕담배나방, 점박이응애, 파밤나방
해바라기	해바라기방패벌레
백합	뿌리응애, 명주달팽이, 박쥐나방, 목화진딧물 꽃노랑총채벌레
장미	찔레수염진딧물, 담배거세미나방, 노랑쐐기나방, 도둑나방, 미국흰불나방, 섬서구메뚜기, 온실가루이, 장미흰깍지벌레, 파밤나방, 찔레수염진딧물, 점박이응애, 찔레수염진딧물, 꽃노랑총채벌레, 담배가루이, 복숭아혹진딧물, 난초핀깍지벌레, 장미등애잎벌, 왜장미등애잎벌
수국	대만총채벌레, 차응애
덴파레	양란주름응애
원추리	십자무늬긴노린재, 인도볼록진딧물

표 10.3 화훼작목별 주요 해충(계속)

작물명	주요 해충*
몬스테라	귤가루깍지벌레, 가루깍지벌레
문주란	문주란밤나방
선인장	가루깍지벌레, 귤가루깍지벌레, 섬서구메뚜기, 온실가루이
심비디움	점박이응애, 난초핀깍지벌레, 대만총채벌레, 목화진딧물, 무화과깍지벌레, 복숭아혹진딧물, 작은뾰족민달팽이, 작은뿌리파리, 파총채벌레
호접란	난가루깍지벌레
녹색꽃양배추	배추좀나방, 도둑나방, 파밤나방, 양배추가루진딧물
금잔화	왕담배나방
맥문동	뿌리응애
꽃기린	귤가루깍지벌레
봉숭아	섬서구메뚜기
과꽃	섬서구메뚜기
접시꽃	목화명나방, 온실가루이, 점박이응애
원추리	십자무늬긴노린재, 인도볼록진딧물
무궁화	목화명나방
개나리	개나리잎벌, 식나무깍지벌레, 애모무늬잎말이나방, 차주머니나방
진달래	매미나방, 애모무늬잎말이나방, 진달래가루이, 진달래방패벌레

* 국가농작물병해충관리시스템 https://ncpms.rda.go.kr/npms/Main.np
* 작물보호제 지침서(한국작물보호협회) https://www.koreacpa.org/ko/use-book/

나 선단부가 데친 것처럼 갈색으로 변하고, 병든 부위에 잿빛의 곰팡이(fungus)를 형성한다. 꽃봉오리나 꽃잎에는 연한 갈색 점무늬를 나타내고, 습한 조건에서는 꽃썩음을 동반하기도 한다. 저온다습한 환경에서 발생하며, 겨울철 시설재배나 환절기에 발생하여 피해를 준다.

② 흰가루병

흰가루병(powdery mildew)에 걸리면 주로 잎 표면에 밀가루를 뿌려 놓은 듯이 잎 전체가 하얗게 되며, 심하게 감염된 잎은 비틀어지고 마른다. 건조한 환경에서 감염이 쉽게 이루어지며, 시설재배에서는 연중 발생한다. 특히 장미, 거베라에서 피해가 심하고, 일부 초화류에도 발생한다.

③ 탄저병

탄저병(anthracnose)은 고온 다습한 조건에서 주로 발생한다. 잎, 줄기에 담갈색의 부정형, 원형으로 움푹 패인 병반을 형성하고, 병반이 합쳐지면서 잎이나 줄기를 썩게 한다. 오래된 병반 표면에 작은 검은색 알갱이를 많이 형성하는 특징을 보인다.

④ 점무늬병

점무늬병(leaf spot)은 잎, 줄기에 발생하며 아랫잎부터 시작된다. 처음에는 잎 전체에 지름 1~2 mm의 둥글고 작은 점무늬가 많이 형성되고, 병징이 심해지면 여러 개의 점무늬가 합쳐져서 큰 점무늬를 형성하기도 한다.

⑤ 녹병과 흰녹병

녹병(rust)은 주로 잎과 줄기에 발생하는데, 처음에는 갈색의 작은 타원형 반점이 형성되고 점차적으로 엽맥을 따라서 긴 타원형의 병반이 생긴다. 병반 부위의 표피가 터지면 암갈색 가루 모양의 병원균 가루가 튀어 나와 주위의 잎이 온통 적갈색으로 변하기도 한다. 피해가 심하면 잎이 뒤틀리고서 말라 죽는다. 가을부터 봄까지의 저온 다습한 환경에서 발생이 많으며, 질소질 비료를 많이 시용하면 병 발생이 심해진다. **흰녹병**(white rust)은 **백수병**(白銹病)이라고도 불리며 국화에 가장 큰 피해를 입힌다. 잎의 뒷면에 백색의 작은 사마귀 모양 돌기가 생기고, 심할 경우에는 잎이 뒤틀리며 말라 죽는다.

⑥ 노균병

노균병(downey mildew)은 시설 장미에 피해를 준다. 처음에는 잎에 부정형의 작은 수침상 반점을 형성하고, 진전되면 불규칙한 황갈색의 얼룩무늬 병반이 나타난다. 병든 잎 뒷면에는 회백색의 곰팡이가 형성되어 있는 것을 볼 수 있다. 병든 잎은 쉽게 낙엽이 진다. 밤과 낮의 일교차가 크고 야간에 난방하지 않아 습도가 높을 때 발생한다.

⑦ 그을음병

그을음병(sooty mold)이 발생하면 잎 뒷면 가장자리부터 암녹색 곰팡이가 지저분하게 형성되며, 심한 경우 잎 뒷면 전체에 퍼지기도 한다. 표면에만 곰팡이가 형성되고, 조직 속까지 피해를 주지는 않는다. 그러나 그을음 증상으로 인해 식물이 지저분해져서 상품성이 떨어진다. 한편, 그을음병은 당분이 섞인 배설물을 배출하는 해충에 의해 촉진되기도 한다(표 10.4).

⑧ 모잘록병

모잘록병(damping-off)은 종자로 번식하는 초화류에서 주로 발생하는 병이다. 파종 후 육묘 중인 어린 묘종의 줄기가 잘록해지면서 말라 죽는 증상을 나타낸다. 파종상이나 삽목상에서 주로 발생하고, 묘판 전체에 발생하여 피해를 주기도 한다.

⑨ 시들음병

시들음병(fusarium wilt)은 포기 전체에 발생하는데, 그중에서도 **지제부**(地際部)에 주로 발생한다. 병든 포기는 생기를 읽고 시들음 증상을 나타낸다. 후사리움속(*Fusarium*屬) 곰팡이균에 의해 발생하는 병으로 시들음 증상을 나타내는 식물체의 줄기를 잘라보면 줄기 속이 갈색으로 변해 있다. 카네이션 시들음병이 대표적인 병이며, 연작으로 인해 시들음병 발생이 많은 포장에서는 시들음병 저항성 품종을 선택하여 재배하는 것이 좋다.

⑩ 줄기썩음병, 구근부패병

줄기가 썩는 증상을 나타내기 때문에 흔히 **줄기썩음병**(stem rot)이라고 불리며, 줄기 기부부터 수침상으로 썩기 시작하여 지상부 잎까지 황화된다. 병든 잎을 뽑아보면 기부가 물러서 썩어 있고, 썩은 부위에 흰색 또는 분홍색 곰팡이가 피어있는 것을 볼 수 있다. **구근부패병**(root rot)은 나리 등 구근으로 번식하는 작물의 구근과 지하부 줄기에 주로 발생한다. 구근 표면에 갈색 부정형 병반을 형성하는데, 정식 후 식물체가 시들고 구근이 썩는다.

⑪ 역병

역병(phytophthora collar rot)에 걸린 식물체는 생기를 잃고 시들어 버린다. 토양과 맞닿은 줄기가 검게 썩는 병징을 보이며, 심한 경우 물러서 쓰러지고 식물체 전체가 주저앉기도 한다. 병징이 점점 심해지는 식물체의 지제부에서는 균사를 확인할 수 있다. 물에 의해 전염되는 대표적인 수생성 곰팡이가 병원균으로, 배수가 불량한 다습한 환경을 좋아한다.

⑫ 균핵병, 흰비단병

균핵병(sclerotium rot)에 걸리면 식물체의 생육이 저하되고, 감염된 줄기에서는 아랫잎부터 누렇게 시들어 죽는다. 피해 받은 식물체의 뿌리를 자세히 살펴보면 말라 죽은 줄기의 표면에 쥐똥 모양의 검은색 균핵이 형성되어 있는 것을 볼 수 있다. 습한 조건에서는 흰색의 곰팡이가 형성되기도 한다. 또한, **흰비단병**(corticium rot)은 균핵과는 달리 짙은 적갈색의 단단하고 동그란 모양의 알갱이를 뿌리와 토양 표면에 다수 형성하기도 한다. 토양 속에서 균핵의 형태로 존재하다가 전염을 일으키므로 발생한 포장에서는 방제가 매우 어렵다.

(2) 곰팡이병 방제

① 잎, 꽃 등 지상부에 발생하는 병

식물체가 습해지지 않도록 해야 한다. 특히 야간의 다습을 피하고, 낮에도 환기팬을 이용하여 다습한 공기를 밖으로 배출시키는 등의 시설환경 관리가 필요하다. 병든 꽃과 잎을 일찍 제거하여

그림 10.1 화훼류의 주요 곰팡이병과 피해 증상

전염원을 없애야 한다. **잿빛곰팡이병**, **노균병** 등은 밤과 낮의 일교차가 크고 야간에 난방하지 않아 습도가 높을 때 발생하므로, 가능한 환기와 온도 관리에 주의를 기울여 습도를 낮춘다. 특히 **흰가루병**, **흰녹병**, **잿빛곰팡이병**은 약제 내성이 생기기 쉬우므로, 단일 약제의 연용을 피하고 계통이 다른 약제로 번갈아 살포한다.

② 뿌리, 줄기 등 지하부에 발생하는 병

삽목 시 건전한 묘를 사용하고, 연작으로 인해 병 발생이 많은 포장에서는 정식 전 토양 및 구근을 소독하며, **저항성 품종**을 선택하여 재배한다. 근권부에 상처가 발생하지 않도록 주의하고, 병든 식물체는 발견하는 즉시 제거한다.

균핵병과 **흰비단병**은 균핵의 형태로 오랫동안 토양 속에서 생존하기 때문에 발생한 후에는 방제가 매우 어렵다. 또한, **역병**은 수생성 곰팡이에 의해 발생하므로, 병든 식물체와 잎은 제거하고 피해 부위를 중심으로 다습하지 않게끔 배수 관리에 주의한다.

2) 세균에 의한 화훼작물의 병

(1) 세균병의 종류와 진단

① 무름병

무름병(soft rot)이 발생하면 여름철 고온다습한 조건에서 물이 모이는 새순이나 밑둥 부위가 갈색으로 변하면서 급격히 물러 썩는다. 특히 선인장, 팔레놉시스, 심비디움에 피해가 많으며, 물러 썩은 식물은 악취를 발한다. 병원균은 세균의 일종으로, 병든 잎에서 강우나 관수 시에 물이 튀면서 상처 부위를 통해 감염된다.

② 세균점무늬병

세균점무늬병(bacterial spot)이 발생하면 잎에 갈색의 작고 원형의 점무늬가 생기고, 병징이 진전될수록 점무늬가 확대되어 잎 전체가 갈색으로 변하며, 심해지면 말라 죽기도 한다. 습도가 높으면 병반 위에 세균을 포함한 점액물이 분비되어서 물에 의해 전염이 되기도 한다.

③ 세균잎썩음병

세균잎썩음병(bacterial leaf rot)은 잎과 줄기에 암갈색의 점무늬를 형성하는데, 진전된 잎에서는 병반의 가장자리가 검은색의 수침상으로 변한다. 증상이 심한 식물체는 잎의 갈색 병반이 합쳐지면서 물러 썩고, 낙엽이 지며, 심한 경우 줄기와 잎이 말라 죽기도 한다. 암갈색 반점과 수침상으로 변한 조직을 현미경으로 관찰하면 세균병임을 확인할 수 있다.

④ 혹병

혹병(gall)은 줄기나 땅속줄기(지하경) 따위의 표면에 불규칙하게 혹이 나오거나 궤양이 생기는 것으로, 이중 **뿌리혹병**(근두암종병, crown gall)은 장미 등 화목류의 삽목이나 전지, 전정 과정에서 생긴 상처를 통해 감염된다. 처음에는 둥글고 작은 혹을 형성하다가 점차 커져서 암갈색 단단한 형태를 이룬다. 이 병에 걸린 삽수를 통해 전염되며, 줄기에 형성된 혹을 제거하는 과정에서 칼이나 전정가위를 통해 감염이 확산하기도 한다.

그림 10.2 화훼류의 주요 세균병과 피해 증상

(2) 세균병 방제

세균병은 고온 다습한 환경에서 발생하므로, 가능한 식물체가 물에 젖지 않도록 관수에 주의하고, 환기를 통해 건조하게 관리해 주는 것이 필요하다. 관수할 때 병원균이 튀어 주변의 식물로 전파되기 쉬우므로 병든 식물체를 즉시 제거하며, **저항성 품종**을 재배한다. 특히 건전한 삽수를 사용해야 하며, 줄기에 형성된 혹을 칼이나 전정가위로 제거할 때 주변 식물체로 전염되기 쉬우므로 접촉하지 않도록 주의해야 한다.

3) 바이러스와 바이로이드

(1) 바이러스와 바이로이드의 구조와 핵산

① 구조

바이러스(virus)는 매우 작으며 전자현미경으로만 관찰할 수 있다. 바이러스의 구조는 바이러스 유전체를 둘러싸고 있는 **외피단백질**(coat protein)에 의해 결정된다. 바이러스의 형태는 사상형, 구형, 막대형으로 나뉜다. 막대형 바이러스의 길이는 대략 300~500 nm이며, 지름은 5~20 nm이다. 구형 바이러스는 지름이 약 25~50 nm이고, 사상형 바이러스는 길이가 약 2 μm 이하이다.

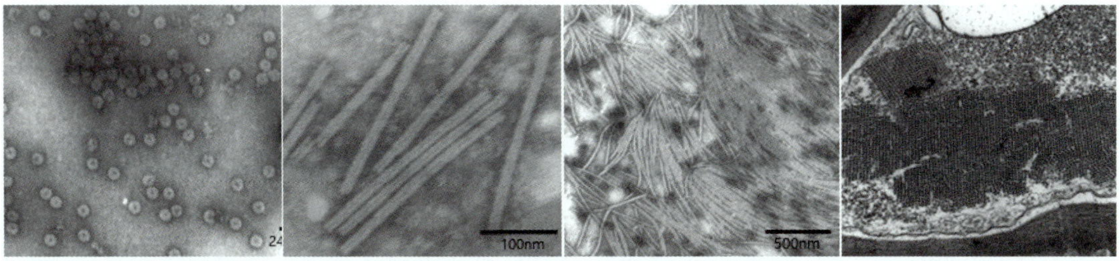

구형 막대형 사상형 구형 바이러스

그림 10.3 현미경으로 관찰한 바이러스의 형태

② 핵산

식물 바이러스는 대부분 15 kilobase(kb) 이하의 작은 게놈을 가지고 있다. 대다수의 바이러스는 단일가닥(ss) RNA 게놈을 갖지만, 이중가닥(ds)RNA, ssDNA 또는 dsDNA 게놈을 가진 바이러스도 일부 있다. RNA를 게놈으로 갖는 바이러스의 증식은 RNA에서 RNA를 복제하는 방식으로 이루어지고, 이 RNA의 유전정보는 직접 단백질에 전달된다. 식물 바이러스의 경우, RNA 바이러스의 게놈은 선형(linear)이지만, DNA 바이러스의 게놈은 원형(circular)이다. 바이로이드(viroid)는 짧은 원형 단일가닥 RNA로 이루어진 병원성 물질로 알려진 병원체 중 가장 작다. 게놈에 단백질을 코딩하는 유전자가 없으며 200~400개의 염기로 구성되어 있다.

(2) 바이러스의 전염과 감염

① 전염

바이러스는 상처 입은 식물이 건강한 식물과 접촉하면 즙액을 통해 전염된다. 즙액 외에 진딧물, 담배가루이, 총채벌레, 선충 등의 **바이러스 매개곤충**(insect vector)과 뿌리에 서식하는 곰팡이에 의해서도 전염된다. **매개곤충**은 자신이 가해하는 식물만 감염시키기 때문에 종종 해당 바이러스의 기주 범위를 결정하는 요인이 된다. 바이러스에 감염된 식물체에서 형성되는 종자를 통하여 전염되는 바이러스는 생식세포를 감염시켜서 후대로 전달된다. **담배모자이크바이러스**(tobacco mosaic virus, TMV) 등 *Tobamovirus*속에 속하는 바이러스는 접촉 전염력이 높고 구조가 안정되어 있으므로, **종자 전염** 외에도 종피에 묻은 바이러스가 종자가 발아하는 동안 유묘에 감염되기도 한다. 국화왜화바이로이드(chrysanthemum stunt viroid)를 포함한 바이로이드는 종자를 통하여 전염되는 경우가 많다.

② 감염 및 이동

바이러스의 감염은 바이러스 입자가 기주 세포 안에 들어가서 바이러스 핵산과 단백질을 합성하고, 주변의 다른 세포나 부위로 이동하는 모든 과정을 말한다. 감염은 식물체 표면의 상처를 통해서 일어나는데, 침입한 바이러스는 세포 간 및 원거리를 이동하면서 증식한다. 바이러스의 세포 간 이동은 **원형질연락사(plasmodesmata**, 20~200 nm)를 통해 이루어지는데, 1시간에 6~13 μm를 이동한다. 동부모자이크바이러스(cowpea mosaic virus)는 세포 간 이동 시 **단백질 세관**(protein tubule)을 이용해서 바이러스 입자가 원형질연락사를 통과하도록 한다. 감자바이러스X(potato virus X)는 이동 단백질(movement protein)을 통해 바이러스 입자가 세포 간에 이동하도록 원형질연락사를 변형시킨다. TMV는 이동 단백질과 바이러스 RNA와의 복합체를 생성해서 바이러스 입자를 원래 크기보다 가늘게 만든 다음 원형질연락사를 통해 이동하도록 한다. 원거리 이동은 관다발계(vascular system), 특히 체관부(phloem)를 통해 이루어지는데, 이를 통해 식물체 전체를 감염[**전신감염**(全身感染); systemic infection]시킨다. **TMV**의 경우 잎에 바이러스를 인위적으로 접종한 지 4일이 경과하면 뿌리까지 이동한다.

③ 병징

현재 1,000여 종의 바이러스가 식물을 감염시킬 수 있는 것으로 알려져 있다. 식물 바이러스는 **기주식물** 없이는 스스로 복제할 수 없는 기생체로 증식을 위해 살아있는 조직을 필요로 하는 생물 영양성 병원체이다. 바이러스는 기주식물의 세포를 에너지원 및 생합성 기구로 이용하기 때문에 작물이 바이러스에 감염되면 대부분 증상을 나타낸다. 병징은 기주에 대한 바이러스의 간섭 또는 경쟁의 결과로서 나타나는데, 이 과정에서 유도 또는 억제된 기주의 유전자는 기주의 호르몬 조절, 세포주기 조절 및 물질 수송과 같은 광범위한 세포 과정에 관련된 것이다. 따라서 바이러스는 기주식물의 생리를 방해하여 질병을 유발한다. 따라서 바이러스의 병징은 황화, 생육 불량 등과 같은 생리장해와 유사하다. 이 외에도 모자이크, 얼룩(mottle), 원형 반점, 고리형 괴사 반점 등의 특이한 병징들이 있다.

심비디움모자이크바이러스 / 심비디움모자이크바이러스, 난윤문바이러스 / 심비디움모자이크바이러스, 난윤문바이러스(호접란 잎) / 카틀레야의 화색파괴 증상

그림 10.4 화훼류의 주요 바이러스병과 피해 증상

(3) 바이러스 혈청과 방제

① 혈청

식물 바이러스는 **외피 단백질**이 **항원**(antigen)이 될 수 있고, 따라서 **항혈청**(antiserum)을 만들 수 있다. 항혈청에 포함된 **항체**(antibody)를 갖고서, 항원항체 반응을 이용한 **엘라이자**(enzyme-linked immunosorbent assay, ELISA), **웨스턴블로팅**(Western blotting), **면역 스트립**(immuno strip) 등의 다양한 방법을 통해 바이러스를 진단할 수 있다. 항혈청은 순수하게 분리한 바이러스를 기주 식물체에서 대량으로 증식하여 바이러스를 정제한 다음, 이것을 토끼에 몇 차례 주사한 후 면역반응이 일어난 토끼로부터 채혈하여 얻는다.

② 방제

많은 식물 병원체, 특히 곰팡이균은 그것의 대사를 방해하는 화학물질을 사용하여 방제할 수 있다. 그러나 식물 바이러스는 화학물질을 이용한 방제를 할 수 없다. 왜냐하면, 바이러스는 효소계나 단백질 합성계를 갖추고 있지 않아 자체적으로 증식할 수 없고, 기주 세포의 대사계를 빌려서 증식하기 때문이다. 따라서 자체 효소가 거의 없는 바이러스는 기주 세포에 있는 효소 또는 감염의 결과로 유도된 효소에 의존하여 생존한다. 이 효소는 핵산과 단백질 합성을 담당하는데, 화학물질 처리로 이들 효소의 활성을 방해하면 세포의 정상 기능에 필요한 유사 효소의 활성에 지장을 준다. 따라서 바이러스를 죽이기 위해 화학물질을 처리하면 식물체가 죽을 수도 있다. 따라서 전염원의 차단이나 **매개곤충** 방제를 통하여 바이러스 감염을 예방해야 한다. 근본적인 대책은 바이러스 **저항성 품종**을 재배하는 것이다.

(4) 화훼작물의 바이러스병

① 전염 특성

화훼작물은 종자로 번식하는 일년초 등 일부 식물을 제외하고는 대부분 **영양번식**을 통해 증식된다. 바이러스에 감염되면, 바이러스가 뿌리를 포함한 식물체 전체에 분포한다. 이에 따라 영양기관(잎, 줄기, 뿌리 등)을 잘라서 증식하는 화훼작물의 경우에는 감염이 누적되어 여러 종류의 바이러스가 축적되기도 한다. 종자번식 작물은 재배기간 동안 감염주 접촉이나 **매개곤충 전염**을 통해 주로 감염된다. 하지만, 영양번식 작물은 **모주**가 감염되면 바이러스가 그 영양체를 통하여 그대로 전달되므로 바이러스병이 문제시되는 경우가 많다. 종자에 의해 전염되는 바이러스 종류는 전체 식물 바이러스의 18% 정도로 적지는 않지만 종자 전염률은 낮다. 또한, 종묘회사에서 유통 전 종자 소독을 통하여 종피에 오염된 바이러스를 불활성화하므로 특정 작물을 제외하고는 종자 전염에 의한 바이러스병은 발생하지 않는다.

② 피해 병징

국화의 경우, 재배하는 동안 진딧물에 의해 전염되는 토마토아스퍼미바이러스(tomato aspermy virus)와 국화바이러스B(chrysanthemum virus B) 또는 총채벌레가 전염하는 토마토반점위조바이러스(tomato spotted wilt virus)에 감염되어 피해를 받는 경우가 있다(Chung 등, 1999; Chung 등, 2006b). 국화왜화바이로이드(chrysanthemum stunt viroid) 및 국화황화모틀바이로이드(chrysanthemum chlorotic mottle viroid)는 즙액을 통한 전염률이 높다. 따라서 국화의 적심 또는 절화 수확 중에 도구를 매개로 전염이 일어나는 경우가 많다(Chung 등, 2006a; Chung 등, 2005; Chung와 Pak, 2008). 난과식물은 분주를 통해서 번식하므로 번식용 모주가 바이러스에 감염되면 분주하여 자란 개체에게도 바이러스가 그대로 전달된다. 난과식물에 발생하는 주요 바이러스인 심비디움모자이크바이러스(cymbidium mosaic virus)와 난윤문바이러스(odontoglossum ring spot virus)는 즙액에 의해서도 전염이 되기 때문에 재배하는 동안 작업자의 손과 도구를 통해 전염된다. 이들 바이러스는 난 잎에 괴사 반점을 형성하기 때문에 관상가치를 저하시킨다(Chung 등, 2010; Kim 등, 2010). 화색이 짙은 튤립, 백합, 프리지아, 국화 등이 바이러스에 감염되면 꽃잎의 색이 부분적으로 파괴되는 화색 파괴(color breaking) 증상이 발생함으로써 품질이 저하된다. 이 증상은 바이러스 감염으로 인해 꽃잎 상피층의 액포에 존재하는 안토시아닌 색소의 농도가 변화하면서 나타난다(Chung 등, 2005).

그림 10.5 바이러스 감염에 의한 화색 파괴(color breaking) 증상

4) 파이토플라즈마

(1) 병원체 특성

파이토플라즈마(phytoplasma)는 **마이코플라즈마**(mycoplasma)와 유사한 유기체이다. Mollicute 강에 속하는 박테리아로서, 식물의 양분이 이동하는 통로인 체관 조직에 서식하는 병원체이다. 동물을 감염시키는 마이코플라즈마는 인공배지에서도 배양되지만, 파이토플라즈마는 살아있는 세포가 없는 인공배지에서는 배양되지 않는다. 형태는 구형, 고리, 필라멘트 등과 같은 부정형이고, 세포벽이 없으며, 지름이 일반적으로 1 μm 미만이다. 1967년 파이토플라즈마가 발견되기 전까지 황화 증상의 모든 식물 병은 바이러스가 원인이라고 여겼다. 현재는 파이토플라즈마가 많은 식물

에서 다양한 병을 일으키는 것으로 알려져 있다.

(2) 병징

파이토플라즈마병은 700여 종의 식물 종에서 다양한 증상을 유발한다. 특징적인 증상은 **의엽화**(phyllody, 꽃 대신 잎과 같은 구조의 생성)와 **이상녹변**(virescence, 꽃잎 색소의 손실로 인한 녹색 꽃의 발달) 등과 같은 꽃의 비정상적인 발달이다. 파이토플라즈마는 체관부에 존재하여 체관의 기능과 탄수화물 수송에 영향을 미쳐서 황화 증상을 흔하게 유발하고 엽록소 생합성을 억제한다. 또한, 정아우세성을 상실시켜 측지를 많이 발생시키므로, 감염된 식물은 덤불 또는 마녀 빗자루(서양) 모양을 보인다. 그 외에도 가지의 고사와 뿌리의 생장 불량 증상을 유발한다. 국내에서는 국화, 백합, 페튜니아, 프리지아, 스타티스, 거베라, 포인세티아 등에서 파이토플라즈마병 발생이 보고되었다(Chung 등, 2001; Chung와 Huh, 2008; Chung과 Jeong, 2003; Chung과 Kim, 2005).

거베라 잎의 병징 거베라의 건전주(좌)와 감염주(우) 페튜니아의 건전주(좌)와 감염주(우) 파이토플라즈마 병원체

그림 10.6 화훼류의 주요 파이트플라즈마병과 피해 증상 및 병원체

자연 상태에서 식물 간 전염은 매미충(leafhopper), 멸구(plant hopper)처럼 체관에서 흡즙하는 곤충에 의해 전염된다. 파이토플라즈마는 오랫동안 종자에 의해서는 전염되지 않는 것으로 알려져 왔으나, 최근 일년초와 목본식물 등 다양한 식물에서 **종자 전염** 사례가 보고되고 있다.

2 충해와 관리

식물 생장에 피해를 줘서 정상적인 생육을 저해하는 벌레를 통틀어 **해충**(insect pest)이라 한다. 원예작물 육종이 과거 생산량이 부족하던 시절에는 다수확성에 주목했다면, 최근에는 고품질의 상품성과 기능성 향상에 초점을 둠에 따라 **내충성**이 점점 약해지는 경향이 있다. 생물의 생산 활동 에너지원은 태양을 이용한 광합성에서 얻어지는데, 작물은 이러한 광합성 산물의 양을 개선해 준다. 동물, 미생물도 작물을 선호하므로, 방제는 이들 유기체가 에너지를 획득하는 활동으로부터 작물을 보호하고 생산을 극대화하는 데 매우 중요하다. 곤충은 전체 동물의 약 75%를 차지할 만큼 큰 생물군으로 많은 해충이 곤충류에 속한다. 응애류, 선충류, 달팽이류 등도 작물에 해를 입히는 하등동물이다.

화훼류는 고부가가치 작물로서, 그 생산에는 자본과 기술이 집약적으로 투입된다. 그리고 생육조절, 환경 제어, 수확기 등을 고려하여 시설재배하는 경우가 많다. 밀폐율이 높은 시설에서는 외부로부터 해충의 전파나 침투가 제한적이지만, 종자, 묘, 화분, 상토, 자재 등과 함께 섞여서 시설 안으로 들어올 수 있다. 시설 내부는 온도가 높고 해충의 생존과 번식에 유리한 환경이기 때문에 해충의 증식 회전이 빠르다. 따라서, 이전에 발생한 이력이 없거나 특정 지역에서만 발생하던 해충도 발생한다. 시설에서는 보통 **밀식재배**를 하고 식물의 생장이 노지와는 다소 차이가 있다. 병해와 마찬가지로 해충 또한 한번 발생하면 피해가 급속히 퍼진다. 매년 작물을 연작하는 경우가 많은데, 전년도에 발생했던 해충이 월동하여 재발생함으로써 장기간 반복해서 피해를 줄 수 있다. 시설을 설치할 때, 토양 등 주변 환경에 대한 방제작업을 철저히 하고, 이전에 재배했던 작물에 대한 정보를 활용하면 방제에 도움이 된다.

1) 가해 방법에 따른 해충 분류

가해 방법에 따라서, 입이 크고 갉아 먹는 **식해**(食害, chewing 또는 biting)**성** 부류와 입이 상대적으로 작고 수액을 빨아먹는 **흡즙**(吸汁, sucking)**성** 부류로 나눌 수 있다(**표 10.4**). **식해성**을 **저작성** 또는 **섭식성**이라고도 한다.

(1) 식해성 해충

새싹 잎, 줄기를 먹거나 구멍을 뚫고 들어가서 엽록체나 내부의 부드러운 부위를 먹는 부류, 뿌리의 유조직에 기생하면서 뿌리가 흡수한 수분이나 무기양분 또는 뿌리 조직 자체를 갉아 먹는 부류, 과실이나 종자 또는 기타 저장기관에 피해를 주는 부류 등 세 그룹으로 나눌 수 있다. 나비류, 나방류, 굴파리류, 딱정벌레 등의 유충이 대표적이며, 주로 어리거나 부드러운 조직에 피해를 준다. 곤충 이외의 식해성 해충에는 선충과 응애도 포함된다.

(2) 흡즙성 해충

흡즙성 해충은 주로 잎, 줄기, 과실의 어린 조직에서 즙액을 취한다. 이러한 해충은 입 모양이 침상(針狀, needle-like or spine-like)으로 된 부류와 흡즙 기능뿐만 아니라 갉는 기능을 동시에 가지는 복합형 부류로 나눌 수 있다. 입이 침상인 부류는 식물 조직에 침을 박아 즙액을 흡입하므로, 식물의 모양이 위축되거나 생장이 저해되어 기형인 외형을 가지게 한다. 복합형은 외부 표피조직을 갉아 내부에서 즙액이 나오면 빨아먹는 부류로, 표면의 엽록체가 파괴되어 흰 반점이 생겨난다. **흡즙성 해충**은 가해 부위에서 엽록체나 가용성 양분을 빨아먹어 식물의 생장을 저해하고, 가해 부위를 통해 직간접적으로 세균이나 바이러스를 매개한다. 진딧물류, 노린재류, 깍지벌레류 등은 침상형의 입 모양을 갖고, 총채벌레류는 복합형의 입 모양을 가진 대표적인 곤충이다. 많은 응애류도 흡즙성 특징을 가지고 있다.

표 10.4 가해 방법에 따른 해충의 분류

가해 방법	분류	종류
식해성	곤충류	나비류, 나방류, 굴파리류, 딱정벌레 등의 유충
	기타	응애류, 선충류, 달팽이류 등
흡즙성	곤충류	[침상형] 가루이류, 굴파리류의 성충, 딱정벌레류, 방패벌레류, 진딧물류, 노린재류, 깍지벌레류 등 [복합형] 총채벌레류 등
	기타	응애류, 선충류 등
간접 피해	그을음병	가루이류, 깍지벌레류, 방패벌레류, 진딧물류 등
	바이러스 매개	진딧물류, 가루이류, 총채벌레류 등

2) 화훼류에 피해를 주는 주요 곤충

(1) 가루이류

가루이(whitefly)는 매미목 가루이과에 속하는 외래 곤충으로, 우리나라에서는 26종이 확인된 바 있다. 매미류 중 크기가 작은 무리에 속하며, 성충(mago)과 유충(애벌레, larva; 약충, nymph)이 잎 뒷면에 서식한다. 화훼류에 발생하는 대표적인 가루이는 흰색의 **온실가루이**(흰가루이)와 황색의 **담배가루이**다. 온실가루이는 1977년 이후, 그리고 담배가루이는 1998년부터 피해를 입힌 것으로 확인되고 있다. 가루이의 성충이나 유충은 입의 뾰족한 침으로 식물체 즙액을 빨아먹는 흡즙형으로 피해 입은 잎은 퇴색해 떨어지고 수확량이 감소하며 품질이 저하된다. 반짝이는 **배설물**(甘露, honeydew of insects)은 잎을 지저분하게 하고 **그을음병**을 유발하며, 물리적인 손상 부위를 통한 바이러스 병도 매개한다. 거베라, 국화, 선인장, 장미 등에 피해를 준다.

예방을 위해서는 온실 안팎 작물 주변의 잡초를 제거하여 청결하게 유지하고, 재배 후에는 다음 작형을 시작하기 전에 재배지 전체를 철저히 청소해야 한다. 시설은 내·외부가 통하는 곳, 즉

출입구, 측창, 천창, 환기구 등에 방충망(16~17 mesh)을 설치해서 유입을 차단하고, 묘를 정식할 때 묘의 상태를 확인하여 성충이나 알이 묻어서 들어오지 않게 해야 한다. **화학적 방제**는 1주일 간격으로 3회 이상의 약제 살포를 기본으로 하되 잎 뒷면에도 약이 도포될 수 있도록 살포하는 것이 중요하다. **생물학적 방제**를 위한 **천적**(natural enemy)으로는 노린재류, 응애류, 벌류 등 약 10여 종이 있다.

담배가루이 알 / 담배가루이 성충 / 담배가루이 번데기 / 온실가루이 번데기

그림 10.7 화훼류에 피해를 주는 가루이류(사진 제공: 국립원예특작과학원 윤정범 박사)

(2) 굴파리류

굴파리(leaf-miner fly)는 파리목에 속하는 외래 곤충으로 성충은 주로 잎의 윗면에 산란하고, 알이 25~30°C에서 약 2주일이 지나면 성충이 된다. 국내에서는 아메리카잎굴파리가 1994년 거베라 온실에서 최초로 관찰되었는데, 유럽에서 화훼류 수입과 함께 들어온 것으로 추정된다. 성충은 잎 표면에 구멍을 뚫어 체액을 빨아먹는 동시에 작은 반점을 남기고, 유충은 잎 속을 파먹어 잎 표면에 흰 줄무늬를 만든다. 국화, 백합, 안개초 등에서도 발견된다.

거베라는 잎을 수확하지 않는 경우가 많아 크게 문제가 되지는 않지만, 국화를 포함하여 상품에 잎이 포함되는 화훼류는 기본적으로 약제 방제를 해야 한다. 시설재배에서는 성충의 유입을 차단하기 위한 **방충망**을 설치하고, 유충의 피해가 없는 건전묘를 사용해야 한다. **생물학적 방제**를 위

굴파리 피해 / 굴파리 성충 / 굴파리 성충의 교미 / 굴파리 번데기

그림 10.8 화훼류에 피해를 주는 굴파리류와 피해 증상(사진 제공: 국립원예특작과학원 윤정범 박사)

한 **천적**으로는 굴파리좀벌과 잎굴파리고치벌이 있다.

(3) 깍지벌레류

깍지벌레(scale insect)**는** 매미목의 깍지벌레과에 속하며, **개각충**(介殼蟲, coccids)이라고도 한다. 국내에는 21속 58종이 서식하는데, 화훼류에 피해를 주는 종으로는 **가루깍지벌레**(mealy bug, 선인장 등), 귤가루깍지벌레(꽃기린, 몬스테라, 선인장 등), 난초핀깍지벌레(심비디움, 장미, 파초일엽 등), 도롱이깍지벌레(국화, 싸리 등), 무화과깍지벌레(심비디움 등), 식나무깍지벌레(개나리 등), 장미흰깍지벌레(장미 등) 등이 알려져 있다. 활엽수, 야자류, 관엽식물의 잎(주로 뒷면)과 줄기에 기생하면서 체액을 흡즙하여 피해를 입힌다. 가루이류와 마찬가지로 당분을 함유한 배설물을 분비해서 **그을음병**을 유발한다.

예찰을 통하여 조기에 발견하는 것이 중요하다. 발생 초기 밀도가 낮을 때는 물리적인 방법으로 긁거나 발생 부위의 잎과 가지를 잘라 제거한다. 발생이 심해지면 방제가 어렵고, 특히 깍지를 덮고 있어 성충과 성장이 끝나가는 유충에서는 약제의 효과가 크지 않다. **화학적 방제**는 발생 초기인 유충기에 발생 장소를 중심으로 해서, 2주일 간격으로 2회 연속 살포하는 것이 효과적이다. 등록 약제 이외의 유기농 제재로는 기계유유제, 천연 유화제(KOH + 올리브유) 등이 있으나, 고농도에서 약해를 일으킬 수 있고 화학 약제보다 효과가 낮을 수 있다.

가루깍지벌레 귤가루깍지벌레 뽕나무깍지벌레 무화과깍지벌레

그림 10.9 화훼류에 피해를 주는 깍지벌레류(사진 제공: 국립원예특작과학원 윤정범 박사)

(4) 딱정벌레류

딱정벌레(beetle)는 딱정벌레목 곤충의 통칭이다. 딱딱한 외투가 날개를 덮고 있어서 붙여진 이름으로 **갑충**(甲蟲, coleoptera)이라고도 한다. 전 세계에는 현재 약 30여만 종, 우리나라에는 약 8,000여 종이 서식한다. 식물체 표면이나 줄기, 열매 속 또는 땅속에 산란한다. 국화하늘소, 꽃무지, 녹색콩풍뎅이, 점박이꽃무지 등이 화훼류의 꽃, 줄기, 잎, 과실 등을 먹거나 즙을 빨아먹어 피해를 준다.

딱정벌레류는 재배지에서 대량으로 발생하는 경우가 드물기 때문에, 발견되는 즉시 물리적으로 제거하는 것이 기본이다. 국화하늘소는 유충이 식물체 속을 파먹으므로, 시든 줄기가 발견되면 기부부터 절단하여 소각하는 등 완전히 제거해 준다. 풍뎅이과에 속하는 꽃무지류나 풍뎅이류는 유충이 땅 속의 썩은 부엽토를 먹고 살아가므로 유충보다 성충이 더 많은 피해를 준다. 예찰을 통하여 성충의 산란기에 등록된 살충제를 사용할 수 있다.

벼룩잎벌레 성충　　벼룩잎벌레 유충　　오이잎벌레　　좁은가슴잎벌레

그림 10.10 화훼류에 피해를 주는 딱정벌레류와 피해 증상(사진 제공: 국립원예특작과학원 윤정범 박사)

(5) 방패벌레류

방패벌레(lace bug)는 노린재목 방패벌레과에 속하는 곤충류다. 화훼류에 피해를 주는 종으로는 진달래방패벌레가 알려져 있는데, 흑갈색이고 등이 회백색 방패 모양이다. 봄에 진달래류(진달래, 철쭉, 산철쭉, 영산홍 등)의 잎 뒷면 조직 내에 1개씩 산란하고 가을까지 성충과 유충이 같은 시기에 발생한다. 주로 고온의 장마기 전후에 발생해서 잎 뒷면에 집단으로 서식한다. 즙을 빨아먹기 때문에 잎이 황백화되고 심해지면 조기에 낙엽이 진다. 응애에 의한 피해 증상과 유사하지만 검은 배설물과 탈피 허물을 남기므로 응애와 구별된다. 배설물은 잎을 오염시키고 **그을음병**을 유발한다.

비가 적고 건조한 조건에서 발생하여 급속하게 번지므로, 예찰을 통해 잎 뒷면을 관찰하고 살

국화방패벌레 성충　　국화방패벌레 피해(국화)　　진달래방패벌레 피해(철쭉)　　진달래방패벌레 유충

그림 10.11 화훼류에 피해를 주는 방패벌레류와 피해 증상(사진 제공: 국립원예특작과학원 윤정범 박사)

충제 살포로 방제한다. 5월부터 가을 무렵까지 발생하므로, 5월 초순경에 집중적으로 방제하는 것이 효과적이다.

(6) 진딧물류

진딧물(aphid)은 매미목 진딧물과에 속하는 곤충이다. 전 세계적으로 2,700여 종이 알려져 있으며, 국내에는 330여 종이 분포하고 있다. 식물의 즙액을 빨아먹는 **흡즙형** 곤충으로, 주로 기주식물의 잎 뒷면, 새순, 꽃봉오리 등 생장 활성이 높으면서 어리고 부드러운 부위에 성충과 유충이 집단으로 피해를 준다. 알이나 날개가 없는 암컷 상태로 월동하여 3월부터 증식하는데, 암컷이 새끼를 낳는 **단위생식**도 한다. 흡즙 피해와 더불어 당분이 섞인 배설물을 배출해서 잎에 **그을음병**을 유발하고 바이러스 병을 매개한다. 화훼작물에서는 국화꼬마수염진딧물(국화), 목화진딧물(거베라, 국화, 백합, 심비디움 등), 무테두리진딧물(카네이션 등), 복숭아혹진딧물(심비디움, 안개초 등), 찔레수염진딧물(장미 등) 등이 발생하고 있다.

건조한 기후조건이나 시설 내에서는 연중 발생한다. 시설재배에서는 방충망을 설치하여 외부로부터의 유입을 차단하고, 정식 시 입제를 넣어 주거나 발생 시 등록된 살충제를 살포한다. 밀도가 높아지면 그을음병이 발생하므로 그 전에 방제하는 것이 좋다. **생물학적 방제**로는 콜레마니진디벌, 진디혹파리, 무당벌레, 풀잠자리, 꽃등에 등의 **천적**을 이용한다.

목화진딧물 복숭아혹진딧물 국화꼬마진딧물 찔레수염진딧물

그림 10.12 화훼류에 피해를 주는 진딧물류와 피해 증상(사진 제공: 국립원예특작과학원 윤정범 박사).

(7) 총채벌레류

총채벌레(thrip)는 총채벌레목 총채벌레과에 속하는 곤충으로 주로 식물체의 체액을 빨아먹는다. 꽃의 꽃받침, 어린잎이나 잎맥 등의 표피 안쪽에 산란하는 것으로 알려져 있다. 갉아서 생기는 체액을 빨아먹으며, 이로 인해 잎이나 꽃의 탈색, 갈변, 줄무늬 등이 생긴다. 화훼류에는 꽃노랑총채벌레(거베라, 국화, 백합, 장미, 카네이션 등), 파총채벌레(국화, 거베라, 심비디움, 장미, 카네이션 등), 대만총채벌레(수국, 심비디움 등) 등이 발생한다. 특히 꽃노랑총채벌레는 꽃을 가해하여 화훼류의 상품성을 크게 떨어뜨린다.

시설재배에서는 성충의 유입을 막기 위해 한랭사를 설치해야 한다. 또한 이전에 재배한 작물의 잔해나 잡초 등을 제거하고 유충에 오염되지 않은 **건전묘**를 정식하도록 한다. 유충이 꽃봉오리나 어린잎이 뭉친 구조, 포엽 안쪽처럼 약제 침투가 어려운 곳에 있을 때는 방제가 어렵지만, 노출되거나 성충일 경우에는 약제로 방제할 수 있다. **끈끈이 트랩**을 설치하고서 발생을 예찰하여 성충이 산란하기 전이나 발생 초기에 방제해야 효과적이다. 땅속 번데기는 방제가 어려우므로, 재배 간기에 온실을 50°C 이상의 고온에서 1주일 정도 밀폐하거나 **토양소독**을 함으로써 사멸시킬 수 있다. 번데기가 되는 것을 막기 위해 은색 필름으로 멀칭하기도 한다. 생물학적 **천적**으로는 미끌애꽃노린재와 으뜸애꽃노린재가 있다.

꽃노랑총채벌레　　대만총채벌레　　미나리총채벌레　　고사리그물총채벌레

그림 10.13 **화훼류에 피해를 주는 총채벌레류**(사진 제공: 국립원예특작과학원 윤정범 박사)

3) 화훼류에 피해를 주는 응애류

화훼작물에 큰 피해를 주는 **응애**(mite)는 거미류 동물로 곤충류, 전갈류, 벼룩류와 함께 절지동물에 속하지만, 다리가 4쌍인 거미강 진드기목에 속한다. 기주식물에 따라 생장점 부위의 잎, 꽃, 열매, 구근, 뿌리 등에 **흡즙** 또는 **식해**의 피해를 준다. 노지에서는 고온 건조기에 집단으로 발생하고, 시설 내에서는 연중 발생의 빈도가 높다. 응애는 식물체에 아주 촘촘한 거미줄을 치는데, 거미줄과 응애의 개체수는 비례한다. 식물 잎에 피해를 주는 경우는 잎의 엽록소 손실로 인해 황변 또는 희뿌연 탈색을 유발하기 때문에 다른 병해충 피해와 구별된다. 점박이응애는 국화, 심비디움, 안개꽃, 장미, 접시꽃, 카네이션 등에 피해를 많이 준다. 이 외에도 뿌리응애(백합 등), 양란주름응애(덴파레 등), 차먼지응애(거베라 등), 차응애(수국 등) 등이 있다.

잎에 발생하는 응애는 등록 약제로 방제해야 하는데, 예찰을 통해 발생 초기에 살포해야 효과를 볼 수 있다. 물을 뿌리면 개체수가 일시적으로 줄어들지만, 근본 해결책은 아니다. 개체가 거미줄을 칠 정도로 급속히 증가하기 전에 방제해야 한다. 약제 살포 후 새로 자란 잎이 정상적으로 전개되면 약제가 효과적으로 작용한 것이다. 다만, 약제 저항성이 있으므로 성분이 다른 약제로 바

점박이응애 차응애 차먼지응애 뿌리응애

그림 10.14 화훼류에 피해를 주는 응애류(사진 제공: 국립원예특작과학원 윤정범 박사)

꾸어 1주일 간격으로 3회까지 연속 살포하면 방제 효과를 높일 수 있다. 생물학적 방제를 위한 **천적**에는 이리응애류, 반날개, 응애혹파리 등이 이용될 수 있다. 뿌리응애에 의한 구근류 피해를 줄이기 위해서는 구근 소독, **토양소독**(훈증, 증기, 침수 등), 윤작 등으로 발생 여건을 최소화하고, 재배 중 피해가 발생하면 약제를 토양에 관주처리한다. 구근 수확 후에도 구근의 선별, 건조, 저장 등 수확 후 관리를 철저히 해야 한다.

4) 화훼류에 피해를 주는 선충류

선충(線蟲, nematode)은 선형동물문에 속하는 동물군을 일컫는데, 식물에 기생하는 선충은 약 1,500여 종이 알려져 있다. 종자, 식물체, 뿌리 등 수분이 있는 곳이면, 내부와 외부를 가리지 않고 어디든 기생한다. 입에 주사바늘 같은 **구침**(口針, stylet)을 갖고 있으며, 이를 이용하여 식물 조직으로부터 체액을 빨아먹는다. 뿌리에 침투하면 뿌리혹을 형성하는데, 이는 연작지나 시설재배에서 문제가 된다. 잎에 기생하는 선충은 엽선충(foliar nematode)이라 불리며, 기공으로 들어가서 피해를 준다. 토양 선충의 방제법으로는 **토양소독**(열, 증기, 훈증), 담수, 벼와의 윤작 등이 있다.

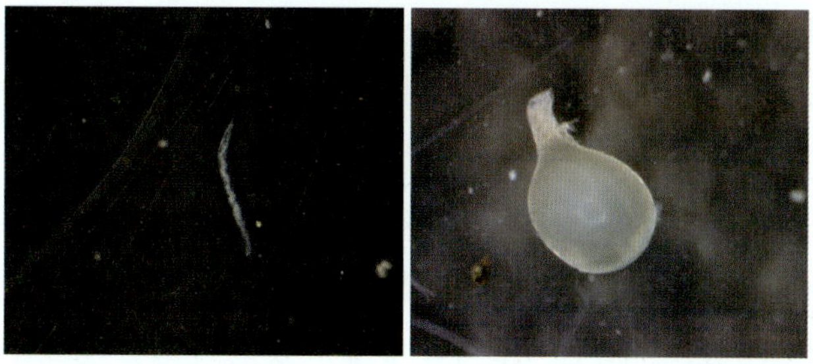

유충 암컷 성충

그림 10.15 뿌리혹 선충(사진 제공: 국립원예특작과학원 윤정범 박사)

5) 화훼류에 피해를 주는 달팽이류

달팽이(land snail)는 병안목 달팽이과에 속한다. 껍질이 있는 종과 껍질이 없는 **민달팽이류**(slugs)가 있다. 습기가 있는 곳에 서식하므로, 여름 장마철을 중심으로 많이 발생하고, 식물체의 연한 부분을 식해한다. 명주달팽이는 국내에서 가장 흔한 종으로 노지에서는 연간 1~2회 발생하고 시설 내에서는 습기가 있는 곳이라면 연중 발생할 수 있다. 작은뾰족민달팽이는 민달팽이류 중 가장 많이 발생하는 종으로 온실에서 연중 발생한다. 달팽이류는 햇빛이 강한 낮에는 화분, 돌바닥, 풀숲, 배수로, 땅 밑 등 어두운 곳에 있다가 야간에 활동하며, 비가 오면 낮에도 출현한다. 두줄달팽이는 머리 쪽에만 외투가 있으며, 남부지방에 위치한 시설에서 많이 발생한다.

습기가 있는 곳에서 발생 빈도가 높으므로, 건조하고 깨끗하게 관리함으로써 발생을 줄일 수 있다. 일반 살충제는 효과가 없으며, 당분, 탄수화물을 첨가한 유인물을 만들어서 **곤충포집기**(trap)로 활용할 수 있다. 토경 재배에서는 토양 산도 조절과 입단화를 위해 칼슘을 시용하면 달팽이 발생을 줄일 수 있다. 시설 분화재배에서는 재배상을 가급적 높게 설치하고, 베드를 지지하는 다리에 구리로 된 링을 둘러 달팽이가 위로 올라가지 못하게 방지한다.

그림 10.16 **화훼류에 피해를 주는 민달팽이류와 피해 증상**(사진 제공: 국립원예특작과학원 윤정범 박사)

6) 해충 방제

해충의 방제는 **병해충 종합 방제**(integrated pest management, IPM) 체계를 수립하여, 병 발생 제어와 함께 계획적으로 수행하는 것이 바람직하다. 기본적인 방제법으로는 품종 선택(내병성, 내충성 등), 토양 관리(경운, 윤작, 담수 등), 작물 재배 조건(시비, 생육기, 청결, 환기, 방충망, 멀칭 등) 등을 고려하거나 개선된 경종적 방제, 열(소각, 온탕, 증기 등), 절단, **끈끈이 트랩** 설치 등을 활용한 **물리적 방제**, 그리고 **살충제**(insecticide), **살비제**(miticide), **훈증제**(fumigant) 등의 작물보호제를 사용하는 **화학적 방제**, 천적 및 페로몬 등을 이용한 **생물학적 방제**가 있다. 수립된 병해충 종합 방제 체계에 따라 이들 방제법을 종합적으로 검토하고 적시적소(適時適所)에 적용해야만 효과적인 방제가 가능하다(표 10.5).

실제적인 방제를 위해서는 시설, 토양, 품종, 작형 등에 적합한 방제 대책을 수립하고, 청결, 습도 조절 등을 통해 재배 환경을 관리하면서 예방을 중심으로 관리하되 예찰 활동을 꾸준히 해야 한다. 곤충포집기와 같은 물리적 방제와 더불어 해충의 예상 발생 시기를 고려하여 화학적 방제를 선제적으로 수행한다. 예찰 과정에서 해충이 발견되면 조기에, 그리고 철저하게 구제해야 적은 양의 농약 사용으로도 효율을 극대화할 수 있다. 방제 효과를 높이기 위해서는 방제 대상을 성충, 번데기, 유충, 알 등으로 나누고, 발생 형태를 단독 또는 복합 등으로 구분할 필요가 있다. 또한, 발생 시기와 횟수를 고려하여 방제 방법을 선택해야 한다. 특히, 화학적 방제에서는 약효가 가장 좋은 시기와 살포 횟수를 고려해야만 해충의 반복 발생과 약제 내성을 방지할 수 있다.

화훼류에 발생하는 주요 해충에 관한 개별적이고 구체적인 정보 및 방제를 위한 작물별, 해충별 등록 약제는 **표 10.6**에 있는 국가농작물병해충관리시스템과 한국작물보호협회의 작물보호제 지침서를 활용할 수 있으며, 화학 약제의 사용을 최소화하고자 노력해야 한다. 생물학적 방제는 화학적 방제와 병행할 수 없는 경우가 많으므로 주의해야 하고, 병행할 때는 잔류 기간이 짧은 약제를 사용한 후 일정 기간이 지나간 다음 천적을 방사해야 한다.

표 10.5 화훼류의 주요 해충과 방제법

목	과	곤충	방제법(참조: 국가농작물병해충관리시스템)
나비목	나방	노랑쐐기나방, 담배거세미나방, 대만거세미나방, 도둑나방, 매미나방, 목화명나방, 문주란밤나방, 미국흰불나방, 박쥐나방, 배추좀나방, 애모무늬잎말이나방, 열대거세미나방, 왕담배나방, 차주머니나방, 콩명나방, 파밤나방	• 겨울철 고치 제거 • 생물적 방제(간작, 기생벌, 기생선충, 기생균 등) • 서식지 제거(식물 잔해, 잡초) • 직접 제거(성충, 유충, 번데기) • 유인 트랩(끈끈이 패드 등) • 약제 살포(유충 발생기, 약제별 번갈아 살포, 야간 또는 오전) • 황색등(야간, 교미 방해) • 생물학적 방제(벌류, 선충류, 미생물 등)
노린재목	노린재	십자무늬긴노린재	• 유인 트랩(끈끈이 패드 등) • 직접 제거(성충, 유충, 번데기) • 약제 살포
	방패벌레	진달래방패벌레, 해바라기방패벌레	
딱정벌레목	하늘소	국화하늘소	• 시든 가지 소각 • 직접 제거(성충, 유충, 번데기) • 약제 살포(산란기)
	풍뎅이	꽃무지, 점박이 꽃무지, 녹색콩풍뎅이	
매미목	가루이	담배가루이, 온실가루이, 진달래가루이	• 서식지 제거(식물 잔해, 잡초) • 건전묘 정식 • 약제 살포 • 생물학적 방제(노린재류, 응애류, 벌류 등 10여 종)

표 10.5 화훼류의 주요 해충과 방제법(계속)

목	과	곤충	방제법(참조: 국가농작물병해충관리시스템)
매미목	깍지벌레	가루깍지벌레, 개나리잎벌레, 귤가루깍지벌레, 난가루깍지벌레, 난초핀깍지벌레, 도롱이깍지벌레, 무화과깍지벌레, 식나무깍지벌레, 장미흰깍지벌레	• 서식지 제거(식물 잔해, 잡초) • 직접 제거 • 약제 살포(유충기) • 유기농 제재(기계유유제, KOH + 올리브유)
	진딧물	꼬마수염진딧물, 목화진딧물, 복숭아혹진딧물, 양배추가루진딧물, 우엉수염진딧물, 인도볼록진딧물, 찔레수염진딧물	• 서식지 제거(식물 잔해, 잡초) • 토양 입제(정식) • 약제 살포 • 생물학적 방제(레마니진디벌, 진디혹파리, 무당벌레, 풀잠자리, 꽃등에 등)
메뚜기목	메뚜기	섬서구메뚜기	• 직접 제거 • 대량 발생 시 약제 살포
벌목	등애잎벌	장미등애잎벌	• 직접 제거
파리목	굴파리	아메리카잎굴파리, 완두굴파리	• 건전묘 정식 • 약제 살포 • 생물학적 방제(굴파리좀벌과 잎굴파리고치벌 등)
	파리	작은뿌리파리	• 약제 살포 • 생물학적 방제(나방병원선충 등)
총채벌레목	총채벌레	꽃노랑총채벌레, 난총채벌레, 대만총채벌레, 오이총채벌레, 파총채벌레	• 한랭사 • 서식지 제거(식물 잔해, 잡초) • 유인 트랩(끈끈이 패드 등) • 건전묘 정식 • 토양소독(50°C 이상에서 1주일) • 은색 필름 멀칭 • 약제 살포 • 생물학적 방제(미끌애꽃노린재, 으뜸애꽃노린재 등)
병안목	달팽이	명주달팽이, 작은뾰족민달팽이	• 건조하고 청결하게 관리(식물, 토양 등) • 석회 시용 • 유인제 이용 및 약제 살포 • 구리링(재배상)
선충목	선충	나선선충, 뿌리혹선충, 뿌리썩이선충, 줄기선충, 잎선충	• 침수(3개월) • 태양열(2중 멀칭, 밀폐, 7~8월 1개월) • 온탕 침지(구근, 묘목 등; 49°C 20~30분) • 토양 훈증(멀칭 + 수분) • 토양 입제(재배 중)

표 10.5 화훼류의 주요 해충과 방제법(계속)

목	과	곤충	방제법(참조: 국가농작물병해충관리시스템)
진드기목	응애	뿌리응애	• 구근 소독, 건조, 저장 등 수확 후 관리 • 토양소독(훈증, 증기, 침수 등) • 토양 입제 및 관주 처리
		양란주름응애, 점박이응애, 차먼지응애, 차응애	• 서식지 제거(식물 잔해, 잡초) • 약제 살포(다른 성분, 1주 간격, 2~3회) • 생물학적 방제(이리응애류, 반날개, 응애혹파리 등)

* 방제법에서 방충망 설치는 모든 해충에 해당.

표 10.6 주요 화훼류 병해충 정보 사이트

웹사이트명	정보	URL
장미	흰가루병	
	뿌리혹병	https://agrilifeextension.tamu.edu/library/landscaping/crown-gall-of-roses/
	장미 건전묘 생산을 위한 병해충 관리 매뉴얼(국립원예특작과학원, 2010)	http://lib.rda.go.kr/pod/total/selectTotalList.do
	장미 잿빛곰팡이병 방제를 위한 수확 전후 관리 매뉴얼(국립원예특작과학원, 2014)	http://lib.rda.go.kr/pod/total/selectTotalList.do
국화	흰녹병	
	국화에 발생하는 바이러스 바이로이드 및 파이토플라즈마병의 특성 및 진단(국립원예특작과학원, 2010)	http://lib.rda.go.kr/pod/total/selectTotalList.do
난	난과식물에 발생하는 주요병 : 병징과 대책(국립원예특작과학원, 2012)	http://lib.rda.go.kr/pod/total/selectTotalList.do
농서남북 원문보기	화훼작물 주요 병해 진단과 방제(국립원예특작과학원, 2016)	http://lib.rda.go.kr/pod/total/selectTotalList.do
	화훼작물에 발생하는 파이토플라즈마병의 특성 및 진단(국립원예특작과학원, 2011)	
국가농작물 병해충관리 시스템	화훼류별, 곤충별, 해충별 특징과 방제법	https://ncpms.rda.go.kr/npms/Main.np
작물보호제 지침서	화훼류별, 해충별 작물보호제	https://www.koreacpa.org/ko/use-book/

끈끈이 트랩

끈끈이 트랩(sticky trap)은 일반적으로 해충이 선호하는 황색과 청색의 색상을 이용하여 소형 해충의 발생 여부나 밀도를 예찰하기 위한 목적으로 사용된다(그림 10.16). 또한 해충의 유인제나 곤충 페로몬을 함유한 화합물을 트랩에 넣어 대량 포획을 함으로써 물리적 방제도 할 수 있다.

황색 트랩에는 가루이류, 잎굴파리류, 뿌리파리류, 진딧물 유시충(날개를 가지고 있는 진딧물), 총채벌레 등이 잘 유인되며, 청색 트랩은 총채벌레용으로 사용된다(김 등, 2017). Chu 등(2000)은 가루이류, 총채벌레류, 매미충류와 같은 주요 흡즙성 해충들이 490~600 nm의 스펙트럼을 선호하는데, 이 파장은 녹색 잎의 뒷면에서 측정되는 파장과 유사하다고 하였다. 즉, 식물의 잎이 반사하거나 투과하는 빛의 파장을 활용하여 식물 잎의 존재나 위치를 파악하는 것으로 보인다.

총채벌레는 종류에 따라 유인되는 색이 다양한데, 전과 김(2019)은 꽃노랑총채벌레, 대만총채벌레, 아카시총채벌레는 백색, 볼록총채벌레는 황색 끈끈이 트랩을 이용하면 예찰이 더 효율적이라 하였다. 경기도농업기술원(2019)에서도 대만총채벌레의 유인율이 백색(42.3%), 황색(37.6%), 청색(16.1%) 순으로 높았으며, 담배가루이는 황색(62.4%)과 녹색(33.9%)에 유인되었으나, 백색이나 청색에는 거의 유인되지 않았다. 따라서 2종류의 해충을 다 유인하려면 황색 트랩이 더 효율적이며, 2종류 모두 기피하는 적색이나 청색을 방충망의 색으로 사용하면 외부 유입까지 차단할 수 있을 것이라 하였다.

한편, 최 등(2012)은 최근 기후 변화로 인해 많이 발생하고 있는 꽃매미가 황색이나 청색보다 황토색 트랩에 많이 유인되었다고 보고하였다.

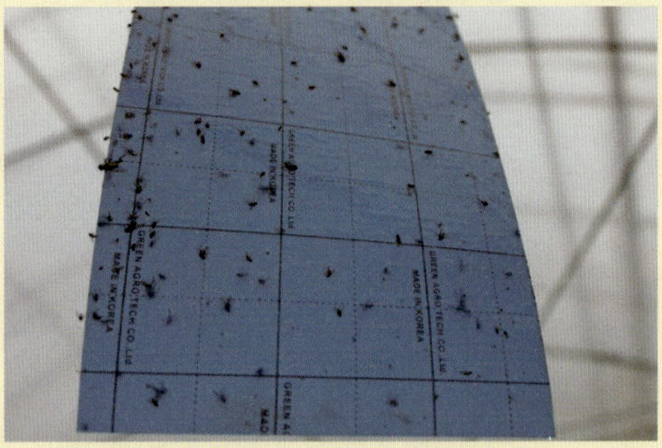

그림 10.17 **황색 및 청색 끈끈이 트랩을 이용한 해충 예찰 및 물리적 방제**

참고문헌

- 국가병해충관리시스템. https://ncpms.rda.go.kr/npms/Main.np
- 경기도농업기술원. 2019. 2018년도 시험연구보고서
- 교육부. NCS 화훼재배. 교육부
- 김주 외. 2017. 가지에서 끈끈이트랩을 이용한 담배가루이 방제효과. 한국유기농업학회지 25:759-772
- 김태성, 이희재, 김용구, 김기선, 오욱. 2021. 원예작물학2. 한국방송통신대학교출판문화원
- 백문기. 2012. 한국 밤 곤충 도감. 자연과 생태
- 이용범, 전하준, 손정익 외. 2010. 신고 시설원예학. 향문사
- 이종석. 2008. 화훼원예학. 향문사
- 전신재 외. 2019. 강원도 아스파라거스 파총채벌레 방제를 위한 종합적 방제방안. 농업생명환경연구 31:72-80
- 최덕수 외. 2012. 전남지역에서 꽃매미 부화시기 예측과 친환경 방제방법. 한국응용곤충학회지 51:371-376
- 최장경 외. 1996. 식물바이러스학. 향문사
- 한국작물보호협회. 작물보호제 지침서 https://www.koreacpa.org/ko/use-book/
- 한상찬. 1993. 화훼류에 발생하는 선충의 생태 및 방제. 농약정보 1993년 9-10월호
- 斎藤 隆 등. 1992. 園芸学概論. 文永堂出版. 日本
- 古在豊樹 등. 1992. 新施設園芸学: 朝倉書店. 日本
- Chu CC, Pinter Jr PJ, Henneberry TJ, Umeda K, Natwick ET, Wei YA, Reddy VR, Shrepatis M. 2000. Use of CC traps with different trap base colors for silverleaf whiteflies (Homoptera: Aleyrodidae), thrips (Thysanoptera: Thripidae), and leafhoppers (Homoptera: Cicadellidae). J Econ Entomol 93:1329-1337
- Chung BN, Choi GS, Choi YM. 1999. Identification of tomato aspermy virus (TAV) and chrysantemum virus B (CVB) from *Denfranthema indicum* in Korea. Plant Pathol J 15:119-123
- Chung BN, Choi GS, Kim HR, Choi YM. 2001. Identification of aster yellows phytoplasma in *Dendranthema grandiflorum*. Plant Pathol J 17:57-61
- Chung BN, Huh KY. 2008. Occurrence of petunia flattened stem caused by phytoplasma. Plant Pathol J 24:279-282
- Chung BN, Jeong MI. 2003. Detection and molecular characterization of a stolbur phytoplasma in *Lilium* Oriental hybrids. Plant Pathol J 19:106-110
- Chung BN, Kim BD. 2005. Two groups of phytoplasma from chrysanthemum (*Denfranthema grandiflorum*) distinguished by symptoms and 16S rRNA gene sequence in Korea. Plant Pathol J 21:132-136

- Chung BN, Kim DC, Kim JS, Cho JD. 2006a. Occurrence of chrysanthemum chlorotic mottle viroid in chrysanthemum (*Denfranthema grandiflorum*) in Korea. Plant Pathol J 22:334-338
- Chung BN, Lim JH, Choi SY, Kim JS, Lee EJ. 2005. Occurrence of chrysanthemum stunt viroid in chrysanthemum in Korea. Plant Pathol J 21:377-382
- Chung BN, Pak HS. 2008. Seed transmission of chrysanthemum stunt viroid in chrysanthemum. Plant Pathol J 24:31-35
- Chung BN, Pak HS, Jung JA, Kim JS. 2006. Occurrence of tomato spotted wilt virus in chrysanthemum (*Dendranthema grandiflorum*) in Korea. Plant Pathol J 22:230-234
- Chung BN, Yoon JY, Kim MS. 2010. Viral infection of tissue cultured orchids and evaluation of damages. Plant Pathol J 26:194-107
- Cloyd RA. 2008. Insect management for disease control in florists' crops. In RJ McGovern, WH Elmer (eds.). Handbook of florists' crops diseases. Springer pp. 69-85
- Insect mouthparts. From Wikipedia, the free encyclopedia
- McGovern RJ, Elmer WH (eds.). 2018. Handbook of florists' crops diseases. Springer
- Mouth parts in insects. https://www.biologydiscussion.com/invertebrate-zoology/insects/mouth-parts-in-insects-with-diagram/27788Mouth parts of insect shttp://ppup.ac.in/download/econtent/pdf/Mouth%20parts%20of%20Insects.pdf
- Kim SR, Yoon JY, Choi GS, Chang MU, Choi JK, Chung BN. 2010. Molecular characterization and survey of the infection rate of orchid fleck virus in commercial orchids. Plant Pathol J 26:130-138

CHAPTER 11 절화 수확 후 관리

이애경·인병천·이영분

화훼는 수확 후에도 살아있는 생명체로서 수명을 다할 때까지 호흡, 증산, 광합성 등의 생명현상을 지속한다. 수확 후 모체에서 분리된 화훼류의 생리대사 특성은 수확 전(재배 중)과는 크게 달라진다. 수확된 화훼류는 자연적인 노화 과정을 거치기 전에 호흡기질 부족, 수분 스트레스, 호르몬 작용, 수확 후 병해 등으로 인해서 이른 시점에 노화되거나, 위조 및 부패로 인하여 상품성을 소실한다. 화훼의 수확 후 관리는 수확부터 출하 및 유통과정 중의 품질과 신선도를 유지하기 위한 품질관리 기술이다. 수확된 화훼류가 생산자에서 최종 소비자에게 도달되기까지의 전 과정에서 품질 저하로 인한 손실을 방지하고 고품질과 높은 신선도를 유지하는 것은 생산만큼 중요하다. 특히 절화류의 경우, 뿌리로부터 절단된 상태이기 때문에 수확과 선별, 물올림, 예냉, 전처리, 저장, 포장, 수송 등 수확 후 관리와 유통 환경에 따라 수명과 품질이 크게 달라진다.

1 절화 수확 후 생리 및 품질 향상

1) 절화 수확 후 생리

수확 후 원예작물의 호흡, 에틸렌, 증산, 수분 흡수, 성숙 및 노화 등의 생리에 대한 분야를 **수확 후 생리학**(postharvest physiology)이라 하고, 그 대상이 화훼류로 국한될 경우에는 **화훼작물 수확 후 생리학**(floriculture postharvest physiology)이라 한다. 화훼작물마다 다른 수확 후 생리학적 특성에 대한 이해를 토대로 실제 유통과정 중의 품질관리 기술을 개발 및 적용하는 분야를 **수확 후 기술** 또는 **관리학**(postharvest technology)이라 한다. 수확 후 기술에는 수확, 전처리, 등급화, 예냉, 저장, 수송, 포장 및 상품화 등이 있다. 그 외에 수확 후 장애(postharvest disorder)에는 수확 후에 발생하는 생리적 장애(physiological disorder), 물리적 손상(physical injury) 또는 수확 후 병해(postharvest disease)가 포함된다.

2) 절화수명과 품질

화훼류의 **수확 후 수명**(postharvest life)은 수확부터 관상 가치(ornamental value)를 소실하는 시점까지를 의미한다. 절화류는 절단된 줄기를 화병에 꽂은 후부터 수명 종료 시점까지를 **절화수명**(vase life)이라 구분하여 정의한다. 화훼류가 관상가치를 소실하는 주요 원인은 **노화**(senescence)에 의한 것이다. 꽃의 노화는 화기 발달 과정의 최후 단계로서 많은 화훼작물에서 **에틸렌**에 의해 제어되는 일련의 생리·생화학적 과정에 의하여 조절된다. **노화 증상**은 꽃과 잎의 **위조**(wilting)나 **탈리**(abscission) 현상으로 나타나며, 화훼 종류에 따라 먼저 꽃잎 위조가 일어나거나 탈리의 진행 후 위조가 일어나기도 한다.

꽃의 노화에 포함되지는 않지만, **꽃목굽음**(bent-neck), 봉오리가 개화하지 않는 불개화, 꽃잎의 청변화(blueing), 꽃의 노화에 앞서 발생하는 잎의 황화(yellowing)에 의해서도 관상가치를 잃게 된다. 이러한 생리적인 요인 외에도 잿빛곰팡이병(gray mold)의 발생 등에 의해서도 관상가치를 잃어버리기도 한다.

화훼의 유통시 품질은 줄기 길이, 성숙 단계, 꽃의 크기, 관엽의 형태 등 외적 요인에 의해 결정되어 왔다. 그러나 최근에는 절화수명과 같은 품질 유지 기간이 품질 및 화훼 가격의 결정에 영

그림 11.1 장미의 관상가치를 소실하는 주요 변화와 증상.
(a) 위조 (b) 꽃목굽음 (c) 탈리 (d) 청변화 (e) 잎의 황화 (f) 잿빛곰팡이병

향을 주는 요인이 되고 있다. 일본 소비자들의 경우 화훼류 구입시 절화수명이 5~7일 정도이어야 만족한다는 비율이 80% 이상인 것으로 나타났다. 이러한 소비 인식의 확산에 따라 절화수명 보증 판매 제도가 점차 도입되고 있다.

2 절화수명을 결정하는 요인

꽃의 수명(longevity)은 고유의 유전형과 재배 환경 조건의 변동에 따라 부여되는 **표현형**(phenotype), 즉 형태적·생리적 특성에 따라 수확 시점에서 어느 정도 결정된다. 그 후 유지 환경, 호르몬, 수분 스트레스, 물리적 손상이나 병해 등의 조건에 따라 최종적인 수확 후 수명이 결정된다. 따라서 수확 후 수명을 결정하는 요인을 크게 **수확 전 요인**과 **수확 후 요인**으로 구분할 수 있다. 수확 전 요인에 의해 형성된 화훼의 잠재적인 수명은 다양한 수확 후 요인에 의해 변동되어 최종적인 수확 후 수명 기간이 결정된다.

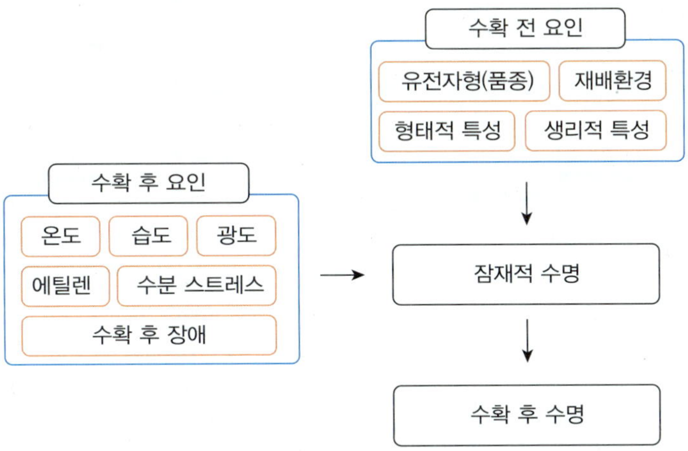

그림 11.2 화훼의 수확 후 수명에 영향을 미치는 요인들

1) 화종의 유전적 요인

꽃의 수명은 화훼의 종류나 품종이 가진 고유의 **유전형**(genotype)에 따라서 매우 큰 차이를 나타낸다. 무궁화(*Hibiscus syriacus*)나 원추리(daylily) 같은 **단명화**(ephemeral flower)는 불과 1~2일의 수명을 가지지만, 국화나 팔레놉시스 같은 **장명화**(long-lived flower)는 무려 1달 이상 개화상태를 유지하기도 한다.

(1) 화종의 에틸렌 반응

꽃의 수명은 동일한 속 또는 종 내에서도 큰 차이를 나타낸다. 장미 33품종의 절화수명을 조사한 결과에 따르면 '이구아나'는 5.5일이지만, '피치밸리'는 15.5일로 품종 간의 절화수명 변동성이 무려 2.8배인 것으로 나타난다. 절화장미의 경우, 이러한 수명의 차이는 품종이 고유하게 가지고 있는 **에틸렌 민감성**과 수분 스트레스에 대한 민감성에 의해 결정된다. 장미 품종의 경우, 52%가 에틸렌에 대해 아주 민감하고, 나머지 48%는 에틸렌보다 수분 스트레스에 더 민감하다. 따라서 절화수명에 영향을 주는 요인도 품종 고유의 에틸렌 또는 수분 스트레스 민감도에 따라 달라진다. 절화수명이 종료되는 주원인은 에틸렌 민감성 품종들에서는 **에틸렌 생합성**(ethylene biosynthesis) **유전자**의 발현량이고, 에틸렌 둔감성 품종에서는 수분 균형(water balance)의 감소로 인한 꽃의 시듦음이다.

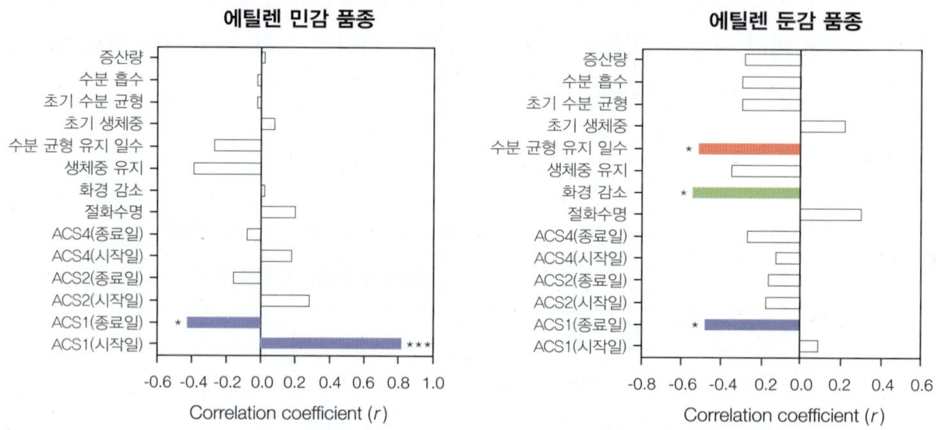

그림 11.3 에틸렌 민감 품종과 에틸렌 둔감 품종 장미의 절화수명과 형태·생리적 요인 및 유전자 발현간의 상관관계 분석. ACS: ACC synthase (ACC 합성효소), ACO: ACC oxidase (ACC 산화효소)

(2) 화종별 기공의 차이

품종 간의 유전적 차이는 기공 밀도(stomatal density)나 기공 작용(stomatal function)에서도 볼 수 있다. 절화류에서의 기공을 통한 수분 손실 속도는 절화수명과 밀접하게 관련된다. 안스리움은 품종에 따라 잎 뒷면(abaxial side)의 기공밀도가 현저하게 다르며, 이에 따라 절화수명이 14일에서 49일까지 차이가 난다. 장미에서는 기공 개폐 능력이 높은 품종에서 건조 환경에서의 수분 제어 능력이 높고, 결과적으로 절화수명이 길어진다. 이러한 기공 작용과 절화수명 간의 상관관계는 수분 스트레스에 민감한 품종들에서 명확하게 나타난다.

(3) 화종의 형태 · 생리학 차이

품종 간의 유전적 변동성은 꽃목의 리그닌 함량, 꽃잎의 큐티클 두께, 향기 강도 및 당 함량 등에서도 나타난다. 리그닌 함량이 높은 품종의 경우에 줄기의 물리적 강도가 강하므로 꽃목굽음에 대한 저항성이 높다. 잿빛곰팡이병(*Botrytis cinerea*)의 발생은 수확 후 수명을 감소시키는 주요 원인인데, 꽃잎의 큐티클이 두꺼운 경우 균사의 침투를 억제함으로써 병에 대한 민감성을 감소시킨다. 꽃의 향기 레벨 또한 절화수명에 영향을 줄 수 있다. 카네이션에서는 꽃의 향기 방출 강도가 높을수록 꽃잎의 안쪽말림(in-rolling) 현상이 빠르게 나타남으로써 절화수명이 단축된다. 절화류의 경우, 수확 후에 광합성을 통한 동화산물의 축적은 거의 일어나지 않는다. 따라서 수확 시점에 꽃잎의 가용성 당(glucose, fructose, sucrose)이나 전분 함량이 높은 품종은 더 긴 절화수명을 가지게 된다.

(4) 화종별 프로그램 세포사의 차이

꽃의 노화(senescence)는 화종에 따라 특정 시점에 진행되도록 계획되어 있으며 환경적 요인과 독립적으로 꽃의 수명을 제한한다. 이러한 노화 과정은 비가역적(irreversible)이며 필연적으로 세포의 죽음으로 이어지기 때문에 프로그램 세포사(programmed cell death; PCD)라고 한다. 수분(pollination)은 PCD를 일으키는 중요한 촉발자(trigger)로서 꽃의 노화에 대한 수분의 효과는 에틸렌에 의해서 제어된다. 나팔꽃, 글라디올러스, 카네이션 등의 화훼류에서는 단백질 합성 저해제인 싸이크로헥시마이드(cycloheximide)를 처리할 경우 노화가 지연되고 수명이 2배로 연장된다. 단백질은 *mRNA*에 의해 조절되는 유전적 산물임을 고려할 때, 꽃의 수명은 유전적으로 프로그램되어 있으며 노화를 제어하는 유전자가 존재한다는 것을 알 수 있다. 루피너스(*Lupinus angustifolius* L.)에서 단일 유전자 열성 돌연변이(Abs-)는 고농도의 에틸렌 노출시에도 조직의 탈리 현상이 일어나지 않는다. 이와 비슷하게 장수 델피늄(long-lived *Delphinium*) 돌연변이는 꽃잎이나 화피의 탈리가 억제되어 긴 수명을 가지게 된다.

2) 재배 환경 요인

꽃의 **잠재적인 수명**(potential longevity)은 유전형에 의해 크게 영향을 받지만, 유전적 요인과 수확 전 재배 환경 조건과의 상호작용을 통해 형성되는 형태적·생리적 특성에 따라 최종적으로 결정된다. 장미 '퍼스트레드' 품종을 각기 다른 35곳의 농가에서 재배 및 수확하여 동일한 수확 후 조건에서 유지하는 경우, 같은 품종임에도 불구하고 약 70%의 절화수명 차이가 나타난다. 또한, 장미 '롯데로제' 품종을 동일한 온실에서 재배한 경우, 계절에 따라 절화수명이 3~15일로 큰 폭으로 변동한다. 이처럼 유전형과 수확 후 조건의 영향을 배제한 상태에서도 절화수명의 변동 폭이 큰 것은 꽃의 수명에 대한 재배 환경의 영향이 크다는 것을 나타낸다.

(1) 온도

재배 온실 내의 기온은 장미의 경우 21~24℃에서 최대 절화수명을 얻을 수 있다. 기온이 12℃ 수준으로 낮아지거나 27℃ 수준으로 높아지면 수확 후 절화수명이 30% 이상 감소된다. 재배시 기온이 21℃ 미만일 경우, 절화는 그 이상의 기온에 비하여 상대적으로 높은 수분 흡수량을 유지할 수 있다. 재배시 기온은 꽃봉오리 개화에도 영향을 미치는데, 비교적 낮은 온도에서 재배된 꽃은 절화수명 기간 동안의 개화율이 증가한다.

(2) 상대습도와 수증기압포차

상대습도(relative humidity: RH)는 현재 기온의 포화 수증기량에 대한 실제 수증기량의 비율이므로, 기온과 습도 양쪽의 영향을 모두 받는다. **수증기압포차**(vapour pressure deficit: VPD)는 포화 수증기압과 실제 수증기압 간의 차이로서 온도와 상대습도로부터 계산된다. VPD는 공기의 증발요구량(evaporative demand)을 나타내며, 식물의 증산 속도에 영향을 미치는 중요한 요인이다. 재배 온실은 보온을 위해 밀폐되는 겨울에 높은 RH와 낮은 VPD 조건이 되기 쉽다. 재배 중 RH가 지속적으로 85% 이상일 경우, 꽃의 외관이나 생육에는 큰 영향이 없지만, 절화수명은 품종에 따라 80~90% 감소하고 화경(flower diameter)도 작아진다. 높은 RH와 낮은 VPD 조건에서 재배될 경우, 꽃은 기공의 폐쇄 없이 열린 상태로 유지된다. 이러한 **기공의 기능 불량**(stomatal malfunctioning)은 수확 후 꽃의 과다한 수분 손실을 초래하고, 결과적으로 빠른 위조로 인한 수명 단축의 원인이 된다. 높은 RH에서 발생하는 이러한 기공의 기능 불량은 주야간의 RH 변화(주간 ≥ 85%, 야간 ≤ 65%)를 통해 해결할 수 있다. 또한, 식물체 주위의 공기 유속을 높여주면, **잎의 경계층 전도도**(boundary layer conductance)가 높아지고 기공 기능이 향상된다.

(3) 광도와 광주기

자연광에 더하여 보광으로 광도를 130~370 $\mu mol \cdot m^{-2} \cdot s^{-1}$ 추가하면 품종에 따라 꽃의 절화수명이 30%까지 증가한다. 높은 광도는 꽃과 잎의 탄수화물 축적을 증가시킴으로써 절화수명 기간 동안 꽃이 이용할 수 있는 **호흡기질**을 높인다. 실제로 무 보광 조건에서 생산된 절화의 화병 용액에 당(sucrose)을 추가해 주면, 보광 조건에서 생산된 절화만큼 절화수명이 증가한다.

보광에 의한 연속적인 광 조사(24시간의 광조건)는 토마토나 가지 같은 식물들에서 조직 괴사 등의 피해를 준다. 반면 장미와 같은 화훼류에서는 특별한 피해를 주지 않고서 증산량을 증가시키기 때문에 재배 농가에서 보광을 많이 이용한다. 광주기가 16~20시간 사이일 경우에는 절화수명에 영향을 주지 않지만, 24시간까지 증가시키면 잎의 기공 전도도(stomatal conductance)가 높아짐에 따라서 절화수명이 현저하게 짧아진다. 식물은 수분 스트레스를 받을 경우, 체내에 ABA(abscisic acid)가 축적되어 공변세포의 팽압을 감소(K^+ 용출에 따른 수분 감소)시키고 기공 폐쇄를 유도한다. 연속적인 광 조사는 식물체 내의 ABA를 고갈시킴으로써 기공의 폐쇄 반응을 약화시키는 것으로 알려져 있다. 보광을 실시하는 겨울철에 재배된 절화는 자연광 아래서 재배된 절화에 비하여 수확 후 높은 수분 손실을 나타내고 절화수명이 짧아진다. 또한, 20시간 이상의 연속적인 보광은 꽃의 **수분전도도**(hydraulic conductivity)를 약화시켜서 수확 후 절화의 **재수화**(rehydration) 속도를 늦추는 것으로 알려져 있다.

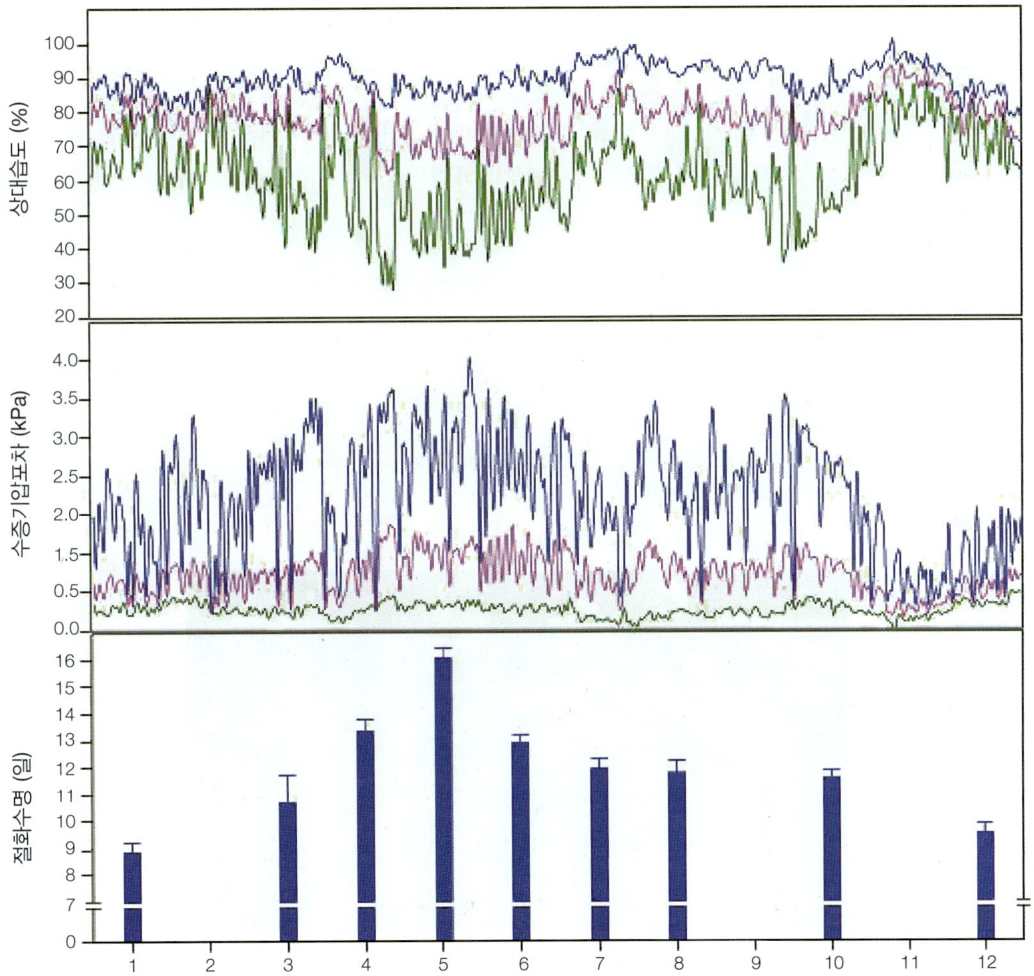

그림 11.4 장미 재배온실 내의 연중 상대습도와 수증기압포차(VPD)의 변화와 그에 따른 절화수명의 변동성. 장미의 절화수명은 1월과 12월에는 10일 미만으로 감소하고, 5월에는 16일 이상으로 증가한다.

(4) 영양액

일반적으로 꽃의 수확 후 수명에 대한 영양액의 효과는 크지 않은 것으로 알려져 있다. 영양액의 EC 레벨(5 dS/m)을 증가시키면, 일반 EC 레벨(2 dS/m)에 비하여 약간의 절화수명 증가 효과만이 나타난다. 영양액의 낮은 질소 농도(40% 수준)는 절화의 수분 균형 붕괴에 따른 절화수명 단축을 가져온다. 한편, 여러 가지 원소들 중 Zn(아연)의 농도를 높이면 절화수명을 증가시키는 효과가 있다.

3) 수확 후 요인

(1) 수확 후 환경 요인

① 수분

절화류의 품질은 흡수(absorption)와 증산(transpiration)의 비율에 의해 결정되는 **수분 균형**(water balance)에 크게 영향을 받는다. 흡수보다 증산이 많아지는 수분 균형 붕괴 상태는 절화의 위조를

실험 시작일(0일) 절화수명 종료일(7일)

그림 11.5 **장미 "러블리리디아"의 절화수명과 화병내 미생물 증식의 관계.** 절화수명 기간 중 화병 용액 내에서 증식한 미생물은 절화 줄기의 도관을 막음으로써 수분 흡수를 저해한다. 결과적으로 꽃목굽음과 위조에 의해 절화수명이 짧아진다.

촉진시킨다. 수확 후 절화에서 증산은 지속적으로 일어나지만, 흡수 속도는 일정시간이 지나면 감소하기 시작한다. 이러한 흡수량의 감소는 수분전도도의 저하 때문인데, 박테리아나 공기방울(air bubble)에 의한 **도관 막힘**(vascular occlusion)이 원인이다. 흡수 용액내 박테리아에 대한 민감성은 화훼의 종류에 따라 다르다. 장미나 거베라는 민감성이 높아서 10^6 CFU(colony forming unit)/mL 이상의 밀도에서도 절화수명이 단축되는 반면, 카네이션은 비교적 민감성이 낮아서 그 정도 농도에는 영향을 받지 않는다.

② 온도

유통과정 중의 온도 조건은 절화류 및 분화류의 수확 후 수명과 품질에 가장 큰 영향을 미치는 요인이다. 높은 온도에서는 호흡 속도의 증가로 인하여 탄수화물과 같은 저장양분의 소모가 빨라지고, 꽃의 발달과 노화가 촉진된다. 반면, 낮은 온도에서는 호흡 속도가 감소하면서 체내 기질의 사용이 저하되어 수확 후 수명이 연장된다. van't Hoff의 **Q_{10} 이론**은 온도에 따른 식물체의 화학 반응 속도를 나타낸다. 온도가 10°C 상승하거나 저하될 때 화학 반응 속도가 2~3배 증가하거나 감소하는 법칙을 의미한다. 화학 반응의 변화 정도는 온도 구간에 따라 차이가 있으며, 0~10°C 사이에서는 3배, 10~20°C 사이에서는 2.5배의 차이가 있다. 예를 들어, 절화 국화를 10°C의 환경에서 유지하면 **품질유지기간**(절화수명)이 20일이지만, 20°C의 환경에서 유지할 경우, 상대적인 대사율 7.5에 해당하는 8일, 30°C에서는 상대적인 대사율 15에 해당하는 4일이 된다는 것을 예측할 수 있다. 그러나 절화류의 경우, 대사율에 따른 품질유지기간 이전에도 화병 내 미생물 증식 등에 따른 흡수량 감소로 인해서 절화수명이 단축되기도 한다.

수확 후 저온은 꽃의 호흡 속도 감소와 함께 에틸렌 생합성을 억제시켜 에틸렌에 의한 피해를 감소시킨다. 또한, 저온은 꽃의 증산에 따른 수분 손실을 낮추고, 절화수명 기간 동안 화병 용액의 미생물 증식을 억제시킨다. 과일이나 채소와 마찬가지로 화훼류도 수확 후 저장 및 유통과정 중의 적정 온도 범위가 다르다. 온대지방 원산인 꽃은 식물 조직의 냉동점보다 약간 높은 온도가 유리한 반면, 열대지방 원산인 꽃은 저온에 민감하기 때문에 8~15°C에서 저장하는 것이 좋다. 열

표 11.1 수확 후 온도에 따른 식물의 Q_{10} 값, 상대적인 대사율 및 품질유지기간의 변화

온도(°C)	Q_{10}	상대적인 대사율	상대적인 품질유지기간(일)
0	3.0	1.0	60
10	2.5	3.0	20
20	2.0	7.5	8
30	1.5	15.0	4
40	1.5	22.5	2.7

대지방의 꽃은 너무 낮은 온도에서 유지할 경우, 바나나처럼 꽃잎이나 잎이 괴사하는 저온피해가 나타난다.

③ 광 조건

광 조건은 꽃의 수확 후 수명 및 품질에 큰 영향을 미치지는 않는다. 그러나 꽃을 암조건에서 2주 이상 오랜 기간 저장하거나 유통시킬 경우, 꽃의 변색 및 잎의 황화 현상이 나타나 품질이 저하된다. 반면에 높은 광도에서 꽃을 저장 및 유통시키는 경우에서는 개화가 빨라지거나 줄기가 굽는 현상이 나타난다. 따라서 가능한 한 저광도에서 유지하는 것이 품질에 유리하다.

④ 상대습도와 수증기압차

높은 상대습도는 재배 중에는 꽃의 품질에 부정적인 조건이지만, 수확 후에는 긍정적인 요소로 작용한다. 수확 후 대기환경의 상대습도가 낮아지면 수증기압포차가 커지고 공기의 증발요구량이 높아진다. 이러한 조건에 놓인 꽃은 잎에서 높은 증산작용이 일어나고 수분 손실이 증가하며, 절화의 경우 수분 균형의 붕괴가 빨라진다. 따라서 수확 후 저장 및 유통과정 중의 RH를 85% 수준으로 유지하는 것이 꽃의 품질유지에 효과적이다.

⑤ O_2 및 CO_2 농도

호흡 방정식에서 알 수 있듯이, 원예작물은 저산소 및 고이산화탄소 조건에서 호흡 속도가 감소한

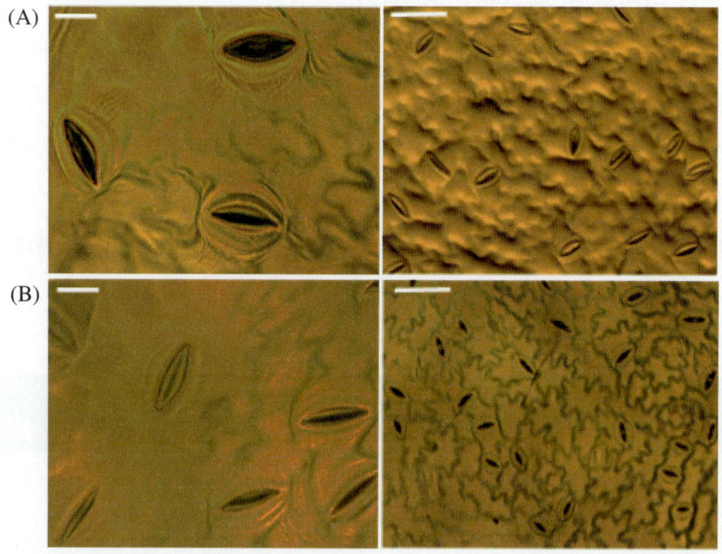

그림 11.6 재배온실 내 상대습도(RH)에 따른 장미의 기공 크기 및 밀도의 변화. (A) RH 85%, (B) RH 75%, 축척자는 각각 10 μm(왼쪽)와 100 μm(오른쪽). RH 85% 이상에서 재배된 장미(A)는 기공이 계속 열려 있는 상태로 유지됨으로써 수확 후 더 빠르게 수분을 잃는다.

다. 저장 및 유통 중에 이러한 원리를 적용한 것이 CA(controlled atmosphere) 저장 및 MA(modified atmosphere) 포장으로, 사과, 감, 포도나 배추, 상추와 같은 과일 및 채소류에서 보편적으로 적용되고 있다. CA 저장은 식물의 호흡 속도를 감소시켜서 저장양분의 소모를 줄일뿐만 아니라, 저산소에 의한 에틸렌 생성 억제 및 고이산화탄소에 의한 에틸렌 작용 억제 효과를 준다. 화훼류에서도 저산소 및 고이산화탄소 조건에서 호흡량이 감소되지만, 아직까지 실용적으로 사용되고 있지 않다. 한편, 고이산화탄소 조건은 저장 중의 *Botrytis cinerea* 같은 병의 감소나 해충 제거에도 효과가 있다.

(2) 수확 후 에틸렌의 영향

① 에틸렌과 꽃의 노화

에틸렌은 식물 호르몬의 하나로서 식물의 발달, 성숙 및 노화 과정을 조절하며, 꽃의 수확 후

표 11.2 주요 화훼작물의 에틸렌에 대한 민감성

일반명(학명)	에틸렌 민감성*
거베라(*Gerbera jamesonii*)	+
국화(*Chrysanthemum morifolium*)	−(+)
금어초(*Antirrhinum majus*)	++++
글라디올러스(*Gladiolus* spp.)	−
베고니아(*Begonia hiemalis*)	++++
백합(*Lilium* spp.)	+++
덴드로비움(*Dendrobium* spp.)	+++
델피니움(*Delphinium ajacis*)	+++
수선화(*Narcissus* spp.)	−(+)
스위트피(*Lathyrus odortus*)	+++
스토크(*Matthiola incana*)	+++
스킨답서스(*Scindapsus pictus*)	−
유스토마(*Eustoma russellianum*)	++
안개초(*Gypsophila* spp.)	+++
알스트로메리아(*Alstromeria* spp.)	+
작약(*Paeonia* spp.)	−
장미(*Rosa hybrida*)	+
카네이션(*Dianthus caryophyllus*)	++++
칼세올라리아(*Calceolaria* spp.)	++++
캄파눌라(*Campanula carpatica*)	++
페츄니아(*Petunia hybrida*)	+++
튤립(*Tulipa* spp.)	−
히아신스(*Hyacinthus orientalis*)	+

* ++++: 매우 높음, +++: 높음, ++: 약간 높음, +: 낮음, −: 매우 낮음

수명에 매우 큰 영향을 미친다. 꽃의 에틸렌에 대한 민감성은 품목 및 품종 고유의 유전자형에 의하여 결정되며, 동일한 종(species)에서도 품종에 따라서 에틸렌 민감성 정도가 다르다. 많은 화훼작물에서 에틸렌에 대한 반응으로 **꽃잎의 탈리** 또는 **위조**(시들음) 현상이 일어난다. 카네이션은 에

그림 11.7 **에틸렌 작용에 의한 꽃잎 탈리와 시들음.** (A) 장미 "올포러브"의 꽃잎 탈리, (B) 카네이션 "퍼플뷰티"의 꽃잎 시들음.

그림 11.8 **카네이션 "글레이셔" 꽃잎의 완전한 개화 단계와 노화 단계의 모습.** (A) 온전한 꽃, (B) 화탁을 분리한 꽃잎 모습. 에틸렌에 의하여 노화된 카네이션 꽃의 화탁을 분리하면 꽃잎의 안쪽말림(inrolling) 현상이 명확하게 나타난다.

틸렌에 노출되면 꽃잎이 안쪽으로 말리는 **inrolling 현상**이 일어나는데, 이것은 꽃잎의 노화 반응을 측정하기 위한 지표로 사용된다. 꽃잎의 위조로 인해 수명이 종료되는 화훼는 노화의 진행 과정 중에 꽃잎에서 에틸렌 생성량이 증가하는 경우가 많다. 카네이션, 스위트피이, 페츄니아 같은 화훼류는 노화의 시작과 동시에 에틸렌이 생성되기 시작하고, 노화가 진행되면서 급격하게 **자가촉매적**(autocatalytic) **에틸렌**을 생성한다. 꽃잎의 탈리에 의해 수명이 종료되는 화훼는 노화 과정 중 꽃잎에서 에틸렌이 생성되지 않고, 암술과 화탁(receptacle)에서 에틸렌이 생성된다. 따라서 델피니움, 베고니아, 칼세올라리아 같은 화훼류에서는 꽃잎 탈리에 의한 노화 과정이 암술과 화탁에서 생성되는 에틸렌에 의하여 주요하게 조절된다.

② 에틸렌 생합성

식물의 발달과 노화 과정 중의 에틸렌 생합성은 일련의 대사적 과정에 의하여 엄격하게 제어된다. 에틸렌은 아미노산 중 하나인 메티오닌(methionine)에서 시작하여 S-adenosynmethionine(SAM)과 1-aminocyclopropane-1-carboxylic acid(ACC)를 경유하여 최종적으로 생성된다. Methionine → SAM, SAM → ACC, ACC → ethylene의 과정은 각각 SAM **합성효소**(SAM synthetase), **ACC 합성효소**(ACC synthase), **ACC 산화효소**(ACC oxydase)에 의하여 촉매된다. 카네이션과 같은 에틸렌 민감성 식물의 에틸렌 생합성 속도는 ACC 합성효소와 ACC 산화효소의 활성에 의해 조절되므로, 이 두 효소를 **속도제한효소**(rate-limiting enzyme)라고 한다.

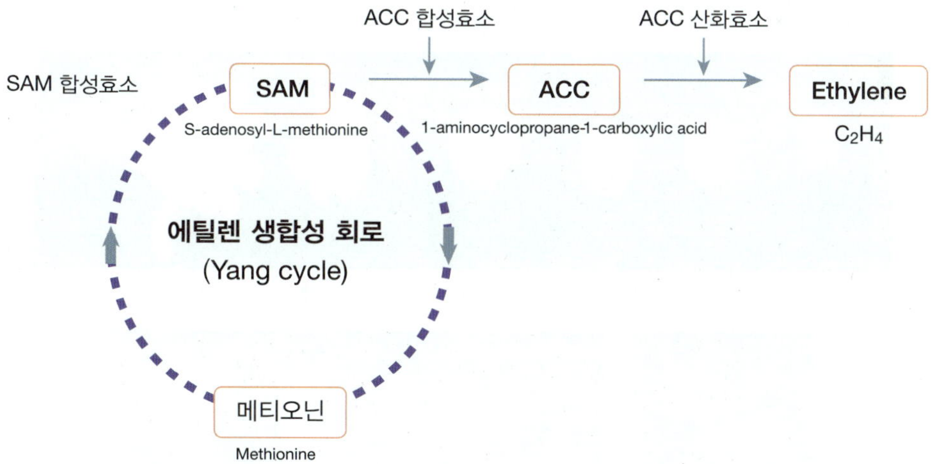

그림 11.9 에틸렌 생합성 회로. 에틸렌 생합성 과정은 1979년 Adams와 Yang에 의해 발견되었기에 양 사이클(Yang cycle)이라고도 한다.

3 수확 후 품질 관리 기술

1) 수확시기와 방법

화훼의 수확시기와 방법은 꽃의 종류와 품종, 재배시기와 환경, 수송과 저장 등의 유통 단계, 그리고 소비자가 이용하는 목적, 시기, 기호 등을 고려하여 결정한다. 일반적으로 꽃의 발육이 많이 진행된 단계에서 채화하면 절화수명이 짧아진다. 즉시 판매할 꽃은 장거리 수송이나 수출을 위한 꽃보다 발육이 더 진행된 단계에서 수확하게 된다.

장미는 너무 일찍 수확하면 유관속 조직의 미성숙으로 인해, 꽃목의 목질화가 덜 되어 경도가 약해져서 **꽃목굽음**(bent-neck)을 일으킬 수 있다. 쿠르쿠마는 화포가 벌어지기 전에 수확하는 것이 수명이 오랫동안 유지되었지만, 개화가 진행되지 않아 화포가 어느 정도 벌어지고 소화가 1~2개 개화되는 시기에 수확하는 것이 가장 좋다. 수출 절화의 경우는 내수용 절화보다 조금 이른 단계에서 수확하는 것이 바람직하다. 장미는 꽃봉오리에서 바깥잎이 벌어지기 시작하는 상태인 2~3단계

그림 11.10 주요 절화류인 장미, 국화, 백합의 개화 단계

에서 수확한다. 나팔나리 계통의 백합은 꽃봉오리가 하얗게 착색이 되면서 부푼 상태에서 수확하는 것이 좋으며, 오리엔탈 계통은 1륜화의 꽃봉오리 끝부분이 품종 고유의 색상을 약간 보이기 시작할 때 수확하는 것이 좋다. 국화의 경우 개화단계를 1~6단계로 나누었을 때, 내수용 수확단계인 6단계에 비해 개화 1~2단계에서 수확한 절화의 수명이 약 5일 정도 연장되었다.

아침의 절화 수확은 견고성이 높지만, 꽃이 이슬에 젖게 되면 균의 침해를 받을 수 있다. 반면 저녁의 절화는 화경 내에 탄수화물이 고농도로 있다는 장점이 있다. 장미처럼 채화 후 수분이 급격히 감소하는 꽃은 아침 수확을 하여 수확 직후 절화 보존용액 처리와 저온저장을 하면, 수분 손실을 막아 품질을 유지할 수 있다.

수확 방법에 있어서 절단 시 줄기의 절단면이 으깨어지지 않도록 한다. 초본성 식물의 줄기는 바깥 표피조직을 통해서 수분이 흡수되지만, 목본성 식물은 절단시 뭉그러지게 되면 수분 흡수력이 떨어지고, 당이 함유된 수액이 물에 용해되어 박테리아 증식을 증가시켜 유관속을 막을 수 있으므로 주의한다. 양귀비, 포인세티아, 옥시페탈룸 등은 절단면에서 유액이 분비되므로 절단면을 재절단한 후 열탕처리를 하는 것이 좋다.

2) 선별 및 포장

수확한 절화는 가능한 빠르게 선별, 결속, 포장을 하여야 한다. 일반적으로 선별 후 바로 결속하고 포장하여 저장하며, 일시에 출하량이 많은 경우에는 저장고에서 물올림이나 전처리를 거친 후 선별하기도 한다. 대부분 개인 농가 별로 품위 등급에 따라 선별하지만, 장미, 국화를 수출하는 농가에서는 전처리와 예냉을 거쳐 공선장에서 수출대상국의 등급에 맞게 공동선별을 하고 있다.

길이별 선별 절단기에 의한 통일된 길이로 기부 절단 결속기에 의한 다발 묶기

그림 11.13 백합의 선별과 결속 과정

포장은 절화가 상처가 나지 않도록 본 혹은 묶음 단위로 포장을 하며, 절화의 운반 중 충격이나 진동, 압력에 의한 물리적 피해를 입지 않도록 상자에 다시 포장한다. 화훼의 종류, 건식과 습

식 등 수송 방식에 따라 규격과 재질 등이 다르고, 포장하는 방법도 달라질 수 있다. 글라디올러스, 금어초 등은 눕혀 놓으면 항 중력굴성으로 화서 끝이 휘어지므로 직립으로 세워서 포장해야 하고, 난, 수국 등은 수분 손실과 건조 방지를 위하여 줄기 기부를 물이나 보존용액을 넣은 소형 플라스틱 용기에 꽂아 포장하며, 습식 수송이 일반화되어 있는 장미는 습식용기에 담근 채로 포장상자에 넣는다.

습식 포장 건식 포장 슬리브 포장

그림 11.14 백합의 포장 방법

그림 11.15 눕혀둔 기간에 항 중력굴성에 의해 화서 정단부가 휘어진 글라디올러스

3) 물올림

절화는 수확 후 바로 물올림을 실시하게 되면 신선도를 높일 수 있다. 물올림 시 물의 pH는 3~4 정도로 하거나 전처리제를 함께 사용하면 미생물억제와 수분 흡수력을 증가시켜 수명을 연장할 수 있다. 백합과 장미는 수확 직후의 물올림만으로도 절화수명이 길어지며, 거베라는 물올림 시작 시기를 지연할수록 **꽃목굽음** 및 **꽃잎위조** 현상이 점차 증가하고 절화수명도 짧아진다. 쿠르쿠마는 채화 후 물올림이 지연될수록 절화수명이 급격히 짧아지므로, 품질을 유지하기 위해서는

수확 후 바로 또는 늦어도 1시간 이내에 물올림을 하는 것이 바람직하다. 최근에는 장미, 백합 등 수출 농가에서 채화하면서 바로 물올림할 수 있도록 레일을 설치하는 경우도 있다. 특히 일부 수출 장미농가에서는 시판되는 절화수명 연장제 또는 살균제를 1시간 이내 처리하여 수분 스트레스를 감소시키고 있다. 이러한 물올림은 줄기 도관막힘을 억제하고 수분 흡수를 촉진하며 절화수명 연장제 또는 살균제 처리 시 세균 증식 억제, 당 공급 등으로 작용한다.

그림 11.16 빠른 물올림을 위한 습식 레일의 사용 모습

4) 예냉

예냉(precooling)이란 신선도를 오랫동안 유지하기 위하여 수확 시에 채화한 식물체 또는 절화의 온도를 떨어뜨려 호흡과 증산작용 등 생리활동을 억제함으로써 예비적으로 냉장처리를 하는 것을 말한다. 수송 이전의 예냉은 수송기간 동안 냉각기의 최적온도를 유지하기 위해 필요하다. **예냉방식**으로는 강제로 송풍하는 방법과 예냉시간을 단축시키고 균일한 냉각을 하기 위한 공기냉각

그림 11.17 절화 예냉 처리의 여러 모습

방식의 **차압통풍방법**이 있다.

국화는 2~4°C, 장미는 4°C, 수국은 7°C, 프리지아는 1°C에서 예냉 시 효과가 좋다.

5) 저장

절화는 채소나 과실 등의 다른 원예작물에 비해 저장양분이 적어서 장기간 저장이 어려운 작물이다. 또한 장기저장 후 충분히 개화하지 못하거나 노화가 빨리 진행되어 수명과 품질이 떨어지기 쉽다. 따라서 저장 전후의 처리방법이 필요하며, 특히 많은 양의 에틸렌 가스를 방출하는 과일이나 채소와 함께 저장하지 않아야 한다.

분화는 출하시기에 맞춰진 재배 온실의 환경 조절이 필요한데, 작물에 따라 2주~6개월 정도 차광을 하는 **순화처리**(acclimation) 기간을 거치는 것이 좋다. 저온에서 자란 작물은 고온으로 순화처리하지 않고, 고온에서 자란 작물도 생육온도보다 5°C 이하로 갑자기 떨어뜨리지 않는다.

(1) 저온저장

저온저장(low temperature storage)은 식물체의 호흡과 증산 속도를 감소시켜 신선도를 유지하게 하는 실용적인 방법이다. 온도 1~4°C, 상대습도 75~85%가 유지되는 곳에 저장하고 열대 원산의 식물은 13~18°C의 온도가 유지되는 곳이 알맞다. 저온저장 방법에는 절화한 식물체 줄기의 아랫부분을 물에 담근 채로 저장하는 **습식저장법**과 물에 담그지 않고서 상자에 넣어 저장하는 **건식저장법**이 있다.

(2) CA저장

CA저장(controlled atmosphere storage)은 저장고 내의 산소 농도를 낮추고 이산화탄소의 농도를 높이는 방법으로 호흡을 제한하여, 영양분 소모를 감소시키고 에틸렌의 합성과 작용을 늦춰서 장기간 보존할 수 있다.

(3) MA저장

MA저장(modified atmosphere storage)은 두께가 0.05 mm인 PE 필름으로 밀봉하여 내부의 이산화탄소의 함량을 4~5%로 유지하는 방법이다. 산소와 이산화탄소의 조성비를 조절하여 호흡을 억제하는 원리는 CA저장과 유사하지만, 포장에 가까운 저장방법이다. 최근에는 필름의 종류도 다양해지고, 기능성 물질을 첨가시켜 항균성과 결로를 막기도 한다. 절화 장미에서, MA저장은 건식냉장이나 습식냉장보다 월등하게 높은 저장효과가 있고, CA저장 방법보다 효과가 좋다.

(4) 감압저장

감압저장(lowe pressure storage)은 저장고 내의 기압을 대기압의 1/10~1/20 수준으로 낮추어 저온 상태로 저장하는 방법이다. 저장 중인 식물 기관에서 생성되는 CO_2와 에틸렌 등 가스 물질이 정상 기압보다 감압 기압에서 기공과 세포 간극을 통해 빨리 제거될 수 있다. 저장고 내의 기압을 30~60 mmHg로 낮게 유지시켜야 한다. 장기저장시 효과적이다. 장미의 일부 품종에서는 잎의 손상, 반점, 위조 현상을 가져올 수 있다.

6) 수송

절화의 수확 후 수송방법은 온도 조건에 따라 상온 수송과 저온 수송, 물에 침지 유무에 따라 건식 수송과 습식 수송, 운송 수단에 따라 항공 수송, 선박 수송, 트럭 수송 등으로 나뉜다. 특히 장미의 국내 유통의 경우 양재동 화훼공판장에 운송 시에는 습식운송되는 반면, 고속터미널 꽃시장에 운송 시에는 건식운송이 대부분 이루어지고 있다. 절화는 온도가 높아지면 호흡에 의한 양분 소모가 크고 수분의 균형이 나빠지며 회색곰팡이병의 발생이 증가하여 품질이 떨어진다. 그러므로, 생산지에서 소비자에 이르는 전 과정에서 냉장 상태로 유통되는 콜드 체인 시스템(cold chain system)이 필요하다.

7) 절화수명연장제

절화의 수명을 연장시키기 위해 개발된 **절화수명연장제**는 **선도유지제**, **절화보존제** 등으로도 불린다. 절화수명연장제는 절화의 수명 연장뿐만 아니라, 꽃의 크기 증가, 잎과 꽃잎의 색 유지, 줄기의 경도 등 절화의 품질에도 영향을 미치기 때문에 처리를 권장하고 있다. 또한 처리하는 시기에 따라 구성성분과 농도, 처리방법이 달라지는데, 생산자가 수확 후 출하 직전 처리에 이용하는 것을 **전처리제**(pretreatment solution, pulsing solution)라 하고, 소매상, 화훼장식가, 소비자가 침지 용액으로 이용하는 것을 **후처리제**(continous preservative solution, holding solution)라고 한다. 또한 목적에 따라 컨디셔닝(conditioning), 펄싱(pulsing), 봉오리 개화(bud opening), 보존용액(preservative solution) 등으로 나뉜다. 절화수명연장제는 흡수량 증진, 수분 균형 개선, 호흡기질 공급, 미생물 발생 억제, 에틸렌 발생 억제 등의 역할을 할 수 있는 당, 살균제, 에틸렌 생성과 발생억제제 및 생장조절제 등으로 구성되어 있다.

절화수명연장제로는 크리샬, 플로랄라이프, 화정 등의 제품이 주로 이용되고 있다. 백합 'Siberia'는 chrysal SVB 사용 시 절화수명이 연장되었고, 'Medusa'의 줄기 휨 현상이 다소 개선되었으며, 'Woori Tower'의 에틸렌 발생을 억제해 줌으로써 품질에 효과적이었다. 국화 '백마'는 수송 시 습식용액인 Chrysal RVB와 NaOCl 처리로 수명이 연장되었으며, Chrysal RVB 처리에 의해 절화 국화가 노화 시까지 만개하여 화형을 유지하였다. 국화 'Jinba'는 습식용액인 ClO_2 처리 시 수명 연장과 품질 유지에 효과적이었다.

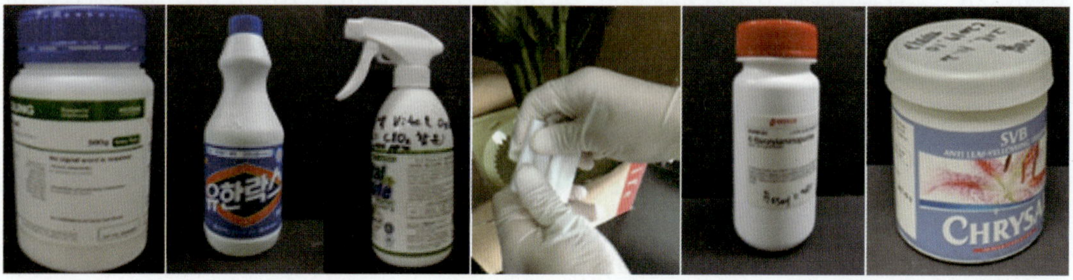

당 살균제 1-MCP Kit 생장조절제 Chrysal SVB

그림 11.18 절화수명을 연장하기 위해 사용되는 여러가지 물질

(1) 당

탄수화물은 식물의 생리·생화학적 대사과정의 필수 에너지원으로 사용된다. 꽃의 화기 발달을 위한 주영양분으로서 주로 자당(sucrose)이 가장 많이 사용되며, 포도당(glucose), 과당(fructose) 등도 사용된다. 또한, 당은 **삼투압 조절물질**(osmoticum)로서 꽃잎 **세포의 팽압**(turgor pressure)을 유지하는 데 있어서 중요한 역할을 한다. 절화류의 경우, 수확 후에는 광합성이 거의 이루어지지 않으므로 호흡에 의한 지속적인 당의 소비로 인해 노화가 촉진된다. 특히 꽃의 개화 과정에서 호흡과 삼투압 조절을 위해 당의 소비가 급격히 증가한다. 절화는 수확 시점에 체내에 저장된 내생 당만으로는 개화가 불완전하게 이루어질 뿐만 아니라, 꽃과 잎의 색이 옅어지고 수명이 짧아진다. 특히, 스토크나 유스토마처럼 꽃봉오리가 많은 절화류는 당의 부족으로 인한 불개화 현상이 일어나는데, 외생당을 첨가함으로써 개화가 촉진되고, 노화가 지연된다. 당의 최적 농도는 화종과 품종에 따라 달라지는데, 절화의 장기저장에 사용하는 당은 1.5~2%의 낮은 농도가 적당하다. 단시간 펄싱처리를 할 경우, 개화를 위해서 금어초에는 1~2%, 카네이션에는 2~3%의 고농도를 사용한다. 절화수명연장제 내의 당은 줄기내 수분의 통로인 도관을 막는 미생물의 생장을 도와주므로 반드시 살균제와 혼용하여 사용하는 것을 권장한다. 절화장미의 한 품종의 경우에, 당 2%와 살균제 ClO_2를 사용했을 때 당 단용처리보다 살균제와 혼용처리가 절화수명을 연장시켰다.

(2) 살균제

절화를 꽂아두는 침지용액과 줄기에는 세균, 효모 등의 미생물이 생장하며, 이로 인해 목질

부가 폐쇄되어 품질에 영향을 미치고 노화를 촉진시킨다. 미생물의 증식을 억제하기 위하여 절화수명연장제에는 **살균제**를 첨가하는데, 가장 많이 이용되고 있는 것은 HQS(8-hydroxyquinoline sulfate), HQC(8-hydroxyquinoline citrate) 등이다. 하지만, 고농도로 사용하면 잎의 피해와 줄기 갈변이 나타날 수 있다. $AgNO_3$ (silver nitrate)도 효과적인 살균제이지만, 수돗물에 있는 염소와 반응하고 빛에 의해 산화되므로 빛을 피해야 하는 단점이 있다. STS(silver thiosulfate)는 식물 조직 내의 미생물 활성을 막아주기도 한다. 가정에서 쉽게 사용할 수 있는 살균제로는 락스(NaOCl 성분)가 있는데, 국화 '신마'에 NaOCl를 전처리제로 사용했을 때 절화의 품질이 향상되고 수명이 연장되었다. 또한 수확 후 이산화염소(ClO_2)를 장미 꽃잎 침지 처리하여 잿빛곰팡이 발병을 억제시킬 수 있었다.

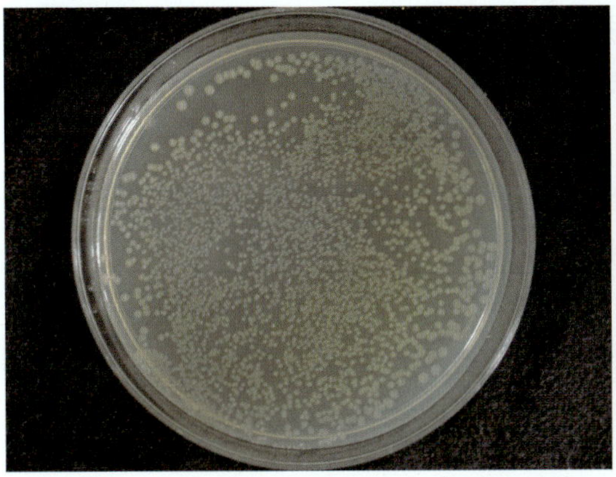

그림 11.19 꽃병 내 보존용액의 세균 생장 모습

그림 11.20 꽃병 내 보존용액 살균제 처리시 세균 생장이 억제된 모습

그림 11.21 이산화염소 용액에 꽃잎을 침지 시의 살균 효과. (위: 잿빛곰팡이 발병, 아래: 살균제 꽃잎 침지 처리 시 잿빛곰팡이병 억제)

(3) 에틸렌 생성 및 작용 억제제

에틸렌 생성 및 작용억제제로는 AOA(amino oxy acetic acid), STS(silver thiosulfate). AVG(amino ethoxyvinyl glycine), 1-MCP(1-methylcyclo propane) 등이 있으며, 1-MCP는 사용이 편리한 스틱 형태로 만들어진 제품도 있다. 백합 'Siberia'에 1-MCP 처리하면, 세균 증식을 억제하고 수분흡수를 향상시켜 선도를 유지하며 수명 연장과 품질 유지에 효과적이었다.

(4) 생장조절물질

BA(benzyl adenine), kinetin, 옥신, 지베렐린, ABA 등의 생장조절물질 또한 절화수명연장제로 사용되고 있다. 이들은 내생 호르몬의 작용을 방해하는 억제물질과 합성생장 호르몬을 포함하고 있어 단독 혹은 혼용시 절화의 노화를 지연시키고 잎의 황화를 억제하는 효과가 있다. 시토키닌은 절화수명에 가장 많이 사용되고 있으며, 에틸렌에 대한 꽃의 민감도를 감소시키거나 생성을 억제한다. 옥신은 절화보존제로 거의 사용하지 않지만 몇몇 종에서는 노화와 낙화를 지연시키기도 한다. 지벨렐린은 절화수명에 관여하기 보다는 개화 촉진에 효과적이며, 백합의 엽록소 손실을 억제하므로 장기간 저장이나 수송 시에 사용할 수 있다. BA와 GA_{4+7}의 혼용처리는 백합의 절화수명 연장과 잎의 황화현상을 감소시킨다.

(5) 기타

이 외에도 절화의 품목과 품종에 따라서, 구연산, 천연추출물, Hot water, LED, UV, 방사선 등 다양한 성분과 방법들이 절화의 수명 연장을 위해 사용되어 개발되고 있다. 장미 'Lovely Lydia'의 Vital Oxide 전처리 후 LED와 UV등을 박스에 부착하여 처리하면 절화수명이 연장되고 신선도가 더 길게 유지된다. 또한, 황금(*Scutellaria baicalensis*) 추출물인 천연물질도 절화수명의 연장 효과를 가지고 있어서 친환경 대체 절화 보존제로 적용하기도 한다.

참고문헌

- 김완순 외. 2009. 수출 절화 품질보증 가이드라인 장미/국화/백합 매뉴얼. 서울시립대학교
- 손기철. 1995. 절화, 절엽, 드라이 플라워의 수확후 관리 및 취급요령. 도서출판 서원
- 유용권 외. 2019. 국화 습식유통 시스템 매뉴얼. 목포대학교
- 이애경 외. 2019. 수출 절화 백합의 습식유통 매뉴얼. 단국대학교
- 이애경 외. 2019. 수출 유망 화훼 신선도 유지 기술 매뉴얼(수국). 단국대학교

- 이영분 외. 2019. 장미의 수출 환경 분석과 이산화염소 습식용액 처리에 대한 절화수명 연장효과. 화훼연구 27:30-34
- 이종석. 2008. 화훼원예학. 향문사
- 인병천 외. 2017. Relationships between the longevity, water relations, ethylene sensitivity, and gene expression of cut roses. Postharvest Bio Technol 131:74-83
- 인병천 외. 2018. Potential vase life of cut roses: seasonal variation and relationships with growth conditions, phenotypes, and gene expressions. Postharvest Bio Technol 135:93-103
- 임진희 외. 2019. 수출 절화 장미의 습식유통 매뉴얼. 세종대학교
- Fanourakis 외. 2013. Sources of vase life variation in cut roses: a review. Postharvest Bio Technol 78:1-15
- 이치무라 카즈오. 2016. 절화의 선도 · 품질유지 기초와 실천: 절화수명이 소비의 열쇠가 된다. 誠文堂新光社
- 코시오카 마사지. 2015. 화훼원예학의 기초. 農山漁村文化協会
- MPS Japan 주식회사. 2014. 화훼류 절화수명 향상대책 품질관리메뉴얼. 誠文堂 新光社
- Dole JM. 2005. Floriculture: principles and species (2 ed.). Pearson Prentice Hall
- Jiang CZ, Reid MS. 2012. Postharvest biology and technology of cut flowers and potted plants. Hort Rev 40:1-54
- van Doorn. 2001. Categories of petal senescence and abscission: a re-evaluation. Annals Bot 87:447-456

CHAPTER 12

화훼 이용과 가공

권혜진·유은하·권송

생산된 화훼식물은 장식적 이용 뿐만 아니라 건강에 유용하거나 산업적으로 이용가치가 높은 기능성 성분을 함유하고 있어서 실생활에 밀접하게 활용되고 있다. 생화의 염색과 같은 단순한 가공처리에 의한 상품에서부터 허브 추출물을 이용한 향기 치료에 이르기까지 다양한 상품들이 이용되고 있다. 화훼 이용 분야는 장식용 가공소재를 생산하고 이용하는 장식적 이용 분야와 허브식물과 같이 기능성 물질을 식용과 약용으로 이용하는 기능성 이용 분야로 나누어 설명할 수 있다. 장식적 이용으로는 건조소재 생산과 장식 분야가 해당되고, 기능성 이용으로는 허브와 식용꽃, 정유 추출 및 향기 치료, 식물성 화장용품과 천연염색 분야 등이 있다. 이 장에서는 이에 대하여 자세히 살펴본다.

1 장식적 이용

1) 건조소재 생산

건조소재는 기본적으로 꽃과 줄기에 수분이 적고 딱딱하여 건조 후 잘 변형되지 않는 식물을 채집하여 이용하였으나, 최근의 뛰어난 건조 기술에 힘입어서 생화와 비슷한 아름다운 색과 모양을 가지게 되었고, 예전에는 이용하지 못했던 꽃들도 거의 모두 아름답게 건조시킬 수 있게 되었다. 건조소재(dried materials)란 꽃 뿐만 아니라, 잎, 줄기, 열매, 뿌리, 나뭇가지, 나무껍질 등 식물의 모든 부위를 이용하고 있는 가공처리된 소재를 일컬으며, 오랜 기간 지속될 수 있다는 의미로서 영구화(everlasting flower)라는 용어도 함께 사용된다. 최근 가공처리시 소재의 유연성과 탄력성을 가질 수 있는 기술이 개발되어 예전의 건조소재에서 볼 수 없었던 생화와 동일한 질감의 건조소재가 생산되고 있는데, 이를 **보존화**(preserved flower)라고 한다. 건조소재를 생산하고 있는 업체로는 네덜란드의 스타드라이드플라워(http://www.star.nl), 호게워닝(https://hogewoning.com/), 미국의 크누드앤닐슨(http://www.knudnielsen.com/), 일본의 대지농원(大地農園, http://www.ohchi-n.co.jp/) 등이 있으며, 이들 가공회사들은 우수한 건조 기술을 이용하여 소재를 생산해내고 있다.

건조소재는 화훼식물을 자연적, 화학적 또는 물리적 방법 등 다양한 건조 기술을 이용하여 가공하는 것으로 꽃, 잎, 줄기 뿐 아니라 열매, 뿌리, 나무껍질, 이끼류, 버섯, 향신료 등 식물의 모든 기관을 활용할 수 있다. 고품질의 건조소재는 아름다운 형태와 색, 향기, 유연성, 지속성, 경제성, 기호성 등의 상품적 요소를 갖추어야 한다. 많이 이용되는 건조소재는 부위 또는 종류 등 특성에 따라 다음과 같이 나눌 수 있다.

- **꽃**: 가장 중요한 건조소재이며, 장미, 톱풀, 별꽃(star flower), 델피늄, 로단세, 천일홍, 스타티스, 밀짚꽃, 줄맨드라미 등이 있다.
- **이삭류**: 화본과 식물의 이삭이며, 라그러스(lagurus), 브리자(briza), 강아지풀, 귀리, 조, 수수, 밀, 팜파스그라스(pampasgrass) 등이 있다.
- **잎, 줄기**: 잎만 건조시키거나 줄기와 함께 가공하며, 램스이어, 커피, 헤데라, 루모라, 유칼립투스, 향나무, 측백나무, 속새, 태산목, 극락조화, 라피아(raffia) 등이 있다.
- **허브류**: 방향성 식물이며, 라벤더, 박하, 페퍼민트, 세이지, 로즈마리, 쑥, 향유, 배초향 등이 있다.
- **향신료**: 꽃봉오리, 나무껍질, 열매 등의 부위를 이용하여 독특한 모양과 향을 가진 향신료를 장식에 사용하고 있으며, 시나몬(cinnamon), 정향(cloves), 육두구(nutmeg), 팔각향(star anise), 로즈힙(rose hip), 마늘, 고추, 월계수잎 등이 있다.
- **열매**: 꽈리, 오렌지, 라임, 레몬, 비트, 석류, 솔방울, 유칼립투스 열매, 페퍼베리, 솔송나무 열매, 구상나무 열매, 히말라야시다 열매, 메타세콰이어 열매, 연밥, 포피, 니겔라, 벨 컵(bell cup) 등이 있다.
- **이끼**: 수태, 라인디어모스(reindeer moss), 라이켄(lichen) 등이 있다. 스페인이끼(spanish moss)는 파인애플과 틸란드시아속 식물이지만 이끼처럼 이용되고 있다.
- **나뭇가지, 덩굴**: 다래덩굴, 곱슬버들, 칡, 삼지닥 등이 있다.

2) 화훼가공기술

(1) 건조

① 자연건조

자연건조(air drying)는 기본적인 식물 건조 방법으로 자생지에서 자연 상태로 건조된 꽃을 채집하거나 절화를 거꾸로 매달거나 바닥에 흩어놓아 말리는 방법이다. 자연건조 소재는 수분이 제거되는 과정에서 꽃이 수축되고 변색이 일어나므로, 자연의 형태와 색을 잃게 되는 경우가 많다. 따라서 자연건조에 적합한 소재는 섬유질과 규산질이 많고 수분이 적어 건조 후에도 변형과 변색이 적은 밀짚꽃, 별꽃, 스타티스, 아킬레아, 아마란서스, 천일홍, 델피늄 같은 식물이 적합하다. 작약처럼 수분 함량이 높은 식물, 그리고 아이리스나 리시안서스 같은 섬세한 식물, 열대성 관엽식물 등은 자연건조가 어렵다.

자연건조 소재 제작 시 색, 형태, 향기를 유지하기 위해서는 꽃의 채화 시기, 성숙 정도, 건조 온도 등을 고려해야 한다. 성숙 정도는 활짝 피기 직전이 꽃의 모양을 유지하는 데 가장 좋으며, 한낮은 피해서 채화를 하도록 한다. 건조 장소는 건조하고, 직사광선이 없으며, 서늘하고, 통풍이 잘 되는 곳이어야 한다. 건조되는 과정에서 호흡으로 인한 양분손실이 많아지면 색과 향기 변화가 커지므로, 양분손실이 최소한으로 이루어지도록 빠르게 건조시키는 것이 좋다. 수분 방출을 위해서는 적절한 공기순환이 필요한데, 통풍이 잘되지 않으면 곰팡이 등이 쉽게 발생하므로 주의가 필요하다. 건조율은 온도가 증가하고 습도가 낮을수록 높아지며, 큐티클 층이 발달하고 줄기 직경이 굵으며 수분 함량이 많은 식물일수록 건조에 더 많은 시간이 걸린다. 건조 장소의 적절한 습도는 20~60% 정도이고, 온도는 10~50°C 정도이다. 대규모 생산지의 경우 습도와 온도 조절이 가능한 건조 기구를 사용하면 좋다. 지중해 기후는 온도가 높고 습도는 낮아 자연건조에 매우 적합한 환경으로 건조소재 생산에 적합하다. 건조 과정에서 풀, 이삭류, 줄기가 가는 꽃들을 의도적으로 햇빛에 노출시켜서 탈색을 이용하여 소재를 만들기도 한다. 건조 기간은 식물 종류, 장소, 건조 장소의 특성, 계절에 따라 다른데, 일반적으로 3일에서 3주 정도 걸린다. 완전히 건조되지 않은 상태에서 포장할 경우 곰팡이 피해를 볼 수 있으므로 주의한다.

② 열풍건조

열풍건조(hot air drying)는 자연건조 방법과 기본 원리는 같으며, 호흡으로 인해 양분손실이 많아지기 전에 빠르게 건조시키기 위해 열풍건조기를 이용하여 변형과 변색을 줄이는 방법이다. 국내외 대부분의 건조소재 생산회사에서 사용하고 있다. 식물의 종류에 따라 열풍건조기 처리온도와 시간이 달라지며, 종류별 적정 처리 조건은 각 회사의 노하우이다. 장미의 경우, 색과 향기를 고려한다면 40°C가 적절한 열풍건조 온도이고, 향기를 고려하지 않는다면 열풍건조 온도를 40~50°C로 높일 수 있다. 장미는 품종에 따라 차이가 있지만 60°C에서 색이 잘 유지된다. 레몬, 라임, 오렌지 같은 시트러스류의 과일 슬라이스도 열풍건조기를 사용하면 빠른 시간에 건조시킬 수 있다. 이때 열풍건조기 온도가 높아질수록 건조시간이 단축될 뿐만 아니라, 시트러스류의 과육 색상이 진해지므로 온도 조건에 따라서 필요한 색상의 소재를 제작할 수 있다.

③ 매몰건조

매몰건조 방법(drying in desiccant)은 흡수력이 큰 건조제인 실리카겔(silica gel)에 꽃 소재를 파묻어 건조시키는 것으로, 건조 후 꽃의 수축과 변형, 색의 변화가 적어 매우 아름다운 건조소재를 만들 수 있다. 또한 수분이 많아 열풍건조가 어려운 소재들도 건조시킬 수 있다. 규산(silicic acid, SiO_2)의 건조 상태인 실리카겔은 강한 흡수력을 지닌 물질로 수분을 자기 무게의 40%까지 흡수할 수 있다. 실리카겔 자체는 인체에 무해한 물질이지만, 오래 사용해서 가루가 날리면 점막을 자극하고, 근처에 살충제 등을 뿌릴 경우 살충제 성분을 쉽게 흡수하므로 주의하도록 한다. 매몰 건조에 사용되는 제품으로는 백색과 청색 두 가지 제품이 있는데, 청색의 경우 수분을 흡수하면 분홍색으로 바뀌므로 수분함량을 알 수 있어 편리하지만 가격이 비싸기에 백색과 청색을 섞어서 사용한다. 실리카겔의 크기는 매우 다양한데, 입자가 작을수록 식물 소재에 접하는 표면적이 넓어져서 빠르게 건조된다. 일반적으로 매몰건조에 사용되는 입자는 20~40 mesh로 설탕가루 정도의 크기가 적합하다. 매몰건조에 적합한 온도는 꽃 종류에 따라 다르지만, 장미를 기준으로 50°C까지는 온도가 높을수록 빨리 건조되고 색상의 변화도 적지만, 50°C 이상으로 높으면 변색이 되기 쉽다. 노란색, 분홍색이 변색이 적은 편이고, 적색 계통은 검붉게 변색되는 경우가 많으므로 건조 온도와 시간을 잘 조절하도록 한다. 일본에는 실리카겔을 이용하는 pocotto 건조기가 개발되어 있으며, 미국에는 특수 물질을 처리한 실리카를 이용하는 SandVac이 개발되어 있다. 간단하게 매몰건조를 하는 경우 오븐이나 전자레인지를 이용할 수 있으며, 열풍건조기가 있다면 매몰건조 온도를 조절하는 데 매우 효과적이다. 매몰건조된 소재의 경우 세포의 수분이 빠져나간 공간이 비어 있으므로, 상온에 그대로 노출될 경우 공기 중의 습기가 쉽게 재흡수되어 변형과 변색이 일어나게 된다. 따라서 매몰건조 소재는 반드시 유리용기에 밀폐시키거나 피막처리를 하여 습기가 재흡수되지 않도록 주의한다.

④ 동결건조

동결건조 방법(freeze drying)은 꽃을 급속히 냉동시킨 후 감압처리를 통해 수분을 서서히 승화시켜 건조시키는 방법으로 동결건조기(freeze dryer)를 필요로 한다. 자연건조나 열풍건조 방법은 꽃이 수축되고 변색이 일어나지만, 동결건조된 소재는 수축과 변형이 거의 없고, 색상도 본래 색상이 그대로 유지되는 장점이 있다. 건조된 소재는 공기 중에 노출되면 습기를 쉽게 재흡수하므로 밀폐된 유리용기에 넣어 장식하거나 표면에 코팅제를 처리해 주어야 한다. 동결건조 소재를 활용한 장식용품은 색상과 모양이 아름다워 가공상품으로서 매우 인기가 높다. 국내에서는 1990년대 후반부터 동결건조한 꽃들이 증가하기 시작하였으며, 수분 함량이 높아 열풍건조 등의 방법으로 소재 생산이 어려웠던 식물들도 건조 가공할 수 있게 되었다. 해외에서는 화원경영자가 쉽게 사용할 수 있는 소형 동결건조기에서부터 대용량의 동결건조기까지 개발되어 있어 동결건조 소재 생산

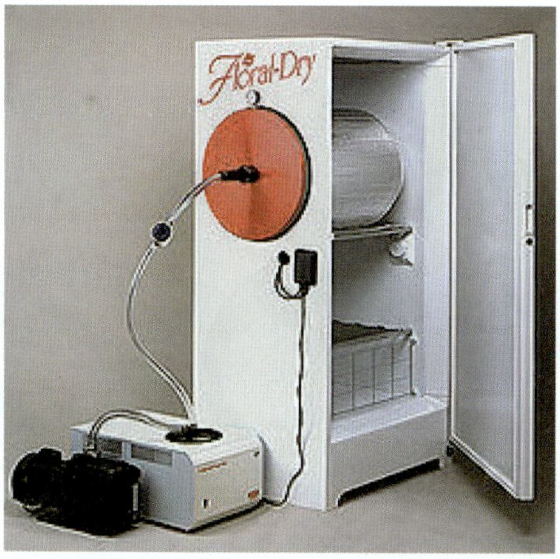

그림 12.1 소형 동결건조기(Freezedry Specialties, Inc.)

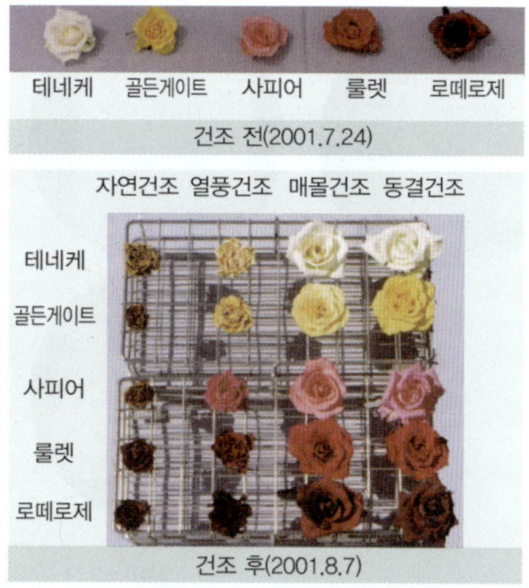

그림 12.2 건조 방법에 따른 장미 품종별 비교

이 손쉽게 이루어지고 있다(http://www.freezedry.com/fl_overview.htm). 미국에서는 동결건조 산업의 발전을 위해 국제동결건조협회(International Freeze-Dry Floral Association, IFDFA)를 1990년에 결성하여 운영하고 있다.

(2) 누름건조(압화)

꽃이나 잎을 흡수지 사이에 넣은 다음 눌러서 건조시키는 방법으로 평면적인 소재 가공 기술이다. 꽃뿐만 아니라, 식물의 잎, 줄기, 과일, 버섯, 해초, 채소, 나무껍질, 이끼 등과 같이 재료가 매우 다양하고, 각각의 소재가 가지는 특징이 매력적이다. 누름건조 방법은 16세기 이탈리아 식물학자 Ghini가 식물 표본을 만들기 위해 누름건조 방법을 사용한 이래로, 17~18세기 영국 표본 수집가였던 Betiwa가 식물 건조 표본을 제작해 온 것으로 알려져 있다. 우리나라 선조들은 단풍잎이나 은행잎, 대나무잎 등을 문창호지에 장식하여 자연의 정취를 돋우고 재앙을 방지하기 위한 벽장식용으로 이용하였다. 20세기에, 미국, 일본 선진국에서 새로운 장식 문화로 발달하여, 1950년대 중반 외국의 다양한 화훼장식이 도입되었고, 1980년대 이후 누름건조 기술이 정착되기 시작하였다. 누름건조 기술이 더욱 발달함에 따라, 색이 바래지 않고, 아름다운 색상을 구현하여 반영구적으로 보존할 수 있는 식물표본 제작이 가능해지고 있다. 또한 대통령상이 수여되는 대한민국압화대전이 2002년에 시작되면서 누름건조 소재를 이용한 다양한 장식물이 제작되어 실생활에 이용되는 상품으로 판매되고 있다.

많이 사용되는 건조방법으로는 식물 소재를 채취하여 건조 매트 사이에 넣은 후 눌러서 건조시키는 방법이 있다. 누름판 사이에 – (건조 매트-꽃배열지-식물 소재-꽃배열지-스펀지) – 순으로 반복적으로 배치해서 수분을 빠르게 제거해주는 방법이다(그림 12.3). 건조시킬 때 비닐봉지에 감싸 상온에

그림 12.3 건조 매트를 이용한 누름건조 방법의 과정

그대로 두거나 실온이 낮은 경우 40°C 정도의 열풍건조기를 가동하여 건조시키면 변색 없이 빠르게 건조시킬 수 있다. 고체로 제작된 실리카겔 판 사이에 흡수지를 깔고서 꽃을 배치하여 건조시키는 방법도 있으며, 전기가열식의 누름판, 전자레인지를 이용하여 건조시키는 도구들도 판매되고 있다. 붉은 색상인 꽃의 경우 건조시키면 색이 검붉게 변하는 일이 빈번하게 발생하는데, 이때에는 구연산이나 주석산을 2~15%로 옅게 타서 건조 전 꽃에 흡수시키거나 건조 후 꽃잎에 발라줘서 변색을 방지하기도 한다. 꽃잎이 두꺼운 꽃이나 열매는 고운 사포를 이용하여 뒷면을 살짝 갈아준 다음 건조 매트에 배열하면 수분을 빠르게 제거할 수 있다. 흰색의 꽃은 건조 전에 식용색소나 누름건조 전용 칼라액을 이용해 물올림해주면 색상이 각기 다른 누름건조 소재를 얻을 수 있다.

(3) 화학적 치환건조(보존화)

보존화는 화훼식물을 장기간 보존할 수 있도록 특수한 용액을 이용하여 탈수, 탈색, 착색, 보존, 건조 단계를 거쳐 만드는 건조 기술이다. 1998년 Vermont사(https://vermont-design.com/)에서 처음 개발되었으며, 2009년 국내 기술이 개발됨에 따라 보존화 대량생산과 DIY 형태로 사용되고 있다. 보존화를 만드는 과정은 에탄올을 이용하여 꽃의 수분을 제거하는 것인데, 이 과정에서 꽃잎의 색소가 같이 빠져나오게 된다. 수분과 색소가 제거된 꽃을 유연제가 들어있는 보존용액에 처리하여 꽃의 세포에 유연제가 가득 차면 생화와 동일한 질감을 가지는 보존화가 완성된다. 이때 원하는 염료를 함께 넣어 주면 다양한 색상의 보존화를 제작할 수 있다.

파스텔 색상을 제작하고자 할 때는 ① **탈수 탈색 처리** ② **표백처리** ③ **착색 보존 처리 단계**를 진행하면 선명한 파스텔 색상을 만들어낼 수 있다. 잎의 경우에도 꽃과 동일한 과정을 통해 보존 소재를 만들어낼 수 있다. 녹색의 잎이나 줄기는 침전 방식이 아닌 물올림 방식으로 보존 소재를 만들 수 있는데, 이때에는 탈수, 탈색, 착색, 보존 단계가 하나의 용액에 의해 한 번에 처리되는 방식을 따른다. 녹색 잎뿐 아니라, 안개꽃, 카스피아 같은 소재도 물올림 방식으로 보존 소재를 생산하고 있다. 만들어진 보존 소재는 직사광선이 닿지 않고 습도가 50% 이하로 통풍이 잘 되는 장소에서 건조하도록 한다. 건조에 걸리는 시간은 꽃의 종류, 크기, 염료의 색상 등에 따라 다르며, 일반적으로 2~3일 가량 소요된다. 건조 시간을 줄이기 위해 드라이어를 이용한 건조 방법도 사용할 수 있으나, 온풍으로 이용할 경우 꽃에서 수축현상이 나타날 수 있다. 여름철 장마기간의 습도가 70% 이상 높은 장소에서는 꽃잎에 재흡수 현상이 일어날 수 있으므로, 건조 후 보존 소재는 습도가 낮게 유지되도록 종이박스 등에 실리카겔이나 방습제와 같이 넣어 보관하는 것이 좋다. 보존화 가공 기술에서 중요한 단계 중 하나는 다양하고 독특한 색상을 연출하는 것이다. 염료를 이용한 감산혼합을 기반으로 하여, 단색과 2색 이상의 혼합색 연출이 가능하며, 염료를 섞지 않은 채 착색 보존 과정을 처리하여 그라데이션 효과를 나타내는 방법도 가능하다. 또한, 염료를 스프레이 하는 방법도 가능하다. 온도 변화에 의해 색상이 변하는 안료, 자외선에서 색상이 변하는 안료를 스프레이 해주는 방법으로 다양한 색상을 연출할 수 있다.

채화 탈수 탈색 치환 건조 색상 도입 코팅

그림 12.4 무궁화 보존화 제작 과정(산림과학원과 연암대학교 연구결과)

표 12.1 건조 방법에 따른 소재 특성 비교

특성	자연건조	열풍건조	매몰건조	동결건조	누름건조	보존화 가공
형태	◎	○	△	△	평면적 소재	△
색상	◎	◎	△	△	△	자유로운 색상 표현
질감	◇	◇	◇	◇	◇	◆

형태: 수축 변형이 심함 ◎, 보통 ○, 거의 없음 △ 색상: 변색 심함 ◎, 보통 ○, 거의 없음 △
질감: 바스락거림 ◇, 유연성 있음 ◆

(4) 생화 염색

자연에서 구할 수 없는 다양한 색상의 꽃을 만들고 싶을 경우에는 생화를 염색한다. 생화는 흡수와 스프레이의 두 가지 방법으로 염색할 수 있다. **흡수염색법**은 물속에 염료를 섞어 절화 줄기의 도관을 통해 흡수시키는 방법이다(그림 12.5). 매우 간단하고 손쉽게 사용할 수 있는 방법으로,

카네이션, 안개꽃, 장미, 덴파레, 수국, 라벤더 등 다양한 화훼식물에 적용할 수 있다. **스프레이 염색법**은 염색액을 분무하여 염색시키는 방법으로, ① 수성 염료를 물에 타 분무하거나, ② 생화 전용 스프레이 용액을 뿌리는 방법, ③ 안료를 이용하여 스프레이 염색하는 방법이 있다. 안료의 경우, 온도, 자외선, 야광 등의 요인에 따라 색이 변하는 물질이 개발되어 있으므로 다양한 적용이 가능하다.

그림 12.5 흡수염색법

그림 12.6 흡수염색용액과 가공처리된 절화국화

그림 12.7 안료 스프레이 염색법으로 가공한 보존화 심비디움

(5) 기타 가공

① 망사잎

망사잎(skeletonized leaves)은 엽육을 제거하고 엽맥만 남겨 건조시킨 후 탈색과 염색 과정을 거쳐서 만든다. 망사잎은 외국 건조회사들의 중요한 품목으로 1 M 농도의 KOH(수산화칼륨) 용액에 잎을 넣어 1~2시간 정도 끓인 후 찬물에 씻은 다음 부드러운 솔로 엽육을 긁어내는 방법이 알려져 있지만, 식물종마다 다른 결과를 보인다(https://www.instructables.com/Leaf-Skeletonization/). 망사잎 가공에 적당한 소재로는 보리수고무나무, 목련, 칠엽수, 아이비, 동백 등이 있다.

② 표백과 염색

표백과 염색 처리된 건조소재 수요가 증가하고 있으며, 해외에서는 대규모 공장에서 체계적으로 생산이 이루어지고 있다. 건조소재의 주성분은 섬유소로, 표백 과정에서 섬유소가 풍부하여 쉽게 끊어지거나 탈락되지 않는 소재들이 좋다. 표백 처리에는 염소계 표백제와 산소계 표백제가 있으며, $NaClO_2$가 가장 손쉽게 사용할 수 있어서 많이 이용되고 있다. 화본과 식물, 야자잎, 오크라, 고사리, 소철 등의 소재를 5~10% $NaClO_2$ 용액에 넣은 후 70~80°C를 유지하면서 10~30분간 표백한 후 물로 세척하여 건조시킨다. 표백처리 시 반드시 통풍이 잘되는 곳에서 진행하도록 한다. 표백된 소재들은 염색 과정을 통해 상품성 높은 소재로 완성할 수 있게 된다. 대량 염색에는 높은 온도에서 염료를 처리하는 방법이 이용되고 있다. 80~90°C 정도 온도에서 1% 농도의 염색액을 처리해주는 방식이다. 건조소재의 종류에 따라 다르지만, 30초 이내로 담가서 염색시킨다. 별꽃, 아킬레아, 라그러스, 천일홍 등은 30초 이내로 처리하고, 오크라, 프로테아, 루카덴드론 등은 60초 이내로 처리하여 건조시킨다. 건조소재의 종류에 따라 염료의 종류, 농도, 용액의 온도, 염색 시간, 염색 후 건조 방법 등에 있어서 각 회사별 노하우를 가지고 있으며, 저농도의 용액에 여러 차례 담갔다 꺼내는 방식으로 원하는 색상을 원하는 색상을 표현하기도 한다. 소량으로 염색할 경우에는 건조화 전용 염료를 스프레이하거나 안료를 스프레이하는 방식으로 염색할 수 있다. 삼지닥나무, 탱자나무, 곱슬버들 등과 같은 나뭇가지의 껍질을 벗겨서 수피가 보이도록 하는 가공방법을 박피라고 한다. 이렇게 박피된 나뭇가지는 앞서 설명한 염색방법을 이용하여 다양한 색상의 소재를 얻을 수 있다. 국내에서는 박피된 삼지닥나무를 쉽게 구입할 수 있고, 대나무를 가늘게 쪼개어 건조시킨 소재들도 판매된다.

3) 가공소재 이용 및 보관법

(1) 가공소재를 이용한 장식

건조소재는 물을 흡수할 필요가 없으므로 수분 공급이 어려운 장소에서도 화훼식물을 이용한 장식이 가능하다. 가공소재를 이용한 장식에는 생화를 이용한 장식과 비슷한 **꽃꽂이**, **꽃다발**, **리스**, **갈란드**, **형상물** 등의 조형 형태로 제작되는 것과 **콜라주**, **압화 장식**과 같은 평면적인 장식이 있다. 제작 방법은 기본적인 화훼장식 방법을 따르고 있으나, 소재의 형태, 색, 질감 선택에 주의해야 하며, 생화에 비해 줄기가 가늘고 섬세하며 쉽게 부서질 수 있으므로 주의를 요한다. 매몰건조와 동결건조된 소재의 경우 밀폐된 유리용기를 사용하여 장식하는 것이 일반적이다. 제작 시 비흡습성 폼(foam)을 이용하여 줄기를 꽂거나 글루건 등을 이용하여 접착시키는 방법, 철사나 끈으로 묶거나 엮는 방법을 이용한다. 줄기가 가는 건조소재는 여러 개를 모아 묶어서 꽂아준다. 보존화 소재의 경우 건조소재의 단점을 보완함으로써 생화와 같은 장식이 가능한데, 장미, 카네이션 등 매스플라워(mass flower)로 사용되는 보존화 소재는 줄기가 없기 때문에 철사를 이용하여 줄기를 만들어줘야 한다. 보존화 장식을 위해 철사처리기법(피어싱, 크로싱, 트위스팅, 훅킹, U핀 처리 등)이 이용되고 있다. 나뭇가지를 이용하여 규모가 크고 자유로운 형태의 대형조형물을 제작하면 공간의 디스플레이, 무대장식 등으로 이용할 수 있다. 오랜 기간 유지될 수 있는 건조소재의 특성을 이용하여, 나뭇가지 외에 천이나 금속 등 다른 자연소재와 조화시켜서 다양한 조형물을 제작하기도 한다. 압화장식은 건조소재를 이용한 독특한 장식 방법으로 종이나 천, 아크릴판 등의 평면에 배치하여 고정시킨 후 액자로 만들거나, 시계, 가구, 보석함, 액세서리 등 다양한 생활용품 장식으로 제작하여 판매되고 있다. 누름건조 소재는 빛과 습기에 약하므로 장식을 한 후에는 마감 기술이

갈란드, 리스 / 건조소재 장식 / 보존화 꽃다발 / 보존화 꽃꽂이

압화 액자 / 압화 시계 / 압화 가구 / 보존화 상품

그림 12.8 건조소재를 이용한 다양한 장식품

매우 중요하다. 액자의 경우 종이 뒷면에 흡습제를 부착시키고 공기를 추출하여 밀봉시키는 마감 기법이 적용되고, 시계, 액세서리 등 생활용품 장식에는 UV수지, 에폭시수지, 필름처리 등을 통해 건조소재가 습기에 노출되지 않도록 처리하면 오랜 기간을 보존할 수 있도록 한다. 결혼식 후 신부 꽃다발을 영원히 보관할 수 있도록 누름건조한 다음 평면에 연출하여 액자로 만들어주는 상품이 특화되어 있다. 보존화 건조 기술이 일반화되면서 신부 꽃다발을 보존화로 제작하여 유리용기에 담아 주는 상품을 특화시켜 판매하고 있는 업체들이 생겨났다. 건조된 방향성 식물의 꽃과 잎, 열매에 정유를 첨가하여 숙성시킨 포푸리 장식이 있다. '단지 속에 든 향기'라는 의미를 가진 포푸리(potpourri)는 용기에 담아 필요한 공간에 배치하면 아름다운 색상과 질감에 의한 장식적 효과뿐만 아니라, 정유와 구성되는 식물의 특성에 따라 불면증 및 스트레스 해소 등의 효과를 얻을 수 있다.

(2) 가공소재 보관법

가공소재는 기본적으로 햇빛과 습기에 취약하므로, 습도가 낮고 어두운 곳에 보관하여야 한다. 우리나라 여름철 장마기에는 습도가 80% 이상 높아지는 날이 많아 특히 보관에 주의해야 하는데, 골판지 등 종이상자에 담아 습도 50% 이하인 장소에 보관해서 습기가 재흡수되는 것을 막도록 한다. 보존화 소재의 경우 장마철 습도가 높아지면 수분을 재흡수하였다가 겨울철 습도가 낮아지면 서서히 건조된다. 이러한 과정이 2년 이상 반복되면 보존화 소재 품질이 저하되는 요인이 되므로 종이박스에 담아 건조한 곳에 보관하도록 한다. 매몰건조와 동결건조 소재는 피막처리를 하거나 밀폐된 유리용기에 장식하여 유통하는 것이 중요하다. 누름건조 소재는 꽃이 상하지 않도록 꽃배열지로 감싼 후 비닐봉투에 담아 밀봉시켜 보관하고, 압화 장식품은 상품 특성에 맞게 마감처리를 하여 습기가 재흡수되지 않게 한다. 모든 건조소재와 장식품은 직사광선을 피하여 보관해야만 변색 없이 오랜기간 감상이 가능하다.

2 기능적 이용

1) 허브와 식용꽃

(1) 정의

기원전 4세기 그리스 학자 Theopharatus는 식물을 **교목**(tree), **관목**(shrub), **초본**(herb)으로 분류하였는데, 이에 따르면 **허브**(herb)는 자연에서 자라는 목본이 아닌 모든 풀의 종류를 일컫는 말이었다. 허브는 초기에 향기 나는 목초나 푸른 작물 같은 초본성 식물로 정의되었으나, 식물을 생활에 이용하는 범위가 넓어지면서 유용한 식물과 그렇지 않은 식물로 나뉘었다. 이에 따라 허브는 사람에게 약용 효과가 있거나 음식의 맛과 향을 내는 등 유용한 효과를 지닌 식물을 뜻하게 되었다. 오늘날 식용, 약용, 음식의 향신료뿐만 아니라, 미용용품, 염료, 세척제, 방충제 같은 생활용품에서 대체요법이나 향기치료 같은 치료법들이 일반화되었다. 또한 허브에서 추출한 물질에서 항박테리아, 항균 활성, 항우울제 등의 작용이 밝혀지는 등 다양한 분야에서 허브에 대한 관심과 이용이 증가하고 있다. 오늘에는 허브를 식물체의 뿌리, 줄기, 잎, 꽃, 열매, 수피, 종자를 식용, 약용으로 사용하거나 향기를 내는 데 이용하는 식물이라고 정의하고 있다.

식용꽃(edible flower)이란 먹을 수 있는 꽃으로 음식의 주재료나 음식의 색, 향기, 맛을 돋우기 위해 사용하는 꽃을 의미한다. 넓은 의미로는 예로부터 산야초나 화목 중에서 먹는 꽃을 산채로 이용하던 것도 포함되며, 현재 이용하고 있는 식용꽃의 일부는 허브로 분류하여 이용하기도 한다.

(2) 역사

허브의 역사는 고대 이집트로 거슬러 올라가면, 기원전 2800년 파피루스에 주니퍼, 민트, 마조람 등이 약재로 쓰였다는 기록이 있으며, 클레오파트라 시대의 벽화를 통해 방향성 식물, 향신료, 수지 등을 종교, 장례 의식에 사용했음을 알 수 있다. 그리스, 로마 시대에는 16가지 허브와 나무진(시나몬, 페퍼민트, 주니퍼, 아카시아, 헤나 등)으로 만든 조제약을 이용하였으며, 이집트로부터 전해진 방향성 식물 연고와 화장품을 이용하였다고 한다. 로마에서는 음식의 향신료, 장식 및 행사에 허브를 이용하였다. 지중해 지역 식물이 로마제국을 통해 북쪽으로 전해졌고, 이후 중세 수도원에서 허브를 재배, 연구하게 되었다. 980년 페르시아의 아비세나(Avicenna)는 증류법을 이용하여 장미 정유 만드는 방법을 처음 고안하였다. 한편, 인도에서는 약초와 방향식물이 풍부하여 향신료, 향수, 화장품에 허브를 이용하였으며, 힌두교도의 의술 및 장수법인 아유베다(Ayuveda)의 의술이 실행되어 현대에도 허브를 활용한 기술이 전해지고 있다. 기원전 2000년 중국의 금나라에서는 허브를 이용한 치료법을 기록하였으며, 오늘날 중국의 한의학은 서양에서 대체의학 분야로 관심받고 있다. 16~17세기는 허브의 시대로 요리, 향수, 화장품 등에서 허브식물이 널리 이용되었다. 또한 허브식물의 향은 전염병 방지, 요리에 사용하는 향 파우더, 포푸리 같은 장식품으로 이용하기도 하였다. 밀접하게 결합되어 있던 식물학과 의학이 분리되기 시작하였고, 19세기에 이르러서는 합성의약을 주로 이용하게 되면서 허브를 이용한 의학적 이용이 감소되었지만, 요리법, 화장품 제조 등은 현재까지도 이어지고 있다. 21세기에 접어들면서 허브 이용은 확대되고 있으며, 허브식물로부터의 암, 에이즈 같은 질병 치료제 개발에 대한 연구가 확대되고 있다.

식용꽃의 역사는 허브의 역사와 함께 발전되어 왔는데, 고대 아메리카 인디언들이 2,800년 전 사막의 꽃(용설란, 부채선인장 꽃 등)을 채집하여 먹었다는 연구보고가 있다. 16세기 유럽은 정원과 정원 디자인에 대한 관심이 높아 상류층 부인들이 가정에서 꽃을 기르고 사용, 보존하는 방법에 대해 높은 수준의 지식을 가지고 있었다. 한편, 신대륙 발견과 함께 많은 외래식물이 도입됨으로써 대륙 간 교배도 왕성히 일어났다. 영국 튜더(Tudor)가의 저장고는 허브와 식용꽃 이용기술이 매우 뛰어났으며, 이후 스튜어트(Stuart)가에 이어져 발전하였으나, 19세기 중반 거의 상실되었다. 20세기에 들어, "A garden of Herbs"에서 16~18세기의 책을 정리하여 과일, 채소, 꽃을 사용했던 방법, 그 당시 부엌, 저장고에서 꽃을 말리고 저장했던 방법을 설명하고, 장미, 프리뮬러, 석죽, 팬지 등 향기가 나는 식초, 꽃잼, 시럽, 꽃캔디 만드는 방법, 그리고 향기로운 가루분, 비누, 세제 등을 만드는 방법에 대해서도 설명하고 있다. 그 외에 꽃음료, 18세기 브랜디 제조법(오렌지-플라워 브랜디 등), 효능을 지닌 음료 제조법, 샐러드 이용 기록 등을 찾을 수 있다.

중국에서는 당나라(618~907) 무측천여황제(690~705)때 백화를 채집하여 쌀과 함께 쪄서 만든 백화떡을 신하에게 나누어준 기록이 있으며, 화찬(각종 식물을 원료로 하여 만든 음식과 식품)이 유행하였다. 수당가화록에 따르면, 꽃을 이용한 요리는 색, 향, 맛, 모양이 훌륭하며, 병을 치료하는 효과와 몸을 보양하는 작용이 있다고 하였다. 또한 부녀자들의 얼굴을 아름답게 해주고 얼굴이 늙지 않게 하는 뛰어난 효과가 있다고 알려져서 고대 궁정의 황후, 비빈, 관리의 아녀자가 널리 식용하였고, 민간에서도 꽃을 먹었다는 기록이 있다.

1980년대에 들어, 미국 캘리포니아를 중심으로 식용꽃 붐이 일어났으며, 이러한 미국의 식용꽃 붐을 타고서 일본의 식용꽃 산업화가 1988년에 시작되었다. 새로운 농업, 지역 특산을 목표로 일본 각지에서 생산되었고, 샐러드뿐만 아니라 곤약, 젤리, 꽃잎두부, 허브슈가 등으로 다양하게 가공하여 상품화되었다. 레스토랑이나 가공식품업자 출현과 함께 타분야 산업과의 제휴가 증가함으로써 산업화가 추진되었다.

우리나라는 예로부터 동백꽃, 아카시아 튀김, 진달래 화전, 국화차, 유채꽃 김치 등 다양한 음식에서 꽃을 재료로 활용해 왔다. 1990년대 말 식용꽃의 이화학적 특성 및 품질에 대한 연구를 시작으로 식용꽃에 대한 관심이 증가하고 있다. 식용꽃 관련업체들은 생산, 유통, 관광농업 등의 업태로 운영되고 있으며, 꽃밥, 꽃차, 김밥 장식 재료, 눈으로 즐기며 먹을 수 있는 꽃을 이용하여 전통요리와 퓨전으로 결합된 상품, 플라워 앤 가든 카페의 상품 등으로도 이용되고 있다.

(3) 허브의 종류와 기능성 물질

① 종류

허브식물은 식물학적 분류, 맛 성분에 따른 분류, 생육 습성에 따른 분류, 원산지에 따른 분류 등으로 나뉜다. **맛 성분**은 휘발성 오일의 구성에 따라서, cinerol 함유식물(로즈마리, 스페인세이지, 월계수), thymol과 carvacol 함유식물(백리향, 마조람, 오레가노, 멕시코세이지), sweet alcohol 함유식물(바질, 마조람, 타라곤), thujone 함유식물(달마티안세이지, 그리스세이지, 영국세이지), menthol 함유식물(박하, 스피어민트, 가든민트, 콘민트) 등 5가지 군으로 분류된다.

또한 허브를 실용적인 측면에 초점을 맞추어 사람이 활용하는 목적에 따라 나누기도 한다. 신경안정용 허브(박하, 카모마일, 라벤더), 불면치료용 허브(서양야생박하, 마조람, 호프, 아니스), 긴장완화용 허브(박하, 베르가못), 진정작용용 허브(카모마일, 백리향, 아니스, 바질, 베르가못), 차로 활용하는 허브(카모마일, 레몬밤, 세이지, 라벤더, 박하, 백리향, 로즈마리) 등이다. 이 외에도 목욕제, 소스, 샐러드, 커리, 피자, 정유 성분 이용 등으로 활용되고 있다. 또한 허브는 자연소재라는 이유로도 활용범위가 점점 더 넓어지고 있다.

② 기능성 물질

대부분 허브식물의 화학적 성질은 매우 복잡하다. 널리 사용되고 있음에도 주된 효과가 되는 화학적 성분에 대해 잘 알려지지 않은 경우도 있다. 하나의 식물체에는 다양한 구성성분 물질들이 함께 작용하여 시너지 효과를 낼 수도 있고, 경우에 따라서는 하나의 물질 자체가 약리적 효과를 갖는 경우도 있다. 흥미로운 사례로서, 메도우스위트(meadowsweet)라는 식물에는 살리실릭산(salicylate)라는 아스피린과 거의 유사한 물질이 있어서 진통제로 사용되어 왔다. 살리실릭산은 치유 효과가 있지만 궤양을 일으킬 수 있는데, 매도우스위트에는 궤양을 예방해 주는 점액성 물질도 함께 있어 살리실릭산의 부식 궤양 작용을 막아준다. 이처럼, 허브식물에 있는 다양한 물질들은 각각 물질의 부작용 위험을 낮추는 것으로 알려져 있다. 원예활동가나 요리전문가들이 허브를 좋아하는 것은 허브에 풍부하게 함유된 휘발성 정유 성분 때문이다. 미국허브학회에서 분류하고 있는 허브 활성 성분으로는 다음과 같은 것들이 있다.

표 12.2 흔히 사용되는 허브 종류

일반명	영명	학명	일반명	영명	학명
디기탈리스	Foxglove	*Digitalis purpurea*	쑥	Mugwort	*Artemisia* spp.
딜	Dill	*Anethum graveolens*	야로우	Yarrow	*Achillea millefolium*
라벤더	Lavender	*Lavandula anguistifolia*	양귀비	Opium Poppy	*Papaver somniferum*
레몬그라스	Lemongrass	*Cymbopogon citratus*	에키나세아	Purple Cornflower	*Echinacea purpurea*
레몬버베나	Lemon Verbena	*Aloysia triphylla*	월계수	Sweet Bay	*Laurus nobilis*
로즈마리	Rosemary	*Rosmarinus officinalis*	유칼립투스	Gum Tree	*Eucalyptus globulus*
루바브	Rhubarb	*Rheum rhaponticum*	제라늄	Geranium	*Pelargonium graveolens*
마조람(꽃박하)	Marjoram	*Origanum marjorana*	차이브	Chives	*Allium schoenoprasum*
머틀	Myrtle	*Myrtus communis*	캣민트	Catmint	*Nepeta cataria*
민들레	Dandelion	*Taraxacum officinale*	커리플랜트	Curry Plant	*Helichrysum italicum*
민트	Mint	*Mentha* spp.	컴프리	Comfrey	*Symphytum officinale*
바질	Basil	*Ocimum basilicum*	타임	Thyme	*Thymus vulgaris*
베르가못	Bergamot	*Monarda didyma*	티트리	Tea-tree	*Melaleuca alternifolia*
세이지	Sage	*Salvia officinalis*	헬리오트로프	Heliotrope	*Heliotropium arborescnens*
세인트존스워트	St John's Wort	*Hypericum perforatum*	홀리티슬	Holy Thistle	*Cnicus benedictus*
소프워트	Soapwort	*Saponaria officinalis*	휀넬	Fennel	*Foeniculum vulgare*
스테비아	Stevia	*Stevia rebaudiana*	히솝	Hyssop	*Hyssopus officinalis*

- **식물산**(Acids): 신맛이 나며 방부효과, 소독 청결효과 등이 있다. 주로 *Citrus*(귤, 오렌지, 자몽 등)속 식물에 많이 들어 있다.
- **염기**(Alkaloids): 씁쓸한 맛이 난다. 염기성 질소화합물이 기본 물질이다. 구조에 따라 다양한 종류로 분류되는데 가지과 식물의 트로팬 알칼로이드(tropane alkaloids) 같은 물질이 대표적이다. 이러한 물질은 독성이 매우 강해서 용량이 과하면 중추신경계에 영향을 줄 수 있다.
- **쓴맛 성분**(Bitters): 아주 쓴 맛을 내는 다양한 성분들로, 흔히 간과 쓸개를 자극하여 입맛을 자극하고 소화 기능을 향상시키기도 한다. 주로 조미료라고 해서 요리에 사용되고, 피부 컨디셔닝 성분으로도 사용한다.

- **쿠마린**(Coumarins): 항생제, 항응혈제로 사용된다. 예를 들면, 콩과식물 중 하나인 전동싸리 또는 서양싸리로 알려져 있는 멜릴로투스 오피시날리스(*Melilotus officinalis*)에 이러한 성분이 있어 예로부터 약재로 사용되었다. 많이 사용하면 독성이 있다고도 알려져 있다.
- **플라보노이드**(Flavonoids): 쓴 맛 또는 달콤한 맛이 난다. 항염증, 항균, 항산화 작용 효과가 있다. 대부분의 식물에 존재하며, 특히 오렌지나 노란색 계통의 식물에 많이 함유되어 있다. 블루베리와 같은 적색-자색의 안토시아니딘도 플라보노이드에 속하는 물질이다.
- **글루코사이드**(Glucosides): 4개의 주된 효과가 알려져 있다. ① 심장 수축에 영향을 미쳐서 심장병에 작용하는 성분으로, 일례로 디기탈리스속(*Digitalis* spp.) 식물에 이런 효과가 있다. ② 심장의 격렬한 경련을 막아 박동과 호흡에 진정제 작용을 하며, 이러한 식물로는 *Prunus serota*와 같은 식물이 있다. ③ *Sinapsis alba* 같은 식물은 겨자 특유의 자극적이고 아린 맛을 낸다. ④ *Allium sativum*은 황 성분이 있어서 맛이 아리고 자극적이며 항생물질로 작용한다.
- **검**(Gums)**과 점액질**(Mucilages): 특유의 맛은 없다. 끈적거리거나 달라붙는 특성이 있으며, 진정효과가 있다. 대표적인 식물은 마시멜로우(*Althaea officinalis*)이다.
- **퀴논**(Quinones): 쓴맛이 난다. 항균, 방부 효과가 있고, Anthraquinones는 변비 완화 효과가 있는 물질이다. *Rheum*속 식물 종(대황)이 이에 해당한다.
- **레진**(Resins): 아린 맛이 나는 경우가 많다. 오일이나 검에 결합되어 있는 형태로 존재하며, 수렴효과, 항생제, 소독제로 사용되는 성분이다. 대표적인 식물로는 *Commiphora myrrha* (몰약나무)가 있다.
- **사포닌**(Saponins): 달콤하면서 자극적이며, 호르몬과 같은 물질로 항염증 및 이뇨 효과도 있다. 대표적인 식물로는 *Saponaria officinalis*(비누풀)가 있다.
- **탄닌**(Tannins): 수렴제, 항생제로서 작용하며, 단백질과 다른 화학물질에 작용하여 피부와 점액분비막에서 보호층을 이룬다. 장에서 설사나 출혈을 완화하는 작용을 한다. 화상 상처에 외용으로 상처에 바르면 염증을 막아줄 수 있다.
- **휘발성 오일**(Volatile oils): 향기가 나고, 소독효과, 방부효과가 있다. 진정제나 자극제 등으로 사용된다. 이소프렌이나 이소펜탄 같은 분자 단위로 테르펜(Terpene)을 형성하기도 한다. 박하나 백리향 같은 식물 등에서 휘발성 오일을 추출하며, 대부분 향수의 원료로 이용된다. 인체 내에 쉽게 흡수되어 이동함으로써 치료나 면역 작용을 한다.

(4) 식용꽃의 종류와 이용

① 종류

식용꽃의 종류는 매우 다양하다. 국화, 금잔화, 데이지, 라벤더, 목련, 무궁화, 보리지, 석죽,

수국, 수레국화, 야생팬지, 원추리, 인동, 장미, 자스민, 제라늄, 진달래, 팬지, 프리뮬러, 카모마일, 샤프란, 클로버, 한련화, 호박꽃, 후크시아 등이 이용된다. 이 외에 허브식물의 꽃을 이용하는 경우도 포함된다. 국내에서 재배되고 있는 식용꽃은 20여 종이 계절별로 재배되고 있다. 대부분 플라스틱하우스 내에서 생산되고 있는데, 금잔화, 베고니아, 팬지, 한련화는 계절에 관계없이 연중재배가 가능하다. 봄철에는 데이지, 미니장미, 자스민, 장미, 패랭이, 프리뮬러, 한련화 등, 여름철에는 맬로우, 스위트피이, 제라늄, 토레니아, 한련화 등, 가을철에는 국화, 석죽, 스위트피이, 일일초 등, 겨울철에는 한련화 등이 재배되고 있다. 겨울철 난방비 문제로 인해 식용꽃 생산이 현저히 줄어든다. 소비자 기호도가 높은 식용꽃으로 한련화, 팬지, 프리뮬러, 데이지 등이 조사되었으며, 식용꽃 구입 시 꽃 색상이 가장 중요한 선택 요인이 된다는 조사 결과가 있다. 한 품목이라도 색상이 다양한 상품을 소비자가 원하고 있음을 알 수 있다. 국내 식용꽃 유통 과정을 보면 완전 개화된 식용꽃은 상처 날 확률도 높고, 상품성 유지 기간이 매우 짧아서, 소비자 직거래에 적합한 소포장, 당일 수확 배송이 이루어지는 시스템으로 운영되고 있다.

표 12.3 흔히 사용되는 식용꽃의 종류

일반명	영명	학명	일반명	영명	학명
국화	Mums	*Dendranthema grandiflorum*	장미	Rose	*Rosa gallica*
금잔화	Pot Marigold	*Calendula officinalis*	쟈스민	Jasmine	*Jasminum officinale*
데이지	Daisy	*Bellis perennis*	제라늄	Scented Geraniums	*Pelargonium graveolens*
라벤더	Lavender	*Lavandula angustifolia*	진달래	Korean rhododendron	*Rhododendron mucronulatum*
목련	Magnolia	*Magnolia grandiflora*	팬지	Sweet Violet	*Viola odorata*
맬로우	Mallow	*Malva sylvestris*	프리뮬러	Cowslip	*Primula veris*
물망초	Forget-me-not	*Myosotis alpestris*	프리뮬러	Primrose	*Primula vulgaris*
보리지	Borage	*Borago officianalis*	프리지아	Freesia	*Freesia x kewensis*
베고니아	Begonia	*Begonia semperflorens*	카네이션	Carnation	*Dianthus caryophyllus*
석죽	Alpine Pink	*Dianthus barabatus*	카모마일	Chamomile	*Chamaemelum nobile*
수레국화	Cornflower	*Centaurea cyanus*	크로커스	Saffron	*Crocus sativus*
스토크 (비단향꽃무)	Stock	*Matthiola incana*	클로버	Clover	*Trifolium protense*
안개꽃	Baby's breath	*Gypsophila paniculata*	한련화	Nasturtium	*Tropaeolum majus*
야생팬지	Wild pansy	*Viola tricolour*	호박꽃	Courgette (Zucchini)	*Cucurbita pepo* var. *Courgette*
원추리	Daylily	*Hemerocallis fulva*	후크시아	Fuchsia	*Fuchsia arborescens*
인동	Honeysuckle	*Lonicera periclymenum*			

② 식용꽃의 이용

꽃에 포함되어 있는 플라보노이드, 폴리페놀은 항산화, 항균 활성이 있으며, 무기질, 비타민 등 영양성분이 포함되어 있다. 꽃에는 노화방지 효과가 있고, 특유의 맛과 색상으로 인해 소비자들의 관심이 집중될 수 있다. 연구에 따르면 팬지, 베고니아, 한련화, 장미 등 꽃의 폴리페놀 함량이 14~232 mg/g(dw)으로, 같은 중량의 채소나 과일에 비해 50~100배 가량 높은 수준을 보이고 있다.

플라보노이드(flavonoids)는 항산화 활성이 뛰어난 것으로 알려져 있으며, 체내에 일어나는 산화반응을 완화시켜 노화를 억제하는 효과가 있다. 대부분의 식물에 존재하며, 적색, 자색, 블루 색상의 안토시아닌도 플라보노이드계에 포함된다. 식용꽃이 가지는 다양한 색상은 보는 즐거움과 함께 항산화 효과도 주고 있다.

폴리페놀(polyphenols)은 노인성 치매나 파킨슨병 등의 뇌질환을 예방하는 효과가 있다고 밝혀진 물질로 식용꽃의 기능성 물질 중 하나이다.

베고니아는 신맛이 강하므로 육류요리에 곁들이거나, 샐러드에 넣어 비네거 효과를 얻을 수 있으며, 새콤한 맛이 입 안 가득 퍼져 원기를 회복시켜준다. 겨자 잎처럼 매운 맛을 가지고 있는 한련화는 생선요리와 함께 이용하면 생선의 비린 맛을 상쇄시킬 수 있으며, 쌉싸르한 맛은 입맛을 돋우는 데도 효과적이다. 로즈힙에 함유된 비타민 C 함량은 오렌지의 40배에 달하며, 세계대전 중 시트러스 과일을 이용할 수 없게 되었을 때 어린이들의 비타민 C 공급원으로 사용되었다. 오늘날에는 로즈힙을 수확한 후 시럽으로 제조하여 활용하고 있으며, 로즈힙 티로도 이용되고 있다.

품종(화색)별로 다른 폴리페놀과 플라보노이드 함량을 가진 팬지: 자주색-57.5와 32.2; 노란색-7.3과 1.5 mg/g (국립원예특작과학원, 2005)

비타민 C의 함량이 오렌지의 40배에 달한다는 로즈힙 (미국허브학회, DK Press)

그림 12.9 식용꽃의 기능성 물질

전통적으로 과일식초나 올리브오일에 차이브꽃, 바질, 타라곤 같은 허브 잎을 넣어 풍미를 더해 주기도 하고, 장미꽃잎, 오렌지, 방향성 제라니움 잎이 함유된 향기로운 꽃 꿀을 만들기도 한다. 설탕과 레몬즙을 넣어 꽃잼을 만들 수 있는데, 장미꽃잎이 들어간 꽃잼이나 엘더플라워 꽃이 들어간 딸기잼을 만들어 식용하기도 한다. 레모네이드나 펀치에 얼음꽃(frozen flower)을 넣거나 얼

식용꽃으로 장식된 케익

꽃 샐러드

다양한 색상의 얼음꽃
(팬지, 베고니아, 스토크)

다양한 식용꽃

팬지 꽃차

천일홍 꽃차

그림 12.10 식용꽃의 다양한 이용 모습

음꽃 그릇에 셔벗이나 아이스크림을 담아서 내 놓으면 플라워카페의 디저트로서 손색이 없다. 비타민, 플라보노이드 함량이 높은 허브와 식용꽃을 녹색의 샐러드와 함께 섞으면 화려한 색과 함께 향, 식감, 맛을 더한 건강한 샐러드를 즐길 수 있다. 꽃비빔밥, 감자튀김, 육류 요리 등 다양한 요리에 허브를 넣어 향을 더할 수 있다. 라벤더 아이스크림, 장미 아이스크림 등이 디저트로 판매되고 있다. 최근에는 허브와 식용꽃을 빠르고, 쉽게 즐길 수 있는 꽃음료로 개발하여 티(tea)로 즐기는 사람이 늘어나고 있다. 카모마일, 민들레, 히숍, 레몬버베나, 라벤더, 자스민, 페퍼민트, 히비스커스 등 허브를 단일 혹은 블렌딩해서 다양하게 판매하고 있으며, 이러한 허브티는 향기뿐만 아니라 소화촉진, 감기예방, 구취제거 등의 효능을 나타낸다.

(5) 허브와 식용꽃 수확과 저장

① 허브와 식용꽃 수확

허브와 식용꽃은 필요할 때마다 식물체로부터 잎, 꽃, 열매 또는 뿌리 형태로 수확하여 이용한다. 하루 중 오전 아침이슬이 마른 후에, 빛이 강한 날보다는 흐린 날 수확하는 것이 좋다. 잎과 꽃은 손으로 따지만 줄기 부위는 예리한 칼이나 가위로 잘라서 즉시 이용한다. 최근 국내 미세먼지 농도가 증가하는 것을 고려할 때 허브 수확 후 반드시 물에 세척해서 사용할 것을 추천한다. 수확

전날 관수호스 등을 이용해 잎에 묻은 먼지를 확실히 제거한 후 수확하는 것이 좋다. 작은 잎은 줄기 채로, 그리고 큰 잎은 각각 수확하여 건조시킨다.

잎은 꽃피기 전 향기와 질감이 최고일 때 수확하는데, 작은 잎이 붙은 줄기를 사용하면 편리하다. 다년생 관목은 너무 늦게 수확하면 동해를 받을 수 있으므로 주의한다. **꽃**을 수확하는 경우에는 햇빛이 강해지기 전 비교적 건조하고 따뜻한 날 수확하는 것이 좋다. 봉오리 상태 또는 꽃이 활짝 피기 바로 직전에 수확하는 것이 좋으나 종류와 용도에 따라 수확시기가 조금씩 다를 수 있다. 라벤더는 긴 줄기로 잘라 수확하고, 보리지는 푸른 별 모양의 꽃을 조심스럽게 수확한다. 장미처럼 꽃송이가 큰 꽃은 종이 위에 널어 따뜻한 곳에서 건조시키고, 라벤더와 같이 작은 꽃은 꽃줄기를 묶어서 종이봉투를 씌우면 먼지를 막고, 건조 시 떨어진 꽃잎을 모을 수 있다.

종자를 이용하는 허브로는 캐러웨이, 고수, 딜, 휀넬 등이 있다. 종자가 달린 꽃대가 갈색으로 변하면 잘라서 공중에 매달아 말린다. 이때 망사나 종이봉투 등으로 꽃봉오리를 싸주어 종자가 떨어지는 것을 막는다. 식물에 붙인 채 혹은 줄기 채 수확하여 건조시키는데, 바람이 잘 통하는 따뜻한 곳에서 건조시키고, 완전히 마르면 종이봉투에 담아 보관한다. 습기가 생기는 비닐은 사용하지 않는다. **뿌리**를 이용하는 경우 가을이 되어 지상부가 시들게 되면 지하부를 수확하는데, 보통 이때가 가장 맛과 향 등 효능이 절정에 이르는 시기이다. 지하부 수확 시 수확 부위가 상하지 않도록 주의하고, 내년을 위해 튼실한 뿌리 일부는 남겨두거나, 뿌리를 젖은 모래 등에 저장했다가 봄철에 다시 번식용으로 사용한다. 수확 후 차가운 물로 깨끗이 씻는다. 뿌리 건조 시 오븐을 이용해 건조시킬 수 있는데, 지나치게 갈색이 되거나 너무 오그라들지 않게 주의한다.

② 허브와 식용꽃 저장

봄부터 가을에는 허브를 신선하게 수확해서 활용하는 것과 달리 겨울철에 허브와 식용꽃을 이용하기 위해서는 건조시키거나 냉동시키는 방법을 이용한다. 가장 일반적인 쉬운 방법은 수확한 허브를 통풍이 잘 되는 그늘에서 공중에 거꾸로 매달아 건조시키는 것이며, 로즈마리, 백리향, 오레가노, 마조람, 러비지, 월계수잎, 레몬밤, 민트 종류들이 적합하다. 말리는 동안 먼지가 쌓이지 않도록 식물체 위에 통풍이 잘 되는 재질의 종이로 고깔을 만들어 씌워 주는 것도 좋다. 공기 중에서는 허브 종류나 식물체 부위에 따라 건조시간이 다르지만, 대체로 2주 정도 말리면 충분히 건조된다. 건조기를 이용할 경우 온도를 65°C 이상으로 올리면 허브의 정유 성분이 휘발되어 소실될 수 있으므로 20~32°C의 비교적 저온에서 건조시키는 것이 좋다. 건조된 허브나 꽃은 실외에 노출되면 향기와 색을 잃어버리므로 어둡고 건조한 장소에 보관한다. 공기 중 건조 외에 많이 사용되는 방법에는 냉동법이 있다. −30°C 이하에서 냉동시키면 색과 맛이 신선한 허브와 같이 유지될 수 있다. 요리를 위해 잘 세척하고 필요에 따라 썰어서 밀폐용기에 넣어 보관한다. 바질, 백리향, 딜은 냉동하기 전에 물에 살짝 데쳐서 물기를 제거한 후 보관한다. 꽃이나 잎을 얼음틀에 넣어 얼리기도 하는데, 녹으면 생잎의 질감은 없어지지만, 건조 시 향기가 유지되지 않는 바질, 파슬리, 차이브, 민트 등의 허브에 적당하다. 허브 성분 유지나 위생적인 측면에서 냉동실에서 보관하고, 6개월 이내 사용하는 것이 좋다. 이외에 허브 보관을 위해 오일, 식초, 설탕, 술 등에 저장하는 방법이 있다. 오일, 식초 등에 저장한 가공품은 실생활에서 샐러드드레싱, 허브식초 등으로 사용되고 있다.

2) 향기치료

(1) 향기치료(Aromatherapy)의 정의

방향성 꽃이나 허브류에서 추출한 **정유**(essential oil)는 식용, 약용, 향장용, 장식용 등으로 다양하게 이용된다. 식물에서 얻은 정유를 이용하여 몸과 마음을 건강하게 하는 방법이며, 향기(aroma)와 치료(therapy)를 합성한 용어로, 일반적으로 **향기치료**, **향기요법**, **아로마테라피** 등으로 칭한다. 인류는 동서양을 불문하고, 식물의 방향성분을 제사, 의례, 치료, 미용에 이용해 왔다. 이집트 미라에는 방부효과가 있는 유향(frankincense)이나 몰약(myrrh) 등을 이용하였다. 또한 근대 의학이 발달하기 이전에는 인간의 건강을 담당해 왔으며, 현대에 이르러서도 전통의학이나 민간요법으로 계승되고 있다. 르네상스 시대에는 향수가 대유행하여 정유 생산량이 증대되었으며, 20세기 초에는 과학적인 분석과 검증 후에 정유를 심신 건강에 응용하려는 시도가 시작되었다. 프로방스 지방의 향료 연구자 루네 모리스 갓트포세는 실험 중 손에 화상을 입은 후 순간적으로 라벤더 정유에 손을 담갔는데, 이때 상처 치유가 매우 좋았던 것으로부터 정유의 이용에 대한 연구가 활발해졌다. 향기치료의 주인공인 정유는 두 가지 경로로 심신에 흡수된다. 하나는 후각 자극이고, 또 하나는 피부나 점막을 통해 혈류를 타고서 체내에 들어가는 경로로 치료효과가 빠르게 나타난다. 정유의 기본적인 특징은 ① 인지질 막을 쉽게 통과하고, ② 막의 수용체와 잘 반응하여 항생제 등의 약으로 광범위하게 사용되며, ③ 항균력이 뛰어나고, ④ 2차 감염억제 효과 및 ⑤ 암(cancer)의 부작용 완화 등의 효과가 있다. 유용한 성분을 함유하여 치유효과를 가진 식물의 가치가 인정받고 있다. 허브식물은 우리 심신의 면역체계, 내분비계통에 작용하여 일상생활의 스트레스 완화에 도움을 준다.

(2) 정유 추출방법

각 식물의 정유는 향기치료 효과가 있고, 장식용으로 사용되는 포푸리, 향초 제조 등에 사용하여 효과를 보기도 하며, 고농도의 정유를 이용해서 불면증, 피부노화에서 다양한 치료 효과를 얻고 있다.

정유의 추출 방법은 식물 종류와 향기성분의 특성에 따라 달라진다. 대규모 허브 재배농장에서는 추출 시설을 설치하여 수확 후 바로 추출한다.

- **수증기증류법**(steam distillation)은 10세기경에 개발되어 지금까지 가장 널리 사용되고 있는 방법으로 커다란 탱크에 허브 원료(잎, 꽃, 줄기, 열매 등)을 넣고 아래에서 열을 가하면 허브 세포벽이 파괴되면서 세포벽 사이의 방향성 물질과 수증기가 모아진다. 이것이 파이프를 통해 냉각탱크 속을 지나면서 증기는 증류액으로, 방향성 물질은 정유로 분류된다. 분리된 증류액은 라벤더 워터, 로즈워터, 오렌지 워터 등 플로랄 워터로 사용되는데, 정유 만큼 고가로 판매되고 있다.
- **압착법**(expression)은 레몬, 오렌지, 베르가못 등의 감귤류(시트러스류)에서 정유를 추출할 때 사용하는 방법으로, 감귤류는 과일껍질에 정유가 들어있기 때문에 껍질의 무기염류를 제거하고서 추출한다. 과일을 기계에 넣은 후 세게 누르면 오일과 과즙이 함께 나오는데, 그대로 두면 가벼운 정유가 과즙 위로 분리되어 뜬다.
- **냉침법**(enfleurage)**은** 유리판에 라드를 바르고서 신선한 꽃잎을 펼쳐 놓으면 꽃잎의 향이 지방에 흡수된다. 오일이 흡수된 꽃잎은 떼어내고 새 꽃잎으로 바꾼다. 여러 번 반복한 다음 이 지방(포마드 pomade)만을 모아서 알코올을 섞어 강하게 휘저으면 지방과 향이 분리됨으로써 향을 얻게 된다.
- **용매추출법**(solvent extraction)은 커다란 용기에 허브식물을 넣고서 용매를 부어 식물에 함유된 성분들을 녹여낸 다음, 진공 증류기를 이용해 용매를 휘발시키면, 식물의 방향 성분, 왁스 성분, 수지 등이 혼합된 반고형물인 콘크리트(concrete)가 남는다. 여기에 알코올을 이용하여 방향성분을 녹여내고, 알코올을 휘발시켜서 순수한 앱솔루트(absolute)를 얻는다. 용매로는 에테르류, 벤젠, hexane, 기타 알코올류 등을 혼합하여 사용한다. 용매추출법은 수증기증류법보다 식물 고유의 향을 비교적 잘 보존할 수 있으며, 수증기증류법으로는 추출이 어려운 식물에서 유효성분을 추출할 수 있다는 장점이 있지만, 추출에 사용한 용매가 완전히 제거되지 않았을 경우 피부자극이나 알레르기를 유발할 수 있으므로, 용매추출법 정유는 민

대용량 수증기증류기 수증기증류기 냉침법에 사용되는 판

그림 12.11 정유추출에 사용되는 시설

감한 피부에는 주의하여 사용한다.

- **초임계추출법(CO_2 추출법)**은 액화 이산화탄소(CO_2)를 용매로 사용하여 향 성분을 추출하는 방법으로서, 그 이용이 증가하고 있다. 추출 과정이 저온에서 진행되기 때문에 정유 성분의 변성을 방지하고 식물 원래의 정유와 유사한 성분을 추출할 수 있으며, 용매 잔류물이 남아 있지 않은 질 좋은 정유를 추출할 수 있다. 추출 비용이 많이 드는 단점이 있다.

(3) 정유의 효과와 사용법

향기치료에 사용되는 정유는 고농축액으로 반드시 희석하여 사용한다. 정유를 공기 중에 확산시키는 방법, 목욕물에 희석시키는 방법, 마사지용 식물성 오일에 희석하는 방법 등을 사용한다. 희석용 오일로는 호호바오일, 로즈힙오일, 프라임로즈오일 등이 사용된다. 확산법은 아로마 램프, 스프레이, 향초 등을 이용해 실내에 정유를 분자 상태로 확산시키는 방법이다. 목욕법은 정유의 분자가 피부와 폐를 통해 흡수되는 경로와 뇌에 미치는 효과를 동시에 거둘 수 있는 장점이 있으며, 전신욕, 반신욕, 수욕, 족욕 등으로 실시한다. 마사지법은 정유가 서서히 피부에 스며들어 피부 각 층을 통과하게 되며, 희석에 사용한 캐리어오일로 인해 넓은 부위로 확산됨으로써 새로운 세포 생성 및 노폐물 배출이 촉진된다. 흡입법은 구강과 코를 통해 흡입하는 방법으로 건식흡입법과 습식흡입법(스팀법)이 있다. 코를 통한 흡입은 단시간 내에 빠른 효과가 나타나지만, 사용에 주의를 요한다. 습포법은 흔히 말하는 찜질법으로 타박상, 삔 곳, 부어오른 곳, 근육 통증, 멍든 곳 등에 사용하면 효과를 볼 수 있다. 향기치료의 효과는 항박테리아, 항바이러스, 항균, 면역체계 활성화 등의 생리적 효과, 그리고 피부와 표면조직에 영향을 미치는 보습, 탄력 강화 등의 미용적 효

표 12.4 향기치료에 사용되는 방향성 식물 부위 및 정유의 효과

식물 부위	정유명	주요 작용
꽃	장미, 네롤리, 자스민	항우울, 최음, 여성질환, 미용
꽃줄기	로즈마리, 라벤더, 제라늄	각종 기관의 문제, 해독
잎	티트리, 유칼립투스, 페퍼민트	급성적인 호흡기 문제, 소화기계, 근육통
과일껍질	오렌지, 레몬, 라임, 감귤, 베르가못	항우울, 기분 전환, 원기 왕성, 강장, 셀룰라이트
종자	휀넬, 블랙페퍼	해독, 혈액순환, 소화기계, 비만
열매	쥬니퍼베리	이뇨, 비만, 부종, 혈액순환
레진	프랭킨센스, 몰약	상처치유, 세포재생, 안정제
심재	시더우드, 로즈우드	심신안정, 호흡기 문제
뿌리	생강, 안젤리카	신경계 강장, 혈액순환
나무껍질	시나몬	몸의 열 올리기, 혈액순환, 강장

과, 그리고 관절 질환, 근육통 완화 등의 신체 국소적 효과, 그리고 스트레스, 불안, 우울, 학습, 감성적 변화를 유도하는 심리적 효과로 설명할 수 있다. 향기치료에 사용되는 주요 방향성 식물 부위와 정유의 작용은 표 12.4와 같다.

3) 향장용품(식물성 화장용품)

예전에는 단오날이 오면, 창포 삶은 물에 머리를 감고서 목욕을 하였고, 여름에는 홍화탕에, 겨울에는 동백꽃을 우려서 목욕을 했으며, 손톱에 봉선화로 붉은 물을 들였다. 고대 이집트 사람들은 부드러운 피부와 빛나는 머리카락에 좋은 식물들을 잘 알고 있었다. 헤나(henna)로 머리를 감았고, 몰약과 향나무의 향으로 몸을 감쌌으며, 허브 오일을 피부에 바르거나 목욕물에 넣어 이용하였다. 그리스에서는 알카넷을 이용하여 입술과 볼을 붉게 보이도록 하였고, 민트와 장미, 카모마일, 마조람, 러비지를 목욕물에 넣어 이용한 기록이 있다. 최근 들어 환경문제와 친환경 식물성 소재에 대한 관심이 높아지면서 식물의 유용한 성분이 들어간 화장용품, 목욕용품에 대한 제품들이 확대되고 있다. 꽃과 허브를 이용한 허브 워터, 허브 오일, 목욕제, 비누, 토너, 보습제, 샴푸, 린스, 로션, 마스크용, 향수 등 그 이용 범위가 매우 광범위하며, 자신에게 맞는 DIY 제품에 대한 이용도 꾸준히 증가하고 있다(표 12.5).

(1) 향장용품에 이용되는 식물

화훼식물에 포함되어 있는 성분은 식물에 따라 각각 다르고, 그 성분에 따라 다양한 효능을 보이므로 필요한 용도와 성분에 따라 식물을 선택하는 것이 중요하다. 또한 방향성 식물에서 추출한 정유(에센셜오일)는 주요 성분과 함량이 다르고 발향되는 특성이 달라 인간이 코로 감지하는 단계가 다르다. 향은 바로 향을 느끼는 상향에서부터 오랜 시간 은은하게 향을 느끼는 하향까지 3단계로 나눌 수 있다. 상향(top note)에는 베르가못, 레몬, 오렌지 등 시트러스 계열, 중향(middle note)에는 카모마일, 라벤더, 네롤리, 로즈, 제라늄, 칼렌듈라, 자스민 등 플로랄 계열, 하향(base note)에는 패출리, 샌달우드, 바닐라 등이 해당된다. 정유는 일반적 효과에 따라 시트러스향, 플로랄향, 스파이시향, 우디향, 그린향 등으로 분류되기도 한다. 시트러스 향은 레몬, 오렌지, 그레이프푸룻 등이 해당되는데, 대체로 그린향이나 플로랄 향과 잘 어울린다. 플로랄향에는 카네이션, 제라늄, 라벤더, 자스민, 미모사, 로즈 등이 해당되고, 그린향에는 바질, 카모마일, 클라리세이지, 유칼립투스, 페퍼민트, 레몬밤, 솔잎, 로즈마리, 타임 등이 해당된다. 임산부, 어린이, 알레르기 환자는 사용에 주의하도록 한다. 스파이시향에는 휀넬 종자, 홉, 월계수, 타라곤, 쥬니퍼 등이 해당되고, 우디향에는 안젤리카, 자작나무, 시다우드, 야로우 등이 해당된다.

표 12.5 피부 타입과 증상별로 추천되는 정유(에센셜오일)

피부 타입	추천 오일
아토피성 피부염	카모마일, 라벤더, 티트리, 샌달우드(건성), 프랭킨센스(지성)
어린이나 유아 피부	라벤더, 팔마로사, 제라늄
여드름 피부	라벤더, 티트리, 레몬그라스, 쥬니퍼베리, 사이프레스
민감성(복합성) 피부	제라늄, 라벤더, 카모마일, 네롤리
건성 피부	팔마로사, 샌달우드, 패출리
지성 피부	프랭킨센스, 베르가못, 쥬니퍼베리, 사이프레스, 로즈, 일랑일랑
피부 노화 방지	로즈, 네롤리, 프랭킨센스, 휀넬
셀룰라이트 해소	그레이프프룻, 레몬, 쥬니퍼베리, 사이프레스
손상된 모발	로즈마리, 클라리세이지, 일랑일랑

(2) 향장용품 이용 사례

화훼식물에서 추출한 정유와 허브 워터에는 피부 타입별로 기능이 다른데, 이러한 기능성을 이용하여 바스오일, 바스솔트, 토너, 클렌저, 보습제, 로션, 크림, 스팀제, 마스크팩, 바디파우더, 오데콜롱, 천연비누 등 다양한 상품을 만들 수 있다. 목욕제는 손상된 피부를 진정시키고, 긴장된 신경을 안정시키며, 기분을 상쾌하고 활기차게 만들어준다. 카모마일, 장미, 라벤더, 페퍼민트, 레

천연비누

비누는 산과 알칼리를 반응하면 비누화 반응(saponification)이 일어나 비누가 만들어진다. 여기에 사용되는 산으로는 올리브, 팜, 코코넛 같은 식물성 오일이나 라드, 에뮤 같은 동물성 지방이 있으며, 알칼리로는 수산화나트륨(NaOH), 수산화칼륨(KOH)을 사용한다. 비누화 반응에서 만들어지는 비누는 피부에 안전한 약알칼리성이며, 이때의 부산물로 천연보습성분인 글리세린이 생긴다.

지방산 유지(산) + 수산화나트륨(알칼리) ——**(비누화)** ⟶ 비누 + 글리세린

기원 전 1500년경 파피루스에 동식물의 기름과 알칼리염을 섞어 처방한 흔적들을 확인할 수 있다. 비누(soap)의 어원은 로마의 '사포(Sapo)'라는 산 이름에서 유래되었는데, 동물들을 잡아 불에 태워 제사를 지냈다. 비가 내리면 동물 태운 기름과 재가 진흙과 함께 섞여 티베트 강으로 흘러들어 갔는데, 이 진흙을 이용하면 쉽게 빨래를 할 수 있었다고 한다. 중세시대에는 올리브 오일을 쉽게 얻을 수 있었던 지중해 연안국들이 비누 제조에 뛰어들어 부를 축적하였고, 1811년 비누를 만드는 데 필요한 과학적 기초가 구축되었고, 1850년부터 비누 공업이 발전하였다. 1970년대 이후 The body shop과 Rush가 자연화장품을 표방하면서 전통적인 방법을 사용하여 손으로 직접 만든 비누를 판매하여 자연주의의 새로운 전기가 마련됨에 따라, 소규모의 환경과 피부에 해를 끼치지 않는 비누를 만들어 파는 새로운 시장이 형성되었다.

몬버베나를 섞은 목욕제는 상쾌하고 편안한 마음과 함께 피부에 향을 더해준다. 카모마일, 금잔화, 라임꽃, 캐트닙, 레몬밤, 레몬껍질을 넣은 목욕제를 사용하면 안정시켜주므로 잠자기 전에 사용하기 좋다. 정유의 기능성을 효과적으로 사용하는 상품으로는 천연비누가 있는데, 최근 환경문제가 대두됨에 따라서, DIY로 피부에 적합한 비누를 직접 만들어 사용하거나 선물하는 사례가 늘고 있다.

4) 천연염색

천연염색은 꽃이나 허브류의 식물을 이용한 염색은 자연의 아름다운 색을 표현할 수 있을 뿐 아니라, 식물의 다양한 성분이 천에 스며들어서 기능적 역할을 해주며, 염색 후 환경오염 물질을 배출하지 않는 친환경적 염색이 가능하다. 장미, 팬지, 홍화, 카네이션, 수국, 시네라리아, 봉선화 등의 꽃과 쪽, 쑥, 레몬그라스, 오레가노, 타임, 카모마일, 민트, 라벤더, 로즈마리 등 허브류를 이용해서, 면, 실크, 나일론, 한지 등을 염색할 수 있다.

천연염료를 이용한 염색 과정은 ① 염료가 물에 용해하는 과정, ② 피염물의 표면에 염료가 흡착하는 과정, ③ 피염물 내부로 염료가 침투하여 결합하는 과정의 순서로 염색이 이루어진다. 대부분의 천연염료는 친수성기를 많이 가지고 있어 물에 쉽게 추출된다. 염색 과정에서는 염이나 산을 첨가하여 피염물 표면의 전기적 저항을 낮춰 주도록 하고, 피염물 내부로 침투하여 결합이 잘 일어나도록 적당한 열과 시간을 주도록 한다. 천연염료는 직접염, 매염염, 환원염 방법으로 염색된다. 직접염법에 적합한 소재로는 치자, 닭의장풀, 울금 등이 있고, 매염염법에 적합한 소재로는 억새, 동백, 허브식물 등이 있다. 환원염법은 불용성 염료의 경우에 알칼리성 환원제로 환원시켜 가용성으로 전환해서 염색하는 방법으로 쪽, 홍화 염색이 대표적이다.

(1) 염색에 이용되는 화훼식물

염료 식물은 효과적인 색소 추출을 위해서 산성, 중성, 알칼리성으로 구분한다. 플라보노이드 계통은 알칼리성에서 추출하면 색소 추출량은 많지만 색이 탁해지므로 산성에서 추출하는 것이 좋다. 추출 시간과 온도가 영향을 미친다. 추출 용매에 포함된 금속 이온도 색소에 영향을 미치므로 증류수를 사용한 것이 안전하다. **표 12.6**은 염색에 사용할 수 있는 염료 식물과 색상을 정리한 내용이다.

(2) 화훼식물 염색 사례

환원염법의 대표사례인 쪽(Indigo plant) 염색은 물로 염료를 추출한 후 잿물을 넣어 남색으로

표 12.6 색상별로 사용할 수 있는 염료 식물과 관련 색소

색상	염료 식물	색소
청색계	쪽, 붓꽃, 닭의장풀	쪽잎에 Indigo(청색소), 닭의장풀 파란 꽃에 Dephinidin glucoside, Commelinin(청색소) 함유
녹색계	감귤, 붓꽃, 단풍나무, 메리골드, 석류나무, 참쑥, 매자나무, 졸참나무, 황백, 밤나무, 다알리아, 루드베키아	
적색계	홍화, 꼭두서니, 봉선화, 주목, 자작나무, 갈참나무, 오리목 등	꼭두서니 뿌리에 Purpurin(붉은색소), 홍화 꽃에 Carthamin(홍색소), 주목 심재에 Sciadopitysin(적색소) 함유
자색계	동백, 포도, 자초, 오배자, 접시꽃	오배자 색소에는 탄닌성분이 함유되어 있어서 어두운 보라색 염색
황색계	홍화(견 섬유가능), 치자, 황련(깽깽이풀), 회화나무, 물푸레나무, 양파, 제비꽃, 금잔화, 박태기나무, 석류, 자소, 참쑥, 다알리아, 헤더(*Calluna vulgaris*), 허브 식물 등	치자의 Crocin(노랑색소), 황련 뿌리에 Berberine(노랑색소), 자소 잎에 Cyarin(노랑색소) 함유
갈색계	감나무, 오리나무, 개오동나무, 호두나무, 밤나무, 맥문동, 자귀나무, 아카시나무, 말채나무, 꽃개오동나무, 울금, 황색코스모스, 허브식물 등	감나무 떫은 감에는 Shibuol이란 탄닌성분이 있어서 갈색조, 울금 뿌리에는 Curcumjin(활갈색 색소) 함유
흑색계	석류, 계수나무, 주목, 밤나무, 상수리나무, 정향나무 등	정향나무 피목에 Eugeol 있어 다황색이나 흑색으로 염색
회색계	단풍나무, 붓꽃, 졸참나무, 감나무, 진달래, 철쭉, 밤나무, 은행나무, 동백 등	

발효시킨다. 여기에 천을 담가 원하는 색상이 나올 때까지 담갔다가 빼는 과정을 반복한 후 통풍이 잘 되는 곳에서 말린다. 쪽물을 들인 옷감은 뱀이나 해충이 잘 접근하지 못한다고 한다. 홍화(잇꽃)에는 황색과 홍색 색소가 포함되어 있으므로, 수용성인 황색 색소를 최대한 제거한 후 잿물을 넣어 홍색 색소를 추출하여 염색하면 분홍빛이 도는 옷감을 얻을 수 있다. 치자는 매염제 없

카네이션 매염제 종류에 따른 색상 변화
(왼쪽부터 명반 매염, 추출 원액, 철 매염)

장미, 카네이션, 쑥 염색

그림 12.12 화훼식물을 이용한 천연염색시 매염제에 따른 색상 변화(왼쪽)와 염색한 소재의 모습(오른쪽)

표 12.7 허브와 식용꽃의 용도별 분류와 활용법

용도	식물	종류
장식용		갈란드, 바구니, 리스, 꽃다발, 포푸리, 스머지스틱
꽃	알리움*, 안젤리카*, Bee balm*, 보리지, 카모마일, cowslips, 딜, elecampane*, 물망초, 자스민, 락스퍼*, 라벤더*, 매리골드, 마조람, 민트, 작약, 프리뮬러, 로즈마리, 타임, 팬지, 야로우*	
잎	artemisia*, 바질, 월계수*, 유칼립투스, 휀넬, 마조람, 민트, 파슬리, 제라늄, 로즈마리, 세이지*, 타임*	
종자	알리움*, 안젤리카*, 휀넬*, 홉*, 러비지, 포피*, 해바라기, sorrel*	
요리용	안젤리카, 바질, 월계수, 차빌, 차이브, 코리안더, 딜, 휀넬, 마늘, 레몬밤, 러비지, 박하, 오레가노, 마조람, 파슬리, 로즈마리, 세이지, 방향성제라니움, 타라곤, 타임, 팬지, 로즈힙, 카모마일, 히비스커스	꽃차, 허브차, 꽃밥, 설탕꽃, 꽃꿀, 꽃잼, 얼음꽃, 샐러드, 수프요리, 육류 및 생선 요리, 허브 식초, 허브술, 허브버터
화장용품	알로에, 아보카도, 보리지, 금잔화, 컴프리, 서양민들레(dandelion), 엘더플라워, 휀넬, 라벤더, 레몬, 루피너스 종자, 마시멜로우, 파슬리, 페퍼민트, 장미, 로즈마리, 세이지, 타임, 팬지, 워터크래스, 야로우 ※ 알레르기 주의: 아몬드오일, 코코아버터, cowslip, 오이, 글리세린, 헤나, 아이비, 러비지, 네틀, 프리뮬러, 팬지잎	허브오일, 목욕제, 천연비누, 크림, 로숀, 헤어 샴푸, 린스, 토너, 세척제, 보습제, 얼굴스팀제, 마스크팩, 오데콜롱, 바디 파우더
염색용	안젤리카, 바질, 월계수, 차빌, 차이브, 코리안더, 딜, 휀넬, 마늘, 레몬밤, 러비지, 박하, 오레가노, 마조람, 파슬리, 로즈마리, 세이지, 방향성제라니움, 타라곤, 타임, 팬지, 로즈힙, 카모마일, 히비스커스	동물성, 식물성 소재 염색

* 건조소재로도 적합한 식물

이도 진한 황색으로 염색이 잘 되며, 높은 온도에서 염료를 추출할 수 있다. 접시꽃, 카네이션 꽃잎을 1시간 정도 끓이거나 하룻밤 물에 담가두어 색소를 추출한 후 매염제를 이용하면, 각각 선명한 분홍, 주황 색상을 얻을 수 있다. 또한 쑥이나 카모마일 등의 허브식물을 물에 넣고 끓인 다음 추출해서 매염법으로 염색을 하는데, 명반 매염 시에는 진한 노란색으로, 철 매염 시에는 진한 카키색으로 염색된다.

참고문헌

- 건조소재회사 스타드라이드플라워. http://www.star.nl
- 건조소재회사 크누드앤닐슨. http://www.knudnielsen.com/
- 건조소재회사 호게워닝. https://hogewoning.com/
- 구천서. 2000. 꽃의 식용으로의 이용
- 권혜진. 2005. 식용꽃 산업의 현황과 과제. 친환경농업연구 7:107-121

- 권혜진. 2014. 한국의 프리저브드 플라워 시장분석. 인간식물환경학회지 17:387-394
- 권혜진 외. 2008. Optimum storage temperature for edible flowers. 친환경농업연구 10:19-29
- 권혜진 외. 2016. 프리저브드 플라워 상품개발을 위한 국내 소비자 인식 및 선호도 조사. 인간식물환경학회지 19:345-351
- 권혜진 외. 2020. 나라꽃 무궁화 보급 활성화를 위한 고품질 가공소재 개발. 국립산림과학원 연구보고서
- 동결건조기회사 외. http://www.freezedry.com/fl_overview.htm
- 망사잎 제작 과정. https://www.instructables.com/Leaf-Skeletonization/
- 박윤점 외. 2003. Tartaric acid의 처리농도, 온도, 침지시간 및 pH가 변색된 압화용 소재의 화색 환원에 미치는 영향. 원예과학기술지 21:428-433
- 박윤점 외. 2005. 실리카겔, 전기로, 포코토 및 마이크로웨이브가 압화용 장미꽃의 건조에 미치는 영향. 한국화예디자인학연구 13:47-64
- 보존화 생산회사 대지농원. http://www.ohchi-n.co.jp/
- 보존화 생산회사 베르몽. https://vermont-design.com/
- 서울여자대학교 허브연구소. Herbs. 정민사
- 손관화 외. 2003. 건조방법이 장미의 모양과 화색에 미치는 영향. 원예과학기술지 21:136-140
- 손관화 외. 2004. 목련 망사잎 제작을 위한 물속 부식 조건. 원예과학기술지 22:509-514
- 송채은 외. 2004. 매리골드에서 추출한 염액에 의한 드라이플라워용 라그라스의 자연염색. 원예과학기술지 22:119-124
- 유은하 외. 2011. 절화장미 '레가토' 품종의 보존화 제작시 건조온도에 따른 외형변화. 원예과학기술지 제29권 별호II 178
- 위키피디아. https://ko.wikipedia.org/wiki/
- Brown, D. 2001. New encyclopedia of herbs and their uses. Dorling Kindwesley Limited

CHAPTER 13 정원의 조성과 관리

류병열·손관화·박원순·황환주

정원은 인간의 주거환경뿐만 아니라, 식물원, 공원, 관공서 등에서 공간을 아름답게 꾸미는 것 이상의 가치가 있다. 정원은 동서양과 시대를 불문하고 복합적인 문화공간으로서의 기능을 수행하여 왔다. 특히 현대에 와서는 인간 삶의 질을 향상시키는 기능이 더욱 중요해지고 있다. 제13장에서는 정원의 개념과 양식, 주택정원 만들기, 초화정원 만들기 및 정원관리에 관하여 간략하게 살펴본다.

1 정원의 개념과 양식

1) 정원의 개념

정원이란 식물, 토석, 시설물(조형물) 등을 전시·배치하거나 재배·가꾸기를 통하여 지속적 관리가 이루어지는 공간(정원법 2조 2항)으로 정의된다. 정원에는 주제가 있고, 그것을 조성한 사람의 취향이나 거주하는 사람의 성격에 따라서 심미적인 장소이기도 하고, 꽃이 만발한 모습을 보이기도 하며, 건물의 용도와 관련되어 어떤 기능을 담은 외부 생활공간의 역할을 하기도 한다. 특히 오늘날 도시에 사는 사람들에게는 자연을 대상으로 한 휴식의 기능이 크게 강조되고 있다.

정원의 영역은 가정집의 뜰이나 텃밭과 같은 개인의 공간과 식물원, 도시공원, 공동체 농장 등 공적 공간의 미적이고 기능적인 모든 공간이라고 할 수 있다. 이러한 공간에서 개인의 건강과 복지 증진을 위한 여가 활동, 교육, 체험, 치유 활동 및 공동체 문화 활성화를 위한 지속적인 정원 활동도 정원의 중요한 한 영역에 포함된다.

좋은 정원은 정원을 가꾸는 사람의 품성과 인품을 향상 시키고, 더 나아가 품위 있는 인격 형성에 좋은 대상이 된다. 아름다운 정원과 정원 활동은 미적 감상뿐만 아니라, 현대를 살아가고 있는 사람들의 정신적인 건강도 치유시킬 수 있는 중요한 환경이라 할 수 있다.

2) 정원의 양식

정원의 역사는 고대문명의 발상과 더불어 이집트 또는 메소포타미아에서 싹터 나왔다. 이집트의 데르엘 바하리 신전의 정원, 메소포타미아의 공중정원이 고대에 있었고, 고대 문명의 요람인 그리스에서는 계획적인 공간계획이 이루어졌다.

근대에 이르러서부터 오늘날까지의 정원양식은 다양한 수법을 통해 급속한 발전을 하고 있으며, **기능주의**와 **실용주의** 형태로 변모해 가고 있다. 과거의 정원은 보이기 위한 정원이었으나 근대에 이르러서는 휴식과 안식처로 이용되었다. 도심지 내의 대규모 공원 조성이나 도시 내 녹지대 조성, 운동경기장 등 새로운 환경 조성의 수법을 탄생시키게 되었다.

(1) 자연풍경식

자연의 숲이나 경관을 있는 그대로 중시하고서 자연 생태적으로 관리하는 양식이다. 자연풍경의 지형, 지물을 그대로 이용하여 만든 것으로, 자연풍경에 순응하여 만듦으로써 낭만적이고 공상적이며 감상적 철학이 담긴 풍미를 즐길 수 있다. 수목의 배식 또한 정원 안에 자연 그대로 숲의 생김새를 재생시키는 수법으로 배식하는 것이 필요하다. 자연배식은 자연경관을 닮도록 자연스럽게 나무를 심어야 하므로, 기회 있을 때마다 자연림의 생태를 눈여겨보아 두었다가 이것을 실제 배식에 활용하려는 마음가짐이 중요하다.

자연풍경식 정원에는 한국, 중국 등의 **동양정원**과 영국, 독일의 풍경식 정원양식 등이 속한다.

그림 13.1 자연풍경식 정원

(2) 정형식, 건축식, 기하학식

설계상 직선을 많이 사용하는, 주로 대칭을 이용하는 기법으로, 개방적이고 수치적이다. 직선과 규칙적인 곡선·원 또는 대칭이 되는 기하학적 타원·각 등을 이용하여 기하학식 도안으로 만들어지는 양식이다. 조형적인 선과 구조물들이 많으며, 잔디와 자연스러운 수목, 점경물, 분수, 일년초화 등을 주로 이용하였다. 색채미에 있어서는 강한 색채의 대비를 지닌 즉흥적이고 직선적인 감상의 효과를 갖는 방법으로 표현하였다. 고대 **이집트**나 **메소포타미아**의 정원들과 프랑스의 **평면기하학식 정원**, 이탈리아의 **노단건축식 정원** 등이 여기에 속한다.

그림 13.2 정형식 정원

(3) 절충식, 혼합식

근세에는 자연풍경식과 정형식을 적절히 조합한 절충식이 실생활의 구조와 융합되어 실생활에 편리하도록 많이 이용되고 있다. 나무가 많이 심어진 지역은 자연풍경식으로 조성하고, 편익시설은 정형식으로 설계하는 양식으로 미국을 중심으로 해서 발달하고 있다.

그림 13.3 절충·혼합식 정원

2 주택정원 만들기

주택정원을 만들고자 하는 경우 전문가에게 의뢰해야 한다. 하지만, 규모가 작다면 거주자가 직접 디자인해 시공하면서, 직접 하기 어려운 부분만 전문가에게 맡겨 일을 진행할 수도 있다. 주택정원을 만들기 위한 **디자인**과 **시공 과정**을 **표 13.1**과 **13.2**에 요약하였다.

표 13.1 주택정원 디자인 과정 (사진 출처: 더숲 가든디자인 그룹)

구분	과정 설명	디자인 과정 관련 사례
1. 정원의 용도 및 양식 설정	• 주택정원은 규모에 따라 다르게 조성된다. 특히 거주자가 필요로 하는 **주 용도**(예, 키친가든, 테라스, 산책로 등)와 원하는 **정원 양식**(예, 한국식, 프로방스식 등)이 있으므로 요구 사항을 조사한다.	
2. 부지조건 조사	• 정원의 **부지 특성, 정원의 토양과 기후** 등 여러 가지 부지조건을 조사한다. • 주택의 건축도면을 구하거나 없을 경우에는 **기본 도면**을 그린 후 조사한 내용을 표시하거나 목록을 작성한다.	
3. 공간 나누기	• 주택건물과 연계하여 정원 부지를 **용도별**로 크게 나누고(전정, 측정, 후정, 주정, 작업정 등) 나누어진 세부 공간들을 연결하는 **동선**을 디자인한다. • 기본 도면에 나누어진 세부 공간을 원이나 타원형으로 그리고 동선을 화살표로 표시한다.	
4. 기본 디자인	• 공간 나누기와 동선이 정해지면 각 세부 공간에 구체적인 이미지를 담아보면서 전체적인 디자인을 결정한다. • 공간 나누기에서 원이나 타원으로 표시된 윤곽선을 정원의 실질적인 모습으로 도면 위에 표현한다.	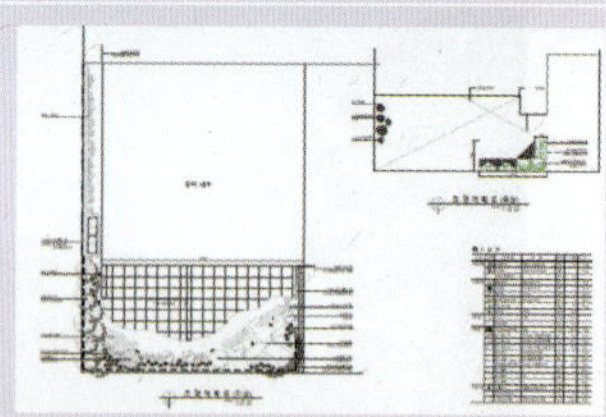
5. 구조물 디자인	• 공간 나누기에 의해 만들어진 세부 공간과 동선을 정원의 지형에 맞추어 편안하고 자연스럽게 만들기 위해서, 통로, 경사로, 계단, 테라스, 벽, 울타리, 대문, 수경시설 등처럼 고정적으로 조성되는 구조물을 디자인한다.	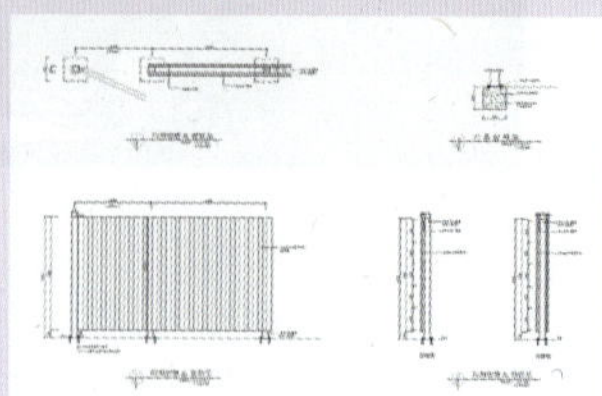

구분	과정 설명	디자인 과정 관련 사례
6. 정원식물 식재 디자인	• 정원의 구조물 디자인이 끝나면 정원식물 **식재 디자인**을 시작한다. 즉, 나누어진 공간 중 식재 공간에 적합한 정원식물을 배식하여 정원에 생명력을 불어넣는다. • **정원수와 초화류, 잔디** 공간으로 구분하여 식재 디자인한다. **정원수(교목, 관목, 만경목)** 중 **교목**을 정원의 중심 골격으로 자리 잡는다. 활엽수와 상록수를 대략 7:3 정도의 비율로 선정한다. 초화류는 **다년초(구근류, 그래스류, 암석원식물, 고사리류, 수생식물 포함)**를 중심으로 배치한 후, **일년초**를 구분하여 배치한다. • 초화류는 **초장, 화색, 개화기**를 고려하여 같은 종류를 여러 개 **군식**하여 배치한다. • 정원식물 식재 디자인은 토양과 기후에 영향을 받고 또한 시간이 지나면 생육하여 변하기 때문에 고려해야 할 요소들이 많아 복잡할 수 있다.	 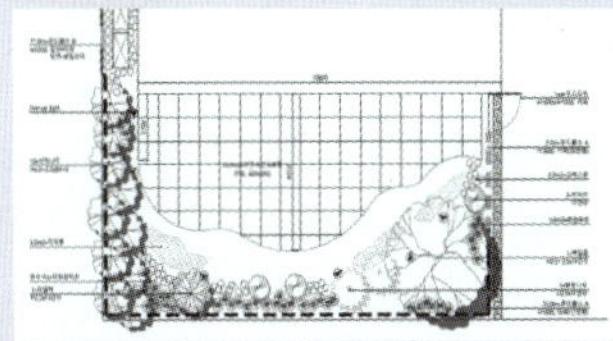
7. 시설물 & 장식물 디자인	• 식재 디자인이 마무리되면 마지막으로 소형온실, 정원창고, 퇴비장 등의 시설물이나 정원 가구, 장식물 등에 대한 디자인을 한다. • 이러한 시설물 또는 장식물들은 **실용성**과 동시에 정원의 **장식적 요소**로, 정원 소유자의 취향을 반영하고 정원의 양식에 맞게 선택되어야 한다.	

표 13.2 한국의 주택정원 시공 과정 (사진 출처: 더숲 가든디자인 그룹)

구분	과정 설명	참고
1. 정원 기반 조성	• 시공을 시작하기 위해 **부지의 경계** 및 **작업의 규모·종류·범위**를 확인한다. • 부지를 정리하고 **정지 작업**을 한다. 정지 작업 시 배수 방향을 고려한다. • 지하의 **급배수와 살수관개, 전기시설**을 설치한다.	
2. 구조물, 시설물 설치	• 정원의 **구조물**과 **시설물**을 설치한다. • **화단** 또는 **플랜터**를 설치하고, 통로나 테라스 바닥을 포장한다. • 초화류와 잔디 식재 공간을 구분하여 조성한다. • 식재 공간에 필요한 토양을 넣어 준다.	

표 13.2 한국의 주택정원 시공 과정(계속)

구분	과정 설명	참고
3. 정원식물 식재	• 정원수(교목, 관목, 만경목)를 식재한다. • 초화류는 **초폭**만큼 간격을 둬서 식재한다. 초장이 큰 다년초를 중심으로 식재하고, 마지막에 일년초를 식재한다. • 잔디는 **한국잔디**와 **서양잔디**를 구분하여 식재하고 예산이 충분하면 롤잔디를 식재한다.	
4. 작업현장 정리 및 정원가구, 장식물 배치	• 작업 현장을 정리한 후 청소한다. • 정원가구, 장식물 등을 배치한다. • 정원가구는 한국 기후를 고려하여 내구성이 높은 것을 선택한다.	

주택정원의 정원수(네덜란드)

주택정원의 초화류(영국)

주택정원의 잔디(영국)

그림 13.4 외국 주택정원 식재 사례

3 초화정원 만들기

초화정원(草花庭園, flower garden)은 주로 꽃을 감상하기 위한 정원이다. 식용이나 약용을 넘어 즐거움을 위한 관상용 정원의 역사 속에서 꽃은 항상 중요하게 다루어져 왔다. 하지만 전적으로 꽃을 위주로 한 초화정원이 등장한 것은 비교적 최근인 19세기이다. 초화정원은 평면화단과 입체화단, 특수화단 등 다양한 형태의 화단을 포함한다. 빅토리아 시대에 절정을 이룬 **화단 정식**(bedding-out) 방식을 통해, 주로 남아프리카와 남아메리카로부터 도입된 수많은 초화류가 다양한 질감과 화려한 색깔을 선보였다. 유리온실의 발달과 함께 대량 재배가 가능해진 것도 중요한 요인 중 하나였다. 펠라고늄, 백일홍, 다알리아, 헬리오트로프, 그리고 남아메리카에서 온 베고니아, 칼세올라리아, 페튜니아, 살비아, 버베나 등이 대표적인 초화류였다. 이 시기 초화정원의 특징은 기존 이탈리아 양식의 노단식정원(terrace garden)과 자수화단(화문화단, parterre)에 낮게 자라는 선명한 색깔의 초화류를 색깔별로 화려하게 모아심기(**군식**)하는 것이었다.

이러한 화단은 19세기 말부터 20세기 초에 걸쳐 윌리엄 로빈슨(William Robinson)을 중심으로 한 **미술공예운동**(Arts & Crafts Movement)의 영향을 받은 자연주의 운동의 부활로 인해 시골 빌라 주변의 **코티지정원**(cottage garden) 형태로 유행이 바뀌게 되었다. 특히 거트루드 지킬(Gertrude Jekyll)이 주도한 코티지정원은 하나하나의 식물 개체가 가진 색깔과 질감을 최대한 살리고 관상용 식물과 식용 식물을 혼합하여 비정형식 디자인으로 식재하는 방식이다. 코티지정원 스타일은 개인 정원사들에게 인기가 많으며, 초화정원은 오늘날까지도 여전히 크고 작은 화단과 공공 정원에서 다양한 방식으로 조성되어 유지되고 있다.

1) 초화정원의 식물들

온실 또는 야외 지역에 조성하는 초화정원에 사용하는 식물들은 우선 미적으로 아름다워야 한다. 주로 **일년초**가 대부분이지만, 일부 **숙근초**와 새로운 관상용 식물, 흔치 않은 **열대 식물**을 사용할 수도 있다. 일년초는 백일홍, 매리골드, 아게라텀, 베고니아, 안젤로니아, 임파첸스, 페튜니아, 맨드라미, 샐비어, 양귀비, 해바라기 등이 있다. **이년초** 혹은 이년초 같은 숙근초 중에는 금어초, 에리시멈, 디기탈리스, 델피늄 등이 있다. 구근류는 튤립, 수선화, 히아신스, 무스카리 등 전년도 가을에 식재하는 **추식 구근류**와 글라디올러스, 다알리아, 칸나 등 당해년도 봄에 식재하는 **춘식 구근류**가 사용된다.

2) 초화정원의 조성

초화정원을 처음 조성하기 위해서는 해당 부지에 대한 사전 조사가 필요하다. 먼저 광조건을 분석한다. 아침부터 저녁까지 햇빛이 비치는 정도를 파악해서, 양지인지 반그늘인지 또는 그늘인지에 따라 관목과 숙근초 등 영구적으로 식재될 식물들의 종류를 결정한다. 대부분의 일년생 초화류는 충분한 햇빛을 좋아하므로, 이러한 초화류 중심의 화단은 하루 5~6시간 이상 햇빛을 받는 환경이 좋다. 그 다음으로 고려할 사항은 토양 배수 조건이다. 먼저 화단의 흙을 30cm 폭과 깊이로 파내고 물을 부은 후 물이 모두 빠져나가도록 한 다음, 12시간이 경과하여 다시 물을 채우고서 물이 빠져나가는 시간을 측정해 본다. 3~4시간이 지나도 물이 잘 빠지지 않는다면 배수 조건이 안 좋은 상황이므로 조치를 취해야 한다. 60 cm 정도 깊이에 유공관을 매립한 다음 인근 배수구로 연결하여 물빠짐을 개선한다. 이때 유공관 아래에는 5 cm 정도 쇄석을 깔고, 위에는 10 cm 정도 자갈층을 형성해 준다.

유공관 매립 등의 공사가 어려운 경우에는 전체적으로 토양을 치환해 주거나, **높임 화단**을 조성할 수 있다. 30~40 cm 정도 높이의 목재 프레임, 벽돌, 혹은 가든 **엣지**를 두른 다음, 맨 밑에는 자갈층을 5~10 cm 정도 깔고서 **부직포**를 덮어 배양토 아래로 배수가 원활히 이뤄지게 한다.

초화정원의 식물을 위한 토양은 **배수성**, **보습성**, **통기성**을 고려하여 기존 토양과 **상토**, 모래, **부엽토** 등을 적절히 혼합하여 준비한다. 이때 유기질과 유용한 미생물이 풍부한 양질의 퇴비를 섞어 줘서 토양의 생육 환경을 좋게 만들어 주는 것이 중요하다. 화단 면적이 넓은 경우에는 토양으로 둔덕을 조성하여 화단에 입체감을 줄 수 있다. 또 한 가지 고려해야 할 사항은 바람이다. 바람이 심한 곳은 담장 혹은 **수벽**을 조성하여 바람을 막아줌과 동시에 **위요감**을 줘서 정원을 보다 아늑하게 만들어 줄 수 있다.

3) 초화정원의 디자인

초화정원의 디자인에서는 먼저 **정형식** 혹은 **비정형식**에 대한 요소들을 결정해야 한다. 가령 원, 직사각형, 대칭형 등 기하학적 화단 모양을 적용할 경우 동선과 화단 경계에 대한 형태와 재질도 함께 고려한다. 비정형식 정원의 경우 자연스러운 분위기를 연출하기 위해 골격이 될 수 있는 **관목류**, **그래스류** 등 **혼식** 소재들을 선정한다. 그 후 동선과 가까운 쪽이 가장 낮은 키로 시작하여 뒤쪽으로 갈수록 키가 커지도록 식물을 배치한다. 여기서 한쪽 면에서만 바라보는 **경재**(境栽) **화단**의 경우에는 가장 키 큰 식물들이 뒤쪽 담장과 가까이 배치되고, 사방에서 바라보는 **모둠 화단**의 경우에는 가장 키 큰 식물이 중앙에 위치한다.

그림 13.5 연중 다양한 색깔과 질감의 변화를 즐길 수 있는 초화정원

보다 세부적인 식재 디자인을 위해 정원의 계절성, 원하는 색감과 분위기에 따라 다양한 식물 소재의 선택도 가능하다. 대규모 공원에서는 여러 초화류의 색상별 군식(群植)을 통해 태피스트리, 모자이크, 카펫처럼 연출하는 화문(花紋) 화단, 또는 잔디밭이나 동선 가장자리에 좁은 폭으로 키 작은 초화류를 길게 식재하는 리본(ribbon) 화단을 많이 선보인다. 지형에 따라서는 계단상 축대를 쌓아 만든 석축(石築) 화단이나, 지표면보다 낮은 부지에 조성하는 침상원(沈床園)도 가능하다. 일반적인 초화정원 디자인은 대, 중, 소에 이르는 다양한 크기와 수고의 식물들이 여러 층을 이루도록 하는 **다층식재**를 통해 입체감을 주는 것이 좋다. 정형식 화단의 경우에도 일반적인 초화류보다는 볼륨감이 큰 관목이나 키가 큰 원뿔형 침엽수를 규칙적으로 배치하면 단조로움을 탈피할 수 있다.

4) 계절별 식재 디자인

초화정원의 식물들은 개화기가 다양하고, 대부분의 식물들은 일년초로 겨울에 고사한다. 그러므로, 화단 디자인은 다양한 시즌에 걸쳐 개화가 연속적으로 이뤄지고, 일정한 색깔 조합을 유지할 수 있도록 고려해야 한다. 일년초는 자주 교체해 주어야 하므로 노동 시간과 비용이 많이 든다. 따라서 화단 식재 설계 시 이 부분을 고려하여 적정한 물량의 일년초를 적용하도록 한다. 일반적으로 연중 봄, 여름, 가을에 이르는 3번의 시즌을 계획한다.

봄 화단은 다채로운 색깔을 사용하되, 파란색과 흰색, 은빛 식물 소재를 혼합하여 식재하면 전체적인 톤을 부드럽고 세련되게 잡아 줄 수 있다. 봄에는 따뜻하고 선명하면서 밝은 색깔, 특히 노랑이 섞여 있어서 따뜻한 느낌이 드는 배색이 좋다. 전형적으로는 튤립 등 봄철 개화하는 추식 구근류 식물, 그리고 팬지, 물망초, 에리시멈 등 전년도에 파종하여 이듬해 봄에 개화하는 식물을 혼합 식재한다. 하우스에서 재배된 식물들을 이른 봄 바깥에 정식할 경우에는 급격한 온도 차이로 인

그림 13.6 일년초, 그래스류 및 열대식물을 사용한 초화정원

한 **냉해**를 입지 않도록 점차적으로 외기에 노출시키는 **하드닝**(hardening) 과정이 필요하다.

여름에는 파랑이 섞인 색들로 구성하는데, 시원하고 섬세하며 우아한 색조가 좋다. 여름 화단 식물로는 보통 일년초 또는 비내한성 숙근초가 사용된다. 열대 식물도 사용할 수 있는데, 소철류, 야자류, 칸나, 바나나, 토란, 알로카시아 등을 통해 높이감과 입체감을 살릴 수 있다. 이 식물들은 늦가을까지 화단에 전시가 가능하며, 서리가 내리기 전 다시 **재배하우스**로 이동시켜 보관한다.

가을에는 봄보다 노랑의 농도가 더 짙은 색들을 사용하여, 풍요롭고 강렬하며 깊은 느낌을 주도록 한다. 주로 가든멈, 포트멈 등 국화류와 아스터 종류를 사용하여 전체적인 색감을 설계하고, 크기와 형태, 질감 등 다양한 관상용 그래스 소재를 혼식하여 풍성함을 더한다. 색깔 또는 무늬가 들어간 케일, 양배추 등 내한성 관상용 채소도 함께 식재하면 서리가 내린 이후에도 얼마간 정원을 감상할 수 있다. 또한 가을에 꽃과 잎의 형태감이 좋은 큰꿩의비름, 대상화, 미역취, 향등골나물 같은 내한성 숙근초를 혼식해 주면 꽃이 진 겨울에도 운치 있는 모습으로 남아 있는다. 늦가을에는 여름과 가을 동안 개화를 마친 일년초들을 제거하고, 그 자리에 추식 구근류를 식재하여 내년 봄 개화를 준비하도록 한다.

4 정원 관리

정원 관리는 정원 조성보다 더 많은 시간과 노력이 요구되는 일이다. 그리고 정원사의 섬세한 손길 못지않게 자연적으로 흐르는 시간이 더 큰 역할을 하기도 한다. 정원 관리의 범위는 매우 광범위하지만, 여기서는 식물 관리를 중심으로 해서 정원을 아름답고 건강하게 유지하는 데 필수적인 몇 가지 항목에 관하여 살펴보고자 한다.

1) 환경 관리

정원 관리에서 가장 기본이면서 중요한 일이다. 빛, 온도 및 수분 등과 같은 식물 생육 환경을 확인해서, 그에 맞는 식물을 재배치하고 나쁜 환경을 개선하는 것이 필요하다. 그늘에 심겨진 **양지식물**을 햇빛이 잘 드는 곳으로 옮겨주거나 주변의 식물을 정리하여 수광 상태를 개선하여 주어야 한다. 정원 부지의 최고 최저 온도를 확인하여 식물을 배치하고 월동 준비를 하여야 한다. 겨울철에 햇빛이 가장 빨리 드는 곳과 여름철에 그늘이 지는 곳 등은 정원의 미세기후를 활용하는 데 중요한 요소이다. 특히 봄의 텃밭가꾸기 및 고온성 **춘파일년초**를 이용한 화단 조성 등에는 그 지역의 만상일(晩霜日)을 고려하여야 한다. 건조한 곳 또는 습한 곳을 고려한 식물 식재 및 토양 개량도 필요하다.

2) 전정 관리

자연 수형이 아름다워 정원사의 손길, 즉 전정이 필요하지 않은 정원수나 화목류도 있지만, 대부분 경우에서 적절한 전정은 수형을 아름답게 유지하고 병해충의 피해를 덜 받고 꽃을 잘 피우는 데 도움을 준다. 일반 정원수는 휴면기간 중에 전정을 주로 하지만, 꽃을 목적으로 하는 화목류의 경우에는 **화아분화** 시기를 정확하게 파악하여 전정해야 한다. 개나리, 진달래, 철쭉류처럼 화아분화가 전년도에 이루어지는 **개화양식**(개화양식 1-4에 대하여는 제1장 참조) 1, 2, 3에 속하는 화목류는 개화 후에 전정한다. 무궁화, 장미, 배롱나무처럼 당년지에 화아분화하여 여름에 꽃이 피는 종류, 즉 개화양식 4에 속하는 화목류는 봄에 새잎이 나기 전에 비교적 강전정을 하여 굵은 새가지를 받아주는 것이 좋다. 물론 목적에 따라서 전정시기가 달라질 수 있다. 예를 들어, 매화나무를 키우는 주목적이 꽃의 감상인 경우에는 개화 후에 전정하고, 매실이 주목적이라면 일반 과수와 마찬가지로 개화 전에 전정하는 것이 필요하다.

전정 대상 나무의 고유 수형을 고려하여 불필요한 가지를 우선 제거한다. 관목류의 경우에는 1차로 **자름전정**을 실시한 다음, 2차로 **솎음전정**을 해주는 2단계 전정을 하도록 한다.

그림 13.7 솎음전정까지 잘된 무궁화

그림 13.8 꽃이 진 후 전정한 산철쭉

3) 분주(포기나누기)

일부 관목성 화목류에도 필요하지만, 주로 숙근초에서 필요한 정원 관리 작업이다. 정원에 심겨진 숙근초는 해가 거듭될수록 포기가 커지면서 토양 양분이 부족해지고, 병충해 발생이 증가하여 개화 품질이 현격하게 나빠지게 된다. 따라서 대부분의 숙근초는 3~5년 주기의 포기나누기가 필요하다. 이른 봄 또는 휴면기에 식물체를 파 올려서 포기나누기한 후 새로운 토양으로 심어주는

그림 13.9 붓꽃류 분주 모습

것이 좋다. 그러나 금낭화나 일부 헬레보러스, 매발톱꽃처럼 포기나누기와 같은 간섭받기를 싫어하는 종류는 그냥 두도록 한다.

4) 시든꽃 제거하기

시든꽃 제거하기(deadheading)는 정원사가 수시로 해야 할 일 가운데 하나이다. 종자를 맺는데 사용되는 양분을 다음에 필 꽃으로 보내서 개화량과 개화 기간을 연장할 수 있다. 또한 미관을 좋게 하고 썩는 것을 방지하여 병 발생을 감소시킨다. 특히 종자 생성이 지나치게 왕성한 잡초성 정원식물의 번식을 억제하는 효과도 크다.

5) 비배 관리

기본적으로 매년 이른 봄에 정원 전체에 유기질 비료를 뿌려주는 것이 좋다. 수국이나 블루베리처럼 전용비료를 사용하기도 한다. 일년초의 경우에는 처음 심을 때 밑거름을 주지만, 매리골드처럼 개화기간이 수개월 동안 지속하는 경우에는 중간에 덧거름을 주어야 개화량과 품질이 유지된다.

6) 병해충 관리

정원 내의 환경에 알맞은 식물을 심고서, 적절한 전정, 배수 및 비배 관리 등을 통하여 정원식물을 건강하게 유지하는 것이 중요하다. 화학약제 방제보다 장마 전후 또는 식물에 따른 주요 병해충 발생 시기에 맞추어서 예방적 차원에서 친환경적 방제를 하도록 한다. 그림 13.10처럼 산철쭉류에 매년 주기적으로 발생하는 진달래방패벌레는 농촌진흥청 농약안전정보시스템(http://psis.rda.go.kr)에 고시된 디노테퓨란 입상수화제 등을 사용하여 방제하도록 한다.

그림 13.10 진달래방패벌레 피해를 입은 산철쭉

7) 제초 관리

제초 관리는 정원 관리에서 가장 많은 노력이 필요한 작업이다. 손으로 직접 잡초를 뽑는 것이

그림 13.11 우드칩으로 멀칭한 모습

친환경적이지만, 바크나 우드칩 등으로 **멀칭**하면 노동력 투입이 줄어들고, 잡초 발생 억제에 효과적이다. 미관상으로도 좋고, 수분 증발 감소, 병충해 발생 감소, 토양유실 방지 등의 효과도 있다.

8) 기타 관리

정원에 식재한 정원식물의 종류와 환경을 고려한 연중정원 관리계획을 세워서 관리하여야 한다. 또한 일년초를 계절별로 보식하거나 교체하여 계절감을 표현하면 보기에 좋다. 연못 정원이 있는 경우에는 물을 흐르게 하거나 분수를 설치하여 물에 녹조나 이끼가 발생하지 않게 한다. 중부지방에서는 추위에 비교적 약한 배롱나무나 능소화 등의 줄기를 녹화마대로 감싸주는 월동 준비가 필요하다. 소나무와 같은 상록수에서는 쌓이는 눈을 털어주는 것도 겨울 정원에서 할 일 중의 하나이다.

그림 13.12 월동용 녹화마대로 줄기를 감싸준 배롱나무

참고문헌

- 국립수목원. 2015. 가드너 다이어리. 지오북. pp. 16-59
- 로즈마리 알렉산더(김상욱 역). 2011. 정원설계. 기문당
- 문현주. 2017. 문현주와 함께 하는 7단계 정원 디자인. Atelier Isu
- 박원순. 2017. 나는 가드너입니다. 민음사 pp. 233-250
- Brickell, Christopher. 2006. Essential garden planning and construction. Mktchell Beazley
- Chicago botanic garden-https://www.chicagobotanic.org
- Longwood gardens-https://www.longwoodgardens.org
- New York botanical garden-https://www.nybg.org
- Oudolf P. Kingsbury N. 2013. Planting a new perspective. Timber Press
- The butchart gardens-https://www.butchartgardens.com
- RHS garden wisley-https://www.rhs.org.uk/gardens/wisley
- Royal botanic gardens, Kew-https://www.kew.org
- The royal horticultural society. 2021. Bedding plants and displays. Retrieved January 24, 2021
- The royal horticultural society. 2021. Drainage: installing. Retrieved January 24, 2021
- The Spruce. 2021. Bedding plants. Retrieved January 24, 2021
- Wikipedia. 2021. Flower garden. Retrieved January 24, 2021
- Young, Chris. 2009. Encyclopedia of garden design. Dorling Kindersley Limited

[사진 출처]

- 무궁화 전정한 사진. (사)한국무궁화연구회, 문경엽. 부산광역시 대연수목전시원 내 무궁화품종포
- 아이리스 분주 사진. https://www.gardengatemagazine.com/articles/how-to/divide/how-to-divide- perennials-with-dead-centers/
- 정원 디자인과 시공 사진 및 그림. 더숲 가든디자인 그룹. http://www.thesupkorea.com

FLORICULTURE

CHAPTER 14 도시농업과 치유농업

박신애·윤숙영·유은하

식물과 함께 하는 삶은 자신의 건강뿐만 아니라, 사회의 지속가능성을 고려한 로하스(LOHAS=Lifestyle of health and sustainability) 생활방식을 추구할 수 있게 해준다. 따라서 자연과 함께 하는 도시를 만들기 위해 **도시농업**(都市農業, urban agriculture)을, 국민의 건강회복을 위해 농촌자원을 활용한 **치유농업**(治癒農業, healinhg agriculture)을 실천하는 것이 중요하다. 이 장에서는 이러한 농업에 대하여 간략하게 살펴본다.

1 도시농업

인류는 수렵과 채집에 의존한 원시생활을 하다가 땅에 씨앗을 뿌리기 시작하면서 정착 생활을 하게 되었다. 즉, 먹거리를 구하기 위해 이동 생활을 하다가 농사를 짓기 시작하면서 정착하게 되었고, 정착민들이 모여서 마을을 이룬 후 도시로 발전했다는 점에서 도시농업은 농업의 원초적 기원이라고 할 수 있다. 영어 단어 'Culture(문화, 경작)'의 의미에서도 알 수 있듯이 문화를 싹틔운 것은 토지에서 무엇인가를 경작하면서부터임을 알 수 있다.

농업을 통해 도시를 지켜내는 것 또한 농업 활동일 것이다. 그러나 급격한 산업화와 자연을 파괴하는 인간 중심적 개발은 도시를 삭막한 콘크리트 공간으로 만들었다. 이렇게 개발된 도시 문명은 편리할지는 몰라도 결국은 피곤한 공간이 되어버린다는 것에 누구나 공감한다. 자연이 배제된 피곤한 공간에서 벗어나고 싶은 욕구와 자연으로 다시 돌아가고 싶은 귀소적 본능은 자연과 함께 하는 도시를 만들고 싶은 마음으로 번져가고 있다. 이것이 바로 도시농업의 실천이다.

1) 도시농업의 정의

도시농업은 도시민이 도시라는 공간에서 실천하는 농업을 의미한다. 도시는 상공업을 중심으로 한 경제 및 행정, 문화, 교통망, 편의시설의 중심지이어서, 인구가 집중하여 그 밀도가 현저하게 높은 지역으로 농촌의 반대 개념이다. 농업은 땅을 이용하여 인간 생활에 필요한 식물을 가꾸거나 유용한 동물을 기르는 산업을 말한다.

2) 도시농업법

2011년 제정된 우리나라 **도시농업법**은 도시농업의 육성 및 지원에 관한 사항을 마련함으로써, 자연친화적인 도시환경을 조성하고 도시민의 농업에 대한 이해도를 높여 도시와 농촌이 함께 발전하는 데 이바지함을 목적(제1조)으로 한다. 도시농업의 법률적 정의(제2조)는 도시지역에 있는 토지, 건축물 또는 다양한 생활공간을 활용하여 대통령령으로 정하는 행위를 말하는데, ① 농작물 경작 또는 재배하는 행위, ② 수목이나 화초를 재배하는 행위, ③ 곤충을 사육(양봉을 포함)하는 행위로서 취미, 여가, 학습 또는 체험 등을 하는 행위를 말한다. 이외에도 '도시지역', '도시농업인', '도시농업관리사'에 대해서도 정의하고 있다.

3) 도시농업관리사

도시농업 전문인력을 효율적으로 양성하는 기반을 마련하고, 도시민들이 양질의 교육 서비스를 받을 수 있도록 하기 위해서 국가전문자격인 **'도시농업관리사'** 제도를 도입하였다. 도시농업관리사란 도시민의 도시농업에 대한 이해를 높일 수 있게, 도시농업 관련 해설, 교육, 지도 및 기술보급을 하는 사람으로 도시농업관리사 자격을 취득한 사람을 말한다. 자격 취득 요건은 도시농업 관련 국가 기술자격증(농화학, 시설원예, 원예, 유기농업, 종자, 화훼장식, 식물보호, 조경 또는 자연생태복원 분야의 기능사 이상) 중 1개를 취득하고, 도시농업법에 따른 전문인력 양성기관에서 도시농업전문가 양성 과정을 이수하여야 한다.

4) 도시농업의 유형

도시농업의 유형은 법률상으로 **주택활용형**, **근린생활권형**, **도심형**, **농장형·공원형**, **학교교육형**으로 분류된다(표 14.1).

표 14.1 도시농업의 유형(도시농업의 육성 및 지원에 관한 법률, 제8조)

유형	세부 분류 및 내용
주택활용형	주택·공동주택 등 건축물의 내·외부, 난간, 옥상 등을 활용하거나 주택·공동주택 등 건축물에 인접한 토지를 활용한 도시농업
근린생활권형	주택·공동주택 주변의 근린생활권에 위치한 토지 등을 활용한 도시농업
도심형	도심에 있는 고층 건물의 내·외부, 옥상 등을 활용하거나 도심에 있는 고층 건물에 인접한 도시농업
농장형·공원형	도시공원 및 녹지 등에 관한 법률에 따른 도시공원을 활용한 도시농업
학교교육형	학생들의 학습과 체험을 목적으로 학교의 토지나 건축물 등을 활용한 도시농업

5) 도시농업의 사례

도시농업의 5가지 유형 모두 먹거리 제공이라는 1차적 농업의 의미뿐만 아니라, 생태 환경적으로 영향을 주는 2차적 농업 그리고 사회문화적 가치를 지닌 3차적 농업을 포함한다. 즉, 도시농업은 도시환경과 도시민의 건강을 고려한 농업의 실천으로, 결국 소비자 관점에서의 농업을 의미한다. 따라서 여기에서는 도시농업이 현장에서 활용된 사례들을 **여가 복지형**, **교육형**, **치유형**으로 나누어 제시하고자 한다.

(1) 여가 복지형

일반 도시민들이 여가 복지 형태로 행할 수 있는 도시농업은 주택활용형과 근린생활권형으로 분류된다. 세부적으로 보면, 주택활용형은 주택·공동주택에서의 내부·외부 정원 및 이와 인접해 있는 골목정원으로 분류할 수 있고, 근린생활권형은 농장형과 공공목적형으로 분류하여 살펴볼 수 있다.

실내에서 관상을 목적으로 하는 활동으로는 절화를 이용한 꽃장식과 실내식물을 이용한 실내원예를 들 수 있다. 실내원예활동은 식물체를 화분에 옮겨 심는 단순한 활동부터 테라리움, 샌드아트, 디시가든, 행잉바스켓, 토피어리, 수경재배 등처럼 다양한 기법으로 이루어지고 있다(그림 14.1). 또한 웰빙트렌드와 함께 건강한 먹거리를 얻기 위해 실내에서 다양한 용기를 이용하여 식물을 기르는 활동이 많이 이뤄지고 있다.

주택의 외부공간 활용으로는 간단한 노동을 통한 삶의 질 향상과 힐링 공간의 확보에 도움이 되는 옥상정원과 마당정원을 들 수 있다. 비어 있거나 쓸모없는 공간으로 방치되었던 옥상을 활용하여 자연을 느끼고 도시 환경을 개선하고자 하는 바람이 일고 있다. 또한 마당이 있는 전원주택에서는 초록의 잔디만으로도 정원의 즐거움을 충분히 즐길 수 있다. 과거의 정원이 관상위주였다면, 지금은 건강한 식탁을 만들고 치유와 소통을 위한 공간으로 변모하고 있다(그림 14.2).

꽃꽂이　　식물체를 화분에 옮겨 심기　　테라리움　　디시가든

샌드아트　　수경재배　　행잉바스켓　　토피어리

그림 14.1 관상을 목적으로 하는 실내 도시농업

옥상정원　　마당정원

그림 14.2 주택의 외부공간을 활용한 도시농업

도심의 구석진 곳, 지저분한 곳, 사람의 손이 미처 미치지 못한 빈 땅을 관공서나 민간인, 또는 시민단체가 환경을 개선할 목적으로 정원을 조성한다. 가장 낙후된 마을에 꽃길과 정원을 조성함으로써 식물의 다양한 치유적 효과뿐만 아니라, 주민들의 화합과 소통이 이루어지는 장소로서도 이용되어 활용 가치를 높이고 있다. 꽃길이 조성된 마을은 그 지역의 관광지로서 인기를 얻게 되고, 관광으로 이어져서 다시 활기를 되찾는 사례들이 늘어나고 있다(그림 14.3).

근린생활권에 위치한 토지 등을 활용한 도시농업의 사례는 주말농장을 활용하여 공동체 텃밭 활동에 참여하는 경우 등을 들 수 있다. 주말농장은 일반적으로 자가소비를 위한 채소, 과일, 허브 경작에 중점을 두고 있지만, 휴식과 여가를 위해서 화초기르기를 하는 경우도 많아지고 있다. 또한 도심 한복판의 자투리 땅을 이용해서 작은 면적이지만 바쁜 도시민들이 함께 모여 적절한 역

그림 14.3 골목정원

할 분담을 통해서, 건강한 먹거리를 위한 채소류와 아름다운 볼거리를 위한 화초류를 적절하게 조합하여 재배하고 소통과 화합을 통해 정신적인 스트레스를 풀어가기도 한다. 또한 쓰레기 더미나 폐허로 인해 지저분한 도로가에 게릴라 가드너들이 식물을 심는 등 도시 환경을 개선하고 있다(그림 14.4).

주말농장형

공공목적형　　　게릴라 가드너

그림 14.4 근린생활권에 위치한 토지 등을 활용한 도시농업

(2) 교육형

학교 교육형 도시농업은 학생들의 학습과 체험을 목적으로 학교의 토지나 건축물을 활용한 도시농업을 말한다. 원예활동을 이용하여 관찰, 양육, 공유하기의 경험을 통해 주변 환경에 흥미를 갖고 탐구하면서 사고의 영역을 자연스럽게 다른 학문과 연계하고 확장함으로써 자신의 존재에 대해 긍정적인 느낌과 배움의 기쁨을 갖게 된다. 식물과의 관계를 배우면서 학생이 친구, 교사나 부모, 혹은 이웃과 함께 일하는 것을 배울 수 있는 환경을 제공한다.

학생들의 지적 수준과 눈높이를 고려한 공간의 구성과 프로그램을 적용하는 것이 필요하다. 친환경 퇴비 만들기, 빗물받이통을 제작하여 빗물을 저장하여 활용함으로써 생태환경을 실천할 수도 있고, 직접 재배하여 수확한 농산물을 활용하거나 섭취함으로써 편식 및 아동비만 문제를 해결할 수 있는 직접적인 기회를 제공한다. 또한 도시농업관리사와 함께 학교 텃밭 활동을 하면서 농업 관련 다양한 직업을 체험해 볼 수 있도록 하고, 새로운 직업을 소개하여 학생들에게 미래에 대한 꿈을 심어 줄 수도 있다(그림 14.5).

텃밭 조성

텃밭 관리

수확하기

친환경 병충해 방제

화단 꾸미기

그림 14.5 학교 교육형 도시농업

(3) 치유형

인류의 시작은 식물이 있는 환경, 정원에서 시작되었다는 말이 있다. 나이가 들수록 정원가꾸기를 즐기려고 하는 것은 인간의 태생적 특징이다. 식물재배를 통하여 심신의 건강을 회복하고 나아가 건전한 인간성을 유지하는 것은 지극히 당연한 자연의 섭리라고 할 수 있다. 따라서 의료, 복지 분야에서 치유를 목적으로 원예활동을 적용하는 사례가 늘어나고 있다. 일반 병원에서는 환자가 안심하고 편안한 마음을 가질 수 있도록 녹색환경을 제공해 주는 수동적인 원예활동이 적용되지만, 최근들어 요양 및 재활병원에서는 일상생활 유지 및 확대, 삶의 질적 향상, 재활훈련 등을 목적으로 능동적인 원예활동을 실시하는 경우가 늘고 있다.

특히 노인전문병원에서는 치매노인을 대상으로 **텃밭가꾸기**를 통한 재활 프로그램에 참여시켜서 정서적인 부분뿐만 아니라, 손으로 느낄 수 있는 감정, 감각들을 자극함으로써 뇌의 퇴행을 막는데 도움이 되도록 하고 있다. 최근에는 병원 내에 계절에 관계없이 식물 생산이 가능한 식물공장을 조성하여 어르신들에게 생기 가득한 자연을 보는 즐거움과 친환경 식재료를 먹는 즐거움을 제공하기도 한다.

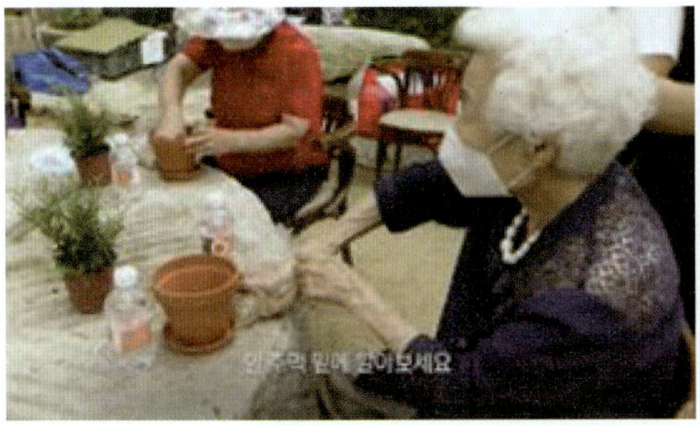

노인 대상 원예활동(KBS 생로병사의 비밀)

병원 내 식물공장(대구광역시 시지노인전문병원)

그림 14.6 치유형 도시농업

2 치유농업

농업이 단순히 생산 위주의 1차 산업, 가공 및 유통 위주의 2, 3차 산업을 넘어서서 농업의 부가가치를 증대하는 6차 산업으로 발전해 왔으며, 이러한 과정에서 농업의 치유적 기능이 주목을 받고 있다. 네덜란드, 벨기에 등과 같은 농업 선진국들에서는 이미 치유농업, 사회적 농업, 녹색치유농업, 돌봄 농업 등의 다양한 용어를 사용하여 치유농업에 대한 정책 및 지원이 진행되고 있다.

1) 치유농업의 정의

치유농업이란 '국민의 건강회복, 유지, 증진을 위해 농업 및 농촌 자원과 이와 관련한 활동을 통해 사회적 또는 경제적 부가가치를 창출하는 산업'으로 정의된다(약칭 **치유농업법** 제2조). 다시 말해, 치유농업은 농장 및 농촌 경관을 활용하여 정신적, 육체적 건강을 회복하기 위해 제공되는 모든 농업 활동을 의미한다.

2) 치유농업법

치유농업 연구개발 및 육성에 관한 법(약칭: 치유농업법)은 치유농업 연구개발 및 육성에 관한 사항을 정하는 법률로서, 농업 및 농촌자원을 활용한 치유농업을 활성화하여, 국민의 건강증진과 삶의 질 향상 및 농업 및 농촌의 지속가능한 성장에 이바지함을 목적(제1조)으로 한다. 농업 선진국에서는 이미 국가 차원에서 치유농업과 관련한 연구개발과 기술 지원, 관련 전문가 양성 등이 활발하게 이뤄지고 있다. 우리나라의 경우에도 다양한 농업 및 농촌 자원을 활용하여 사회적, 경제적 부가가치를 창출하는 치유농업을 활성화하기 위한 방안을 마련할 필요성이 제기되었고, 이에 2020년 3월에 치유농업법을 제정하였다.

3) 치유농업사

치유농업사는 '치유농업 프로그램 개발 및 실행 등 전문적인 업무를 수행하는 자로서 국가전문자격을 취득한 자'이다. **치유농업사 국가전문자격**은 1급과 2급으로 구분된다. 2급 치유농업사는 치유농업사 양성기관에서 운영하는 2급 치유농업사 양성 과정을 이수한 후 자격시험에 합격하여야 자격이 주어지며, 치유농업 프로그램의 개발, 실행 등 치유농업 서비스 관련 운영, 관리 업무와 치유농업 시설 안전 관리 업무를 수행한다.

1급 치유농업사는 2급 치유농업사 업무 범위 외에 치유농업 서비스 관련 경영·기획 업무, 치유농업 종사인력 관리·교육 업무를 수행한다. 1급 치유농업사 자격은 ① 2급 치유농업사를 취득하고 치유농업 관련 업무에 5년 이상 종사한 경력이 있거나, ② 국가기술자격법 제13조에 따라 농업, 축산, 임업, 조경 분야의 자격을 취득하고 관련 업무에 일정 기간 종사한 사람, 또는 ③ 고등교육법 제2조 1호에 따라 대학이나 전문대학 관련 학과에서 학사 학위 또는 전문학사 학위를 취득하고 관련 업무에 일정기간 근무한 사람, 또는 ④ 초·중등교육법 제2조 3호에 따라 고등학교·고등기술학교를 졸업하고 관련 업무에 6년 이상 종사한 사람이 1급 치유농업사 양성과정을 이수하고 해당 자격시험을 응시하여 합격해야만 취득할 수 있다. 이때 치유농업 관련 업무란 치유농업 환경을 조성·유지·개선하고, 치유농업자원을 적용하여 서비스 프로그램을 개발·실행·평가하는 등의 치유농업 사업장의 경영과 인적자원을 관리하는 업무를 말한다.

4) 치유농업의 유형

치유농업의 유형은 운영목적에 따라 **치유중심, 고용중심, 교육중심**으로 구분할 수 있다. 치유중심 농업은 치유가 필요한 사람에게 치유 서비스를 제공하는 유형으로 치유농장은 치유 서비스 제공기관이 되는 것이다. 고용중심 치유농업은 고용과 노동시장을 연계하여 사회적 약자에게 전문적인 교육훈련을 제공하여 고용을 창출하는 유형이다. 교육중심의 치유농업은 정규학생을 위한 교육농장과 특별한 교육적 수요를 충족시키기 위한 교육농장으로 구분된다. 정규 교육농장은 일반 학생에게 농업활동이나 농촌 경관에 대한 경험을 제공하며, 특별 교육농장은 학습장애, 법적 문제, 사회적 조치에 따른 사람들의 요구에 의해서 프로그램을 운영한다.

치유농업은 운영 형태에 따라 **농업생산중심 치유농업**과 **치유중심 치유농업**으로 구분할 수 있다. 농업생산 측면에서는 작물재배, 원예, 축산, 농기계, 산림경영 등 다양한 농업활동이 제공되며, 치유 측면에서는 건강증진, 사회적 재활, 교육활동이 제공된다. 또한 치유농업은 영역에 따라 다른 특징을 보이는데, 농업생산 중심의 치유농업은 농장주의 주도로 농장에서 농업활동을 통해 치유가 이루어지는 반면에 치유중심 치유농업은 외부기관이나 자선단체와 연계된 농장에서 치료사 주도로 농업과 치유 활동이 이루어진다.

치유농업의 활용자원은 식물, 농작업장, 농촌 환경 및 경관, 농산가공물, 동물 등이 해당된다. 즉, 농업, 농촌자원, 식물, 동물이 모두 치유농업의 자원이 될 수 있다. 농촌진흥청(2013)에서 조사한 바에 의하면, 식물(100%), 농작업장(59.6%), 농촌환경 및 경관(53.2%) 순으로 활용도가 높은 것으로 분석되었다.

치유농업의 대상은 노인이 70.6%로 가장 많았으며, 그 다음이 초등학생(68.8%), 성인(66.1%), 중고생(56.0%), 문제 청소년(56%), 소외계층(41.3%), 신체적 재활환자(36.7%), 유아(34.9%), 사회·심리적 환자 (30.3%), 다문화가정 (30.3%), 알코올·약물중독자(20.2%), 수감자(12.8%), 실업자(8.3%) 순으로 나타났다.

5) 치유농업의 사례

치유농업은 작물, 가축, 산림, 경관, 시설 등 유·무형 자원을 활용하여 각 치유 목적을 효과적으로 달성하기 위해 설계된 프로그램을 대상자에게 제공한다. 이 경우, 주로 교육 기관, 지역사회 기관, 사회 서비스 기관 등 유관 기관의 지원 및 연계를 통해 운영된다. 치유농업이 유관 기관 및 치유농장과 연계되어 현장에서 실제로 활용된 사례들을 **치유중심형**, **고용중심형**, **교육중심형**으로 나누어 제시하고자 한다.

(1) 치유중심형

치유중심형 치유농업은 심리적·사회적·신체적·인지적 치유가 필요한 사람을 대상으로 치유농업의 유·무형 자원을 활용하여 치유 서비스를 제공하는 것이다. 주로 전문 치료사 주도로 설계화된 프로그램을 제공하며, 건강기관, 복지기관, 농업기관을 대상으로 서비스를 제공하는 경우가 많다.

일례로, 노인정신건강센터를 이용하는 우울 노인을 대상으로 해서 저-중간 강도의 신체활동으로 구성된 식물재배 중심 치유농업 프로그램을 총 10주간 제공한 결과, 참여 후 노인의 스트레스 호르몬인 코티솔이 약 50% 감소하였고, 상·하체 근력 및 유연성이 유의하게 강화되는 등 심리적·신체적 치유 효과가 나타났다(그림 14.7).

그림 14.7 정신건강 문제를 가진 노인의 심리적 · 신체적 치유를 위한 치유중심형 치유농업 사례

치유중심형 치유농업은 신체적 또는 정신적 장애를 가진 대상자에게 치료 및 재활을 목적으로 제공될 수도 있다. 실제로 **조현병**의 병증 완화를 위한 작물 재배 활동 위주의 치유농업 프로그램을 총 10회기를 제공했을 때, 참여한 조현병 환자의 양성, 음성 증상이 감소하고, 간이정신병리평가척도 점수가 참여 전과 비교하여 약 26% 감소함에 따라 치유농업 프로그램의 정신 재활 효과를 확인할 수 있었다.

또한, **뇌졸중** 환자의 상지기능 및 균형감 향상을 위한 총 18회기의 치유농업 프로그램 수행 후, 프로그램 참여군의 상지기능, 손 기능(손 장악력, 악력), 균형감, 일상생활 수행 능력이 대조군(프로그램 미참여군)에 비해 유의하게 향상되었으며, 더불어 우울 감소 및 낙상효능감 증가 등의 심리 재활 효과도 확인할 수 있었다(그림 14.8).

이외에도, 대사성 만성질환자의 건강 증진을 위한 7주간의 치유농장 활동 프로그램 적용한 결

그림 14.8 정신장애인 및 신체장애인의 정신적 · 신체적 재활을 위한 치유중심형 치유농업 사례

과, 대상자의 인슐린 분비능 증가(47%), 스트레스 호르몬 감소(28%), 비만지표 감소(허리둘레 2 cm 감소) 등의 신체적 치유 효과를 확인하였다. 소방관 대상 농촌치유자원 체험 프로그램 수행 후 대상자의 심장 안정도 증가 및 스트레스 지수 감소 등 심리적 치유 효과가 보고된 바 있으며, 일반 노인의 신체적·심리적 건강 증진을 위한 텃밭 활동 위주의 치유농업 프로그램 수행 후 우울 감소(60%), 총 콜레스테롤 감소(5%), 체지방률 감소(2%) 등의 심리적·신체적 치유 효과가 있었다. 이와 같이 다양한 참여자를 대상으로 치유농업 프로그램이 수행되고 있으며, 이러한 프로그램은 과학적 방법으로 효과가 검증되고 있다.

(2) 고용중심형

고용중심형 치유농업은 사회적 약자에게 치유농업의 유·무형 자원을 활용한 교육훈련을 제공하여 직업적 전문성 향상을 도모하는 것이다. 치유농장 내 자원을 활용한 훈련은 현장에서 직접 배우는 만큼 활용도가 높고, 보수를 받으면서 직업적 기술을 배울 수 있다는 장점이 있다.

특히 직업재활이 필요한 사회적 약자 중에서 지적장애인은 인지능력 저하 및 의사소통의 어려움으로 인해 고용률과 근무기간, 급여 수준이 매우 낮기에 직업훈련 기회 및 취업지원 서비스 강화가 필요하다. 이러한 사회적 문제에 대한 해결 방안으로 치유농업 활용 사회 서비스를 제공할 수 있다. 그 사례로서, 지적장애인의 직업 재활 훈련을 위한 다육식물 재배중심의 치유농업 프로그램을 총 8회 실시했을 때, 참여자의 손 기능(악력, 손가락 힘, 손 기민성)이 향상되고, 충동성, 우울과 같은 부정 정서 행동이 감소하였다. 나아가, 사회적 기술 척도 점수는 프로그램 참여 전과 비교하여 약 70% 향상되었고, 재배 작업의 숙련도 및 능률성도 크게 향상되어, 신체적·심리적·사회적 기능 및 자립 기술 향상 효과를 확인할 수 있었다(그림 14.9).

또한 보건(의료) 기관과 연계하여 정신질환자의 직업 재활을 위한 치유농업 프로그램을 제공한 후, 6개월의 농장 인턴십 기간을 거쳐서 실제 고용까지 연계한 사례도 있다. 이와 같은 고용중심형 치유농업은 사회적 약자를 위한 교육훈련 서비스의 요구와 수요에 대응할 수 있는 효과적인 활용 방안으로 사용될 수 있다.

그림 14.9 지적장애인의 직업 재활을 위한 고용중심형 치유농업 사례

(3) 교육중심형

교육중심형 치유농업은 주로 정규 일반 학생 및 특수아동을 대상으로 치유농업의 유·무형 자원을 활용한 교육 서비스를 제공하는 것으로, 대상자의 요구에 따라 다양한 교육 효과를 가진다. 초등학생의 식습관 개선을 위하여 작물재배 중심의 농업 프로그램을 개발하여 실시한 결과, 교육에 참여한 학생의 원예 및 영양지식이 향상되고, 채소 섭취 실천에 대한 자아효능감(식이 자아효능감) 및 채소 선호도가 증가하는 등 교과과정 과목 지식 습득 및 식습관 교육 효과가 있었다(그림 14.10).

그림 14.10 초등학생의 식생활 교육을 위한 교육중심형 치유농업 사례

또한, 초등학생에게 사회·정서적 기술 학습을 제공하기 위해 사회정서학습 이론의 Strong Kids를 기반으로 한 농업 활동 프로그램을 12주간 수행한 경우, 참여 학생의 우울감이 감소하고 정서 지능이 향상되는 등 사회 정서교육에 효과적이었다(그림 14.11).

교육 대상은 특별한 문제가 없는 아동, 청소년 외에도 문제행동 아동 및 청소년, 일반인까지 다양화될 수 있다. 한 예로, 학교폭력 문제 완화를 위해서 가해 및 피해 중학생을 대상으로 교내 텃밭 조성 활동 프로그램을 20주간 수행했을 때, 가해 학생의 폭력성 및 피해 학생의 우울감이 감소하고, 참여 학생들의 스트레스 대처 능력이 향상되는 등 치유농업 프로그램의 교육적 효과가 나타났다.

그림 14.11 초등학생의 사회 · 정서 교육을 위한 교육중심형 치유농업 사례

그림 14.12 유아의 정서교육 및 어머니의 부모 교육을 위한 교육중심형 치유농업 사례

또한, 유아 자녀와 어머니를 대상으로 유아의 정서 지능 향상 그리고 어머니의 부모-자녀 간 유대관계 및 의사소통 기술 향상을 위한 치유농업 프로그램을 6주간 수행했을 때, 프로그램 참여 후 부모-자녀 간 의사소통 기술이 향상되고, 유아의 정서 지능이 향상된 사례도 보고되었다(그림 14.12).

참고문헌

- 김경미 외. 2013. 한국 치유농업의 현황 및 특성 분석. 농촌지도와 개발 20 pp. 909-936
- 농촌진흥청. '치유농업'으로 국민 건강 지키고 농업 활력 높이고. 농촌진흥청 보도자료(2020.05.26.)
- 농사로. http://www.nongsaro.go.kr
- 모두가 도시농부. https://www.modunong.or.kr
- 치유농업 관련 강의 동영상. http://www.nongsaro.go.kr
- 치유농업 관련 농업기술 동영상. http://www.nongsaro.go.kr
- Han AR, Park SA, Ahn BE. 2018. Reduced stress and improved physical functional ability in elderly with mental health problems following a horticultural therapy program. *Complementary therapies in medicine* 38:19-23

- Joy YS, Lee A, Park SA. 2020. A horticultural therapy program focused on succulent cultivation for the vocational rehabilitation training of individuals with intellectual disabilities. *Int J Environ Res Pub Health* 17:1303
- Kim SO, Park S. 2020. Garden-based integrated intervention for improving children's eating behavior for vegetables. *Int J Environ Res Pub Health* 17:1257
- Lee AY, Park SA, Park HG, Son KC. 2018. Determining the effects of a horticultural therapy program for improving the upper limb function and balance ability of stroke patients. *HortScience* 53:110-119
- Lee A, Kim SO, Gim GM, Kim DS, Park S. 2020. Care farming program for family health: A pilot study with mothers and children. *Int J Environ Res Pub Health* 17:27
- Oh YA, Lee AY, An KJ, Park SA. 2020. Horticultural therapy program for improving emotional well-being of elementary school students: an observational study. *Integ Med Res* 9:37-41
- Oh YA, Park SA, Ahn BE. 2018. Assessment of the psychopathological effects of a horticultural therapy program in patients with schizophrenia. *Compl Therapies in Med* 36:54-58

FLORICULTURE

CHAPTER 15

화훼의 유통

이애경·인병천·이영분·박기환

화훼의 유통 경로는 품목에 따라 다르지만, 일반적으로 산지 – 도매시장 – 소매시장 – 소비자로 이어진다. 생산 단계에는 재배농가, 도매 단계에는 공영도매시장, 직판장, 민영시장 등이 있으며, 소매단계에는 소매업체, 온라인 플랫폼 업체도 포함된다. 화훼시장은 크게 법정도매시장, 공판장, 민간시장으로 구분할 수 있으며, 법정도매시장과 공판장은 공영도매시장으로 분류할 수 있다. 법정도매시장은 현대적 전자 경매를 실시하고, 공판장은 전자식, 수지식 또는 기록식의 경매를 실시한다. 수출을 위한 유통과정은 수확, 전처리, 저장, 선별 및 포장, 운송 및 선적 등의 국내 유통과정과 하역, 검역 및 통관, 물류센터, 경매장, 소매시장, 소비자 등의 수출국 현지 유통과정으로 구분된다. 이 장에서는 화훼의 유통 과정에 대하여 살펴본다.

1 유통 경로

기존의 유통 경로는 생산농가가 경매장 혹은 도매상으로 공급하면 소매상으로 전달되는 구조이지만, 대부분의 시장에서는 도·소매가 함께 이루어지기도 하고, 규모가 큰 소매상은 농가로부터 직접 공급받기 위해 생산자와 계약을 하기도 한다. 화훼도매상 또한 인터넷의 발전을 통해 최종 소비자에게 직접적으로 판매하는 형태로 전환됨에 따라 도·소매상 간의 구분이 모호해지고 있다.

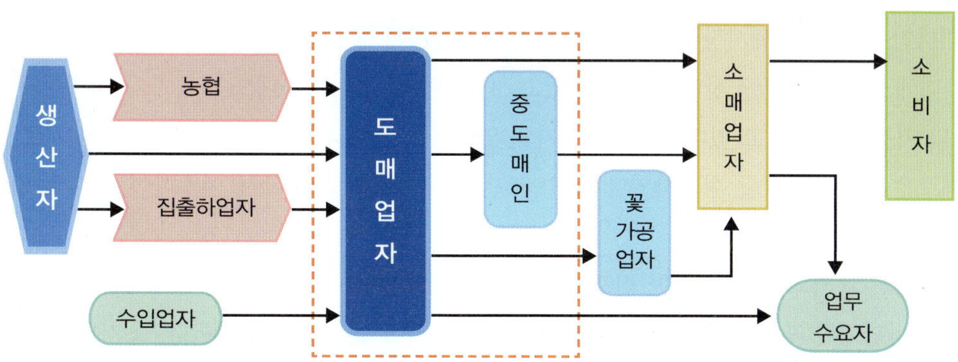

그림 15.1 국내산 절화 유통 경로

2 화훼시장

화훼시장은 크게 법정도매시장, 전문 농협에서 운영하는 공판장, 민간시장으로 구분할 수 있다. 또한 법정도매시장과 공판장을 묶어서 공영도매시장으로도 분류할 수 있다.

1) 공영도매시장

공영도매시장으로는 **법정도매시장**과 **공판장**이 있다. 최초의 화훼 법정도매시장은 서울 양재동 화훼공판장으로 1991년 6월에 개장하였고, 운영은 한국농수산식품유통공사에서 담당하고 있다. 1991년부터 절화류 경매를 시작하였고, 순차적으로 1997년 난류, 1998년 관엽류, 2014년 춘란류 경매가 시작되었다. 농협중앙회가 운영 중인 부산 엄궁동 화훼공판장은 1997년에 개장되었으며 개장 이후에는 절화류만 취급하다가 1998년부터 난류를 취급하고 있다. 큰 범주에서 공용도매시장으로 간주할 수 있는 공판장으로는 한국화훼농협, 영남화훼원예농협, 부산경남화훼원예농협, 광주원예농협 등이 있다.

공영도매시장은 절화와 분화의 등급에 따라 가격이 형성되고, 전체 수요와 공급의 물량을 파악하기 용이하여 시장의 안정을 추구할 수 있다. 그러나 현재 법정도매시장의 유통물량은 민영시장보다 적고 수입 꽃을 취급하지 않으므로 해서, 꽃을 구입하는 도매업자나 플로리스트는 꽃의 품질은 신뢰할 수 있지만 종류가 다양하지 못하다는 단점을 느끼고 있다.

2) 민영시장(유사 도매시장)

우리나라 최초의 화훼시장은 1960년대에 **민영시장**에서 출발하였다. 1970년에는 서울의 남대문시장 내에 최초로 '남문꽃상가'가 개설되었고, 1972년에는 남대문 대도 꽃상가가 재개설돼서 위탁시장의 기능을 수행하고 있다. 대도 꽃상가의 일부 상인들이 1983년에 반포동 인창상가로 이주하여 새로운 꽃도매상가를 형성하였다가, 1986년에 고속터미널로 다시 이주하여 현재의 터미널 꽃도매상가를 형성하였다.

민영시장은 농가와 꽃시장의 한 점포가 계약하여 거래를 하는 형태인데, 도매점은 계약한 농가의 꽃을 위탁판매한 후 수수료를 제외한 판매대금을 농가에 돌려주는 형식이다. 초기의 시장 형태이지만 국내 화훼 유통을 주도하고 있다. 이러한 민영시장의 형태는 전체 시장의 물량 이동을 한

그림 15.2 서울 고속터미널 민영시장

눈에 파악하기 어렵고, 등급에 따른 가격 형성도 신뢰하기 어려운 단점이 있음에도 오랜 시간 관습적으로 유지되고 있으며, 자율적으로 수입한 특별한 품종의 꽃 종류가 다양하여 이용자의 수요가 줄지 않고 있다.

3 도매유통 현황

공영도매시장(법정도매시장과 공판장)의 화훼 거래금액은 2001년 1,376억 원에서 매년 증가하여 2010년 2,390억 원으로 최고치를 기록한 이후 다소 정체되고 있다. 화훼 전체 판매액에서 공영도매시장이 차지하는 비중은 2018년에 39.5% 정도인데, 상당수의 화훼는 민영시장이 담당하는 것으로 파악된다. 그러나 절화류에 있어서는 전체 절화류 판매액 대비 공영도매시장 거래금액이 2018년에 68.5%를 차지할 만큼 상당한 역할을 담당하고 있다. 과거에는 민영시장이 화훼도매 유통을 주도해 왔던 구조였지만, 최근 들어 공영도매시장으로의 출하가 늘어나면서 공영시장의 기능이 강화되는 방향으로 변화하고 있다.

4 화훼경매 제도

법정도매시장은 **한국농수산식품유통공사**(aT)와 **농협중앙회**를 운영 주체로 하여 현대적 전자 경매를 실시하고, 전문조합이 운영하는 공판장은 **전자식, 수지식** 또는 **기록식의 경매**를 실시한다. aT 화훼공판장에서 절화류는 월, 화, 수, 목, 금요일, 난류는 월, 목요일, 관엽류는 화, 금요일에 경매가 진행된다. 최근에는 aT 화훼사업센터에서 출하자와 중도매인이 판매 또는 구매할 꽃 정보를 직접 등록하고 거래할 수 있는 '화훼류 온라인 매매 시스템'이 구축되었다. 화훼유통 종사자들이 비대면 사전거래로 꽃을 유통할 수 있고, 특정 요일과 장소에서 이뤄지는 현장 경매의 시공간적 한계를 극복한 상시출하가 특징이다.

aT 화훼공판장 경매 모습

부산 화훼공판장 경매 모습

그림 15.3 서울 양재동 화훼공판장의 경매장

그림 15.4 화훼류 온라인 매매시스템
(출처: aT 화훼류 온라인 매매시스템 매뉴얼)

5 수출 현황

1) 우리나라의 화훼 수출

(1) 수출 현황

화훼의 육종기술, 수확 후 관리기술 및 수송 수단이 발달하면서 주요 화훼 생산국들은 고품질 화훼작물의 공급을 통한 수출시장의 확대를 도모하고 있다. 수출은 국내로 유통될 물량을 해외로 분산시킴으로써 국내 가격을 안정시키는 효과가 있다. 우리나라 화훼의 수출은 영농조합법인 등이 직접 수출하기도 하지만, 현재는 수출업체를 통한 수출이 주를 이루고 있다. 우리나라 화훼 수출은 1998년 1천만 달러에서 2010년 1억 달러 이상을 기록하는 등 높은 증가율을 보이다가 최근 주요 수출대상국인 일본의 엔저 현상과 신흥 경쟁국(콜롬비아, 케냐 등)의 출현으로 감소하고 있다.

(2) 수출 대상국 및 화훼 품목

1990년대에는 네덜란드와 미국이 화훼의 주요 수출 대상국으로서 큰 비중을 차지하였으나, 2000년대부터 일본 수출이 크게 증가하였다. 2020년 기준 일본으로의 화훼 수출액이 54.9%를 차지하고 있으며, 이에 따라 일본을 대상으로 한 수확 후 관리기술의 개발이 많이 이루어지고 있다. 수출 화훼의 품목은 1995년에 선인장과 백합이 전체의 88.5%를 차지하였으나, 2000년대에 들어서면서부터 장미, 국화, 난초의 비중이 증가하였다. 현재 우리나라의 화훼 수출에서, 3대 절화인 장미, 국화, 백합의 3개 품목이 약 80%를 차지하고 있어 다양한 품목의 수출 확대를 위한 노력이 필요하다.

2) 수출을 위한 수확 후 유통과정

우리나라 화훼류의 수출을 위한 유통과정은 크게 수확 후 국내 유통과정과 수출국 현지 유통과정으로 구분된다. 수확 후 국내 유통과정은 농가 수확, 전처리, 예냉, 저장, 선별, 포장, 운송 및 선적이 포함된다. 수출국 현지 유통과정은 하역, 검역 및 통관, 중간 물류지, 경매장, 판매 및 소비자 등이 포함된다.

(1) 수출을 위한 국내 유통

① 선별

농가에서 수확된 절화는 **물올림, 전처리, 예냉 및 저장**을 거쳐서 수출업체로 운송된다. 대부분의 화훼 선별은 사람에 의해 수작업으로 이루어지고 있으며, 국화의 경우에서는 자동선별기가 사용되기도 한다. 예전에는 농가에서 임의로 등급을 정해서 출하하기도 하였으나, 현재는 수출업체에서 일정한 등급으로 선별하는 시스템이 구축되어 있다.

수작업 선별 및 바인딩(장미) 수작업 선별(백합) 자동 선별 및 바인딩(국화)

그림 15.5 수출 화훼류의 수작업 선별 및 자동 선별 모습

② 포장

장미의 경우, 수출시 대부분 **습식포장**이 행해지고 있으나, 백합이나 국화는 **건식포장**을 하고 있다. 최근 백합과 국화에서 습식포장을 통한 수출을 위하여 포장용기 등이 개발되고 있다. 포장상자로 골판지 상자를 사용하는데, 습식포장의 경우에 골판지 상자의 하단에 습식용액을 담을 수 있는 플라스틱 용기가 들어갈 수 있도록 구성되어 있다. 상자 내부의 포장지로는 미세하게 천공이 있는 내포장제(슬리브)를 사용하여 꽃이 상하지 않으면서 습기 투과가 가능하게 한다. 그러나 현재까지도 신문지나 종이를 이용하는 경우가 적지 않다.

장미 수출용 포장 상자 습식용기 천공이 있는 내포장제 백합 건식포장과 내포장제

그림 15.6 수출 화훼류의 습식용 포장 상자, 상자 내 습식용기, 천공이 있는 내포장제 및 건식용 포장 상자

③ 습식용액처리

절화류 중 수분 스트레스에 민감한 장미 등은 습식용액이 담긴 용기에 넣은 후 포장하여 습식 상태로 수출국 현지까지 수송한다. 습식용액은 절화에 살균제와 당을 공급해주고, 경우에 따라서는 에틸렌 작용을 억제할 수 있는 STS 같은 물질이 포함되기도 한다. 그러나 STS의 경우, 중금속인 은(Ag) 성분을 함유하고 있어 친환경적인 대체 물질이 요구되고 있다.

④ 선적 및 수송 환경

산지에서 집하장으로 이동하거나, 바로 항구나 공항으로 이동하는 경우 대부분 냉장차가 이용되고 있다. 그러나 단거리 이동이나 냉장차의 용적이 초과되는 물량은 일반 트럭에 싣고 운송하는 경우도 발생한다. 저온트럭으로 운송한 다음 항구나 공항에서 냉장 컨테이너로 옮겨 싣거나, 냉장 컨테이너를 바로 집하장으로 가져와서 상자를 운송한 후, 항구나 공항에서 컨테이너를 바로 선적하기도 한다. 전자의 경우는 산지가 분산되어 있고, 물량이 적은 경우에 사용하며, 다시 컨테이너로 옮겨야 하는 번거로움과 그 과정에서 절화의 온도 유지에 영향을 미치는 단점이 있다. 후자의 경우는 산지나 집하장에서 수출 물량이 지속적으로 공급되어야 하고, 컨테이너 비용이 증가하는 단점이 있지만, 신속한 선적이 가능하고 절화의 품질 유지에 효과적인 장점이 있다.

절화류의 일본 수출에 있어서 유통단계는 그림 15.7과 같다. 절화는 수확 후 농가의 저온저장고에 저장되어 있다가 공선장 또는 수출업체로 운송되어 살균, 선별 및 포장 과정을 거친다. 이때 절화 장미의 경우에는 습식용기에 담겨서 습식으로 포장된다. 1일차에는 포장박스가 컨테이너에 적재되어 부산으로 이동된 후 배에 선적되어 일본까지 해운 수송된다. 2일차에는 현지에서 하역

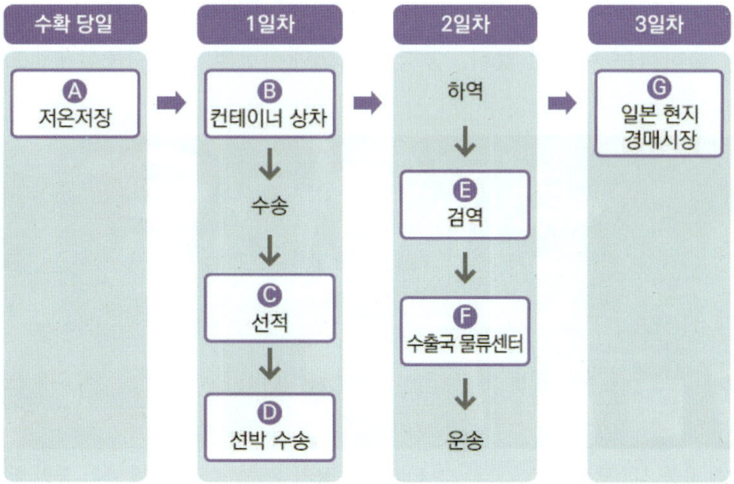

그림 15.7 절화 장미의 일본 수출 과정 모식도

및 검역 과정을 거치고서 수출국 물류센터로 이동한다. 3일차에 현지 경매시장에 도착하면 이후 도·소매시장을 거쳐서 소비자에게 도달한다.

(2) 수출국 현지 유통

① 검역 및 통관

식물 검역은 외래 병해충의 유입 및 정착을 방지하고, 유입된 병해충을 방제 및 박멸하여 자국의 자연환경과 농림업을 보호하기 위하여 실시된다. 일본은 요코하마, 나고야, 고베, 모지 및 나하 등에 식물 방역소를 설치한 후 각 항만 및 공항에 담당 지소 및 출장소를 둬서 식물 검역을 실시한다. 기본적으로는 수출국의 식물검역기관이 발행하는 **식물검역증명서**(phytosanitary certificate)를 첨부하여 수입 항구 또는 공항의 식물 검역소에서 수입 식물 검사 신청을 하게 된다. 식물방역관은 서류 확인과 함께 수입 식물류에 대한 병해충 유무를 직접 검사한다. 여기서 합격해야만 통관되어 수입이 이루어진다. 그러나 검사 결과에서 병해충이 확인되면, 소독, 선별, 반송(폐기) 등의 검역 조치가 취해진다.

② 일본 현지 유통체계

일본에 수입되는 화훼류의 약 30%는 항공편을 이용하여 소비지 인접 공항으로 직접 수입된다. 항공을 이용하는 경우, 대부분 도쿄로 반입하여 전국적으로 공급된다. 항공은 당일 오후에 운송하면 다음 날 현지 도매시장 입하가 가능하므로 매우 신속한 현지 유통이 가능하다. 일본 수입 화훼류의 약 70%는 선박으로 수입되어 트럭이나 기차에 의해 각 시장으로 배송된다. 일본은 세계 최대 규모인 약 190개의 화훼시장이 있으며, 화훼류 유통 시스템이 선진화되어 있다. 화훼 품목별로 적합한 습식용기와 습식용액을 사용하거나, 줄기 절단면에 수분공급 용기가 달린 골판지 상자 등을 사용하여 출하하는 비율이 높다. 동경 오타도매시장의 플라워옥션재팬(FAJ)에서는 품질

일본의 습식 유통 시스템　　ELF 습식 용기　　경매 대기 중인 한국산 절화류

그림 15.8 일본의 습식 유통 시스템과 경매를 위해 대기 중인 한국산 수입 절화류

유지와 환경보전을 함께 고려한 ELF(Eco Line Flower) 습식 유통 시스템을 확대하고 있다.

③ 절화수명 보증판매

일본에서는 실제 시장과 연동하여 **절화수명 보증판매** 프로그램을 실시하고 있다. 이 프로그램은 화훼 생산지에서 소매점까지 이동하는 동안 꽃의 채화일과 관상 기간을 예측하여 소비자가 꽃을 즐길 수 있는 기간을 보증한다. 조사에 따르면 일본 소비자의 약 80%는 구입한 꽃의 절화수명 또는 관상 기간이 5일 이상이어야 만족하는 것으로 나타났다. 겉으로 드러나지 않는 품질인 절화수명을 보증함으로써 소비자의 만족도를 높이고, 화훼 소비를 확대하기 위함이다.

참고문헌

- 김완순 외. 2018. 수출절화 품질보증 가이드라인 장미
- 김완순 외. 2019. 수출 절화 품질보증 가이드라인 장미, 국화, 백합
- 광주원예농협. http://www.wonhyup.com/
- 로즈피아. http://www.rosepia.com/
- 박기환 외. 2019. 국내외 화훼산업 현황조사 및 조사분석 연구. 한국농수산식품유통공사
- 부경원예농협. http://bkflower.nonghyup.com/
- 우리화훼종묘. www.wooriseed.co.kr
- 유용권 외. 2015. 수출용 국화 '백마'의 수송온도 및 수확시기에 따른 절화 품질과 수명. 원예과학기술지 33:61-69
- 이애경 외. 2019. 수출 절화 백합의 습식유통 매뉴얼
- 이자희 외. 2015. 절화 국화 '백마'의 일본 선박 수출 시 수송환경 분석 및 전처리제에 따른 선도유지. 원예과학기술지 33:697-704
- 이종석. 2008. 화훼원예학. 향문사
- 이치무라 카즈오. 2016. 절화의 선도 · 품질유지 기초와 실천: 절화수명이 소비의 열쇠가 된다. 誠文堂新光社
- 일본실증사업검토위원회. 2014. 화훼 보존성 향상 대책 품질관리 매뉴얼
- 최소영 외. 2018. 수출용 백합 Zambesi의 전처리와 수송 시 습식용액에 따른 품질 비교. 원예과학기술지 36:876-884
- 최재섭. 우리나라 화훼유통의 현황과 발전방안; 화훼물류시스템 선진화 방안을 중심으로 (사)한국유통학회 발표자료
- 추대식 외. 2013. 화훼 유통상가의 소비자 구매행동에 관한 연구. J Digital Policy Management 11:57-71
- 케이플라워꽃배달서비스: http://www.e-kflower.com/kflower/

• 한국농수산식품유통공사 화훼사업센터: https://flower.at.or.kr/
• MPS Japan 주식회사. 2014. 화훼류 절화수명 향상대책 품질관리메뉴얼. 誠文堂 新光社
• Jiang CZ, Reid MS. 2012. Postharvest biology and technology of cut flowers and potted plants. Hort Rev 40:1-54

FLORICULTURE

CHAPTER 16

화훼장식

왕경희·주나리

화훼장식은 초본식물과 목본식물을 주소재로 시간, 장소, 목적에 맞게 디자인의 요소와 원리를 적용하여 공간의 기능과 미적 효율성을 높여주는 장식물을 제작하거나 설치, 유지, 관리하는 것으로 단위화훼장식과 공간화훼장식으로 구분된다. 단위화훼장식과 공간화훼장식 모두 절화, 분화, 가공화 등의 식물 재료를 주재료로 해서 다양한 부재료(포장지, 리본, 화기, 오브제 등)와 함께 연출 및 디자인을 할 수 있다. 이 장에서는 화훼장식을 단위화훼장식과 공간화훼장식으로 나누어 살펴본다.

1 단위화훼장식

단위화훼장식은 절화, 분화, 가공화 등을 중심으로 작품을 제작하는 경우, 꽃다발, 꽃바구니, 신부 부케 등과 같이 목적과 상황에 맞는 하나의 상품이 위주가 되는 경우 또는 **서양형**(웨스턴, 유러피언), **동양형(한국형)** 등과 같이 하나의 작품이 위주가 되는 경우를 의미한다. 서양형의 **웨스턴** 디자인은 영국에서 시작하여 미국에서 이론을 정립하였으며, 기하학적 형태를 기본으로 한 상업적인 디자인이 특징이다. **유러피언**은 독일에서 이론을 정립하였으며, 프랑스, 이탈리아, 북유럽 등에서 각각의 나라마다의 개성을 나타내는 디자인이다. 동양형은 인도의 불교를 중심으로 해서, 중국, 한국, 일본 등에서 발달하여 선적인 재료를 우선적으로 사용하는 디자인이다.

1) 기초 조사 및 재료 구매

절화, 분화, 가공화 등의 상품 재료는 유통 및 재료 지식을 바탕으로 한 재료 **구매계획서**에 따라, 지역 꽃시장, 분화시장, 농장, 도소매상가 등에서 시장 조사, 주문 및 구매 등이 가능하다. 단위화훼장식을 위한 식물 재료와 부재료는 따로 구분해서 시장 조사를 하는 것이 바람직하다. 식물 재료의 경우 구매처에 따라 가격이나 품질의 차이가 있으므로, 구매계획서를 기준으로 기초 조사

서양형(웨스턴 디자인-대칭형 삼각형)

서양형(유럽피언-구조적 디자인)

동양형(직립형)

동양형(복형)

그림 16.1 서양형, 동양형 화훼장식의 예

를 해야 한다.

유통량이 가장 많은 절화는 생산자로부터 소비자에게 이르기까지 대부분 생산자 → 도매시장 → 소매상 → 소비자에 이르는 유통 경로가 있다. 법정 도매시장에서 경매에 의하여 유통되는 공판장이 가장 이상적인 유통 경로라고 할 수 있다. 하지만, 이 경로를 통한 절화의 유통 비율은 낮은 편이고 주로 재래시장(유사 도매시장, 위탁 판매시장)에서 유통되고 있다.

구매 계획이 있는 재료에 대한 관리와 자금 지출에 관해 매주 구매계획서를 작성하며, 또한 특별한 이벤트가 있을 경우에는 별도의 구매 계획을 추가하여 작성한다. 또한, 반입 재료의 품목, 수량과 품질 등을 체크하여 구매 재료 검수를 한다. 반입된 재료를 검수한 후 기준에 따라 분류할 수 있어야 한다. 절화 상품을 위한 식물 재료는 형태, 사이즈, 종류에 따라 **라인플라워**(line flower), **폼플라워**(form flower), **매스플라워**(mass flower), **필러플라워**(filler flower)와 **라인절엽**(line foliage), **폼절엽**(form foliage), **매스절엽**(mass foliage), **필러절엽**(filler foliage)으로 나눈 후 사용한다.

라인플라워(금어초)

폼플라워(나리)

매스플라워(장미)

필러플라워(스프레이 국화)

라인절엽(네프롤레피스)

폼절엽(엽란)

매스절엽(설라우)

필러절엽(미리오그라다스)

그림 16.2 절화, 절엽의 예

2) 상품 디자인

(1) 절화 상품 디자인

꽃다발, **꽃바구니**, **꽃상자**, **화병꽂이**, **화기꽂이**, **센터피스**(centerpiece), **리스**(wreath), **갈란드**(garland), **신부 부케**(bridal bouquet), **코사지**(corsage) 등의 여러 가지 상품이 있다. 이러한 상품은 목적이나 용도에 따라 고객의 요구에 맞게 디자인이 되며 유행에 맞게 계속 변화되고 있다.

(2) 분화 상품 디자인

테라리움(terrarium), **숯부작**, **분재**, **난분화**(**동양란**, **서양란**), **디시가든**(dish garden), **토피어리**(topiary), **워터가든**(water garden), **행잉가든**(hanging garden), **윈도우가든**(window garden), **허브가든**(herb garden), **다육식물 장식** 등 뿌리가 있는 식물체를 화분(용기)에 식재하는 디자인에 플라

그림 16.3 다양한 부자재로 연출된 절화 상품

워 샵에서 수요가 지속적으로 늘고 있다. 또한 생활 속에서 밀접하게 키우며 교감하는 **반려식물**(emotional support plant)로 활용되어 육체적, 정신적 치유(healing)를 통해 삶의 질을 향상시키고 있다. 이러한 수요 증가에 따라 여러 가지 아이디어 상품이 나오고 있다(그림 16.4).

(3) 가공화 상품 디자인

건조화(dried flower), **보존화**(preserved flower), **압화**(pressed flower), **인조화**(artificial flower) 등을 이용하여 여러 가지의 상품을 제작 및 디자인하고 있다. 절화, 분화 등의 생화에 비하여 오래 지속적으로 볼 수 있고, 관리가 용이하여 다양한 상품과 함께 공간장식용으로도 많이 사용된다.

테라리움 숯부작 분재 동양란 장식

서양란 장식 디쉬가든 토피어리 워터가든

행잉가든 윈도우가든 허브가든 다육식물 장식

그림 16.4 다양한 부자재로 연출된 분화 상품

건조화 보존화 압화 인조화

그림 16.5 가공화 상품

3) 상품 판매

(1) 고객 응대 및 상담 주문서 작성

고객과의 만남은 직원의 첫인상으로부터 시작된다. 고객에게 인식되는 직원의 첫인상은 바로

매장과 브랜드 이미지와도 직결되며, 고객에게 강력한 영향력을 행사할 수 있다. 직원의 첫인상을 바탕으로 한 고객과의 관계 형성은 매장 판매 촉진에 있어서 매우 중요하다.

고객의 상품에 대한 필요(needs), 욕구(wants), 구매력(demands)을 파악하여 매장 고객 상담 주문서와 인수증을 작성한다. 직원은 상품의 가치, 재료의 원가, 트렌드 등의 요소들을 상품의 비용, 목적, 활용에 맞게 상담 주문서를 작성해야 한다.

(2) 상품 관리

상품 판매를 위해서는 구매 정보를 보여 줄 수 있는 팜플렛이나 홈페이지 등을 이용하여 설명하고 화훼상품 종류별 관리 방법을 잘 알려 주어야 한다.

(3) 매장 외 판매

전화 또는 온라인 주문이 늘어나면서 전화 **고객 응대**는 매장의 고객 유치를 위한 마케팅 수단 중 하나가 되었다. 따라서 전, 중, 후에 적합한 상담 요령을 숙지하여야 한다. 인터넷 쇼핑몰의 경우 디지털 상품을 확보하고 전시 특화된 상품을 취급하여야 하며, 고객 위주의 주문과 전자상거래의 원칙을 잘 알고서 운영해야 한다. **전자상거래**의 경우 전화 주문 고객을 위한 주문서를 작성하고 플라워 샵 간의 수·발주를 한다. 거래 완료 후에는 통신 판매 대금을 전자세금계산서(국세청 홈택스)로 작성하여 발행한다.

(4) 상품 홍보

인쇄 매체, 전자 매체, 인터넷, 옥외 광고 매체 등을 이용하여 상품을 홍보한다. **상품 홍보**는 시장 조사, 고객의 선호도 조사, 상품 홍보 방법 선정, 홍보계획서 작성, 홍보예산서 작성, 그리고 상품 홍보 실시 순으로 하는 것이 좋다.

4) 상품 관리

절화상품 관리에 있어서 도매시장에서 구입하는 절화는 도매시장에서 구입하는 절화는 매장에 도착한 후 물올림이 잘 되도록 물속자르기, 열탕처리, 탄화처리 등으로 전처리를 한다. 절화의 대부분은 수확한 후 바로 상자에 포장하여 출하되므로, 구매 후 컨디셔닝을 잘 해야만 물올림의 상태를 좋게 할 수 있다. 구매한 절화를 컨디셔닝을 할 때 절화보존제를 사용하여 절화의 수명을 연장할 수 있다. 분화 상품은 물, 햇빛, 온도, 영양, 병해충 등에 대하여 관리를 하여야 한다.

가공화 상품은 시들지 않고 오래 보존된다는 장점이 있는 반면, 햇빛에 노출되면 탈색이 되거나 파손되기 쉬우므로 보관 및 보관 장소를 선택할 때 유의하여야 한다. 특히, 압화와 건조화는 물기가 묻으면, 상품가치가 저하될 수 있으므로 물기를 멀리하여 보관한다. 또한 대여상품 및 부재료는 규정에 맞게 철저하게 관리하는 것이 중요하다.

(1) 전처리 방법

- **수중절단**(물속자르기): 줄기의 절단면에 공기가 유입되는 것을 막고 물을 제공한다. 장미, 카네이션, 거베라, 튤립, 백합, 아마릴리스, 아이리스 등을 대상으로 한다.
- **열탕처리**: 끓은 물에 수초간 담갔다 꺼내어 줄기가 식을 때 물관에 생기는 수분장력을 이용하는 방법이다. 국화, 스톡, 안개꽃, 금어초, 리아트리스, 다알리아, 코스모스, 기린초 등을 대상으로 한다.
- **탄화처리**: 줄기의 절단면 주변을 불로 그을려 자극을 주는 방법이다. 국화, 모란, 스톡, 포인세티아, 도라지, 치자나무, 라일락, 찔레, 작약 등에 사용한다.
- **줄기두드림**: 수분 흡수가 어려운 식물의 흡수면을 넓혀 주기 위한 방법이다. 정금나무, 월계수, 목련, 개쉬땅나무 등에 사용한다.
- **화학처리**: 소금, 식초, 초산염, 알코올 등의 화학적 매개물을 활용하는 방법이다. 라넌큘러스, 억새, 칸나, 부바르디아 등을 대상으로 한다.
- 약한 줄기 처리: 절화의 줄기가 약할 경우 굴성이 생길 수 있다. 튤립, 라난큘러스, 스카비오사 등의 꽃을 다섯 송이 정도씩 소분한 후 젖은 신문지에 싸서 물통에 넣어주면 줄기를 바르게 유지할 수 있다.

물속자르기 탄화처리

그림 16.6 전처리 방법의 예

(2) 절화 관리 방법

- 절화의 종류에 따라 **절화보존제**를 사용한다. 냉장고 안의 물통 사이 간격을 유지해서 절화

에 통풍이 잘 이뤄지고, 물리적 손상을 입지 않게 한다. 절화보존제가 필요할 때는 따뜻한 물에 넣어준다.

- 절화를 물통에 넣어 물을 흡수하게 한다. 물통의 물의 양은 줄기 아래쪽을 5~10 cm 정도 잠기도록 한다.
- 손과 컨디셔닝 도구를 깨끗하게 씻는다. 절화의 유액이나 약품, 농약에 의한 피해가 없도록 작업 후, 손이나 도구 등을 깨끗이 씻는다.
- 절화의 신선도를 유지하여 보관한다. 절화의 신선도를 유지하고 수명을 연장하기 위해서 최소한 2~3일에 한 번씩 물을 교체한다. 줄기를 재절단해서 수분의 흡수를 원활하게 해주고 세척하여 미생물의 발생을 방지한다.
- 냉장고를 정기적으로 청소하고, 상한 꽃이나 잎은 즉시 제거하여 세균 감염이나 에틸렌의 발생 원인을 없앤다.

2 공간화훼장식

공간화훼장식이란 웨딩, 장례, 파티·이벤트, 전시·박람회, 종교 등의 공간에서 목적과 상황에 따라 연출되는 화훼장식이다. 공간화훼장식은 기획, 계획, 설계, 디자인, 유지 관리까지 단계별로 나눈 후 목적과 상황에 맞게 다양한 사항을 고려하여 연출 및 디자인을 한다.

1) 상업 공간 화훼장식

상업 공간 화훼장식에서는 백화점, 레스토랑, 병원 등의 다양한 상업 공간에서 이루어지는 화훼장식을 디자인한다. 로비 장식, 출입구 장식 등을 통해서 해당 공간의 상업적인 목적에 맞게 시즌별로 연출 및 디자인한다(그림 16.7).

2) 결혼 공간 화훼장식

결혼 공간 화훼장식에서는 웨딩홀, 호텔, 종교 공간(교회, 성당 등) 등 결혼식이 이루어지는 공간의 화훼장식을 디자인한다. 주로 웨딩 아치, 단상 장식, 꽃길 장식, 캐노피, 벽 등을 포함하는 홀 장식과 손님을 맞이하는 출입구 장식, 신부대기실 장식 등의 공간으로 나눈 후, 디자인 요소를 컨

보존화 연출

인조화 연출

절화 연출

분화 연출

그림 16.7 상업 공간 디자인

실외 결혼 공간 디자인

실내 결혼 공간 디자인

그림 16.8 결혼 공간 디자인

셉트에 따라 연출 및 디자인한다(그림 16.8).

3) 장례 공간 화훼장식

장례 공간 화훼장식에서는 영정을 포함하는 단상, 관, 리스(화환), 납골당, 영결식 등 장례 절차에 필요한 장례 공간의 화훼장식을 연출 및 디자인한다.

십자가 모양

단상

그림 16.9 장례 공간 디자인

4) 파티·이벤트 공간 화훼장식

파티·이벤트 공간 화훼장식에서는 생일(돌, 환갑 등), 약혼 등의 축하용, 상품 판매 및 홍보 등의 상업용, 크리스마스, 부활절, 어린이날, 할로윈 등의 시즌용과 같이 목적과 상황에 맞게 연출 및 디자인한다.

할로윈 이벤트

파티 테이블

그림 16.10 파티 · 이벤트 공간 디자인

5) 전시·박람회 공간 화훼장식

산업의 홍보 및 발전을 위해 판매와 홍보 등이 이루어지는 전시회와 박람회 공간 화훼장식의

크리스마스 전시

꽃박람회

그림 16.11 전시 · 박람회 공간 디자인

경우, 다양한 규모와 테마를 토대로 해서 연출 및 디자인할 수 있다.

6) 종교 공간 화훼장식

종교 공간 화훼장식에서는 기독교, 불교, 천주교 등 종교에 맞게 연출 및 디자인한다.

성탄절

부처님오신날

그림 16.12 종교 공간 디자인

참고문헌

- 교육부. 2019. 화훼장식 분화상품 제작(LM2401040119_19v3). 한국직업능력개발원
- 교육부. 2019. 화훼장식 상품 광고(LM2401040126_19v3). 한국직업능력개발원
- 교육부. 2019. 화훼장식 상품 전시·홍보(LM2401040125_19v3). 한국직업능력개발원
- 교육부. 2019. 화훼장식 식물 관리(LM2401040118_19v3). 한국직업능력개발원
- 교육부. 2019. 화훼장식 절화 기본상품 제작(LM2401040114_19v3). 한국직업능력개발원
- 김선옥 외. 2011. 화훼장식기사. 도서출판 인아
- 박미옥 외. 2015. 화훼장식 상품 제작판매유통. 문운당
- 박미옥 외. 2015. 화훼장식 작품디자인. 문운당
- aT한국농수산식품유통공사 화훼공판장. http://yimc.at.or.kr
- 고양꽃전시관. http://www.kofec.or.kr
- 까사샵. http://casa.co.kr
- 꽃집청년들. http://f-mans.com
- 네이쳐디자인. http://naturedesign.space
- 디자인&페이퍼. http://www.designandpaper.com
- 수수플라워. http://blog.naver.com/susu
- 컬투플라워. http://www.cultwo-flower.com

- 프레스플라워넷. www.pressflower.net
- 프리저브드플라워. www.flowerforever.co.kr
- 피오리. www.piori.com
- 화분프라자. www.hwabunplaza.com

CHAPTER 17 실내조경

류병렬·김광진·최경옥·손관화

사람들에게 다양한 기능적 효과를 제공하는 실내조경을 이해하기 위해서는 공기정화를 비롯한 실내 식물의 역할, 실내조경 디자인과 시공, 그리고 시공 후 식물을 관리하기 위한 실내 환경과 필요한 관리 작업들을 알아야 한다. 이러한 실내조경에 대한 이해를 바탕으로 실내조경 조성뿐만 아니라 식물 생산 방향을 계획할 수 있다. 이 장에서는 이러한 실내조경에 대하여 살펴본다.

1 실내조경의 정의와 효과

1) 실내조경의 의의

인류문명이 발달하기 시작하면서 도시는 성장을 거듭하였고, 더 많은 인구를 수용하기 위해 더 넓은 면적을 차지하면서 팽창해 왔다. 도시의 팽창은 도시공간에서 자연이라는 중요한 **환경요소를 파괴**하였고, **녹지공간의 부족**을 초래하였을 뿐만 아니라 도시생활자에게는 실내공간에서의 체류 시간을 증가시켰다. 이에 대한 해결 방안으로서, 도시에서는 그 내부에 일정 비율의 녹지와 공원을 확보하기 위해 지속적으로 노력해 왔다. 그러나 이러한 노력은 늘 부족한 주택 공급, 취약한 기반시설의 확충과 같은 긴급한 문제에 밀려 진전을 보지 못하고 있다.

녹지의 절대적인 부족을 해결하기 위한 방편의 하나로 **옥상조경**(rooftop landscape, roof garden)과 **실내조경**(interior or indoor landscape, indoor garden)이 고안되었다. 숲이 있던 자리에 빌딩이 들어섬으로써 자연이 훼손되었고, 이렇게 훼손된 자연을 회복시키려는 노력에 의해 건물의 꼭대기와 내부에 녹지공간을 조성하는 실내조경이 발전되어 왔다.

과거의 실내조경은 여름에 보던 식물을 겨울에도 감상하기 위하여 집안에 들여놓는다거나 삭막한 실내를 장식하기 위하여 화분을 나열하는 취미원예 수준이었지만, 현재는 대형건물의 건설과 더불어 대규모의 실내조경이 이루어지고 있다. 상용건물이나 공공건물에 있어서 실내조경은 건물의 얼굴과도 같아서 식물과 물, 각종 재료들이 함께 어우러진 실내조경은 이용자에게 즐거움을 줄 뿐만 아니라, 건축물 자체에서 느낄 수 있는 경직된 분위기를 완충시켜 주는 역할도 한다.

실내조경이란 인간이 창조해 낸 각종 유형의 실내공간에 생명력을 가진 각종 생물과 무생물 소재를 중심으로 해서 디자인의 원리를 공간의 성격에 알맞게 적용하여 보다 기능적이고 경제적이며 아름다운 공간을 창조하여 질 높은 생활을 영위할 수 있도록 하는 종합적인 예술 활동이다(그림 17.1).

2) 실내조경의 범위

실내조경은 사람이 만들어낸 건축공간을 대상으로 벌이는 조경 활동으로써 그 범위는 실내와 실외의 전이 구간인 현관에서부터 거실, 침실, 부엌, 화장실, 베란다, 발코니 등에 이르기까지의 각종 실내공간을 대상으로 한다.

실내조경에는 건축적인 요소와 디자인적인 요소가 상호 연관되어 있고, 특히 화훼식물들이 주

그림 17.1 실내조경의 예

된 재료가 되므로, **원예가, 조경가, 건축가** 그리고 **실내공간 디자이너**가 서로 긴밀하게 협조하여야 좋은 작품을 창출해 낼 수가 있다. 실내조경의 전문가로서 갖추어야 할 가장 중요한 자질 중의 하나는 실내라는 공간 상의 제약 조건과 실내 환경이라는 특이한 조건에 관한 정확한 이해이다.

3) 실내조경의 효과

(1) 심리적 효과

심리적인 만족감으로, 원래의 고향인 자연을 상실한 채 콘크리트의 상자 속에서 살아가는 도시민에게 실내의 식물과 수경공간은 귀향의 감흥과 안도감을 가져다준다. 대부분의 빌딩 내부를 장식하는 강철, 유리, 콘크리트, 석재는 그 디자인의 세련됨에도 불구하고 자재가 내포하는 무기적 본질 때문에 메마른 공간을 형성하는 경향이 있다.

실내 식물(indoor plant)은 여기에 생명력을 불어넣어 주는 활력소가 된다. **심리적 만족감**은 자연 귀의에서뿐만 아니라 미적 감정의 발흥에서도 온다. 아름답게 꾸며진 정원은 기능 공간으로서 뿐만 아니라 예술작품으로서 관상의 대상이 되는데, 이는 마치 미술관에서 명작을 감상할 때와 같은 미적 감흥을 발동하게 하여 피곤과 긴장을 해소시킨다. **녹색의 공간**은 인간의 피로를 빠르게 회복시켜 주고 안정감을 주는 심리적 효과가 있어 빌딩 근무자의 업무 효율을 향상시킨다. 상업용 건물의 경우 매출액을 증가시키는 수단으로 인식되어 가고 있다.

(2) 건축적 효과

실내 식물과 구조물들은 서로 성격이 다른 공간들을 분할하여 경계를 구분지어 줌으로써 특정한 공간이 고유의 기능을 갖도록 하고, 이용자의 동선을 유도하여 흐름을 자연스럽게 해 줌으로써 질서를 유지시켜 주는 기능을 가진다. 이 조경 요소들은 **공간분할**에서 더 나아가 독자적인 **위요 공간**(enclosed space)을 형성하고, 휴식, 모임, 행사 등을 위한 공간을 조성하며, 시계를 부분적으로 차단시켜 사생활의 노출을 막아주는 기능도 있다. 이러한 기능이 최근 고급 레스토랑이나 카페에서 많이 이용되고 있다. 실내 식물에 둘러싸인 물과 벤치가 있는 공간은 휴식을 위한 것이고, 작은 광장은 모임과 행사를 위한 것이다.

창가의 테이블에는 햇빛을 가려줄 식물이 필요한데, 이는 밝은 빛으로 인한 눈부심과 타인의 시선을 막아주는 차광 및 차폐의 역할을 수행한다. 방향성을 제시하는 실내 식물과 구조물은 동선을 유도함으로써 통행에 혼동을 없애 주고, 하나의 공간으로부터 다른 공간에 이르는 동선의 가장자리는 선형 요소가 방향의 명료성을 부여해 줘서 원하지 않는 방향으로의 진입을 통제하는 기능을 수행한다.

(3) 환경조절 효과

실내 식물과 수경 요소는 실내 기후 조건을 향상시킨다. 식물 잎으로부터의 **증산작용**과 수경 요소로부터의 **수분 증발**은 건조한 실내 공기를 습윤하게 하는 **가습 효과**를 발휘한다. 특히 겨울철 난방으로 인해 실내 상대습도가 30% 이하로 내려가는 경우에는 그 효과가 크다. 또한 직사광선이나 조명에 의하여 반사되는 광선을 약화시키거나 차단시킨다. 이 외에도 식물의 잎은 미세한 먼지 입자를 흡착하고 광합성 시 이산화탄소를 흡수하여 공기를 정화하고 산소를 공급해 준다.

따라서 **실내조경**은 **심리적 안정감**과 더불어 밀폐공간에서 제한된 공기를 재순환하고 정화할 수 있는 능력에 의해 **환기 문제 해결**의 중요한 방향으로써 기대를 모으고 있다.

현대백화점의 파격 실험

현대백화점이 여의도에 구현하려고 하는 것 중에 가장 주목할 만한 변화는 '리테일 테라피' 개념이다. 쇼핑을 통한 치유, 다시 말해 '쇼핑 힐링'이라는 기본 중의 기본을 코로나 시대에 맞게끔 공간을 재해석함으로써 이를 구현했다. 현대백화점은 이날 배포한 보도자료에서 "도심 속 자연주의"를 콘셉트로 '리테일 테라피' 개념을 적용한 국내 첫 자연친화형 미래 백화점 '더현대 서울(The Hyundai Seoul)'을 선보인다"고 밝혔다.

공간 배정에서도 이 같은 의지가 읽힌다. '더현대 서울'의 전체 영업 면적(8만 9100 m^2) 가운데 매장 면적(4만 5527 m^2)이 차지하는 비중은 51%로, 나머지 절반 가량의 공간(49%)을 실내조경이나 고객 휴식 공간 등으로 꾸몄다. 넓은 공간을 비운 아트리움과 보이드 및 천창으로 실내 곳곳에서 채광이 가능하고, 진일보한 실내조경으로 외부와 내부의 경계를 허문 참신한 공간을 선보였다. 이러한 차별과 실험 등에 의해 예상을 뛰어넘는 매출을 올리게 된 것으로 보인다.

한국경제 2021.2.23. https://www.hankyung.com/economy/article/202102233746i
네이버 블로그 2021.4.7. https://blog.naver.com/lhkny96/222302295538

2 실내 식물과 공기정화

실내 식물은 인간이 필요에 의해 생활공간에서 기르는 식물, 그 종류는 대부분 잎을 관상하는 관엽식물이지만, 자생식물, 허브식물, 다육식물과 선인장, 난과 식물 등도 있다. 인간이 실내 식물을 기르는 이유는 공기정화 등의 기능성 활용 그리고 실내를 아름답게 장식하거나, 가꾸는 활동을 통한 정신적·육체적 건강증진 등이다. 최근 실내 식물의 기능성 중에서도 환경 조절 효과에 관심이 높다. **공기정화에 우수한 식물** 가운데 미세먼지 저감에는 파키라, 백량금, 멕시코소철, 박쥐란,

율마 등이 좋고, 포름알데히드 정화에는 부처손, 남천, 관음죽, 디펜바키아, 팔손이나무 등이 좋으며, 톨루엔 정화에는 피토니아, 만병초, 자금우, 아이비, 레몬버베나 등이 좋고, 자일렌 정화에는 호야, 틸란드시아, 마삭줄, 금전수, 풍란 등이 좋으며, 공기 중의 음이온 증가를 위해서는 벵갈고무나무, 칼라데아, 해피트리, 개운죽, 장미허브가 좋다. 또한 실내 습도 증진을 위한 가습에는 드라세나, 돈나무, 쉐플레라, 제라늄, 고드세피아 등이 좋다.

현대인은 하루 중에 21시간 이상을 실내에서 생활하며, 성인은 하루에 약 23 m^3의 공기를 호흡한다. 밀폐된 실내 공기가 실외보다 3배 이상 더 오염되어 있어 현대인의 건강을 위협하고 있다. 그러나 실내에서 기르는 식물은 잎의 대사작용과 뿌리의 미생물을 통해 공기 중의 오염물질을 정화하는 **바이오필터 기능**을 가지고 있다.

실내 식물이 공기정화를 정화하는 원리는 크게 3가지이다. 첫째, 잎에 의해 공기 오염물질이 **흡수**되거나 **흡착**된다. 둘째, 공기 오염물질이 식물과 공생하는 뿌리 근처에 사는 **근권부 미생물**의 영양원으로 사용된다. 셋째, 공기 오염물질이 **식물 방출 물질**에 의해 정화된다(그림 17.2).

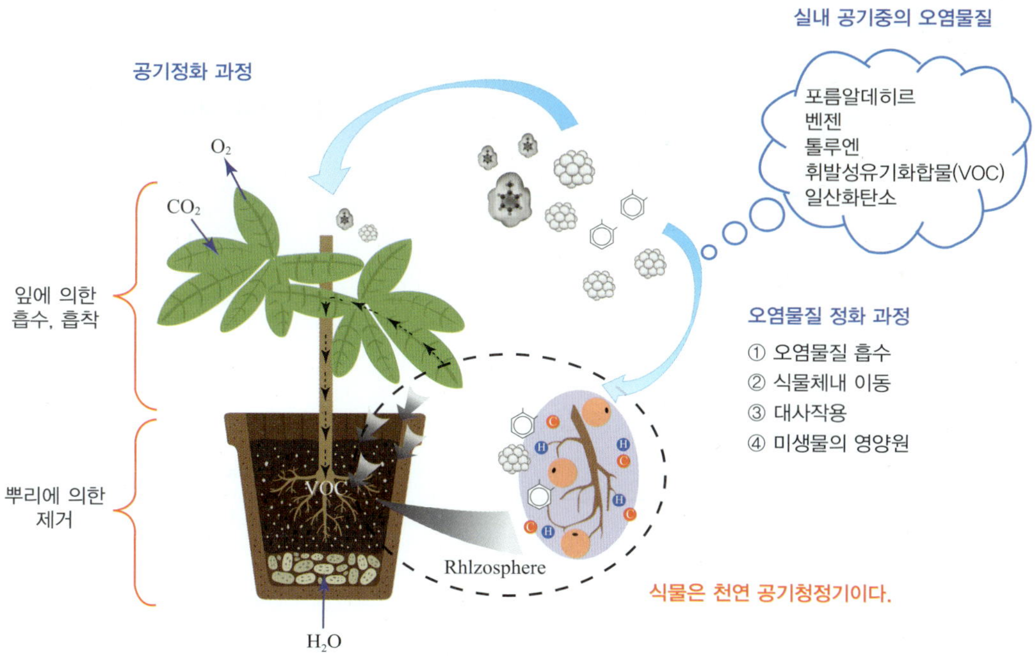

그림 17.2 실내 식물에 의한 공기정화 과정 및 원리. 포름알데히드나 휘발성 유기화합물(VOC)은 잎의 광합성과 대사 과정을 통해서 흡수 제거되며, 뿌리의 미생물에 의해서 제거된다. 또한 증산 과정에서 음이온과 습도가 발생하여 실내 환경을 정화한다.

1) 잎의 흡수 및 흡착에 의한 정화

식물은 **휘발성 유기화합물**(VOC: volatile organic compounds)이나 포름알데히드를 제거하는 데 탁월한 능력이 있다. VOC는 실내에서 400여 종류가 검출되는데, 대표적인 물질은 소위 BTX라 불리는 벤젠, 톨루엔, 자일렌이다. VOC는 지상부의 잎에 의해서 약 50%가 정화되고, 나머지는 지하부의 미생물에 의해서 제거된다. 잎에 의한 제거는 대부분 기공을 통한 흡수이고 5% 이내만이 흡착에 의해 이루어진다. BTX는 식물에 흡수되면 벤젠 고리가 분해되어 푸마르산을 거쳐 TCA 회로를 통해 정화하는 것으로 알려져 있다. **포름알데히드**는 기공을 통해 흡수되면 포름산과 이산화탄소로 분해된 후 캘빈 회로를 통해 당, 유기산, 아미노산 등으로 전환됨으로써 정화된다(그림 17.3). 또한 식물은 광합성을 하는 동안, 실내의 이산화탄소뿐만 아니라 **일산화탄소**도 흡수하여 제거한다.

미세먼지는 입자성 물질(PM: particle matter)이기에 식물에 의한 정화에서는 기체인 VOC보다 효율이 낮다. 이는 기공을 통한 흡수보다는 주로 잎에 의한 흡착에 의해 저감되기 때문이며, 흡착과 흡수 비율은 약 9:1 정도이다.

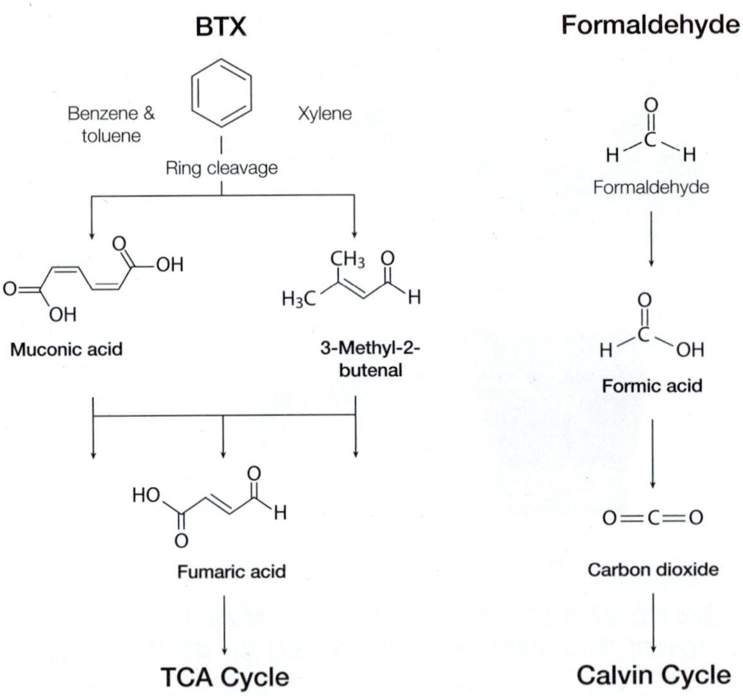

그림 17.3 휘발성 유기화합물과 포름알데히드 정화 과정. 벤젠, 톨루엔, 자일렌(BTX)은 벤젠 고리가 분해되면 2가지 루트를 통해 푸마르산으로 전환되어 TCA 회로를 거쳐 정화되고, 포름알데히드는 포름산과 이산화탄소로 전환되어 캘빈 회로를 거쳐 정화된다.

2) 근권부 미생물에 의한 정화

일부 근권부 미생물은 VOC를 영양원으로 활용한다. 따라서 공기 중의 오염물질을 지하부로 이동시키면 정화 효율이 크게 향상된다. 지하부로 공기를 이동하는 방법에는 수동적인 방법과 능동적인 방법이 있다. **수동적인 방법**은 잎의 증산작용으로 물이 흡수되어 지하부에 공간이 생성됨에 따라 부압이 발생되어, 공기 중의 오염물질이 근권부로 이동하는 것과 잎에 흡수된 VOC가 줄기를 따라 지하부로 이동하는 것이다. **능동적인 방법**은 공기 순환 펌프 등을 활용하여 오염된 공기를 강제로 근권부로 이동시켜서 정화 효과를 향상시키는 것이다(그림 17.4). 강제 순환 방식을 활용하여 공기정화 기능을 향상시킨 것이 **바이오필터 시스템**(vegetated biofilter system)이다. 바이오필터 시스템은 오염된 공기를 근권부로 이동시켜 미생물 활용을 극대화함으로써 정화 효율을 올리고, 실내공기를 순환시킴으로써 넓은 공간에서도 정화가 가능하다.

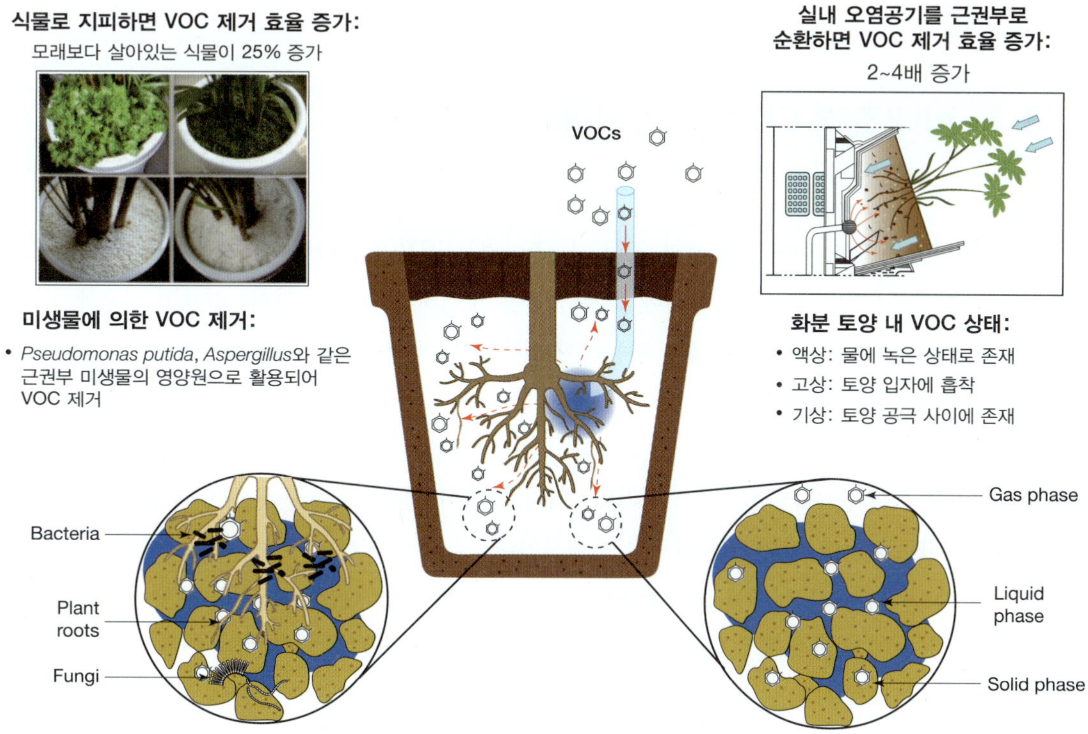

그림 17.4 근권부의 오염물질 정화 과정(김 등, 2018). 모래로 지피를 하면 오염된 공기가 근권부로 이동하는 것이 어려워져서 정화 효율이 가장 낮으며, 그 다음은 입자가 큰 자갈, 죽어 있는 식물, 살아있는 식물 순이다(위, 좌). 오염된 공기를 근권부로 순환 시 유속이 빠르면 뿌리가 스트레스를 받고, 느리면 정화되는 유량이 적어진다. 따라서 유량을 분산시켜서 속도는 느리게(에어볼에 가는 화살표)하면서도 순환 공기 양은 많이 확보하는 것이(굵은 화살표) 기업의 노하우이며, 다양한 특허가 등록되어 있다(위, 우). 뿌리 근처에서 살아가는 세균, 균류의 근권부 미생물이 고상, 액상, 기상의 VOC와 접촉하여 제거한다(아래, 좌우).

3) 식물 방출물질에 의한 정화

그 외에, 식물의 기공을 통한 증산이나 식재 용토 표면으로 증발되는 수분에 의한 **가습 효과**가 있다. 분화식물에 의한 습도 증가는 증산이 약 90%, 증발이 약 10%이므로, 증산에 의한 효과가 더 크다. 식물 기르기는 건조한 봄과 겨울철에 실내 가습을 위한 좋은 방법이다.

또한 식물은 증산작용 과정에서 물 분자가 H^+와 OH^-로 분해되고, OH^-에 물 분자가 결합된 $OH^-(H_2O)_n$ 형태로 음이온을 형성한다. 일부는 식물에서 발생하는 산소 분자와 결합하여 $O_2^-(H_2O)_n$의 **음이온**이 된다. 따라서 증산작용이 활발한 식물에서 음이온을 많이 방출한다.

실내에서 기르는 목본성 실내 식물에서 발생하는 피톤치드(phytoncide)나, 허브 식물에서 나는 **향기**는 실내를 쾌적하게 하고, 탈취, 항균·방충 및 스트레스 완화에 효과가 있다. 인간이 향을 느낄 수 없는 식물에서도 기계로 측정하면 50여 가지의 향 물질이 검출된다. 인간의 감지 능력과는 상관없이 식물은 향 물질을 통해 환경을 개선하는 효과가 있다.

3 실내조경 디자인 및 시공

살아있는 식물을 활용한 실내 경관 조성 시, 좋아하는 식물을 식재하여 식물이 적응할 수 있는 환경을 맞추어 주는 경우와 실내 환경에 맞는 식물을 도입하는 경우가 있다. 전자의 경우에, 디쉬가든이나 테라리움처럼 용기나 소품을 이용하여 이동이 용이한 형태로 식물을 장식하는 수준이면, 위치를 쉽게 변경할 수도 있고 식물 교체와 관리비용이 비교적 저렴하므로 크게 문제가 되지 않는다. 그러나 대형공간에 오랜 기간 동안 감상하기 위해서, 많은 식물을 고정된 형태로 식재하여 정원이나 숲처럼 경관을 조성하는 수준이라면, 위치 변경이 어렵고, 식물에 하자가 발생하였을 때 식물을 교체하는 비용도 많이 소요되므로 문제시된다.

따라서 실내공간으로 식물을 도입할 때는 실내 환경에 맞는 식물을 도입하는 것이 더 적합하다. 즉, 실내공간에 식물을 도입하여 경관을 조성할 때는 실내공간의 식물 생육 환경 및 실내 디자인 요소 등 전반적인 사항을 고려하여 실내 경관을 아름답게 조성하는 것이 매우 중요하다. 이에 우리는 실내조경의 일반적인 과정을 이해할 필요가 있다.

1) 실내조경의 계획·설계 과정

실내조경 공간의 특성 및 개발 방향에 따라 세부적인 디자인 내용은 달라질 수 있지만, 일반적

그림 17.5 실내조경 디자인 과정

인 실내조경 디자인 과정은 그림 17.5에 제시한 바와 같이 진행된다.

첫째, **목표설정**은 대상지의 사용 목적, 공간 성격, 경관 이미지 등을 설정하는 단계이다. 가령, 대상지 사용 목적을 휴식공간으로 사용할 것인지 감상 위주의 공간으로 사용할 것인지를 정할 필요가 있다. 휴식형의 경우에는 벤치, 의자, 가제보 등 휴식시설이 많이 도입되는 반면에, 감상형으로 조성될 경우에는 조각품, 첨경물, 아름답고 특이한 수종, 연못이나 분수 등 시각적 유인력과 감상적 효과를 극대화할 수 있는 요소들을 중심으로 도입하게 된다.

공간 성격은 가족 중심의 주거공간인지 또는 불특정 다수가 이용하는 상업공간인지, 사무를 보는 업무공간인지, 병원이나 요양원처럼 치료적 효과를 목적으로 하는 공간인지 등에 따른 주이용자의 특성과 선호도를 고려하여 목적을 설정하는 것이 좋다.

경관 이미지는 대상지의 실내 장식 요소와 연관성을 가지고서 전체적으로 통일감 있게 연출하는 것이 효과적이다. 일례로, 한국 전통적 분위기를 자아내는 실내공간이라면 실내조경의 경관적 요소 및 이미지도 한국 전통 정원의 이미지를 느낄 수 있도록 연관지어 연출할 필요가 있다. 반면, 유럽풍이라면 전체적인 실내정원의 이미지를 동양식보다는 서양식 정원의 이미지로 연출하는 것이 잘 어울린다.

둘째, **현황조사**는 자료 수집 과정으로서 계획에 반영할 내용을 중심으로 조사해야만 불필요한 자료를 수집하지 않게 된다. 기본적으로 실내정원이 위치하게 될 장소의 천장고, 바닥 면적, 바닥 마감재, 창문의 위치 등 물리적 환경요소를 조사한다. 이때, 천장고는 도입 식물의 높이를 제한하는 요소가 되므로, 식물의 높이를 시간에 따라 식물이 자라는 여유폭을 고려하여 천장고의 2/3 이하로 제한하는 것이 좋다. 바닥 마감재는 도입할 플랜터 소재를 선정하는 데 영향을 미치는 주

그림 17.6 한국 전통 이미지 실내정원

그림 17.7 서양식 이미지 실내정원

그림 17.8 미국 주상복합 건물 내 실내정원

그림 17.9 미국 쇼핑몰의 실내정원

요 요소이다. 플랜터 소재의 재료 및 색상은 강조 요소가 아니다. 따라서 바닥 마감재와 동일하거나 유사한 소재 그리고 색상으로 연결지어 연출하는 것이 무난하고 안정감을 준다(그림 17.8, 그림 17.9 참조).

또한, 현황조사의 주요 항목인 광, 온도, 습도, 통풍 등은 실내 식물의 적응력을 제한하는 생육 환경 요소로 작용한다. 특히, 태양광은 식물 생육에 가장 유효한 광원이므로, 실내정원의 위치를 태양광이 잘 유입되는 창가 쪽으로 정하는 것이 좋다. 부족한 광원은 인공조명을 설치하여 식물 생육을 위한 보조광원으로 활용한다. 실내공간은 실외공간에 비해서 광도가 현저히 낮다. 이러한 실내 광환경의 특수성 때문에 실내공간으로 도입할 수 있는 적합한 식물은 저광에 견딜 수 있는 식물이어야 한다. 이러한 **내음성 식물**에는 꽃보다 잎을 주로 관상하는 관엽식물이 해당된다(그림 17.9). 또한, 겨울철에도 낙엽이 지지 않는 상록활엽수를 주로 도입하고, 꽃피는 식물은 계절감이나 포인트 식물로서 부담되지 않는 예산 범위 내에서 도입하는 것이 좋다.

셋째, 현황조사를 통하여 수집된 자료는 종합적으로 분석하여 문제점을 보완하고 잠재력을 활용하여 계획에 반영한다. 분석방법으로는 SWOT 분석방법을 많이 사용한다. S(strength：강점 요소), W(weakness：약점 요소), O(opportunity：기회 요소), T(threat：위협 요소)로 구분하여 분석하는 방법인데, 강점 요소와 기회 요소는 잠재력으로 활용하고, 약점 요소와 위협 요소는 보완하거나 제거하여 계획에 반영한다.

넷째, **계획**은 아이디어를 도출하는 과정으로 현황조사 및 분석을 통하여 도출한 결과를 토대로 계획을 세운다. 계획은 실내조경 진행 과정 중에서 가장 중요한 단계라고 볼 수 있으며, 계획 단계에서 디자이너의 안목이 돋보이기도 한다.

다섯째, **설계**는 도면을 작성하는 과정이다. 머릿속의 계획안은 도면을 작성하는 설계 단계에서 이해하기 쉽게 시각화된다. 설계는 기본설계와 시공을 위한 실시설계로 구분된다. 설계도면의 종류에는 평면도, 입면도, 조감도, 상세도, 단면도 등이 있다(그림 17.10, 그림 17.11).

2) 실내조경의 시공 과정 및 사례

실내조경 시공은 실시설계도를 바탕으로 해서 이루어진다. 설계도 상에 제시된 위치에 첨경물을 비롯한 도입요소 및 식물을 배치하면 되는데, 시공단면을 시공사진과 함께 살펴보면 다음과 같다(그림 17.12~그림 17.15). 먼저 건물 바닥으로 물이 세어나가거나 흡수되지 않도록 방수층을 만

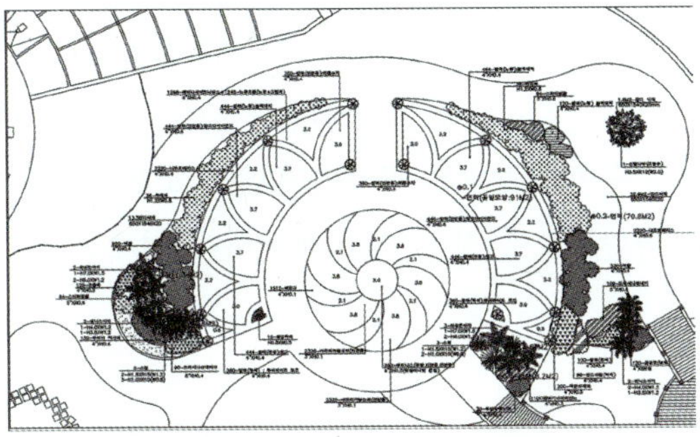

그림 17.10 실시설계도(평면도)

그림 17.11 실시설계도를 반영한 시공

그림 17.12 방수층 조성하기

그림 17.13 배수층 조성하기

그림 17.14 부직포 깔기

그림 17.15 식물 식재하기

들고, 그 위에 배수층을 조성한 후 식재토양을 포설한다. 이때, 배수층으로 구멍이 큰 배수판을 사용하는 경우에는 입자가 작은 식재토양이 배수판의 구멍을 막지 않도록 부직포를 까는 것이 좋다.

방수층의 소재는 대체적으로 액체 방수 및 시트 방수로 처리하지만, 장기간 고정하는 것이 아니라면 비용면에서 저렴한 두꺼운 비닐을 사용해도 된다. 배수판은 사각형으로 제작된 제품이 가장 많다. 식재토양은 하중을 고려하여 자연토양보다는 피트모스, 펄라이트, 버미큘라이트(질석) 등 경량토를 사용하는 것이 일반적이며, 혼합하여 제품화된 인공 경량토도 많이 활용된다.

첨경물 및 식물은 규격이 큰 것부터 배치하며, 이때 주요 관찰자 시점에서 아름답고 풍성한 좋은 경관을 감상할 수 있도록 구성의 미를 살리는 것이 매우 중요하다. 일반적으로 주요 관찰자 시점이 전면이라면 뒤쪽에 규격이 큰 요소를 배치하고 앞쪽으로 갈수록 규격이 작은 요소를 배치한다. 반면, 사방에서 관찰하는 경우에는 중앙이 높고 바깥쪽으로 작은 것을 배치하여 전체적으로 균형감 있게 조성하는 것이 바람직하다.

4 실내조경 관리

1) 실내 환경과 식물 관리

실내 생활공간은 사람들에게 편안한 곳이지만, 사람들의 쾌적한 환경을 위해 실내에 식재된 식물에게는 **광**, **온도**, **수분**의 측면에서 힘든 공간이 될 수 있다. 사람들은 실내에서 식물을 흔히 보기 때문에 식물이 실외에서 충분한 **햇빛**을 보고, **비**를 맞으며, **계절의 변화**를 겪고서 산다는 것을 잊어버리곤 한다. 실내 식물을 위해 가장 중요한 환경 조건은 **광도**로, 실내에서 식물의 지속성은 거의 광도에 의해 결정된다고 할 수 있다. 실내 환경의 **광**, **온도**, **수분**, **공기**에 대해 **표 17.1**에서 살펴본다.

표 17.1 실내조경을 위한 실내 환경

구분	적정 환경	관련 사례
빛	실내 식물은 종류에 따라 다르지만, 대체로 12시간 기준으로 광요구도가 높은 식물은 2,000 lux, 중간 정도인 식물은 1,000 lux, 낮은 식물도 500 lux로 광도가 유지되어야 생육이 가능하다. 즉, 내음성이 강한 실내 식물이라 해도 실내에서 사람들이 활동할 수 있는 밝기[거실 전반 200 lux, 거실 작업(독서) 400 lux, KS 조도 기준의 평균값]보다는 밝아야 한다. 식물이 밝은 창가에 배치되지 않았다면 인공조명으로 보광해 준다.	

표 17.1 실내조경을 위한 실내 환경(계속)

구분	적정 환경	관련 사례
온도	사람들이 생활하기에 편안한 실내 온도이면 실내 식물 생육에도 문제가 없다. 대부분 열대식물들이 식재되는 실내정원은 **겨울**에 최저 10°C를 넘어야 저온장해를 입지 않는다.	
수분	실내에는 비가 오지 않으므로 지속적으로 **관수**해야 한다. 지속적인 관수는 번거로운 일거리가 된다. 사물인터넷(IoT)을 통한 점적식 자동관수방식을 도입하면 일거리를 줄일 수 있으나 관수 배관이 드러나므로 미관상 안 좋을 수 있다.	
공기	사람들이 편안하게 느끼는 실내 공기 상태이면 문제가 없다. 식물은 이산화탄소를 비롯한 실내오염 물질을 정화하지만 농도가 너무 높으면 식물도 피해를 입을 수 있다. 습도는 높을수록 실내 식물에 좋지만, 사람은 50% 정도의 **상대습도**에서 쾌적하게 느낀다. 난방을 하는 겨울 실내공간에서는 습도가 50% 이하로 떨어지므로 식물과 사람을 위해 다양한 방법으로 가습하는 방법을 찾아야 한다.	

2) 실내조경 주요 관리

사람들은 식물이 실내에서 영원히 아름답게 남아 있기를 기대하지만, 시간이 지남에 따라 식물은 처음 식재되었을 때와는 달라진다. 비교적 좋은 실내 환경에서 잘 관리된 식물은 전정할 정도로 자라기도 하지만, 부적합한 환경에서 잘 관리되지 않은 식물은 생육 상태가 나빠져 죽는 경우가 많고 살아 있다고 해도 관상가치를 잃어 교체 후 폐기된다. 표 17.2에 관리방법을 요약하였다.

표 17.2 실내조경 관리 방법

구분	관리 내용	관련 사례
빛, 온도, 습도, 환기 등 환경조성 작업	적절한 실내 환경에 조성된 실내정원이라도 주변 환경이 변화하여 부적합한 환경에 놓일 수 있으므로 계속 체크하여 적합한 환경이 되도록 관리한다.	
관수	적절한 관수 요령이 중요하다. 배수될 정도로 물을 푹 주고 다음 번 관수 시까지 토양이 조금씩 마르면서 공기를 함유하게 한다. 식물을 빨리 키우려면 자주 관수하고 단단하게 키우려면 가끔씩 관수한다. 하지만 식물이 시들기 전에는 관수해야 한다.	
토양관리와 시비	적절한 실내용 상토를 사용했더라도 시간이 지나면 물리성이나 비료 성분과 관련된 화학성이 떨어진다. 식물 상태와 배수성을 관찰하여 필요하면 토양 분석을 통해 상토를 개선하거나 교체한다.	
굴광성에 대한 관리	수직으로 자라야 할 식물이 측창을 향해 기울어져서 자라게 된다. 형태가 자연스러우면 상관없지만 어색하면 화분 식재인 경우 화분을 가끔씩 돌려준다.	
시든 꽃, 마른 잎 제거, 전정, 청소	식물이 생육하면서 시들어 마르는 잎, 꽃 등은 바닥에 떨어지므로 청소해야 한다. 시든 채 떨어지지 않는 것들은 하나하나 제거해 준다. 식물의 모양을 잡기 위해 또는 더 자라지 못하도록 필요 시 전정해야 할 경우도 있다.	

표 17.2 실내조경 관리 방법(계속)

구분	관리 내용	관련 사례
병충해 방제	식물을 소독된 토양에 식재하고 적절한 실내공간에서 잘 관수하면 병충해는 잘 생기지 않는다. 병충해가 발생해도 사람이 상주하는 실내공간에서 약제 처리는 어려우므로 병든 식물을 교체하거나, 옮길 수 있으면 실외에서 약제 처리한다. 진딧물, 깍지벌레, 응애, 흰파리(온실가루이)가 실내에서 발생할 수 있으며, 과다관수 시 뿌리썩음병이 발생할 수 있다.	
분갈이	화분이나 플랜터의 식물은 시간이 지나면 뿌리가 꽉 차 배수구나 화분 토양 표면으로 빠져나온다. 이때 조금 더 큰 화분이나 플랜터에 새 토양을 넣고 옮겨 심는다.	
식물 교체와 폐기	저광, 저온, 병충해 등으로 생육이 나빠진 식물은 뽑아내어 건강한 식물로 교체하고 치료할 수 있는 공간으로 옮긴다. 회복하기 어려우면 폐기한다. 꽃을 주로 관상하는 식물은 개화가 끝난 후 교체한다.	
플랜터, 조형물, 수경, 조명 등 보수	식물을 담고 있는 플랜터와 조형물, 수경 자재, 조명 등의 보수가 필요할 경우 수선하거나 교체한다.	

참고문헌

- 권계정 외. 2015. 관수주기에 따른 실내 관엽식물의 생장반응. 한국인간식물환경학회지 18:379-385
- 김광진 외. 2008. Efficiency of volatile formaldehyde removal by indoor plants: contribution of aerial plant parts versus the root zone. J Amer Soc Hort Sci 133:521-526
- 김광진 외. 2014. 에코힐링을 위한 실내 공기정화식물. 농촌진흥청
- 김광진 외. 2016. Removal ratio of gaseous toluene and xylene transported from air to root zone via the stem by indoor plants. Environ Sci Pollut Res 23:6149-6158
- 김광진 외. 2018. Phytoremediation of volatile organic compounds by indoor plants: a review. Hortic Environ Biotechnol 59:143-157
- 김광진 외. 2021. 공기정화식물재배장치 단체 표준
- 김승덕 외. 2011. 겨울철 온도관리가 관엽식물의 생육에 미치는 영향. 원예과학기술지 29 p. 193
- 네이버 지식백과. SWOT 분석. 시사경제용어사전, 기획재정부. https://terms.naver.com
- 손관화. 2016. 아름다운 생활환경을 위한 분식물디자인. 중앙생활사
- 손기철. 2019. 실내 식물 사람을 살린다.
- 중앙생활사월버튼. 2013. 사람을 살리는 실내 공기정화식물 50. 중앙생활사
- 이영무. 1995. 실내조경. 기문당
- Hammer N. 1987. Interior landscape design. McGraw-Hill
- Manaker GH. 1987. Interior plantscapes. Prentice-Hall. Inc
- Pierceall GM. 1991. Interiorscapes. Prentice-Hall. Inc

FLORICULTURE

CHAPTER 18 절화류

김원희·유용권·임기병·박상근

이 장에서는 절화의 정의와 이용 부위에 따른 다양한 종류의 절화에 대하여 소개하고, 주요 절화인 국화, 백합, 장미, 거베라, 카네이션의 주요 계통과 품종 그리고 생리생태, 재배기술, 병해충 관리에 대한 이해를 통해 전반적인 절화의 재배 및 활용의 폭을 넓히고자 한다.

절화(자른꽃, cut flower)란 꽃을 활용하기 쉽도록 식물체에서 잘라 이용하는 것을 말한다. 절화는 꽃뿐만 아니라 가지, 잎, 열매를 활용할 수 있으며 끊임없이 새로운 품목이 개발되고 있다. 전통적인 장미, 국화 등의 절화와는 색다른 호주 원산 식물을 이용한 프로테아나 텔로페아 등이 절화로 각광받기도 하였고, 유럽의 유명 박람회에서는 색깔이 있는 바나나와 파인애플도 절화로서 이용하는 것을 선보이고 있다. 절화는 우리나라에서 생산 면적이나 판매액으로 보았을 때 전체 화훼 생산의 30% 내외를 차지하고 있다. 국내에서 절화로 경매되는 품목은 300개 내외로 다양하지만, 국화, 장미, 백합(나리), 카네이션, 거베라는 전체 절화에서 절반 이상의 비중을 차지하는 주요 절화류이다.

절화류는 식물체 본체에서 분리된 상태로 출하되므로 이동이 용이하고, 수출입이 비교적 쉬워 국제교역이 활발하다. 또한 뿌리로부터 공급되는 수분과 양분이 차단되어 있기 때문에 절화수명 연장기술이나 유통 기술 등이 매우 중요하다. 특히 유통 중 절화수명을 연장하기 위해서는 저온유통 시스템이 필수적이다.

표 18.1 절화 이용 부위 및 종류

이용 부위	종류
꽃	아가판서스, 알리움, 알스트로메리아, 아네모네, 안스리움, 금어초, 공작초, 부바르디아, 금잔화, 과꽃, 캄파눌라, 잇꽃, 센토레아, 쿠르쿠마, 심비디움, 다알리아, 델피니움, **국화**, 덴파레, **카네이션**, 꽃도라지, 프리지아, 용담, **거베라**, 글라디올러스, 안개초, 해바라기, 아마릴리스, 구근아이리스, 스위트피, 리아트리스, **백합(나리)**, 스타티스, 스톡, 온시디움, 꽃양귀비, **장미**, 솔리다스터, 극락조화, 튤립, 헬리코니아, 칼라, 캥거루포, 병솔나무, 카틀레아, 맨드라미, 왁스플라워, 클레마티스, 천일홍, 익소라, 오니소갈럼, 옥시페탈럼, 산더소니아, 아스틸베, 아킬레아, 옥잠화, 작약, 수국, 조팝나무, 코스모스
가지, 잎	아스클레피아스, 프루티코사, 아스파라거스, 엽란, 아스플레니움, 금식나무, 꽃양배추, 노박덩굴, 죽절초, 크로톤, 코르딜리네, 디펜바키아, 드라세나, 속새, 유칼립투스, 사철나무, 사스레피나무, 아이비, 루카덴드론, 몬스테라, 남천, 네프롤레피스, 필로덴드론, 꽈리, 무늬둥글레, 루모라고사리, 루스커스, 청미래덩굴
열매	찔레, 청미래덩굴, 폭스페이스, 꽈리, 히페리쿰, 미국낙상홍, 꽃고추, 블루베리, 마가목

신품종 절화장미 전시 (영국 첼시박람회) / 절화 경매 (네덜란드 알스미어 화훼공판장) / 호주 원산 절화

그림 18.1 절화의 신품종 전시(박람회) 및 유통

1 국화

- 학명: *Chrysanthemum morifolium*
- 영명: Chrysanthemum
- 원산지: 중국, 한국, 일본

1) 주요 계통 및 품종

국화속(菊花屬)은 전 세계적으로 200여 종이 분포하고 있는데, 다양한 품종들은 주로 원산지의 자생국화들의 교잡에 의해 장기간 육성된 것으로 추정되고 있다. 화색과 화형뿐만 아니라 용도도

다양한 품종들이 재배되고 있다.

(1) 꽃의 모양에 따른 분류

꽃의 모양에 따라 홑꽃, 아네모네형, 폼폰형, 데코라티브형, 스파이더형 등으로 구분한다.

(2) 사용 목적에 따른 분류

꽃꽂이나 화환 등으로 사용하는 절화용, 화분에 식재하여 사용하는 분화용, 화단 장식용으로 사용하는 화단용으로 구분한다.

(3) 꽃의 형태에 따른 분류

하나의 꽃대에 하나의 꽃이 피는 스탠다드 국화와 여러 개의 꽃이 피는 스프레이 국화가 있다. 스탠다드 국화는 하국, 하추국, 추국, 동국 등으로 분류되며, 주요 재배 품종으로는 하추국에 '백선'과 '백마', 추국에 '신마' 등이 있다. 스프레이 국화는 단일처리에서 개화까지 소요되는 기간(response group)을 기준으로 6~15주까지 분류하는데, '포드', '보라미', '금수', '아르거스', '프로기', '본본', '예스홀릭', '슈퍼핑퐁', '파이어크림', '바티칸', '포워드', '일월' 등의 품종이 국내에 많이 재배되고 있다.

스탠다드 국화 스프레이 국화 폼폰형 국화

그림 18.2 스탠다드, 스프레이, 폼폰형 국화의 화형

2) 개화생리

(1) 생태적 분류

국화의 자연 개화기는 6~12월이다. 이에 따라 6월 이전에 개화하는 하국, 7~9월에 개화하는 하추국, 10~11월에 개화하는 추국, 12월에 개화하는 동국 등으로 생태적으로 분류하고 있다.

표 18.2 국화의 생태적 분류(오까다, 1959; 카와다 등, 1988)

품종군		자연 개화기	화아분화 한계일장	비고
하국		6월	–	꽃눈분화는 대부분 10°C 전후의 온도에서 진행
하추국	조생	7월	17~24시간	꽃눈분화는 추국과 같이 15°C 이상에서 진행되고, 저온에서 꽃봉오리 발달이 억제되어 버들눈이 됨
	중생	8월	17시간	
	만생	9월	16시간	
추국	조생	10월 상~중순	14~15시간	꽃눈분화는 15°C 이상에서 진행되고, 꽃봉오리 발달과 개화는 고온에 의해 억제되지 않음
	중생	10월 하순~11월 상순	13시간	
	만생	11월 중순~11월 하순	12시간	
동국		12월 이후	11시간 이하	고온에서 꽃눈분화, 꽃봉오리 발달, 개화 억제됨

(2) 온도

국화의 질적 반응을 좌우하는 것은 야간 온도이다. 국화의 영양생장을 위한 생육적온은 15°C이고, 모주가 충분히 저온을 받은 경우라면 7~12°C에서도 잘 생육한다. 하국처럼 화아분화 온도가 낮은 품종들은 5~8°C로 관리한다.

국화의 화아분화에 필요한 온도는 영양생장에 필요한 온도보다 약간 높은데, 하국은 10~13°C에서 화아분화가 시작되지만, 10°C 이하에서는 지연된다. 추국의 화아분화 적온은 18°C이고, 15°C 이하 또는 24°C 이상에서 지연된다. 그러나 추국 '신마'의 경우에서는 화아분화를 위해 야간에 22~23°C까지 온도를 높여 주기도 한다. 동계 가온재배에서는 화아분화를 위해 소등 후 3주까지 18°C를 유지하다 꽃봉오리가 형성되어 개화까지 14~16°C로 관리하면 우수한 품질을 생산할 수 있다.

주간 온도는 국화의 화아분화에 질적으로 영향을 미치지 못하는데, 20~22°C를 목표로 관리하며 30°C 이상 넘어 고온이 지속되는 경우 개화가 지연되거나 개화하지 않는 품종도 있다. 특히 여름철 차광재배 시 30°C 이상의 고온이 일주일 지속되면 꽃 속에서 작은 꽃이 형성되는 기형화(관생화)가 발생하고, 적색이나 분홍색 계통의 품종에서는 안토시아닌이 생성되지 않아 색상이 불량하게 된다.

여름에 고온을 받은 국화가 가을에 15°C 이하의 저온을 받으면 절간이 짧게 되는 **로제트 현상**이 나타나 개화가 불가능하게 되며, 전조재배나 조기 차광재배의 경우에서는 온도가 낮으면 생장점 부근 마디의 신장이 정지되는 **고소**(高所) **로제트** 현상이 나타나기도 한다. 로제트 타파는 저온처리가 효과적이며, 삽수를 냉장한 후 재배에 이용하는 방법도 실용적이다.

(3) 광

국화의 일장 반응은 계통에 따라 다르지만, 단일성 식물인 추국과 동국은 일장이 짧아지면 화아분화한다. 추국의 화아분화 시기는 8월 25일경이고, 자연개화기는 10월 25일 경이다. 일장 반응은 상부의 성숙한 잎에서 민감하게 이루어지는데, 상부에 위치한 7매의 성숙한 잎이면 충분하다. 화아분화 억제에 필요한 조도는 대부분 품종에서 30~40룩스 정도이다. 광원은 580~660 nm 파장의 적색광 부근이 효과적이다. 과거에는 백열등을 주로 사용했었으나, 최근에는 형광등이나 적색 LED를 사용한다. 이러한 광도와 광원을 이용하여 야간 암기의 중간에 조명하면 화아분화가 억제되는데, 이를 **야파처리**(night interruption) 또는 **광중단**(night break)이라고 한다. 조명 시간은 보통 한밤중에 4시간이 필요하며, 전력소비량을 절감하기 위해 4시간 동안 7~10분 조명 후, 20~23분 소등하는 **교호조명 방법**(cyclc lighting)을 사용하고 있다. 추국의 억제재배에 광 중단 방법으로 전조하다가 화아분화를 유도하기 위해 조명을 중단하면 급작스러운 단일 조건이 되는데, 이때 고소 로제트, 상위엽의 왜소화, 설상화 수 감소(노심 현상) 등의 부작용이 발생한다. 이러한 문제점을 방지하기 위해 단일처리 10~15일 후에 5일간 재전조를 실시하면 품질을 향상시킬 수 있다.

3) 재배 및 관리

(1) 번식

과거에는 동지아를 이용하여 번식하였으나, 최근에는 삽목에 의해 번식하고 있다. 충분히 저온에 감응된 모주를 적심해서 균일한 측지가 발생하면, 삽수는 정아 부분에 3~4매 잎을 붙이고서 6~7 cm 길이로 잘라 조제하여 삽목한다. 이때 삽수에 발근촉진제인 루톤이나 IBA 등을 처리하면 발근에 효과적이다. 펄라이트와 피트모스를 혼합한 상토에 플러그 트레이를 이용하여 삽목한다.

(2) 재배 작형

① 하국 촉성재배

6월에 자연개화하는 하국을 자연개화기보다 빨리 개화시켜 출하하는 작형이다. 묘를 11월부터 2월까지 비닐하우스에 정식하여 8°C부터 15°C까지 차츰 온도를 올려 영양생장을 시킨다. 이후 화아분화 유도 및 개화까지 10~12°C로 관리하면, 2월(초촉성)부터 5월(반촉성)까지 개화하여 수확할 수 있다. 7월부터 9월까지 개화하는 7~9월국의 경우에도 삽목 시기를 달리하여 출하기를 조절할 수 있다.

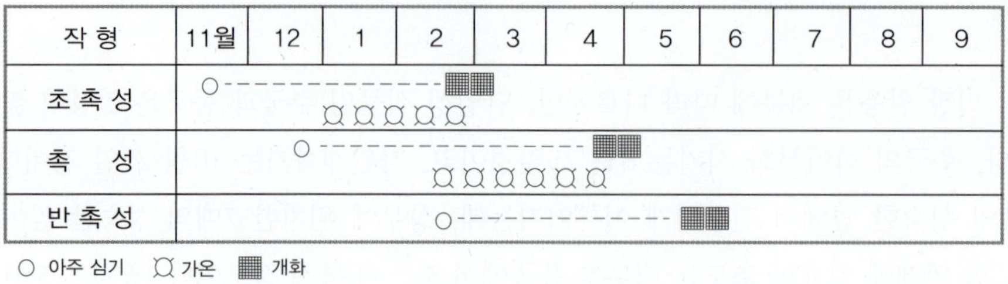

그림 18.3 **하국의 촉성재배 작형**(최와 신, 2002)

② 추국 보통재배

자연 일장을 이용하여 재배하는 작형으로, 6월 중순과 하순 사이에 묘를 정식하고, 일장이 13.5시간 정도되는 8월 25일 전후에 화아분화되어 10월 25일 전후로 개화시키는 재배 방법이다.

③ 추국 차광재배

추국의 단일 개화성을 이용하여 여름철에 인위적으로 단일(차광)처리를 실시하여 5~9월까지 개화시키는 재배 방법이다. 하국이나 7~8월국과 품질 경쟁을 할 수 있지만, 차광할 수 있는 암막 시설이 있어야만 재배할 수 있는 단점이 있다. 2월에 묘를 정식한 후 야간에 전조하다가 4월에 소등과 동시에 차광하면 50~55일 후인 5~6월에 개화시킬 수 있다.

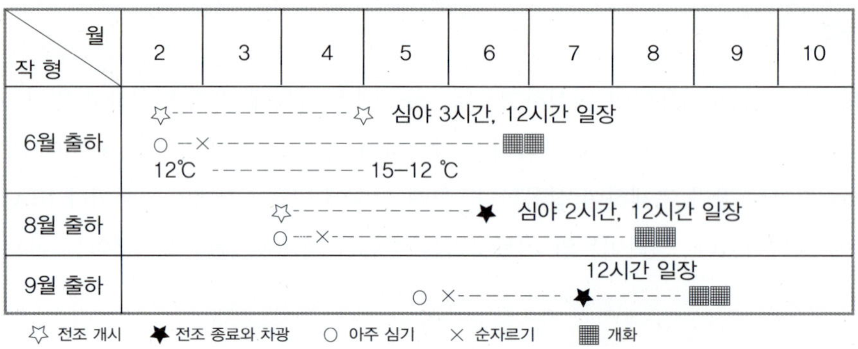

그림 18.4 **추국의 차광재배 작형**(최와 신, 2002)

④ 전조 억제재배

추국의 자연 화아분화기인 8월 하순경에 전등 조명을 해서 장일상태로 만들어 개화를 억제시키는 재배방법이다. 예를 들어, 8월 상순에 묘를 정식해서 8월 하순에 야간 전조를 하여 화아분화를 억제시키고, 10월 상순에 소등하면 한계일장보다 짧은 자연 일장조건이 되므로 화아분화가 시작되고, 12월 상순에 개화된다. 소등과 동시에 야간 온도가 18°C 이상 3주 정도 유지해야 정상적인 화아분화가 유도된다. 또한 소등 15일 후에 5일간 재전조하면 품질이 향상된다.

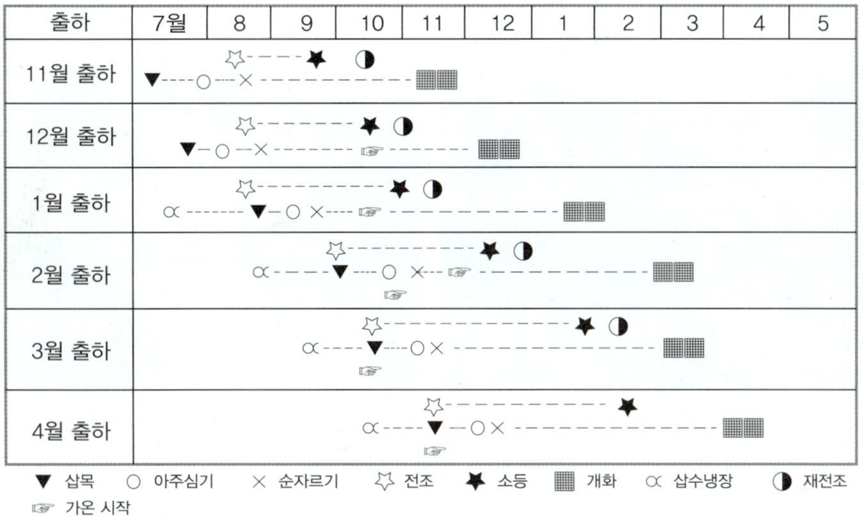

그림 18.5 추국의 전조 억제재배 작형(최와 신, 2002)

(3) 병충해 관리

국화에 발생하는 병으로는 **흰녹병**(백수병), **흑반병**, **갈반병**, **흑수병**, **잿빛곰팡이병**, **균핵병**, **왜화 바이로이드** 등이 있다. 재배기간 중에 가장 많이 발생하는 병은 **흰녹병**(백수병)이다. 시설 내 온도 15~20°C, 상대습도 80% 이상인 조건에서 잘 발생하므로, 환기, 제습 또는 난방처리하여 습도를 70% 이하로 낮추면 병 발생이 크게 억제된다. 국화에 주로 발생하는 해충으로는 **아메리카잎굴파리**, **꽃노랑총채벌레**, **점박이응애**, **파밤나방**, **진딧물**, **선충** 등이 있다.

시들음병

점박이응애

흰녹병　　　　아메리카잎굴파리

그림 18.6 국화 병해충 피해

(4) 수확 후 생리

① 수확 기준

스프레이 계통은 3~4송이가 개화했을 때 채화하고, 스탠다드 계통은 대형국의 경우 80~90%, 중형국의 경우 70% 정도 개화했을 때 채화한다. 스프레이 계통은 절화 길이가 70 cm 이상, 스탠다드는 80 cm 이상이 1등급으로 분류된다, 출하 시 절화 한 묶음(속)은 스프레이의 경우에는 5본 또는 10본이며, 스탠다드의 경우에는 20본이다.

② 절화 수확 후 생리

- **재배적인 요인:** 국화를 재배할 때 고온, 다습, 고광도, 건조 등 지상부의 재배 환경이 악화되면 광합성이 억제되고, 기공개폐 기능과 줄기와 잎 발달이 저하됨에 따라 절화 내부로의 물올림이 불량해져서 절화수명이 단축된다. 또한 배수 불량, 염류집적과 같은 지하부의 환경이 악화되면, 양분 흡수와 시토키닌 합성이 저하되고 잎이 황화되어 절화수명이 단축되기도 한다. 따라서 지상부와 지하부의 재배 환경을 개선하면 절화수명을 연장시킬 수 있다.
- **수확 후 관리 요인:** 절화를 수확한 후 전처리제로 NaOCl, ClO_2, BA, sucrose 등의 혼합용액에 처리하면, 절화 도관의 미생물 증식을 억제하여 수분 흡수가 촉진됨에 따라 절화수명이 연장된다. 또한 보존용액으로서 NaOCl, $AgNO_3$, sucrose 등을 혼합한 용액에 처리하면 절화수명이 연장되는 효과가 있다.

2 장미

• 학명: *Rosa hybrida* L
• 영명: Rose
• 원산지: 동서 아시아

1) 주요 계통 및 품종

장미는 장미과의 장미속에 속하는 작물로, 장미속에는 4개의 아속[*Hulthemia*, *Eurosa*(*Rosa*), *Platyhodon*, *Hesperhodos*]이 있고, 이 아속에는 모두 약 150여 개의 종이 있는 것으로 보고되어 있다. 이들 150여 종은 지구 북반구의 열대에서부터 한대에 이르기까지 넓게 분포되어 있으며, 현대 장미의 품종에 사용된 야생종은 10~15개 정도이다. 절화용 장미 군을 나누면 다음과 같다.

(1) 고전정원 장미 군(Old garden roses)

1867년 이전까지 자연적이거나 인위적으로 개량되어 재배된 장미로서, 꽃잎 수는 많으나 중심이 튀어나오지 않은 부류이다. 이 군에 속하는 장미종은 *R. gallica* L., *R. damascera* Mill, *R. alba* L., *R. centifolia* L. 등이 있다. 한동안 취미 재배가들에 의해 계통이 보존되었지만, 최근 절화용도로서 새로운 화형을 찾게 되면서 절화용으로 개발되어 각광받고 있다.

(2) 하이브리드티 군(Hybrid Tea roses)

1867년 'La France' 품종이 발표된 이래 붙여진 품종 군으로 오늘날 절화용으로 재배되는 품종의 대부분이 여기에 속한다. 주요 특성은 사계성이며, 꽃이 크고, 꽃잎수가 많으며, 화관의 중심이 튀어나오면서 개화하여 장미의 아름다움을 극대화시킨 계통이다. 우리가 알고 있는 절화장미의 대부분이 이에 속한다. 스탠다드 형태로 '비탈', '아쿠아', '딥퍼플', '화이트 뷰티' 등의 품종이 있다.

(3) 플로리분다 군(Floribunda roses)

1930년 미국에서 Hybrid Tea계와 Polyantha계가 교잡된 계통 군이다. 이 계통은 수세가 강하고, 가지가 짧으면서 강한 특성이 있으며, 추위에도 강하다. 꽃은 다발형이고, 개개의 꽃은 홑꽃에서부터 겹꽃까지 있으며, 중형 크기의 스탠다드 형태로 절화 수량이 많은 것이 특징이다.

(4) 폴리안사 군(Polyantha roses)

중국, 한국, 일본 등에 분포하고 있던 찔레류가 유럽으로 건너가 개량되어 품종화한 집단이다. 꽃이 작고 다발형으로 피는 특성을 가지고 있다. 오늘날의 스프레이 계통이 이에 속한다. '카탈리나', '맨스필드', '자나', '핑크레이디', '햇살' 등이 있다.

새로운 화형의 절화장미 / 스탠다드 장미 / 스프레이 장미

그림 18.7 장미의 화형 분류

2) 개화생리

장미는 중심 줄기가 분명하지 않으면서 낮게 자라는 소관목류에 속한다. 그렇기 때문에 하나의 줄기가 돋아나 자라는 사이에 또 다른 줄기들이 지제부로부터 돋아나와 먼저 줄기를 대체하면서 번무해 자라가는 특성을 가지고 있다. 각 줄기는 정아우세성이 있어서 상부의 눈이 다 자라 꽃이 되어 시들어 버리거나 인위적으로 가지가 잘려 나가면 그 아랫쪽으로 정아우세가 옮겨져서 눈이 돋아나고 새가지가 자라나는 습성이 있다.

원래 장미는 5~6월에 개화하는 일계성(一季性) 화목류였으나 Hybrid Tea 장미가 나온 이후 사계성(四季性) 장미로 변화하여 오늘에 이르고 있다. 이러한 생장과 발달 특성을 이용하여 연중 재배되는 절화로서 발달하였지만, 각 부위의 발달과 개화생리를 상세히 파악하는 것이 절화재배에서 중요하다.

(1) 착생 부위에 따른 잎의 형태와 액아의 발육습성

꽃이 형성된 장미 가지에 붙어 있는 잎은 위치에 따라서 형태 차이가 있다. 가지에 붙어 있는 잎은 형태에 따라 3가지로 구분된다. ① 꽃 바로 아래에 1~3매의 작은 잎을 가진 최상위 잎, ② 5~7매의 작은 잎을 가진 중앙 부위의 6~8매의 잎, ③ 1~3매의 작은 잎을 가진 최하위의 잎이다. 이 3가지 그룹의 잎 밑면에 붙어 있는 눈도 크기와 형태가 다소 다르다.

일반적으로 눈의 발아 능력은 1번 그룹이 가장 좋으며, 그 다음이 2번 그룹 3번 그룹 순이다. 이와 같은 차이는 줄기의 상부와 비교해서 기부에 억제물질이 많이 축적되어 있는 것과 관련이 있는 것으로 보인다.

장미는 잎의 나이가 15~35일일 때 최대의 광합성을 한다. 잎의 나이가 10일 정도 되면 스스로 광합성하면서 자급 영양으로 살아갈 수 있게 된다. 이와 같이, 약 40일 미만의 잎의 나이에서 최대 광합성률을 보이므로, 젊은 잎이 수관부에 항상 많도록 수형관리를 해야 좋은 생육을 유지할 수 있다. 장미는 가지와 잎이 계속 형성되는데, 잎이 노화 후 낙엽지면, 낙엽 후 측아에서 새로운 잎이 생긴다. 따라서 이러한 순환이 원활이 이루어질 수 있도록 관리해야 한다.

(2) 화아분화와 발육

장미의 액아는 정아우세에 의해서 맹아가 억제되어 있는 시기에는 엽원기의 형성은 계속되지만 화아는 분화시키지 않는다. 채화 및 적심 또는 전정에 의해서 정아우세가 제거되면 엽원기의 분화 발달이 일어나고, 맹아해서 1~4 cm에 달하면 환경 조건에 관계없이 화아분화가 시작된다. 이 시기는 대략 정아우세가 제거된 후로부터 2주째 쯤이다.

장미 화아분화의 최초 징후는 생장점 부위가 평평해지는 것이며, 그 후 꽃받침, 꽃잎, 수술, 암술 순으로 분화한다. 정아우세가 제거되면서부터 화아분화할 때까지의 일수, 화아분화 시 신초의 길이, 화아분화 후 개화까지의 일수는 품종과 온도 등에 따라서 달라진다.

3) 재배 및 관리

(1) 번식

장미는 한번 심으면 다년간 재배하므로 우수한 묘목을 생산하는 것이 중요하다. 번식 방법에 따라 삽목묘와 접목묘로 나눌 수 있다.

삽목은 성숙한 가지를 삽수로 하여 삽수당 2마디 길이로 절단해서 아래쪽 마디에 붙어있는 잎은 제거하고, 윗쪽의 잎은 부착된 상태로 삽목용토(암면, 펄라이트, 질석 등)에 삽목한다. 삽목 후 30~40일 후면 정식할 수 있을 만큼 활착되어 발근한다. 삽목은 미스트실에서 하는 것이 효과적이며, 삽목 발근 시 온도는 23~25°C 정도가 좋다. 삽목시기는 연중 가능하지만, 삽목묘는 뿌리 부분이 약하여 재배 수명이 짧은 단점이 있다.

접목은 활력이 우수한 대목에 절화용 품종의 눈 또는 가지를 접목하는 것으로 생산시기가 봄과 가을로 한정적인 단점이 있다. 그러나 뿌리가 강하므로 수세가 좋고 재배 수명이 길어서 접목묘의 활용이 많다. 최근에는 접목과 삽목의 장점을 합친 접삽묘 사용이 늘고 있는데, 접목묘의 특성을 유지하면서 묘목의 연중생산이 가능하다는 장점 때문에 새로운 묘목생산 기술로 자리잡고 있다.

이와 같이, 장미의 절화 생산 방법과 작형이 다양화되면서, 각 생산방법과 재배작형에 적합한 새로운 묘목생산 기술이 개발되고 있다.

삽목묘 접삽묘 아접묘

그림 18.8 장미의 번식 형태

(2) 재배 방법

재배 방식은 크게 토양재배와 수경재배로 나뉜다. 과거에는 토양재배가 많았으나 최근에는 80% 이상이 수경재배로 생산되고 있다. 수경재배용 배지는 암면, 펄라이트, 코이어 배지 등을 사용하고 있으며, 배지에 따라 관수방법과 관수량이 달라진다. 대부분 높은 수경재배용 재배상을 만들어 절곡재배를 하고 있으며, 농가 별로 절곡지 관리 방법과 양액관리 기술에 따라 수확량이나 품질이 달라지고 있다.

양액재배 묘목 정식 1차 절곡 장미 개화 전경

그림 18.9 수경재배 생산 과정

(3) 재배 환경

① 빛

장미의 생육을 지배하는 환경 요인에서도 광의 영향이 가장 크다. 장미는 햇빛을 좋아하는 식물로서 우수한 생육 및 개화를 위해서는 충분한 광량이 있어야 한다. 광의 요구량은 품종에 따라서 다르지만 약 37 klux 정도가 광포화점이고, 3 klux가 보상점이다. 광은 절화 수량과 밀접한데, 재배기간 중 광량이 많을수록 절화 수량도 늘어나므로 광의 관리가 중요하다. 따라서 겨울의 흐린 날이나 비, 눈으로 인해 광량이 부족할 때는 고압나트륨등으로 보광해 주면 품질이 좋아지고 수량이 늘어난다. 장미 재배에 보광을 하는 경우에도 광도는 3,200~11,000 lux의 범위로 조사한다.

② 온도

주·야간의 온도는 절화의 수량과 품질(꽃대길이, 꽃잎수, 꽃크기, 꽃색 등)을 좌우하는 주요 요인이다. 절화장미의 온실재배에 적당한 야간 온도는 15~18°C이고, 주간 온도는 24~27°C이다. 대체로 주간 온도와 야간 온도의 교차폭은 10°C 내외로 관리하는 것이 좋다. 야간 온도가 14°C인 곳에서도 자라는 품종이 있기는 하지만 대부분의 품종은 야간 온도가 낮으면 노균병, 흰가루병의 발생이 심해지고 수량이 줄어들 뿐만 아니라, 블라인드(blind)가 많아지고 개화 소요 일수도 많아진다.

여름철 30°C 이상의 고온이 되면 호흡으로 인해 소모되는 동화산물이 많아짐에 따라 꽃 크기가 작아지고 꽃잎수가 줄어들며 꽃색이 퇴색하고, 잎 크기가 작아진다. 또한 고온이 되면 눈의 발생이 많아져서 수량은 많아지지만 꽃의 품질은 떨어진다. 이는 고온기에 장미를 재배할 때 가장 문제시되는데, 이를 해결하기 위한 여름철 온도 하강 시스템이 다각적으로 연구되고 있다. 여름철 온도 하강 시스템으로는 팬앤드패드(fan and pad) 방식, 포그(fog), 에어 쿨(air cool) 등이 있으며, 이 중에서 팬앤드패드방식이 가장 효과가 좋은 것으로 알려져 있으나 시설비가 비싸다는 단점이 있다. 또한 팬과 패드에 의해 그늘이 많이 생기기 때문에 겨울철 장미 재배에는 불리한 점이 있다. 최근에는 여름철에 온도 하강 시스템을 갖춘 시설에서 생산된 고품질 장미들이 높은 가격에 거래되고 있어 겨울철보다 여름철 적정 생육온도 관리에 대한 관심이 높아지고 있다. 고온기에 포그를 이용하여 증발열로 기온을 낮추고 냉방기를 활용하여 생육적온 관리를 함으로써 여름철 고품질 장미 생산이 늘어나고 있다.

③ 습도

습도는 병해 방제와 관련이 깊으며, 건조보다는 다습이 위험하다. 흰가루병이나 노균병은 포자로 번식되는데, 포자가 기존 포자낭으로부터 떨어져 나와 날려서 어린잎에 붙어 95% 이상의 다습 상태가 되면 포자가 발아하기 시작하여 기공을 통해 균사를 뻗으면서 병반이 나타나기 시작한다. 따라서 장마기와 환절기, 겨울철의 시설 내 습도관리가 아주 중요하다.

④ 이산화탄소

대기 중의 이산화탄소(탄산가스, CO_2) 농도는 약 0.04%(410 $\mu mol \cdot mol^{-1}$ 또는 ppm)이다. 온실이나 하우스의 공기 중에 포함되어 있는 CO_2의 양은 대기보다는 좀 높으나 광합성에 의해 소모되는 CO_2의 양으로는 매우 부족하다. 따라서 환기가 거의 이루어지지 않으면, 식물의 광합성량은 충분한 일사와 온도에도 불구하고 급격히 떨어지게 된다. 외부로부터 CO_2 공급이 적은 경우는 CO_2 농도가 극단적으로 낮아지게 된다. 또한 연작 하우스에서는 토양 호흡에 의한 CO_2 발생량도 적으므로, 보온을 목적으로 밀폐시키면 일사량이 적은 겨울철에도 보상점 수준까지 저하될 수 있다.

겨울철에 있어서는 하우스 온도 관리상 한낮을 제외하고는 밀폐 상태로 유지되므로 해가 뜨면 시설 내의 농도가 급격히 떨어지게 된다. 이는 작물이 클수록 더욱 심해지며 공기 중보다 작물이 심겨진 부위가 더욱 심하다. 그러므로 CO_2 과부족 상태가 되어 광합성 속도가 급격히 떨어지고 품질과 수량도 떨어지게 된다.

따라서 CO_2를 공급하여 광합성을 촉진시키는 방법도 겨울철 관리에 중요하다. CO_2 공급 시 농도는 1,000~1,500 ppm 정도가 알맞으며, 공급시간은 일출 후 1시간 후부터 환기 전 30분까지가 가장 경제적이다. 환기는 실내온도가 28~29°C가 될 때 함으로써 CO_2 이용시간을 늘린다. CO_2를 공급하면 절화 수량이 10~20% 정도 증가한다.

(4) 생리장해

① 블라인드(blind)

블라인드란 꽃눈분화가 모든 가지에서 다 일어나지만, 발육이 불량하면 분화된 꽃눈이 꽃으로 발육하지 못하고 퇴화해 버리는 현상을 말한다. 블라인드는 겨울철 약광과 피복자재에 의해 일어나는 광부족 또는 양분의 부족 등에 의하여 발생한다. 환경 조절에 의해 블라인드의 발생을 줄이는 것이 가장 좋다. 방지 대책으로는 ① 겨울 동안 광부족이 일어나지 않도록 하고, ② 야간 최저온도가 14°C 이하로 내려가지 않도록 하며, ③ 환경 불량이나 병충해로 인한 낙엽 현상이 없도록 해야 한다.

② 휴면아와 로젯트

동계 절화 수확 후 정아가 자라지 않는 것을 휴면아라 한다. 또 눈이 순조롭게 생장하다가 몇 장의 잎이 전개된 후 생장이 정지되어 잎이 마디 없이 촘촘히 붙어있는 경우가 있는데, 이를 로젯트라 한다.

휴면아, 로젯트, 블라인드 등은 수량에 큰 영향을 미친다. 재배적인 면에서의 대응책은 우선 품종 선택에 유의하고 발생이 심한 품종의 경우에는 온도 관리와 광조절 그리고 영양상태를 잘 유지시켜 주어야 한다.

③ 기형화

분화한 꽃눈의 발육이 정지되지 않고 생장하지만 정상적인 꽃으로 자라지 못한 채 상품가치가 없는 기형화가 되어 버릴 때도 있다. 꽃잎이 정상적인 꽃보다 많아지고, 더구나 꽃잎이 짧고 폭이 넓어져서 내부 쪽으로 구부러지며, 심한 경우에는 꽃의 중심부가 평평하게 된다. 그 모양이 황소 머리를 연상시키기 때문에 bull-head라고 부르고 있다. 품종에 따라서 기형화 발생률에 큰 차이가 있다. 기형화는 고온기와 저온기에 발생한다. 고온기의 bull-head는 꽃봉오리가 발달하고 꽃받침이 꽃잎에서 벌어지는 시기, 즉 꽃잎 발달이 왕성한 시기(꽃봉오리 직경 : 0.95~1.9 cm)인 개화 약 1주일 전에 고온에 단기간 노출되면 발생한다. 저온기에 발생하는 기형화는 꽃봉오리 발육 초기에 5°C 전후의 저온을 받으면 발생한다. 정상적인 꽃에서는 꽃봉오리의 종경발육이 횡경발육을 항상 상회하지만, 기형화에서는 꽃봉오리의 발육 초기부터 종경발육과 횡경발육이 같이 진행된다.

(5) 병해충

① **노균병**(downy mildew)

완전히 전개된 어린잎에 주로 발생한다. 병이 시작되자 마자 성엽 모두 낙엽이 지고 줄기에도 자주색 또는 갈색의 무늬가 생긴다. 전체 낙엽이 이루어져 절화상품 출하가 어려워진다. 이 병은 흰가루병에 비해 온도가 낮고 다습한 환경을 좋아하므로, 주·야간의 온도 격차가 크고 야간에 안개가 끼거나 이슬이 맺힐 정도의 높은 습도일 때 잘 발병된다. 시설재배에서 봄, 가을에 난방을 중지하거나 시작하기 직전에 대부분 발생하므로 각별한 주의가 필요하다.

② **흰가루병**(powdery mildew)

주로 신초, 어린잎이나 잎자루, 가시 등에 발생하지만, 심해지면 꽃자루, 꽃받침, 꽃잎 등에도 생긴다. 잎은 처음에 흰가루 모양의 곰팡이가 반점으로 나타나지만, 심한 경우에는 잎 전체가 밀가루를 바른 것처럼 곰팡이가 밀생한다. 잎은 울룩불룩해지고, 심하면 비틀린다. 꽃자루에 발생하면 꽃이 구부러지므로 절화 품질이 떨어진다. 또한 새싹에 발생하면 생육이 불량하게 된다. 발병 적온은 17~25°C이며, 상대습도는 23~99%로 그 범위가 매우 넓어서 습기가 많은 곳과 건조한 곳에서도 피해가 큰 병이다.

③ **뿌리혹병**(근두암종병, crown gall)

지면과 맞닿는 줄기 부위에 발생하는 혹이다. 혹의 크기는 0.5~10 cm 이상까지 자란다. 병든 포기는 황변하고, 생육이 느리며, 새로운 잎이나 꽃이 잘 형성되지 않는 등 지상부의 생육이 불량하고 점차 쇠약하여 말라죽게 된다. 접목한 부위, 정식작업이나 토양 해충 등에 의한 상처 부위를 통해 조직 내에 들어가 혹을 만든다. 세균성병으로 방제가 어렵고, 병든 삽수를 갖고서 만든 묘목도 걸리기 때문에 묘 선택 시 주의해야 하며 전염원을 최대한 막아주는 것이 필요하다.

④ **꽃노랑총채벌레**(western flower thrips)

주로 꽃봉오리와 어린잎을 가해한다. 피해를 받은 어린 잎은 기형으로 되어 쭈그러진다. 잎 가장자리가 곧게 펴지지 못하여 삐뚤어져 전개되고, 잎맥도 쭈그러진다. 꽃봉오리가 열리기 시작하면 유충과 성충들이 봉오리 안으로 들어가 가해한다. 이로 인해 꽃잎이 전개되면서 착색이 제대로 되지 못하고, 줄무늬의 흰 반점이 생기거나 기형이 되어 상품가치가 떨어진다.

⑤ **점박이응애**(two-spotted spider mite)

피해는 주로 잎에서 많이 발생한다. 피해 잎에는 황색 또는 흰색의 반점이 생기고, 심하게 피해를 입게 되면 잎이 갈변하고 조기낙엽 증상이 나타난다. 주로 잎 뒷면에서 가해하는데, 밀도가 높으면 잎의 앞뒷면에 거미줄을 만들고 잎 표면에는 응애의 탈피각이 붙어 지저분해진다.

흰가루병

뿌리혹병

총채벌레 피해

점박이응애

그림 18.10 장미 병해충 피해

3 백합(나리)

- 학명: *Lilium* spp.
- 영명: Lily
- 원산지: 아시아, 북미, 유럽의 북반구

1) 주요 계통 및 품종

(1) 나팔백합

나팔백합은 구근백합(*Lilium longiflorum*)과 씨백합(*L.* × *formolongo*)로 나눌 수 있는데, 씨백합은 나팔백합과 *L. formosanum*의 종간교배에 의하여 개량된 백합이다. 절화용으로 많이 개량되어 있고, 현재는 씨백합과 나팔백합 간 교배로 구분이 불분명하다. 우리나라에서 개량한 품종인 '우리타워'는 네덜란드에서 구근이 생산되어 전 세계적으로 재배되고 있다. 화색은 주로 흰색이고, 절화용으로 사용되며, 향기가 매우 우수하다. 미국에서는 키 낮은 나팔백합을 육종하여 부활절 백합(Easter lily)으로 이용하고 있다.

(2) 아시아틱백합(틈나리) 교잡종

가장 먼저 교배품종으로 개발된 종류이지만, 현재는 재배면적이 줄고 있으며 나팔백합과 아시아틱백합을 종간교배한 LA 교잡종이 많이 재배되고 있다. 조생종으로 화색이 다양하고 내병성이 있으며 구근 생산이 용이하지만 향기가 없거나 약하다.

(3) 오리엔탈백합(동양계) 교잡종

꽃이 크고 화색이 다양하며 향기가 매우 좋다. 그러나 재배기간이 길고 바이러스에 약하며 구근생산이 까다롭다. 오리엔탈백합과 트럼펫백합을 교배한 OT 교잡종이 많이 재배되고 있다. 또한 나팔백합과 오리엔탈백합의 교배로 LO 교잡종이 육성되어 재배되고 있다.

표 18.3 백합의 종류별 특성과 주요 품종

종류	특성	단점	주요품종
나팔백합	흰색, 나팔 모양, 향기, 저온 신장성, 씨백합	바이러스 약	우리타워, 어라연, Raizan, F1 Augusta
아시아틱백합	소구 개화성, 조기 개화, 주년생산, 상향 개화, 화색 다양, 내병성, 번식 용이, 재배면적이 감소 추세, 정원용 품종 증가	향기 없음, 소형화, 저광도에서 블라인드	Vermeer, Brunello, Tresor
오리엔탈백합	꽃이 크고 화려함, 만생종, 향기 강함, 대륜화, 절화수명이 김, 다양한 화색, 상품가치 수요가 높음	바이러스 약, 생장속도 느림, 재배 및 양구가 까다로움, 대구 개화성, 구근 가격 비쌈	Sorbonne, Medusa, Siberia, Tiber
LO 교잡종	나팔나리 × 오리엔탈백합 종간잡종 꽃이 크고 화려하며 세력이 강하고 향기 강함	바이러스 약, 생장속도 느림, 대구 개화성	Varese, Trevi
LA 교잡종	나팔나리 × 아시아틱백합 종간잡종 조생, 초장이 길고 생장속도와 초세가 강함	꽃잎이 약함, 향기가 약함, 중생종	Fangio, Menorca
OT 교잡종	세력강, 화색, 화형, 향기, 중만생, 동양계 교잡종 × 트럼펫백합	양구 어려움, 대구 개화성	Belfast, Belladonna, Conca d'Or

나팔백합 '우리타워' 아시아틱백합 'Brunello' 오리엔탈백합 'Medusa' LA 교잡종 'Fangio' LO 교잡종 'Varese' OT 교잡종 'Conca d'Or'

그림 18.11 주요 백합 품종 사진

2) 개화생리

(1) 화아분화

나팔백합의 화아분화는 휴면타파 후 줄기가 지상으로 약 10 cm 정도 자랐을 때 화아분화한다. 그러나 아시아틱백합이나 오리엔탈백합 품종은 구근 수확기에 기온이 낮아지게 되면 화아분화를 시작하여 저온처리가 끝나면 화아분화가 완성된다. 두 종류 모두 저온처리에 의한 휴면타파가 되고 화아분화가 완성되기 때문에 저온처리가 중요하다. 특히 저온처리부터 정식 초기 온도 조건과 뿌리 발달에 따라 화아 발달에 영향을 크게 미친다. 따라서 아시아틱백합과 오리엔탈백합 품종은 저온처리 후 지체 없이 정식하여 정상적인 줄기와 줄기뿌리가 발생되도록 해야 한다.

(2) 휴면타파 방법

네덜란드에서는 11월(아시아틱백합)부터 12월경(오리엔탈백합)에 구근을 수확하여 2°C에 일시 저장하였다가 12~1월에 세척, 살균한 후 크기에 따라 박스당 150개(구주 18/20 cm 크기)부터 200개(16/18), 300개(14/16), 400개(12/14)를 습윤한 피트모스와 혼합하여 60일간 저온처리(2°C)하면 휴면타파된다.

(3) 휴면타파 후 저온 장기저장

아시아틱백합은 −3°C에서 쾌속냉동 후 −2°C, 오리엔탈백합은 −1.5~−1°C, 나팔백합은 −1.5°C, LA 교잡종은 −1.5~−2°C, OT/LO/OA 교잡종은 −1.5°C에 최장 6개월까지 저장 가능하다.

3) 재배 및 관리

백합은 저온생장형 식물이며, 뿌리의 종류가 basal root(기저뿌리)와 stem root(줄기뿌리)로 이원화되어 있다. 기저뿌리는 초기 생육에 영향을 미치고, 줄기뿌리는 중기 이후의 생장에 크게 영향을 미친다. 따라서 대부분의 생장은 줄기뿌리가 얼마나 잘 발달하느냐에 달려 있다. 식재 후 9~12°C에 약 3주간 발근에 필요한 생육환경을 만들어 주는 것이 중요하다. 뿌리가 먼저 발달을 시작하고 이어서 줄기가 신장하게 해야 한다. 이처럼 생장하게 하려면 정식 후 9~12°C 정도로 서늘하게 유지하여야 하지만 우리나라에서는 재배일수를 줄이기 위하여 초기부터 지나치게 높은 온도로 재배하면 절화 품질이 떨어지게 된다. 만약 줄기가 기저뿌리 생장보다 먼저 신장하게 되면 줄기뿌리의 발달이 부실하게 된다. 이렇게 순서가 뒤바뀐 뿌리 발달은 결국 줄기가 가늘고 부실하게

표 18.4 백합 종류별 구 크기별, 제곱미터당 정식 구수

종류 \ 구주(cm)	10~12	12~14	14~16	16~18	18~20
아시아틱백합	60~70	55~65	50~60	40~50	35~45
LA, OA 교잡종	~	45~55	40~50	35~45	30~40
오리엔탈백합	–	55~65	50~60	40~50	35~45
OT 교잡종	–	55~65	45~55	40~50	35~45
나팔백합	55~65	45~55	40~50	35~45	30~40

생장하고, 화뢰의 발달에 악영향을 미쳐서 낙뢰(bud drop)와 엽소 현상(leaf scorch)을 일으키는 주요 원인이 된다.

(1) 겨울 개화작형(억제-촉성 재배) 11월~2월 개화

겨울 개화작형 재배는 매우 까다롭다. 특히 아시아틱백합 품종은 겨울철 저광도에서 보광장치가 없으면 블라인드 등의 문제가 발생한다. 촉성재배(10월 정식)용 구근은 네덜란드 구근을 사용할 수 없기 때문에 칠레나 뉴질랜드에서 양구된 구를 수입하여 사용한다. 억제작형은 정식하여 초기 생육기간은 가온하지 않고 재배 중기부터 가온하여 수확 때까지 가온하는 작형이다. 촉성 재배작형은 정식부터 개화까지 가온하는 작형이다.

(2) 봄 개화작형(반촉성-조숙 재배) 3월~6월 개화

네덜란드에서 10~11월에 수확하는 아시아틱백합 품종, 11~12월에 수확하는 오리엔탈백합 품종은 1~2월에 정식하게 되는데, 원하는 개화기로부터 역산하여 정식한다. 우리나라에는 12월에 네덜란드에서 수확하여 선박으로 운송하는 과정에서 저온처리한다. 반촉성 재배는 정식 초기에 가온하여 생육 중반기까지 가온하고, 후반기에는 가온하지 않고 재배하는 작형이다. 조숙 재배작형은 정식 초기에만 가온 또는 보온하고 생육 중반기 이후에는 가온하지 않는 작형이다.

(3) 정식 및 재배 환경관리

백합은 구근 크기의 1.5~2배(10~15 cm) 깊이로 깊게 정식해야 줄기뿌리가 잘 발달한다. 정식 후 아시아틱백합은 주간 20°C/야간 10°C에서 가장 품질이 좋으며, 일평균온도를 높이면 품질은 떨어지고 개화기는 빨라진다.

4) 번식 및 양구

(1) 조직배양 기술을 이용한 무병종구 생산

바이러스 무병구를 생산하기 위하여 생장점 배양을 한다. 생장점 배양 기술과 함께 기내자구에 대한 항바이러스제(예, Ribavirin)를 처리하거나 고온처리를 함께 하면 더욱 효과적으로 바이러스 무병구를 생산할 수 있다.

이후 조직배양 기술을 이용하여 기내 인편번식(무균상태의 기내에서 인편을 계속 분리하여 배지에서 자구번식)한다. 자구 비대를 위한 배지는 MS 기본 배지에 설탕 40 g/L, 활성탄 1~2 g/L 및 한천

8 g/L, pH 5.8 배지를 사용하고 암배양한다. 인편 배양에서는 배지에 생장조절제가 첨가되지 않으므로, 광은 자구의 비대에 영향을 미치지 않는다.

(2) 인편삽

백합의 인편삽은 바이러스 등 병해충에 감염되지 않은 개화구의 인편을 분리하여 입자가 큰 버미큘라이트와 혼합하여 공기 순환이 잘 되는 그물망에 넣어 일정한 크기로 개별포장한 뒤 얕은 상자에 2단 정도로 쌓고서, 수분 유지를 위하여 비닐로 밀봉한 다음 20~22°C에서 약 60일간 처리한다. 60일 후 뿌리가 외부로 생성되고 땅콩 크기의 자구가 형성되면, 온실에서 9~10 cm 구주의 크기로 비대시킨다. 이듬해에 노지 포장에 식재하여 1년 더 재배하면 개화구가 생산된다.

5) 병해충 및 생리장해 관리

(1) 바이러스

나팔백합과 오리엔탈백합은 진딧물에 많은 가해를 당하고, 바이러스를 전파한다. 반면, 아시아틱백합은 상대적으로 바이러스에 강한 편이다. 주요 바이러스로는 TBV(tulip breaking V:엽 노란색선, 꽃에 반점), LSV(lily symptomless V: 별다른 증상은 없으나 생육 둔하로 품질저하), LMoV(lily mosaic V: 가장 흔한 바이러스로 꽃봉오리와 새순에 많이 발생), CMV(cucumber mosaic V: LMoV와 유사), PlAMV(plantago asiatica mosaic V: 오리엔탈백합과 OT 교잡종에서 잎이 울퉁불퉁해지고 황화)가 있다.

(2) 구근부패병(*Fusarium oxysporum*)

구근의 기부, 인편과 줄기가 썩는다. 토양 전염병으로 토양 과습과 연작시 구근과 인편 뿌리가 썩어서 도관으로 침투하며, 줄기뿌리가 감염되어 식물체 전체가 죽는다.

(3) 잿빛곰팡이병(*Botrytis elliptica*)

잎의 앞뒷면에 나타나며, 타원형의 회갈색 병반이 확대되어 고사한다. 줄기와 꽃봉오리에도 나타나기도 하며 저온다습 조건에서 급속히 퍼진다.

(4) 푸른곰팡이(*Penicillium tulipae*)

저온저장 중에 구근의 기부에 감염되어, −2°C에서도 확대된다. 양구 중인 토양에서 과습하거나 구근 수확 시 인편에 상처가 나면 감염되어 저장기간 동안 확대된다.

(5) 줄기썩음병(*Phytophthora nicotianae*)

Pythium, *Rhyzoctonia*, *Fusarium*과 함께 토양전염성 병으로 과습한 토양에 토마토나 거베라를 재배한 토양에 백합을 재배할 경우 나타난다. 청고병이라고도 하는데, 식물체가 낮에는 시들고 밤에는 회복되다가 지상부가 서서히 푸른 상태로 말라죽는다.

(6) 일소현상(leaf scorch)

일소현상은 뿌리 발달이 제때에 형성되지 않은 상태에서 고온으로 인해 지상부가 급속하게 신장하고 엽 전개속도(일평균 온도에 좌우)가 빨라져서 뿌리로부터 충분한 양수분이 공급되지 않아 강한 광선에 의해 잎의 증산이 심화되어 잎세포가 괴사하게 된다.

바이러스 감염 피해

잿빛곰팡이병

푸른곰팡이

일소현상

그림 18.12 백합 병해충 피해

4 거베라

- 학명: *Gerbera hybrida* L.
- 영명: Gerbera
- 원산지: 남아프리카, 아프리카, 아시아 등

거베라는 남아프리카 트란스발(Transvaal) 지역 원산의 숙근성 화훼작물이다. 꽃은 한 꽃대에 하나의 꽃을 피우는 1경 1화의 두상화서로 이루어져 있으며, 꽃대에는 잎이 붙어 있지 않은 것이 특징이다. 꽃이 크고 화려하며 화색이 다양해서, 우리나라에서는 주로 축하용 화환 등에 이용되고 있으나, 최근에는 미니 계통이나 스파이더 계통, 파스타 계통 등이 도입됨에 따라 꽃꽂이 소재로도 많이 이용된다.

1) 주요 계통 및 품종

원산지를 중심으로 해서, *Gerbera jamesonii*를 비롯하여 약 40여 종이 자생하고 있지만, 현재 시장에서 거래되는 대부분의 거베라는 여러 종들 사이의 교잡에 의해 상업적으로 육성된 품종들이다. 전 세계적으로 연간 유통되는 품종의 수가 400여 종에 이르며, 우리나라에서도 연간 100여 품종이 유통될 정도로 다양하고 많은 품종들이 재배되고 있다.

(1) 꽃의 크기에 따른 분류

꽃의 직경이 10 cm 이상인 스탠다드(대륜) 계통과 8 cm 미만인 미니(소륜) 계통으로 구분하며, 그 중간 정도 크기의 계통을 미디(중륜) 계통으로 구분하기도 한다.

(2) 꽃의 모양에 따른 분류

꽃의 구조에서 외부설상화와 통상화만으로 구성된 계통을 홑꽃으로 구분한다. 또한 통상화의 일부가 설상화로 발달하여 외부설상화와 구별되는 내부설상화를 갖는 계통을 반겹꽃, 통상화 전체가 설상화로 발달하여 설상화만으로 구성된 계통을 겹꽃으로 구분한다. 또한 꽃잎의 모양에 따라 꽃잎이 5~6장으로 갈라져 있는 계통을 스파이더 타입, 꽃잎이 나선형으로 비틀어진 계통을 파스타 타입으로 구분한다.

(3) 이용 목적에 따른 분류

화환이나 꽃꽂이 소재로 꽃을 잘라 이용하는 절화용, 초장이 20~25 cm 정도인 왜성종으로 화분에 식재하여 이용하는 분화용, 저온에 비교적 강해서 외부 화단에 식재하여 이용하는 화단용으로 구분된다. 국내에서 재배되는 거의 대부분의 품종은 절화용 품종이지만, 네덜란드나 일본 등에서는 분화용과 화단용 품종도 일부 재배된다.

2) 개화생리

(1) 꽃눈분화 및 발달의 특징

거베라는 온도나 일장에 관계없이 일정한 영양생장기간만 경과하면 꽃을 피우는 영양·생식생장형 식물이다. 근출엽형의 식물로 지제부 생장점에서 잎이 분화되어 나오며, 품종에 따라 잎의 수가 7~26매에 도달했을 때 꽃눈분화가 시작된다. 생장점에서 첫 번째 꽃눈이 분화하여 1번화가 만들어지면 바로 밑의 최상부 엽액에서 2번화가 분화하여 신장하고, 그 밑의 엽액에서는 새로운 액아가 분화하여 3번화와 4번화가 분화된다. 이와 같은 꽃눈형성과 액아 발생을 반복하면서 뿌리줄기(rhizome, 근경)가 형성되는데, 뿌리줄기의 하위에서 분화된 액아일수록 꽃눈형성을 위해 상위보다 더 많은 수의 잎을 분화한다. 꽃눈분화가 시작된 이후에는 일정한 생육 환경만 유지시켜 주면 연중 개화가 가능하다.

그림 18.13 거베라 꽃눈형성 모식도

(2) 생육환경

거베라는 열대지방 원산이지만, 비교적 서늘하고 낮은 온도에서도 생육이 좋다. 우리나라에서는 **온실숙근초**로 분류되는데, 5°C 이하에서는 하엽이 자색을 띠면서 생육이 정지되고, 0°C 이하에서는 지상부가 고사하고 휴면에 들어가며, 결빙 온도 이하에서는 주 전체가 고사하기 때문에 무가온 온실 내에서는 월동에 주의해야 한다. 생육적온은 주간 20~25°C, 야간 15~18°C로 우리나라의 봄과 가을에 생육이 왕성하며, 여름철 고온기에는 잎의 분화와 꽃눈형성은 계속되지만 꽃눈 발달이 정상적으로 이루어지지 못해 절화 수량이 줄어들고 품질이 저하된다.

호광성 식물로 충분한 광 조건에서 생육이 좋다. 우리나라의 이른 봄과 늦은 가을, 겨울에는 무차광으로 재배하는 것이 효과적이며, 그 이외의 기간에는 30~40% 차광하여 재배해야만 생육이 왕성하고 화색의 발현을 촉진시킬 수 있다. 일장이 거베라의 생육 및 개화에 미치는 영향은 크지 않지만, 장일보다는 단일에서 액아의 발생이 많고 절화 수량이 증가되는 경향이 있다.

뿌리가 직근성으로 땅속 20~30 cm까지 깊이 내려가므로 건조에 비교적 강하다. 토양에 수분이 많아 생장점 부위가 습해지면 오히려 뿌리썩음병 등의 발생이 우려되므로, 살수관수보다는 점적관수를 실시하고 토양을 건조하게 관리하는 것이 좋다.

3) 재배 및 관리

(1) 번식

거베라는 종자나 분주에 의해 번식이 가능하다. 하지만 종자 번식의 경우에는 유전적 분리가 일어나서 품질 및 생육의 균일성이 떨어지고, 분주 번식은 연간 번식율이 7~10배로 낮아서 대량 증식이 어렵고, 역병 등으로 인한 품종의 퇴화가 심하다. 이러한 이유로 절화 생산을 위한 영리재배에서는 대부분 **조직배양묘**가 이용되고 있다.

(2) 품종의 선택

국내에서 유통되는 거베라는 주로 축하용 화환 등에 많이 이용되므로, 재배농가들은 5~6가지 계열의 화색(적색, 황색, 분홍색, 주황색, 백색, 복색 등)을 갖는 품종 10여 개를 함께 재배하여 혼합 출하하고 있다. 일반적인 재배농가의 화색별 재배 비율을 보면, 적색이 20% 정도로 가장 많이 재배되고, 황색 계열과 분홍색 계열은 화색의 명도와 채도에 따라 각각 2~3개 품종을 혼합하여 20~30% 정도씩 재배된다. 나머지 부분은 출하되는 상품의 구색을 다양화함은 물론 다른 농가의 상품들과 차별화하기 위해서, 농가에 따라 자주색, 백색, 복색 등 여러 가지 품종들을 선택하여 재배한다. 이 때 화색의 기호도 및 혼합 비율이 가격을 결정하는 주요한 요인으로 작용하기 때문에, 다양한 화색의 품종들을 적절한 비율로 혼합하여 식재하는 것이 매우 중요하다.

(3) 재배 방법

일반적으로 조직배양묘를 4~5월에 정식하면 8~9월부터 출하가 가능하다. 우리나라에서는 한 번 심어 2~3년간 연속 채화하는 작형으로 재배한다. 7~8월 정식은 고온기에 묘의 활착이 불량하고, 9월 이후 정식은 생육기 저온으로 생육이 부진해져서 이듬해 봄에 채화량이 감소하므로 늦어도 6월 중순 이전에 정식을 완료해야 한다.

근출엽형으로 지제부에 생장점이 위치하여 토양수분이 많으면 역병 등 뿌리썩음병이 발생하기 쉽다. 따라서 토양은 지하수위가 높지 않고 배수가 잘되며 통기성이 원활한 사양토나 양토가 좋다. 지하수위가 높은 곳은 땅 속에 배수관을 3 m 간격으로 설치하거나 이랑을 높게 만들어 토양을 가능한 한 건조하게 관리한다. 정식 예정 포장에는 퇴비나 유기물을 10 a당 7~10 t 정도 투입한 후 50~60 cm까지 깊게 갈고, 토양전염성 병의 예방을 위해 토양 소독을 철저히 한다. 밑거름은 연간 시비량(성분량으로 10a당 질소 20~30 kg, 인산 30~40 kg, 칼리 25~30 kg)의 30%를 시용하고, 나머지는 생육기인 7~9월에 웃거름으로 시용한다.

정식은 토양 온도가 18°C 이상(3월 상순 이후) 유지될 때, 본엽이 3~5매 정도인 조직배양묘를 70~80 cm 폭의 이랑에서 포기 사이 30 cm, 줄 사이 40 cm로 하여 두 줄로 심는다. 너무 깊게 심으면 생장점이 땅 속으로 들어가 생육이 부진해지므로 생장점이 지면과 일치하게 심는다. 정식 직후에는 충분히 관수해서 활착을 촉진하고, 활착 후에는 충분한 광을 받게 하고 관수량을 줄여 일반적인 관리를 한다. 정식 후 3개월 이전에 발생한 꽃눈은 조기에 제거해서 묘가 충실히 생장하도록 한다.

잎이 정식 1년차까지는 25~30매 이상 분화되지 않기 때문에 지제부 생장점까지 광이 잘 투과된다. 하지만, 정식 2년차 이후부터는 곁눈의 수가 증가하고 잎이 과번무해지면서 분화된 꽃눈의 유실 비율이 높아질 수 있으므로, 생장점까지의 광투과율을 높이고 통풍을 원활하게 하기 위해 **적엽**(잎따주기)을 실시하여 적정엽수(30~40매)를 유지한다. 일반적으로 적엽은 영양생장이 왕성해지고 절화 가격이 상대적으로 낮은 6월~8월에 실시하지만, 분화엽수가 많아지면서 꽃눈분화 수가 줄어들면 다른 시기에도 실시하는 것이 좋다.

생육적온인 16~25°C에서는 꽃눈과 잎눈의 분화가 지속되면서 연속 채화가 가능하다. 하지만, 우리나라의 여름철에는 온도가 높아 꽃눈분화 및 꽃눈 발달이 불량해지고, 개화한 꽃도 화색이 퇴색될 수 있다. 따라서 장마 후 7~9월 상순까지는 한랭사로 30~40% 정도 차광하고, 환기량을 조절하여 온실 내부의 온도를 가능한 낮게 유지한다. 겨울철에는 야간 온도 11~13°C, 주간 온도

14~17℃ 이상으로 유지하면 상업적 생산이 가능하다.

수확은 꽃이 70% 정도 개화되었을 때(통상화의 꽃가루가 1~2줄 보일 때) 가위를 사용하지 않고서, 손으로 꽃대를 옆으로 눕혀 잡아당기듯이 따내는데, 이때 꽃대의 기부까지 가능한 길게 **채화**한다. 봉오리 때 절화하면 꽃이 피지 않고, 너무 어린 것을 절화하면 물올림이 좋지 않으며, 채화를 늦게 하면 절화수명이 짧아지기 때문에 적기에 수확하는 것이 좋다. 출하는 10본을 한 다발로 묶어 출하한다.

거베라 재배 전경

거베라 출하 모습

그림 18.14 거베라 재배전경 및 출하 모습

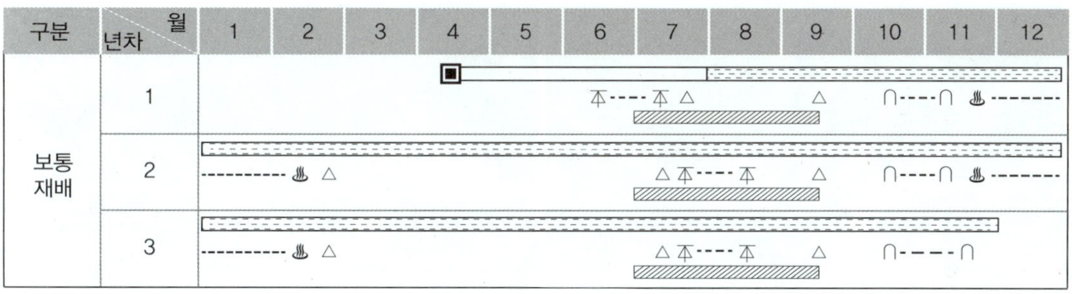

▣ : 정식, 本 : 적화 또는 적엽, △ : 추비, ∩ : 보온, ♨ : 난방, ⬚ : 수확, ▨ : 차광

그림 18.15 거베라 절화재배 작형

(4) 병해충

거베라에 발생하는 역병(*Phytophthora cryptogea*)이나 *Pythium, Rhizoctonia, Fusarium, Verticillium* 등에 의한 뿌리썩음병은 병원체가 지제부(크라운) 부근의 줄기나 뿌리를 썩게 만들어 주 전체가 생기를 잃고 시들어 버리는 곰팡이병이다. 지하수위가 높고 배수가 불량한 경우에 발생하기 쉽다. 특히, 채화나 적엽으로 인하여 생긴 상처를 통해 감염이 확산될 수 있으므로 주의하여야 한다. 토양전염성 병으로 감염된 식물체는 발견하는 즉시 뿌리 채 뽑아 흙까지 제거하고 방제약제를 이용해 주위의 토양까지 관주하여 소독해야 한다.

흰가루병은 잎 표면에 흰 가루 모양의 곰팡이가 밀생하여 마치 밀가루를 뿌려놓은 것 같은 증상을 나타내는데, 심한 경우에는 꽃자루와 꽃받침 등에도 발생한다. 여름철 고온기를 제외하고서는 거의 연중 발생하지만, 여름에도 장마철 습도가 높은 시기에는 발병하기 쉬우므로 주의해야 한다. 특히, 습도가 높고 잎이 과번무해져서 통기가 불량할 때 자주 발생하므로, 식물체가 습해지지 않게 하고, 야간의 다습을 피하며, 환기를 통해 온실 내부의 상대습도를 낮게 유지하는 환경관리가 필요하다. 동일 계통의 약제 살포시 약제 저항성이 쉽게 생기는 대표적인 병이므로, 다른 계통의 약제를 교호로 살포하여 방제하는 것이 중요하다.

거베라에 발생하는 주요 해충으로는 차먼지응애와 아메리카잎굴파리, 총채벌레, 온실가루이 등이 있다. 일명 플라스틱병으로 불리는 차먼지응애의 피해 증상은 어린 잎이 표면 쪽으로 말리면서 위축되고, 광택을 띠며, 꽃잎은 갈색으로 변하고 신장·전개되지 않아 관상가치를 떨어뜨린다. 아메리카잎굴파리는 잎의 엽육조직 내부에 굴을 파고 다니며 식물에 피해를 주는 해충이다. 꽃을 직접적으로 가해하지 않지만, 광합성 효율을 저하시켜 식물에 피해를 주는 해충이다. 총채벌레는 주로 꽃이나 생장점을 가해하여 꽃눈과 잎눈을 유실시키거나 기형화를 유발하고, 온실가루이는 감로를 배설해 그을음병을 유발한다. 이들 해충들은 온실 안에서 연중 발생하므로 주기적인 예찰과

역병 피해 증상

흰가루병 피해 증상

차먼지응애 피해 증상

아메리카잎굴파리 피해 증상

그림 18.16 거베라 주요 병해충 피해

예방이 필요하다. 해충이 발생한 이후에는 방제약제를 3~4일 간격으로 3~4회 연속 살포하여 방제하되, 동일 계통의 약제 살포시 약제저항성이 유발될 수 있으므로 다른 계통의 약제를 교호로 살포하여 방제하는 것이 중요하다.

5 카네이션

- **학명**: *Dianthus caryophyllus*
- **영명**: Carnation
- **원산지**: 유럽, 서아시아

1) 주요 계통 및 품종

카네이션의 원종과 카네이션의 꽃은 홑꽃(꽃잎 5장)이지만, 지속적인 품종개량으로 현재는 겹꽃이 만들어졌으며 다양한 꽃 크기와 화색을 가지고 있다.

상업적으로, 절화용 카네이션은 한 가지에서 하나의 꽃이 피는 스탠다드 계통과 한 가지에서 여러 개의 꽃이 피는 스프레이 계통으로 구분할 수 있다. 스탠다드 계통은 꽃 크기가 크고, 절화 길이는 60~80 cm 정도이다. 스프레이 계통은 중심화를 제거하고 액아는 그대로 키워서 개화시키면 작은 꽃이 다발로 피는 형태로, 절화 길이는 40~70 cm 정도이다. 우리나라와 일본은 스탠다드와 스프레이의 재배 비율이 50:50에 가깝지만 외국에서는 스프레이 계통을 선호하는 경향이 높다.

스탠다드 복색 카네이션

스탠다드 적색 카네이션

스프레이 카네이션

그림 18.17 카네이션 화형

2) 개화생리

카네이션은 **저온성 작물**로 생육적온은 12～16°C이지만, 10～22°C로 재배해도 큰 지장은 없다. 카네이션의 생육 및 개화와 재배 환경의 관계를 보면, 꽃눈 분화까지의 영양생장은 전적으로 높은 광 강도에 달려있고, 꽃눈분화는 온도와 광도에 크게 영향을 받는다. 품질이 우수한 꽃을 많이 생산하기 위해서는 장일과 많은 광량이 필요하다. 후기의 꽃눈 발달에는 온도가 중요한데, 온도가 높을수록 개화까지 꽃눈 발달이 빠르다.

꽃은 주당 10～20개 생산할 수 있고, 잎은 각 마디에 마주나며, 전체 마디수는 15～18마디 정도이다. 곁가지 발생은 마디마다 자라나오는데, 꽃봉오리부터 밑으로 6번째 마디 사이에 발생하는 곁가지는 꽃눈이 형성되므로 스탠다드 계통의 경우 조기에 제거한다.

3) 재배 및 관리

(1) 번식

카네이션은 유전적으로 우량하고, 바이러스나 병에 걸리지 않은 건강한 모주를 확보하는 것이 중요하다. 모주의 정식 시기는 6월부터 이듬해 2월까지이다. 정식기가 빠를수록 삽수의 수량이 많아지며, 삽수 채취량은 연간 40～50개/1주를 목표로 한다. 재식 밀도는 1 m^2당 40주 전후(이용률 50% 시 66주/10 m^2)가 상한선이다. 삽수는 전개엽이 4～5매이고, 무게는 4～5 g, 직경 3 mm 이상이면서 균일도가 높은 것이 좋다. 삽수 채취 전에는 살균제를 뿌려서 저장 중의 부패병 방지에 주의한다.

삽수는 가을부터 봄까지의 것이 우수하며, 육묘 비용을 절감하기 위해서는 삽수의 냉장저장이 필요하다. 채취한 삽수는 반나절 정도 그늘에 두어 어느 정도 시들면 냉장 직전에 비닐봉지에 넣는다. 이때 삽수가 봉지에 가득 채워지지 않게 해서, 공기가 조금 통할 정도로 밀봉한 다음 바로 세워서 저장한다. 삽수는 밑부분에 발근 물질이 축적되는데, 이 물질의 작용에 의해서 뿌리 형성이 촉진된다. 이 물질은 냉장 중에 조금씩 축적되므로 장기간 저장된 삽수는 상당한 정도로 발근 준비가 되어 있다. 냉장고에서 꺼낸 후 삽수의 재조재를 위해 밑부분을 잘라내면, 식물은 발근 물질을 새로이 생성해야 하므로 발근이 지연된다.

삽수의 냉장온도는 식물체가 얼지 않는 최저온도인 0～2°C 범위가 좋다. 저장고 내의 습도는 80～90%가 적당하다. 한편 저장고 내에 에틸렌 가스가 발생하면 삽수의 잎이 급속하게 노화되어 장기저장을 할 수 없게 된다. 따라서 에틸렌의 발생 원인이 될 수 있는 채소, 과일, 부패한 카네이션 삽수 등과 동시에 저장하지 않도록 한다.

채취한 삽수는 건조해지지 않게, 그늘지고 서늘한 곳에서 생장점이 있는 부위로부터 2~3마디를 남기고 다듬는다. 삽수의 밑부분에는 발근촉진제를 처리하여 삽목한다. 삽목 용토는 깨끗하고, 배수성이 좋은 펄라이트, 피트모스, 버미큘라이트 등을 단용으로 사용하거나 적당한 비율로 섞어 사용한다. 섞는 비율은 미스트 시설이나 여름철에 육묘하는 경우에는 물 빠짐을 좋게 하기 위하여 펄라이트 비율을 높이는 것이 좋다.

삽목상의 지온은 20°C가 적당하고, 기온은 지온보다 5~6°C 정도 낮게 유지하는 것이 좋으며, 자연상태에서는 3~5월이 삽목에 가장 적합한 시기이다.

(2) 온도 관리

① 여름 온도 관리

생육적온은 15~20°C로 비교적 낮은 온도를 좋아하므로, 재배시설에서는 환기를 용이하게 시킬 수 있는 것이 중요하다. 평지에서는 5~6월에 정식하여 어린 단계에서 여름을 넘기거나 장기재배의 경우 5월 말~6월 초순 사이에 잎을 몇 장 남기고 적심하여 측지가 어느 정도 나온 상태에서 여름을 지나는 것이 좋다. 여름 고온기에는 하우스의 경우 비닐을 벗겨 노지에 가까운 조건으로 했다가 가을에 피복해 주는 것이 좋으며, 피복을 벗기기 곤란한 경우에는 차광을 해주어도 효과가 있다. 이 경우 개화시기가 다소 늦어지지만, 차광 시 반사필름을 멀칭해 주면 지온도 내려가고 보광의 효과도 볼 수 있다. 보다 적극적인 냉방 방법으로는 수시 차광이나 에어쿨을 설치하여 온도를 하강시키고, 수경재배의 경우 양액 온도를 내리거나 베드 밑으로 지하수를 순환시켜 근권 온도를 떨어뜨리는 방법도 있다.

② 겨울 온도 관리

야간 온도는 품종에 따라 약간의 차이는 있지만 10°C 전후가 알맞다. 겨울철에는 난방비를 절감하는 것이 관건이므로 커튼, 피복자재 등으로 보온을 철저히 해 준다. 5~12°C 범위 내에서 야간에 고온 관리하면, 1~3월 수량이 증가하고 개화는 어느 정도 빨라지지만 연약한 절화가 되기 쉽고, 수확기간이 길어진다. 반대로 온도를 낮게 관리하면 줄기는 굵고 강건해지나 개화기가 다소 지연되고 선명한 화색이 나오지 않으며 수확기간이 짧아진다. 따라서 혹한기에 수확하는 경우에는 10°C 이상으로 관리하고, 영양생장 단계에 있고 생육이 빠른 경우에는 6~8°C 정도로 관리하여 난방비를 절감하는 것이 좋다.

카네이션의 낮의 적온은 15~20°C 정도이다. 여름의 강광일 때는 이것보다 조금 높아도 좋으나, 25°C 정도가 생육을 하는 허용 한계이므로 낮 동안에는 적극적인 환기 노력이 필요하다.

(3) 일장 관리

① 전조재배의 필요성

카네이션은 가을철에 해의 길이가 짧아졌을 때 해가 진 후부터 전등을 켜 주어 일장을 16시간 정도로 유지하면 1달 정도 개화를 앞당길 수 있다. 전조재배는 9월 정식 작형에서 정식을 제때에 하지 못하여 9월 말이나 10월 초에 정식할 경우 또는 봄철에 정식한 작형에서 1번화 수확 후 2번화의 수확 기간을 앞당기고 싶을 때 효과를 볼 수 있다. 또한 9월초에 정식을 하였더라도 전조를 실시하여 어느 정도까지 생육을 앞당긴 후, 12월~2월 사이에 야간에 최저온도로 관리하여 난방비를 절감할 목적으로 응용할 수도 있다.

② 전조재배 방법

전조처리는 적심하여 20일 경과(측지 길이 10 cm 정도)한 후, 해진 후부터 밤 12시까지 60일간 전조를 하면 19~26일 개화가 빨라진다. 그러나 전조를 적심 후 바로 시작하면 측지 발생이 줄어들어 수량이 감소한다. 전조 방법은 LED등 또는 형광등을 1.5~2 m 높이에 사방 3~4 m 간격으로 설치하여 빛의 밝기가 50 lux 이상 되게 한다. 전조 시간은 해의 길이가 짧아지는 시기인 10월 말이나 11월에 해가 진 후부터 전등을 5~6시간 정도 켜서 일장을 16시간 정도로 유지하는 것이 적당하다. 또한 심야(밤 12시 이후)에 2~3시간 전조를 해주어도 효과를 볼 수 있으므로, 전력량이 부족한 농가에서는 구역을 나누어 초저녁부터 1차 구역에 전조를 끝내고 2차 구역은 심야에 전조를 실시하는 방법도 있다.

③ 야간 온도에 따른 전조 효과

야간 온도가 높을수록 개화가 빠르고, 전조 효과 또한 야간 온도가 높을수록 더 크게 나타나지만 절화가 연약해지고 품질이 저하된다. '데지오' 품종의 경우 야간 온도를 8°C로 관리하였을 때 꽃대 길이, 절화 무게 등 절화 품질이 우수하고 수량도 많지만, 지나치게 낮게(4°C 이하) 온도를 관리하면 개화가 지연되고 화색이 제대로 나오지 않는다. 꽃받침 찢어짐(악할) 발생이 심한 품종은 주야간 온도차가 커지면 꽃받침 찢어짐 발생이 많아질 수 있으므로 주의가 필요하다.

④ 전조재배의 유의점

전조재배는 개화를 촉진시키는 반면에, 마디를 길게 하고 줄기를 약하게 하거나 측지의 발생을 억제시킨다. 따라서 전조의 시기, 기간 등을 정확하게 지켜야 품질의 저하를 막을 수 있다. 그러나 본래 줄기가 약한 품종이나 측아의 발생이 어려운 품종은 전조하지 않는 것이 좋다. 또한 카네이션은 고온에 약하여 연약하게 생육하기 쉬우므로 고온기에는 전조를 피하는 것이 좋다. 자연상태에서는 연간 2작에 약간의 무리가 있으나 전조를 하면 2작도 가능하다.

(4) 광합성의 특성과 광관리

카네이션의 광합성속도는 광도에 비례해서 20,000 lux까지는 거의 직선적으로 증가하고, 그 후에는 약간 완만한 곡선을 나타내어 55,000~60,000 lux 부근에서 광포화에 달한다. 온도와 광합성 속도는 10°C나 15°C까지는 급속하게 증가하고 16°C부터 18°C 부근에서 최대가 된다. 또한, 온도가 높아짐에 따라서 차차 감소하는데, 30°C에서는 최대 광합성 속도의 약 50%까지 감소한다. 카네이션의 광합성 적온범위는 18~22°C 정도로 범위가 비교적 좁다.

(5) 토양 관리

카네이션은 통기성과 보수, 배수가 좋은 다공질 토양(토양경도 10 mm 이하, 기상률 20% 이상)에서 재배하는 것이 좋다. 토양 물리성을 개량하기 위하여 넣는 유기물은 가능하면 분해가 느린 피트모스, 짚, 왕겨, 바크 등 거친 유기물을 많이 사용한다. 토양의 EC는 3.0 dS/m 이하가 정식 시 안전하고, 개화기 4.0 dS/m, 생육기 5.0 dS/m 이하로 하며 7.5 dS/m 이상에서는 줄기신장이 나빠진다. 카네이션의 적정 토양 pH는 6.0~6.5이다. 산성 토양에서는 미량요소의 장해가 발생하기 쉽다.

토양전염성 병을 방지하기 위하여 토양 소독을 실시하고, 무병묘를 정식하는 것이 기본이다. 토양 소독에는 약제에 의한 소독과 열소독이 있다. 약제소독은 처리가 간편하고 노력이 적게 들며 경비가 싼 것이 큰 장점이다. 하지만, 소독 후의 가스 배출이 불충분한 경우에 약해의 위험성이 있고, 약제 처리 후 정식까지 1~2주 정도 여유시간이 필요하다. 병원성 사상균 및 세균은 55~60°C의 온열을 처리하면 단시간에 사멸하고, 바이러스도 100°C에서는 단시간에 불활성화된다. 따라서 증기를 사용하여 토양을 80°C 이상으로 가열하면 유해균은 물론 다른 미생물까지 대부분 죽게 된다.

삽목묘 정식

생육 전경

그림 18.18 카네이션 재배 과정

(6) 생리장해

① 칼륨 결핍

식물의 잎끝이 백색이나 갈색으로 마르고, 잎에 백색 반점이나 검붉은 반점이 생기기도 하며, 황화 현상이 일어나는 경우도 있다. 주로 아랫 잎 끝에서부터 발생하며, 심할 경우 중간잎, 윗잎 또는 전체 잎에 발생하는데, 품종 간 차이가 있다. 발생 원인은 토양에 칼륨이 부족할 때이며, 흡수량에 비해 적은 양을 시비하여 토양 하층에 칼륨이 부족하여 발생한다. 질소 시비량을 줄이고 토양 아래층의 칼륨 함량에 주의해야 한다. 최근에는 카네이션 비료로서 질소에 비해 칼륨의 비율이 높은 비료가 시판되기 때문에 칼륨 과잉에도 주의해야 한다. 칼륨 과잉은 절곡 현상을 일으킨다.

② 망간 과잉

정식 후 40일 경에 측지의 선단 엽맥 사이가 황화되어 잎이 펴지자마자 잎끝이 갈색 또는 백갈색으로 죽거나, 자갈색 반점이 생긴다. 장해가 심한 것은 측지 전체가 철 결핍증상을 가져와 잎끝부터 말라죽는다. 원줄기의 잎에서는 발생되지 않고, 적심 후 새로 나온 가지에서 발생하며, 11월 하순까지 계속된다. 초장의 반 정도까지의 잎에 장해가 발생한다. 발생 원인은 pH가 낮은 토양을 증기소독을 할 때 망간이 용출되어 일어나는 것으로 품종에 따라 차이가 많다.

③ 꽃받침 찢어짐(split calyx, 악할)

꽃잎을 둘러싸는 꽃받침이 터져서 꽃잎이 꽃받침 바깥으로 흩어져 나오는 현상으로, 꽃받침이 빈약하거나 꽃잎수가 적정수보다 많을 때 받침이 견디지 못하여 터진다. 발생 원인은 주야 온도의 급격한 변화, 야간 온도 4~6℃ 관리, 장기간의 저온 등에 의해 꽃잎수가 증가되어 발생한다. 특히 봄(3, 4월), 가을(9, 10월)에 꽃봉오리가 직경 0.5 cm 정도 자랐을 때 저온을 받거나 온도가 급변하면 심하게 발생한다.

(7) 병해충

① 바이러스(virus)

카네이션에 중요한 바이러스로는 카네이션모틀바이러스(CaMoV), 카네이션베인모틀바이러스(CaVMV) 등 여러 가지가 있으며, 복합감염에 의한 경우가 많다. 새로 자라는 잎에 회색의 둥근 점이 보이거나, 전체 잎에 황색 또는 백색의 줄무늬 병반이 발생하거나, 적자색의 병반이 잎에 발생하는 경우도 있다. 바이러스에 걸리면 착화수가 감소하고 품질 및 수량이 떨어지므로 삽수는 항상 바이러스 무병주를 사용해야 한다. 바이러스는 진딧물에 의해 즙액 전염을 하므로 진딧물 방제를 철저히 하며, 병에 걸린 포기는 약제로 치유할 수 없으므로 발견하는 즉시 제거해야 한다.

② **역병**(phytophthora blight)

발생은 생육 초기의 어린 포기에 많다. 초기의 증상은 지표면의 줄기 표면에 수침상의 작은 병반이 생기고, 점차 누런색으로 부패하여 줄기가 말라죽는데, 잡아 뽑으면 지상부만 뽑힌다. 철저한 토양소독과 건전주의 사용으로만 막을 수 있는 병으로, 여름에는 비를 맞지 않게 하고 침수에 유의한다.

③ **줄기썩음**(butt rot)

병원균은 *Rhizoctonia solani*로서 땅과 줄기가 맞닿는 지제부가 물러지면서 흑갈색으로 변하고, 결국 지상의 잎은 풋마름현상을 띠면서 말라 죽는다. 이 병은 토양 전염성 병해이므로 정식 전에 토양 소독을 잘해야 한다. 발병주는 불태우고, 병에 걸린 포기 주변의 흙은 전염 방지를 위해 새 흙으로 교체한다.

④ **시들음병**(fusarium wilt)

병원균은 *Fusariun oxysporum*로서 생육 중기에서부터 후기에 걸쳐 주로 발생하며, 줄기와 뿌리의 상처 부위를 통해 침입한다. 발병주 줄기의 유관속이 변색하고, 병의 진전도가 매우 빠르며, 지상부에서 40 cm 정도까지 진전되면서 말라 죽는다. 발병된 토양은 걷어 내고 병에 걸린 포기는 소각하도록 한다.

⑤ **녹병**(rust)

주로 잎과 줄기에 발생하며, 시설재배에서 8월부터 다음에 5월까지 저온기에 습도가 높으면 발생한다. 처음에는 소형 반점이 나타나고, 진전되면 암갈색의 병반 부위 표피가 파괴되어 결국 잎이 말라죽는다. 녹병이 발생하면 3~4일마다 병에 걸린 잎을 제거하고 약제를 처리해야 한다.

⑥ **응애**(red spider mite)

대체로 연중 발생하지만, 여름부터 가을의 우기에는 적게 발생한다. 응애 발생이 심할 경우 1회의 약제 살포로는 방제하기 어렵다. 또한 동일한 약제를 반복하면 저항성이 생겨 효과가 떨어지므로 상이한 약제를 처리해야 한다.

⑦ **총채벌레**(thrips)

길이 1 mm 정도이므로 눈으로는 식별하기 어렵다. 이 벌레가 즙액을 빨아먹는 부위는 마치 화상을 입은 것 같은 기형을 이루게 된다. 특히 꽃봉오리에 침입하여 어린 꽃잎을 가해하면 만개된 꽃잎에 불균일한 무늬가 생겨서 상품가치를 상실한다.

시들음병 녹병

점박이응애 바이러스

그림 18.19 카네이션 병해충 피해

참고문헌

- 국립농산물품질관리원. 2015. 농산물 표준규격. 국립농산물품질관리원
- 국립원예특작과학원 영농활용. https://www.nihhs.go.kr/farmer/rdRslt/rdFarmingApplyView.do
- 국립원예특작과학원 재배기술 동영상. https://www.nihhs.go.kr/farmer/techInfo/farmerTechMovie.do
- 국립원예특작과학원 품종정보. https://www.nihhs.go.kr/farmer/rdRslt/newBreedInfo.do
- 국제백합품종등록. https://www.rhs.org.uk/plants/pdfs/plant-register-supplements/Lilies/lily-register-and-checklist.pdf
- 농촌진흥청 농사로(거베라 농업기술 길잡이). http://www.nongsaro.go.kr/portal/farmTechMain.ps?menuId=PS65291&stdPrdlstCode=FL022401
- 농촌진흥청 농사로(국화 농업기술 길잡이). http://www.nongsaro.go.kr/portal/farmTechMain.ps?

menuId=PS65291&stdPrdlstCode=FL022402
- 농촌진흥청 농사로(백합 농업기술 길잡이). http://www.nongsaro.go.kr/portal/farmTechMain.ps?menuId=PS65291&stdPrdlstCode=FL032508
- 농촌진흥청 농사로(장미 농업기술 길잡이). http://www.nongsaro.go.kr/portal/farmTechMain.ps?menuId=PS65291&stdPrdlstCode=FL082026
- 권영순 외. 2014. 광중단 처리에 있어서 광원 및 광질이 스탠다드 국화의 생육 및 개화에 미치는 영향. Prot Hortic Plant Fact 23:263-268
- 김지희 외. 2014. 절화 국화 'Yes Song'의 전처리가 선도유지 및 품질에 미치는 영향. J Korean Soc People Plants Environ 17:515-520
- 노용승 외. 2021. 절화 국화 '백마'의 화아형성기 재전조 및 daminozide 처리에 따른 생장과 개화. Hortic Sci Technol 39:204-212
- 송천영. 2020. 분화용 나팔나리, 재배 및 육종. ISBN 979-11-85456-09-6
- 유용권 외. 2014. 시설 내 상대습도 및 온도 조건에 따른 국화 '백마'의 생육과 흰녹병 발생. J Korean Hort Sci Technol 32:803-811
- 유용권 외. 2015. NaOCl, sucrose, benzyladenine의 보존용액 처리에 따른 스탠다드 국화 '백마'의 절화 품질과 수명. J Korean Soc People Plants Environ 18:209-216
- 유용권 외. 2016. 국화 '백마'의 시설재배에서 야간 환기와 난방에 의한 상대습도 조절에 따른 흰녹병 발생과 생육. Korean J Hortic Sci Technol 34:845-859
- 이영석 외. 1999. 나리-새로운 경영기법. 농업경영핸드북
- 이종석 외. 1996. 수확후처리와 보존용액이 절화 국화의 품질과 수명에 미치는 영향. J Korean Soc Hort Sci 37:136-140
- 정재동 외. 2018. 생명공학기술. 대구광역시교육청. ISBN 979-11-85349-53-4
- 최상태 외. 1996. 나리-구근생산과 절화재배 기술. 농업경영핸드북
- 최성렬 외. 2002. 국화재배. 농촌진흥청
- Beytes, C. (ed.). 2021. Ball Red Book. Vol. 1. Greenhouse structures, equipment, and technology, 19th ed. Ball Publishing Inc., Chicago, IL. ISBN 9781733254113
- Chung SK, Kim WH, Yoo BS, Park MH, Park YJ. 1998. Comparison of productivity and quality between rockwool and soil culture of cut rose (*Rosa hybrida*). J Korean Soc Hort Sci 39: 323-328
- De Hertogh, A. 1996. Holland bulb forcer's guide. International flower-bulb centre, Hellegom. Dutch Bulb Exporters Association
- De Hertogh A, Le Nard M. 1993. The physiology of flower bulbs: a comprehensive treatise on the physiology and utilization of ornamental flowering bulbous and tuberous plants. Elsevier, Amsterdam, The Netherlands
- Han YY, Woo JH, Sim YG, Choi KB, Choi BS, Yu SN. 2000. Influence of materials on yield

and quality of cut rose in soil cultivation. J Korean Soc Hort Sci 41:194-196

- Kim WH, Chung SK, Yoo BS, Lee JS. 2003. Influence of summer pruning and disbudding on the growth, yield and quality of cut roses (*Rosa hybrida*). J Korean Soc Hort Sci 44:713-717
- Nau J, Calkins B, Westbrook A. (eds.). 2021. Ball red book. Vol 2. Crop culture and production, 19th ed. Ball publishing Inc., Chicago, IL. ISBN 9781733254120
- Ohkawa K. 1973. Production of cut rose. Seibundoo-Shinkosha, Tokyo
- Park SK. 2007. Gerbera. In: Horticulture in Korea. CIR communication Co., Ltd., Seoul, Korea pp. 305-308
- Rogers MN, Tjia BO. 1990. Gerbera production for cut flowers and pot plants. Timber Press, Portland, OR
- Rural Development Administration (RDA). 2012. Rose-agricultural technology assistant
- Yoo YK, Oh HJ, Roh YS, Kim IK. 2016. Effects of pretreatment of NaOCl, sucrose, and benzyladenine on vase life and quality of cut flower in standard chrysanthemum 'Jinba'. J Korean Soc People Plants Environ 19:559-566

FLORICULTURE

CHAPTER 19

분화류

이영란·김시복·김윤진

분화류는 국내 전체 화훼 판매 금액의 38.9%를 차지하는 중요한 품목으로(2019 화훼재배 현황), 난류, 선인장, 실내 관엽식물, 자생화 등도 포함되어 있다. 분화류 중 서양란과 동양란, 풍란류를 포함한 난류가 22.2%로 가장 많이 차지하고 있어서 주요 분화류로 대표할 수 있는 품목이다. 본 장에서는 난류를 포함한 다른 장에서 소개되지 않은 주로 꽃을 감상할 수 있는 분화류로서, 분화 국화, 포인세티아, 시클라멘, 제라늄, 분화 카네이션, 베고니아류, 아잘레아(철쭉류)를 살펴본다.

1 심비디움

- 국명: 심비디움(양란)
- 학명: *Cymbidium* spp.
- 영명: Cymbidium
- 원산지: 양란 심비디움은 인도네시아, 미얀마, 태국, 남베트남 등 열대지방의 고산지대에서 해발 500~1500 m의 산지에 자생하며, 대부분이 지생란으로(Kim 등, 2010) 약 50~70종이 있다(The Plant List, 2010). 국내 재배면적과 생산액은 33.3 ha, 68억 원(2019년)으로 난 전체의 32.3%, 15.1%를 차지하고 있다(MAFRA, 2020).

1) 주요 계통 및 품종

(1) 계통

꽃의 크기에 따라서 대형, 중형, 소형으로 분류한다. 대형은 잎 길이가 100 cm 이상, 꽃 직경이 10 cm 이상, 중형은 잎 길이가 60~80 cm, 꽃 직경이 7~8 cm, 소형은 잎 길이가 약 50 cm,

꽃 직경이 5 cm 내외이다. 영리 재배되고 있는 품종은 중형종이 약 60%, 대형종이 30%로 중·대형종이 대부분을 차지한다. 개화 시기에 따라서는 조·중·만생종으로 구분한다. 조생종은 10월 하순부터 11월 말에 개화하고, 중생종은 12월 초부터 1월 하순에 개화하며, 만생종은 2월 초부터 4월 초순까지 개화한다. 화색에 따라 백색계, 분홍색계, 적색계, 황색계, 그린계, 기타 화색으로 구분하는데, 우리나라의 대부분의 농가는 수출국에서 선호하는 적·황색계를 재배하고 있다.

(2) 품종

농촌진흥청 국립원예특작과학원에서 53품종이 육성되었고(농촌진흥청, 2020), 화훼공판장을 통해 국립원예특작과학원 육성 21품종이 거래되고 있다(박부희, 2019). 기존에는 중국 수출용, 내수 소비용으로 주로 붉은 계열과 분홍 계열이 많이 육성되었으나, 최근에는 백색계나 은은한 핑크빛을 띠는 화색이 인기를 끌고 있다(김예진 외, 2020)

그림 19.1 심비디움 국내 육성 품종(국립원예특작과학원)
(https://www.nihhs.go.kr/farmer/rdRslt/newBreedInfo.do)

2) 개화생리

(1) 화아형성

잎 생장은 봄부터 여름까지 이루어지다가 6월 이후 서서히 정지하는데, 이때 **위구경**(그림 19.2)이 발달하고 화아형성이 시작된다. 리드벌브의 기부로부터 2~4번째에 위치하여 가장 발달한 액아가 온도와 리드벌브의 생육 상태에 따라 화아로 발달하게 된다.

(2) 개화

화아로 되는 것은 리드벌브의 기부로부터 2~4번째에 위치한 가장 발달한 액아이지만, 화아로 될 수 있는가 또는 이들 중에서 어느 것이 화아로 발달하는가는 온도와 리드벌브 생육 상태에 따라

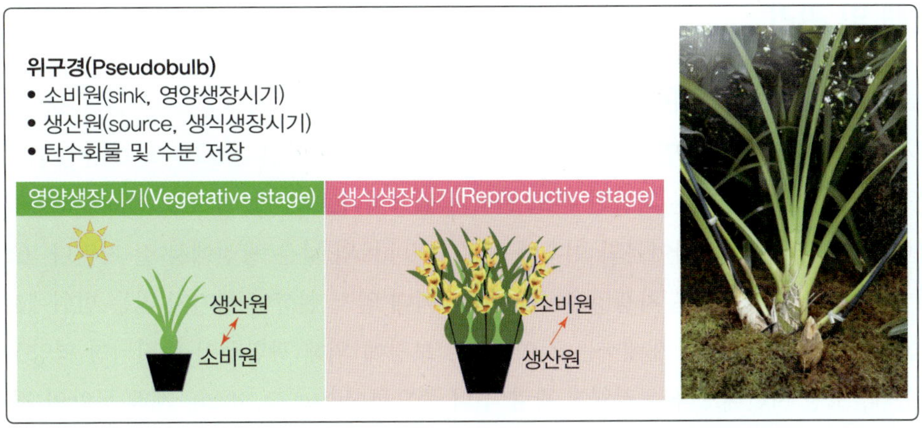

그림 19.2 심비디움 화아형성을 위한 주요 기관인 위구경의 형태 및 역할

달라진다. 대부분의 경우에서, 자연의 화아 형성기는 충분한 엽수의 전개와 신장이 거의 끝난 상태이다. 화아의 완성으로부터 개화까지의 발달은 냉온에서는 촉진되지만 고온에서는 억제된다. 화서가 주간 30~35°C, 야간 20°C 전후인 7~9월을 경과하면 연내 개화가 이루어지는데, 야온이 낮으면 주온이 높더라도 화아의 발달에 장해가 일어나지 않는다.

이제까지 밝혀진 바로는 화아의 고사가 발생할지 어떨지는 온도와 지속 시간에 의해 설정된다. 실제 심비디움 재배 시 고온이 문제가 되는 것은 여름이다. 화서의 고사를 회피하기 위해서는 냉방 또는 어떠한 방법으로든 화아창시를 지연시켜서 화서를 고온에 20일 이상 노출되지 않도록 해야 한다(농촌진흥청, 2019).

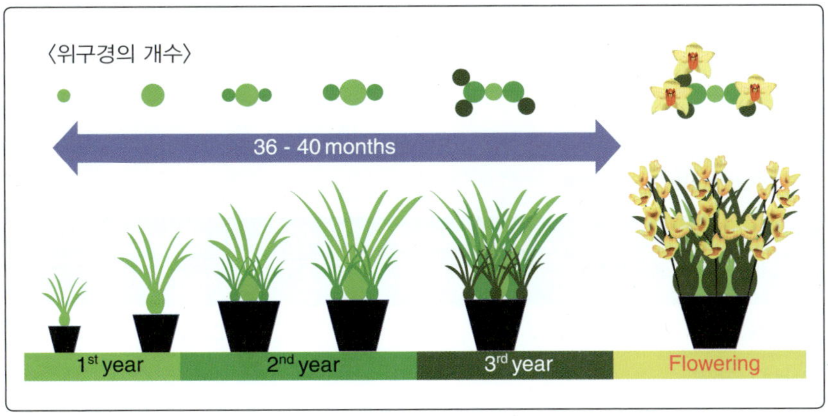

그림 19.3 심비디움의 연차별 개화 발달 과정

3) 재배 및 관리

온도 관리는 생육 및 개화에 많은 영향을 주기 때문에 생육 단계별 온도관리가 매우 중요하다. 고온에서는 생육이 왕성하지만 생장이 빨리 정지되고, 겨울철 야간 온도(5~20°C)가 높을수록 엽수 등이 증가하므로 계절에 따른 적절한 온도 관리가 필요하다. 호광성 난으로 80,000 lux 정도의 강한 광선에서도 잘 자라고, 화아분화 이후에는 30,000 lux의 낮은 광선에서 잘 자란다. 6월부터 8월까지 자연 기온이 높으므로 차광망을 설치한다. 이때 일소 현상이 생기지 않는 범위에서 가능한 광을 충분히 받을 수 있도록 재배하는 것이 좋다. 보광에 의해 광합성이 증진되면 영양생장이 더 촉진되는데, 보광 시간대보다는 전체적 광량이 더 중요하다(Park 등, 2020). 재배 동안의 저광 및 고광의 야파처리(22:00~02:00)는 재배 2년차에도 개화를 60~100%로 가능하게 한다. 고광처리의 경우 꽃수량 증가, 개화 촉진, 초장 증가 등의 효과가 있다(Kim 등, 2011). 절화 재배에서, 야파에 의한 보광은 절화의 품질을 향상시키고 개화시기를 앞당긴다(An 등, 2015). 이는 광합성 증가로 인하여 탄수화물이 위구경에 저장된 후 적절하게 분배되기 때문이다(Kim 등, 2015).

용토는 통기성, 무병성이 좋고 구입이 쉬우며 저렴한 것이 좋다. 배지 종류별 생육과 개화는 훈탄, 피트모스, 입상암면이 바크에 비해 우수하지만, 바크는 통기성이 좋다. 보수성, 보비성의 결점은 관수 시비관리로 보완해주면 좋다. 노동력 절감과 고품질 생산을 위해서는 양액재배가 필요하다. 주로 국내·외 제4종 복합비료를 1,000~2,000배로 시용하고 있으며, 완효성 비료인 오스모코트 등도 사용되고 있다. 순수 양액재배할 때 양액 농도를 EC 1.0 mS/cm 정도로 하고, 여름철 고온 피해를 줄이기 위해서는 양액의 질소농도를 6~8월까지 1/2~1/3로 낮추어 주는 것이 바람직하다.

양액을 희석한 후 작물에 알맞은 pH로 맞추어 급액하는데, pH를 높일 때는 KOH를 사용하고 pH를 낮출 때는 H_2SO_4나 HNO_3를 사용한다. 국립원예특작과학원에서 연구한 양액관비 재배에 관해 발표한 심비디움 양액 조제법은 〈표 19.1, 표 19.2〉와 같다. 1994년 5월부터 11월까지 양액

표 19.1 심비디움 양액의 다량요소 조제법

비료 종류		표준용액	저장용액(× 100)	
		g/m³	g/10 L	Kg/m³
8Fe Fe EDTA 13% (430)	(B)	3.44	3.44	344
10Mn $MnSO_4 \cdot H_2O$ (169)	(B)	1.69	1.69	169
4Zn $ZnSO_4$ $7H_2O$ (287.5)	(B)	1.15	1.15	115
20B H_3BO_3 (61.8)	(B)	1.236	1.236	123.6
0.4Cu $CuSO_4 \cdot 5H_2O$ (249.7)	(B)	0.1	0.1	10
0.4Na Na_2MoO_4 (241.9)	(B)	00.97	0.097	9.7

표 19.2 심비디움 양액의 미량원소 조제법

비료 종류		표준용액	저장용액(× 100)	
		g/m^3	g/10 L	Kg/m^3
NH_4H_2PO4	(B)	58	58	5.8
KH_2PO_4 (136.1)	(B)	68	68	6.8
$Ca(NO_3)_2 \cdot 4H_2O$ (236.1)	(A)	472	472	47.2
KNO_3 (101.1)	(A)	51	51	5.1
K_2SO_4 (174.3)	(B)	218	218	21.8
$MgSO_4$ (246.48)	(B)	216	216	21.6

농도를 표준농도(EC 1.0 dS/m), 고농도(EC 1.5 dS/m), 저농도(EC 0.5 dS/m)로 조절해서, 주당 1~2회 사용하되 양액의 손실을 막기 위해 1일 수회 나누어서 주는 방법으로 관비재배를 한 후 생육을 비교해 본 결과에서 양액 농도가 높을수록 초장 및 생체중이 증가했다.

관수 횟수는 여름에는 아침저녁으로 2회, 그 외에는 1~2일에 1회가 바람직하다. 절화재배의 경우에서는 관행 화분을 지속적으로 이용하는 것보다 큰 화분으로 분갈이하면 절화 생산성을 높일 수 있다(안혜련 등, 2016).

2 호접란

- 국명: 호접란
- 학명: *Phalaenopsis* spp.
- 영명: Phalaenopsis
- 원산지: 팔레놉시스속(Phalaenopsis)은 62개의 원종을 포함하며, 열대 아시아 지방에 널리 분포하고 있다.

1) 주요 계통 및 품종

식물체의 크기에 따라 대, 중, 소, 미니형으로 나눌 수 있으며, 화색과 무늬에 따라 크게 백색계, 분홍색계, 황색계, 점무늬계, 줄무늬계(stripe) 등으로 구분한다.

그림 19.4 호접란 국내 육성 품종(국립원예특작과학원)
https://www.nihhs.go.kr/farmer/rdRslt/newBreedInfo.do

2) 개화생리

개화에는 온도가 가장 중요하다. 지난번에 개화되었던 마디 위로 3매 이상 잎이 나왔을 때 20~25°C의 온도에서 일정기간 처리되면 액아의 휴면이 해제되고, 상온에서 약 40일 후 화경이 나온다. 그러나 28°C 상온에서는 휴면을 계속한다. 화아 형성은 고온에서 억제되고, 25°C 이하의 온도와 단일에서 촉진된다. 화경은 10월 중순 이후에 신장하기 시작하며, 5 mm 정도되면 꽃자루를 뚫고 밖으로 나와 자라면서 화경의 포엽(苞葉) 안쪽에 액아(腋芽)를 형성한다. 위쪽에 있는 액아는 10월 하순 이후에 비대하기 시작하여 화기가 분화되며 1월 중순 이후에 개화한다. 일반 재배에

그림 19.5 호접란 'Fuller's Sunset' (A), 'Green Beer' (B), 'Little Gem Stripes' (C), and 'Queen Beer' (D)에서 야파처리에 따른 개화 반응 차이(Kim 등, 2015)

서는 가을부터 봄 사이에 화경 아랫부분의 2~4마디를 남기고서 절단하면 윗부분의 액아가 자라나서 2차 화경이 된다.

일장은 개화에 양적 작용을 하므로, 18~20°C의 재배 조건에서 지속적인 단일을 유지시키면 1년에 여러 차례 화경을 형성한다. 다시 장일조건을 계속 유지해 주면 연간 1회만 꽃이 핀다. 즉, 고온 + 장일조건보다 저온 + 단일의 조건에서 꽃의 수가 많고 품질이 좋다.

장일조건에서 고온(25°C 이상)을 유지하면 화경에 형성된 화아가 엽아로 발달하여 고아(高芽)로 변하는 경우도 있다. 또한 화경이 자라는 중에(화경장 10 cm 이하) 저온이 불충분하면 영양생장 상태로 되돌아간다. 한편, 개화에 소요되는 일수는 4시간 단일의 경우에 130일 이상이 필요하지만, 일장이 길어질수록 개화가 촉진되므로 16시간 일장에서는 100일 정도로 1개월 가량 단축시킬 수 있다.

3) 재배 및 관리

호접란은 고온성 작물로 매우 두꺼운 잎과 굵고 긴 뿌리를 가지고 있으며 착생란이다. 광합성 양식에서는 CAM(Crassulacean Acid Metabolism) 식물로 분류된다. 건조지역에 적합한 형태로 기온이 낮은 야간에는 기공을 열어 탄산가스를 흡수한 다음, 유기산으로 변화시켜서 저장하고, 주간에는 기공을 닫아 수분의 증산을 방지하면서 유기산을 분해하여 광합성을 한다. 생육 적온은 주간

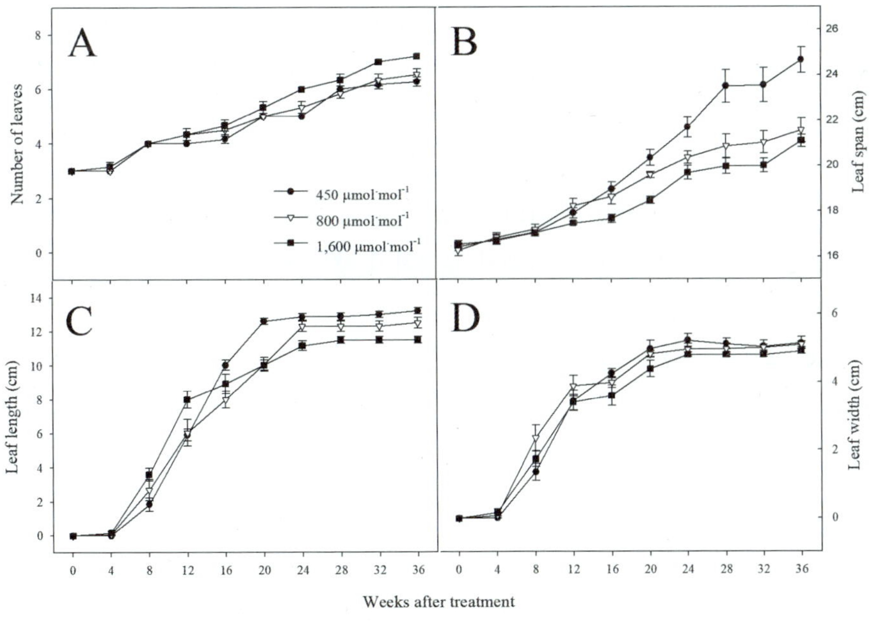

그림 19.6 호접란 만천홍의 탄산가스 시비 농도에 따른 생육 변화(A, 엽수; B, leaf span; C, 엽장; D, 엽폭)

25~30℃, 야간 18~23℃로서, 최저온도 15℃를 유지하여야 하며, 10℃ 이하에서는 잎이 붉게 변하여 떨어지고 죽는다. 잎의 생장 속도와 엽면적 지수는 높은 온도에서 촉진된다.

뿌리의 생육은 광과 관계없는 것으로 생각되지만, 난과식물의 경우에서는 광이 뿌리의 발생에 큰 영향을 미친다. 저광도에서는 뿌리의 분지가 억제되고 뿌리 길이는 짧아진다. 일반적으로 강광 조건에서 뿌리의 발달은 촉진되지만 약광에서는 억제된다. 또한 뿌리의 생육량은 광합성산물에 의존하므로, 광합성이 억제되는 경우에는 뿌리의 생육도 감소되는 것으로 생각된다.

적절한 탄산가스 시비는 호접란의 광합성을 촉진해서, 엽수의 증가, 엽면적의 발달, 꽃 수 증가 등의 품질 향상에 긍정적인 영향을 미칠 수 있다. 호접란은 CAM 식물로, 주로 저녁 무렵부터 야간에 이산화탄소를 많이 흡수하는 특징이 있다. 탄산가스 흡수량은 300 ppm 전후의 농도에서는 20℃와 25℃의 온도에서 차이는 적지만, 고농도 조건에서는 20℃에서의 흡수량이 25℃에서의 흡수량보다 높다. 탄산가스의 시비로 품질 향상뿐만 아니라, 생산현장에서는 재배기간의 단축이 가능하다. 호접란 '만천홍'의 경우, 영양생장시기에 약 800~1,600 ppm의 탄산가스 시비에 의해 잎의 생장과 발생이 촉진되고 화아 수가 증대되는 등 품질 향상 효과가 관찰되었다(Cho 등, 2020).

습도는 높게 유지하되, 환기가 잘 되어야 하므로 환풍기를 이용하여 항상 공기가 정체되지 않게 한다. 특히, 야간의 고습도가 호접란의 생육 촉진에 중요하므로, 상대습도가 100%로 유지되게 한다. 단, 고습도 조건의 경우에서는 병해 발생의 위험성이 크므로 농약 살포가 예방 차원에서 필요할 수 있다.

양액의 시비 농도는 보수성이 낮은 배지일수록 고농도로 해야 하지만 매일 시비, 관수를 할 경우에는 질소 시비 농도를 100 ppm 정도로 한다. 시비 횟수가 적은 경우(4회 관수에 1회 시비) 질소의 시비 농도는 300 ppm 정도가 적합하다(농촌진흥청, 2016). 인산의 경우에는 일부 농가에서 토양 재배용 복합비료를 물에 녹여서 할 때, 복합비료에 포함된 구용성 인산이 물에 잘 녹지 않으므로 인산 결핍증상이 발생된다. 인산의 사용량이 31~372 ppm의 범위에서는 시비 농도에 따른 유의차가 보이지 않았다. 호접란에 대한 시비의 효과는 온도에 따라서 크게 영향을 받는다. 즉, 온도가 20℃ 이하로 되는 조건에서는 시비의 효과가 분명하지 않는 경우도 있지만, 30℃의 경우에는 시비 농도에 의한 차이가 크게 나타날 수도 있다.

호접란 식재 재료로 수태가 많이 사용되지만 반드시 이상적인 것은 아니다. 수태는 균일하게 옮겨심기가 어렵기 때문에 균일한 물 관리에서는 생육이 불균일할 수 있다. 수태는 건조하면 흡수성이 떨어지고, 수분을 완전히 흡수한 수태는 함수율이 높아 뿌리가 썩게 되는 원인이 된다. 또한 수태는 화분에 채워 넣는 정도에 따라 흡수량이 바뀌기 때문에 자동관수 등과 같은 일률적인 관수 관리에서는 화분 내부의 수분 조건을 일정하게 유지시키기 어렵다. 따라서 각 화분 내부의 수분 조건을 적절한 상태로 유지시키기 위해서는 세심한 수분 관리가 필요하다. 암면의 물리성은 수태와 비슷하다. 코코넛 야자 껍질, 바크 등은 화분마다 균일하게 식재하기 쉽고, 각 화분의 내부 기상과

그림 19.7 과습으로 인한 호접란의 비정상적 뿌리 돌림
(Cultivation guide Phalaenopsis, Anthura, 2005.)

액상의 비율 변화가 적다. 또한 완전한 흡수 상태에서도 기상률이 높아서 자동관수가 용이하고 뿌리썩음 등의 장애가 적다. 호접란은 위로부터 자동관수를 하는 경우에 잎에서 받은 물이 화분 안으로 흘러나가도록 잎이 서있는 품종을 이용하는 것이 물 관리도 유리하다. 관수 주기는 겉의 배지가 약간 건조할 때 한 번씩 충분히 주는 것이 좋다(농촌진흥청, 2016).

3 동양란(심비디움)

- 국명: 심비디움(동양란)
- 학명: *Cymbidium* spp.
- 영명: Cymbidium
- 원산지: 한국, 중국, 대만, 일본 등 아열대와 온대에 속하는 지역

1) 주요 계통 및 품종

동양란은 한국, 중국, 일본, 대만 등 아열대와 온대에 속하는 지역에서 자생하는 난으로, 보통 그 가운데서도 심비디움을 일컫는다. 대표적으로는 우리나라 자생인 춘란과 한란이 있다.

(1) 춘란[春蘭, *Cymbidium goeringii* (Rchb.f.) Rchb.f.]

춘란은 일경일화성이다. 3~4월에 꽃이 피고 향기가 거의 없으며, 우리나라와 일본, 그리고 중국의 동해안 지대에서 자란다. 꽃은 기본 바탕이 황록색이며 안쪽에 붉은 선이 있고 순변에는 홍자색의 U자형 반점이 있다. 최근에는 잎에 무늬가 있는 종류, 즉 키메라(chimera)가 있는 잎 변이종이 인기가 좋고, 꽃은 적색, 황색, 자색인 것이 많다. 일본산 춘란의 품종으로는 '월륜', '설월화', '남기', '대설령', '수문룡', '군천조', '불이관', '제관', '광림', '광열', '홍귀', '무장지예', '부국지화', '취원' 등이 있다. 한국산 춘란의 품종으로는 '태극선', '묵향', '명보', '취선', '승무', '금강산' 등 800여 품종이 있다.

춘란 '자화' 춘란 '황화' 일본 춘란 '제관'

그림 19.8 대표적인 춘란 품종

(2) 한란(寒蘭, *Cymbidium kanran* Makino)

한란은 일경다화성이다. 하나의 화경에서 3~10송이의 꽃이 피는데 향기가 은은하다. 꽃은 주로 10~11월에 피지만 12월까지 피기도 한다. 꽃색은 녹색, 자색, 적색, 적자색 등으로 다양하고, 순변은 담황색, 또는 담녹색 바탕에 홍자색 반점이 있다. 한란은 우리나라의 제주도를 비롯한 일본 남부, 중국 남부, 대만 등지에 분포되어 있으며, 다양한 품종들이 있다.

제주 한란 '청화' 일본 한란 '일광' 일본 한란 '용설'

그림 19.9 대표적인 한란 품종

2) 개화생리

(1) 춘란

꽃눈을 만드는 것을 화아분화라고 하는데, 대체적으로 춘란의 화아분화는 7~8월 장마기 이후인데, 건실한 벌브가 3개 이상되고 C/N률이 높아졌을 때 화아분화가 이루어진다. 그러나 세력이 약한 품종, 엽예품, 새촉이나 구촉으로 구성된 것, 포기수에 비해 분이 큰 것 등은 화아분화에서 제외시키는 것이 좋다. 장마기 이후에 C/N률이 높아지도록 평소보다 햇볕을 충분히 받게 하고, 온도를 높여 주어야만 탄수화물이 집적돼서 C/N률이 커지게 된다. 평소 관수 횟수의 3~4회 분을 단수하고 질소질 비료는 주지 않아야 한다.

(2) 한란

화아분화기는 6~7월 초이며, 보통 50~60일 정도면 화아분화를 마치고서 8월 말~9월 초순에 화아가 분 밖으로 출현된다. 출현 후 70~80일 정도 지나면 꽃을 피운다.

3) 재배 및 관리

(1) 춘란

봄부터 가을까지는 햇볕이 잘 들고 통풍이 잘 되는 곳을 골라 지상에서 70~100 cm 정도의 높은 선반 위에 놓아 두고서 발이나 한랭사 등으로 가리개를 한다. 또 비에 대비하여 비닐을 띄울 수 있게 한다. 겨울에는 실내에 들여 놓아 창가에서 관리하거나 온실에 놓아 둔다.

여름에 온실에서 재배할 경우에는 낮 온도가 너무 오르는 것을 막기 위해 창을 모두 개방하고 통풍을 꾀함과 동시에 발 등을 쳐서 직사광선을 막는 등의 세심한 주의가 필요하다.

겨울에 너무 고온 하에서 재배하는 것은 춘란을 위해서 좋지 않다. 실내 온도가 5°C 이하로만 되지 않는다면 가온할 필요가 없다. 따라서 다소 비용이 들지만 온실을 만들 때 가온 설비를 해두면 필요 이상으로 온도가 떨어졌을 경우 쉽게 대처할 수 있다.

재배용토는 배수가 잘 되고 보수력이 풍부한 용토가 이상적이다. 왕모래, 경석, 크레이볼 등을 적절히 배합해서 쓴다. 해마다 1회 분갈이할 필요가 있다. 봄의 3~5월과 가을의 10~11월 초순이 분갈이의 최적기이다. 꽃봉오리가 있는 난은 봄의 개화 후에 하고 무늬가 있는 난은 가을에 한다. 분갈이나 포기나누기를 한 난을 심을 때는 화분에 넣어봐서 뿌리가 옹색하지 않을 정도의 약간 여유가 있는 크기의 화분을 고른다.

봄부터 가을까지는 아침 일찍이나 저녁 해진 무렵에 관수하는 것이 좋다. 겨울에는 건조가 나쁘므로 분의 건조 상태를 잘 관찰한 다음에 물을 주도록 한다. 용토가 말라 있어도 밤에 물을 주면 물이 얼어 난의 뿌리를 상하게 할 염려가 있으므로 이튿날 오전 중에 주도록 한다. 물을 줄 때는 위쪽에서부터 충분히 뿌려 준다. 사용하는 물은 반드시 하루 정도 앞서 떠놓은 것을 사용하도록 한다.

깻묵과 골분 등을 물에 개어 충분히 발효된 것을 엄지 크기의 환으로 만들어 건조시켰다가 화분 가장자리에 적당히 놓거나 녹여서 희석해서 한다. 화학비료를 사용하기도 하지만 초보자는 재배법을 터득하기 전까지는 비료 없이 재배하는 것이 더 낫다.

해충의 방제에는 살충제를 1년에 봄, 가을 2회 정도 살포한다. 살포 시에는 설명서를 잘 읽은 후 그 분량보다 약간 묽게 해서 뿌린다.

(2) 한란

한란의 생육 적온은 20~25°C로, 낮의 온도가 30°C를 넘는 여름철이 되면 생장을 멈춘다. 따라서 온실재배의 경우는 실온이 너무 오르지 않도록 차광을 강하게 하거나 창문을 활짝 열어서 통풍을 하거나 외기온과의 차이가 10~20°C 가량 되도록 조절한다.

습도가 너무 고온 다습하게 되면 병균에 침해되어 생리상 좋지 않다. 환풍기를 부착해 두면 한층 효과적인데, 특히 겨울철의 환기에 아주 좋다.

분의 크기는 여러 가지가 있으므로 포기의 크기, 뿌리의 상태를 고려하여 알맞는 크기의 것을 사용한다. 분갈이는 매년 1회 시행하며, 시기는 3~4월의 봄이나 10~11월의 가을이 적기이다.

포기나누기를 할 때 너무 잘게 쪼개면 꽃이 피지 않는다. 이듬해에도 꽃을 피게 하려면 적어도 3포기 정도씩으로 나눠야 한다.

물주기 횟수는 재배장소 환경, 기후, 분의 크기, 재배용토 등에 따라 다르므로, 항상 난분의 건조도를 살펴보면서 표토가 마르면 주는 식의 물주기를 기준으로 한다. 다만 여름철의 대낮과 겨울철 저녁의 물주기는 피해야 한다. 여름의 대낮에 물주기를 하면 양토 속의 수분이 강한 햇살로 인해 열탕처럼 되어 뿌리를 상하게 하는 수가 있다. 또한 겨울철 저녁의 물주기는 물이 얼어서 뿌리가 상할 염려가 있다.

동양란을 재배하는 데 있어서 가장 실패가 많고 위험률이 높은 것이 비료의 시비법이다. 난을 처음 재배하는 사람은 비료 없이 가꾸고, 어느 정도 재배에 익숙해진 다음에 시비하는 것이 안전하다.

장마철에서 9월까지의 더운 시기에는 시비하지 않는 것이 안전하다. 발효시킨 고형비료는 엄지 크기로 해서 3~4개 정도 분 가장자리에 놓아 둔다.

4 풍란

- 국명: 소엽풍란, 부귀란, 선초(仙草), 건란(乾蘭), 괘란(掛蘭), 현란(懸蘭), 발란(髮蘭) 등
- 학명: *Neofinetia falcata* (Thunb.) Hu
- 영명: Sickle neofinetia
- 원산지: 한국, 중국, 일본

1) 주요 계통 및 품종

풍란은 식물학적 분류로 반다속에 속하는 기근성 난으로 전 세계에 1속 1종만 분포한다. 풍란의 품종은 엽예품과 화예품, 기종 등으로 나뉜다. 또한 엽예품은 복륜(覆輪) 계열, 호(縞) 계열, 중투(中透) 계열, 산반(散班) 계열, 호반(虎斑) 계열, 서(曙) 계열, 기타 특수 무늬 등으로 나뉘고, 화예품은 적화계(赤花系), 홍화계(紅花系)로 나뉘며, 기종(畸種)은 왜성종, 두엽, 단엽종과 영충검엽종(鈴蟲劍葉種), 입엽종(立葉種)으로 나뉜다.

그림 19.10 일반적인 풍란

2) 개화생리

풍란은 온대성 식물로 생육 적정온도는 20~25°C이며, 겨울철 5~8°C에서 휴면을 한다. 휴면이 끝나는 3월 상순 이후부터 새잎이 분열되고 자라면 6~7월경에 뿌리 가까운 잎 사이에서 꽃대가 나와 3~5송이의 순백색 꽃이 핀다. 향기는 청아하고 신선하며, 특히 밤에 그 향기가 더욱 진

하게 풍긴다. 만약 겨울철 온도를 20°C 이상 높게 유지하게 되면 잎이 도장 되거나 꽃눈분화가 되지 않는다. 생육과 개화에 적절한 공중 습도는 여름철 80~90% 정도가 알맞고 겨울철에는 50% 정도가 알맞다.

3) 재배 및 관리

풍란은 자연광의 30~60% 차광된 조건에서 잘 자라므로, 강한 직사광선이 쬐지 않는 곳에 재배하는 것이 좋다. 적정광도는 5,000~10,000 lux이고, 가급적 저녁 햇빛을 직접 받지 않는 장소가 좋다. 난과식물 가운데 풍란은 비료를 거의 필요로 하지 않지만, 인공적으로 재배할 경우에는 생장이 왕성한 시기인 4~6월과 9~10월에 어느 정도 시비를 하여 주어야만 정상적으로 잘 자라난다.

비료를 주는 시기로는 일몰 직후 물을 충분히 준 다음, 4종 복비를 이용하여 2,500~3,000배로 묽게 희석해서 월 2~3회 사용하고, 뿌리 부분은 가급적 비료분이 묻지 않도록 주의한다. 비료분이 부득이 하게 뿌리 부분에 묻을 경우 물로 씻어 주어야 한다.

분갈이 시기로는 봄(3~4월)과 가을(9~10월)이 가장 적당하다. 분갈이 시에는 뿌리를 다치지 않게 조심하여야 하고, 특히 생장점 부분은 연약하기 때문에 손상에 주의하여야 한다.

여름철에 물을 줄 경우에는 서늘한 시기인 저녁에 분무기로 뿜어주는 것이 좋다. 수돗물에는 염소성분이 들어 있으므로 하루 정도 받아 두었다가 사용하고 겨울철에는 수온이 낮기 때문에 주의하여야 한다. 특히 햇빛이 강한 한낮에 관수하게 되면 반사작용에 의하여 잎이 타거나 반점이 생겨나고, 병충해의 피해가 우려되므로 가급적 관수하지 않는 것이 좋다. 겨울철 풍란의 잎이 쪼글쪼글한 것은 월동을 하기 위해 필요 없는 수분을 방출했기 때문이다. 따라서 간혹 병이나 건조로 인한 피해로 인식해서 관수를 자주하여 주거나 습도를 높여주는 일이 없어야 한다. 주요 병해로는 탄저병, 갈반병, 연부병, 근부병 등이 있고, 충해로는 달팽이, 깍지벌레, 응애가 있다.

5 분화 국화

- 국명: 분화 국화
- 학명: *Chrysanthemum morifolium*
- 영명: Garden Chrysanthemum, Pot Chrysanthemum, Florist's mum
- 원산지: 중국, 일본

1) 주요 계통 및 품종

분화 국화는 24~30 cm 화분에서 주로 생산되는 가든 멈과 10~12 cm 소형 화분에 생산되는 포트 멈으로 구분된다. 분화 국화의 중요한 특성은 분화용으로서의 가치를 가지고 있는지 여부, 화아 분화 반응시간, 관상기간, 분지성이다.

가든멈 '초롱볼' (충남 농업기술원)

가든멈 '로산나옐로우' (Royal Van Zanten)

포트멈 '마이위니' (충남 농업기술원)

포트멈 '기로타임' (Royal Van Zanten)

포트멈 '코로나핑크' (충남 농업기술원)

그림 19.11 분화 국화의 주요품종

2) 개화생리

국화는 일장(日長)에 따라 개화되는 전형적인 단일식물로, 품종에 따라 유전적으로 고유의 한계 일장(限界日長)이 있다. 일반적으로 분화 국화는 12시간 이하의 단일조건에서 화뢰(花蕾)가 형성되고 형성된 화뢰가 발달하여 개화된다. 또한, 분화 국화는 장일조건(14~15시간)을 제공했을 때에도 품종과 계통에 따라 기간의 차이는 있지만 일정 기간이 지나면 화뢰가 형성된다. 가든 멈의 경우 14시간 이상의 장일조건이어도 엽수가 5~6매가 되면 화뢰가 형성되고 분지된다. 하지만 장일조건이 지속이 되면 형성된 화뢰는 자연 도태되므로 개화되지 못한다. 하지만 14시간 이하의 단일조건이 제공되면 형성된 화뢰는 개화되는데, 이때부터는 양분이 꽃으로 가기 때문에 측지 발생이 활발하지 못하게 돼서 포기가 빈약해 질 수 있다. 따라서 화뢰가 형성된 후에는 개화되지 못하도록 일정기간 14시간 이상의 장일조건을 제공해 줘야 한다. 광도(光度)보다 광주기(光週期)가 중요하므로 100 lux 정도의 양만 공급해 줘도 된다.

3) 재배 및 관리

개화와 재배에 있어서 가장 중요한 점은 올바른 품종 선정과 보광 및 차광을 할 수 있는 시설, 올바른 식재 간격, 청결한 관리 그리고 적심, 관수, 시비(施肥), 억제제 처리 등을 적기에 하는 것이다.

꽃눈 분화 후 개화까지 품종에 따라 6~12주가 소요된다. 개화 목표시기 및 계절에 따라 전조 혹은 암막처리를 한다. 겨울과 같은 단일조건에서는 전조처리를 해서 조기 개화를 방지하고, 여름과 같은 장일조건에서는 암막처리를 하여 화아분화(花芽分化)를 유도한다.

육묘기에 야간 온도가 18°C 이하가 되면 화뢰가 형성되기 쉬우므로 18°C 이상으로 유지한다. 습도가 높고 환기가 불량할 경우에는 꽃이 시들거나 잎에 질병이 발생되므로 주의한다. 생육 중에 비료가 부족하거나 광도가 45,000 lux 이하가 지속되면 성장이 둔하거나 분지성이 떨어진다.

6 포인세티아

- 국명: 포인세티아
- 학명: *Euphorbia pulcherrima*
- 영명: Poinsettia, Christmas tree
- 원산지: 멕시코, 중앙아메리카

1) 주요 계통 및 품종

포인세티아는 대극과(Euphorbiaceae)로 중요한 식물 종이다. 포인세티아는 1834년 유럽인에 의해 처음 기술되었다. 특히 빨강과 초록의 단풍으로 잘 알려져 있어서 크리스마스 시즌에 널리 사용된다. 포인세티아는 일반적으로 0.6~4 m까지 자라는 일종의 관목이다. 이 식물은 보통 길이가 7~16 cm인 짙은 녹색의 톱니 모양의 잎을 가지고 있다.

'그레이스' (국립원예특작과학원) / '플레임' (국립원예특작과학원) / '그린스타' (국립원예특작과학원) / '아이스 크리스털' (셀렉타) / 'Ch. Feelings' (셀렉타)

그림 19.12 포인세티아 주요 품종

2) 개화생리

포인세티아의 관상 부위는 꽃을 감싸고 있는 잎, 즉 화포엽(花苞葉, petaloid leaves) 또는 포엽(苞葉, bract)이다. 진짜 꽃은 포엽에 둘러싸여 있는 정부(頂部)에 있으며, 중앙에 1개의 암꽃과 그 주위에 여러 개의 수꽃이 있다.

포인세티아는 단일성 작물로, 일장조건이 특정 지점까지 줄어들 때에 화아분화가 유도 된다. 일장은 약 12시간 20분이다. 화아유도를 위해서는 품종에 따라 6~8주간의 암조건이 14시간(일장 12~13시간)이 요구되므로 100% 차광시설(광도는 2 lux 미만)과 지역에 따라 난방 또는 냉방시설을 확보하는 것이 중요하다. 일평균온도가 26°C 이상일 때는 곁눈 발달이 저해되므로 가능한 26°C 미만에서 관리하도록 한다. 일장이 15시간 이상 지속되면 개화되지 않는다.

3) 재배 및 관리

포인세티아는 일반적으로 삽목으로 번식된다. 균일한 발근을 위해서는 삽수의 직경이 균일한 것을 수확하는 것이 중요하다. 캘러스 형성(callus formation) 단계에는 24~26°C, 습도는 95% 이상을 유지한다. 광도가 10,000 lux 이상이면 엽온(葉溫)이 올라가 식물의 스트레스가 증가된다. 캘러스가 형성되면 서서히 미스트를 줄이고 환기를 하여 습도를 낮춰준다. 뿌리가 나오기 시작하면 시비(施肥)를 시작한다. 분식과 적심은 화분 크기와 재배 목적에 따라 화분당 삽수 수량과 적심 횟수가 다르다. 일반적으로 12~15 cm 화분은 1회, 20 cm 화분은 2회 적심을 한다. 품종과 재배 조건에 따라 차이가 있으나 일반적으로 이식 후 개화 소요 일수는 12 cm 화분은 70일, 15 cm 화분은 90일, 25 cm 화분은 170일 정도 소요된다.

7 제라늄

- 국명: 제라늄
- 학명: *Pelargonium* spp.
- 영명: Geranium
- 원산지: 남아프리카, 호주, 뉴질랜드

1) 주요 계통 및 품종

(1) *Pelargonium zonale*

조날 제라늄은 직립 혹은 측면으로 성장하는 관목류로, 보통 높이가 약 1 m까지 성장한다. 줄기에 수분이 많고 어린시기에는 잎에 털이 나 있다가 나이가 들면서 점차 목질화된다. 잎들은 종종 좁고, 어두운 색을 띠고, 색소 침착의 지그재그 영역을 가지고 있어서, 학명 외에 일반명이 많이 존재한다. 각각의 꽃들은 현저하게 좌우대칭형을 이룬다. 꽃잎은 좁고, 밝고, 진한 분홍색이며, 꽃잎의 길이에 따라 붉은 선들이 있다. 잎은 잠두 모양이고, 잎 꼭지가 있으며, 잎의 크기는 평균 직경이 5~8 cm이다. 화색이 밝은 적색인 토스카나 돌체 비타 '밀레나' 품종이 현재 가장 많이 판매되고 있다.

(2) *Pelargonium peltatum*

아이비 제라늄(ivy geranium)은 직립이 아닌 측면으로 자라는 5개의 잎을 가진 다년생 식물로, 쥐손이풀과에 속한다. 하트 모양에 둥글고 다소 살찐 잎을 갖지만, 때로는 다른 색깔의 반원형 띠를 갖기도 한다. 이 계통의 제라늄은 2~10개의 흰색과 연보라색을 띠는 양쪽 대칭형 꽃을 개화한다. 일반적으로 아이비(Ivy-leaved) 제라늄 혹은 캐스캐이딩(cascading) 제라늄으로 불린다. 남아프리카공화국의 남부와 동부 지역이 원산지이다. 발콘 레드 색상이 가장 많이 판매되고 있으며, 진 분홍색과 흰색이 멋진 조화를 이룬 '롤리팝 니세' 품종도 인기가 많다.

(3) *Pelargonium crispum*

크리스펌 제라늄은 남아프리카 공화국의 웨스턴 케이프 주(Western Cape Province)에 서식하는 펠라고늄 종이다. 이 계통은 *Pelargonium graveolens*, *Pelargonium capitatum*, 그리고 *Pelargonium tomentosum* 계통과 함께 아속 *Pelargonium*속에 속한다. 크리스펌 제라늄은 70 cm까지 자라는 꽤 크고 가지가 무성한 관목형 품종이다. 잎은 보통 줄기를 따라 2개의 반대쪽 열로 배열된다. 잎은 녹색을 띠는 작은 부채 모양(직경 10 mm)으로, 레몬향이 나며, 가장자리는 잔주름이 있거나 구겨진 또는 물결 모양이다.

(4) *Pelargonium × fragrans*

*Pelargonium odoratissimum*과 *Pelargonium exstipulatum*의 교배종이다. 모체인 *Pelargonium odoratissimum*과 같이 작고 측면으로 자라는 품종이다. 초장은 30 cm, 초폭은 60 cm 정도 자라며, 작은 흰색 꽃을 가지고 있다. 잎은 윤기가 나고 녹색이며 가장자리가 약간 갈라져 있

다. 또한, 달콤하고 약간 매운 유칼립투스 같은 향기를 가지고 있다.

(5) *Pelargonium grandiflorum*

남아프리카가 원산지이며, *Pelargonium*속 관목인 Regal pelargonium(리갈 제라늄)으로 알려져 있다. 다년생 상록 식물로도 사용되는데, 열대, 지중해, 아열대 또는 온대 기후에서 자랄 수 있다. 내한성 지역 지표는 9+(USDA Zone)이다.

(6) *Pelargonium* × *hortorum* (종자번식 zonal geranium, garden geranium)

가장 흔히 장식용 식물로 사용되는 교배종으로, *Pelargonium zonale*과 *Pelargonium inchinans* 사이의 잡종이다. 잎은 갈색 고리 모양을 띠며, 꽃은 보통 빨간색, 분홍색 또는 흰색으로 큰 공 모양으로 꽃잎이 빽빽하게 들어찬 공 모양으로 개화된다. 꽃들은 식물 중앙에 홑꽃 또는 겹꽃으로 개화되며 보통 5개의 꽃잎을 가지고 있다. 잎에서는 종종 향기가 난다. 화색은 빨강, 분홍, 진홍, 흰색을 포함한 다양한 색상이 나오고 있다.

(7) *Pelargonium interspecific*

펠라고늄 계통들인 *zonale*과 *peltatum*을 교잡하여 나온 상당히 새로운 범주의 제라늄이다. 번식은 영양번식을 통해 이루어진다.

리갈 제라늄
Toscana F.P(BFP)

조날 제라늄
Toscana CD Red (BFP)

아이비 제라늄
Toscana Candy Pink (BFP)

크리스펌 제라늄
Angel Eyes Bicolor Imp. (Selecta)

그림 19.13 제라늄 계통별 주요품종

2) 개화생리

제라늄은 사계성이어서 일장에 관계없이 개화되지만, 장일일수록 광합성이 증대되어 개화가 촉진되고 광도가 높을수록 화아유도가 잘 된다. 리갈 제라늄의 경우 꽃눈 분화에는 14°C 이하의 저온이 필요하다.

3) 재배 및 관리

재배 온도는 품종에 따라 차이가 있지만, 일반적인 재배 온도는 정식 후 2주간은 주야간 온도 모두 18°C로 유지한다. 활착이 끝난 2~3주차부터 8주차까지는 야간 온도를 16°C에서 시작하여 14°C까지 점차적으로 내려주고, 주간 온도는 18°C 이상 유지한다. 8~9주차부터는 야간 온도를 10~12°C로 유지해 주고, 주간 온도는 16°C 이상 유지한다. 판매 3~4주 전까지는 지속적인 성장을 위해서 꽃대를 따 주지만 판매하기 3~4주 전에는 중단한다.

8 시클라멘

- 국명: 시클라멘
- 학명: *Cyclamen persicum*
- 영명: Cyclamen
- 원산지: 지중해 동부

1) 주요 계통 및 품종

시클라멘은 앵초과(Primulaceae)에 속하는 덩이줄기(괴경, 塊莖)의 다년생 구근식물이다. 시클라멘속의 식물들은 약 20종 정도가 그리스에서부터 시리아 지역에 이르는 지중해 연안을 중심으로 분포되어 있는데, 대부분 산악지대의 경사진 곳이나 숲속의 바위틈에서 자란다.

시클라멘 종은 유럽과 지중해 분지가 원산지이다. 시클라멘은 괴경에서 자라나며, 꽃잎과 다양한 무늬의 잎을 가진 꽃으로 평가된다. 분화 농가들이 재배하고 판매하는 시클라멘은 저온에 민

대륜 '할리오스 레드' | 중륜 '라티니아 펀플레임' | 중소륜 '티아니스 딥로즈' | 소륜 '매티스 로즈실버립' | 극소륜 '스마티즈'

그림 19.14 시클라멘 주요품종

감한 *Cyclamen persicum* 종이다. 육종된 시클라멘 품종들은 흰색, 분홍색, 보라색, 적색 및 바이칼라 등처럼 다양한 색상을 선보이고 있다. 시클라멘은 꽃을 피우는 동안 20°C 이하로 유지해야 하며, 야간 온도는 가급적 6.5~15°C 사이여야 한다. 온도가 20°C를 초과하면 식물이 휴면 상태가 될 수 있다.

2) 개화생리

시클라멘은 본래 일장에 상관없이 개화가 가능하였으나, 시클라멘 육종가들이 일조시간이 긴 장일조건에 개화가 유도되게끔 품종을 개량하면서 현재는 F1 교배종은 대부분 장일조건에서 개화가 유도된다. 시클라멘은 본 잎이 6장 나온 다음, 6번째 잎의 액아(腋芽)에서 꽃눈이 분화되기 시작한다. 이후의 잎눈과 꽃눈은 1 : 1의 비율로 분화되고, 잎 수에서 7을 빼면 분화한 꽃눈의 수가 된다.

3) 재배 및 관리

시클라멘은 프리뮬러처럼 앵초과의 식물이므로 종자 속에 떡잎을 두 장 가지고 있다. 그러나 떡잎의 크기가 달라 한 장의 떡잎은 발육되어 나오지 않은 채 유축(幼畜)의 기부에 잠재되어 있다가 덩이줄기로 발육되어 자라난다. 시클라멘의 발아 과정을 보면, 먼저 종자가 부풀어지고 종공(種孔)에서 유축이 신장되면서 종자의 저장 양분에 의해 작은 덩이줄기가 부풀려서 만들어진다. 그 후 유축의 덩이줄기 윗부분이 신장되면서 종자 내부에 있던 떡잎 한 장이 종피에서 구부러진 채 지상부로 나오게 된다. 지상부로 나온 떡잎은 잎이 완전히 펴지는데, 만약 파종 후 너무 건조하면 종피가 벗겨지지 않아 떡잎이 종피를 뒤집어 쓴 채 지상부로 빠져 나오는 경우도 있다. 시클라멘은 발아시키기 어려운 작물이다. 발아적온은 18°C이며 95% 정도의 습도와 암조건에서 3주간 두면 발아된다. 발아 후 종피를 제거하기 위해서는 차광된 상태에서 비닐을 덮어 종피에 수분이 유지되도록 관리하는 것이 필요하다. 발아실에서 3주, 차광이 강하게 된 서늘한 곳에서 3주 이후 종피가 완전히 벗겨지면 서서히 햇빛량을 늘린다.

생육에 따른 사이 띄기와 함께 적절한 물 관리와 비료 관리가 시클라멘 재배에 있어서 가장 중요하다. 너무 과습하거나 건조한 상황을 피하고 비료도 농도를 서서히 올려주되 지나친 시비는 피해야 한다.

출하 후 관리는 적정한 온도에서 하는 것이 중요한데, 보통 일평균(ADT) 10~15°C 사이의 온도가 시클라멘이 가장 좋아하는 온도대이다.

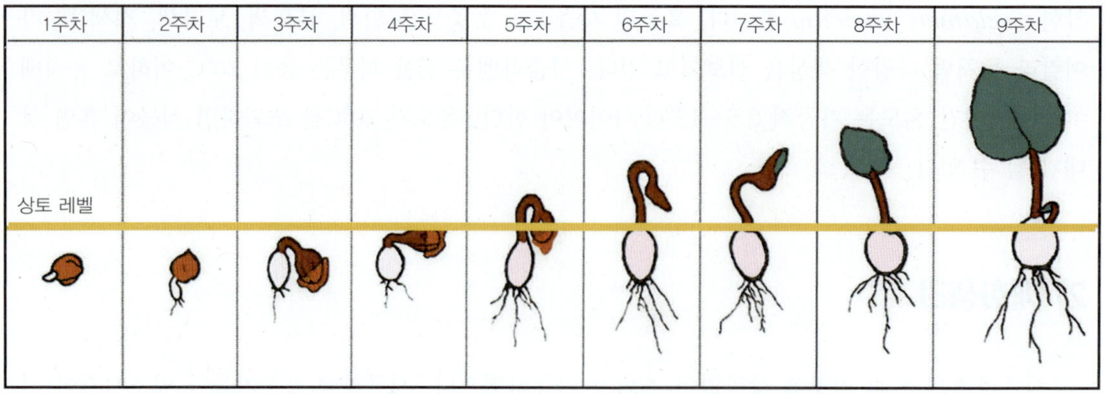

그림 19.15 시클라멘 발아 및 육묘 과정(사진 제공: Morel Diffusion Company)

9 엘라티오르 베고니아

- 국명: 엘라티오르 베고니아
- 학명: *Begonia × hiemalis Fotsch*
- 영명: Elatior Begonia, Rieger Begonia, Hiemalis Begonia
- 원산지: 남미 및 중미

1) 주요 계통 및 품종

베고니아는 전 세계 열대 및 아열대 지역에 약 2,000종 이상 분포하고 있다. 다년생 초본 또는 반목본성도 있지만 대부분은 다육질이다. 종자는 상당히 미세해서 1 mL에 1만 5천~2만 립 정도 된다. 베고니아류는 원종 자체의 것도 재배되고 있지만, 품종이 많이 육성되어 있는 탓에 분류하기가 어렵다.

베고니아의 공통적인 특색은 엽면적이 중앙의 주맥을 경계로 해서 좌우가 같지 않다는 것과 자웅이화로 동일화서 가운데에 양성화가 존재한다는 것이다. 잎의 모양도 매우 다양해서 둥근형, 심장형, 창 모양, 손바닥 모양의 복엽형 및 단엽형 등 변화가 많고, 색채나 무늬도 여러 가지로 모두가 관상의 대상이 된다. 꽃은 언뜻 보기에 사변화처럼 보이지만, 외측의 2판이 악편이고 내측 2판이 화피이다. 수꽃은 중앙에 약이 있으며, 암꽃은 중앙에 주두가 있다. 꽃의 아랫부분에는 화색과 거의 같은 색인 날개 모양의 화방이 있다.

베르셰바 페기 보리아스 다크브리트 넷챠다크

그림 19.16 **엘라티오르 베고니아**(삽수로 번식)

엘라티오르 베고니아는 *B. tuber*과 *B. socotrana*의 교배종이다. 1885년에 발표된 엘라티오르 베고니아는 영국을 비롯하여 네덜란드, 미국, 영국, 서독 등지에서 육종이 발달되어 있는데, 이들 식물은 리거스 베고니아(Rieger's Begonia), 히에말리스 베고니아(Hiemalis Begonia)로 불린다. 엘라티오르 베고니아는 주년 생산이 가능하다는 것과 실내에서도 오랫동안 개화된다는 것, 다른 꽃에서는 볼 수 없는 색채를 가지고 있다는 것 등을 이유로 들어, 유럽에서 급속하게 재배가 늘어나 중요한 분화류가 되었다. 우리나라에서는 여름의 고온이 재배상 문제시 되어서 여름을 전후하여 출하하는 재배형이 발달되어 있으며, 여름을 제외하고는 거의 주년 출하된다.

엘라티오르 베고니아는 종자로도 번식이 가능하지만 대부분 삽수로 판매되고 있다.

2) 개화생리

엘라티오르 베고니아는 개화를 유도 혹은 촉진하기 위해 스트레스가 필요하다. 스트레스를 주는 방법은 10시간의 일장(14시간의 암조건)을 제공하는 것이다. 즉, 꽃이 보일 때까지 오후 4시부터 다음날 오전 8시까지 암조건을 만들어 준다. 다른 방법으로는 건조 스트레스를 주거나 낮은 농도

표 19.3 **삽수(liner) 갯수에 대한 작업일정 예시**

	4" Pot	6" Pot	10" Basket
Crop Time	12~14주	14~16주	14~16주
Liners	1	2	3~4
Begin Stress/Long Days (Transplant)	0주	2-3주	4주
Stress/Short Days (Flower Initiation)	3주	3주	3주
Long Days (Forcing)	7~8주	7~8주	7~8주

* West Chicago에 있는 Ball Seed의 Paul Hammer 실험 결과

의 비료를 공급하여 비절(肥切)이 되도록 하거나 야간 온도를 낮춘다. 하지만 야간 온도가 16°C 이하로 되지 않게 해야 한다. 스트레스를 주는 기간은 10 cm 분의 경우에서는 이식 후 7~10일간, 15 cm 분에 2개의 삽수를 이식했을 경우에는 이식 후 3주간 스트레스 처리를 한다. 이 기간은 품종이나 환경 조건에 따라 달라질 수 있으므로 작물의 상태를 봐서 경험에 의해 조절해 준다.

3) 재배 및 관리

엘라티오르 베고니아는 스트레스에 아주 민감하여 꽃대가 빨리 형성됨에 따라 포기가 빈약한 경우가 자주 발생된다. 삽수로 주로 공급되므로 청결이 특히 강조된다. 모본을 관리할 경우 16시간의 장일조건과 더불어 야간 온도를 20°C 이상 유지해야 한다.

엽삽을 하는 경우도 있다. 엽삽을 할 경우 측지 발생을 유도하기 위해서는 4주간 12~13시간의 단일처리가 필요하다. 단일처리 기간이 길어지면 조기 개화로 인해 포기가 빈약해질 수 있으므로 주의해야 한다.

삽목 직후 캘러스(callus)가 형성되기까지 5~7일 동안 상토의 온도는 20~22°C, 광도는 5,400~11,000 lux 그리고 습도는 75~90%를 유지한다. 뿌리가 나오기 시작하면 20-10-20(질소-인산-칼륨)의 비료를 50~75 ppm의 농도로 가볍게 시비한다. 뿌리가 50% 정도 나오면 뿌리 발달을 촉진하기 위해 관수 횟수를 줄이고 습도를 낮추며, 광도를 11,000~22,000 lux로 서서히 높여준다. 15-0-15와 20-10-20을 100 ppm으로 교대로 공급하다가 뿌리가 완전히 내리면 200 ppm으로 농도를 올린다. 뿌리가 완전히 발달되면 삽수를 건조한 곳으로 옮긴 후, 광도를 22,000~32,000 lux로 올려 약 7일간 경화시킨다. 하지만 강광이 되면 잎이 스트레스를 받기 쉬우므로 한 낮에는 차광을 해주어야 한다.

종자 베고니아의 발아적온은 24~26°C이다. 광발아종자이므로 복토를 하지 않으며, 발아에는 7~14일이 소요된다. 이식 후 주간 20~24°C, 야간 20~21°C를 유지하여 영양생장을 촉진한다. 이식 직후 차광을 하고 햇빛에 서서히 노출시켜서 일소현상을 방지한다. 온도가 적당하면 43,000 lux까지 올려도 된다. 21~22°C로 올라가면 32,000 lux로 낮춘다. 16,000 lux 이하 혹은 고온이 되면 도장되기 쉬우므로 주의한다. 꽃의 품질을 향상시키려면 약광을 유지하는 것이 중요하다.

15-0-15와 20-20-20 성분비의 비료를 150~200 ppm으로 교대로 출하 전까지 시비한다. 엘라티오르 베고니아는 전기전도도(EC, Electrical conductivity)에 민감하므로 1.0~1.3 dS/m 수준을 유지한다.

이식 후에는 2~3주 동안 14시간 이상의 장일조건을 바로 제공한다. 식물이 최종 판매할 크기의 2/3에 도달하면 11시간 미만의 단일조건을 제공하기 시작한다. 필요한 경우에는 단일조건을 제공하기 위해 암막천을 사용한다. 화아가 유도될 때까지 4주간 단일조건을 제공하고, 단일조건 기간이 끝나면 장일조건을 제공한다.

Hiemalis 계통의 베고니아는 음지와 반양지에서 잘 자라므로, 잿빛곰팡이병과 흰가루병을 방지하기 위해서는 잎을 건조하게 관리하는 것이 중요하다.

10 구근 베고니아

- 국명: 구근 베고니아
- 학명: *Begonia* × *tuberhydrida* Voss
- 영명: Tuberous Begonia, Not-Stop Begonia
- 원산지: 남미 및 중미

1) 주요 계통 및 품종

구근 베고니아는 베고니아과에 속하며 볼리비아와 페루의 안데스산맥 해발 3,000~3,800 m의 고산지대에 자생한다. 이들 자생종이 서로 복잡하게 교배되어 원예종이 개발되어 있으며, 현재 2,500여 품종이 알려져 있다. 주요 구근생산지는 벨기에이다. 구근 베고니아는 종류가 많고 화형이 예쁘며 화색이 선명하여 베고니아 중에서 고급종에 속한다. 그러나 고온에 약한 작물이기에 우리나라에서는 여름철 재배가 상당히 어렵다. 구근 베고니아는 품종의 특성에 따라 구근, 삽수, 종자 형태로 번식돼서 공급된다. 종자로 번식되는 구근 베고니아는 'Non-Stop' 시리즈가 구근 베고

선댄서 (삽목) | 논스탑썬글로우 (삽목) | 프래그런스 폴스 (삽목) | 일루미네이션 (종자) | 고고 시리즈 (종자)

그림 19.17 구근 베고니아(사진자료: Ball Horticultural)

니아의 대명사로 불리며 지난 수십 년간 가장 널리 알려져 있었다. 오늘날에는 'Fortune', 'Go-Go' 시리즈 등 다양한 품종이 보급되고 있다. 이들 품종들은 주로 분화용으로 이용되었으며, 적색, 오렌지, 노랑, 흰색 등 단색뿐만 아니라, 다양한 복색도 보급되고 있다. 직경이 8~10 cm 정도되는 겹꽃도 육종, 보급되고 있다. 반그늘인 정원에 걸이용 화분으로도 널리 이용되고 있다.

2) 개화생리

구근 베고니아는 대표적인 장일식물로서 13.5시간 이상의 일장하에서만 잎과 꽃눈이 분화하고 생육이 지속된다. 12시간 이하의 단일에서는 20~30일 안에 생장점의 활동이 멈추고 지상부 생육이 정지되는 반면에 지하부에서는 구근비대가 촉진된다. 그러므로 겨울철에 재배 및 육묘할 때는 전조재배(장일처리)를 반드시 해야만 한다. 일장이 부족할 때는 밤 10시부터 새벽 3시까지 5시간 동안 보광을 해 주면 도움이 된다. 구근 베고니아는 광을 누적하여 개화를 한다. 일장이 충분히 길거나 부족할 때 추가로 광을 보충해 주면 개화를 앞당기고 식물의 품질을 향상시킬 수 있다.

구근 베고니아의 휴면은 단일에 의해 유도되며 한번 유도된 휴면은 장기간 계속된다. 즉, 10월 말에 수확한 구근은 2월까지 휴면한다. 휴면타파는 1~5°C에서 60~90일 동안 저온처리하는 것이 가장 효과적인 반면에, 10°C 이상의 온도에서는 휴면타파의 효과가 없다.

3) 재배 및 관리

종자 구근 베고니아는 재배기간이 길고 환경 요구조건이 까다로워서 재배가 어렵다. 발아적온은 24~26°C이고, 발아기간은 7~10일 정도 소요된다. 광발아종자이므로 복토를 하지 않는다.

적절한 식물의 사이 띄기는 전체적인 식물의 질을 향상 시켜준다. 뿌리는 토양 내에 수분이 많으면 좋지 않으므로, 과습하게 관리되지 않도록 하는 것이 중요하다. 특히 과습은 흰가루병을 발생시키므로 건조하게 관리하는 것이 중요하다. 화분이나 바구니에 여러 식물을 심을 때에는 잎들의 방향이 바깥을 향하게 한다. 이는 바깥 방향이 꽃이 가장 많이 피어나는 방향이기 때문이다.

11 분화 카네이션

- 국명: 분화 카네이션
- 학명: *Dianthus caryophyllus*
- 영명: Carnation
- 원산지: 지중해 지역

1) 주요 계통 및 품종

카네이션은 석죽과 석죽속의 일종으로 분류된다. 석죽과의 식물은 대부분 일년초 또는 다년초로서 약 80속 2,000종 이상이 북반구의 온대 지역을 중심으로 해서 열대에서 한대까지 넓게 분포되어 있다. 석죽속의 약 300종은 유럽, 지중해 연안, 아시아, 열대 및 남아프리카 산지 등에 자생한다. 대부분 다년초이지만, 소수의 일년초와 일본의 자생종인 *D. shinanensis*처럼 2년생도 있다.

카네이션은 보통 온실 카네이션(tree carnation)과 노지 카네이션(border carnation)으로 나뉘며, 절화 재배는 온실 카네이션이 이용된다. 분화용 카네이션은 온실 카네이션을 개량한 것들이 대부분이다.

대륜종 '콜로레스' | 중륜종 '오스카' | 중륜종 '슈퍼트루퍼' | 소륜종 '핑크키세스' | 소륜종 '카르멘'

그림 19.18 카네이션의 꽃의 크기별 종류

> 카네이션의 원종은 시실리 섬, 남유럽, 북아프리카, 서아시아 등 지중해 지역에 자생하고 있다. 콘라디 게스너(Conradi Gesner)의 〈植物誌: 1565〉에는 원종과 비슷한 그림이 있다. 또한 크레타 섬의 벽화에는 다이안사스로 보이는 꽃 그림이 그려져 있는데, 만약 이것이 카네이션의 원종이라면 카네이션의 기원은 기원전 1,500년까지 거슬러 올라간다. 카네이션의 속명인 디안투스(*Dianthus*)는 그리스의 식물학자 테오프라스투스(Theophrastus, B.C. 372~288)가 '신(Dios)'의 '꽃(Anthos)'이라 이름을 붙였다. 종명은 카네이션의 색과 향기가 카리오필루스(caryophyllus)에서 얻은 정향(丁香)과 비슷한 것에서 유래하였으며, 당시에는 화관(花冠)식물로 분류하였다고 한다.

2) 개화생리

카네이션의 개화기는 온도, 일장, 광도 등의 환경 요인과 이들이 복합된 계절의 영향을 받는다. 더불어 묘의 품질, 정식, 적심, 토양, 비료 등 비배 관리의 영향도 크기에, 이러한 것들이 복합적으로 작용하여 생육과 개화에 영향을 준다.

카네이션은 단일에서도 개화하는 사계절 개화성으로 개량되었지만, 상대적 장일식물로 장일에서 개화가 촉진된다. 일장이 길어질수록 마디 수가 적어도 꽃봉오리가 맺히고 개화가 촉진된다. 장일에서 개화가 촉진되는 것은 꽃봉오리 출현까지의 기간이 단축되기 때문이며, 꽃봉오리 출현 후 개화까지는 일장의 영향을 거의 받지 않는다. 즉, 장일은 꽃눈의 분화와 발달의 초기 단계까지만 촉진시키는 것이다. 따라서 꽃봉오리 출현부터 개화까지의 일수는 일장 시간 또는 품종의 조·만생과 거의 관계없이 약 30일 정도된다. 개화 촉진 효과는 일장 16시간에서 크다. 24시간 일장에서는 개화가 촉진되지만 그 정도로 길게 전등 조명을 하여도 촉진되는 일수는 조금 밖에 되지 않으며, 오히려 웃자람 등의 장해가 발생하기 쉽다.

일장은 카네이션의 형태형성에도 큰 영향을 미친다. 장일처리는 줄기와 잎을 연약하게 하여 절화 품질을 떨어트리는 경우가 많지만 적절한 장일처리시에는 걱정하지 않아도 된다. 온도 조건을 잘 맞추어 장일처리하면 개화가 가장 잘 촉진된다. 겨울철 난방 온도는 10°C에서 개화 촉진 효과가 가장 높고, 온도가 낮으면 효과가 떨어진다. 그러므로 저온에서 전등 조명(장일처리)하여 온도의 대체 효과를 보는 것은 거의 불가능하다. 장일처리는 계절에 관계없이 개화를 촉진하며, 특히 일장이 짧은 9~3월에 꽃눈이 분화하는 재배에서 효과가 크다. 그 이외의 시기에는 줄기가 약해지는 등의 문제가 발생하기 쉬우므로 개화 촉진 효과가 있다고 해도 가능한 한 전등 조명을 하지 않는 것이 좋다. 광량이 낮은 2월 중순부터 개화 유도(3,500~4,000 lux) 조건을 제공해줌으로써 조기 개화를 유도할 수 있다.

3) 재배 및 관리

카네이션의 생육에 적합한 온도는 다른 작목에 비해 약간 낮다. 주간 15~20°C, 야간 10°C가 가장 좋은 온도이고, 최대 주간 25°C, 야간 15°C까지가 품질이 우수한 카네이션을 생산할 수 있는 범위이다.

- 비료: 이식 후 첫 번째 뿌리가 보이면 비료 관리를 시작한다. 첫 3~4주간은 칼슘, 마그네슘 기타 미량요소가 들어 있는 복합비료 15-10-15를 물 1리터에 1~1.5 g을 혼합하여 시비한다. 이후 16-5-25 혹은 10-10-30 같은 가리질 비료 위주의 복합비료로 교체하여 시비한다.

- 온도: 이식 후 3~4주 동안 야간 온도는 15~16℃, 주간 온도는 18~20℃를 유지해 준다. 5주차부터는 야간 온도를 최소 5~6℃, 주간 온도를 8~16℃로 유지해 준다. 낮 온도가 너무 낮으면 재배기간이 늘어 날 수 있다. 일반적으로 저온과 풍부한 광량은 작물의 품질을 높여 준다.
- 빛: 카네이션의 품질은 광량이 결정한다. 전체적으로 재배기간 동안 50,000 lux 이상의 광이 권장된다. 생육과 개화는 장일조건에서 향상된다.

12 아잘레아

- 국명: 아잘레아, 서양철쭉, 화란철쭉
- 학명: *Rhododendron simsii* Planch.
- 영명: Azalea
- 원산지: 중국 중북지방, 19세기 초 유럽으로 건너가 영국, 네덜란드, 벨기에 등지에서 품종 개량되어 수많은 원예품종이 생겨남

1) 주요 계통 및 품종

아잘레아는 품종 분화가 많이 되어 정확한 추적은 어렵지만, 일반적으로 다음의 4가지 계통으로 나눌 수 있다.

(1) 인디카(Indica) 계통

꽃이 크고 홑꽃과 겹꽃이 있으며 화색이 다양하다. 이 계통은 일본과 중국에서 자생하는 계통을 유럽, 특히 벨기에에서 개량한 것이다. 이 계통 중에 우수 품종으로는 'Albert Elizabeth', 'Haerens', 'Tromphe', ' Paul Chame', 'Bertina', 'Inga', 'Mission Bell' 등이 있다.

(2) 쿠루메(Kurume) 계통

일본 쿠루메 지방에서 발견되는 계통으로, 꽃이 작고 잎이 작으면서 수가 많은 것이 특징이다. 비교적 내한성이 강하다. 우수 품종으로는 'Coral Bells', 'Hexe', 'Snow', Hinodegiri', 'Salmon Beauty' 등이 있다.

(3) 페리카트(Pericat) 계통

1920년 후반에 미국에서 선발된 계통이다. 인디카와 쿠루메 계통의 중간적 특성을 가지고 있다. 대부분 만생종이어서 크리스마스 축성보다 부활절 축성에 적합하다. 우수 품종으로는 'Mariory Amm', 'Rival Sweetheart', 'Pericat', 'Rose Pericat', 'Pink Pericat' 등이 있다.

(4) 러터포디아나(Ruthefordiana) 계통

1935년경에 개발된 계통으로 인디카와 쿠루메의 교잡으로 얻어졌다. 특성은 양친의 중간적이다. 우수 품종으로는 'Dorothy Gish', 'Rose Queen', 'Constance', 'Alaska', 'Snow Queen' 등이 있다.

'핑크프라이드헬름'　'베르티나'　'미션벨'　'잉가'　'레오폴드아스트리드'

그림 19.19 아잘레아 인디카 계통의 주요품종

2) 개화생리

아잘레아의 신초는 일반적인 재배조건 하에서 4~5월에 신장을 시작한다. 이 시기는 조생품종의 경우 개화 후, 만생품종의 경우 개화기 전에 해당한다. 신초는 약 2개월 동안 충실해지는데, 이 시기에는 선단부 부근의 절간이 거의 신장하지 않게 되고, 전개하는 잎은 소형이 된다. 잎은 얼마 지나지 않아 포엽(苞葉) 그리고 인편상으로 되어 줄기 끝을 감싸고 정아를 형성한다. 이 정아 가운데 2~4개의 작은 꽃을 갖는 꽃차례가 형성된다. 꽃눈 형성은 고온에서 촉진되고 저온에서 억제된다. 꽃눈형성기 최하 온도는 12°C 전후이고, 생육 적온은 20~27°C 정도이다. 이 범위에서는 항온보다는 야간 온도가 4~6°C 낮은 편이 좋다. 꽃눈 형성 후기에는 온도가 낮은 것이 유리하다. 연구에 의하면 꽃눈 형성 후기의 온도는 주간 온도 18°C, 야간 온도 14°C에서 개화가 촉진되었다.

3) 재배 및 관리

아잘레아는 반그늘에서 생육이 잘 되므로, 재배 시 직사광선이 들지 않게 한다. 특히 여름철에는 차광 하에 두되, 겨울철 약한 광선은 오히려 개화에 도움이 되고 화색도 선명해진다. 생육적온은 주간 온도 15~21°C, 야간 온도 10~13°C이다. 다습한 환경을 좋아하므로 용토는 마르지 않도록 관리하고, 공기 중의 습도도 높여준다. 그러나 개화 시에는 물을 적게 주고 꽃에 분무하는 것도 삼가하여 오랫동안 피어 있게 한다. 아잘레아는 산성토양을 선호하므로 pH 5.5 정도로 조절하는 것이 생육에 좋다. 분갈이는 3월 상순경부터 장마철까지가 적기이며, 성목은 2~3년째에 분갈이를 한다. 분갈이할 때는 묵은 용토를 깨끗이 털어낸다. 만약 잘 털리지 않으면 쇠꼬챙이로 뿌리 사이에 있는 용토를 털어 낸 후, 새로운 용토가 뿌리 사이에 잘 들어가도록 해서 심는다.

참고문헌

- 김예진 외. 2020. 향기가 있는 중형종 심비디움 'Aroma Pink' 육성. Flower Res J 28:353-358
- 농촌진흥청. 2016. 스마트팜 온실환경관리가이드 라인
- 농촌진흥청. 1993. 분화재배 농업기술길잡이 pp. 139-149
- 농촌진흥청. 2018. 구근화훼 농업기술길잡이 p. 85
- 농촌진흥청. 2018. 카네이션 농업기술길잡이 129
- 농촌진흥청 국립원예특작과학원. 2019. 심비디움 http://lib.rda.go.kr/search/mediaView.do?mets_no = 000000309317
- 농촌진흥청 국립원예특작과학원. 2020. 심비디움 육성품종 http://lib.rda.go.kr/search/mediaView.do?mets_no=000000309834
- 농촌진흥청 국립원예특작과학원. https://www.nihhs.go.kr/
- 박부희 외. 2019. 국내 육성 분화용 심비디움 품종 판매 현황 분석. Flower Res J 27:122-128
- 안성광. 2020. FDR sensor application for young *Cymbidium* production with coir dust for efficient irrigation. Dissertation, Seoul National University
- 안혜련 외. 2016. 심비디움의 재배연령과 화분 크기에 따른 절화의 수량과 품질. Flower Res J 24:212-216
- 안혜련 외. 2019. 향기 있는 황색 소형 호접란 '옐로우센트' 육성. Korean J Hort Sci Technol 37:304-310
- 이정식. 2012. 화훼류의 개화생리와 재배법. 도서출판 월드사이언스
- An, H.R., Y.J. Kim, Y.J. Park, K.S. Kim. 2015. Night interruption improves subsequent cut flower quality in *Cymbidium* 'Red Fire'. Hortic Environ Biotechnol 56:455-461

- Anthura. 2005. Cultivation guide phalaenopsis: knowledge for professionals. Anthura
- Beekenkamp. 2021. Beekenkamp's growing manual. URL: https://www.beekenkamp.nl/plants/en/ornamentals/
- Benary. 2021. Benary technical guide. Ernst benary of America, Inc
- Cho AR, Chung SW, Kim YJ. 2020. Flowering responses under elevated CO_2 and graded nutrient supply in *Phalaenopsis* Queen Beer 'Mantefon'. Sci Hortic 273:17
- Francesc Casas. Selecta internet open source. www.selecta-one.com
- Jim Nau. 18th ed. Ball redBook, Ball publishing. www.ballredbook.com
- Joan Verges. Morel internet open source. www.cyclamen.com
- Kim MS, Jeong MI, Lee YR. 2010. *Cymbidium* hybrid 'Purple Princess' with dark purple flower. Korean J Hort Sci Technol 28:715-718
- Kim YJ, Lee DJ, Rho H, Runkle ES, Lee HJ, Kim KS. 2015. Photosynthetic changes in *Cymbidium* orchids grown under different intensities of night interruption lighting. Sci Hortic 186:124-128
- Kim YJ, Lee HJ, Kim KS. 2011. Night interruption promotes vegetative growth and flowering of *Cymbidium*. Sci Hortic 130:887- 893
- Kim YJ, Park YJ, Kim KS. 2015. Night interruption promotes flowering and improves flower quality in *Doritaenopsis* orchid. Flower Res J 23:6-10
- Knaap Nic van der Herk, Marco van Kuijf, Robert Rosmalen, Nick van Goeij, Laetitia de Gijzen, Wim Leeden, Maarten van der. 2005
- Ministry of Agriculture, Food, and Rural Affairs(MAFRA). 2019. 2018 Annual report of floriculture cultivation. Sejong, Korea
- Park J, An SK, Lee HB, Lee JH, Kim KS. 2020. Growth and photosynthesis of young *Cymbidium* as influenced by supplemental lighting timing. Flower Res J 28:116-122
- Perry van der Haak. Pvd Haak internet open source: www.pvdhaak.nl
- The Plant List. 2010. Version 1. URL: http://www.theplantlist.org
- Ying Fung. Royal Van Zanten internet open source. www.royalvanzanten.com

CHAPTER 20 화단용 초화류

송천영·김시복

초화란 꽃과 잎을 관상하는 초본식물로, 종자를 파종하면 1~2년 이내에 생육하여 꽃이 핀 후 식물체 전체가 고사(枯死)하는 식물을 말한다. 우리나라에서 초화류는 주로 공공의 화단, 도로변 화단, 다리 난간, 꽃 축제장 등의 조경용으로 이용된다. 가정에서는 계절 별로 화단을 조성하기도 하고 몇 포기씩 화분에 심어서 이용하기도 한다. 초화는 계절 별로 다양한 화색 및 초장이 다른 화종을 선택함으로써 짧은 기간에 화단을 조화롭게 조성할 수 있다. 우리나라의 초화 생산액은 1,103억 원 정도(농림축산식품부, 2018년)로 화훼 총 생산액의 20% 정도를 차지한다. 초화류의 재배 및 판매는 대도시(서울, 부산) 근교에 65% 이상 집중되어 있다.

우리나라 초화의 생산 형태의 변화를 살펴보면, 1980년 초에는 서울 외곽 도시인 우면, 하남, 고양시와 부산 외곽인 김해 등에서 무가온 대나무 비닐하우스를 이용하여 한겨울에 팬지를 재배하였고, 여름에는 페튜니아, 매리골드, 살비아 등을 재배하여 관공서에 납품하였다. 1990년대에는 2중 쇠파이프 비닐하우스에 난방을 하게 되면서 초화를 대규모로 재배하는 농가가 생겨나기 시작하

봄화단 장식 / 여름화단 장식 / 가을화단 장식

꽃 축제 장식용 / 도로변 장식

그림 20.1 다양한 용도의 초화

였다. 배양토로는 주로 밭 흙에 우분을 적당히 혼합하여 사용하였다. 이때까지는 대부분 농가에서 종자를 구입한 후 파종, 육묘 및 출하를 하였다. 그 후 초화 생산에 공정육묘 체계가 도입됨에 따라 전문화와 분업화가 시작되었다. 이것이 지속적으로 발전되어 요즘은 대부분 초화농가가 공정묘를 구입하여 재배하고 있다.

1 초화류의 특성

1) 초화류의 종류

초화류는 파종 시기에 따라 봄 파종과 가을 파종으로 분류하지만, 최근 환경 조절 능력의 향상으로 연중 파종 및 재배가 가능하며, 용도에 따라 화단용, 분화용 및 절화용으로 분류한다.

(1) 춘파 일년초

춘파 일년초(summer annuals)는 원산지가 열대 또는 아열대 지역으로서, 페튜니아, 임파티엔스, 매리골드, 맨드라미, 살비아, 백일홍, 일일초, 꽃베고니아, 아게라텀, 봉선화, 채송화, 천일홍

페튜니아 매리골드 맨드라미

백일홍 살비아 임파티엔스

그림 20.2 주요 춘파 일년초의 종류

등이 있다. 대부분 생육적온이 10~25°C로 저온에 약하다. 봄에 종자를 뿌려 여름과 가을에 관상하는 초화로서 파종되어 약 100일 정도 지나 꽃이 핀다. 파종 시기가 여름으로 갈수록 개화 소요 일수는 짧다.

(2) 추파 일년초

추파 일년초(winter annuals)는 대부분 온대지역 원산으로, 겨울 동안의 저온 육묘 기간을 거쳐 봄에 개화한다. 팬지, 프리뮬라, 데이지, 칼세올라리아, 글록시니아, 시네라리아 등이 여기에 속한다. 가을 파종 일년초는 겨울 야간의 온도가 0°C일 때도 결딜 만큼 내한성은 강하지만 여름철 고온에는 생장이 약하여 고사한다.

그림 20.3 주요 추파 일년초의 종류

2) 초화 종자의 특성

대부분 초화는 꽃이 피고 진후에 결실되는 종자로 번식을 하지만, 일부 품종에서 종자번식이 어려워 영양번식으로 유통되는 경우도 있다. 초화류의 종자가 발아력(發芽力)을 보유하고 있는 기간인 종자 수명은 초화의 종류, 품종, 채종 환경 또는 저장 조건에 따라 차이가 있다. 보통 종자 수명이 상온에서 1~2년으로 짧은 화종을 단명(短命) 종자, 2~4년까지 유지되는 화종을 상명(常命) 종자, 4~6년까지 유지되는 화종을 장명(長命) 종자라고 한다. 단명 종자에는 프리뮬라, 팬지, 칼세올라리아, 제라늄, 살비아, 일일초, 과꽃 등이 있고, 상명 종자에는 데이지, 페튜니아, 시클라멘,

글록시니아, 분꽃, 봉선화, 코스모스, 채송화 등이 있으며. 장명 종자에는 맨드라미, 색비름, 백일홍, 금어초, 콜레우스, 스토크, 패랭이꽃 등이 있다.

초화의 발아에 요구되는 적정 온도는 화종에 따라 다르지만, 일반적으로 온대산 초화는 15~20°C 정도이고, 열대 및 아열대 초화는 20~28°C이다. 광 발아 종자는 광선이 있어야지만 발아가 잘 된다. 하지만, 계속 밝은 곳에 두지 않고 몇 시간 동안의 약한 광에도 발아가 된다. 광 발아 초화로는 프리뮬라, 아게라텀, 칼세올라리아, 글록시니아, 베고니아 등이 있다. 암 발아 종자는 암흑 상태에서 발아되는 것으로, 팬지, 일일초, 고데치아, 스타티스 등이 있고, 광선유무에 관계없이 발아되는 초화로는 매리골드, 채송화, 알리섬, 패랭이꽃, 국화, 색비름 등이 있다.

2 주요 초화류 재배

1) 페튜니아

페튜니아(petunia, *Petunia × hybrida*)는 우리나라에서 봄부터 가을에 이를 정도로 개화기간이 길고, 화색 및 화경이 다양하며, 생육이 강건해서, 공공 화단, 도로변 및 다리 난간 등의 장식에 가장 많이 이용되는 초화이다. 페튜니아는 남아메리카 원산의 가지과 초화로서 본래는 다년생 성질을 가지고 있있지만, 우리나라에서는 노지에서 월동이 불가능하여 일년초로 취급하고 있다. 초장은 20~100 cm이고, 잎은 난형, 타원형, 피침형 등 다양하며 호생한다. 꽃잎은 5갈래의 통형으로 홑피기와 겹피기가 있다. 개화 반응은 상대적 장일식물로서 저온·단일에서는 줄기에서 가지가 많이 나오고 마디 사이가 짧은 상태로 되며 개화가 늦어진다. 반면에 고온·장일에서는 분지가 적고 마디 사이가 길어지며 개화가 빠르다. 페튜니아의 생육적온은 20°C 내외로 광선이 충분한 곳에서 잘 자라지만, 반그늘이 되면 생육과 개화 상태가 급속히 나빠진다. 페튜니아의 생육은 건조에는 비교적 강한 편이나 과습에는 약하다.

(1) 종류 및 품종

① 페튜니아의 원산과 육종

페튜니아속은 주로 남미의 온대지역에 약 35종이 자생한다. 현재 재배종은 대부분 *Petunia × hybrida*로 *P. axillaris, P. inflata, P. violaceae*와 *P. pendula*를 교잡한 것이다. 페튜니아 품종은 1850년대에 프랑스 식물학자 Petun이 처음 개발하였고, 1950년대부터는 네덜란드, 영국, 프랑스, 미국 및 일본 등의 국가에서 대형종(grandiflora형)과 소륜 다화종(multiflora형)의 일대잡종이 개발되면서 그 이용이 세계적으로 확대되었다. 지난 60년 간의 지속적인 육종으로 거의 모든 화색을 나타내며, 홑꽃, 겹꽃 등 시장에서 유통되는 품종이 600개 이상이 된다.

② 품종의 분류

현재 이용되는 대부분 페튜니아 품종은 잡종강세에 의하여 식물체가 강건하고, 균일하게 자라는 일대잡종이다. 품종의 분류는 이용 목적에 따라 화단용, 분화용 또는 걸이용으로 분류하기도 하고, 초장 및 생장 형태에 따라 왜성종, 고성종, 덩굴성종으로 분류하기도 한다. 다른 한편으로, 화경에 따라서 대륜종(화경이 10 cm 정도로 큰 품종)과 소륜(화경이 5~6 cm 정도의 홑꽃) 다화성 품종으로 나누기도 한다.

- 대륜종(grandiflora)

대륜종은 화경이 10 cm 정도로 큰 일대잡종 품종으로 1950년 초에 개발되었다. 최근에는 다양한 화색, 꽃잎의 끝에 주름이 잡힌 것, 화색에 맥이 들어간 것들이 육성되고 있다. 주요 품종으로는 'Daddy', 'Dream', 'Falcon', 'Flash', 'Ultra', 'Titan' series 등이 있다.

- 소륜 다화종(multiflora)

소륜종은 화경이 5~6 cm 정도로 작은 일대잡종 품종이다. 대륜종보다는 화수가 많고 환경 내성이 강하며, 화색이 다양하고 일찍 개화한다. 주요 품종으로는 'Carpet', 'Celebrity', 'Horizon', 'Merlin', 'Polo', 'Prime time' series 등이 있다.

- Spreading petunia

1990년 중반에 개발된 spreading petunia는 초장이 1m 정도까지 자랄 정도로 초세가 강건하고 측지 발생이 많다. 강한 광과 고온에 잘 견디고 계속 꽃이 피는 성질이 강해서, 도로변 화단, 다리 난간 등에 이용된다. 종자로 번식되는 'Wave', 'Opera' series 등이 있고, 영양번식을 하는 'Surfinia', 'Supertunia' series 등이 있으며, 소륜종으로는 'Million Bells' 등이 있다.

대륜종, '드림즈'

소륜종, '매드니스'

Spreading Type, Wave Petunia

그림 20.6 페튜니아의 종류

(2) 재배 작형

재배 환경을 고려하고 출하시기를 역산하여 파종시기를 결정한다. 페튜니아를 이른 봄인 3월 중순에서 4월 상순 사이에 출하하고자 할때 에는 11월 초·중순에 파종하여 월동시킨 후 출하하며, 4월 중순에서 5월 상순 사이에 출하하고자 할 때에는 1월 중·하순에 파종한다. 5~6월 출하는 무가온 상태에서 3월 중·하순에 파종한다.

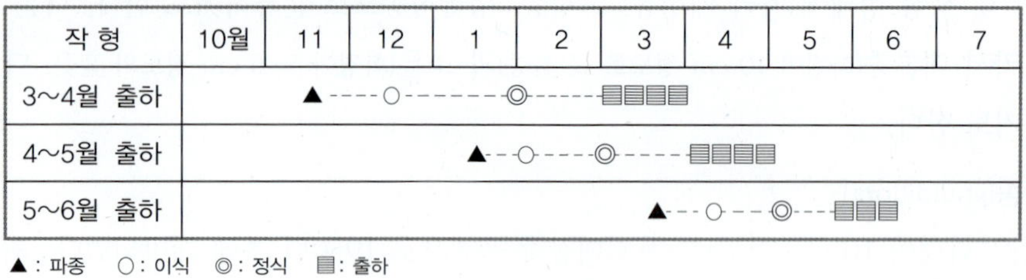

그림 20.7 페튜니아의 재배 작형

(3) 재배 방법

① 파종

페튜니아 종자의 발아적온은 20~25°C이고, 품종에 따라 약간의 차이는 있으나 파종 후 3~5일이면 발아한다. 종자는 빛이 있는 조건에서 발아가 잘되고 종자가 아주 작으므로 복토는 하지 않는다. 파종 전에 상토에 물을 충분히 주고, 파종 후 발아할 때까지는 반그늘에서 관리한다. 발아가 되면 강건한 묘를 위해 차광망을 벗겨내서 통풍이 잘되게 한다.

② 육묘 및 정식

본 잎이 4~5매가 되었을 때 직경 6~9 cm 화분에 가식을 한 후 첫 꽃이 피면 정식한다. 페튜니아의 정식은 꽃이 한 두개 피었을 때 하는데, 화단이나 도로변에는 20~25 cm 간격으로, 윈도우박스나 화분에는 15~18 cm 간격으로 심는다. 페튜니아는 장일 조건에서 개화가 촉진되는 상대적 장일식물이어서 낮의 시간이 13시간 이상이 되면 조기에 개화되고, 초장이 크게 된다. 하지만 단일(8~10시간)에서는 개화가 지연되고 줄기 신장이 억제되지만 측지 발생은 촉진된다. 일장 반응은 온도에 영향을 받는다. 낮 온도가 20°C 이하가 되면, 일장에 관계없이 측지 발생이 많아져서 총총하게 자라고, 낮 온도가 20°C 이상인 단일에서는 측지가 많이 생기지만 개화는 지연된다. 낮 온도가 20°C 이상이고 장일이면 개화는 빨리되지만 주지가 가늘고 길어지며, 측지는 적게 나온다. 이러한 온도와 일장과의 관계는 봄에 뚜렷이 나타난다. 따라서 초봄에는 페튜니아의 개화가 늦지만 총총하게 자라서 개화수가 많게 된다.

상토는 배수가 잘되고 영양 성분이 풍부해야 한다. 또한 pH는 5.5~6.5가 적당하고, EC (electrical conductivity)는 0.5~1.0 dS/m로 조절한다. 페튜니아의 상토는 pH 6.8 이상에서 미량요소 특히 철과 마그네슘의 흡수 장해로 어린잎이 황록색으로 변한다. 토양 공극은 뿌리의 생육을 위하여 중요한 요소가 되는데, 화단의 흙을 25~30 cm 가량 파서 물을 채워서, 8~10시간 만에 물이 다 빠지면 토양의 공극은 페튜니아 생육에 적당한 상태이다. 이 이상 시간이 걸리면 유기물과 혼합하여 토양의 공극을 많게 한다.

③ 장마기 페튜니아 관리

페튜니아의 꽃이나 잎 또는 줄기가 장마철에 비의 피해를 입으면 물리적 상처를 받아서 잿빛곰팡이병이나 점무늬병 등에 걸리기 쉽다. 장마기에 비에 의한 피해를 줄이려면 묘를 튼튼하게 기르거나 정식 후 토양의 배수를 원활하게 해서 줄일 수도 있지만, 파종시기를 조절하거나 장마 전에 가지를 잘라주는 것이 좋다. 전지는 장마가 시작되기 10~20일 전에 하는 것이 좋고, 지상부 10 cm 정도에서 잘라주면 된다. 너무 일찍 잘라주면 생육 및 개화가 양호한 상태에서 비를 맞게 되므로 피해가 증가되고, 장마기 이후에는 이미 습해를 받은 상태라서 회복하기 어렵다. 전지 후 15일 정도 지나면 새로운 분지에서 꽃이 피기 시작하고, 한 달 정도면 전지하기 전의 상태와 유사하게 된다.

표 20.1 여름철 전지(가지치기)에 따른 페튜니아 '타이탄 로즈'의 생육 및 개화

전지 시기	분지수/주	개화수/주	관상 기간(일)
무 전지	10.0	6.0	78
6월 20일	15.0	14.7	120
7월 10일	15.3	15.0	110
8월 10일	11.3	7.0	81

* 파종일: 3월 20일, 정식일: 5월 20일, 생육 및 개화 조사: 8월 30일(1994년)

(4) 병해

① 바이러스병(virus)

페튜니아의 바이러스는 진딧물에 의해서 매개되는 것으로 알려져 있으나 종자에서 이병되는 경우도 있다. 잎에 작은 황색 반점이 나타난 후 위축되며 꽃이 적게 피는 동시에 보기 흉한 모습으로 변화되며 심하면 생육이 저하된다. 조기에 발견하여 이병된 포기를 제거하는 것이 좋다.

② 잿빛곰팡이병(gray mold)

장마기에 비의 피해를 받거나 과습한 토양에서는 꽃이나 잎 또는 줄기가 썩음으로써 잿빛곰팡이병이 발생하며 심하면 말라 죽는다. 온실 환기를 충분히 하고 온도를 낮게 유지하면 어느 정도 방제가 된다.

③ **점무늬병**(leaf spot)

잎에 담갈색 또는 갈색의 테두리를 가진 반점을 형성한다. 이것이 진전되면 중앙부가 찢어지고 탈락되어 둥근 구멍이 생긴다. 줄기에 발생하면 갈색의 부정형 병반을 형성하며 이병된 부위는 부러지기 쉽다. 살균제를 살포하고, 과습하지 않도록 주의한다.

④ **흰가루병**(powdery mildew)

흰가루병은 여러 종류의 곰팡이가 관여하고 있다. 흰가루병은 주로 하엽에서 발생하여 위로 번진다. 재배시설 내 야간의 높은 습도와 낮의 건조한 조건은 흰가루병의 포자번식에 유리하다. 따라서 야간에 습도가 높지 않도록 관수는 오전 일찍하고 환기를 자주 한다.

⑤ **역병**(black shank)

역병의 증상은 잎에 적갈색의 큰 괴저 병반이 생긴 후 나중에 줄기로 번져 포기 전체가 말라 죽는다. 병반 주변에는 연록색 혹은 노란 윤문이 생기고 병원균 포자가 하얗게 형성되기도 한다. 주로 저온(12~18°C)의 다습한 조건에서 발병된다.

바이러스(TMV) 잿빛곰팡이병 흰가루병 역병

그림 20.8 페튜니아의 병해(사진 제공: Ball Horticultural Company)

(5) 페튜니아의 이용

① **분화용**

분화용은 화분의 크기에 따라 작은 분(9~12 cm)은 주로 가정용으로, 큰 분(27 cm 이상)은 주로 상점 혹은 건물 입구에 장식용으로 이용된다.

② **화단용**

페튜니아는 주로 공원 등의 화단용으로 널리 이용되고 있다. 작은 분(9~12 cm)에 식재된 페튜니아가 1~3개 정도 개화된 것을 화색 및 초장을 감안하여 조화롭게 식재한다.

③ 도로변 및 난간용

우리나라에서 페튜니아는 화색이 다양하고 이른 봄부터 가을까지 연속적으로 개화되므로 도로 또는 다리 난간 장식용으로 널리 이용되고 있다.

④ 걸이용

정원이 있는 개인 주택에서 화단용으로도 이용하지만 걸이용으로도 이용한다.

분화용 화단용 도로 및 난간용 걸이용

그림 20.9 페튜니아의 이용

2) 팬지

팬지(pansy, *Viola × wittrockiana*)는 늦여름과 가을에 파종되어 늦가을과 봄 화단 장식으로 널리 이용되고 있다. 초화 중에서 내한성이 강한 화종으로 품종에 따라 다르지만 −5°C까지도 충분히 견딜 수 있고, 발아 및 생육적온은 10~20°C이다. 소형인 비올라는 내한성이 강하여 우리나라 남부지방에서는 가을에 화단에 정식하여 월동이 가능할 정도이다. 팬지는 5매의 꽃잎이 한 꽃을 이뤄서 꽃 폭이 2~10 cm가 되고, 꽃 색깔은 보라색, 황색, 적색, 흰색 등으로 다양하며, 초장은 15 cm 내외로 자란다.

(1) 종류 및 품종

① 팬지의 원산과 내력

늦가을 혹은 이른 봄의 화단을 꾸미는 데 많이 쓰이는 팬지의 원산지는 지중해 연안으로 제비꽃과(Violaceae)에 속하는 추파 일년생 초화이다. Viola속은 세계적으로 500여 종이 분포되어 있는데, 일반적으로 팬지로 불리고 있는 것은 *Viola × wittrockiana,* 비올라로 불리는 것은 *Viola cornuta*이다. 그리고 재배종(*V. tricolor* var. *hortensis*)은 꽃잎이 3가지 색을 띤다고 하여 tricolor

라고 명명되었다.

② 품종의 분류

팬지는 유럽 원산의 제비꽃과로 19세기 초 영국, 프랑스, 독일에서 개량되었다. 20세기에는 스위스와 미국에서 새로운 계통과 품종이 만들어졌고, 최근에는 유럽, 미국, 일본 등에서 대형종, 절화용, 걸이용 그리고 방향성 품종이 개발되었다. 팬지의 꽃 폭을 기준으로 분류하면 9 cm 이상되는 거대형종, 7~8 cm의 대형종, 4~6 cm의 중형종 그리고 그 이하의 소형종(Tufted pansy: 비올라)으로 나눌 수 있고, 꽃 무늬에 따라서도 민무늬, 블러치 및 깃털 형으로 나눌 수 있다.

- **대형종:** 꽃 폭이 7 cm 이상이고, 초폭은 20~25 cm, 초장은 20 cm 정도이며, '웨이브', '매트릭스', '델타', '맘모스', '마제스틱자이언트' 등의 시리즈 품종이 있다.
- **중형종:** 꽃 폭이 5~6 cm이고, 초폭은 20~25 cm, 초장은 20 cm 정도이며, '파놀라', '울트라' 등의 시리즈 품종이 있다.
- **소형종**(viola): 꽃 폭이 2~4.5 cm이고, 초폭은 15~20 cm, 초장은 15~20 cm 정도이며, '솔벳', '페니', '에드마이어', '델티니' 등의 시리즈 품종이 있다.
- **걸이용**(spreading, trailing): 꽃 폭이 5.0~6.0 cm이고, 초폭은 40~50 cm 정도까지 자란다. '쿨웨이브', '프리폴', '원더폴' 등의 시리즈 품종이 있다.

대륜종, 'e-매트릭스' 중륜종, '파놀라' 소륜종, '솔벳' 걸이용, 'Cool Wave'

그림 20.10 꽃 크기 및 용도별 팬지의 품종 분류

민무늬 형(Clear faced) 블러치 형(Blotched) 깃털 형(Ruffled)

그림 20.11 꽃무늬 및 형태에 따른 팬지의 분류

(2) 재배 방법

① 파종

팬지의 파종 시기는 7월 말부터 1월 초까지가 적기로, 식재 시기, 출하 시의 색 배합, 꽃의 크기, 화단 조성의 특성 및 용도를 고려하여 품종을 잘 선택하여 파종한다. 파종 상토는 공정묘를 이용할 경우에는 시판용 상토를 사용하는 것이 바람직하지만, 소규모로 운영할 경우에는 밭흙 : 피트모스를 1 : 1로 혼합하여 사용한다. 이때 밭흙은 체로 친 후 소독하여 사용한다.

토양 산도는 5.5~6.5가 적당하다. 파종 후 복토는 통기성 및 보수력을 고려하여 피트모스나 질석으로 종자가 보이지 않을 정도로 덮어주는 것이 좋다. 파종 시 고온(25°C 이상)이면서 복토를 두텁게 하면 발아가 아주 불량하므로 주의한다. 파종 전에 충분히 물을 준 후 저면관수 또는 분무기를 이용하여 물을 준다.

② 육묘

본잎이 3~4매(공정묘 5주)가 되면 9 cm 비닐 분에 가식한다. 육묘 상토는 적당한 통기성 및 보수력을 위하여 피트모스, 펄라이트의 비율을 3 : 1정도로 혼합된 시판용 상토를 사용한다. 경우에 따라 밭흙을 사용할 경우는 배양토의 불균일로 묘의 생육이 일정하지 않고 병해가 발생할 우려가 높다. 하지만 소독된 밭흙 50%에 부숙퇴비(돈분 또는 우분) 10~20% 그리고 부숙왕겨를 30~40% 혼합했을 때 묘의 생육이 양호하다는 보고가 있다. 왕겨의 부숙은 시판하는 부숙촉진제를 사용하여 온도가 높은 한여름에 하고 가스를 방출시킨 다음 다른 배양토와 혼합하여 사용한다. 팬지의 육묘 기간은 파종 시기 및 품종 그리고 육묘 온실의 환경(광과 온도)에 따라 다르지만, 포기당 2~3개의 꽃이 피게 되는 시기까지는 파종 후 3~4개월이 소요된다. 가을에 파종할 경우에는 육묘 기간이 길어지고 겨울에 파종할 경우에는 짧게 된다. 웃자랐을 경우나 출하 시기의 조절을 위하여 팬지의 가지를 쳐줄(전지) 수도 있다. 지상부 10 cm 부근에서 전지하면 곁가지 발달이 왕성해지므로 웃자람을 방지할 수 있다.

표 20.2 육묘 조건 별 팬지 품종의 동사율 및 생육

품종명	육묘조건	동사율(%)	화폭(cm)	잎수	초폭(cm)	꽃수/주
마세도니카	무가온	0	1.5	59±10	8.2±0.7	11.4
	5°C	25		110±20	14.5±3.3	31.6
로즈피코티	무가온	13	3.8	32±7	10.1±1.9	12.2
	5°C	33		91±13	13.7±3.1	21.5
마제스틱 자이언트	무가온	20	7.2	38±12	12.7±3.8	5.8
	5°C	60		57±10	16.8±3.7	13.0

※ 파종: 10월 28일, 정식 3월 7일, 동사율 및 생육 조사: 1995년 4월 10일

팬지를 초봄에 노지에 정식할 경우 동해가 발생할 수 있다. 팬지의 동해율은 품종 및 육묘 조건에 따라 차이가 있다. 동사율을 감소시키기 위하여 육묘 온도를 5°C 이하로 낮게 하거나 무가온 육묘(2중 비닐터널 육묘)를 한다(표 20.2). 이와 같이 무가온 육묘로 내한성을 강화하면 조기에 정식하더라도 동사하지 않으므로 봄 화단을 조기에 장식할 수 있다.

③ 정식

팬지의 정식 시기는 육묘 조건 및 품종에 따라 다르지만 포기당 꽃이 2~3개 이상 피었을 때 한다. 봄 화단 또는 도로 조경용으로 늦여름에 육묘한 것은 초겨울에, 겨울철 무가온으로 육묘된 팬지는 3월 중순부터 정식이 가능하다. 겨울철에 가온 육묘된 팬지는 동사 방지를 위하여 4월 초·중순에 정식하는 것이 안전하다. 정식 간격은 보통 20 cm 간격(1 m²당 25포기 소요)으로 하는데, 작은 화단은 15 cm, 넓은 화단은 25 cm 간격으로 한다. 화단에 심은 팬지의 생육이 왕성하고 개화기간을 연장시키기 위해서는 정식 토양의 비옥도가 중요하다. 화단의 토양 성분에 따라 다르지만, 10a당 부숙퇴비(우분 또는 돈분) 3,000 kg 정도를 정식 전에 밑거름으로 준다.

화분 정식을 위한 배양토는 보수력 및 통기성이 좋고, 알맞은 비료 성분을 함유하며, 무게가 가벼워서 수송이 원활해야 한다. 이러한 점을 고려하면 시판하는 인공배양토가 좋겠지만, 조제할 경우 밭흙 : 부숙퇴비(우분 또는 돈분) : 부숙왕겨를 4 : 2 : 4로 하는 것이 적당하다. 팬지를 화단에 심을 때 다른 화종과 조화를 이루어 심을 수도 있겠지만, 팬지 하나만을 색깔별로 배치하는 경우가 많다. 화단의 목적에 따라 한 가지 색만을 군식할 수도 있고, 여러 가지 색깔로 조화롭게 장식할 수 있다. 색깔의 조화는 적색, 황색, 자색 등으로 조합되면 따뜻한 느낌의 화단이 장식되고, 청(자)색 및 백색의 조합은 시원한 느낌의 화단이 된다.

(3) 병충해 방제

① **잿빛곰팡이병**(gray mold)

조직의 표면에 회색빛의 곰팡이가 발생하여 육안으로 쉽게 관찰할 수 있다. 병원균 포자는 습한 조건에서 번식이 잘되고 공기를 타고서 쉽게 번진다. 시설 내의 습도를 낮추고 환기를 수시로 하여 곰팡이의 확산을 방지한다. 병든 포기나 감염된 식물체는 제거하고 살균제를 처리한다.

② **뿌리썩음병**(root rot)

뿌리썩음병에 관여하는 병원균은 *Pythium arrhenomanes, P. aphanidermatum, P. ultimum* 등 3종류이다. 이들은 단독 또는 *P. debaryanum*과 공동으로 각종 식물의 뿌리썩음병을 일으킨다. 토양에 물기가 많으면서 온도가 20~30°C일 때 심하게 발생한다. 뿌리썩음병에 이병되면 팬지의 뿌리 끝 부위가 썩고 지상부가 시들게 된다. 이 병균은 토양이나 작물의 죽은 뿌리로부터 전염되므로 예방을 위해 토양을 소독하고 과습한 환경이 되지 않게 한다.

③ **세균성 잎반점병**(bacterial leaf spot)

팬지에 주로 발병되고 있는 세균성 잎 반점병의 병원균은 *Pseudomonas* spp.와 *Xanthomonas* spp.이다. 주로 습도가 높을 때 발병되므로 잎의 수분을 최소화하기 위해서 오전에 관수하여 오후에는 잎이 마르도록 관리한다.

④ **잎마름병**(Cercospora leaf spot)

잎마름병의 병원균은 *Pseudocercospora* spp.로서 곰팡이 포자는 바람, 관수 등의 수단으로 번진다. 잎에 황갈색 또는 회백색의 병반이 확대되면서 잎이 마르고 떨어진다. 고온 다습한 조건에 발병되기 쉬우므로 비 내리기 전후에 살균제를 살포하여 예방한다.

⑤ **응애 및 진딧물**(mites and aphids)

생육 초기에는 진딧물이, 개화기 후반에는 응애가 발생하기 쉽다. 응애가 발생하면 잎이 황화되고, 심하면 꽃봉오리까지 피해를 입어 개화하지 못한다. 발생되면 살충제 및 살비제를 살포한다.

잿빛곰팡이병 뿌리썩음병 잎마름병 진딧물

그림 20.12 팬지의 병해충(사진자료: DLR Rheinpfalz, 사용권 보유자: Frank Korting)

(4) 팬지의 이용

팬지는 페튜니아와 더불어 우리나라의 대표적인 초화로서 이른 봄 또는 가을 화단이나 거리 조경용으로 널리 이용되고 있지만, 우리나라에서는 주로 이른 봄에 이용한다. 부산, 광주 등 남부 지역 및 제주에서는 가을과 겨울에 거리조경용으로 이용되고 있다.

① **걸이용**(분화)

2000년 초반에 걸이용 영양 번식 팬지 품종이 개발되었고, 최근에는 다양한 색상의 종자로 번식되는 품종이 개발되어 이용되고 있다. 일반 팬지의 경우에는 초폭이 약 20 cm 내외이지만 걸이용 품종은 40~50 cm 정도이다.

② 화단용

팬지는 우리나라에서 주로 공원, 호텔, 학교, 병원 등과 같은 공공건물 주변에 있는 화단에 심겨지고 있다. 과거에는 흰색, 적색, 황색, 보라 등 원색 위주로 이용되었으나 최근에는 복색 품종도 많이 이용되고 있다.

③ 도로변 장식

도로변 화단을 위해 늦가을에는 저온에 강한 소륜과 중륜 품종이 주로 이용되고 있고, 봄에는 화사함을 느낄 수 있는 다양한 색상의 중, 대륜종이 이용되고 있다.

④ 가정용

우리나라는 개인 주택보다 아파트 거주자가 많아 가정용으로 소비되는 팬지는 제한적이지만, 최근 주택이 증가하면서 그 소비도 증가하는 추세이다. 가정용으로 주로 소비되는 팬지는 플라워 박스나 대형 화분에 심겨져서 이용되고 있다.

걸이용(분화) 대형화분용(가정용) 거리조경용 화단용

그림 20.13 팬지의 이용

3) 매리골드

매리골드(marigold, *Tagetes* spp.)는 봄부터 가을까지 화단 및 조경용으로 널리 이용되고 있다. 내한성이 약하여 5°C 이하가 되면 생육이 정지되고, 0°C 이하에서는 동사한다. 생육적온은 15~25°C 정도이고, 30°C 이상이 되면 생육 및 개화가 둔화된다. 매리골드는 상대적 단일식물로 꽃눈형성에는 일장의 영향을 크게 받지 않지만, 꽃눈의 발육은 단일에서 촉진되고 장일에서 억제된다. 꽃 색깔은 노란색, 황금색, 오랜지색에 국한되어 있었으나 최근 다양한 색상이 육종 보급되고 있다. 아프리칸 매리골드와 프렌치 매리골드 모두 화단식물로 이용하지만 일부 아프리칸 매리골드는 절화 소재로 이용되기도 한다. 4~5월에 화단에 정식하여 여름 장마 전에 관상을 한다. 장마기를 앞두고서 지상부를 잘라 습해를 경감시키면, 장마 후부터 가을 서리가 오기 전까지 관상할 수 있다.

(1) 종류와 품종

매리골드는 멕시코에서 북미의 일부 및 아르헨티나에 약 20종이 분포되어 있으며, 춘파 1년초로서 국화과(菊花科, Compositae)에 속한다. 매리골드는 비교적 초장 및 초세가 작은 **프렌치 매리골드**(French marigold, *Tagetes patula* L, 공작초, 홍황초, 멕시코 원산)와 초장 및 초세가 큰 **아프리칸 매리골드**(African 혹은 American marigold, *Tagetes erecta* L, 만수국, 멕시코 원산)로 나뉘지만, 3배체 매리골드(Triploid marigold)도 있다. 3배체 매리골드는 프렌치 매리골드와 아프리칸 매리골드를 교잡한 것으로 염색체 수가 다른 속간 교잡종이다.

① **프렌치 매리골드**(French marigold, *Tagetes patula*)

초장은 15~40 cm 정도로 자라며, 화경은 3~4 cm 정도된다. 파종 후 개화 소요일수는 50~60일로 아프리칸 매리골드보다 월등히 짧다. 화형별 주요 품종은 다음과 같으며, 품종명으로 초장, 꽃의 색깔 및 형태를 짐작할 수 있다.

- **닭벼슬**(crested): 초장은 15~30 cm이며 화경은 3~4 cm 정도이다. 주요 품종으로는 '보이', '보난자', '히로', '리틀 데빌' 시리즈 등이 있고, 대부분 조생종이며 다화성이다.
- **아네모네**(anemone): 초장은 25~30 cm이고 화경은 3~4 cm 정도이다. 상업적으로 유통되고 있는 아네모네 화형의 매리골드로는 '듀란고', '얼리', '사파리' 시리즈가 있다.
- **홑꽃**(single): 초장은 25~30 cm이고 화경은 5 cm 정도이다. 유통되는 홑꽃 매리골드로는 '디스코' 시리즈가 있다.
- **겹꽃**(double): 초장은 25~30 cm이고 화경은 5 cm 정도이다. 주로 유통되고 있는 겹꽃 매리골드로는 '보난자', '보이', '히어로', '슈퍼보이' 시리즈가 있다.

닭벼슬형, '보난자'

아네모네형, '듀란고'

홑꽃, '디스코'

겹꽃, '슈퍼보이'

그림 20.14 프렌치 메리골드 품종의 종류

② **아프리칸 매리골드**(African marigold, *Tagetes erecta*)

아프리칸 매리골드는 화경이 6~10 cm가 되고, 초장은 30~90 cm 정도로 자라며, 파종 후 개화 소요일수는 70~80일 정도이다. 아프리칸 매리골드는 프렌치 매리골드와 달리 장일에 민감하여 여름철 고온 장일 조건하에서는 개화가 잘 안 된다. 아프리칸 매리골드는 초장이 40~50 cm 정도 되는 '태산', '안티구아' 시리즈가 있고, 또한 이보다 초장이 작고 줄기가 굵은 '마블'과 '인카' 시리즈가 있다. 그 외에 초장이 커서 절화용으로 이용되고 있는 'Xochi' 품종이 있다.

왜성종, 'Marvel' 중성종, 'Taishan' 고성종, 'Xochi' 3배체 매리골드, 'Zenith Mix'

그림 20.15 아프리칸 메리골드 품종과 3배체 매리골드(사진 자료 저작권자: Ball Horticultural Company)

③ **3배체 매리골드**(*T. erecta* × *T. patula*)

3배체 매리골드는 고온에 강하고 환경 적응성이 뛰어나지만 채종이 어려워서 다른 품종보다 가격이 비싸다. 유럽에서는 판매장에서 '3배체' 표시를 한다. 3배체 품종으로는 'Nugget Supreme', 'Zenith' Series 등이 있고, 초장은 30~40 cm, 화경은 6~7 cm이다.

(2) 재배 방법

① **파종**

매리골드의 발아 적온은 주간 21~27°C, 야간 18~20°C이며, 파종 후 2~5일이면 자엽이 전개된다. 자엽이 전개된 후에는 낮 온도를 20~22°C로 낮추고, 육묘 후기에는 16°C 정도로 낮추어 준다. 파종 시기는 2월부터 6월까지 화단 정식시기를 감안하여 파종하는데, 2월 전후에 가온되는 온실에서 파종하면 3~4월에 포트에 이식을 하고 5월 초에는 꽃이 피면 정식을 한다. 광발아 종자이므로 파종 후 복토는 버미큘라이트(질석)로 얇게 하는 것이 좋다.

② **육묘**

본엽이 4~5매가 되면, 9 cm 포트에 1차 가식을 하고, 본엽이 6~7매가 되어 첫 꽃이 개화될 즈음에 화단 또는 화분에 정식을 한다. 분에 심어 출하할 경우에는 인공배양토 또는 밭흙 2에 부숙왕겨 1의 비율로 섞은 상토를 사용한다.

③ 화단 정식 및 관리

생육은 주간 20~25°C, 야간 15~17°C에서 왕성하고 개화도 잘된다. 일반적으로 5월부터 10월까지 개화되어 화단에 이용되지만, 아프리칸 매리골드의 경우 12시간 이하의 단일조건에서 개화가 촉진된다. 한여름의 장일 조건에서는 개화가 지연되고 개화수도 월등히 적어진다. 특히 대륜종은 일장에 더욱 민감하여 여름 장마철에는 꽃이 적게 피고 잎만 무성해지는 경우가 있다. 30°C 이상 되는 장마철에는 병 발생이 쉽고, 식물체가 쇠퇴하거나 고사하는 주가 발생하는데, 이러한 현상은 통풍이 불량할수록 심해진다. 따라서 고온기 장마 전에 지상부 식물체를 잘라주어 통풍이 잘되게 하거나 경사진 곳에 화단을 조성한다면 장마기 피해를 월등히 경감시킬 수 있다. 장마 전에 지상부를 잘라주고, 9월이 되어 기온이 낮아지면 측지 발생이 왕성하여 일시에 개화된다. 프렌치 매리골드의 화단 정식 간격은 15~20 cm, 아프리칸 매리골드의 왜성종은 20~25 cm, 고성종은 30 cm 정도로 한다. 밀식은 병 발생을 초래하므로 생육 상태를 보아가면서 솎아주는 것이 좋다.

표 20.3 매리골드의 파종, 육묘 및 개화 기간

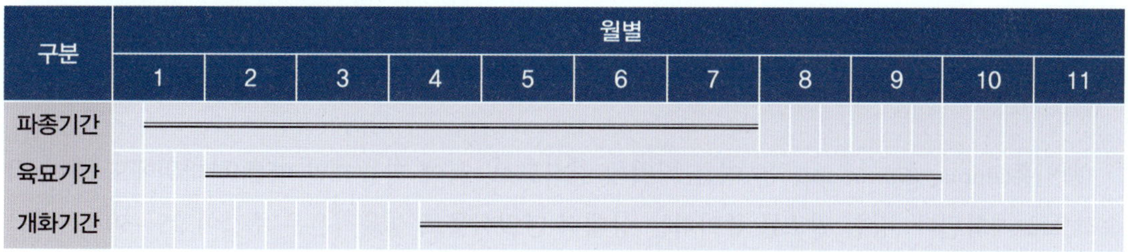

(3) 병충해

매리골드에 주로 발생되는 해충은 응애, 진딧물, 온실가루이, 총채벌레이다. 병에는 시들음병, 잿빛곰팡이병, 탄저병 등이 있다.

① **시들음병**(위조병, Fusarium wilt)

시들음 곰팡이 병원균에 감염되면 잎이 황화되고 잎자루가 쳐져 시들어 죽는다. 배수가 불량한 토양에서 발병이 잘되므로 배양토의 물 빠짐을 좋게 한다.

② **잿빛곰팡이병**(gray mold)

잿빛곰팡이병은 주로 매리골드의 개화기에 줄기, 잎 및 꽃에서 회색 또는 짙은 갈색 병반으로 나타난다. 방제를 위하여 질소 과다를 피하고 통풍이 잘 되게끔 식재 간격을 여유 있게 한다.

③ **뿌리잘록병**(damping off)

매리골드의 뿌리잘록병은 곰팡이 균으로 생육 초기에 뿌리와 지제부를 공격하여 식물을 죽게 한다. 주로 수분이 많은 토양에서 발병되며, 치료가 거의 불가능하므로 병에 걸리지 않게 한다.

④ **탄저병**(anthracnose)

고온 다습한 환경조건에서 주로 발병되며, 줄기와 꽃이 물러 썩는다. 습한 날씨가 계속되면 식물 전체가 감염된다. 탄저병은 개화 초기에 감염되었다가 만개한 후에도 꽃 한가운데가 썩는 증상이 나타난다. 병든 식물체는 제거한 후 탄저병 전용 살균제를 살포한다.

위조병 잿빛곰팡이병 뿌리잘록병 탄저병

그림 20.16 매리골드의 주요 병해(사진 제공: AGA AGRO)

4) 백일홍

백일홍(zinnia, *Zinnia* spp.)은 여름 더위에 강하므로, 봄에 파종하면 여름 한더위에도 꽃이 지속적으로 개화된다. 강한 일조를 좋아하는 상대적 단일식물로 생육적온은 주간이 25~30°C, 야간은 15~20°C이지만, 0°C 이하가 되면 고사하고 저온에서는 생육이 둔화된다. 단일 조건에서, 개화가 촉진되고 곁눈 발생이 좋아 꽃수도 증가하지만, 장일에서는 개화는 늦어지나 생육이 왕성하여 꽃도 크게 핀다. 이와 같이 장·단일 어느 조건에서나 개화하지만 그 양상은 다르게 나타난다.

(1) 종류 및 품종

① 백일홍의 원산지와 내력

백일홍은 국화과 식물로서 중남미 고원지대에서 일년초 및 다년초로 17종 정도가 자생한다. 미국에서 1940년대에 1대 잡종이 개발된 후, 영국, 프랑스, 독일, 일본 등에서 육종이 되었고, 현재에는 초장, 꽃색, 꽃폭 등이 다양한 품종이 많다. 특히 왜성종은 초장이 작고, 초세가 강하여 화단 및 분화용으로 많이 이용되고 있다.

② 주요 품종

백일홍은 홑꽃, 겹꽃, 반겹꽃 등 다양한 품종이 있지만 주로 *Zinnia elegans* 종이고, 그 외의 것은 *Zinnia angustifolia*와 *Zinnia marylandica*의 교잡종이다.

- ***Zinnia elegans***: 멕시코 원산의 일년초 백일홍으로 왜성종과 고성종이 있다. 왜성종의 초장은 20~35 cm, 초폭은 25~45 cm 정도이다. 주요 품종으로는 'Dreamland', 'Magellan', 'Short Stuff', 'Zinnita' 등이 있다. 고성종의 초장은 90~120 cm, 초폭은 30~36 cm 정도이며, 주요 품종으로는 'Cut & Come Again Mix', 'State Fair Mix', 'Uprora Rose'가 있다.
- ***Zinnia angustifolia***: 초장은 15~35 cm, 초폭은 20~30 cm 정도로 왜성종이다. 주요 품종으로는 'Crystal'과 'Star' 시리즈가 있다.
- ***Zinnia grandiflora***: 초장은 25~30 cm, 초폭은 25~30 cm로 왜성종이다. 주요 품종으로는 'Swizzle' 시리즈가 있다.
- ***Zinnia hybrida***: 백일홍의 다양한 종을 교잡한 품종으로 초장은 25~30 cm, 초폭은 30~40 cm 정도이다. 'Profusion', 'Pop Art' 시리즈가 있다.
- ***Zinnia marylandica***: 초장은 30~45 cm, 초폭은 30~45 cm 정도이다. 'Zahara'와 'UpTown' 시리즈가 있다.

Zinnia elegans, 왜성종 | *Zinnia elegans*, 고성종 | *Zinnia angustifolia* | *Zinnia grandiflora* | *Zinnia hybrida* | *Zinnia marylandica*

그림 20.17 백일홍의 다양한 품종

(2) 재배기술

① 파종

백일홍 종자는 초화류 중에서 큰 편으로, 10 mL에 100~200립 정도되지만 꽃의 크기에 따라 종자의 크기도 다르다. 종자의 발아 적온은 20~25°C이며, 파종 후 5~7일이면 발아된다. 광 조건에서 발아가 촉진되므로 복토는 아주 얇게 한다. 내한성이 약하므로 시설 내 파종은 3~4월, 노지 파종은 서리가 끝나는 5월 상순에 한다. 파종 후 보온을 위하여 비닐 등을 덮어주면 약한 광과 다습조건에 따라 입고병 발생이 쉽고 웃자라기가 쉽다. 백일홍은 파종 후 도장이 잘되는 작물이므로 초기 도장을 방지하기 위해 생장조절제를 관주하거나 분무하기도 한다. 생장조절제는 온도, 습도, 생육 상태에 따라서 약해가 나타나기 쉬우므로 사용 전에 시험해 본 후 사용하는 것이 안전하다.

② 육묘 및 정식

파종 후 본 잎이 2~3개가 출현하면 105공 육묘판에 1차 가식 후, 4주 정도 지나 9 cm 비닐 분에 2차 가식한다. 봄에는 파종 후 50일~60일이면 첫 꽃이 피고, 여름으로 갈수록 짧아져서 40~50일이면 첫 꽃이 핀다. 첫 꽃이 피고서 포기가 풍성해지려면 약 30일 정도는 더 있어야 한다. 정식 후 뿌리가 완전히 내릴 때까지는 충분히 관수하며 이후에는 관수 횟수를 줄인다. 백일홍은 물의 흡수력이 강하므로 토양이 젖어있는 상태가 계속되면 잎의 선단에 물이 맺히는 일비현상이 일어나서 병의 원인이 된다. 따라서 관수는 오전 중에 하고 저녁에는 건조하게 유지하는 것이 좋다. 묘의 정식 간격은 중·대형종은 30~40 cm, 소형종은 25 cm 정도로 한다. 비옥한 사양토가 좋으며 밑거름은 보통의 경우 10a당 질소 20 kg, 인산 20 kg, 가리 25 kg 정도를 준 후, 생육 상태를 보아가며 2~3차례 덧거름을 한다.

(3) 병충해

① **검은무늬병**(Alternaria leaf spot)

잎에는 흑갈색의 부정형 병반이, 줄기에는 회백색의 타원형 반점이, 꽃에는 갈색의 타원형 병반이 생기고 심하면 오그라져 시든다. 고온다습한 환경에서 주로 발병되므로 이러한 조건이 되지 않게 한다.

② **흰가루병**(백분병, powdery mildew)

흰가루병은 백일홍에 많이 발병된다. 잎을 포함한 식물 전체에 밀가루 모양의 흰색 곰팡이가 형성되고 진전되면 생육이 불량하고 고사한다. 흰가루병 포자는 일반적으로 바람에 의해 이동하지만 작물의 잔해나 잡초 등에서 휴면포자가 존재하여 감염될 수도 있다. 장마철 밤 낮기온 차가 심할 때 쉽게 발병되므로 예방을 위하여 햇빛이 잘 들고 바람이 잘 통하게 한다.

③ **파밤나방**(beet armyworm)

파밤나방의 유충은 백일홍의 잎을 가해한다. 방제는 어린 유충일 때는 비교적 잘되지만 시간이 지날수록 유충이 잎 속으로 파고 들어가기 때문에 어려워진다.

검은무늬병 흰가루병 파밤나방 애벌레

그림 20.18 백일홍의 병해충

5) 맨드라미

맨드라미(cockscomb, *Celosia* spp.)는 미국, 아시아, 아프리카 등의 열대 및 아열대 지역 원산으로 강한 광선을 좋아한다. 맨드라미는 60종 정도가 알려져 있지만, 주로 재배되고 있는 것은 학명을 따서 크리스타타 종, 플루모사 종, 칠드시 종, 스피카타 종 등 4종과 이들의 개량종이다. 맨드라미의 영명인 cocks comb은 꽃이 '수탉의 볏' 같다고 해서 붙여진 이름이다. 6~10월에 개화하며 화단·분화용으로 이용한다. 맨드라미의 줄기는 외대이지만 분지되는 것도 있다. 잎은 도란형 또는 계란 모양의 피침형이며 줄기와 잎 모두에 털이 없다. 화서(花序)는 줄기의 상부가 변형된 것으로 도색, 황색, 홍색, 자색, 등색, 황색과 홍색의 복합 등이 있고, 모양도 주먹 모양, 빗자루 모양, 창 모양 등 다양하다.

맨드라미는 저온에 약하고 고온에 강한 비내한성 일년초로서 생육적온은 20~28°C이다. 우리나라에서는 초여름부터 가을에 서리가 올 때까지 관상이 가능하다. 맨드라미는 상대적 단일식물로 20°C 정도에서 14시간 이내의 일장에서 꽃눈분화가 촉진되지만, 14시간 이상이 되면 개화가 늦어지고 키가 커진다. 따라서 가온한 온실에서 연초에 일찍 파종하면 자연단일로 키가 자라지 못한 상태에서 꽃이 피기도 한다. 화단 정식 시기는 4월말부터 9월까지 지속적으로 가능하다.

(1) 맨드라미 종류 및 품종

화서의 형태 및 학명에 따라 크리스타타종(*Cleosia cristata,* 닭 벼슬형), 플루모사종(*Cleosia plumosa,* 촛불형), 스피카타종(*Cleosia spicata,* 밀 머리형) 등으로 분류한다.

① 크리스타타 종(*C. cristata*)

Cockscomb이라고 불리는 것처럼, 화관이 닭 벼슬 모양 또는 약간 둥근 모양이다. 키가 보통 1 m 정도 자라는 고성종, 50 cm 내외의 중성종, 20~30 cm 정도의 왜성종으로 나눈다. 화단용으로 이용되는 품종에는 'Brainiac' Series, 'Dracula', 'Armor' Mix, 'Prestige Scarlet' 등이 있고, 절화용으로 이용되는 품종에는 'Act', 'Bombay', 'Chief', 'Kurume', 'Neo' 등의 시리즈가 있다.

② 플루모사 종(*C. plumosa*)

깃털맨드라미라고도 하는데, 꽃 이삭(花穗)이 원추형으로 창과 같은 형상을 하고 있다. 화단용으로 주로 이용되고 있는 품종은 'Bright Sparks', 'Castle', 'First Flame', 'Fresh Look', 'Ice Cream', 'Kimono' 등의 시리즈와 'Dragon's Breath', 'Fashion Look' Mix 등이 있고, 절화용으로 이용되고 있는 'Century', 'Sunday' 시리즈 등의 품종이 있다.

③ 알젠티아 종(*C. argentea*)

열대 원산의 밝은 색상이면서 더위와 가뭄에 강한 'Asian garden'과 꽃보다 잎을 주로 감상하는 'Sol' 품종이 있다. 잎은 짙은 녹색이고, 인도와 중국에서는 잡초로 취급될 정도로 번식력이 강하다.

④ 스피카타 종(*C. spicata*)

밀 맨드라미(wheat celosia), 야생 맨드라미 또는 실 맨드라미라고도 하며, 인도나 일본의 남부지방에 자생한다. 키는 보통 50~60 cm 정도이지만 1 m가 넘게 자라는 것도 있다. 잘 분지되고 그 끝에 3~10 cm의 직립 또는 늘어진 꽃 이삭이 붙는다. 꽃색은 밝은 적색에서 은백색으로 변한다. 한번 심으면 해마다 종자가 떨어져서 이듬해에 발아되어 자란다. 'Flamingo Feather', 'Flamingo Purple' 등의 품종이 있다.

C. cristata
'Dracula', 화단용

C. cristata
'Bombay', 절화용

C. plumosa
'First Flame'

C. argentea
'Sol Collection'

C. spicata
'Flamingo'

그림 20.19 맨드라미의 종류

(2) 재배 작형

품종과 재배양식에 따라 파종시기는 물론 육묘시기와 정식시기가 달라진다. 시설재배로 2월 하순에 파종하면 5월 중하순부터 개화하고, 무가온으로 4월 중·하순에 파종하면 6월 중하순부터 개화한다.

작형	2	3	4	5	6	7	8	9	10	11
시설재배	▲---	-○------	-◎---	▤▤▤▤						
노지 재배			▲---	○---◎---	▤▤▤▤					

▲ : 파종 ○ : 이식 ◎ : 정식 ▤ : 출하

그림 20.20 맨드라미의 재배 작형

(3) 재배 방법

① 파종

맨드라미의 발아적온은 20~25°C이고, 파종 후 5~7일 정도면 발아된다. 암발아 종자이므로 파종 후 질석으로 종자가 보이지 않을 정도로 복토를 한다. 파종 용토는 일반적으로 피트모스와 펄라이트가 3 : 1로 혼합된 시판 상토를 사용한다. 발아가 끝날 때까지는 10~30% 정도 차광하고, 이후에는 도장을 방지하기 위해 광에 노출시킨다. 발아 후에 15°C 이하에서 단일조건이 되면 묘 상태에서도 꽃이 필 수 있다.

② 육묘 및 정식

파종 후 본 잎이 2~3개가 출현하면 105공 육묘판에 1차 가식 후, 4주 정도 지나 9 cm 비닐 분에 2차 가식한다. 육묘 과정에서 차광을 하면 묘가 웃자라고 꽃 크기가 작아지므로 충분한 광 조건에서 자라도록 한다. 화단 정식은 본 잎이 5매 이상 자라서 화색이 보일 때 하는 것이 좋다. 맨드라미는 직근성으로 이식을 좋아하지 않는 식물이므로 정식은 뿌리가 상하지 않게 하고, 깊이 심지 않도록 한다. 맨드라미의 화단 정식 간격은 20~25 cm로 하고 화색과 초장을 조화롭게 배열한다.

(4) 병충해

① 입고병(damping off)

모잘록병이라고도 하며, 아래 잎에 갈색의 반점이 생긴 다음, 원형, 타원형 또는 부정형의 병반이 생기는데, 심한 경우에는 줄기까지도 고사한다. 주로 어린 묘의 줄기에 병반이 생기며 점차 확대되면서 썩는다. 또한 한번 발생했던 곳에서는 피해 식물이나 토양 속에 병원균이 남게 되므로 연작을 피하고 토양을 미리 소독하여 예방한다. 병원균은 고온다습한 조건에서 많이 발생하므로 고온기에는 건조하게 관리한다.

② 역병(black shank)

줄기에 검은 병반이 생기면 이 부분이 휘거나 부러져 쓰러진다. 예방으로는 토양 소독과 정식 후 살균제를 살포하고, 이병된 포기는 제거한다.

③ 모자이크 바이러스(mosaic virus)

포기 전체에 발생하거나 잎에 모자이크 무늬가 발생한다. 위축되고 황화되면서 생육 및 개화가 불량하게 된다.

④ **갈색무늬병**(leaf spot)

잎에 흑갈색의 원형이나 부정형 반점이 생긴다. 병원균은 바람이나 수분에 의해 전염된다. 피해 잎은 조기에 제거하여 약제를 살포한다.

⑤ **줄기썩음병**(stem rot)

줄기썩음병은 지면과 접한 줄기가 갈색으로 변하여 부패하고 시들어 고사한다. 토양 생식균이므로 발생한 곳의 토양을 소독한다.

6) 꽃양배추

관상용 꽃양배추(flowering kale, *Brassica oleracea* var. *acephala*) 또는 **색양배추**는 채소의 꽃양배추(broccoli 또는 cauliflower)와 비슷한 생리를 갖고 있다. 관상용은 주로 잎 모양이 축면이고, 채소용은 환엽이며, 모두 식용이 가능하다. 꽃양배추의 원산지는 북유럽으로 초여름에 파종하는 일년초로서 가을부터 초겨울까지 화단식물로 이용되고 있다.

(1) 꽃양배추 종류 및 품종

꽃양배추는 잎 모양에 따라 크게 2종류로 분류한다.

① **환엽계**

잎의 가장자리에 주름이 거의 없는 **둥근 환엽**(丸葉, round-leaf type)이며, 내한성이 강하고 과습에도 강하다. 환엽계의 잎은 녹색이지만 생육 중기 이후에 저온을 받으면 적색 혹은 백색으로 변한다. 주요 품종으로 '오사카', '피존', '송버드' 시리즈가 있다.

② **축면계**

잎의 가장자리가 오그라진 축면(縮面) 모양으로 깃털(feathery)형과 웨이브(wave)형이 있다.

- **깃털형**: 잎 가장자리가 깃털 모양의 주름이 많이 있는 품종으로서 '피콕크' 시리즈가 있다.
- **웨이브형**: 깃털형과 환엽계의 중간 정도의 주름이 있는 품종으로서 '가모메', '나고야', '요코하마' 시리즈가 있다.

환엽계, '피존'　　깃털형, '피콕크'　　웨이브형, '가모메 레드'

그림 20.21 꽃양배추의 종류

(2) 재배작형

일반적으로 화단용은 7월 상순에, 분화용은 이보다 이른 6월 하순에 파종한다. 공정묘 판에 파종할 경우에는 200공에 6주 정도 생육시킨 후 이식한 다음 10월 초·중순에 출하 및 정식한다.

용 도	3	4	5	6	7	8	9	10	11	12
분화용				▲	○ ◎			▤		
화단용					▲ ○	◎		▤		

▲ : 파종　○ : 1차 이식　◎ : 2차 이식　▤ : 출하 및 정식

그림 20.22 꽃양배추의 용도별 재배 작형

(3) 재배 방법

① 파종

꽃양배추의 발아적온은 비교적 낮은 온도인 18~21°C이고, 파종 후 버미큘라이트로 가볍게 복토를 한다. 파종 후 4~6일만에 발아되면 도장을 방지하기 위해 15~18°C로 온도를 낮춘다.

② 육묘 및 정식

본엽이 2~3매가 되면 9 cm 비닐분에 1차 가식하고, 본엽이 6~7매가 되면 15~18 cm 분에 이식한 후 10월 중순부터 정식한다. 여름 고온기의 육묘로 줄기가 지나치게 신장되는 경우가 발생하므로 이식 시 줄기를 깊게 묻어 심는다. 화단 정식은 포기가 적당히 자란 10월 중·하순에 하는데, 정식 간격은 40~50 cm가 적당하다. 적색 및 백색, 축엽 및 환엽 또는 포기 크기를 감안하여 조화롭게 화단을 장식한다. 출하를 앞두고 식물이 무성하고 중앙의 잎이 착색되지 않는 것은 질소비료

의 과다 또는 광선 부족 때문이다. 따라서 아래쪽 잎을 제거하고 채광 상태를 좋게 한다.

③ **착색**

꽃양배추는 어느 정도 자라고 야간 온도가 떨어지면 잎 색이 착색(着色, coloring)된다. 착색기에 접어들기 전에 식물의 크기를 목표대로 키우는 것이 중요하다. 잎 색깔 변화는 주간 온도가 25°C 이상이고 야간 온도가 15°C보다 높으면 꽃양배추의 잎이 엽록소를 합성하여 녹색으로 보인다. 낮 온도가 22°C 미만이고 야간 온도가 4~15°C로 낮으면 엽록소 합성이 중단되고 안토시아닌이 합성되어 색이 나타나기 시작한다. 꽃양배추의 잎은 서늘한 온도에서 착색되었다 하더라도 온도가 다시 올라가면 잎이 다시 엽록소를 합성하여 녹색(green back)으로 바뀐다.

(4) 병충해

① **노균병**(downy mildew)

잎에 연한 황색의 작은 부정형 병반이 형성되고, 잎 뒷면에는 하얀 곰팡이가 다량 형성된다. 유묘기에 노균병에 감염되면 잎이 떨어지고 죽지만, 생육 후기에 감염된 잎은 떨어지지 않고 황갈색으로 변하여 말라 죽는다. 다습한 조건에서 야간 온도가 8~15°C, 주간 온도는 25°C 이하일 때 발병의 최적조건이 된다. 특히 오전 10시까지 잎에 이슬이 맺혀 있는 기간이 3~4일 지속되면 심하게 발생된다.

② **무름병**(bacterial soft rot)

잎, 줄기, 뿌리의 상처를 통하여 발생하는데, 처음에는 뜨거운 물에 데친 것 같은 반점이 생겨나서 급격히 확대되며 나중에는 포기 전체가 연화되어 부패된다. 고온다습한 환경과 저습지에서 연작을 하는 경우에 많이 발생한다.

③ **배추흰나비**(common cabbage worm)

배추흰나비 유충은 꽃양배추의 잎과 줄기를 가해한다. 유충은 일반 살충제에 잘 죽으므로 발생 정도를 보아 피해가 우려되면 약제를 1~2회 살포한다.

④ **진딧물**(aphid)

꽃양배추의 진딧물에 의한 피해는 일차적 흡즙에 의해 작물이 탈색되고, 이들의 배설물에 의한 오염으로 인해서 상품성이 크게 떨어진다. 발생 초기에 몇 가지 약제를 번갈아 가면서 살포한다.

노균병

배추흰나비 애벌레

진딧물

그림 20.23 꽃양배추의 주요 병해충

참고문헌

- 농촌진흥청. 1996. 초화류재배기술. 표준영농교본-87
- 농촌진흥청. 2021. 농사로. (www.nongsaro.go.kr)
- 鶴島久男. 1988. 花卉園藝ハンドブック. 養賢堂
- Grower talks. 1997. Plug and transplant production
- Ball horticultural company. Cultural information. www.ballseed.com
- Ball publishing. 2011. 18th ed. Jim Nau. Ball redbook. www.ballredbook.com
- PanAmerican seed. 2021. Seed product information guide. www.panamseed.com
- Sakata seed cultural information guide. 2021. www.sakata.com

FLORICULTURE

CHAPTER 21

선인장과 다육식물

남상용·윤재길·박필만·이지영

선인장(cactus)과 다육식물(succulent)은 건조한 기후에서 살아남기 위해 줄기나 잎에 저수 조직을 발달시킨 식물로 형태와 색이 매우 다양하다. 건조에 강하기 때문에 물을 자주 주지 않아도 되고 병충해에도 강한 종류도 많아 가정이나 사업장에서 관리하기 편리하다. 많은 다육식물의 잎과 줄기는 색과 형태가 다양하고 종류에 따라서는 꽃과 같은 형태를 하는 경우도 있어, 그 자체로 관상가치가 높다. 또한 많은 선인장과 일부 다육식물의 꽃은 매우 화려하고 화색도 선명하여 관상가치가 높다. 이러한 이유로 1970년대부터 접목선인장이 인기를 얻기 시작한 이후 네덜란드를 비롯한 유럽 시장, 미국, 캐나다의 북미 시장으로 꾸준히 수출을 해 왔으며, 다육식물은 2000년대부터 인기를 얻기 시작하여 지금은 두터운 매니아층을 이루고 있다. 근래에는 다육식물도 대만, 중국, 미국 등에 수출되고 있다.

1 선인장과 다육식물이란?

1) 선인장과 다육식물 정의

다육식물이란 식물체의 일부, 특히 줄기나 잎에 저수 조직이 발달하여 두꺼운 육질을 이루고 있는 식물을 말한다. 하지만 다육식물은 과학적인 분류가 아닌 저수 조직이 발달한 식물을 총칭하는 편이적인 분류로 볼 수 있다. 다육식물은 형태적으로 잎과 줄기가 두껍고 둥근 모습으로 변형되기도 하고 짧은 형태를 보이거나 로제트 형태로 발달한 경우처럼 매우 다양하다. **선인장**도 줄기가 비대되어 저수 조직이 발달했기 때문에 다육식물에 속하기는 하지만, 가시 등 고유한 특징과 생태적인 차이가 뚜렷하여 다육식물과 구분하여 적는 것이 세계적인 추세이다. 선인장과 다육식물의 차이는 가시자리(areoles)의 유무에 따라 구분하기도 하는데, 선인장은 가시자리가 있고 다육식물은 없다. 선인장은 엽록소가 없거나 적은 자구(어린 선인장)를 삼각주와 같은 대목 선인장에 접을 붙여 재배하는 접목선인장과 그 외 일반 선인장으로 나누고 있다. 선인장과 다육식물의 형태나 생리가 비슷하여 국내외적으로 '선인장과 다육식물'로 묶어서 함께 다루는 일이 많다.

2) 선인장과 다육식물 자생지

선인장과 다육식물의 많은 종은 건조지대 및 반건조지대에 주로 자생한다. 다육식물은 남아프리카공화국 등 아프리카 남부를 중심으로 카나리아제도, 마다가스카르섬, 아라비아반도 남부, 인도 등에 자생하며, 선인장은 미국 남서부와 멕시코, 아르헨티나, 호주와 남아프리카 등 전 세계적으로 분포한다. 이 지역은 낮은 강수량, 강한 일조, 큰 일교차 등과 같은 기후적인 특성이 있기 때문에 생존을 위해서, 수분 보유, 크기 변화, 색소 축적 등 다양한 전략을 가지고 있다. 건조에 강한 식물이기 때문에 무조건 사막 지역만 생각하기 쉽지만, 손바닥선인장 일부 종은 캐나다 등 −20°C 이하의 매우 추운지역에서도 자생하며, 마밀라리아와 같은 선인장은 해발 3,000 m 이상의 고원지역에 자생하기도 한다. 또한 게발선인장, 용과선인장처럼 열대우림에서 자생하는 일부 선인장도 있다. 이와 같이 선인장과 다육식물은 전 세계에 널리 분포하고 있다.

3) 우리나라에 자생하는 다육식물

우리나라에 자생하고 있는 다육식물로는 **돌나물과**(Crassulaceae), **쇠비름과**(Portulacaceae), 그리고 **석류풀과**(Aizoaceae)가 있다. 돌나물과에는 세덤속(Sedum), 바위솔속(Orostachys), 돌꽃속(Rhodiola)이 있는데, 세덤속에는 꿩의비름, 돌나물, 땅채송화가 있고, 바위솔속에는 바위솔, 둥근바위솔, 연화바위솔 등이 있다. 쇠비름과에는 쇠비름과 채송화 등이 있고, 석류풀과에는 번행초가 있다.

2 선인장과 다육식물의 분류

다육식물에는 식물분류학상 약 50과에 1만 종이 넘는 종류가 있으며, 형태와 색이 다양하여 관상식물로서 인기를 끌고 있다. 다육식물은 비대한 부위에 따라 다음과 같이 크게 3가지 범주로 분류된다.

- 잎이 비대한 것: 석류풀과(번행초과), 백합과, 용설란과, 돌나물과, 쇠비름과 등
- 줄기가 비대한 종류: 박주가리과, 등대풀과, 대극과, 선인장과 등
- 줄기의 하부나 지하부가 비대한 것: 협죽도과, 수선화과 등

이 중에서 우리나라에서 재배되는 다육식물은 10과 54속으로 돌나물과가 전체의 25%를 차지

하여 가장 많고, 그 다음으로는 선인장과, 석류풀과가 각각 23% 정도를 차지하고 있다. 이에 속하는 선인장과 다육식물들을 소개하면 다음과 같다.

1) 선인장과(Cactaceae)

대부분의 선인장(仙人掌, Cactus)은 아메리카 대륙의 건조지대에 적응한 식물로, 콜럼버스 신대륙 발견 이후 세계적으로 널리 보급되었고, 현재는 관상용과 식용으로 많이 활용되고 있다. 분류학적으로 선인장과에 속하며, 목본성과 다년생의 특성이 있다. 형태적으로는 진화 과정에서 원시적인 나무에서 잎이 퇴화하고 줄기가 비대해져서 현재의 다양한 모양으로 변화되었다. 현재 지구상에 분포하는 선인장은 127속 1,750종에 이른다(Christenhusz, 2016). 하지만 아직도 분류가 모호한 부분이 많고, 유전적 유연관계 연구가 진행되고 있어 종속의 분류는 유동적이라 할 수 있다. 선인장은 그 형태나 크기가 매우 다양하다. 작은 선인장은 블로스펠디아 릴리푸타나(*Blossfeldia liliputana*, 송로옥)로 크기가 2 cm 이내인 반면, 미국 애리조나와 소노라(Sonoran) 사막에 있는 사구로 선인장(Saguaro, *Carnegiea gigantea*)은 초장이 20 m나 된다. 국제적으로 유통되는 선인장은 대부분 관상용으로 많이 사용되고 있지만, 많은 종이 멸종위기종으로 분류되어 국제적인 유통이 금지되어 있거나 거래에 제한을 받고 있다. 국내에서는 관상용으로는 접목선인장과 게발선인장이, 식용으로는 손바닥선인장 및 용과선인장이 많이 재배되고 있다(그림 21.1). 접목선인장과 가재발선인장은 화훼작물로 분류되어 유통되고 있으며, 손바닥선인장은 백년초 종이 제주도를 중심으로 특용작물로 재배되고 있다. 용과선인장은 인기 과일인 **용과**를 수확할 목적으로 제주도 일부에서 재배하고 있다.

접목선인장 비모란 (*Gymnocalycium mihanovichii*)	게발선인장 (*Schlumbergera* spp.)	천년초 손바닥선인장 (*Opuntia humifusa*)	용과선인장 (*Hylocereus undatus*)

그림 21.1 국내에서 재배되는 주요 선인장 종류

2) 돌나물과(Crassulaceae)

돌나물과 식물은 쌍떡잎식물로 전형적인 방사상형이다. 약 35속 1,500종이 있으며 거의 전 세계의 온대 지방에 주로 분포한다. 세덤속이 500종, 크라슐라속이 250종, 칼랑코에속이 120여 종 정도로 절반 이상을 차지한다.

(1) 칼랑코에속(*Kalanchoe*)

칼랑코에속 식물들은 마다가스카르섬에 120여 종이 분포하고 있으며, 형태와 생태가 다양하다. 원예종으로 많이 이용되고 있는 품종은 칼랑코에 블로스펠디아나(*Kalanchoe blossfeldiana*)와 칼랑코에 만지니(*K. manginii*)가 대부분을 차지한다. 칼랑코에는 건조에 강하여 물관리가 편하고 개화 기간도 긴 편이어서 분화로서 인기가 높아 유럽 화훼시장에서 가장 많이 팔리는 종이다. 칼랑코에 '엔젤램프'(*K. uniflora* 'Angel lamp')는 꽃 모양이 종 모양으로 아래로 늘어지고 초장도 작은 편이어서 인기가 좋다(그림 21.2). 그 외 털이 많은 칼랑코에 '월토이'(*K. tomentosa*)도 많이 이용되고 있는 칼랑코에속 식물이다.

칼랑코에 블로스펠디아나 (*K. blossfeldiana*) / 칼랑코에 '엔젤램프' (*K. uniflora* 'Angel lamp') / 칼랑코에 '월토이' (*K. tomentosa*) / 칼랑코에 '당인' (*K. thyrsifolia*)

그림 21.2 주요 칼랑코에속 식물들

(2) 에케베리아속(*Echeveria*)

에케베리아속 식물은 멕시코와 남미 북서부에 걸쳐 약 100여 종이 분포하며, 현재 전 세계적으로 가장 인기 좋은 다육식물 중의 하나이다. 잎이 **로제트**상으로 총생하는데, 마치 한 송이의 꽃과 같은 느낌을 준다. 종간교배에 의해 수많은 품종이 나와 있어 품종 간 구별이 어려운 경우가 많다. 그 만큼 잎의 형태나 색 그리고 질감들이 다양하다. 즉, 잎이 꽃잎처럼 차례대로 배열된 종류가 있는가 하면, 잎끝만 착색이 되어 꽃처럼 보이는 종류도 있고, 잎에 주름이 진 종류, 그리고 잎에 흰 가루(분)가 있어 질감이 부드러운 종류 등이 있다. 대표적인 종으로는 에케베리아 '금황성' (*E. harmsii*), 에케베리아 라우이 (*E. lauii*), 에케베리아 아가보이데스(*E. agavoides*), 에케베리아 엘레강스(*E. elegans*) 등이 많이 이용되고 있다(**그림 21.3**).

에케베리아 '금황성' (*E. harmsii*) 에케베리아 라우이 (*E. lauii*) 에케베리아 아가보이데스 (*E. agavoides*) 에케베리아 '멕시코 자이언트' (*E. colorata* 'Mexican Giant')

그림 21.3 주요 에케베리아속 식물들

(3) 크라술라속(*Crassula*)

크라술라속 식물은 아프리카 대륙에 300종 이상 자생하고 있으며, 대부분은 소형으로 분화용 또는 화단용으로 많이 이용된다. 개화 기간이 수개월에 이를 만큼 긴 것도 특징 중의 하나다. 줄기와 잎이 다육인 종류(염좌, 우주목)와 탑 모양으로 자라는 종류(성을려, 무을녀, 십자성 등)가 있다. 대부분의 크라술라속은 겨울에 휴면에 들어가기 때문에 추운 겨울에는 물을 주면 안 된다. 대표적인 크라술라속 식물로는 염좌(*C. portulacea*), 화제(*C. americana* 'Flame'), 우주목(*C. ovata* 'Gollum'), 크라술라 엘레강스(*C. elegans*) 등이 있다(**그림 21.4**). 화제의 경우, 잎이 착색되면 불이 타는 것처럼 붉은색이 되기 때문에 이름을 화제라고 할 정도다.

크라술라 '염좌' (*C. ovata*) 크라술라 '화제' (*C. americana* 'Flame') 크라술라 '우주목' (*C. ovata* 'Gollum') 크라술라 엘레강스 *C. elegans*

그림 21.4 주요 크라술라속 식물들

(4) 세덤속(*Sedum*)

세덤속 식물은 주로 북반구의 온난지에 400종 이상이 자생하는데, 종이 많은 만큼 그 형태 또한 다양하다. 대표적인 세덤속 식물로는 꿩의비름(*S. erythrosticum*), '홍옥'(*S. rubroinctum*), '라울'

(*S. clavatum* 'Lawool') 등이 있다(그림 21.5). 세잎꿩의비름(*S. sieboldii*)은 세잎돌나물이라고도 불리는데, 엽연(잎 가장자리)이 붉게 물들고 분홍색 꽃이 피며, 홍옥은 잎이 둥글게 길고 가을에 햇빛을 받으면 잎이 새빨갛게 물들어 인기가 높다. 옥상 녹화와 식용으로도 이용되는 돌나물과 건조에 강하고 노란색 꽃을 피우는 기린초도 세덤류에 속한다. 이처럼, 건조와 햇빛에 강한 세덤류들은 옥상 녹화에도 많이 이용된다(그림 21.6).

세잎꿩의비름 (*S. sieboldii*) | 세덤 '홍옥' (*S. rubroinctum*) | 세덤 '라울' (*S. clavatum* 'Lawool') | 기린초 (*S. kamtschaticum*)

그림 21.5 주요 세덤속 식물들

그림 21.6 세덤류로 이루어진 옥상 녹화(자료: 아림식물원)

(5) 바위솔속(*Orostachys*)

바위솔속 식물은 우리나라에도 자생하고 있는 다육식물로 작고 짧은 잎이 로제트를 이룬다. 대표적인 식물로는 바위솔(와송), 지리산바위솔, 둥근바위솔 등이 있다. 와송은 옛날에 기와 위에서도 많이 볼 수 있었고, 꽃이 피었을 때 그 모습이 소나무 꽃을 연상하게 한다고 해서 와송이라는 이름으로 불리게 되었다고 한다. 이들 식물은 햇빛이 충분했을 때 가을이 되면 잎 가장자리가 진한 갈색이나 검은색으로 물들어 관상가치가 높다(그림 21.7).

바위솔(와송) (*O. japonica*)	진주바위솔 (*O. margaritifolia*)	둥근바위솔 (*O. malacophylla*)	연화바위솔 (*O. iwarenge*)

그림 21.7 주요 바위솔 식물들

그 외에도, 돌나물과에는 그 외에도 코틸레돈(*Cotyledon*), 그랍토베리아(*Graptoveria*), 그랍토페탈룸(*Graptopetalum*), 에오니움(*Aeonium*), 파키피툼(*Pachyphytum*)속 등 매우 중요한 다육식물들이 속해 있다(그림 21.8). 이 중 코틸레돈속에 속하는 방울복랑금은 그 무늬 정도에 따라 가격이 매우 높게 형성되어 있다.

방울복랑금 (*Cotyledon orbiculata* cv. *variegata*)	오팔리나 (*Graptoveria* 'Opalina')	그랍토페탈룸 (*Graptopetalum paraguayense*)	흑법사 (*Aeonium arboreum*)

그림 21.8 돌나물과 식물에 속하는 다양한 식물들

3) 백합과(Liliaceae)

나리과 식물은 외떡잎식물로 꽃은 방사상형으로 약 280속 4,000종 정도로 전 세계에 널리 분포하는데, 주로 건조한 온대 및 아열대 지역에 자생한다.

(1) 알로에속(*Aloe*)

알로에속 식물은 아프리카 남부와 마다가스카르섬에 약 300종이 자생하고 있다. 대형종에서 소형종까지 다양하게 있으며 대부분은 육질이 두꺼운 잎이 로제트 상으로 총생한다. 잎에 무늬가 들어 있는 변이품종과 종간 교배종이 많다. 대표종으로는 알로에(*A. arborescens*), 알로에 베라(*A. vera*), 불야성(*A. mitriformis*)이 있다. 알로에는 관상용뿐만 아니라 건강식품과 화장품에도 이용되고 있으며, 우리나라에서는 원재료를 수입한 후 가공하여 수출하기도 한다. 번식은 주로 포기나누기로 이뤄진다(그림 21.9).

(2) 가스테리아속(*Gasteria*)

가스테리아속 식물은 알로에속(屬)과 유사하나 빨간 꽃을 피우는 것이 다르다. 남부 및 남서 아프리카가 원산지로 비교적 소형의 식물이다. 원예교배종을 제외한 원종과 그 변종은 100여 종으로 알려져 있다. 분홍색 꽃이 피는데, 대체로 개화기는 봄부터 여름까지이고 긴 꽃대에 꽃이 달린다. 꽃은 위장 모양으로 작고, 줄기가 없다. 잎은 혀 모양으로 어긋나고, 어릴 때는 겹겹이 싸이므로 언뜻 보기에는 마주나기처럼 배열되지만, 점차 로제트(rosette) 모양이 된다. 잎은 짙은 녹색으로 흰 점이나 흰 무늬가 있고 표피는 딱딱하다. 잎끝이 튀어나오며 톱니는 없다. 대표적인 품종으로는 '자보'(*G. gracilis* var. *minima*)가 있다(그림 21.9).

(3) 하월시아속(*Haworthia*)

하월시아속 식물은 알로에, 가스테리아속과 함께 백합과 다육식물의 3대 속 중의 하나이다. 원산지는 아프리카 남부로 150종 이상이 자생하고 있다. 소형 식물이며, 잎은 로제트형으로 두껍고 형태가 다양하며, 소형식물이다. 다른 다육식물과는 다르게 직사광선보다는 반그늘을 더 좋아하는 특이한 다육식물이다. 대표적인 종으로는 십이지권(*H. fasciata*), 하월시아 '수'(*H. bayeri*), '야로수'(*H. turgida* var. *longibracteata*) 등이 있다(그림 21.9).

알로에 '불야성' (*Aloe mitriformis*) | 가스테리아 '자보' (*Gasteria gracilis* var. *minima*) | 하월시아 '십이지권' (*Harworthia fasciata*) | 하월시아 '수' (*H. bayeri*)

그림 21.9 주요 나리과 다육식물

4) 용설란과(Agavaceae)

용설란과 식물은 쌍떡잎식물로 꽃은 방사상형이다. 약 19속 580여 종 정도이고, 북아메리카와 중앙아메리카 대륙을 중심으로 전 세계 열대와 아열대 지역에 주로 분포한다. 잎은 다수로 총생하고 폭이 좁은 것이 많다.

(1) 아가베속(*Agave*)

아가베속 식물은 멕시코를 중심으로 북미, 남미, 서인도제도 등이 원산이며 약 300종이 있다. 잎 가장자리에 날카로운 가시가 있으며, 다육의 잎이 로제트 상으로 총생한다. 일반적으로 용설란으로 알려진 것은 아가베 아메리카나(*A. americana*)로 정원수 용도로 많이 이용되고 있다. 소형종으로 잎에 무늬가 있거나 가시가 아름다운 것은 분 식물용으로도 많이 이용되고 있다.

(2) 산세베리아속(*Sansevieria*)

산세베리아속 식물의 원산지는 열대 아프리카이며 약 60종 있다. 로제트형이고, 한여름에 흰색 꽃이 핀다. 봄에서부터 가을에 생장하고 겨울에는 휴면에 들어간다. 고온에 강하고 광 적응성이 높은 편이다. 건조에 강하지만 습기에는 약한 편으로 토양이 과습하지 않아야 한다. 병충해에도 강해서 관리하기가 편리하다. 원예품종으로 널리 재배되고 있는 산세베리아는 잎 주변에 노란색 무늬가 들어 있는 산세베리아 라우렌티(*Sansevieria laurentii*)와 키가 작고 잎에 호랑이 꼬리 무늬가 들어 있는 하니(*S. trifasciata* 'Hahnii')가 있다(그림 21.10). 또한 최근에 「스투키」라는 이름으로 많이 유통되고 있는 잎이 원추형으로 둥글고 긴 식물도 산세베리아속에 속한다. 번식은 잎을 가로로 잘라 토양에 꽂아 놓으면 새로운 개체가 나온다.

그림 21.10 무늬종 산세베리아(*Sansevieria laurentii*)와 스투키(*Sansevieria stuckyi*)

5) 국화과(Compositae)

국화과 식물은 약 1,000속에 23,000종이 있을 정도로 다양하며 전 세계에 자생한다. 쌍떡잎식물로, 다수의 작은 꽃이 두상화서로 밀집하고 통상화나 설상화는 방사상형, 좌우상칭이고, 현화식물 가운데 최대 과이다.

(1) 세네시오속(*Senecio*)

세네시오속 식물은 주로 아프리카에 자생하는데, 약 2,000종이나 되는 큰 속을 가진다. 분화용으로 중요한 시네라리아도 여기에 속한다. 이 속에 속하는 다육식물은 약 80여 종이며, 우리나라에도 17종이 있다. 많이 이용되고 있는 종류로는 '녹영'(*S. rowleyanus*)이 있다. 세네시오속 식물은 다른 다육식물에 비해 낮은 광도에서도 잘 견디고 건조에도 매우 강하다. 추위에도 강한 편이어서 0°C 가까운 저온에서도 살아남는다. 번식은 주로 삽목으로 이루어진다.

6) 번행초과(Aizoaceae, 석류풀과)

번행초과 식물은 쌍떡잎식물로 방사상형 꽃이 핀다. 약 130속 2,000종 정도로 다육식물 중에 가장 많은 종류가 있으며, 대부분 남아프리카와 호주에 자생한다. 송엽국과 같은 종은 국화과 식물과 비슷한 꽃을 피운다.

(1) 메셈브리안테멈속(*Mesembryanthemum*)

메셈브리안테멈속 식물은 메셈류로 불리는 군으로 약 120속 2,400종이 있다. 원산지는 아프리카 남부이며 형태와 변이가 많다. 두터운 다육의 잎이 지면에 닿은 채로 군생하는 것들이 많다. 꽃이 화려한 리빙스턴데이지와 우리나라에서 자생하고 있는 송엽국(사철채송화)이 여기에 속한다(그림 21.11).

(2) 리톱스속(*Lithops*)

리톱스속 식물은 돌(자갈)을 닮은 식물이라는 이름처럼, 줄기가 거의 없고, 땅속이나 자갈에 파묻혀서 잎 상부만 보이게 자란다. 꽃이 필 때는 다육의 잎이 양쪽으로 갈라지고 속에 있는 생장점으로부터 화아가 분화된 후, 꽃이 잎 위로 올라와 예쁘게 핀다(그림 21.11).

(3) 카포브로투스속(*Carpobrotus*)

카포브로투스속 식물은 남아프리카, 호주, 뉴질랜드에 14종이 분포한다. 잎은 다육질로 된 삼각 기둥 모양으로 끝이 가늘고, 꽃이 크며 화색이 다양하다. 큰 열매가 열리는데, 식용이 가능하다. 속명의 뜻은 열매를 먹을 수 있다는 것에서 유래하였다(그림 21.11).

(4) 에키누스속(*Echinus*)

에키누스속 식물은 남아프리카 남부에 자생하며, 꽃은 여름에 줄기 끝에서 노란색으로 개화한다. 꽃잎 수가 많으며 지름은 2cm 정도이다. 주야 온도 차이가 커지면 잎 끝 부분이 붉게 물들어 아름다워진다. 월동 온도가 0°C일 정도로 저온에 강한 편이다. 여름에 휴면기를 거치므로 물을 주지 않는 것이 좋다. 대표적인 종으로는 벽어연이 있다(그림 21.11).

송엽국
(*Mesembryanthemum spectabile*)

리톱스속(Lithops)
식물들과 꽃

하월시아 '십이지권'
(*Harworthia fasciata*)

벽어연
(*Echinus maximilianus*)

그림 21.11 주요 번행초과 다육식물들

7) 대극과(Euphorbiaceae)

대극과 식물은 쌍떡잎식물로 꽃은 방사상형이고 약 300속 7,000종이 있으며, 전 세계에 골고루 분포하고 자생한다. 종종 유독성의 유액을 분비한다. 관엽식물인 크로톤과 포인세티아도 여기에 속한다.

(1) 유포르비아속(*Euphorbia*)

유포르비아속 식물은 종류가 2,000종 이상일 정도로 많다. 중요한 분화 가운데 하나인 포인세티아처럼 다육이 아닌 것들도 여기에 속한다. 다육인 유포르비아는 '다육 유포르비아'라고 한다. 다육 유포르비아는 선인장 못지 않게 종류도 많고 형태도 다양하여 실용성 있는 종들이 많이 있다. 실제로 재배되고 있는 대표적인 종으로는 꽃기린(*E. milii*)과 목기린류가 있다.

8) 협죽도과(Apocynaceae)

협죽도과 식물은 쌍떡잎식물로 유관이 발달하여 상처가 나면 흰 유액이 흐르는데 독성이 함유된 경우가 많다. 약 200속 2,000여 종이 열대지방에 많이 분포한다.

(1) 아데니움속(*Adenium*)

아데니움속 식물은 아라비아, 동아프리카, 나미비아에 자생하는 다육질의 관목으로 줄기 하부가 부풀어 있다. 꽃은 줄기 끝에서 분홍색이나 자색으로 개화한다. 꽃잎은 화관의 끝이 다섯 갈래이며 기부는 붙어 있다. 대표적인 품종으로는 아데니움 오베숨(*Adenium obesum*) 등이 있다(그림 21.12).

9) 쇠비름과(Portulacaceae)

쇠비름과 식물은 쌍떡잎식물로 일년초 또는 다년초 관목이며, 다즙질인 것이 많다. 꽃은 방사상형이고, 약 19속 500종 정도로 주로 남아프리카와 아메리카에 자생한다. 잎은 호생이나 대생으로 난다.

(1) 포툴라카속(*Portulaca*)

포툴라카속 식물은 다육의 일년초 또는 다년초로 약 100종이 열대와 아열대에 분포하지만, 특히 남북 아메리카에 많이 자생한다. 우리나라에 자생하는 쇠비름(*Portulaca oleracea*)과 채송화(*Portulaca grandiflora*)도 여기에 속한다(그림 21.12).

10) 박주가리과(Asclepiadaceae)

박주가리과 식물은 쌍떡잎식물로 다년생 초본, 관목이며, 드물게 다즙질이다. 꽃은 방사상형이고 약 250속 2,000종 정도가 있다. 주로 열대와 아열대에 폭넓게 분포하는데, 특히 아프리카에 많이 자생한다. 잎은 대생이나 가끔 윤생이나 호생한다.

(1) 카랄루마속(*Caralluma*)

카랄루마속 식물은 다육의 다년초로 약 130종이 아프리카와 인도, 지중해 지역에 분포한다. 소형으로 능에는 육질의 가시가 붙어 있다. 꽃받침, 화관, 수술이 모두 5개이고, 통상으로 합쳐져 있다(그림 21.12).

아데니움
(*Adenium obesum*)

채송화
(*Portulaca grandiflora*)

카랄루마
(*Caralluma hesperidium*)

그림 21.12 좌로부터 아데니움, 채송화, 카랄루마

11) 파인애플과(Bromeliaceae, 브로멜리아드과)

파인애플과 식물에는 아나나스(Ananas), 틸란드시아(Tillandsia), 디키아(Dyckia) 등이 있다. 틸란드시아는 외떡잎식물이며, 파인애플목 파인애플과의 다년생으로 에어 플랜트(air plant)라고 한다. 키는 20~30 cm로 작은 편이다. 8°C 이상에서 월동이 가능하며, 밝은 반그늘을 좋아한다. 습도는 약간 다습하게 관리해 주는 것이 좋다.

3 선인장과 다육식물의 특징

1) 선인장의 형태적 특징

(1) 잎

선인장의 잎(leaf)은 다른 식물들과 구별되는 가장 큰 특징 중의 하나다. 즉, 건조한 환경에 적응하기 위해 잎이 매우 작아졌거나 가시로 변형된 경우가 많다. 선인장 조상에 해당하는 목기린 선인장(*Pereskia*)속 선인장만이 일반적인 식물의 잎 모양을 가지고 있다(그림 21.13). 오푼티아(*Opuntia*)속 선인장 잎은 가시로 변형되지 않고 작지만 잎의 형태를 가지고 있다. 잎 모양이 통통하고 쉽게 탈리된다. 기둥선인장(Cactoideae)의 잎은 육안으로 거의 보이지 않을 정도로 작다. 이외의 대부분의 선인장에서는 잎이 가시로 변형되었다고 볼 수 있다.

그림 21.13 목기린 선인장(*Pereskia grandifolia*)과 손바닥 선인장(*Opuntia cochenillifera*)의 잎 모습

(2) 줄기

대부분의 선인장 줄기(stem)는 독특한 형태로 발달하였는데, 마치 잎 모양을 한 종류에서부터 기둥형, 또는 구형으로 발달한 종류에 이르기까지 다양하다. 많은 경우, 줄기는 물이 부족한 건조지대나 반건조지대에서도 효과적으로 수분을 보유하기 위해서 형태적으로나 조직적으로 발달한 결과라고 할 수 있다. 줄기에는 대부분 **능**(rib)과 **혹**(tubercle)의 형태적 구조가 잘 발달하여 있다(그림 21.14). 그리고 표피에는 왁스층이 발달해 있으며 두꺼운 피층의 구조를 가지고 있다. 이를 통해 수분 증발을 효과적으로 억제할 수 있다. 선인장 줄기의 또 다른 특징은 줄기에 엽록체와 기공이 있는데, 여기에서 광합성을 한다는 것이다. 엽록체는 줄기 엽육세포에 집중적으로 존재하며, 다른 식물들과는 달리 밤에 기공을 열어서 이산화탄소를 흡수하고, 낮에 탄수화물을 만들어낸다.

그림 21.14 선인장에서 보이는 능(rib), 혹(tubercle), 가시자리(areoles)와 가시(spine), 꽃봉우리

(3) 가시와 가시자리

선인장을 생각하면 가시가 먼저 떠오를 정도로 **가시**(spine)는 선인장의 주요 특징 중의 하나이다. 하지만 가시가 없는 종이 있는가 하면, 가시 길이가 10 cm 가량인 종도 있을 만큼 개수, 모양, 색깔 등에서 매우 다양하다(그림 21.14). 가시는 보통 **가시자리**(areoles)에서 형성되는데, 이는 초식동물로부터 자신을 보호하거나 또는 빛을 산란시켜 그늘을 만들어 체온을 낮추는 역할을 하기도 한다. 또한, 사막 같은 지대에서는 낮에 기화된 수증기가 차가운 야온에 의해서 수분이 응결되는데, 이때 가시가 매개 역할을 하여 수분 응결을 촉진한다. 라틴어 'Areold'에서 유래된 가시자리는 선인장이 다른 다육식물과 구별되는 뚜렷한 특징이라 할 수 있는데, 일종의 생장점 역할을 한다. 많은 학자들은 분화된 측아(axillary bud)에 해당한다고 한다.

(4) 꽃

선인장 꽃(Flower)은 색상이 화려하고 화형도 아름다워 관상의 포인트가 되기도 할 만큼 육종에 있어서는 중요한 역할을 하는 기관이다(그림 21.15). 꽃은 보통 가시자리에서 생성되며, 일반적으로는 하나의 가시자리에서 하나만 피지만, 예외적으로 용신목(*Myrtillocactus geometrizans*)처럼 하나의 가시자리에서 다수의 꽃이 피기도 한다. 개화 시기는 종마다, 개체마다 다른데, 보통은 봄부터 개화가 시작된다. 일조가 풍부하고 온도가 높은 6월~8월에 많이 개화된다. 개화기간은 1~3일 정도로 짧지만, 보통은 피고 지고를 반복하면서 1개월 정도 지속된다. 반대로 종류에 따라서는 수십 년이 지나도 꽃이 피지 않는 선인장도 많다. 일반적으로 꽃은 낮에 피나, 에키놉시스(*Echinopsis*)속, 세레우스(*Cereus*)속과 같은 선인장은 밤에 개화하여 야화로 불리기도 한다. 꽃의 수분 특성은 전체 종의 70% 정도는 자가불화합성으로 인공적으로나 매개충에 의한 교배 과정이 필요하며, 나머지 30% 정도는 자가화합성으로 자연교배가 이루어진다. 선인장의 화색은 다양하게 나타나는데, 안토시아닌이 아닌 **베탈레인**(betalain)이라는 색소에 의해 발현되는 것이 색다르

그림 21.15 화려한 선인장 꽃(좌), 소박한 다육식물 벨루스 꽃(중)과 코노피툼 꽃(우)

다. 선인장과 일부 다육식물(리톱스속 등)을 제외한 많은 다육식물의 꽃은 화경이 길고 작은 꽃들이 모여서 피는 것이 특징이다.

4 선인장과 다육식물의 생리적 특성

선인장과 다육식물의 생리적 특징 중의 하나는 낮에는 기공을 닫고 밤에는 기공을 열어 이산화탄소를 흡수한다는 사실이다. 흡수된 이산화탄소는 말산으로 전환된 뒤 액포에 저장되어 있다가 낮에 탄수화물을 만드는 데 사용된다. 이런 형태의 광합성은 일반 식물들과는 반대의 개념으로 CAM형 광합성이라고 한다. 선인장과 다육식물이 이런 형태의 광합성을 하는 것은 건조한 환경에서 수분 손실을 줄여가며 살아가기 위한 메커니즘으로 생각할 수 있다. 건조기에는 몇 개월씩 비가 내리지 않기 때문에 부족한 수분을 식물체 줄기나 가시에 맺힌 이슬을 이용하기도 한다. 또한 식물체 내부에 풍부한 수분을 유지하기 위해 점액성 물질을 가지고 있는 경우가 많은데, 대표적인 경우가 알로에다. 선인장과 다육식물의 이런 생리적 특성은 낮 온도가 40°C(지역에 따라서는 50°C) 넘는 환경에서도 상해를 입지 않게 해준다. 그러나 이 식물들은 생육적온에서 수분이 충분히 공급되면 생육은 훨씬 왕성해진다. 그러므로 농가에서 생산을 목적으로 재배할 때는 생육 정도에 따라서 수분을 여유 있게 공급해 줄 필요가 있다. 이와 달리, 가정에서는 일반적으로는 수분을 부족하게 관리하는 것이 절간을 짧게 하고 잎도 작아지므로 관상가치가 높아진다.

1) 개화 생리

다육식물의 **화아분화 조건**은 종류에 따라 다양하다. 일장반응을 하지 않는 종류가 있는가 하면, 일장반응을 하는 종류도 있다. 칼랑코에나 로케아의 경우에는 비교적 낮은 온도와 단일 조건에서 화아가 형성되는 경우가 많다. 예를 들어, 칼랑코에는 12시간 이하의 단일 조건에서 10일 정도 지나면 화아가 분화되고 30~40일 지나면 꽃봉오리가 맺는다. 꽃봉오리가 맺은 후 화아 발달에는 일장이 관여하지 않거나 오히려 장일 조건이 더 좋다고 한다(그림 21.16). 로케아의 경우도 화아분화에는 12시간 이하의 일장과 5~8°C의 온도에서 85일 정도 지나면 화아가 분화된다. 그 후 소화형성기를 지나면 장일 조건에서 화아가 발달하여 개화에 이른다.

일장반응을 하는 다육식물을 제외한 많은 다른 다육식물은 강한 햇빛 하에서 건조가 오랫동안 지속되면 화아분화가 이루어져서 꽃이 피는 경우가 많다. 특히 다육식물 화월(염좌, *Crassula ovata*)

그림 21.16 다육식물 화월(염좌) 꽃과 칼랑코에 꽃

은 개체 번식 후 3~4년째까지는 개화되는 일이 거의 없다. 5년 이상된 화월의 경우, 여름에 강한 햇빛을 충분히 받게 하고, 가을에 단수하여 건조하게 관리하면 겨울에도 개화하는 경우가 많다.

2) 휴면생리

다육식물은 종류에 따라 휴면(생육 정지 상태)이 있는 종류와 없는 종류가 있는데, 휴면이 있는 종류 중에도 여름에 하는 것과 겨울에 하는 것이 있다. 여름에 휴면에 들어가는 종류에는 코노피튬속, 리톱스속, 에오니움속, 세덤속 등이 있고, 반대로 겨울에 휴면에 들어가는 종류에는 파키오포디움속, 녹비단, 채운각, 와룡목 등이 있다. 휴면이 없는 종류로는 화제, 십자성, 성미인 등이 있는데, 이 종류들은 온도가 지나치게 떨어지거나 건조가 지나치게 심하지 않으면, 생장을 계속한다.

5 생산과 유통 및 소비 현황

1) 국내 재배 현황

우리나라에서 다육식물 재배가 급격히 증가한 것은 1990년에 들어서면서 부터이다. 그 이전에는 주로 접목 선인장이 유럽으로 수출되면서 경기도를 중심으로 해서 생산되었다. 국내 다육식물 재배면적은 농림축산식품부 자료에 따르면 선인장, 산세베리아, 칼랑코에, 다육식물(기타) 등으로 분류되어 집계되고 있는데, 2019년의 재배면적은 선인장 43.2 ha, 산세베리아 1.6 ha, 칼랑코에 6.1 ha, 다육식물(기타) 46.7 ha로 집계되고 있다. 이들을 합한 다육식물의 전체 면적은 약 97.6

ha에 달하고 판매액은 약 280억 원 정도로 추정된다. 하지만, 많은 다육식물의 재배 농가들의 규모가 작고 품목이 다양해서 통계로 잡히지 않는 경우가 많으므로, 실제로는 이보다 시장이 크게 형성되어 있을 것으로 생각된다.

다육식물을 가장 많이 재배하고 있는 곳은 대도시와 인접한 경기도이며, 다음으로 충북 음성군에서 집중적으로 재배되고 있다. 그 외 충남과 경남 지역에서도 일부 재배되고 있다. 다육식물은 교배종이 계속 소개되고 있어, 현재 2,000여 종 이상이 재배되고 있을 것으로 추산된다. 가장 많이 재배되고 있는 종류로는 에케베리아속, 크라슐라속, 칼랑코에속, 알로에속, 하월시아속 식물들이다. 다육식물 육종은 농촌진흥청 산하 국립원예특작과학원과 경기도농업기술원 선인장다육식물연구소, 그리고 일부 개인 농가에서 주로 이루어지고 있어 국내 육성품종의 재배면적도 차츰 늘어나고 있는 추세이다.

2) 국내 유통 및 소비 현황

대부분의 다육식물은 생산 단계에서 저렴한 플라스틱 화분에 심겨진 채로 수집상이나 경매장으로 유통된다. 도매상이나 소매상에서 다른 화분(토기분 많이 이용)에 이식하여 판매되는 경우가 많다. 다육식물 애호가들은 플라스틱 분보다는 특유의 토기 분을 선호하는 경우가 늘어남에 따라서 토기 분의 소비도 다육식물 소비와 함께 많이 증가하는 결과를 낳았다(그림 21.17).

다육식물은 장기간 물을 주지 않거나 뿌리가 일부 잘려나가도 식물체가 죽는 일이 거의 없다. 또한, 크기가 작아 포장이 쉽고 유통 과정에서의 손상이 비교적 적으므로 다양한 경로로 거래가 이루어진다. 특히 온라인 시장이 생성되어 접근성이 좋아졌으며, 개인 SNS, 블로그 등을 통한 개인 간 거래 등도 활발하게 이루어지고 있다.

국내 다육식물은 주로 분화용으로 이용되고 있다. 가정에서 취미용으로 재배하는 경우도 많으며, 상가에서는 장식용으로 많이 이용되고 있다. 가격은 1,000원에서 50,000원 정도의 가격으로

그림 21.17 도시 인근에서 다육식물을 재배하여 판매하고 있는 농장(좌)과 다육식물을 위한 화분들(우)

유통되는 편이다. 이 보다도 비싼 가격대의 식물은 주로 마니아층에서 소장용으로 구입하거나 번식용 종묘로서 사용된다. 한편, 다육식물은 상품성이 오랫동안 유지되는 장점이 있어서, 각종 행사에서 절화용 및 장식용으로 사용이 증가하고 있다. 번식이 잘 안 되는 종과 잎에 무늬가 예쁘게 들어 있는 종, 그리고 생장점이 넓게 형성되어 전혀 새로운 식물처럼 보이는 철화 종류는 그 희귀성 때문에 가격이 고가로 형성되고 인기도 좋다(그림 21.18).

그림 21.18 홍치아와 홍치아 철화

3) 수출현황 및 문제점

(1) 수출 현황

선인장 수출은 주로 삼각주에 비모란이나 산취를 접목시킨 접목선인장이 차지하고 있다, 1990년대부터 네덜란드를 중심으로 한 유럽으로 수출하기 시작하였고, 그 후 미국과 캐나다와 같은 북미 지역으로까지 확대되었다. 수출 금액은 매년 약 400만 달러를 넘고 있으며, 세계시장 점유율은 약 70%를 차지한다. 다육식물 수출은 2010년 이후로 중국으로 많이 수출되었으나, 최근에는 대

그림 21.19 수출용으로 재배되고 있는 다육식물

만, 베트남, 일본 등으로도 수출이 확대되고 있다(그림 21.19). 수출 금액은 약 250만 달러로 집계되고 있으나, 개인들에 의해 소규모로 거래되는 경우가 많아 실제로는 이보다 훨씬 많은 금액이 될 것으로 추정되고 있다. 수출되고 있는 종류에는 에케베리아속 식물들이 가장 많으며, 세덤속이나 그랍토페탈룸속, 코틸레돈속 식물들도 많이 수출되고 있다. 우리나라에서와 마찬가지로 해외에서도 번식이 잘 안 되거나 잎에 선명한 무늬가 들어 있는 희귀종들이 인기가 높다.

(2) 수출 과정과 문제점

선인장과 다육식물을 수출하기 위해서는 먼저 뿌리를 제거하고 건조시킨 후 검역을 통과하기 위한 소독 과정을 거쳐야 한다. 접목선인장은 박스에 담은 후 포장 과정을 거치고, 다육식물은 솜 등을 사용하여 포장한 후 항공수송 등을 통해서 수출한다(그림 21.20). 선인장은 국내 전문 수출업체나 법인을 통해서 해외로 수출되며, 다육식물은 고양원예농협, 용인시 다육식물 영농조합, 음성군 에코플랜트 등과 같은 단체나 작목반에서 수출하고 있다. 주로 개별 농가 또는 대표 농가에서 검역관의 입회하에 소독 과정을 거쳐서 수출하게 된다. 최근에는 국내외 온라인상에서 주문과 배송도 이루어지기 때문에 개별포장해서 간편하게 국제우편으로 보내는 경우도 많다.

다육식물 수출은 최근 들어서 활발하게 이루어졌기 때문에 아직까지는 수출 단계에서 전문성이 높지 않으며, 지속적인 수출을 위해서는 해결해야 할 여러 가지 문제점들도 있다. 먼저 다육식물은 국내에서 다품목 소량 재배방식 위주이기 때문에 수입업체에서 요구하는 대규모 물량을 맞추기가 어렵고 품질 또한 마찬가지다. 특히 크기나 색상 등 품질이 균일하지 못해서 수출 후에 문제가 되는 경우도 많다. 또한, 절단 작업이 주로 개별농가에서 이루어지기 때문에 소독 과정이 철저하지 못하여 잎의 탈리나 세균 감염과 같은 문제도 발생할 우려도 크다. 그리고 무엇보다 지속해서 수출할 수 있는 품종이 부족하다는 것이 큰 문제이다. 개인이나 기관에서 육종을 통해서 품종을 개발하고 있지만 빠르게 변해가는 시장에 대응하는 데는 다소 문제가 있다. 따라서 기관 및 개인과의 협업을 통해서 시장에서 요구하는 품종을 발빠르게 개발할 필요가 있다.

수출용 박스에 포장된 접목선인장 　 수출되기 위해 포장된 다육식물 　 다육식물 가공품 포장

그림 21.20 수출용 선인장과 다육식물의 포장

6 선인장과 다육식물의 번식방법

선인장과 다육식물은 생명력이 강해서 영양번식이 잘 이뤄지는 종류가 많다. 잎이 많은 다육식물들은 잎을 따서 토양 위에 던져 놓기만 해도 뿌리와 신초가 저절로 자라나는 경우가 많다. 선인장은 잎이 없기 때문에 가시자리에서 발생한 자구를 따서 번식을 하거나 다른 선인장에 접목을 해서 번식시키는 경우가 많다. 그러나 영양번식이 잘 안 되는 종류들은 종자를 이용해서 번식을 시켜야 한다.

1) 종자번식

(1) 인공수분과 채종

① 선인장의 수분과 채종

많은 선인장은 **자가불화합성**이므로 종자를 얻기 위해서는 서로 다른 종이나 품종이 필요하다. 대부분의 선인장은 하루 중 온도가 높고 광량이 풍부한 12~14시경에 수분을 해줄 때 **임실률**이 가장 높으며, 밤에 개화하는 종은 아침 일찍 교배하는 것이 좋다. 선인장 꽃은 1~2일 정도만 피었다가 지므로 교배 시기를 잘 맞추어 주는 것이 중요하게 되는데, 필요에 따라 꽃가루를 보관했다가 시기를 맞추어준다. 이 경우, 꽃가루의 임성은 1~2주 정도로 짧으므로 될 수 있는 한 빠른 시기에 수분시켜야 한다. 수분이 끝난 후에는 알루미늄 호일이나 종이 봉지로 씌워서 주두의 건조를 막고 꽃가루의 발아가 원활해지게 한 후 2~3일 후에 벗긴다(그림 21.21). 교배가 정상적으로 되었다면 주두는 고사하게 되고 꽃의 아랫부분인 자방이 비대해지기 시작하는데, 대체로 1~2개월이면 종자가 성숙하게 된다. 종자 성숙 정도는 자방의 색깔 변화를 통해 알 수 있으며, 색이 완전히 변하였을 때 수확하는 것이 좋다. 종자만을 걸러낼 때는 열매를 칼로 절단한 다음, 물과 소독약을 이용

그림 21.21 접목선인장의 교배 과정

해서 과육을 제거한 후, 종자를 통풍이 잘되는 곳에서 완전히 건조시킨 후에 보관하는 것이 좋다.

② 다육식물 수분과 채종

다육식물 중에는 자연적으로는 종자가 잘 생기는 종류가 있다. 이들은 종자를 채종하여 파종함으로써 번식하게 되는데, 가장 효율이 높다고 볼 수 있다. 반대로 자연적으로 종자가 잘 생기지 않는 종류도 있고, 잡종을 만들기 위해 인위적으로 수분을 해주어야 하는 경우도 있다. 일단 수정이 되면 열매가 커지고 성숙해 가는데, 이 과정은 몇 주에서 6개월까지 걸린다. 일반적으로 꼬투리 색이 점차 진한 갈색 또는 검은색으로 변하면 종자도 성숙하게 된다. 종자가 다 익었다고 판단되면 채종을 한다. 유포르비아처럼 종자가 익었을 때 꼬투리가 터져 종자가 날리는 종은 꼬투리를 종이봉투로 싸두기도 한다. 채종된 종자는 파종할 때까지 종이봉투에 넣어 저온 저습 조건에서 보관한다. 이때 뚜껑이 있는 유리병에 넣어 밀폐시키면 수명을 더 오래 유지시킬 수 있다.

(2) 파종 시기 및 방법

선인장과 다육식물 종자는 크기가 1~2 mm 내외로 미세 종자가 많다. 파종 시기는 노지에서는 봄철이 적당하지만, 온실에서는 온도와 습도만 잘 유지할 수 있으면 언제든 파종이 가능하다. 파종용토는 시중에서 판매되고 있는 일반 상토에 마사나 질석을 일정 비율로 섞어서 사용한다. 발아상은 배수 구멍이 있는 납작한 플라스틱 상자에 용토를 담아 준비한다. 다육식물의 종자는 먼지같이 작은 것에서부터 거친 모래 알갱이만 한 것까지 다양하므로 파종 방법과 용토의 사용은 종자의 크기에 따라 달리한다.

① 미세 종자

먼지와 같이 작은 종자는 손으로는 균일하게 파종할 수가 없으므로 강모래에 종자를 잘 섞어서 뿌리는 것이 좋다. 이런 경우는 복토를 하지 않아도 되고, 관수는 미세한 노즐을 이용해서 위에서 부드럽게 뿌려주거나 아니면 파종상 하부를 물에 담가서 아래로부터 물이 흡수되도록 한다. 미세 종자는 바람에 쉽게 날릴 수 있으므로 바람이 없는 날 파종하거나 덮개를 덮고서 파종한다. 미세 종자는 취급이나 파종이 어렵지만, 발아는 빨라 며칠 내에 발아하는 경우가 많다.

② 대립 종자

지름 3 mm 이상의 대립 종자는 발아상 용토에 손으로 줄을 맞춰 파종한 후 가볍게 복토를 해준다. 대규모로 파종하고자 할 때는 파종기와 트레이(tray) 판을 이용해서 반자동으로 파종할 수 있다. 종피가 너무 단단하거나 두꺼워 수분 흡수가 안 되는 경우에는 수분 흡수를 촉진하기 위해 껍질을 벗기거나 종피에 상처를 주기도 한다. 또는 따뜻한 물에 하룻밤 담가 두었다가 파종하면 발아를 촉진시킬 수 있다. 파종 후에는 용토가 마르지 않도록 반드시 물을 주어야 한다. 이때는 미세한 노즐을 이용해서 부드럽게 위에서 물을 뿌려준다. 종자가 큰 경우(5~6 cm 이상)에는 새싹(유묘)도 크게 되므로 밀식하지 않는 게 좋다. 일반적으로 종자가 크고 종피가 두터울수록 발아가 느려 수주에서 수개월 걸리는 경우도 있다.

(3) 파종 후 관리

선인장 종자의 발아온도는 25°C 전후가 적당하므로 이 온도를 계속 유지해주는 것이 좋다. 겨울이나 여름에는 온도가 지나치게 낮거나 높지 않도록 세심한 관리가 필요하다. 수분 관리는 **저면관수** 등을 통해서 물이 아래에서 서서히 공급되도록 하는 것이 좋고, 분무기로 관수할 경우에는 용토에 충격이 가해지지 않도록 물을 미세하게 뿌리는 것이 좋다. 지나치게 건조해지면 발아묘가 죽거나 생장 스트레스를 받기 쉬우므로 신문지, 비닐이나 유리로 덮어 상대습도가 일정하게 유지되도록 하는 것이 바람직하다. 다육식물도 종자 파종 후 온도를 15~25°C로 유지해 주고, 거의 매일 관수해서 종자나 유묘가 마르지 않게 한다. 습도를 유지하고 직사광선을 피하기 위해 유묘가 어느 정도 자랄 때까지는 차광망으로 차광을 해주는 것이 좋다. 종자가 발아되고 유묘들이 생장함에 따라서 차광망을 서서히 걷어줘서 광을 충분히 받을 수 있게 해준다.

(4) 이식 및 유묘 관리 요령

선인장은 파종 후 보통 한 달 이내에 발아가 완료되는데, 새싹의 크기가 0.5 cm 정도에 이르면 이식을 하여, 본격적으로 생장할 수 있게 한다. 유묘를 뽑을 때는 뿌리가 잘리지 않도록 용토에 물이 충분히 있는 상태에서 핀셋과 같은 도구를 이용하여 뽑도록 한다. 일반적으로 소형 화분이나 트레이에 심는데, 유기질 상토가 40~50% 정도 혼합된 용토에 심어 양분을 본격적으로 흡수할 수 있도록 하는 것이 좋다. 유묘 단계일 때는 아직 환경에 저항성이 약하기 때문에, 토양 수분이 마르지 않도록 자주 관수하고, 지상은 건조하게 관리해 주어야 잘 자랄 수 있다.

다육식물의 경우, 유묘의 본엽이 4~5장 이상되었거나 파종상이나 트레이가 상당히 비좁게 되었을 때는 화분이나 재배 포장에 이식한다. 이 단계까지는 보통 발아 후 3~6개월 정도 소요된다. 파종상에서 유묘를 뽑아 올릴 때는 근권이 흩어지거나 뿌리가 손상되지 않게 해야 하며, 상토가 유묘의 뿌리에 붙어 있는 채로 파내는 것이 중요하다. 이식 후에는 반드시 충분히 관수를 해 줘서 뿌리가 마르지 않게 하고, 용토와 뿌리가 잘 접촉할 수 있게 한다. 이식이 완료된 식물들은 종류에 따라 좋아하는 환경이 달라지므로, 같은 종이나 품종끼리 모아서 관리하는 것이 좋다.

2) 영양번식

(1) 삽목번식

삽목번식은 식물의 줄기, 잎, 뿌리와 같은 기관을 잘라서 용토에 꽂아 번식시키는 것이다. 선인장은 잎이 거의 없으므로 주로 줄기를 잘라서 번식(경삽)을 한다. 귀면각, 삼각주, 와룡, 소데가우라처럼 기둥이나 막대 모양의 선인장과 손바닥선인장, 게발선인장처럼 마디가 있는 경우에 많이 이용한다. 삽목번식을 위해서는 삽수를 적당한 크기로 잘라야 하는데, 어느 부위를 얼마만큼 자를지도 중요하다. 대체로 정단부로 갈수록 조직이 연약하고 발근 속도도 느리므로 1~2년생 부위를 잘라서 사용하는 것이 좋다. 자른 줄기는 건조한 곳에 7~10일 정도 둬서 상처를 아물게 한 후 정식한다. 줄기가 두꺼운 종류의 선인장은 절단 부위가 커지는데, 이 때는 건조 기간을 2~3주까지 늘려주는 것이 좋다.

(2) 선인장 분주법과 분구법

선인장에서 분주법은 지상부(신초부)와 지하부(뿌리)를 포함해서 나누는 것을 말한다. 구형 선인장의 경우에는 측면 가시자리에서 자구가 많이 발생하는데, 이 자구를 떼어서 번식시키는 것을 **분구법**이라고 한다. 마밀라리아, 오우옥, 목단옥 등과 같은 선인장에서는 아랫부분 가시자리에서 자구가 밀생하는데, 이 자구 하나하나를 분리하여 번식시킨다. 또한 가정에서 화분에 심은 선인장이 자구로 꽉 차서 물이 들어가기 어려울 정도가 되면 분주해서 나누어 심어준다. 자구 발생이 잘 안 되는 종류는 인위적으로 자구를 발생시키기도 한다. 즉, 정단부를 제거해 줌으로써 양분이 아래 가시자리로 이동하게 하여 새로운 자구를 발생시키는 것이다. 대부분의 기둥선인장은 극단적인 정아우세성을 가지고 있어서, 정단부(생장점)를 제거하거나 상처를 주면 자구(측아)가 잘 발생한다.

① 생장점(정단부) 제거법

생장점을 보통 칼이나 드릴로 제거한다. 칼로는 완전히 도려내고, 드릴로는 구멍을 뚫어 제거하는 것이 보통이다. 제거된 부위는 웅덩이처럼 움푹 파이게 되는데 이 부분에 물이 고이기 쉽다(그림 21.22). 장시간 물이 고이게 되면 세균이나 곰팡이가 쉽게 번식하므로 물주기를 할 때 주의해야 한다.

② 생장점(정단부) 절단법

생장점이 숨어 있어 제거하기가 어려운 경우에 행하여지는데, 생장점을 완전히 제거하지 않고 칼 같은 것으로 잘라서 그 기능을 억제하는 방법이다. 생장점을 세로로 자른 후에 그대로 두면 다

그림 21.22 산취와 소정의 정단부를 제거해서 자구 발생을 유도한 모습

다육식물 엽삽

최근 다육식물이 농가뿐만 아니라 일반 가정에서도 많은 사랑을 받고 있으면서 이들에 대한 번식방법에 관심이 높아지고 있다. 따라서 다육식물의 엽삽에 대한 방법을 소개하고자 한다.

• 삽수 준비

로제트형 다육식물들에서 잎을 따낼 때는 줄기 아래쪽에서부터 따내는데, 이때 탈색되었거나 시든 잎은 버리고 건강한 잎만 조심스럽게 분리한다. 잎이 중간에 끊어지지 않도록 주의해야 하며, 가능한 줄기와 가까운 쪽에서 분리되도록 한다. 일반적으로 잎의 중간에서는 재분화가 되기 쉽지 않고, 잎의 가장 아래쪽(줄기와 가까운 쪽, 잠아 포함)에서 뿌리와 신초가 발생하기 쉽기 때문이다. 분리한 잎은 1~2주 정도 상토 위에서 건조시켜 절단 부위로 병균이 침입하지 못하도록 한다(그림 21.23). 이때 그늘보다는 햇빛이 있는 곳이 좋지만 고온기의 직사광선은 피해야 한다.

그림 21.23 엽삽으로 번식하고 있는 모습

• 삽목과 삽목 후 관리 요령

건조 과정에서 뿌리나 신초가 발생하면 그대로 두는 경우도 있지만, 잎의 크기에 따라 잎의 아래쪽을 1~2 cm 정도 묻어준다. 이때부터 1주 간격으로 미세한 노즐을 이용해서 관수를 하게 되는데, 신초의 크기가 커지면 관수량도 늘리고 광량도 증가시킨다. 하나의 잎에서 여러 개의 소식물체가 발생한 경우 단일 식물체로 분주하여 심는다. 이 기간에 바람, 직사광선, 지나친 온도 변화 및 건조는 피해야 한다. 너무 고온이거나 햇빛이 강한 날에는 차광막을 치는 것이 좋다. 대부분의 다육식물에 있어서 번식의 최적 온도는 낮 20~25℃, 밤 15~20℃로 한 여름은 피하고 봄과 가을에 하는 것이 좋다. 다육식물에서 잎으로 번식이 잘 되는 종류는 엽삽을, 엽삽이 안 되는 종류는 줄기삽(경삽)을 한다. 경삽방법은 위 선인장과 비슷하다. 에케베리아속, 가스테리아속, 세덤속 식물들은 엽삽이 잘 되는 종류인데, 모체로부터 잎을 따서 번식상 위에 1주일 정도 절단 부위를 말린 다음, 상토에 꽂아 놓으면 뿌리와 새싹이 나온다.

시 조직이 붙어 버리므로 작은 돌 등을 사이에 끼워 서로 붙지 않게 한다. 이 방법은 나리(백합)과 다육식물에서도 많이 행해지고 있다.

(3) 다육식물의 분주 및 경삽

다육식물에서 엽삽이나 종자로 번식이 잘 안 되는 종류는 **분주**나 **경삽**을 해서 번식시킨다. 로제트형 다육식물의 경우 뿌리나 지제부로부터 새로운 개체(자구)들이 발생하는데, 이를 뿌리째 잘라내서 다른 화분이나 상토에 이식을 해서 번식하는 것을 분주라고 한다. 한편, 화월과 같은 다육식물의 경우에는 줄기를 7~10 cm로 잘라 절단부를 말린 다음 다른 화분이나 삽목상에 꽂아 증식시키는데, 이를 **경삽**이라고 한다. 삽수를 채취할 때는 목본화된 줄기는 피하고 작년이나 올해 새로 나온 가지를 이용하는 것이 좋다. 삽수 길이는 종에 따라 다른데, 세덤속은 2~5 cm, 에케베리아속은 4~6 cm가 적당하다. 대부분의 다육식물은 봄부터 여름에 걸쳐 삽수를 채취하는 것이 좋다. 다만 에오니움은 여름에 휴면하고 겨울에 자라므로 가을에서 겨울에 걸쳐 삽목하면 뿌리가 더 잘 내린다. '당인'(*Kalanchoe thyrsiflora*)처럼 번식이 어려운 식물의 경우에는 줄기 선단을 잘라서 생장점을 제거해 주면, 각 마디에서 분지가 발생하게 되므로 증식 효율을 높일 수 있다(그림 21.24). 가정에서 다육식물을 관리할 때, 햇빛이 부족하게 되면 가지가 **도장**(웃자람)을 하거나 너무 길게 자라게 되는데, 이때 줄기를 잘라서 경삽을 하면 식물체의 초장을 낮출 수 있고 증식도 가능해진다.

그림 21.24 생장점을 제거해서 분지 발생을 촉진시킨 칼랑코에 '당인'

(4) 접목번식

두 종류의 선인장을 준비하여 접수의 아랫부분과 대목의 윗부분을 잘라서 붙이는 것을 **접목**(grafting)이라고 한다. 보통 접수로는 비모란, 산취, 소정과 같은 구형의 선인장에 많이 이용되고, 대목으로는 삼각주, 귀면각, 소데가우라, 용신목 등과 같은 기둥 선인장이 많이 쓰이고 있다. 접목은 연중 아무 때라도 가능하지만 일반적으로 장마기와 고온기를 제외한 3월부터 10월까지가 알맞다. 대목은 위를 적당한 크기로 평편하게 자르고 아랫부분은 정식의 편리와 발근 촉진을 위해서 쐐기 모양으로 절단한다. 접수와 대목을 이어붙이고 실이나 클립 등으로 고정하면 접목이 완성된다. 접목의 목적은 여러 가지가 있지만 선인장에서는 생육촉진과 품종보존 등 다양한 목적으로 행해지고 있다. 이러한 접목법이 선인장에서 가지는 장단점은 **표 21.1**과 같다.

접목은 별개의 선인장을 인위적으로 붙이는 것이기 때문에 접수와 대목의 친화성이 중요하다.

표 21.1 접목번식의 장단점

장점	단점
① 성구를 빨리 만들 수 있다. ② 자구의 번식을 왕성하게 할 수 있다. ③ 삽목 시 뿌리 발육이 나빠 번식이 곤란할 경우 이를 극복할 수 있다. ④ 생장이 늦고 뿌리가 약한 종류에서 이를 극복할 수 있다. ⑤ 식물체 일부가 썩었을 때 갱신을 위해 실시한다. ⑥ 희귀한 종류를 안전하고 신속하게 번식시킬 수 있다.	① 친화력이 낮을 때는 접수가 연약하게 된다. ② 웃자라거나 본래의 특성이 없어지는 경우도 있다. ③ 노화가 빨리 진행된다. ④ 대량번식의 경우 노동력이 많이 든다.

접수와 대목의 특성을 잘 파악하여 접목하는 것이 접목의 효율을 높이는 데 있어서 매우 중요하다고 할 수 있다.

(5) 조직배양

조직배양은 식물체의 세포, 조직, 기관 등을 무균상태에서 배양하여 단기간에 대량으로 온전한 식물체를 획득하는 기술이다. 조직배양은 번식이 어렵거나 생장이 느린 식물의 대량번식에 효과적이다. 다육식물 중에서도 희소성이 높은 종류를 조직배양으로 대량번식시킬 수가 있다. 해외에서는 다육식물 종류 중 알로에, 하월시아, 크라술라 등에서 조직배양이 상용화되어 있다고 한다. 조직배양을 위해서는 식물체의 생장점, 액아, 화경, 또는 잎 조직을 이용한다. 생장점은 식물체의 정단부에 위치하며 세포 분화 능력이 뛰어나기 때문에 조직배양 시 가장 많이 이용하지만, 식물체 1개체에서 얻을 수 있는 수량이 많지 않다. 액아는 줄기와 잎이 연결되는 부분에 위치해 있으며, 식물체에서 가장 많은 양을 얻을 수 있다. 우리나라 경기도농업기술원에서도 에케베리아 라우이와 엘레강스와 같은 희귀식물의 잎 조직으로부터 식물체를 증식하는 데 성공하였다(김윤희 외, 2019).

7 선인장과 다육식물의 재배기술

1) 토양 및 시비 관리

(1) 토양 관리

선인장은 과습에 약하므로, 재배 용토가 투수성이 좋으면서 어느 정도 보수력이 있고 통기성이 있으며 깨끗해야 한다. 예전에는 선인장의 재배 용토로서 모래, 부엽, 훈탄 등을 많이 이용했지만, 현재는 손쉽게 구할 수 있는 펄라이트, 질석과 같은 인공용토에 흙, 모래, 유기질 비료 등을 일정 비율로 섞어서 통기성과 보수성이 적당한 혼합용토를 만들어 사용하고 있다. 실제 영리를 목적으로 하는 농가에서는 토양을 10 cm 깊이로 베드를 만든 다음 계분, 우분, 돈분으로 완전히 부숙시킨 퇴비를 5~8 cm 정도 깐 후 적토 또는 밭흙을 혼합하여 야적시켜 완전히 부숙시킨다. 그런 다음 부숙된 퇴비를 5~8 cm 정도 깐 후 그 위에 굵은 모래를 1~2 cm 덮고 바로 선인장을 심는 방법을 이용한다.

다육식물들도 선인장과 마찬가지로 건조 지역에서 주로 자라기 때문에 재배 시 용토의 투수성이 중요하다. 따라서 용토는 물 빠짐이 좋은 마사토(굵은 모래)나 펄라이트 등을 많이 함유하는 것이 좋다. 유럽이나 미국에서는 다육식물 전용 배양토를 산업적으로 생산, 판매하며, 이를 다육식물 재배가들이 이용하고 있다. 보통 코코피트나 톱밥과 같은 유기물을 주재료로 배합을 하면, 무게가 가볍고 식물의 생육이 빠른 장점이 있다. 하지만 장기간 이용 시 용토의 이화학성이 악화되어 생육 저하를 초래한다. 따라서 농가에서는 시중에서 판매되고 있는 상토에 마사토를 30~50% 정도 혼합해서 이용하기도 한다.

(2) 시비 관리

선인장은 초화류나 수목과는 달라서 생장이 매우 느린 식물이다. 따라서 비료를 빠르게 흡수하지 않으므로 유기질 비료로 족하며, 황화 현상과 같은 결핍증상이 나타나면 보조적으로 화학비료로 추비하면 충분하다.

다육식물은 특별히 비료를 주지 않아도 생육이 양호하지만, 판매를 목적으로 재배할 때는 비료를 적절히 사용해야 한다. 많은 경우에서, 식물의 휴면이 끝나고 생육이 시작되는 시점에 소량의 비료를 주는 것이 좋다. 비료의 양이 많을 경우, 특히 질소 성분이 많은 경우에는 식물의 엽록소 함량이 높아져서 녹색만 짙어지고, 빨간색이나 노란색이 발현되지 않아 관상가치가 떨어지는 경우가 있으므로 주의해야 한다. 다육식물의 종류 중 국내에서 가장 대중적인 에케베리아속은 겨울 동안 휴면을 하고 봄부터 생육이 시작되므로, 이 시기에 시비하는 것이 효과적이다. 액체 비료를 줄 경우에는 일반식물에 주는 양의 1/2 정도가 적당하고, 완효성 고체 비료를 이용해서 양분을 공급할 수도 있다. 휴면 중인 다육식물에 시비하게 되면 오히려 식물체에 피해를 줄 수 있으므로 주의해야 한다. 시장에서 구입한 다육식물의 경우에는 토양 내 양분이 포함되어 있으므로 별도로 비료를 주지 않아도 된다.

2) 빛과 온도 관리

(1) 빛 관리

선인장은 대부분 강한 햇빛을 좋아한다. 그러나 비모란, 산취, 게발선인장과 같은 일부 종들은 약광을 좋아한다. 국내 재배 선인장은 대부분 시설 내에서 재배되는데, 4~10월까지는 40~50%를 차광 재배하고 있다. 가정에서 재배하게 되면 광이 부족하기 쉽기 때문에 진녹색이나 적색, 황색 등 원래의 색이 엷어지고 가시의 굵기나 크기가 전보다 가늘고 약해지며 끝이 뾰쪽하게 된다. 잎이 있는 선인장은 잎이 떨어지거나 잎과 잎 사이가 벌어지기 시작한다. 이러한 증상을 보이면 일조 부족으로 판단하여 충분한 광을 쪼여 주면 회복된다. 도장(웃자람)이 너무 심한 것은 도장 부위를 잘라내고 새로운 가지를 받는 것이 좋다.

다육식물도 선인장과 마찬가지로 광이 많으면 많을수록 생육에 유리하다. 다육식물의 서식지는 건조하고 햇빛이 많이 비치는 지역이므로, 생육 기간에 충분한 햇빛을 받게 해주는 것이 좋다. 광이 부족한 환경에서 자란 다육식물은 도장(웃자람)을 하게 된다. 에케베리아속이나 세덤속과 같이 외형상 줄기가 없는 로제트형 다육식물은 광이 부족한 환경에서 자라면 줄기가 길어져서 관상가치를 잃게 된다. 또한 광이 부족하면 다육식물 특유의 색상 발현이 안 되어서 관상가치가 떨어진다. 다만 한 여름에는 광량이 지나치게 많고 온도도 너무 높아 피해(일소현상)가 올 수 있으므로, 한낮에는 차광을 해줘서 광량을 줄여주는 것이 좋다.

(2) 온도 관리

선인장은 종류에 따라서 생육온도 및 최고 최저온도가 매우 다르므로 종에 맞게 관리를 달리 해야 한다. 국내에서 재배되는 선인장류의 생육적온은 25~30°C이다. 그러나 선인장은 온도에 둔감하여 최고온도 40°C, 최저온도 10~15°C 정도 범위에서 잘 생육한다. 하지만, 5°C 이하에서는 동해를 입게 되는 경우가 많다. 국내 선인장은 주로 시설 내에서 재배되기 때문에 4~9월에 온도가 급격히 상승한다. 특히 3월 하순부터 맑은 날씨에 온도가 급격히 상승하여 **일소현상**에 의한 피해사례가 많이 발생한다. 그러므로 실내 온도가 35°C 이상으로 올라가지 않도록 30°C부터 환기를 시작해 주는 것이 바람직하다. 한여름 온실 내의 온도가 35°C 이상으로 계속되면 대부분의 선인장은 뿌리 활력이 떨어지고 40°C 이상에서는 생육이 현저하게 감소한다. 일부 농가에서 동절기와 하절기의 뿌리 발육과 생육을 위하여 근권 온도를 조절할 수 있는 시설을 설치하여 생육을 촉진하는 사례가 있다.

다육식물은 종류에 따라 생육 적온이 달라지는데, 대부분은 15~30°C 범위의 온도에서 생육이 가장 좋다. 지나친 고온이나 저온에 접하게 되면 휴면에 들어가는 경우가 많다. 다육식물은 여름에 휴면하는 종류와 겨울에 휴면하는 종류가 있다. 에케베리아속은 겨울에 휴면하고, 여름 생육기의 이상적인 온도는 주간 20~25°C, 야간 5~15°C이다. 여름철에 35°C 이상의 고온이 10일 이상 지속될 경우 고온 피해가 발생할 수 있다. 일반적으로 화분에서 재배되는 식물은 노지에서 자라는 식물에 비해 고온에 약하다. 이는 화분 내 온도 상승이 노지에 비해서 빨라서 식물체의 지하부위가 피해를 받기 때문이다. 그러므로 하우스 내에서는 차광해서 광도를 낮추어주고, 천창을 개방하거나 환풍기를 가동해서 온도가 지나치게 올라가지 않게 관리한다. 가을에 온도가 떨어지면서 많은 다육식물에서 색소 발현이 많아져 무늬가 선명해지면서 관상가치가 높아진다. 겨울에는 온도가 5°C 이하로 떨어지지 않게 관리하면 일부 다육식물은 휴면에 들어가겠지만 큰 피해 없이 겨울을 날 수 있다.

(3) 수분 관리

선인장과 다육식물의 물관리는 계절, 종류 그리고 재배 환경에 따라서 달라진다. 봄에는 생육이 가장 왕성하므로 이 시기에는 충분히 관수해 주어야 한다. 또한 여름에 휴면에 들어가는 종류와 겨울에 휴면에 들어가는 종류가 있으므로, 휴면에 들어가는 종류는 관수를 피하는 것이 좋다. 가을에는 어느 정도 생장하게 되므로 관수량도 늘려 주어야 한다. 겨울에는 최저온도가 5°C 이상에서는 월 1회 정도만 가볍게 주고, 0°C 이하가 되면 관수를 하지 않아야 한다(**표 21.2**). 관수 시간

표 21.2 선인장 계절별 물관리 요령

계절	물관리
봄	생장이 가장 왕성하게 이루어지므로 물은 충분히 준다. 토양 표면이 젖어있다고 해서 재배상의 바닥까지 물이 들어갔다고 볼 수 없으므로 바닥까지 확인을 해서 물을 주어야 한다. 물주는 시기는 재배상 표토가 마른 후 하루 정도 지난 후에 주는 것이 좋다.
여름	여름에는 선인장의 생육이 둔화하는 시기로 맑은 날을 택하여 젖은 듯이 물을 준다. 일 년 중 가장 더운 시기로 선인장도 생장을 정지하는 종류가 많다. 따라서 고온기에도 계속 생장하고 있는 종류와 어린 묘를 제외하고는 물을 준다고 하기보다 온도를 내리기 위해서 가볍게 물을 뿌려준다는 개념으로 한다. 물주는 시간은 아침 일찍 또는 저녁에 주도록 한다.
가을	선인장과 다육식물을 7~8월에 이식한 묘에서 새로운 뿌리가 내리는 시기이다. 관수는 봄철과 비슷하게 물을 주고 10월 하순까지도 생육하므로 관수를 충분히 한다.
겨울	일기예보에 주의하고 따뜻할 때는 오전 중에 가볍게 물을 줘서 저녁때까지는 마르도록 한다. 이때에는 대부분의 선인장이 휴면하므로 한 달에 2번 정도 가볍게 물을 주도록 한다. 맑은 날 오전 중에 가볍게 물을 주고 저녁에는 건조한 듯이 관리한다. 꽃 선인장류는 이 시기에 물을 주면 꽃 맺힘이 나쁘므로 물을 주지 않는 것이 좋다.

은 봄과 가을에는 오전 9시 전에 하는 것이 좋고, 여름에는 해가 넘어가는 저녁 시간에 주는 것이 좋다. 이는 햇빛이 너무 강한 한낮에 관수를 하면 잎에 남아 있는 물방울에 의해 잎이 타버리는 현상(**일소현상**)이 나타날 수 있기 때문이다. 잎이 커서 위로부터 살수관수가 안 되는 종류들은 저면관수 시설을 이용하여 화분 아래에서부터 물이 흡수되게 하는 것도 가능하다. 가정에서 분갈이를 했을 때는 2주 정도 기다렸다가 상처가 아문 뒤에 관수를 시작하는 것이 좋다. 물을 줄 때는 화분 배수구로 물이 나올 정도로 충분히 주는 것이 좋다. 남향 아파트나 주택에서는 여름에 햇빛이 부족하게 되는데, 이 때는 물을 주지 않아야 도장(웃자람)을 막을 수 있다.

3) 병해충 방제

우리나라에서 대부분의 선인장과 다육식물은 시설에서 재배되기 때문에 고온다습한 환경에 놓이게 되고, 이에 따라 병해가 발생하기 쉬워진다. 병해충은 대부분 절단 작업을 통해 증식하며, 세균이나 CVX 등 바이러스 감염 확률이 높아지게 된다. 또한, 선인장과 다육식물은 체내에 수분과 당분을 많이 보유하고 있어, 세균이나 곰팡이가 체내로 침입하게 되면 급속히 증식하므로 방제가 어려워진다. 따라서 시설 환경을 건조하게 관리하고 절단 도구의 소독을 철저히 해주는 것이 병해충 방제에서 중요하다. 주요 병해와 충해는 아래와 같다.

(1) 주요 병해

우리나라에서 선인장에 발생하는 곰팡이병으로는 푸사리움(*Fusarium*)에 의한 줄기썩음병, 바이폴라리스(*Bipolaris*)에 의한 줄기썩음병, 탄저병, 밑둥썩음병이 보고되어 있다. 또한, 세균병으로는 무름병이 있고 바이러스에 의한 모자이크병이 있다. 이외에도 최근 게발선인장에서 클라도스포리움(*Cladosporium*)에 의한 검은 곰팡이병이 발생하였다(표 21.3, 그림 21.25).

표 21.3 선인장에 발생하는 병 목록(한국식물병명목록집, 2020)

기주식물	병명	병원균
비모란	모자이크병	Cactus virus X(CVX), Cactus mild mottle virus(Cactus Tobamovirus)(CMMoV)
	줄기썩음병	*Bipolaris cactivora*
삼각주	밑둥썩음병	*Rizoctonia solani*
	모자이크병	Cactus virus X(CVX), Cactus mild mottle virus(Cactus Tobamovirus)(CMMoV)
	줄기썩음병	*Bipolaris cactivora, Fusarium oxysporum*
	탄저병	*Glomerella cingulata*

기주식물	병명	병원균
거취옥	모자이크병	Cactus virus X(CVX)
게발선인장	줄기썩음병	*Fusarium oxysporum*
	역병	*Phytophthora nicotianae*
산취선인장	괴사반점병	Tobamovirus
	무름병	*Pectobacterium carotovorum* subsp. *carotovorum*
	줄기썩음병	*Bipolaris cactivora*
	탄저병	*Glomerella cingulata*
손바닥선인장	탄저병	*Glomerella cingulata*

진균 피해 (Fusarium, 썩음병) / 진균 피해 (Bipolaris, 줄기썩음병) / 세균 피해 (Erwinia, 무름병) / 바이러스 피해 (CVX)

그림 21.25 주요 병해 증상

① 줄기썩음병

선인장과 다육식물에서 많이 발생하는 병의 하나로, 주로 줄기와 뿌리에서 발생한다. 접목선인장의 대목으로 쓰이는 삼각주는 지제부(토양과 접촉 부분)에서 병징이 시작되며 시간이 지나면 연갈색으로 조직이 부패한다. 다육식물의 경우 감염되면 줄기에 수침상의 검은 무늬가 생기고 점차 지상부로 퍼져 줄기 전체가 검게 되면서 잎이 모두 떨어진다. 시설내에서는 연중 발병되는데 특히 습하고 더운 여름철에 발생이 많다. 병든 식물체는 가능한 빨리 제거하여 곰팡이가 바람과 물에 의해 전파되는 것을 방지한다. 물이 고이는 부위에 발생이 심하므로 관수 후에는 환기를 하여 물방울이 생기지 않게 관리하는 것이 중요하다.

② 검은점무늬병

잎 전체에 지름 1~2 mm의 둥글고 작은 점무늬를 형성하며, 점점 커져 잎 전체로 퍼진다. 잎에 반점이 발생하면 상품 가치가 현저히 떨어지게 된다. 병원균은 *Alternaria*라는 진균의 일종으로 빗물이나 관수에 의하여 퍼진다. 잎이 물에 젖어 있거나 봄철 다습하고 환기가 잘되지 않으면 쉽게 발생한다. 이 병의 발병을 줄이기 위해서는 환기를 잘 시켜 습도를 낮게 관리하며, 병든 식물체는 제거한 후 불로 태운다. 기온이 서서히 올라가는 3월과 가을로 접어드는 10월 상순에 검은점무늬병 적용약제를 살포하여 병이 번지는 것을 예방한다.

③ 무름병

잎과 줄기에 수침상의 부패 병반이 생기다가 점차 확대되어 잎과 줄기가 부패한다. 이 병은 에르위니아(*Erwinia carotovora*)라는 세균에 의해 발병하는데, 심할 경우 부패 증상이 뿌리까지 진전되며, 전체가 갈색 또는 흑갈색으로 변하고 심한 악취가 나기도 한다. 이 세균은 토양 속에서 장기간 생존이 가능하여 관수 시 또는 강우에 의해 전파된다. 기온이 높고 다습한 환경에서 많이 발생하므로 토양이 과습하지 않게 관리하는 것이 중요하다. 한번 무름병이 발생한 토양은 반드시 훈증을 하거나 소독해서 사용해야 한다. 특히 고온다습한 장마철에 병이 만연하므로 장마철로 접어들기 전인 6월 상순경에 적용약제를 살포하는 것이 좋다. 일단 발병하면 방제효과를 기대할 수 없으므로 발병주는 조기에 제거해서 주변이 전염되지 않도록 하고, 예방에 중점을 두어야 한다. 농약은 항생제를 사용한다.

④ 잿빛곰팡이병

잿빛곰팡이병은 모든 식물에 흔히 발생하는 곰팡이(*Botrytis cinerea*)병이다. 잎과 줄기가 암자색의 부정형으로 움푹 패이거나 잘록해지고, 병이 심해지면 잎과 줄기가 시들어 고사한다. 온실재배 시 흔히 발생하는데 습도가 높고 저온일 때 많이 발생한다. 특히 겨울에 온실 천창이나 측창을 닫아 놓고 재배를 하는 경우가 많아지는데, 이때 공기 습도가 높아지고 식물체에 물방울이 생기게 되면 발병하기 쉽다. 그러므로 온실내 습도가 높아지지 않도록 관리해 주는 것이 중요하다. 잿빛곰팡이병 증상이 관찰되면 살균제를 1주일 간격으로 3회 정도 살포하면 된다.

⑤ 탄저병

잎과 줄기에 발생하는데 처음에는 타원형의 담황색 점무늬가 생기고 후에 그 주위가 흑갈색으로 변한다. 병증이 더 진행되면 발병 부위가 움푹 패이게 되는데, 그 크기가 점차 증가한다. 이 병은 곰팡이의 일종인 글로메렐라(*Glomerella cingulata*)에 의해 발생하며, 29°C 이상의 고온과 습도가 높을 때 발생하기 쉽다. 가능한 식물체가 젖어있지 않도록 관리해야 하며, 배기팬을 설치하여 시설 내 온도와 습도를 낮추도록 노력해야 한다. 특히 고온다습한 장마철로 접어들기 전 6월 중순쯤이나 장마가 끝나자마자, 7일 간격으로 3회 정도 잎 전체가 흠뻑 젖도록 살균제를 살포해 준다. 또한, 화분 밑에서 관수하는 저면 관수법을 이용하는 것도 탄저병의 전염을 예방할 수 있는 좋은 대안이다.

(2) 주요 해충

선인장과 다육식물을 가해하는 해충에는 깍지벌레, 총채벌레, 파밤나방, 민달팽이, 진딧물 등이 있다(그림 21.26). 육안으로 해충이 관찰되거나 피해 증상이 보임으로 농약 살포를 통해 손쉽게 방제할 수 있지만, 재차 유입이 쉬운 환경이어서 주기적으로 방제해 주는 것이 좋다. 잦은 약제 살포는 해충의 내성을 강화하므로 정량 방제와 적시 살포가 중요하다. 농약의 안전성이 다소 문제가 되므로 친환경적으로 끈끈이 트랩과 나방 포집기 설치와 같은 방법을 사용하기도 한다.

깍지벌레 / 총채벌레 / 파밤나방 / 민달팽이

그림 21.26 주요 해충 및 피해 증상

① 귤가루깍지벌레

깍지벌레는 흡즙 곤충으로 잎과 줄기에 많이 발생한다. 일단 발생하면 엽색이 탈색되고 감로를 분비해서 그을음병을 유발한다. 성충 암컷은 2.5~4.5 cm 정도의 타원형으로, 황갈색이며 표면은 흰 가루로 덮여있다. 또한, 배 밑에 솜덩어리 같은 알주머니를 만들어 기주식물을 지저분하게 만들며, 생육을 떨어뜨린다. 노지보다는 시설 내에서 많이 발생하는데, 보통 성충과 약충이 섞여 있다. 시설 안에서는 연중 발생하는 양상이지만 발생 최성기로 볼 때 3월 상순, 5월 상순, 7월 상순, 8월 하순쯤에 미리 방제하는 것이 좋다. 깍지벌레는 왁스(wax)질의 밀랍으로 덮여있어 살충제가 침투되지 못하기 때문에 퇴치가 어려운 해충이다. 그러므로 약제 살포시 잎 사이사이에 약액이 충분히 묻도록 살포해야 하고, 7~10일 간격으로 2~3회 정도 살포하여야 한다.

② 담배가루이

주로 잎에 붙어서 즙액을 빨아 먹는 백색의 작은 나방(1 mm)이며, 집단으로 발생한다. 담배가루이는 배설물을 분비하여 그을음병을 유발하는데, 그로 인해 광합성이 억제되고 상품성은 크게 떨어진다. 시설 내에서는 연중 10회 이상 발생한다. 이를 막기 위해서는 출입문 및 환기창에 방충망을 설치하여 외부에서의 유입을 차단하고, 한번 발생한 온실에서는 앞 작물의 잔재물을 완전히 제거하여 전염원을 차단한다. 기온이 서서히 오르기 시작하면서 발생량이 증가하므로 3월 상순부터 예방 차원에서 살충제를 살포한다. 시설 내에 황색 점착 트랩을 통한 예찰을 시행하고, 일단 발생하면 7~10일 간격으로 3회 정도 살충제를 살포한다.

③ 담배거세미나방

담배거세미나방의 유충은 황갈색으로 배의 등 측면에 흰색 선이 많다. 자라면서 암갈색이 되나 체색 변이가 많다. 주로 밤에 활동하며, 잎의 표면만 남기고서 잎을 전부 갉아 먹는다. 성충이 8월 하순~10월 하순에 많으며, 이때를 전후로 해서 피해도 크다. 특히 고온 건조한 해에 많이 발생한다. 어린 유충의 군집을 확인하는 즉시 약제 살포를 해야 효과적이며, 시설에서는 방충망을 설치하여 외부로부터의 침입을 막는다. 약제는 발생 초기 10일 간격으로 2~3회 골고루 살포한다.

④ 목화진딧물

시설 안은 강우가 차단되므로 진딧물의 번식에 좋은 조건이 된다. 목화진딧물은 집단으로 발생하여 신초 부위나 줄기 꽃봉오리, 꽃대에서 양분을 흡즙하기 때문에 관상가치를 크게 떨어뜨리고 심하면 생육 장애를 일으킨다. 진딧물이 배설하는 감로로 인해 그을음병이 발생하며 미관을 크게 손상시킨다. 진딧물은 고온 건조한 기후를 좋아해서 장마가 그친 후 급격하게 증가한다. 진딧물의 유입을 막기 위해서는 측창이나 천장에 방충망을 설치하고, 발생 초기에 약제 살포를 철저히 한다. 고온 건조한 날씨가 이어질 때는 발생 초기에 살충제를 3~4일 간격으로 3회 정도 살충제를 골고루 살포한다.

⑤ 파밤나방

파방나방의 어린 유충은 녹색을 띠지만, 3령이 지나면 황록색에서부터 흑갈색까지 다양한 체색 변이를 나타낸다. 알에서 갓 깨어난 어린 유충은 주로 모여 살면서 잎을 갉아 먹는데, 이 시기에 약제 살포를 해야 효과가 좋다. 어린 유충이 3령 이상이 되면 약제에 대한 저항성이 생기고, 작물체 속으로 파고 들어가므로 방제가 어렵다. 유충이 관찰되면 약제를 7~10일 간격으로 2~3회 약제를 골고루 살포한다.

4) 접목선인장 재배기술

접목선인장은 비모란을 위시하여 산취와 소정이 주를 이루고 있다(그림 21.27). 접목선인장 재배는 1990년대까지는 일반적으로 토양에서 많이 이루었지만, 수경재배기술이 개발됨에 따라

비모란　　　　　　　　산취　　　　　　　　소정

그림 21.27 주요 수출 품목인 접목선인장 종류

2010년대 이후부터는 국내 농가에서도 이 방식이 확대 보급되고 있다.

수경재배는 토양 재배할 때의 모래와 퇴비 등을 혼합한 용토 조제와 교체 등으로 인한 과다한 노동을 피할 수 있고, 작업환경을 개선할 수 있는 등의 장점이 있어서, 현재는 보편적으로 이용되고 있는 방식이다. 초창기 수경재배는 펄라이트, 훈탄과 같은 인공용토를 사용하여 재배하였지만, 최근에는 상자를 통한 재배방식이 확대되면서 원예용 상토를 사용하기도 한다. 하지만, 이 역시 일부 노동력과 비용이 발생하기 때문에 무배지 수경재배가 점차 확대되어 가고 있다. **무배지 수경재배** 가운데 순환식과 비순환식 방식이 국내에 보급되어 있다. 접목선인장에서 무배지 수경재배는 노동력 절감뿐만 아니라 줄기썩음병 감소와 생육 촉진에 효과가 좋아 점차 확대되어 가고 있다(그림 21.28).

접목선인장 수경재배(EBB)　　　　접목선인장 간이양액재배　　　　접목선인장 상자재배

그림 21.28 접목선인장 수경재배

5) 게발선인장의 재배기술

크리스마스 캑터스(Christmas cactus)라고 불리는 게발선인장은 전 세계적으로는 12월에 많이 판매되고 있다. 국내에서는 대부분 스클럼베르게라(*Schlumbergera* spp.)속 식물들을 재배하고 있

는데, 단일처리로 개화 시기를 조절하여 가을부터 이듬해 봄까지 출하하고 있다(표 21.4). 주요 생산지는 파주, 고양, 음성, 철원 등지이다.

표 21.4 게발선인장 재배 작형

구분	단일처리 시기	개화	비고
보통재배	9월	11월 중순~12월 중순	자연단일
촉성재배	8월	10월 상순~11월	저온시설 필요
억제재배	출하기 7~8주전	1~4월	전조시설 필요

(1) 번식

게발선인장은 엽상경을 삽목하여 번식한다. 균일한 크기의 엽상경을 채취하여 1~2일 건조시켜 육묘용 트레이에 삽목하거나 화분에 직삽한다. 삽목 후 발근까지는 20°C를 유지하는 것이 좋다. 겨울철에는 전열선을 이용하여 삽목상을 20~25°C로 유지하면 발근이 촉진된다. 엽상경 한 마디가 생장하는 데 보통 30~60일 정도가 소요되며 온도가 높아질수록 엽상경 생성 소요일수가 짧아진다. 삽목 초기에는 습도를 높게 유지해 주고 발근 2~3주 후부터 시비를 시작한다.

(2) 정식과 이식

삽목묘는 출하 시기와 상품화하고자 하는 화분 크기에 맞춰 정식하거나 이식한다. 10~15 cm 화분은 삽목묘를 바로 정식하고 더 큰 화분에 재배할 경우, 1~2회 이식한 후 정식한다. 10 cm 화분의 경우 삽수를 제외한 2~3마디, 15 cm 화분은 4~5마디 정도 키워 상품화한다.

(3) 적심(Pinching)

분지수를 많게 하고 식물의 형태를 균일하게 하기 위해 엽상경 2~3마디를 남겨놓고서 적심을 해준다. 21~24°C에서는 적심 2주 후에 새로운 엽상경이 생겨난다. 10~15 cm 화분에서 재배할 경우 1회, 더 큰 화분은 2회 이상 적심한다. 적심 시기는 삽수를 빼고 엽상경을 2마디 남기고 적심했을 때 가장 효과적이다. 적심한 엽상경은 다시 번식에 사용할 수 있다.

(4) 레벨링(Leveling)

게발선인장은 엽상경 끝에서 꽃이 달리므로 꽃을 최대한 많이 피게 하기 위해서는 단일 처리 5~10일 이후 1 cm 이하의 미성숙한 엽상경을 따주는 레벨링 작업이 필요하다. 게발선인장의 생산 과정은 그림 21.29와 같다.

그림 21.29 게발선인장 생산 과정

(5) 개화 조절

① 개화 유도

게발선인장의 꽃을 피우기 위해서는 8~10시간의 단일처리가 필요하며, 농가에서는 오후 5시부터 다음날 8시까지 암막 커튼을 이용하여 단일처리를 한다. 꽃눈형성에 필요한 단일 요구기간은 25~30일이고, 적정온도는 주간 20~25°C, 야간 15~20°C이다. 주간온도가 15°C 이하 또는 30°C 이상이거나 야간온도가 25°C 이상일 때는 꽃눈형성이 저해된다. 농가에서는 단일처리 6~7주 후에 출하하고 있다.

② 개화 억제

필요에 따라 개화를 억제시키기 위해서 14~16시간의 장일 상태를 유지시킴으로써 영양생장을 지속시킬 수 있다. 우리나라는 가을~봄까지 단일기간이므로 장일 상태를 유지하기 위해서는 **전조재배**가 필수적이다. 전조재배에는 형광등, LED, 고압나트륨등 등이 사용되며, 22:00~02:00까지 조명하면 야파처리(광중단) 효과가 있다. 단일기간 중에 전조처리를 중단하면 50~60일 후에 꽃이 피게 된다.

(6) 생장조절제 이용

BA(benzylamino purine, BAP)는 세포 분열, 분지 발생 촉진 등에 효과가 있는 식물호르몬으로 게발선인장에서도 엽상경수와 착뢰수를 증가시키기 위하여 사용되고 있다. 게발선인장의 유묘기에 BA 50~75 ppm를 살포하면 엽상경수가 많아지게 된다. 게발선인장의 꽃수를 증가시키기 위해서는 단일 5~10일 후 벤질아데닌(BA) 100~200 ppm을 살포하는 것이 효과적이다. 한편, BA 농도가 높을수록 착뢰수는 많아지지만 꽃의 길이가 짧아지고 낙뢰율도 높아지는 경향이 있다.

(7) 시비

게발선인장은 일반 식물에 비해 비료 요구도가 높지 않은 식물이다. 영양생장기에는 복합비료(20-10-20 또는 15-16-17)나 선인장 표준배양액을 사용하여 EC 0.7~1.0 ds/m, pH 5.5~6.2로 유지해주는 것이 좋고, 비료 중 질소(N) 성분이 150~200 ppm 함유된 것이 좋다. 게발선인장은 마그네슘과 철의 요구량이 다른 식물보다는 높은 편으로, 결핍되면 엽상경 가장자리가 백화되고 과잉되면 엽상경이 누렇게 시들므로 1~2개월마다 시비한다.

참고 문헌

- 김윤희 외. 2019. 에케베리아 라우이(*Echeveria laui*)와 엘레강스(*Echeveria elegans*)의 대량증식을 위한 조직배양 및 순화 조건 확립. 식물생명공학회지 46:22-31
- 나나다육농장꽃과 들녘. https://cafe.daum.net/flower5358
- 남상용. 2010. 선인장과 다육식물의 재배관리 매뉴얼. 경기도 선인장산학협력단
- 남상용 (역). 2016. 다육식물 세덤. (사)한국선인장과 다육식물협회
- 농촌진흥청. 2018. 선인장재배
- 송천영 외. 2006. 선인장과 다육식물의 혼합 식재 시 순화과정에서 차광 및 관수가 식물의 생존 및 생장에 미치는 영향. Kor J Hort Sci Technol 25:81-89
- 이정진 외. 2008. 선인장.다육식물 실내활용도 증진을 위한 내음성 구명. 경기도농업기술원 선인장연구소 2008년도 시험 연구보고서 pp. 958-972
- 이지영 외. 2020. 게발선인장 재배매뉴얼. 경기도농업기술원
- 에오니움(Aeoniums). https://davesgarden.com/guides/articles/view/1058
- 엑스플렌트(X plant). http://www.xplant.co.kr/bbs/board.php?bo_table=20&wr_id=521
- 원종희. 2010. 우리 집 다육식물 키우기. 월간 플로라 편집부
- 일본방송출판협회. 1995. 선인장과 다육식물(NHK 취미원예 신원예상담 10). NHK 출판
- 정재운 외. 2009. 수출 유망 다육식물 보광 처리에 의한 품질향상. 경기도농업기술원 선인장연구소, 2009년도 시험연구보고서
- 정재운 외. 2009. 건축물녹화에 적합한 다육식물 선발. 경기도농업기술원 선인장연구소 pp. 73-74
- 조기환. 2011. 다육식물의 분류와 지리적 분포에 관한 연구. 박사학위논문. 부산대학교
- 하순혜. 2012. 다육식물도감. 아카데미서적

- 하월시아도감. https://haworthia-gasteria.blogspot.com/2008/02/haworthia-species.html
- Christenhusz MJ, Byng JW. 2016. The number of known plants species in the world and its annual increase. Phytotaxa Magnolia Press 261:201-217
- Lee SD, Kim SJ, Jung SI, Son KC, Kays SJ. 2006. Diural CO_2 Assimilation patterns in nine species of CAM-type succulent plants. HortScience 41:1373-1376
- Succulent plants database. 2004. http://albino.sub.jp/en/

CHAPTER 22 실내식물

김광진·정명일·정순진

인간은 600만 년 동안 숲속에서 녹색을 보며 살아왔으나, 현대인은 하루의 대부분을 회색 공간인 실내에서 생활하고 있다. 그런 가운데 유리 창문의 발달은 실내에서 식물을 기르는 것이 가능하게 하였다. 인간은 생활공간에 녹색식물이 공간부피 대비 2% 이상은 있어야만 정신적 육체적 건강을 유지할 수 있다. 실내생활이 대부분인 현대인에게 실내식물은 건강 유지와 쾌적한 공간을 위한 필수적인 요소이다. 이 장에서는 실내에서 기르는 식물의 특징과 종류를 살펴본다.

1 실내식물 정의와 역사

실내식물(室內植物, indoor plant)은 실내에서 관상, 건강 증진, 환경개선을 위해 인공지반이나 용기를 활용하여 기르고 가꾸는 식물을 말한다. 실내식물은 잎을 관상하기 위해 기르는 **관엽식물**(觀葉植物, foliage plant)이 대부분이지만, 햇빛이 적은 실내에서 기르기가 가능한 자생식물, 허브식물, 다육식물 및 선인장, 난류 등이 포함된다. 실내식물은 자연계에 존재하는 그룹의 분류가 아니라, 인간의 필요에 의해 실내에서 기르는 식물을 인위적으로 분류한 것이다. 식물은 자연에서는 스스로 햇빛과 물을 이용하여 자란다. 그러나 실내식물은 사람이 관상하거나 기능을 활용하기 위해 인공적인 공간에서 기르기 때문에, 물을 주지 않거나 관리하지 않으면 생존하기 어렵다. 따라서 사람이 물주기 등 유지관리를 반드시 해 줘야 한다.

역사적으로도 고대 중국(BC 500년)이나 이집트의 고분벽화에 실내에서 식물을 키우는 모습이 묘사되어 있다. 그리스 여인들은 집안에서 키운 화분으로 아도니스의 동상 주위를 봄에 장식하는 축제가 있었으며, 현재까지도 유럽의 일부 지방에 전통으로 남아있다. 이러한 실내식물 기르기의 역사는 창문과 유리의 발달과 함께 발전해 왔다. 유리 창문은 햇빛이 실내에 들어올 수 있게 함으로써 식물이 자랄 수 있는 환경을 조성하였다. AD 1세기경 운모 조각으로 만든 유리 개발은 실내식물 기르기를 활성화하는 계기가 되었다. 르네상스 시대에는 화분을 활용한 실내장식이 매우 활발히 보급되었으며, 온실은 부의 상징이 되기도 하였다. 현대의 건축물은 유리를 많이 사용하기 때문에 기를 수 있는 식물 종류도 늘어났으며, 키우기가 한결 쉬워졌다. 또한 현대인은 자연과 격리된 실내에서 하루 대부분을 보내기 때문에 실내식물 기르기는 정신적, 육체적 건강과 환경개선을 위해서 앞으로도 꾸준히 증가할 것으로 보인다.

최근에는 실내식물이 반려식물로 불리고 있다. **반려식물**이란 "식물과 인간이 짝이 되어 서로 교감을 나누며 더불어 살아가는 특정한 식물"을 말한다. 생존과 번식의 관점에서 이해되어야 하는 진화론적인 관점에서 보면, 먹거리가 아닌 실내식물이 인류의 생활공간에서 함께 할 수 있었던 것은 인간의 정신적 성숙 및 정신건강 증진과 생존을 위해 자연에 대한 이해를 높이는 차원으로 보인다. 실내식물 기르기는 인류 문명이 발달하고 정신 영역이 커지는 시점에 시작되었다. 반면에 식물은 인류와 반려가 됨으로써 생존과 종족 번식에 어떤 이득을 얻고 있고, 인류와 교감이 가능한지는 아직 확실하지 않다. 다만, 화분에 심어 반려식물로 기르는 경우 인간이 관리해 주지 않으면 식물은 생존할 수 없으므로 반드시 돌봄을 받아야 한다.

정원을 그린 이집트 벽화

아도니스 축제

발굴된 판유리(AD 1세기)

2 실내식물의 특성

1) 원산지 환경 특성

실내식물은 주로 열대나 아열대 지역 밀림의 큰 나무 아래 그늘에서 자라는 식물 중에서 선발된다. 밀림의 큰 나무 아래는 햇빛이 적게 드는 곳으로, 이곳에서 자생하는 식물은 실내의 햇빛 부족에 잘 부합한다. 열대나 아열대 지역은 온도가 높고, 계절이 없으므로, 식물의 내한온도가 높고, 개화 조절이 필요 없는 특징이 있다. 또한 밀림은 공중습도가 높으므로, 실내의 건조한 환경이 식물을 기를 때 문제가 되는 경우가 많다.

2) 실내 환경 특성

실내는 일반적으로 식물 기르기에는 햇빛이 부족한 공간이며, 공간 별로도 햇빛의 양에 상당한 차이가 있다. 즉, 가정의 경우에는 베란다가 가장 햇빛이 많고, 그 다음이 거실, 부엌, 화장실 순이다. 공중습도는 여름을 제외하고는 대체로 낮다. 특히 겨울철 난방온도가 높을 때는 식물 생육에 영향을 줄 만큼 매우 낮다. 공간 별로 온도 차이도 있다. 침실이 가장 높고, 화장실, 현관, 베란다 순으로 낮아진다. 그리고 실내는 청결을 유지하여야 하는 공간이므로, 토양보다는 소독이 된 인공 배양토의 사용이 요구된다. 실내는 냉·난방기 사용으로 창문을 닫고 있는 시간이 많아서 환기 미흡으로 식물에 필요한 통풍이 부족한 특징이 있다.

3) 실내식물 관리 특성

실내에는 일반적으로 식물 기르기에 광도나 광량이 부족한 공간이 많아, 광 조건이 실내식물을 기르는 데에 제한 요인으로 작용하고 있다. 식물 관리 시에는 광이 적은 환경에서 생존과 적응력 등의 특성을 고려하여야 한다. 꽃이 피는 절화류나 관화식물은 많은 광을 필요로 해서 기르기 어렵기 때문에, 대부분 꽃이 피지 않고 잎을 관상하는 관엽식물을 기른다. 실내식물은 나무 그늘에서 자라고, 키가 작고, 생육 속도가 느린 식물 위주로 선발하므로 비료 요구도가 낮다. 대부분 화분에 심거나 인공지반 위에 심어서 근권부가 제한되고, 인위적으로 물을 주지 않으면 생존이 불가능하다. 실내식물을 기르는 목적은 농가는 고품질이지만 소비자는 미적 또는 공기정화와 같은 관상 상태에서 인간에게 혜택을 주는 기능적 효과를 얻기 위함이다.

3 실내식물 재배 환경

1) 빛

실내식물을 기르기 위해서는 최소 500 lux 이상의 조도가 필요하고, 가능한 한 1000 lux 이상으로 관리하는 것이 좋다. 실내에서 광도가 가장 높은 베란다나 창가에도 직사광선이 아니라 유리를 사선으로 통과해서 실내로 들어온다. 따라서 실내는 광도가 높지 않고, 햇빛이 들어오는 시간이 길지 않아 광량이 충분하지 않다. 실내는 직사광선보다 대부분 산란광으로 긴 파장이 많아진다. 이와 같은 광량과 광질의 변화는 실내식물이 광 환경에 적응할 수 있게 몇 가지 형태적인 변화를 일으킨다. 광의 효율적인 활용을 위해서, 잎이 넓어지고 얇아지며, 녹색이 짙어지고, 무늬 종에서는 흰색, 붉은색 등의 무늬가 적어지고 광합성을 하는 녹색 부분이 넓어진다. 또한 절간 신장이 길어져서 아래 잎에 햇빛이 최대한 도달하도록 웃자란다. 이러한 형태적인 변화에도 햇빛이 부족하면 아래 잎이 황화되어 고사한다. 즉, 아래 잎의 영양분을 어린잎에 전류하여 개체의 생존을 돕는다. 이러한 광 순화까지는 식물을 실내로 도입한 후 최소 6주 정도가 소요된다. 따라서 식물을 구입하여 실내에 들어놓을 때 햇빛이 가장 많은 베란다에서 2~3주, 다시 창가에서 2주 정도 길러 실내의 광 조건에 순화시키는 것이 좋다.

표 22.1 광도에 따른 식물 반응

조직의 형태	실내(저광도)	온실(고광도)
잎 크기	넓음	좁음
엽색	짙음	옅음
엽 두께	얇음	두꺼움
줄기	마디 김	마디 짧음
엽록소	많음	적음
꽃	수와 향 감소	수와 향 증가

그림 22.1 식물의 광도별 무늬 색의 변화: 광도 왼쪽부터 고, 중, 저

2) 온도

실내식물의 생육 온도는 18~28°C를 유지하고, 겨울철에도 12°C 이상 유지하는 것이 좋다.

3) 습도

대부분의 식물은 50~70%의 상대습도에서 잘 자란다. 다습(70~80%)을 좋아하는 것은 아나나스, 양치식물 등이며, 저습(50% 이하)을 좋아하는 것은 산세베리아 등 다육식물과 선인장이다.

4) 환기

실내식물은 약간의 통풍이 있을 때 잘 자란다. 실내에는 창문을 닫고 있는 경우가 많아서 바람이 전혀 없을 때가 대부분이다. 그러나 자연에서 식물은 산들바람에 의해 이산화탄소가 잎의 기공으로 전달되므로 동화작용이 원활하게 이뤄진다. 따라서 실내에서 자주 환기를 해주면 식물 생육에 좋다.

5) 관수

식물에 가장 좋은 물주기는 원칙적으로 표토가 1~2 cm 말라 있을 때 관수한 물의 15~20%가 배수 구멍으로 흘러나오도록 흠뻑 주는 것이 좋다. 그러나 실내 바닥에 물이 빠져나오도록 주기는 어렵다. 따라서 한두 달에 한 번 정도는 화장실이나 베란다로 옮겨서 배수 구멍으로 물이 충분히 나올 만큼 흠뻑 준다. 일반적으로는 화분 표면에 3곳 이상 돌려가면서 물을 주는데, 물량의 반만 먼저 주고 다른 화분에 물을 준 후 다시 한번 물을 주는 것이 좋다. 이는 시간 차를 둠으로써 토양에 골고루 스며들게 하고, 배수구로 빠져나오는 물은 적게 하기 위함이다.

그림 22.2 화분 표토 약 1 cm 깊이를 손가락으로 만져 물주는 시점을 알아보는 손가락 검사법

6) 비료주기

실내식물은 농장에서 생산을 위해 기를 때에는 광량이 많고 생장을 빨리 시켜야 하므로 비료를

줘야 한다. 그러나 소비자가 실내에서 기를 때에는 광량이 적고 생육속도가 느려 비료 요구도가 낮다. 일반적으로 분갈이할 때 밑거름만으로도 생육에 지장을 주지 않는다. 그러나 웃거름이 요구될 때에는 청결을 유지하기 위해 가정용으로 나온 액비나 화학비료를 주는 것이 좋다.

7) 분갈이

분갈이 횟수는 화분을 포함한 식물 크기가 30 cm 이하의 작은 화분은 매년, 중간 크기의 화분은 2년에 한 번, 1 m 이상의 큰 화분은 3년에 한 번 해주는 것이 좋다. 분갈이 방법은 화분 구멍에 깔판을 놓고 입자가 큰 배양토를 조금 넣고 화분 아랫부분을 배양토로 채운다. 그런 다음 식물을 넣은 후 배양토를 채우고서, 모래, 자갈 또는 식물로 지피를 한다. 분갈이할 때 주의 사항은 굵고 묵은 뿌리는 잘라주고, 심는 과정에서 잔뿌리가 손상되지 않도록 하며, 가능하면 잔뿌리에 있는

식물/환경 특성

1) 원산지 환경 특성

실내식물은 주로 열대나 아열대 지역 정글의 큰 나무 아래에서 자라므로 다음과 같은 특징을 가진다.

- 햇빛이 적음 ⇒ 실내 광 부족 조건에 적합함
- 공중습도가 높음 ⇒ 실내의 건조한 환경이 문제 시 됨
- 온도가 높음 ⇒ 내한온도가 높음
- 계절이 없음 ⇒ 개화 조절이 필요 없음

2) 실내 환경 특성

- 공간별 광도 차이가 있음 ⇒ 베란다 > 거실 > 부엌 > 화장실
- 공중습도가 낮음 ⇒ 특히 겨울철 난방온도가 높을 때 낮음
- 공간별 온도 차이가 있음 ⇒ 침실 >화장실 > 현관 > 베란다
- 청결을 유지하여야 함 ⇒ 인공배양토의 사용이 요구됨
- 통풍이 불량함 ⇒ 냉·난방기 사용으로 환기 미흡

3) 실내식물 관리 특성

- 약한 광선을 좋아함 ⇒ 숲 속의 큰 나무 밑이 자생지인 경우가 많음
- 추위를 많이 탐 ⇒ 대부분 열대, 아열대가 원산으로 내한온도가 높음
- 생육 속도가 느림 ⇒ 시비량이 적음
- 인공배양토를 사용함 ⇒ 청결이 요구됨
- 대부분 화분에 심어서 관리함 ⇒ 흠뻑 물주기를 하여야 함
- 고품질 다수확보다 미적, 기능적 효과가 우선됨

뿌리털이 죽지 않도록 공기 중에 노출되는 시간을 최소화해야 한다. 배양토는 화분에 너무 많이 채우지 말고 물을 주는 공간(water space)을 남겨 두어야 한다. 분갈이가 끝난 후 물을 흠뻑 줘서 약 2주간 상처가 아물고 몸살이 끝날 때까지 그늘지고 다습한 공간에 두는 것이 좋다.

4 실내식물의 재배와 이용의 변천

1980년대까지 실내식물 이용기술에 관한 연구는 거의 없었으나, 1990년에 들어오면서 실내식물의 환경개선, 원예치료, 실내조경, 장식소재 등과 같은 기능성 및 이용에 관한 연구가 시작되어, 2000년대에 급격히 증가하였다. 1990년대부터 이용과 재배기술에 관한 연구가 거의 비슷한 비율로 보고되고 있다.

표 22.2 우리나라 학회지에서 찾을 수 있는 실내식물 전체 논문 221편에 대한 비율(%)

구분	1969~1980	1981~1990	1991~2000	2001~2011
재배	0.5	4.6	12.4	34.9
육종	0	0	0	1.4
이용	0	0	13.8	32.6

우리나라 실내식물 연구에 있어서 가장 큰 특징은 1990년대에 환경개선 등의 기능성에 관한 연구가 도입되었다는 것이다. 1990년대에 들어서 실내식물 연구는 재배뿐만 아니라 이용기술로도 확대되었다. 이용기술에 대해 보고된 논문은 크게 **환경개선, 원예치료, 실내조경, 장식소재**에 관한 연구로 분류할 수 있었다. 1990년대 이용기술 개발에 관한 연구는 환경개선이 37%로 가장 많았고, 실내조경 27%, 원예치료 23%로 비슷하게 보고되었으며, 장식소재에 관한 연구가 13%이었다. 실내식물 이용기술 연구는 1990년대 도입 단계로서, 환경개선, 원예치료, 실내조경, 장식소재 모두 새롭게 시도되어, 우리나라 화훼연구 범위를 확대하는 커다란 변화를 가져왔다. 환경개선에 관한 연구는 아황산가스(SO_2), 아질산가스(NO_2), 오존(O_3), 이산화탄소(CO_2) 등 실외의 대기 오염물질 제거 능력 구명에 주로 보고되었다. 그러나 2000년대부터는 실내의 휘발성 유기화합물(VOCs), 포름알데히드 등 대부분 실내 공기 오염물질 제거에 대한 논문이 보고되었다. 실내조경에 관한 연구는 실내환경에 알맞은 관엽식물 선발이나 공공장소 등에서 실내조경으로 이용되고 있는 실태 등처럼 단순히 화분을 활용하여 실내를 꾸미는 것과 관련된 연구, 그리고 이와 더불어 실내식물의 색채가 인간의 감성에 미치는 영향 등 원예치료와 관련된 연구가 시작되었다.

표 22.3 실내식물 이용 연구 중 연도별 실내조경, 장식소재, 원예치료, 환경개선에 대한 비율(%)

구분	1969~1980	1981~1990	1991~2000	2001~2011
실내조경	0	0	27	17
장식소재	0	0	13	15
원예치료	0	0	23	8
환경개선	0	0	37	60

2000년대 이용기술 개발에 관한 연구는 환경개선 60%, 실내조경 17%, 장식소재 15% 그리고 원예치료 8% 순으로 보고되었다. 2000년대에 들어서면서 웰빙 문화 확산으로 이용기술은 부흥기를 맞아 많은 연구가 진행되었다. 환경정화 기능성 연구는 소비자인 일반 국민에게 큰 관심을 받았으며, 특히 실내공기질 향상 연구에 대한 보고가 증가하였다. 1990년에 단순한 실내 오염물질 제거에서 2000년대에는 적극적으로 공기질을 향상시키는 실내식물의 음이온, 피톤치드, 향, 습도 증가 등의 기능성에 관한 연구가 보고되었다. 또한 원예치료와 관련된 연구도 행복지수, 심리적 효과, 교실 내 식물 도입을 통한 식물과 사람과의 관계를 구명하는 연구가 보고되었다. 원예치료는 공간을 도시 소비자 중심에서 농촌으로 확대하였고, 최근에는 **치유농업**으로 확대 발전하였다. 특히 장식소재에 관한 연구는 1990년대에는 단순한 조사나 역사적 고찰 등이었으나, 2000년대에는 절지 절엽을 활용한 압화나 보존화 등 새로운 기술에 대해 보고되었다. 실내조경에는 화분에서 바이오월 등 실내 벽면이나 실내정원을 활용하는 기술 개발로 확대되었으며, 단순히 설치에서 끝나지 않고 유지관리를 산업화하는 단계로 접어들고 있다. 최근에 생활공간에 식물을 도입하고, 그린 인프라를 구축하여 유지관리를 산업화한 **그린 오피스/스쿨/홈** 등이 활성화되고 있다.

5 주요 실내식물

실내식물은 600여 종 이상의 다양한 종이 시중에 유통되고 있다. **관엽식물**에는 초본성 관엽식물과 목복성 관엽식물이 있으며, 대부분의 관엽식물은 열대·아열대 밀림의 큰 나무 아래의 빛이 적게 드는 곳에서 자란 식물들이다. 우리나라에 자생하는 식물 중에서 실내식물로 활용이 가능한 종은 30여 종에 지나지 않는다. **자생식물**을 실내식물로 개발하기 위해서는 남부 지방의 상록성 나무 그늘에서 자라는 종을 선발해야 한다. 그러나 우리나라 숲은 열대 우림만큼 햇빛을 가려주지 않기 때문에 실내의 적은 햇빛 양에 견딜 수 있는 종이 많지 않다. **허브식물**과 향이 나는 식물들은 대체적으로 햇빛을 많이 필요로 한다. 따라서 허브식물은 실내에서 오래 기르기 어려우며,

기르는 동안에는 햇빛이 많은 창가나 베란다에서 기르는 것이 좋다. 본 장의 주요 실내식물은 환경정화 기능이 우수하고 많이 활용되는 순서로 작성하였다. 또한 다른 장에서 서술된 난, 다육식물 등은 제외하였다.

1) 초본성 관엽식물

(1) 디펜바키아

- 영명: Dumb cane
- 학명: *Dieffenbachia picta*

천남성과에 속하며, 원산지는 콜롬비아, 베네수엘라, 에콰도르 등이다. '디펜바키아(Dieffenbachia)'라는 속명은 1830년 독일 비엔나의 쉔브룬 궁전의 정원사였던 식물학자 디펜바흐(J. F. Dieffenbach)의 이름을 따서 명명되었다. 영어 이름인 'dumb cane(말문이 막히는 줄기)'은 이 식물의 수액 속에 든 수산화칼슘(옥살산칼슘)에서 유래되었는데, 이 물질 때문에 디펜바키아의 어떤 부위든지 일부 떼어내어 입에 넣고 씹으면 일시적으로 혀와 성대가 마비되는 현상이 일어난다.

디펜바키아 '마리안느' 잎은 때때로 마치 꽃이 핀 것처럼 화려한 색을 보여 준다. 주로 녹색 바탕에 흰색이나 노란색의 무늬가 있는 넓은 잎은 증산작용을 통해서 실내 습도를 높여 준다. 디펜바키아 '트로픽 스노우'는 키가 큰 품종으로 녹색과 흰색 또는 녹색과 크림색의 얼룩무늬가 인상적이다. 디펜바키아 '콤팩타'는 왜성종으로 키가 작은 품종이다. 잎의 얼룩무늬는 빛을 충분히 받지 못하면 희미해지므로 관리에 주의한다.

키가 큰 '트로픽 스노우'는 부처손으로 화분을 지피할 경우 공기정화 효과가 크게 높아진다. '마리안느'는 무늬가 화사해 실내의 분위기를 바꿀 수 있는 식물로 적합하다. 우리나라 시중에서는

재배 및 유지관리

- **빛:** 반양지에서 음지
- **온도:** 16~24°C
- **병해충:** 공기가 너무 건조한 경우에 개각충, 진딧물, 응애, 깍지벌레 등이 드물게 생긴다.
- **관리:** 봄부터 가을까지는 토양이 전체적으로 촉촉한 상태를 유지하도록 관리한다. 겨울에는 토양 표면이 건조해졌을 때 물을 주고, 자주 분무해준다.
- **용토:** 배합토나 수경재배 모두 큰 차이 없이 잘 자란다.

'트로픽 스노우', '마리안느' 그리고 '콤팩타'가 가장 많이 거래되고 있다.

디펜바키아는 관엽식물 중에서 포름알데히드 제거 효과가 뛰어나므로 새집증후군 완화를 위해 거실에 두는 것을 추천한다. 디펜바키아는 상대습도와 일산화탄소 제거 능력 또한 중상으로 높게 나타나 실내에서 공기정화에 매우 효과적인 식물이다.

(2) 싱고니움

- **영명**: Syngonium
- **학명**: *Syngonium podophyllum*

천남성과에 속하며, 원산지는 중앙아메리카 등이다. 싱고니움은 습기를 매우 좋아하므로 물을 자주 분무해 주면 싱싱하게 잘 자란다. 가끔 젖은 천으로 잎의 먼지를 닦아주면 더욱 좋다. 탐스럽고 볼륨감 있는 형태를 유지하기 위해 정기적으로 웃자란 가지를 잘라준다.

종종 천남성과의 필로덴드론과 혼돈하는 경우가 있는데, 싱고니움의 잎은 흰색 또는 은색 무늬가 있는 것이 특징이다. 다른 품종에서는 볼 수 없는 싱고니움의 가장 눈에 띄는 점은 가늘고 긴 화살촉 모양의 어린잎이 성장함에 따라서 잎 가장자리가 3~5갈래로 갈라져 창 또는 별 모양으로 형태가 변한다는 것이다. 그러므로 창 또는 별 모양의 잎들과 화살촉 모양의 잎들을 한 식물에서 함께 볼 수 있다. 싱고니움은 30여 가지의 품종이 있으며, 각각 다양한 이름으로 불리고 있다.

싱고니움은 기르기가 쉽고 관리하기가 편하며 병해충에 대한 저항력이 강하다. 또한 키가 작아 가정, 사무실 등에서 인기가 높다. 이 식물은 걸이용 화분에서도 잘 자라는데, 고른 생장을 위해서는 화분의 방향을 정기적으로 돌려주는 것이 좋다.

싱고니움은 관엽식물 중에서 크기가 작은 소품에 해당하며, 관엽식물 소품 중에서는 포름알데히드 제거 효과가 가장 우수하다. 따라서 가정의 소품 중에서 공기정화 식물로 활용할 때에 가장

재배 및 유지관리

- ○ **빛**: 반양지에서 음지
- ○ **온도**: 16~24°C
- ○ **병해충**: 공기가 너무 건조한 경우에 개각충, 진딧물, 응애, 깍지벌레 등이 드물게 생긴다.
- ○ **관리**: 봄부터 가을까지는 토양이 전체적으로 촉촉한 상태를 유지하도록 관리한다. 겨울에는 토양 표면이 건조해졌을 때 물을 주고, 자주 분무해 준다.
- ○ **용토**: 배합토나 수경재배 모두 큰 차이 없이 잘 자란다.

좋은 식물이다. 포름알데히드 제거와 실내 습도를 높이는 데 효과적이기 때문에 거실에 놓는 것이 좋지만, 거실에는 큰 화분을 놓는 것이 일반적이므로 큰 화분의 지피식물로 활용하는 것도 좋은 방법이다.

(3) 아레카야자

- 영명: Areca palm
- 학명: *Chrysalidocarpus lutescens*

야자과에 속하며, 원산지는 마다카스카르 등이다. 줄기와 잎자루가 황색이여서 '황야자'라고도 알려져 있는 아레카야자가 가장 인기 있고 기품 있는 관엽식물로, 미우주항공국(NASA)에서 실내 포름알데히드 제거효율이 가장 높은 식물로 선정하였다. 이 식물은 실내환경에 대한 적응력이 매우 높으며, 많은 양의 수분을 공기 속에 내뿜는다. 또한 잎의 곡선과 직선이 매우 조화롭고 아름다워서 관상용으로도 좋다.

가정에서, 1.8 m 크기의 아레카야자는 하루 동안 약 1리터의 수분을 **증산작용**으로 방출한다. 또한 일부 가지에만 염분을 축적하는 독특한 성질을 가지고 있는데, 축적된 염분이 포화상태에 이르르면, 그 가지가 말라 죽게 되므로 이때는 가지를 빨리 잘라주도록 한다.

아레카야자는 야자류 가운데 생육이 비교적 빠른 편이다. 회초리 다발처럼 보이는 줄기들과 그 줄기들에서 뻗어나간 깃털 같은 황록색 잎들이 아주 인상적이다. 이러한 여러 가지 우수성 때문에

재배 및 유지관리

- **빛:** 반양지
- **온도:** 18~24°C(겨울철에도 10°C 이하로 내려가지 않게 관리)
- **병해충:** 실내가 너무 건조하면 응애가 생길 수 있으며 잎 끝이 갈색으로 변한다.
- **관리:** 화분 안의 용토가 촉촉하도록 유지한다. 정기적으로 분무기로 물을 분사해 주면, 생육이 좋고 윤기 있는 잎을 유지할 수 있으며 해충 발생 억제에 도움이 된다.
- **용토:** 증산율이 높기 때문에 수경재배나 지하관수로도 키울 수 있다. 수경재배나 지하관수를 하면 물주는 횟수를 줄일 수 있다.
- **주의:** 줄기가 황색을 나타내는 것은 병든 것이 아니라 원래 특성이다.

가정이나 사무실, 상업적인 장소에서 많이 이용되고 있다. 아레카야자 화분에 공기정화 효과가 우수한 부처손 등의 지피식물을 함께 심으면 아름다움을 훨씬 더 자아낼 수 있다.

아레카야자는 포름알데히드 제거 능력이 우수할 뿐만 아니라, 1 m 이상의 큰 식물로 자라면서 음이온 배출과 실내 습도를 높이는 데 뛰어난 능력을 갖추고 있어 거실에 놓기에 좋은 식물이다.

(4) 스킨답서스

- **영명**: Golden pothos
- **학명**: *Scindapsus aureus* (*Epipremnum aureum*)

천남성과에 속하며, 원산지는 솔로몬제도 등이다. 스킨답서스는 영명으로 '골든 포토스' 또는 '포토스'라고도 불린다. 학명으로 '스킨답서스'와 '에피프렘넘'이 다른 식물 또는 같은 식물인지 여부는 책에 따라 주장이 다르며, 아직 학문적으로 확실하게 규명되지 않은 것으로 알려져 있다. 그러나 식물 재배법이나 유지 관리하는 방법은 '스킨답서스'와 '에피프렘넘'이 동일하게 서술되어 있다. 우리나라에서는 시중에서 스킨답서스로 더 잘 알려져 있다.

재배 및 유지관리

- **빛**: 반음지에서 음지
- **온도**: 18~24℃(겨울철에도 10℃ 이하로 내려가지 않게 관리)
- **병해충**: 드물게 진딧물, 깍지벌레가 생긴다.
- **관리**: 흙이 마를 때쯤 물을 준다. 줄기 끝을 따주면 길이 생장이 지연되는 대신 잎이 많이 나와 외관상으로 더욱 풍성해진다. 잎은 젖은 천으로 닦아 주며 관리하면 좋다.
- **용토**: 어떤 용토에서나 잘 자라지만 수경재배를 하면 분갈이를 할 필요가 없다.
- **주의**: 수액이 인체의 피부나 점막을 자극할 수 있다. 자라는 속도가 빠른 편인 스킨답서스는 실내식물 가운데 가장 기르기 쉽고 다소 관리가 소홀해도 잘 자라며 병해충에 대한 저항력도 매우 강하다. 가정이나 사무실 등 어떤 실내 조건에서도 잘 자라는 환경적응력이 매우 높은 식물이다. 무늬가 들어간 실내식물은 대부분 빛이 부족하면 무늬가 적어지지만 골든 포토스는 어두운 곳에서 길러도 무늬가 잘 사라지지 않는다. 가지를 잘라 물에 담가 두면 뿌리가 자라는데, 이것을 일반 배합토에 심거나 꺾꽂이(삽목)하면 쉽게 새로운 개체를 번식시킬 수 있다.

잎에 노란 무늬가 불규칙하게 들어가는 잎이 있어 '골든 포토스'로 불린다. 덩굴성 식물로, 줄기가 위로 타고 올라가면서 자랄 때에는 잎의 크기가 커지고, 아래로 자랄 때에는 잎의 크기가 점점 작아지는 경향이 있다.

스킨답서스는 상업적인 장소에서 다양한 용도로 활용되고 있다. 대형 화분의 토양을 덮거나 큰 나무의 밑동 부분을 장식하는 데 이용되기도 하고, 발코니나 아트리움의 벽면을 덮으며 뻗어 내리는 형태로 이용되기도 한다. 이처럼 재배나 관리가 쉽고 해충에도 저항력이 강하기 때문에 실내원예를 처음 시작하는 초보자들에게는 최적의 실내식물이다. 또한, 스킨답서스는 **걸이용 화분**으로 많이 이용되고 있으며, 벽이나 기둥을 타고 오르는 형태로 기르기도 한다.

스킨답서스는 일산화탄소 제거량이 가장 우수하고, 어두운 공간에서도 잘 자라기 때문에 주방에 두는 것이 좋다. 일산화탄소는 가정에서 요리할 때 많이 발생하는 가스이다.

(5) 필로덴드론

• **영명**: Lacy tree philodendron
• **학명**: *Philodendron selloum*

천남성과에 속하며, 원산지는 남아메리카 등이다. 관목 형태로 자라는 필로덴드론속 가운데 필로덴드론 셀로움이 가장 인기가 있고 실내 재배용으로도 제일 적합하다. 시중에 왜성종 및 다양한 형태의 교배종이 개량되어 나오고 있다. 필로덴드론 셀로움은 공기가 건조하고 빛이 잘 들지 않아도 다른 품종의 필로덴드론에 비해 잘 견디기 때문에 적절하게 보살펴 주면 여러 해 동안 기를 수 있다.

재배 및 유지관리

○ **빛**: 반음지
○ **온도**: 16~21℃(13℃ 이하나 24℃ 이상되는 장소에는 두지 않도록 한다)
○ **병해충**: 때때로 진딧물, 개각충, 깍지벌레가 생길 수 있다. 저온 과습한 환경에서는 뿌리썩음병이 발생할 우려가 있다.
○ **관리**: 생육기 동안에는 흙을 전체적으로 촉촉하게 유지하도록 하고, 겨울철에는 물을 덜 준다. 분무는 자주 해주고 젖은 헝겊으로 종종 잎을 닦아 준다.
○ **용토**: 다목적 배합토를 사용하면 된다. 수경재배를 할 시에는 물을 덜 자주 주어도 된다.

이 식물은 잎맥 근처에서부터 갈라지는 커다란 잎을 가지고 있다. 이 잎은 성숙하면 할수록 더 뚜렷하게 갈라지기 때문에 잎 가장자리가 물결치는 것처럼 된다.

필로덴드론 셀로움은 공공건물의 아트리움이나 로비 등에서 흔히 볼 수 있지만, 천정이 높고 넓은 공간에 배치하면 더 잘 어울린다.

공기정화 효과가 두드러지게 좋은 식물은 아니지만, 가정에서 기르는 식물 중에서는 중간 크기 식물이다. 잎이 넓고 포름알데히드 제거능이 우수하여 거실에서 키우기 좋다. 그러나 어느 공간에 놓아도 잘 어울리는 식물이다.

(6) 접란

- **영명**: Spider plant
- **학명**: *Chlorophytum comosum* var. vittatum

백합과에 속하며, 원산지는 남아프리카 등이다. 클로로피텀(접란)은 영어 명칭에서 'airplane plant(비행기 식물)'로 불리기도 한다. 이 식물은 1984년 NASA의 첫 연구결과가 발표되었을 때 세계적인 주목을 받았다. 발표된 결과에 따르면, 이 식물은 실내공기에 함유된 오염물질을 제거하는 능력이 가장 높았다.

비타툼접란(하얀 줄무늬 잎이라는 뜻이 있음)은 가장 일반적인 접란이다. 이 식물은 중앙에 노란색이나 크림색 줄무늬를 가진 초록색 잎이 인상적이다. 잎의 길이는 대략 15~30 cm 정도이다. 아치를 그리는 가느다란 줄기들을 올리는데, 그 끝에서는 사실상 일 년 내내 작고 하얀 꽃이 피어있다. 꽃이 피고 나면 공중에 떠 있는 새끼 식물이 자라 나온다.

비타툼접란은 공기정화식물 중에서 걸이용 화분으로 가장 적합한 식물이다. 가정에서 화분을 배치하는 방법은 바닥에 놓는 것뿐만 아니라 벽에 부착하는 방법 또는 공중에 매다는 방법이 있다.

재배 및 유지관리

- **빛**: 반양지에서 반음지
- **온도**: 낮 18~24°C, 밤13~18°C
- **병해충**: 너무 건조하면 진딧물, 개각충, 깍지벌레가 생길 수 있다.
- **관리**: 흙은 항상 촉촉하게 관리한다. 흙 표면이 마르면 물을 준다. 비료는 봄과 여름에는 정기적으로 주고, 가을과 겨울에는 덜 준다.
- **용토**: 수경재배 용액에서나 다용도 배합토에서나 잘 자란다.

클로로피텀 화분에서 자란 새끼 식물은 분리해서 번식시켜도 되고, 그냥 모체에 붙여두어도 된다. 공중에 떠 있는 새끼 식물을 만드는 식물류는 걸이용 화분을 사용하면 모양이 매우 예쁘다. 공중걸이 화분의 위치는 생육기에 회전시켜 주어야 균일하게 자라게 된다.

접란은 공기정화 식물 중에서 걸이용 화분으로 가장 적합한 식물이다. 포름알데히드와 일산화탄소 제거 효과가 우수하므로 거실이나 주방이 좋다.

(7) 안수리움

- **영명**: Common anthurium
- **학명**: *Anthurium andraeanum*

천남성과에 속하며, 원산지는 콜롬비아 등이다. 안수리움속에는 대략 600여 종의 품종이 있지만 가정에서 키우기에 적당한 식물은 3가지 정도이다. 안수리움은 원산지가 열대지방이고 꽃이 피는 식물이므로 따뜻하고, 습하고, 햇빛이 많은 곳을 좋아한다. 하지만, 실내에서 이런 환경을 유지시켜 주는 게 그리 쉬운 일은 아니여서 기르기가 까다로운 식물이다.

안수리움은 천남성과에 속하는 스파티필룸처럼 꽃을 둘러싸고 있는 넓은 잎 모양의 불염포[1]가 있어서 짙은 녹색 잎과 대조를 이룬다. 그러나 흰색만 있는 스파티필룸과 달리 안수리움은 흰색, 분홍색, 빨간색, 산호색 등 다양한 색상의 불염포가 있다. 불염포는 여러 주 동안 지속되지만, 꽃은 꽃가루를 날리므로 잘라 버려야 한다.

꽃을 피워 꽃을 감상하는 **관화식물**은 잎을 관상하는 관엽식물에 비해 햇빛을 많이 요구하기 때

재배 및 유지관리

- **빛**: 반양지
- **온도**: 18~24℃
- **병해충**: 건조한 환경에서는 응애가 생길 수 있다. 너무 춥거나 습기가 많으면 곰팡이성 균이 침범할 수 있다.
- **관리**: 봄에서 가을까지는 흙을 촉촉하게 유지하고 겨울에는 물을 적게 준다. 잎에 갈색 얼룩을 생기게 하므로 분무는 하지 않는 게 좋으며, 젖은 천이나 스펀지로 잎을 닦아준다.
- **용토**: 일반 화분이나 지하관수 화분에 토탄(이탄), 물이끼, 부엽토를 같은 비율로 섞어 쓴다. 수경재배로도 잘 자란다.

[1] 육수꽃차례를 둘러싸는 포가 변형된 큰 꽃 턱잎. 우리가 흔히 꽃이라고 생각하는 것

문에 실내에서 기르는 것이 어렵다. 꽃을 감상하는 식물 중에서 실내에서 가장 많이 재배하는 식물이 안수리움과 스파티필룸이다. 안수리움은 기르기 쉬운 식물은 아니다. 왜냐하면 좋아하는 빛과 온도 조건이 까다로워 최적의 조건을 맞추기가 어렵기 때문이다. 또한 수분을 좋아해서, 대부분의 집과 사무실의 건조한 겨울 공기를 무척 힘들어 한다. 그런 이유에서인지 상업적인 장소에서 기르는 안수리움은 **불염포**가 시들기 시작하면 치우는 경우가 많다. 하지만 까다로운 요구 조건이 충족되면, 아름다운 잎과 화려한 색채의 불염포를 감상할 수 있다.

일산화탄소 제거능이 우수하고, 위 수치에는 표시되지 않았으나 암모니아 가스 제거 능력이 뛰어나므로 주방이나 화장실에 적합하다.

(8) 아이비(헤데라)

- **영명**: English ivy
- **학명**: *Hedera helix*

두릅나무과에 속하며, 원산지는 아시아, 유럽, 북아프리카 등이다. 영명은 아이비이고 학명은 헤데라(속명)여서 아이비 또는 헤데라로 불린다. 아이비는 덩굴성 식물로 매우 빨리 자라며, 뿌리가 공중으로 뻗어 나와서 벽 따위의 표면이나 철사 등을 잘 타고 오르는 특성이 있다.

아이비의 잎은 대부분 그 끝이 3~5개로 갈라져 있으며, 색깔은 각 품종에 따라 다양하다. 잎에 얼룩무늬가 있는 아이비의 경우에는 빛이 부족하면 색이 탈색될 수 있으므로 빛을 충분히 쬐도록 해주어야 한다. 잎의 모양과 무늬는 종류에 따라 다양하다.

공공건물의 아트리움이나 로비의 지표면을 덮는 **피복식물**로 많이 사용된다. 아이비는 걸이용 화분으로 기르기에도 적당한데, 잎과 가지를 자르고 다듬어서 여러 가지 독특한 형태의 장식용으

재배 및 유지관리

- ○ **빛**: 반양지에서 반음지
- ○ **온도**: 낮 16~21°C, 밤 10~16°C
- ○ **병해충**: 너무 덥고 건조하면 응애, 개각충이 생긴다.
- ○ **관리**: 봄과 여름에는 실내와 비슷한 온도로 물을 자주 주고, 가을과 겨울에는 표면의 흙이 약간 건조할 때 물을 준다. 건조한 겨울철에는 분무기로 물을 자주 분사해 주는 것이 좋다.
- ○ **용토**: 수경재배에서나 다용도 배합토에서 동일하게 잘 자란다.
- ○ **주의**: 잎이나 줄기 등에서 나오는 진액에 독성이 있으므로 주의한다.

로 이용되기도 한다. 아이비는 셀 수 없을 정도로 많은 품종이 개발되어 잎 모양과 색깔이 다양하고 기르기가 쉬우며, 실내의 다양한 환경에도 적응을 잘한다. 하지만, 대체로 높은 기온에는 약하다.

아이비는 음이온 발생량과 상대습도 증가량이 많은 식물이다. 공부방 책상 위에 소품으로 놓아두면 좋다.

(9) 스파티필룸

- 영명: Peace lily
- 학명: *Spathiphyllum* sp.

천남성과에 속하며, 원산지는 콜롬비아, 베네수엘라 등이다. 꽃가루가 날리는 것이 문제될 경우에는 꽃을 잘라버리면 된다. 꽃이 제거되더라도 불염포가 손상되지 않아 여러 주에 걸쳐 감상할 수 있다. 이 식물은 증산을 많이 하므로, 수경재배 화분에서 키우면 실내 습도를 높이는 데 매우 좋다.

가장 인기 있는 스파티필룸 개량종으로는 키가 60 cm 정도 자라는 클리블란디(Clevelandii)와 90 cm 정도 자라는 마우나 로아(Mauna Loa)가 있다. 위로 곧게 뻗은 줄기에서 순백색의 불염포가 자라나 펼쳐지면 그 안에 돌기처럼 생긴 진짜 꽃이 있다. 걸출하게 예쁜 잎과 그에 못지않게 아름다운 흰색의 불염포를 가진 스파티필룸은 다양한 실내식물들을 함께 키울 때 꼭 빠지지 않고 포함된다.

스파티필룸은 최고의 실내식물로 꼽을 만한 특성을 모두 지니고 있다. 열대지방의 분위기를 자

재배 및 유지관리

- **빛:** 반양지에서 반음지
- **온도:** 낮 16~24°C, 밤 13~20°C
- **병해충:** 공기가 너무 건조하면, 개각충, 응애, 깍지벌레, 흰파리가 발생하기 쉽다.
- **관리:** 봄에서 가을까지는 주기적으로 비료를 주고 겨울에는 비료 주는 횟수를 줄인다. 생육이 이루어지는 시기에는 토양이 촉촉하도록 물을 주고 겨울에는 물을 약간 적게 준다. 잎을 가끔 씻어주면 해충이 생기는 것을 예방할 수 있다.
- **용토:** 어떤 용토에서나 잘 자라지만 수경재배법이 가장 이상적이다.
- **주의:** 꽃가루가 떨어져서 지저분해지는 경우가 많다.

아내는 윤기 있고 싱싱한 녹색 잎이 아름다울 뿐만 아니라 실내에서 꽃을 피우는 몇 안 되는 관엽식물이기에 인기가 높다. 또한 알코올, 아세톤, 트리클로로에틸렌, 벤젠, 포름알데히드 등 다양한 공기 오염물질 제거 능력이 뛰어나다.

이처럼 스파티필룸은 관상 가치가 높고, 실내의 오염물질을 제거하는 능력이 탁월하며, 모든 평가 항목에서 높은 점수를 받아 우수한 실내식물로 인정받고 있다.

꽃이 있는 식물은 실내에서 기르기가 어렵지만, 스파티필룸 잎이 넓고 음이온 발생량이 많아 **공기정화 식물** 중 꽃을 피우는 가장 대표적인 실내식물이다.

(10) 페페로미아

- 영명: Peperomia
- 학명: *Peperomia* spp.

후추과에 속하며, 원산지는 열대 아메리카, 남부 플로리다 등이다. 페페로미아는 약 500종이 넘는 종류가 있으며, 그 크기와 모양이 다양해서 실내 관엽식물로 인기가 많다.

일년초 또는 다년초로 추위에 좀 약한 편이나, 다양하고 연중 출하할 수 있다는 특색이 있으며 번식도 잘된다. 잎은 다육질로 무늬나 반점이 있다. 줄기는 없거나 매우 짧다. 잎은 짙은 녹색의 둥근형으로 수박페페로미아(*P. argyreia*)보다 크고, 잎 가장자리가 안쪽으로 다소 말려 들어가서 주

재배 및 유지관리

- **빛:** 반음지(광이 너무 부족하면 웃자라서 모양이 엉성해진다)
- **온도:** 생육적온 20~25°C, 겨울에는 10°C 이상 유지
- **관수:** 배수가 잘되는 토양에 심어야 한다. 잎은 다육질이므로 과습에 약해서 특히 물주기에 주의한다. 겨울에는 내한성을 높이기 위해 평소보다 약간 건조하게 유지한다.
- **관리:** 2~3일에 한 번씩 잎에 분무하여 먼지를 털어낸다.

격 모양처럼 생겼다. 생장이 빠르고 튼튼하며, 어두운 곳에서도 잘 자란다.

페페로미아는 종류가 다양하고, 식물의 크기가 작아 테라리움, 접시정원에 많이 이용된다. 잎의 무늬가 독특하고 잎자루가 자주색인 '수박페페로미아'는 모아심기를 할 때 포인트 역할을 할 수 있다.

번식은 여러 개의 포기를 나누어 심는 분주를 하거나, 삽목을 한다. 삽목의 경우, 잎을 잎자루가 붙은 상태로 잘라 모래에 꽂으면 절단면에서 뿌리와 새잎이 형성된다.

페페로미아는 **자일렌** 제거량이 '중' 등급이고, 포름알데히드 제거량은 '중상' 등급으로 우수한 공기정화 식물이다. 새집증후군의 원인 물질인 자일렌과 포름알데히드의 제거 효과가 우수하지만, 빛을 너무 적게 받으면 웃자라기 때문에 거실 창가에 놓는 것이 좋다.

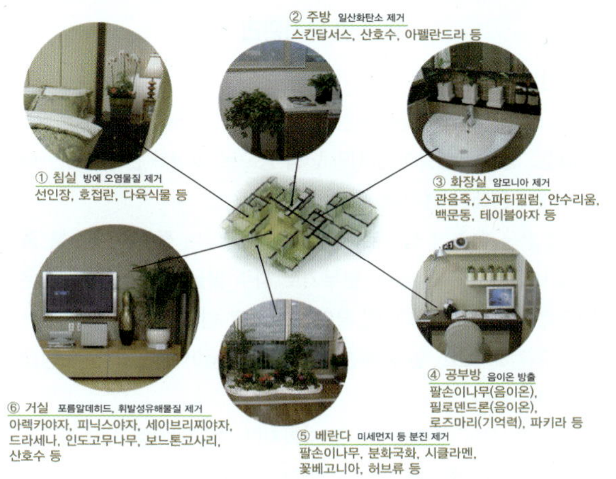

기능성에 따른 생활공간별 식물배치

거실, 주방, 침실 등의 생활공간은 각각 사용목적이 다르고, 또한 식물을 기르기 위한 광 등의 환경조건도 차이가 있다. 이러한 공간별 특성을 고려하여 공기정화 효과가 우수한 기능성 실내식물을 배치하는 것이 좋다.

2) 목본성 관엽식물

(1) 드라세나 맛상게아나

- 영명: Corn plant
- 학명: *Dracaena fragrans* var. *massangeana*

용설란과에 속하며, 원산지는 에티오피아, 기니, 나이지리아 등이다. 드라세나 프라그란스 종류에는 행운목(드라세나 프라그란스), 드라세나 맛상게아나(*Dracaena fragrans* var. *massangeana*)가 대표적이다. 실내에서는 3 m까지 자랄 수 있는데, 줄기 윗부분을 20 cm 정도 잘라주면 새로운 싹이 나와 자라게 된다. 이는 노화된 나무의 경우에서 원기 회복에 도움이 된다.

이 식물은 '콘 플렌트(Corn plant)'라는 영어 이름처럼, 잎의 모양이 옥수수 잎과 닮았다. 성장함에 따라서, 줄기는 목질화되어 나무처럼 딱딱해지고, 잎은 줄기의 끝부분에서 집중적으로 자란다. 때때로 가느다란 가지에 향기로운 백색 꽃들이 피기도 한다. 알록달록한 무늬가 있는 품종으로 드라세나 중에서 가장 많이 재배된다. 우리가 꽃가게에서 보게 되는 드라세나는 대체로 이 품종인데, 잎 중앙에 넓고 노란 세로 줄무늬가 있어 다른 품종과 쉽게 구분된다.

햇빛을 좋아하기는 하지만, 실내의 어두운 빛에서도 잘 자라므로 현대적인 인테리어와 아주 잘 어울린다. 그래서인지 가장 인기 있는 실내식물에 속한다.

뿌리가 많이 발달하지 않으므로 포름알데히드나 휘발성유기화합물 제거 능력이 좀 낮다. 그러나 상대습도 증가나 음이온 발생량이 많은 큰 식물이므로 거실에 두는 것이 좋다. 특히 봄, 가을, 겨울시기에, 집안이 건조할 때 실내 습도를 높이는 천연 가습기로 좋다.

재배 및 유지관리

○ **빛:** 반음지

○ **온도:** 16~24°C(단기간 동안은 5°C까지도 견딜 수 있다)

○ **병해충:** 대체로 해충이 없지만 난방 등으로 실내가 건조해지면 깍지벌레나 응애가 생길 수 있다.

○ **관리:** 흙은 촉촉한 상태로 유지한다. 겨울에는 물주는 횟수를 줄이고 비료는 주지 않는다. 분무기로 자주 물을 분사해 주고, 젖은 천으로 잎을 닦아 준다. 잎 끝이 갈색으로 변하면 관리 상태와 환경을 점검해 보고, 잎 끝부분을 가위로 다듬어 원래의 잎 모양을 유지시켜 준다.

○ **용토:** 일반적인 배합토에서 잘 자라지만, 수경재배를 하면 물주는 횟수와 분갈이 횟수를 줄일 수 있다.

(2) 관음죽

- 영명: Lady palm
- 학명: *Rhapis excelsa*

야자과에 속하며, 원산지는 중국 남부 등이다. 미국에서는 관음죽의 인기가 매우 높아서 전문적으로 관음죽만 재배하는 원예업자들도 있다. 관음죽은 자라는 속도가 느려서 관리가 편하다. 또한 해충이나 병에 거의 걸리지 않고, 잘 자라기 때문에 가정에서 기르기가 가장 쉬운 식물 중의 하나이다.

4~10개 정도의 두껍고 윤기 나는 잎들이 15~30 cm되는 부채꼴 모양을 형성하며 모여 있다.

이 잎들은 아치처럼 휘어지는 가느다란 가지 끝에 매달려서 갈색의 털투성이 중심 줄기로 연결된다.

특히, 실내 공기 중의 암모니아 냄새를 잎의 기공을 통해 흡수한 후 질소질 비료로 활용하는 능력이 특히 뛰어나므로, 화장실 등에 놓아 둬서 냄새를 제거하는 데 활용할 수 있는 식물이다. 포름알데히드 제거 능력이 크지 않지만, 공기 중의 암모니아 가스를 암모니아태 질소질 비료로 이용하는 능력이 탁월할 뿐만 아니라, 어두운 곳에서도 잘 견디기 때문에 화장실에 가장 적합한 실내식물이다. 그러나 가정에서 화장실은 너무 어두워 식물이 자라기에 좋지 않다. 따라서 창가에 놓아둔 화분과 2주 간격으로 교체해 주는 것이 좋다.

재배 및 유지관리

- ○ **빛:** 반양지
- ○ **온도:** 16~21°C(겨울철에도 10°C 이하로 내려가지 않게 관리)
- ○ **병해충:** 일반적으로 병이나 해충이 없지만, 매우 드물게 응애가 생기기도 한다. 너무 건조하게 관리하면 잎이 마르거나 갈변한다.
- ○ **관리:** 봄과 여름에는 물을 넉넉하게 주며, 겨울철 따뜻하고 건조한 실내환경에서는 더 자주 물을 주어야 한다.
- ○ **용토:** 토양재배, 수경재배, 지하관수 모두 가능.
- ○ **주의:** 수액이 인체의 피부나 점막을 자극할 수 있다.
관음죽을 지하관수나 수경재배로 기르는 경우에는 수돗물 속의 염분이나 미네랄이 잎 끝에 축적되어 갈색으로 변할 수도 있다. 이런 현상이 나타날 때에는 갈색으로 변한 부분만 가위로 잘라내면 된다. 그러면 염분도 제거할 수 있고 특유의 톱니 모양의 녹색 잎을 유지시킬 수 있다.

(3) 인도고무나무

- 영명: Rubber plant
- 학명: *Ficus elastica*

뽕나무과에 속하며, 원산지는 인도, 말레이시아 등이다. 원산지가 인도인 '인도고무나무'는 빅토리아 시대부터 오늘날에 이르기까지 영국에서 가장 인기 있는 실내식물이다. '고무나무'라는 이름은 잎이나 줄기를 자르면 고무 성분인 라텍스라는 하얀 수액이 나오기 때문이다.

잎은 두껍고, 광택이 나는 짙은 녹색이다. 적정한 조건의 환경에서는 키가 2.5 m까지 자란다.

<table>
<tr>
<td></td>
<td>

재배 및 유지관리

○ **빛:** 반양지에서 반음지
○ **온도:** 16~27°C(단기간 동안은 5°C까지도 견딜 수 있다)
○ **병해충:** 건조하거나 중앙난방이 되는 곳에서는 개각충, 응애, 총채벌레 등이 생길 수 있다.
○ **관리:** 물은 여름 중순부터 가을까지 주되, 토양이 약간 마르도록 적게 주고 잎에 물이 닿지 않도록 한다. 물을 너무 많이 주면 약해질 우려가 있으므로 부족한 듯 주는 것이 좋다. 빛이 부족하거나 온도가 낮은 실내환경에서도 다른 식물들보다 훨씬 잘 견디므로 해서 관리하기도 쉽다는 장점을 가지고 있다.
○ **용토:** 토양재배나 수경재배 모두 잘 자란다.
○ **주의:** 수액이 인체의 피부나 점막을 자극할 수 있다.

</td>
</tr>
</table>

인도고무나무는 지금까지 실험한 많은 고무나무(Ficus속) 식물들 가운데 실내의 화학적 독소를 제거하는 능력이 가장 뛰어났다. 또한 키우기가 쉽고 식물 외관의 관상 가치가 높아서 특히 건축가들과 실내 조경 디자이너들이 선호하고 있다. 더욱이 공기정화 능력까지 높아서 앞으로도 계속 인기가 보장되는 실내식물이다.

공기정화 효과가 많이 밝혀지지 않았지만, 포름알데히드 제거 능력이 상당하고, 키가 커서 실내의 넓은 공간에 잘 어울리므로 거실에 두면 좋다.

(4) 벤자민고무나무

- 영명: Weeping fig
- 학명: *Ficus benjamina*

뽕나무과에 속하며, 원산지는 열대지역, 아열대지역 등이다. 환경 변화에 민감하여 이동하는 것을 싫어하지만, 생육조건을 충족시켜 주면 잘 자란다. 벤자민고무나무를 구입하여 실내에 들여오면 새로운 환경에 적응하는 동안 잎이 떨어지는 경우도 있다. 또 오래된 잎은 겨울이 되면 자연적으로 누렇게 변하여 떨어진다. 그러나 일단 새로운 환경에 적응하면 무성하게 잘 자란다.

잎은 밝은 녹색에서부터 짙은 녹색에 이르기까지 단색인 경우도 있고, 얼룩무늬가 있는 경우도 있다. 영어 이름인 'weeping fig(가지를 드리우는 뽕나무)'는 가지를 부드럽게 늘어뜨리고 있는 이 나무의 모습에서 유래하였다. 벤자민고무나무는 줄기의 형태에 따라 일반나무 형태, 관목 형태(한 화분에서 여러 줄기가 뻗어 나오는 것), 노끈 형태(2~3개의 줄기가 꼬여서 자라는 것)의 3종류가 있다.

벤자민고무나무는 가정, 쇼핑몰, 공공건물의 로비나 아트리움 등 다양한 곳에서 자주 볼 수 있

재배 및 유지관리

- **빛:** 반음지에서 반양지
- **온도:** 낮 16~24°C, 밤 13~20°C
- **병해충:** 개각충, 깍지벌레가 생길 수 있다. 물을 지나치게 많이 주면 뿌리썩음병이 발생할 우려가 있다.
- **관리:** 물은 토양이 촉촉한 상태를 유지할 정도로 준다. 여름에는 2주 간격으로 액체 비료를 준다. 뿌리가 화분에 꽉 차는 상태를 좋아하므로 매년 분갈이할 필요는 없다.
- **용토:** 수경재배나 지하관수법으로 기르면 이상적이다. 일반 화분에서 화분용 배합토로 기를 때는 세심한 배려가 필요하다.

는 아주 인기 좋은 식물이다. 화분 지면에 에피프레넘이나 아이비류를 심어주면 훨씬 더 보기에도 좋고 공기정화 효과도 커진다.

벤자민고무나무는 아황산가스나 자동차에서 나오는 배기 가스를 특히 많이 제거한다. 실외에서 들어오는 공기를 바로 제거해 줄 수 있게끔 현관에 놓아 두는 것이 좋다.

(5) 쉐플레라 '홍콩'

- 영명: Schefflera
- 학명: *Schefflera arboricola* 'Hongkong'

두릅나무과에 속하며, 원산지는 호주 북동부, 뉴질랜드, 뉴기니, 인도네시아 자바섬, 대만 등이다. 우리가 시중에서 쉽게 볼 수 있는 쉐플레라에는 크게 2종류가 있다. 홍콩야자로 불리는 쉐플레라 아르보리콜라(*Schefflera arboricola* 'Hongkong')와 대엽홍콩야자로 불리는 쉐플레라 악티노필라(*Schefflera actinophylla*)이다. 대엽홍콩야자는 2.5~3.1 m까지 자라고, 쉐플레라 '홍콩'은 1.2 m정도까지 자란다. 실제 시장에서는 쉐플레라 '홍콩'이 더 많이 거래되고 있다. 쉐플레라 악티노필라를 크게 키우기 위해서, 줄기를 잘라 잎을 키워 보급하기도 한다. 최근 들어 대엽홍콩야자가 잎이 크고 시원스러워 인기가 상승함에 따라 가정이나 사무실에서 자주 볼 수 있다.

공기정화 효과가 크고, 기르기 쉬우며, 관리하기가 수월하여 실내식물로서 인기가 있다. 다소 키가 크기 때문에 구입하기 전에 어디에 놓을지를 먼저 고려하여야 한다.

쉐플레라 종류에서는 메인 줄기에 약 30 cm 길이의 광택 있는 잎들이 7~16개 정도 달린다. 이렇게 줄기에 방사상 모양으로 달린 잎들이 마치 우산의 골격처럼 보여서 'umbrella tree(우산나무)'라는 별명을 얻게 되었다. 너무 크게 자라지 않도록 생장을 억제하고 싶으면, 중심 줄기의 마디

부분(가지와 잎이 나오는 부위)에서 잘라준다.

실내원예를 처음 시작하는 사람이 기르기에 적합하나, 관리를 소홀히 하면 해충이 잘 생긴다는 단점이 있다. 그러므로 구매할 때 해충이 있는지 없는지 꼼꼼하게 살펴보아야 한다. 자주 분무해 주면 해충이 생기는 것을 예방할 수 있다.

음이온이 많이 나오고 증산을 통해 실내 습도를 높이는 효과가 탁월하다. 또한 톨루엔 제거 효과가 좋아 새집증후군 완화 효과도 좋다. 따라서 가정에서는 겨울철과 같은 건조한 계절에 침실이나 거실에 놓아두면 상대습도 증가와 **새집증후군** 완화에 효과적인 식물이다.

재배 및 유지관리

- **빛:** 반음지에서 음지
- **온도:** 16~21°C(추위에 약하므로 온도에 신경 써야 한다.)
- **병해충:** 공기가 건조하면 응애, 진딧물, 개각충, 깍지벌레 등이 생길 수 있다.
- **관리:** 활발한 생육기에는 토양을 항상 촉촉하게 유지한다. 휴식기인 겨울철에는 물을 덜 준다. 비료는 2주 간격으로 희석 시킨 묽은 액체비료를 준다. 잎 반점병이 생길 수 있으므로 분무는 피한다.
- **용토:** 일반 화분용 배합토를 사용하며, 흙이 들어있지 않은 용토에서도 잘 자란다.
- **주의:** 피부와 점막을 자극하는 물질이 함유되어 있다. 열매는 독성이 있으므로 잘라낸다.

3) 자생식물

(1) 팔손이나무

- 영명: Japanese aralia
- 학명: *Fatsia japonica*

두릅나무과에 속하며, 원산지는 한국, 일본 등이다. 우리나라의 남해안 지방에서는 노지에서 월동한다. 11월경에 흰 꽃을 핀 후 열매를 맺는다. 광택이 있는 상록성 식물이며, 줄기는 짧고 간혹 분지하기도 한다. 우리나라 자생식물 중에서 실내에서 재배가 가능한 가장 대표적인 식물이다.

다 자란 잎은 보통 7갈래 또는 9갈래로 갈라지지만, 평균적으로 8갈래라고 해서 팔손이나무라고 한다. 키는 2 m 정도 자란다. 잎이 크고 수평으로 전개되기 때문에 거친 잎을 가지고 있어도 전체적으로 조화를 이룬다. 또한 특이한 모양과 녹색 잎에 의해 다른 색과 잘 어울린다.

겨울 동안에도 생장을 계속하여 **정원수**로 많이 이용되지만, 중부지방에서는 실내식물로 많이 이용된다. 연령이 오래된 나무는 고풍스런 분위기를 자아내며 넓은 공간에 잘 어울린다. 또한 어린 식물은 소품으로 사용해도 매우 좋다. 서양에서는 조경에서 동양적인 느낌을 주기 위한 식물로 사용되기도 한다.

팔손이나무는 **자생식물** 중에서 가장 대표적인 공기정화 식물이다. 톨루엔과 포름알데히드 제거 능력이 우수하고 음이온과 습도 발생량이 많다. 큰 식물은 햇빛이 잘 드는 베란다가 좋다. 하지만 광(光)에 대한 순화가 잘 되었을 때 거실 창가에 배치하면 새집증후군 완화에 효과적이다. 또한 음이온이 많이 발생하므로 조그만 화분에 심어 공부방에 놓아 두면 좋다.

재배 및 유지관리

- **빛:** 반양지에서 양지
- **온도:** 시원한 온도에서 잘 자란다. 낮 온도는 17~21°C가 적당하며 10°C로 내려가도 괜찮다. 밤 온도는 7~10°C를 유지하도록 한다.
- **병해충:** 과습한 조건에서 뿌리썩음병이 발생할 수 있다. 진딧물, 점박이응애, 가루깍지벌레, 깍지벌레, 총채벌레 등이 가해 해충으로 알려져 있다.
- **관리:** 약간 건조한 듯이 관리하면서 길러야 한다. 관수 사이에는 흙을 약간 말리는 것이 좋다.
- **용토:** 용토는 별로 가리지 않지만, 배수가 잘되는 토양이 좋다.
- **주의:** 온도가 낮거나 물주는 시기가 너무 늦으면 잎이 아래로 처지는 경향이 있다.

(2) 백량금

- **영명:** Coral berry
- **학명:** *Ardisia crenata*

자금우과에 속하며, 원산지는 한국, 일본, 중국 등이다. 백량금은 같은 아르디시아 속(*Ardisia*)의 자금우, 산호수와 함께 붉은 열매가 아름다운 대표적인 자생식물이다. 자금우나 산호수와는 다르게 뿌리에서 줄기가 올라오지 않으며, 가지가 잘 생기지 않는다.

자생지의 섬 골짜기나 숲의 그늘에서 자란다. 실내에서는 빛이 부족한 곳에서도 적응하지만, 꽃이 피고 열매를 맺기 위해서는 밝은 빛이 필요하다. 자생지에서는 높이 약 1.5 m까지도 자라지만, 실내에서는 50 cm 정도로 느리게 자라므로 백량금의 크기에 맞는 적당한 화분에 심어 기른다.

백량금은 줄기 윗부분에서 가지가 갈라진다. 잎은 어긋나고 긴 타원형이며, 길이 7~12 cm, 너비 2~4 cm이다. 짙은 초록빛으로서 윤이 나고 가장자리에는 둥근 거치가 있다. 잎자루의 길이는 5~10 mm이다.

꽃은 양성화로서 6~8월에 피는데, 흰 바탕에 검은 점이 있으며 가지와 줄기 끝에 산형꽃차례로 달린다. 꽃받침은 5갈래로 갈라지며 그 조각은 달걀 모양이다. 화관도 5갈래로 갈라지는데 지름 약 8 mm이고 검은 점이 있다. 열매는 핵과로서 둥글고, 9월에 붉게 익으며 다음 해에 새 꽃이 필 때까지 달려 있다. 습기가 충분할 때는 제자리에서 싹이 트기도 한다.

붉은 열매와 광택 있는 상록성 잎이 오랜 기간 달려 있어 관상용으로 이용된다. 종자나 꺾꽂이로 번식한다.

백량금은 포름알데히드 제거 능력이 매우 우수한 목본성 실내식물로 가정에서는 거실에 배치하면 좋다. 또한 우리나라 남부지방에서 자라는 자생식물이며, 창가나 밝은 곳에 두면 더욱 많은 열매를 감상할 수 있다.

재배 및 유지관리

- **빛:** 반양지에서 양지
- **온도:** 생육적온은 7~15℃
- **용토:** 겉흙이 마르면 물을 흠뻑 준다.
- **관리:** 건조할 때는 깍지벌레나 진딧물이 줄기나 잎의 뒷면에 생기므로 자주 분무를 해주어 건조하지 않게 관리한다.

(3) 돈나무

- 영명: Japanese Pittosporum
- 학명: *Pittosporum tobira*

돈나무과에 속하며, 원산지는 한국, 일본, 타이완, 중국 등이다. 돈나무는 우리나라 남부 바닷가의 산기슭에서 자라는 **상록 관목**이다. 생육환경은 물 빠짐이 좋은 양지에서 잘 자란다. 이름은 만리향, 섬음나무, 갯똥나무, 해동 등 지역에 따라서 여러 가지로 불린다. 흔히 '돈나무'라고 하면 금전수로 잘 못 불리기도 하는데, 금전수는 다육식물로 돈나무와는 전혀 다른 식물이다. 금전수의 '금전'을 돈으로 잘 못 해석한 것이다.

돈나무의 어원은 제주도의 '똥낭나무'에서 왔다. 돈나무의 열매에서는 붉은 점액이 배어 나오는데, 이 점액이 파리를 꼬이게 만들어 '똥나무'라 불리게 되었다. 이것이 일본으로 전해 내려와 표기되면서 '돈나무'로 바뀌었다.

높이는 2~3 m이고, 잎은 길이 4~10 cm, 폭 2~4 cm로 짙은 녹색이며 광택이 있다. 잎은 가지 끝에 모여 달리고 두꺼우며 어긋난다. 또한, 잎의 가장자리는 밋밋하고 뒤로 말리는 것이 특징이다.

5~6월에는 꽃이 가지 끝에서 피는데, 향이 좋고 멀리까지 난다고 해서 '만리향'이라고 부르기도 한다. 꽃은 시간이 지남에 따라 흰색에서 황색으로 변한다. 열매는 10~12월에 길이가 약 1.2 cm인 둥글거나 넓은 타원형으로 3개로 갈라져서 달린다. 가지는 털이 없으며 껍질은 검은 갈색이다.

주로 정원수로 많이 이용되며, 실내에서는 관상용으로 이용한다. 큰 화분에 심어 베란다나 거실의 창가에 놓거나, 작은 화분에 심어서 햇빛이 잘 드는 창가에 놓고 기른다. 잎은 약용이나 사료용으로도 쓰인다. 자생식물 중에서 톨루엔이나 포름알데히드 등 공기정화 능력은 낮은 편이나, 습도 발생량은 가장 우수하여 건조한 실내습도의 개선효과가 있다. 반양지에서도 잘 자라지만, 실내에서 기를 때에는 햇빛이 많이 드는 곳에 두는 것이 좋다. 따라서 베란다나 거실의 햇빛이 많이 드는 창가에 두는 것이 좋다.

재배 및 유지관리

- **빛:** 양지
- **온도:** 15~25°C, 월동온도 5~10°C
- **용토:** 배수가 잘되는 비옥한 사양토에서 기른다.
- **관리:** 햇빛을 많이 받게 하며, 빛이 부족한 실내에서 기를 경우 아래 잎이 떨어진다. 물은 겉흙이 마르면 흠뻑 주고, 공중습도가 낮거나 흙이 건조하면 잎 가장자리가 뒤로 더 말린다.

(4) 부처손

- 영명: Selaginella
- 학명: *Selaginella involvens*

부처손과에 속하며, 원산지는 제주도, 일본, 중국, 대만, 열대 아시아 등이다. 부처손은 우리 산야에서 흔히 볼 수 있는 바위에 붙어 사는 자생 양치식물이다. 부처손은 바위손(*Selaginella tamariscina*)이라고도 불린다. 부처손과 바위손은 모두 부처손속(*Selaginella*)에 해당되며, 땅 위, 바위 또는 나무에 착생하는 상록 다년생 양치식물이다. 전 세계적으로 420여 분류군이 분포하며, 우리나라에는 9종이 기록되어 있다. 현재 시장에서 유통되는 바위손은 대부분 '왓소니아(*Selaginella martensii* 'Watsoniana')라는 품종이다.

일반적으로 부처손과 바위손은 생김새가 비슷해서 구분이 쉽지 않다. 공통점은 영양엽이 2가지 형태로 같은 형태가 2개씩 배열하는 것이다. 하지만 줄기의 형태로 두 식물을 구분할 수 있다. 바위손의 경우 줄기가 한 묶음의 수염뿌리에서 나오며 방사상으로 생긴다. 부처손의 줄기는 땅 위를 기는 지하경에서 줄기가 1개씩 나오며, 총생하지 않는다. 또한 잎의 기부에는 털 같은 돌기가 거의 없다.

상록성 양치식물이며, 크기는 15~40 cm이다. 산지 그늘진 바위나 나무에 착생하여 자란다. 부처손의 줄기는 지하경에서 한 개씩 나오며, 총생하지 않는다. 줄기에 잎이 성글게 붙고 가늘다.

영양엽은 2형으로 같은 형태가 2개씩 돌려난다. 복엽은 난형이며, 위쪽으로 가장자리에 잔톱니가 있다. 배엽은 난형으로 끝이 뾰족하다. 또한 포자엽은 길이 1 mm 내외로 끝이 바늘처럼 뾰족하다. 포자낭수는 지름 1 mm 내외, 길이 0.5~2.5 cm 사각 기둥 모양으로 가지 끝에 1개씩 생

재배 및 유지관리

- **빛:** 반음지
- **온도:** 생육적온은 16~25°C
- **용토:** 겉흙이 마르면 물을 흠뻑 준다.
- **관리:** 공기 중의 습기가 없어 건조할 때는 몸에서 수분이 빠져나가는 것을 막기 위해 스스로 잎을 안쪽으로 말아 체면적을 줄인다. 따라서 건조한 겨울에는 자주 분무를 해주며, 공중습도가 건조하지 않게 관리한다.

긴다. 겨울에는 붉게 단풍이 든다.

부처손 또는 바위손을 토양 표면을 덮는 **지피식물**로 사용하면, 공기정화 효과를 훨씬 높일 수 있다. 따라서 거실의 큰 식물 화분 아래에 부처손을 심으면 보기에도 좋을 뿐만 아니라 공기정화, 습도 조절에도 효과가 좋다. 또한 약초로도 널리 알려져 있는데, 잎, 줄기, 뿌리 등 식물체 전체가 약재로 쓰인다. 부처손은 포름알데히드 제거 능력이 매우 우수한 상록성 양치식물로 가정에서는 거실에 놓인 큰 화분의 지피식물로 활용하면 좋다. 또한 최근에는 항암효과의 효능도 알려지면서 관상용뿐만 아니라 약용으로도 쓰이고 있다.

(5) 남천

- 영명: Nandina
- 학명: *Nandina domestica*

매자나무과에 속하며, 원산지는 한국, 일본, 중국, 인도 등이다. 우리나라 자생식물이며, 상록성으로 추운 겨울철에도 잎이 지지 않고 잘 자란다. 가을부터 겨울까지 빨갛게 물드는 열매와 잎을 감상할 수 있다. 남천의 번식방법은 종자로 번식하는 유성번식과 삽목, 접목, 분주 등의 무성번식 방법이 있다. 종자는 10월에 맺히는 열매를 따서 과육을 제거하고 수분이 있는 모래, 흙이나 펄라이트에 저장해 놨다가 파종한다. 배의 미성숙에 의해서 휴면이 유도되기 때문에 배가 성숙하는 동안 6개월 이상의 장기간 저장이 요구된다. 저장하는 동안 저온에 의해 휴면타파가 촉진되지만, 토양수분만 있는 조건 하에서도 배가 성숙되어 휴면이 타파된다. 삽목은 초봄에는 눈이 트기 시작할 때 전년지, 7~8월에는 반숙지, 11~12월에는 당년지를 10~15 cm로 잘라 사용한다. 삽목 후에는 반 정도 해가림이 필요하다.

늘푸른떨기나무(상록성 활엽관목)로 키는 1~3 m 정도 자란다. 잎 모양은 끝이 뾰족한 바소꼴이고, 3잎이 어긋나서 달리며, 잎자루는 없다. 6~7월에 흰 꽃이 피는데, 한 꽃 안에 수술과 암술이 함께 있다(양성화). 10월에는 구형의 열매가 빨갛게 열리며, 잎도 가을부터 겨울까지 빨갛게 물든다.

줄기와 열매는 약용으로도 쓰이며, 울타리용으로 심으면 좋다. 빛이 적은 곳에서도 잘 자라기 때문에 실내식물로 활용이 가능하다. 잎 면적당 포름알데히드 제거 능력은 3.16 $mg \cdot m^{-3} \cdot h^{-1} \cdot m^{-2}$ leaf area로 자생식물 중에서 1위를 차지하는 식물이다. 또한, 톨루엔 제거도 상당히 우수하기 때문에 자생식물 중에서 공기정화 식물로서 개발 가치가 가장 높은 식물이다. 햇빛이 많이 드는 실외뿐만 아니라 실내에서도 잘 자라는 광 적응성이 높은 식물이다. 가정에서 기를 때에는 거실이나 베란다에 놓아 둘 경우 실질적인 새집증후군 완화 효과를 기대할 수 있는 우수한 공기정화 식물이다.

재배 및 유지관리

- **빛**: 반양지에서 양지
- **온도**: 15~25°C, 월동온도 5°C 이상
- **병해충**: 모자이크, 황반병, 이세리아깍지벌레
- **관리**: 직사광선을 피해 햇볕이 잘 드는 곳에서 관리하고 겉흙이 마르면 물을 준다.
- **용토**: 배수가 잘되고 비옥한 사질양토를 사용한다.

4) 허브식물

(1) 로즈마리

- 영명: Rosemary
- 학명: *Rosmarinus officinalis*

꿀풀과에 속하며, 원산지는 지중해 연안이다. 로즈마리는 라틴어로 '바다의 이슬'이라는 뜻을 가지는데, 자생지 해변가에서 강한 햇빛을 받아 자라면서 독특한 향기를 발한다는 의미에서 연유된 것이다. 4~5월에 엷은 자줏빛 꽃이 피며 향기가 좋다.

다년생식물로서 자생지에서는 식물의 크기가 2 m까지 자라는 관목성이지만, 일반적인 크기는 50~150 cm이다. 줄기는 잔가지를 많이 형성하며, 잎은 길이 1.5~3.5 cm, 폭 1.5~3.5 mm로 가늘고 길다. 잎은 윗면은 번들거리는 암녹색이고 뒷면에는 회색의 솜털이 많다.

로즈마리 줄기의 끝 또는 잎을 이용할 수 있다. 잎은 말리거나 생으로 요리 재료로 활용이 가능하다. 특히 이탈리아 요리에서 많이 활용한다. 기름은 화장품 방향제로 이용되고, 잎과 꽃은 향주머니, 향단지 등에 이용된다. 가정에서는 잎을 차로 이용하기도 한다. 로즈마리의 성분인 카르노신산은 기억력을 증강시키는 작용이 있다는 연구 결과도 있다.

톨루엔, 포름알데히드 등 **휘발성 유기화합물** 제거 능력이 매우 탁월하고 음이온 및 습도 발생량이 최상으로 가장 높은 식물이다. 모든 부분에서 공기정화 식물로 가장 탁월한 식물 중에 하나이다. 또한 향 성분 중에 카르노신산이 기억력을 증강시키기 때문에 공부방에 두면 좋다. 그러나 햇빛이 부족한 실내에서는 잘 자라지 않기 때문에 새로운 화분으로 자주 갈아주는 것이 좋다.

<table>
<tr><td></td><td>

재배 및 유지관리

○ **빛:** 양지(햇빛을 매우 좋아해 실내에서는 웃자란다.)
○ **온도:** 최저온도는 15°C 이하가 되지 않게 관리하는 것이 중요하다.
○ **병해충:** 응애 등이 발생한다.
○ **관리:** 보통 8월 이후는 다소 건조하게 관리하는 것이 향이 많다.
○ **주의:** 매우 자극적이므로 고혈압이나 간질 증상이 있는 사람에게는 좋지 않다. 생리를 촉진하는 작용이 있으므로 임신 중에는 사용을 삼간다.

</td></tr>
</table>

(2) 장미허브

- **영명:** Vicks plant
- **학명:** *Plectranthus tomentosa*

꿀풀과에 속하며, 원산지는 지중해 연안이다. 쌍떡잎식물이고 여러해살이풀이다. 장미허브란 이름처럼 잎은 장미 꽃 모양이며, 사과 향과 레몬 향이 섞여서 나는 허브류이다. 그러나 다육식물처럼 잎과 줄기가 두꺼워 많은 물의 양을 필요로 하지 않는다. 따라서 일반 허브식물보다 약간 건조하게 기르는 것이 좋다.

잎 모양은 장미처럼 서로 포개어지는 듯 자라고, 잎 표면은 솜털이 촘촘하게 나며, 3~4 mm정도로 두껍다. 줄기의 길이는 30~70 cm 정도로 자라고, 줄기부분은 자랄수록 갈색으로 목질화된다. 햇빛이 적으면 줄기만 웃자라서 잎이 드문드문 달리고, 햇빛을 충분히 쬐어주면 촘촘히 달린다.

<table>
<tr><td></td><td>

재배 및 유지관리

○ **빛:** 양지
○ **온도:** 15~25°C, 월동온도 10°C 이상
○ **용토:** 배수가 잘되는 사질토양을 사용한다.
○ **관리:** 습하면 잎이 황변하므로 주의한다.

</td></tr>
</table>

꺾꽂이나 포기 나누기를 하여 번식할 수 있으며, 물꽂이로도 잘 자란다. 물꽂이를 할 경우에는 잎이 달린 줄기의 2~3마디를 잘라 물에 꽂으면 뿌리가 빨리 생겨나므로 번식이 쉽다. 또한 다른 허브류와 마찬가지로 향이 좋기 때문에 잎을 말려 방향제, 입욕제 등 각종 미용용품으로 사용하며, 잎을 따서 차로 이용하기도 한다. 허브류 중에서 음이온과 습도 발생량이 가장 우수한 식물이다. 음이온 발생량은 mL당 580개로 제라늄, 민트 등의 허브식물 중에서 가장 높으며, 습도 발생량은 39.1%로 관엽식물보다도 많은 양이다. 실내에서 기를 때에는 직사광선은 피하되, 햇빛이 잘 드는 창가에 두는 것이 좋다. 음이온 발생량이 매우 우수하여서 공부방에 놓아두면 집중력을 도와준다.

(3) 애플민트

- 영명: Apple mint
- 학명: *Mentha suaveolens*

꿀풀과에 속하며, 원산지는 유럽 등이다. 여러해살이풀로 허브의 한 종류이다. 사과와 박하를 섞어 놓은 듯한 향기가 나고, 손으로 만져서 향기를 맡으면 더욱 진하게 난다. 꺾꽂이나 포기나누기를 이용하여 쉽게 번식시킬 수 있다. 내한성을 가지고 있어 노지 혹은 화분에서 월동이 가능하지만, 잎과 가는 줄기를 다 떨어뜨리고 봄에 새순이 돋아난다.

재배 및 유지관리

- **빛:** 양지
- **온도:** 15~20℃
- **용토:** 보수력과 물빠짐이 좋은 용토를 사용한다.
- **관리:** 고온건조를 피하고 겉흙이 마르면 물을 준다.
- **유지관리:** 대부분의 허브들과 마찬가지로 햇빛을 많이 필요로 한다. 조금만 빛이 부족해도 쉽게 웃자라서 보기 싫은 모양이 되기 쉽다. 줄기가 웃자랐을 경우, 줄기의 가장 윗부분(정단부)를 잘라 주면 곁가지가 금방 자라 아담한 수형으로 기를 수 있다. 아래 줄기는 목질화가 되나 수형을 잡아줘서 크게 키우지는 않는다. 애플민트를 포함한 허브 키우기에서 중요한 점은 햇빛과 물, 통풍인데, 물을 싫어하진 않지만 너무 자주 주면 뿌리가 썩는다. 겉흙이 마르고 잎이 약간 시들하다고 느낄 때 물을 흠뻑 주며, 항상 환기를 자주 시켜주어야 한다. 겨울철 월동시에는 물 주는 횟수를 줄여 화분의 흙과 뿌리가 어는 것을 방지한다. 노지에서는 그냥 두어도 잘 자라지만 화분에 키울 때는 세심한 주의가 필요하다.

길이는 30~60 cm 정도 자란다. 타원형의 잎은 잎맥이 뚜렷하며, 밝은 녹색이고 마주난다. 잎의 표면과 줄기에 하얀 털이 부드럽게 나 있다. 꽃은 7~8월 중에 피며, 작고 하얀 꽃들이 층층으로 길게 모여 난다.

요리의 향신료로 쓰이고, 애플민트의 향은 피로회복에도 좋아서 약용, 비누, 포푸리 등에 쓰인다. 목욕제로 사용하면 달콤한 사과 향이 난다. 애플민트는 새집증후군의 원인 물질인 톨루엔 제거능력이 가장 우수한 식물이다. 실내에서 기를 때에는 햇빛이 많이 드는 곳에 두는 것이 좋다. 톨루엔 제거뿐만 아니라, 포름알데히드, 음이온, 습도의 발생량이 좋으므로, 공부방에 두면 집중력 향상과 실내 습도 조절에 도움이 된다.

하지만, 공부방에 놓아 두면 빛이 부족해 식물이 잘 자라기 어려우므로 자주 교체해 주어야 한다.

(4) 라벤더

- **영명**: Lavender
- **학명**: *Lavandula* spp.

꿀풀과에 속하며, 원산지는 지중해 연안이다. 25~30여 종이 있다. 꽃·잎·줄기를 덮고 있는 미세하고 하얀 털들 사이에 향기가 나오는 기름샘이 있다. 그래서 코를 대고 직접 향기를 맡는 것보다 손으로 만져서 향기를 맡을 때 더 진한 향기를 느낄 수 있다. 이러한 허브식물이 향기를 내는 것은 스스로를 방어하기 위해 해충이 오거나 손으로 흔드는 등의 자극에 대해서 살균 기능을 가진 방향물질을 방출하는 것이다.

물이 잘 빠지는 모래에 약간의 자갈이 섞인 곳에서 잘 자라고, 양분이 너무 많은 흙은 좋지 않다. 햇빛이 잘 들고, 습하지 않은 곳에서 잘 자란다.

재배 및 유지관리

- ○ **빛**: 양지
- ○ **온도**: 15~25℃, 월동온도 5~10℃
- ○ **용토**: 배수가 잘되는 비옥한 사양토에서 기른다.
- ○ **관리**: 햇빛을 많이 받게 하고, 물은 겉흙이 마르면 흠뻑 준다.

상록성이며 밑가지는 다소 목질화되어 있다. 길이는 30~60 cm이고 최대 90 cm까지 자란다. 잎줄기 전체에 흰색의 미세한 털이 있으며, 줄기는 둥근 네모꼴이고 모여서 자라난다. 잎은 잎자루가 없는 침 모양이고 가늘다. 또한, 잎은 돌려나거나 마주나고, 완전히 자란 잎은 길이 4 cm, 너비 4~6 mm이다. 꽃은 6~9월에 연한 보라색이나 흰색으로 피고, 긴 꽃대 끝에 수상꽃차례를 이루며, 드문드문 달린다. 꽃은 아주 작고 보라 빛깔을 띠지만, 종에 따라 색깔이 다양하다.

꽃과 식물체에서 향유(香油)를 채취하기 위하여 재배하고 관상용으로도 심는다. 향유는 향수와 화장품의 원료뿐만 아니라 두통이나 신경안정을 치료하는 데도 사용한다. 허브식물 중에서 포름알데히드 제거량이 가장 우수한 식물이다. 햇빛이 잘 드는 창가나 베란다에 두는 것이 좋고, 특히 허브식물은 대체로 음이온 발생량이 풍부하여 공부방의 창가 쪽에 두면 좋다.

(5) 자스민

- 영명: Jasmine
- 학명: *Jasminum polyanthum*

물푸레나무과에 속하며, 원산지는 중국 서부 등이다. 실내, 온실, 실외에서 기르는 꽃 피는 덩

	재배 및 유지관리
	○ **빛:** 양지 ○ **온도:** 15~20°C(서늘한 곳에서 잘 자라며 겨울철엔 0°C까지 견딘다) ○ **용토:** 보수력과 물빠짐이 좋은 용토를 사용한다. ○ **관리:** 겉흙이 마르면 충분히 물을 주며, 겨울에는 토양을 건조하게 관리한다. ○ **비료:** 봄부터 가을까지 관엽식물용 복합비료를 한 달에 한 번씩 준다. ○ **유지관리:** 화분을 빛이 잘 드는 서늘한 곳에 두면 꽃을 오랫동안 볼 수 있으며, 여름에 정원의 나무그늘같이 서늘한 곳에서 꽃봉오리의 형성이 빨라진다. 꽃이 진 후에는 가지들을 잘라주고, 가을에 분갈이를 한 후 따뜻한 곳(0°C 이상)에 둔다. 자스민의 번식은 봄이나 여름에 새로 나온 가지나 반쯤 굳은 가지를 잘라 토양에 꽂고 물을 충분히 주면 뿌리가 내린다. 또한 덩굴식물로 줄기가 가늘고 길게 자란다. 따라서 작은 화분에 심어 기를 경우, 줄기가 감고 올라갈 수 있는 지지대를 설치해주면 잘 자란다. 너무 건조하거나 습한 환경에서는 진딧물, 거미응애, 잿빛곰팡이병에 주의한다.

굴식물이다. 자스민 폴리안툼은 '학자스민'이라고도 불린다. 자스민은 다양한 종이 있으며, 메스니(*J. mesnyi*)는 긴 가지들이 아치를 이루며, 크고 노란색 꽃이 핀다. 오피시날레(*J. officinale*) 종은 가지들이 뒤엉켜 자라며 향기 좋은 흰색 꽃이 핀다.

자스민 폴리안툼은 3.5~5 m 정도로 자라는 상록성 덩굴식물이다. 줄기는 붉은색이고, 잎은 긴 타원형으로 크기가 작고 끝이 뾰족하며 진녹색이다. 5~7개의 작은 잎으로 이루어진 우상복엽의 형태이다. 꽃봉오리는 진홍색을 띠며 흰색 꽃이 핀다. 꽃의 크기는 2 cm 정도에 꽃잎은 5장이며, 향기가 강하다.

자스민은 그 꽃향기가 뛰어나 오래전부터 향수나 차로 이용해 왔다. 자스민의 달콤한 향기가 기분전환에도 도움을 주므로, 식후에 차로 마셔도 좋다. 햇빛이 많이 드는 베란다에서 키우다가 꽃이 필 때 집안으로 들여놓아 꽃향기를 느끼는 것도 좋다. 자스민 폴리안툼은 새집증후군의 원인 물질인 포름알데히드 제거 능력이 우수한 식물이다. 또한 향기로운 흰색 꽃이 피는 덩굴식물로서 통풍이 잘되고 햇빛이 풍부한 장소에 두고서 기르면 향기로운 꽃향기를 오랫동안 즐길 수 있다.

참고문헌

- 김광진 외. 2014. 만화로 보는 공기정화식물. 농촌진흥청
- 김광진 외. 2014. 에코힐링을 위한 실내공기정화식물. 농촌진흥청
- 김광진 외. 2018. Phytoremediation of volatile organic compounds by indoor plants:a review. Hort Environ Biotechnol 59:143-157
- 농사로. www.nongsaro.go.kr 〉 농사백과 〉 생활문화 〉 실내정원
- 월버튼(역자 김광진). 2013. 사람을 살리는 실내공기정화식물 50. 중앙생활사
- 월버튼(역자 김광진). 2019. 미세먼지 잡는 공기정화식물 55가지. 중앙생활사
- (사)한국양치식물연구회. 2009. 한국양치식물도감
- (사)한국도시농업연구회. 2020. 도시농업 길라잡이 Part 1
- 정순진 외. 2010. 내가 만드는 실내정원 (기본)
- 정순진 외. 2014. 내가 만드는 실내정원(물관리)
- Hessayon, D.G. 2004. The house plant expert. Sterling publishing Co. Inc
- Hessayon, D.G. 2005. The house plant expert book two. Sterling publishing Co. Inc

CHAPTER 23 정원식물

권오근·서정남·정현환

최근 생활수준의 향상 및 삶의 질을 중시하는 흐름과 더불어 도시원예가 활발해졌으며, 우리나라의 정원산업은 지속적으로 성장하고 있다. 협소한 개념의 정원은 사적공간인 주택정원으로 볼 수 있으나 「**수목원 · 정원의 조성 및 진흥에 관한 법률**」에서 정하는 정원(제2조 2항)은 **"식물, 토석, 시설물**(조형물) **등을 전시 · 배치하거나 재배 · 가꾸기를 통하여 지속적 관리가 이루어지는 공간"**으로 정의하고 있다. 이처럼, 정원의 범위는 민간정원에서부터 현대적 개념의 공공정원에 이르기까지 매우 넓을 뿐만 아니라, 실용정원, 관상정원, 실내정원, 옥상정원, 수직정원, 커뮤니티 정원 등과 같이 다양한 형태와 기능을 지니고 있다. 정원식물이란 **"정원에 식재되어 관상하거나 목적에 따라 이용할 수 있는 모든 식물"**을 의미하지만, 도시 가로변 녹화, 경관 녹화, 공원, 문화유적지 등 다양한 곳에 활용되고 있어 정원에 식재되는 것으로만 범위를 한정하는 것은 무리가 있다. 해외의 정원식물 관련 산업규모는 2013년 118조원으로 보고되었으나 우리나라의 정원산업은 이제 시작 단계로 정원용 식물 소재 생산 및 유통 현황에 관한 명확한 통계자료가 없다. 농식품부 화훼재배현황(2019)과 산림청 임산물생산통계(2019) 자료를 살펴보면, 초화류 896억 원, 관상수 183억 원, 종자 · 종묘 74억 원, 구근류 30억 원, 조경수 3,911억 원, 야생화 155억 원, 잔디 400억 원이 생산되어, 우리나라 정원용 식물 소재 산업은 5,649억 원 이상인 것으로 추정할 수 있다. 영국왕립원예협회에서는 15,000여 종의 정원식물에 관한 정보를 제공하고 있으며, 정원식물에 관한 많은 책들을 발간하고 있다.

1 정원식물의 분류

정원식물은 생육형에 따라 목본류, 일·이년초, 숙근초, 구근류, 난류, 다육식물, 양치식물, 수생식물 등으로 나눌 수 있으며, 식물의 환경요구도(빛, 온도, 수분, 토양 pH)나 이용목적(장식용, 관상용, 녹음용, 생울타리, 차폐용, 방풍용)에 따라서도 다양하게 분류할 수 있다. 정원의 근간이 되는 정원수는 키가 7 m 이상으로 크게 자라고 원줄기가 뚜렷하며 비교적 높은데서 갈라지는 **교목**과 키가 작고 원줄기가 뚜렷하지 않으며 낮은 곳에서 여러 줄기로 갈라져 자라는 **관목**으로 나눌 수 있다.

정원의 화단이나 표면을 피복할 목적으로 초화류와 **지피식물**을 이용하고, 덩굴시렁이나 수직공간에는 능소화와 같은 덩굴식물을 활용하기도 한다. 또한 덩굴성 식물 이외에도 암석원, 옥상정원, 빗물정원, 고산정원, 향기정원, 치유정원 등 정원의 다양한 형태와 목적에 따라 활용되는 식물은 수만 종이 넘지만, 본서에서는 정원수, 덩굴성식물, 초화류(숙근초, 야생화, 관상용 그래스) 등 일부만을 다룬다.

2 내한성 지역구분(cold hardiness zone)

정원식물은 한번 식재되면 오랜 기간 정원을 구성하는 요소가 된다. 따라서 국외의 정원식물을 도입할 때는 우리나라의 겨울 추위에도 생존할 수 있는 내한성을 고려하여야 한다. 미국 농무부에서는 연중 최저온도 극값을 기준으로 내한성 지역을 구분해서, 정원식물의 내한성을 관련 자료나 도서 등에 표기하고 있다. 우리나라는 임학 분야에서 삼림기후대를 나누었으나 범위가 넓고 해외에서 도입되는 정원식물의 내한성에 대한 정보가 매우 부족한 편이다. 겨울철 최저온도만으로 식

표 23.1 미국 농무부 내한성 지역구분별 국내 지역

내한성 지역	6a	6b	7a	7b	8a	8b	9a	9b
최저 온도 범위	−23.3~ −20.6℃	−20.6~ −17.8℃	−17.8~ −15.0℃	−15.0~ −12.2℃	−12.2~ −9.4℃	−9.4~ −6.7℃	−6.7~ −3.9℃	−3.9~ −1.1℃
지역	대관령 철원	제천 홍천 장수 봉화 인제 문산 영월 태백 의성 양평	춘천 동두천 원주 보은 금산 이천 천안 충주 영주 부여 강화 안동 임실	거창 청주 수원 서산 문경 부안 영천 대전 서울 추풍령 합천 인천 구미 진주 순천 상주 남원	밀양 속초 산청 백령도 강릉 장흥 군산 해남 영덕 동해 울진 대구 고흥 보령 정읍 전주	포항 진도 울산 남해 마산 거제 울릉도 부산 목포 여수 통영 광주	완도 흑산도	성산포 고산 서귀포 제주

물의 생존을 판단하는 것은 무리가 있을 수 있지만, 해외의 정원식물을 도입하고자 할 때 유용한 자료로 활용할 수 있다. 1981년부터 2020년까지 우리나라 기상청 자료 가운데 76개소의 기온 데이터를 분석하였을 때, 연중 최저온도의 극값의 평균치를 기준으로 하여 **미국 농무성 내한성지역** 온도 구분에 따라 나누면 다음과 같다.

최저온도 극값을 바탕으로 하는 내한성 지역이 같더라도 겨울 최고온도에 따라서 생존할 수 있는 식물의 종류가 달라질 수 있다는 점을 고려하여 정원식물을 식재할 필요가 있다. 본서에서는 중부지방에서 월동이 가능한 정원식물 위주로 살펴본다.

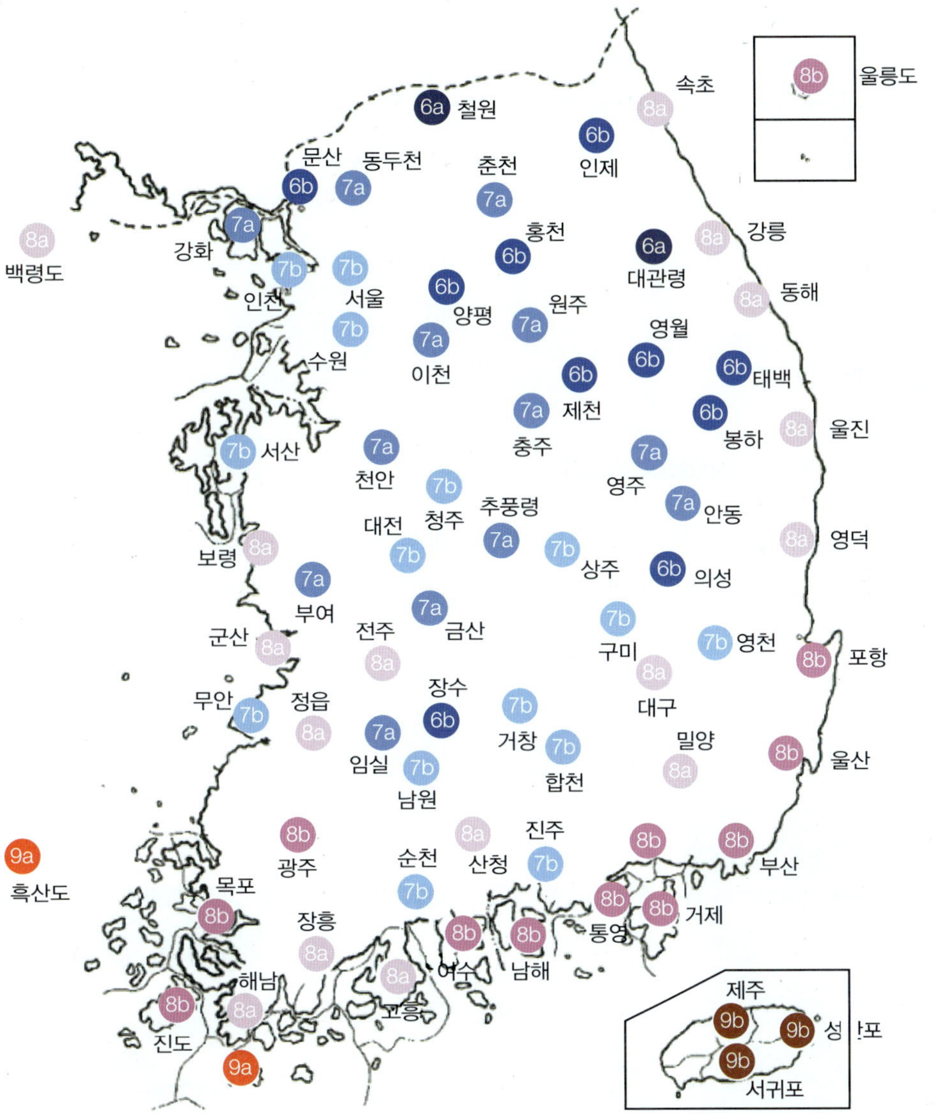

그림 23.1 우리나라의 지역별 최저온도에 따른 내한성 지역 구분

3 주요 정원수

정원에 식재되는 목본류는 교목과 관목뿐만 아니라, 잎이 연중 푸르른 상록수와 겨울에 낙엽이 지는 낙엽수로도 구분하고, 뾰족한 잎을 가진 침엽수와 잎이 넓은 활엽수로도 구분한다. 상록성 교목에는 소나무, 잣나무, 구상나무, 향나무, 주목, 붉가시나무, 태산목, 먼나무 등이 있고, 낙엽성 교목에는 백목련, 단풍나무, 왕벚나무, 꽃사과, 모과나무 등이 있다. 상록성 관목에는 눈주목, 호랑가시나무, 남천, 사철나무, 회양목, 꽝꽝나무, 서향, 돈나무, 만병초 등이 있고, 낙엽성 관목에는 산철쭉, 장미, 개나리, 모란, 조팝나무, 미선나무, 나무수국, 진달래 등이 있다. 또한 꽃을 관상하는 화목류(목련, 벚나무, 영산홍, 개나리, 나무수국 등), 그늘을 만들어 주는 녹음수(느티나무, 튤립나무, 회화나무 등), 산울타리용 식물(쥐똥나무, 조팝나무, 만첩빈도리, 병꽃나무 등), 열매관상용 식물(낙상홍, 좀작살나무, 뜰보리수 등), 덩굴성 식물(능소화, 으름덩굴, 줄사철, 담쟁이 등), 지피식물(눈향나무, 송악, 마삭줄 등) 등으로 구분하기도 한다.

1) 침엽수

(1) 주목(*Taxus cuspidata*, 주목과)

전국의 고산지대에 자라는 주목은 수피와 목재가 붉은색을 띠므로 주목(朱木)이라 불린다. 잎이 치밀하고 질감이 좋으며, 가을에 달리는 붉은 열매가 아름다워서 정원용으로 많이 식재된다. 독립수로 식재하지만, 변이종인 눈주목은 전정에 강해 생울타리, 토피어리 등으로 활용한다. 고산

그림 23.2 독립수로 식재된 주목, 관목형 눈주목, 노란색 잎을 지닌 황금눈주목

식물로 고온 건조한 기후에서는 잘 자라지 못하고, 어린나무는 이식이 잘 되지만 큰 나무는 이식이 어렵다. 어릴 때는 그늘에서 잘 자라지만, 성목이 되면 음지와 양지에서 모두 잘 자라는 편이다. 주목의 변이종 또는 근연종으로는 눈주목(*T. cuspidata* var. *nana*), 황금눈주목(*T. cuspidata* var. *nana* 'Aurea'), 회솔나무(*T. cuspidata* var. *latifolia*), 설악눈주목(*T. caespitosa*), 서양주목(*T. baccata*) 등이 있다.

(2) 소나무(*Pinus densiflora*, 소나무과)

우리나라 전국에서 자라기에, 우리에게 친숙하고 한국인이 가장 선호하는 정원식물이다. 수피가 붉어 **적송**이라 부르거나 내륙에 주로 자생한다는 의미로 **육송**이라 부르기도 한다. 해안가에 주로 서식하는 소나무는 곰솔(*P. thunbergii*)로 주로 바닷가 주변에 자생하여 해송 또는 수피가 검은색을 띤다고 하여 흑송이라 부른다. 줄기가 곧게 뻗는 것 뿐만 아니라 휘어지는 것 모두 정원용으로 식재된다. 건조하고 척박한 곳에서도 잘 자라지만 이식성이 떨어지고 공해에 약한 단점이 있다. 소나무류에는 금강소나무(*P. denisiflora* f. *erecta*), 반송(*P. densiflora* f. *multicaulis*), 처진소나무(*P. densiflora* f. *pendula*), 황금소나무(*P. thunbergii* 'Oculus Draconis') 등이 있다.

그림 23.3 소나무, 반송, 처진소나무

2) 화목류

(1) 백목련(*Magnolia heptapeta*, 목련과)

목련류 중에서 가장 많이 식재되는 나무로, 이른 봄 잎이 나오기 전에 나무 전체를 뒤덮는 흰색의 꽃이 우아한 멋을 보여준다. 꽃잎은 6장이지만 꽃받침 3개가 꽃잎처럼 변하여 9장으로 보이며, 목련(*M. kobus*)에 비해 꽃이 커서 풍성하고 화려하게 느껴진다. 꽃을 북쪽을 향해 피워 **북향화**(北向花)라 불리는데, 이는 식물호르몬인 옥신에 의해 나타나는 것으로 밝혀져 있다. 목련류는 이식성이 떨어지므로 뿌리가 직사광선과 건조에 노출되지 않게 주의해야 하며, 상처 회복이 잘 안되므로 전정을 가급적 하지 않는 것이 좋다. 국내 자생하는 함박꽃나무(*M. sieboldii*), 목련(*M. kobus*) 외에 많은 목련류가 도입되어 있으며, 별목련(*M. stellata*), 자목련(*M. liliflora*), 자주목련(*M. denudata* var. *purpurascens*) 등이 정원용으로 많이 식재된다.

그림 23.4 백목련, 자목련(Susan), 큰별목련(Royal Star)

(2) 왕벚나무(*Prunus yedoensis*, 장미과)

이른 봄에 잎이 나오기 전 꽃이 피는 벚나무류 가운데 가장 화려하며, 우리나라가 원산지로 알려져 있다. 도시내 가로수로도 많이 식재되고 있으나 공해와 병충해에 약하고, 맹아력도 약하여 강전정을 하면 가지가 고사하는 경우가 많다. 처진올벚나무(*P. spachiana* f. *ascendens*), 벚나무(*P. serrulata* f. *spontanea*), 겹벚나무(*P.* 'Kanzan'), 세로티나벚나무(*P. serotina*) 등이 있으며, 산벚나무(*P. sargentii*)는 잎이 나올 때 꽃이 핀다.

그림 23.5 왕벚나무, 처진올벚나무, 겹벚나무

(3) 꽃사과나무(*Malus floribunda*, 장미과)

꽃사과는 꽃과 열매를 관상하는 사과나무속(*Malus*) 식물을 통칭하는 것으로 다양한 종류가 있다. 외국에는 개량된 품종이 700여 종이 넘고, 4월~5월에 흰색, 분홍색, 적색, 흑적색 등 다양한 색의 꽃이 나무 전체를 뒤덮어 매우 화려하며, 열매도 많이 달려 관상가치가 높다. 서부해당(*M. halliana*)은 꽃자루가 아래로 길게 달리는데, 수사해당, 꽃해당 등의 명칭으로 유통되고 있다. 이외에도 다양한 꽃사과류가 도입되어 식재되고 있다.

그림 23.6 꽃사과, 서부해당, *Malus moerlandsii* 'Profusion'

(4) 이팝나무(*Chionanthus retusus*, 물푸레나무과)

5월 입하(立夏) 무렵에 흰색 꽃이 나무 전체를 뒤덮는 경관이 연출되는 식물로서, 우리나라, 중국, 일본에서 자라며, 세계적으로는 희귀한 식물이다. 독립수나 가로수로 많이 식재되고 있으며, 검푸른 색의 열매와 노란색의 가을 단풍도 관상가치가 높다. 병충해와 공해에도 강하고 특별한 관리를 요구하지 않으며 생장 속도도 빠르다.

그림 23.7 이팝나무, 꽃, 열매

(5) 산딸나무(*Cornus kousa*, 층층나무과)

중부 이남 산지의 북사면에서 잘 자라는 식물로 가을에 달리는 붉은 열매의 모습이 딸기를 닮아 산딸나무라 부른다. 5월에 꽃잎처럼 보이는 4개의 화포가 십자형으로 달리는데, 만개하면 나무 전체에 눈이 내린 것처럼 아름답다. 꽃과 열매뿐만 아니라 무늬가 있는 매끈한 수피도 관상가치가 높다. 내한성과 내공해성이 있어 도심지에도 식재가 가능하지만, 내염성이 약해 제설제를 사용하는 곳에서는 부적합하다. 국내에는 *C. kousa* 'Gold Star', 'Miss Satomi', 'Madam Butterfly', 'Milk Way', 'Snow Boy', 'Wolf Eyes' 등이 있다. 유사종으로는 꽃이 화려하고 잎이 나오기 전에 개화하는 꽃산딸나무(*C. florida*)가 있으며, *C. florida* 'Alba Plena', 'Cherokee Chief', 'Rubra', 'Sunset', 'Rainbow' 등 다양한 품종이 국내에 도입되어 있다.

그림 23.8 산딸나무 꽃, 열매, 'Rubra' 꽃산딸나무

(6) 히어리(*Corylopsis coreana*, 조록나무과)

우리나라 특산식물로 이른 봄에 잎이 나오기 전에 작은 종처럼 생긴 노란색의 꽃들이 이삭처럼 늘어져 나무 전체를 뒤덮고, 가을에는 노란색의 단풍이 아름다운 식물이다. 꽃, 잎, 단풍 등이 관상가치가 높고, 내한성과 내건성이 매우 강한 식물이다. 하지만, 정원용으로 많이 활용되고 있지 않아 이른 봄 정원용 식물로서 개발이 필요한 식물이다. 근연종으로는 고야히어리(*C. gotoana*), 일양히어리(*C. pauciflora*), 토좌히어리(*C. spicata*), 중국히어리(*C. sinensis*) 등이 있다.

그림 23.9 히어리 수형, 꽃, 단풍

(7) 풍년화(*Hamamelis japonica*, 조록나무과)

일찍 꽃을 피워 봄을 알리는 식물 중 하나이다. 꽃이 일찍 피거나 잘 피면 그 해에 풍년이 든다는 의미에서 이름이 붙여졌는데, 이는 이른 봄에 가뭄이 들면 개화가 지연되거나 개화수가 줄어드는 데서 유래된 것으로 보인다. 잎보다 먼저 마른 나뭇가지에서 약간 어두운 노란색의 꽃이 피기 때문에, 관심을 기울이지 않으면 개화기를 놓치기 쉽다. 내건성이 매우 약해 충분하게 관수해 줘야 하며, 여름철에 건조하면 잎이 모두 떨어져 버리므로 주의를 요한다. 근연종인 중국풍년화(*H. chinensis*), 인터메디아 풍년화(*H. x intermedia*), 몰리스 풍년화(*H. mollis*), 서양풍년화(*H. virginiana*), 버날리스 풍년화(*H. vernalis*) 등이 국내에 도입되어 있다.

그림 23.10 풍년화 꽃, 인터메디아풍년화 'Pallida'

(8) 수수꽃다리(*Syringa oblata var. dilatata*, 물푸레나무과)

북한의 석회암지대에서 자라는 식물로 꽃송이의 모습이 수수이삭을 닮은데서 이름이 유래되었다. 흔히 라일락으로 알려져 있는 식물의 대부분은 수수꽃다리인 경우가 많은데, 봄에 연한 보라색의 꽃이 피며 향기가 매우 진하다. 환경 적응성이 뛰어나고 맹아력도 우수하여 울타리용으로도 사용할 수 있다. 서양수수꽃다리(*S. vulgaris*, 라일락)는 수수꽃다리에 비해 꽃이 더 크고 향기가 진하게 나며 개화기간도 긴편이다. 국내에는 'Madame Lemoine', 'Sensation', 'Primrose' 등 많은 품종들이 도입되어 있으며, 미스김 라일락(*S. pubescens* ssp. *patula* 'Miss Kim')은 우리나라 자생식물인 털개회나무로 종자가 해외로 유출된 후 역수입되고 있는 식물이다. 현재 국내에서 유통되고 있는 'Miss Kim' 라일락은 대부분이 중국산의 왜성정향나무이다.

그림 23.11 수수꽃다리, 서양수수꽃다리, 왜성정향나무

(9) 모란(*Paeonia suffruticosa*, 모란과)

중국 원산의 식물이지만, 오래전부터 우리나라 궁궐과 민가의 고급정원에 식재되었으며, 농가에서는 약용으로 재배가 이루어졌다. 중국에서는 꽃 중의 왕으로 불리는 부귀영화를 상징하는 식물로, 봄에 향기가 진하고 아름답고 커다란 꽃이 달린다. 봄에 이식하면 활착이 불량하게 되어 오랜 기간 꽃이 피지 않는 경우가 많으므로 10~11월에 이식하는 것이 좋다. 영양번식이 어려운 식

물이지만, 모란의 눈을 작약의 뿌리에 접붙여서 증식하는 방법이 개발되어 있다. 맹아력이 양호하지만 전정을 하지 않는 것이 좋다. 현재 300종 이상의 품종이 개발되어 있으며, 최근에는 다양한 품종들이 국내에 도입되고 있다.

그림 23.12 모란 수형, 꽃, 모란 정원

(10) 만병초(*Rhododendron brachycarpum*, 진달래과)

우리나라의 만병초는 해발 700~2,200 m 사이의 고산지대와 울릉도에서 자생하고 있으며, 전 세계적으로 난대에서 한대까지 널리 분포되어 있다. 영하 30°C에서도 살아남는 종이 있는 반면에, 영상 5°C에서도 동해를 입는 종이 있으므로, 국내 도입 시에는 각 종의 내한성을 우선적으로 파악하여야 한다. 광택이 있고 두터운 상록성의 잎은 밑으로 처진 상태로 겨울을 나는 경우가 많지만 종에 따라 다르다. 6~7월에 10~20개의 꽃들이 뭉쳐 피는 모습이 매우 아름다워서 외국에서는 정원식물로 많이 사용되고 있다. 고온 건조한 기후를 싫어하고, 번식과 이식이 까다로우며, 생장 속도가 느린 단점이 있다. 산성토양을 선호하므로 피트모스 등이 혼합된 토양에 식재하는 것이 좋다. 국내에는 홍만병초(*R. brachycarpuum* var. *roseum*), 노랑만병초(*R. aureum*) 등이 자생하고 있으며, 최근 들어 다양한 외국 품종들이 도입되고 있다.

그림 23.13 만병초, 만병초 월동 상태, 만병초 정원

3) 산울타리용 식물

(1) 철쭉류(*Rhododendron* spp., 진달래과)

우리나라에서 조경이나 정원용으로 흔히 사용하는 철쭉류는 자생하는 진달래와 산철쭉과 함께 외국에서 도입된 영산홍(*R.* Kurume Group, 자산홍, 백철쭉 포함), 황철쭉, 왜철쭉(*R. indicum*)이 있다. 철쭉류는 꽃이 만개하면 잎이 안 보일 정도로 나무 전체를 뒤덮어 관상가치가 높으면서 건조에도 강하고 맹아력도 우수하여 산울타리용으로 많이 사용되는데, 돌틈 식재나 군식으로 식재하는 경우도 많다. 진달래과 식물은 대체로 **산성토양**을 선호하며 소나무 하부식재에도 잘 견디는 편이다. 최근 영산홍류가 기존 산철쭉을 대체하여 많이 심고 있으나, 영산홍류는 산철쭉과는 달리 **반상록성**이고 **반양지**를 선호하므로 극양지에 심는 것은 피해야 한다. 왜철쭉은 내한성이 약하여 가지 끝의 꽃이 겨울철에 고사하기 쉬우므로 전남이나 경남, 제주 지역에만 심어야 한다.

그림 23.14 영산홍, 자산홍, 백철쭉

(2) 나무수국(*Hydrangea paniculata*, 범의귀과)

여름철, 긴 가지 끝에 원추형의 꽃이 핀다. 무성화와 유성화가 함께 피며 유성화가 진 후에도 무성화가 지속적으로 남아있어 관상기간이 길다. 내염성이 약한 것을 제외하면, 대부분의 환경 조건에서 적응성이 좋고 생장 속도가 빠르며 맹아력도 강한 편이다. 근연종으로 큰나무수국(*H.*

그림 23.15 나무수국, 산수국, 떡갈잎수국

paniculata 'Grandiflora'), 미국수국(*H. arborescens*), 떡갈잎수국(*H. quercifolia*), 산수국(*H. serrata*), 탐라산수국(*H. serrata* f. *fertilis*), 등수국(*H. petiloaris*), 수국(*H. macrophylla*) 등이 있다. 수국은 내한성이 약해 주로 남부지방에서 정원용으로 사용되고 있는 반면에, 미국수국, 떡갈잎수국, 산수국 등은 내한성이 비교적 강하여 중부지역에서 사용이 증가하고 있다. 최근에는 나무수국 품종들이 국내에 많이 도입되고 있다.

(3) 댕강나무(*Abelia mosanensis*, 인동과)

댕강나무 종류는 석회암지대에서 자생하고, 바위틈과 같은 건조한 토양에서도 잘 자라는 편이다. 댕강나무는 우리나라 특산식물로 북한의 맹산지역에서 발견되었으며 5월 경에 분홍색의 꽃이 나무 전체를 뒤덮을 정도로 많이 달릴 뿐만 아니라, 꽃에서 달콤한 향기가 나므로 정원식물로 가치가 높음에도 불구하고, 많이 활용되고 있지 않다. 내한성, 내건성, 맹아력 등이 좋은 편이나 생장 속도가 느린 것이 단점이라 할 수 있다. 근연종으로는 섬댕강나무(*A. coreana* var. *insularis*), 줄댕강나무(*A. taihyoni*), 꽃댕강나무(*A. grandiflora*) 등이 있으며, 꽃댕강나무는 6~10월까지 지속적으로 개화하는 특성을 지니고 있어 중부 이남에서 많이 사용되고 있다.

그림 23.16 댕강나무, 댕강나무 꽃, 꽃댕강나무

(4) 매자나무(*Berberis koreana*, 매자나무과)

중부지방 산기슭 양지바른 곳에서 자생하는 우리나라 특산식물이며, 남부지역에서는 상록으로 월동하는 경우가 많다. 봄에 노란색의 꽃이 1개월 가까이 개화한다. 가을에는 붉은색의 열매가 달리고 붉은색으로 물드는 단풍도 아름다워 정원수로 많이 활용할 수 있고, 가지에 가시가 많아 산울타리용으로도 적합하다. 당매자나무는 **매듭정원**(knot garden)의 주재료로 사용되며, 잎이 자주색을 띠는 붉은잎 일본매자와 교호식재를 많이 한다. 매자나무류는 정원식물로 활용도는 높지만, 개화시 밤꽃과 유사한 향을 발산하므로 선호도가 갈리는 편이다. 우리나라에는 매발톱나무(*B. amurensis*), 섬매발톱나무(*B. amurensis* var. *quelparentensis*), 당매자(*B. poiretii*), 일본매자나무(*B. thunbergii*), 홍매자(*B. thunbergii* 'Atropurpurea'), 황금매자(*B. thunbergii* 'Aurea'), 장미매자(*B.*

thunbergii 'Rose Glow') 등이 유통되고 있으며, 조경 시공에서는 당매자나무와 일본매자나무가 많이 사용되고 있다.

그림 23.17 매자나무 꽃, 당매자 및 붉은잎일본매자, 매듭정원

(5) 남천(*Nandina domestica*, 매자나무과)

중국 중부 이남에서 자라는 상록성 식물로 비교적 따뜻한 기후를 좋아하지만 내한성이 있어 우리나라 중부지역에서는 낙엽성이 되거나 일부 지상부가 고사한 상태로 월동을 하는 경우가 많다. 광택이 있는 잎이 가을에 붉게 물들고, 여름에는 흰색 꽃이 원추화서로 달리며, 가을에 붉게 익은 열매는 겨울에도 매달려 있어 관상가치가 높다. 병충해가 적어 관리가 쉽고 건조에도 강하므로, 이식 시에는 관수를 가급적 적게 하는 것이 활착율을 높인다. 변종으로는 가을에 잎색이 연한 황색으로 물들고, 열매색도 황백색~흰색인 흰남천(*N. domestica* var. *leucocarpa*)이 있다. 그 외에 남천과는 다른 속이지만 이름이 유사한 뿔남천(*Mahonia japonica*), 중국남천(*Mahonia fortunei*), 바위남천(*Leucothoe keiskei*) 등도 정원용으로 사용되기도 하지만 남천에 비해 내한성이 떨어진다.

그림 23.18 남천, 단풍, 열매

(6) 화살나무(*Euonymus alatus*, 노박덩굴과)

줄기와 가지에 달려 있는 날개 모양이 화살날개를 닮았다 하여 화살나무라 불린다. 가을에 껍질이 벌어지면서 드러나는 붉은색 열매도 관상가치가 있다. 양지에서 생장이 잘 되며, 내건성도

적당하고 맹아력이 우수하여 산울타리용으로 많이 사용된다.

그림 23.19 화살나무, 꽃, 단풍

(7) 쥐똥나무(*Ligustrum obtusifolium*, 물푸레나무과)

전국의 계곡과 산에 흔하게 자라는 식물이다. 봄에 나오는 새잎의 색감이 좋고, 초여름에 흰색의 작은 꽃들이 뭉쳐 달리며 향기가 난다. 가을에는 쥐똥 모양의 검은색 열매가 달리며 겨울에도 붙어 있는 경우가 많다. 독립수로 식재하기도 하지만, 맹아력이 매우 강하고 지엽이 치밀할 뿐만 아니라 병충해에 강하고 환경적응성도 매우 뛰어나서 우리나라에서는 산울타리용으로 가장 많이 이용하고 있다. 중국무늬쥐똥나무(*L. sinense* 'Variegata'), 황금유럽쥐똥나무(*L. vulgare* 'Aurea'), 황금왕쥐똥나무(*L. ovalifolium* 'Aureum') 등이 있다.

그림 23.20 쥐똥나무 산울타리, 꽃, 열매

4) 덩굴성 식물(만경류)

덩굴성 식물에는 물체에 부착하여 줄기를 지탱하는 **흡착형**과 물체를 기대거나 감고 올라가는 **의탁형**이 있다. 감고 올라가는 의탁형은 위에서 내려다 본 회전 방향에 따라 **우회전형**과 **좌회전형**으로 구분한다. 흡착형에는 능소화, 담쟁이덩굴, 등수국, 줄사철, 송악, 모람 등이 있고, 우회전형에는 등, 인동덩굴, 오미자 등이 있으며, 좌회전형에는 노박덩굴, 다래나무, 으름덩굴 등이 있다.

(1) 등(*Wisteria floribunda*, 콩과)

봄에 보라색의 꽃이 나무 전체에 달리면서 아름답고 개화기간도 길며 향기가 매우 진한 식물이다. 가을에는 기다란 콩 꼬투리 형태의 열매가 주렁주렁 달려 관상가치가 높다. 퍼골라, 테라스 등에 감아올려 그늘시렁을 만들기 위해 많이 사용한다. 뿌리에 근균이 있어 척박한 토양에서도 생장이 양호하고, 내환경성, 맹아력이 강하여 특별한 관리를 요구하지 않는다. 하지만, 심근성으로 이식성이 떨어지므로 옮겨심을 때 굵은 뿌리가 상하지 않도록 주의해야 한다. 유사종으로 흰등(*W. floribunda* f. *alba*), 중국등나무(*W. sinensis*)가 있는데, 중국등나무는 줄기가 좌회전형으로 감아 올라간다.

그림 23.21 등 덩굴시렁, 벽면 녹화, 줄기 회전

(2) 능소화(*Campsis grandiflora*, 능소화과)

중국 남부가 원산인 식물이다. 줄기에서 흡착근이 나와 물체에 부착하여 올라가는 식물로 한여름에 주황색 나팔 모양의 꽃이 달린다. 비교적 꽃이 적은 여름철에 오랜기간 개화하므로 관상가치가 높은 편이다. 빛이 많은 곳을 좋아하고 내환경성 모두 양호하여 관리에 어려움은 없지만, 양분요구도가 높아서 지속적인 비료의 공급을 필요로 한다. 심근성 식물임에도 이식은 비교적 쉬운 편이다. 조경용으로 미국능소화(*C. radicans*), 노랑미국능소화(*C. radicans*. f. *flava*), 나팔능소화(*C.* x *tagliabuana*) 등이 많이 사용되고 있다.

그림 23.22 능소화, 능소화 꽃, 나팔능소화 'Madame Galen'

(3) 클레마티스(*Clematis* spp., 미나리아재비과)

클레마티스는 여러해살이 식물로 온대지방에 200여 종이 분포하고 있다. 국내에서는 '으아리'로 불리며, 17종이 자생한다. 덩굴성 식물로 추위에 강해 겨울철 저온에도 잘 견디며 저온을 충분히 받아야 다음 해에 꽃이 잘 핀다. 씨앗으로 번식할 경우 채종 즉시 파종하거나 겨울 동안 층적처리한 후 이른 봄에 파종한다. 하지만, 발아기간이 6개월~1년 이상 소요되는 품종이 대부분이다. 삽목 번식은 물 빠짐이 좋은 버미큘라이트를 사용하는 것이 좋고, 묵은 가지는 발근이 잘 되지 않으므로 어린 가지를 이용하는 것이 좋다. 5월부터는 생육이 왕성해지므로 토양이 마르지 않도록 물 관리를 해야 한다. 양분을 많이 요구하는 식물이므로 완효성 비료를 정기적으로 뿌려 주고 덩굴이 자라기 시작하면 지주를 세워 준다. 절화용, 분화용, 벽면용, 울타리 및 정원용 등으로 이용한다. 최근에는 절화용으로도 이용되고 있다.

큰꽃으아리 | 'Franziska Maire' | 클레마티스 정원

그림 23.23 클레마티스

4 숙근초

1) 국화(*Chrysanthemum morifolium*)

정원용 국화(Garden mum)는 영양생장 기간에 적심을 하지 않아도 자연적으로 측아에서 줄기가 반복적으로 발생된 후 생식생장기가 되면 정단부의 순이 멎는 품종으로 반구형의 형태를 갖추고 있어 '쿠션멈'이라고 부르기도 한다. 노지화단 재배 시 삽목은 5월 하순~6월에 30~40 cm 간격으로 정식한다. 비료 성분으로는 영양생장 기간에는 질소 함량이 많이 함유된 것을 사용하고, 생식생장기에는 질소 함량이 적고 인산과 칼리의 함량이 많은 것을 사용하는 것이 좋다. 조생종인 경우 꽃봉오리가 8월부터 보이기 시작한다. 이 시기부터는 건조하지 않도록 물주기에 주의하여 관

리하면 꽃 수명이 길어져 오랫동안 관상할 수 있다. 꽃이 지면 줄기를 15 cm 정도 남기고서 잘라 낸 후 다음해 모주로 활용한다.

반구형(초롱볼)

포복형(마당볼)

국화를 이용한 정원 조성

그림 23.24 국화

2) 아이리스(*Iris* spp.)

붓꽃과인 아이리스는 북반구의 온대를 중심으로 약 150여 종이 분포하며 우리나라에는 약 10여 종이 자생한다. 붓꽃(*Iris sanguinea*)과 꽃창포(*I. ensata*)는 산이나 들의 초원이나 습지에서 자란다. 잎은 편평한 선형으로 전체적으로 녹색이고, 키는 1 m 정도 자라며 6~7월에 개화한다. 저먼아이리스(*I. germanica*)는 '독일붓꽃'이라고 부르고, 유럽 원산의 많은 종이 교배되어 다양한 품종이 있다. 꽃대는 60~90 cm이고 잎은 칼 모양이다. 개화기는 4~5월로, 배수가 좋고 **알칼리성**의 건조한 토양을 좋아하며 화단용으로 적합하다. 아이리스의 번식은 꽃이 시든 후 지상부 30 cm에서 잎을 자른 후 뿌리를 뽑아 새롭게 신장한 측아를 1~2개 남겨 분주한다. 정식은 6월 하순~7월 상순에 20~30 cm 간격으로 가능한 얕게 심는 것이 중요하다. 절화 외에 분화, 정원용으로 이용한다.

붓꽃

꽃창포

독일붓꽃

그림 23.25 붓꽃류

3) 호스타(*Hosta* spp.)

호스타는 백합과의 다년초로, 한국, 중국, 일본 등에 약 40~50종이 분포하고 있다. 우리나라에는 6종이 자생하고 있으며 비비추(*Hosta* spp.)와 옥잠화(*H. plantaginea*)가 정원용으로 많이 식재되고 있다. 옥잠화와 비비추는 시장에서 혼동되어 사용되고 있으나, 일반적으로 잎이 넓고 원형에 가까우며 향기가 나는 흰꽃이 피는 종류를 옥잠화 종류로 분류한다. 추위에 견디는 능력이 탁월하며 덩어리 모양의 지하경을 가지고 있다. 키는 20~30 cm에서 1 m에 가까운 것도 있다. 꽃은 백색, 자색 등이 있으며, 종에 따라 5월에서 9월 사이에 개화한다. 번식은 씨앗이나 포기나누기로 한다. 가을에 씨앗을 받아 바로 파종하거나 이듬해 봄에 파종한다. 포기나누기는 가을에 잎이 말라가는 시기 또는 봄에 새순이 자라기 시작하는 무렵에 눈을 2~3개 붙여 쪼개서 심는다. 정식하고 나서는 건조를 막기 위해서 짚으로 멀칭을 한다. 여름의 직사광선은 잎에 피해를 입히므로 30~40% 정도로 차광망을 치도록 한다. 호스타는 그늘에서도 견디는 힘이 강하여 지피식물로 이용이 가능하고, 정원용뿐만 아니라 절엽, 관엽 등으로도 사용이 가능하다.

옥잠화

비비추

Hosta 화단

그림 23.26 호스타

4) 원추리(*Hemerocallis fulva*)

원추리는 백합과의 다년초로, 세계적으로 20여 종이 분포하고 있으며, 우리나라에는 약 5종이 자생하고 있다. 키는 1 m 정도이며 산지와 초원에 자란다. 추위와 음지에 견디는 힘이 강하므로 햇빛이 반나절 이상 드는 곳이 좋다. 꽃은 6~8월에 개화하는데, 당일에 피고지므로 영명이 daylily이다. 번식은 씨앗이나 포기나누기로 한다. 씨앗은 8~9월에 채취하여 바로 파종하거나 층적처리하여 봄에 파종하면 2년 후에 개화한다. 분주는 3~4월 또는 9~10월에 실시한다. 봄에 돋아나는 연한 잎을 넘나물이라고도 하여 나물로 이용하고, 뿌리는 한약재로 이용한다. 주로 화단용이나 조경용으로 많이 이용된다.

왕원추리 왕원추리 화단 원추리

그림 23.27 원추리

5) 작약(*Paeonia* spp.)

작약은 미나리아재비과의 다년초로, 북반구에 30여 종이 분포하고 있으며, 우리나라에는 2종이 자생하고 있다. 작약은 땅속 저장 기관으로부터 줄기가 매년 발생하여 5~6월에 개화하고, 키는 60~100 cm 정도이다. 번식 방법은 씨앗 또는 포기나누기로 한다. 포기나누기는 새 뿌리가 많아지기 전인 9월 하순~10월 초순에 하는 것이 좋다. 심은 후에는 겨울철 추위와 건조의 피해를 방지하기 위하여 싹 위에 흙을 약간 두껍게 덮어준다. 새눈은 개화 후 줄기 아랫부분에 형성되는데, 9월 상순경에 화아분화가 시작되어 12월 하순에 완료된다. 눈은 추위에 강하여 −10℃ 이상에서도 월동한다. 모든 형태의 꽃은 정원용, 절화용 재배가 가능하며 뿌리는 약용으로 사용한다.

작약 겹꽃 작약원

그림 23.28 작약

6) 헬레보루스(*Helleborus* spp.)

헬레보루스는 미나리아재비과에 속하는 다년초로, 지중해 연안의 남부 유럽과 중국 서부 지역에 걸쳐 22종이 분포한다. 상록성으로 추위에 강하여 우리나라의 노지에서도 월동이 가능하다. 키는 30~50 cm 정도이고, 꽃은 12월에서 3월에 피어 '크리스마스 로즈'라고도 부른다. 번식은 씨앗이나 포기나누기로 한다. 씨앗 번식은 6월에 수확하여 파종하면 다음 해 4월에 발아하므로, 정상적으로 발아하는 데 9~10개월이 소요된다. 심는 시기 또는 포기나누기는 4~5월초가 가장 적기로, 이때 심으면 뿌리 내림이 좋아 잘 자란다. 물을 좋아하는 식물이므로 여름철에 토양이 건조하지 않도록 관리한다. 여름철에 햇빛이 강할 경우 차광을 해 주면 잎의 생육과 꽃의 품질 및 수량을 확보하는 데 도움이 된다. 화단이나 정원의 바위틈에 심으면 잘 어울리고 절화로도 재배한다.

H. niger

H. orientalis

반겹꽃

그림 23.29 헬레보루스

7) 금불초(*Inula britannica* var. *japonica*)

금불초는 국화과에 속하는 다년초로, 전 세계에 약 100종이 분포하며, 우리나라에는 금불초, 가는금불초, 가지금불초 1아종 3변종이 자생하고 있다. 생육 환경은 산과 들의 물기가 많은 곳에 잘 자라는 반그늘 또는 양지식물이다. 키는 30~70 cm 정도이고, 꽃은 6~9월에 핀다. 번식법은 10월에 성숙한 종자를 채취하여 바로 화분에 뿌리는 것이 좋고, 이듬해 봄에 포기나누기를 할 수도 있다. 대량 재배를 위해서는 직사광선을 받지 않는 비옥한 화단을 선택하여 심은 후 물은 2~3일에 한 번씩 준다. 최근에는 화단용 혹은 도로 조경용으로 많이 이용하고 있다.

금불초 꽃

금불초 군락

금불초 화단

그림 23.30 금불초

8) 에키나시아(*Echinacea* spp.)

에키나시아는 미국 중서부와 중북부 원산의 다년초로, 자주루드베키아, 자주천인국이라고도 하며, 내한성이 강한 식물이다. 줄기는 단단하고 털이 있으며, 키는 30~100 cm 정도이다. 꽃은 7~8월에 개화하는데, 흰색, 노랑색, 분홍색, 보라색 등 다양하다. 번식은 종자, 포기나누기, 뿌리 삽목으로 가능하고, 종자 번식할 경우 꽃은 2~3년 후에 개화한다. 비옥한 토양보다는 다소 척박하고 배수가 양호하며 광량이 많고 통풍이 잘 되는 곳에 심는 것이 중요하다.

E. purpurea

E. pallida

에키나시아 화단

그림 23.31 에키나시아

9) 아스틸베(*Astilbe* spp.)

아스틸베는 범의귀과의 다년초로, 우리나라에서는 '노루오줌'이라고 한다. 한국, 중국, 일본 및 북미에 약 30여 종이 자생한다. 우리나라에는 '노루오줌', '숙은노루오줌', '흰숙은노루오줌' 3종이 자생한다. 추위에 강하며 심한 건조 지역을 제외하면 어디서나 잘 자란다. 키는 60~80 cm 정도이고, 자연조건에서 6~8월에 개화하는데 연 1회 개화하는 작물이다. 번식은 분주로 10월경에 하는데, 이때는 지상부를 자르고 뿌리를 뽑아 눈이 4~5개 정도 매달리도록 전정가위로 잘라서 정식한다. 11월에는 잎이 시들어 휴면에 들어간다. 일반적으로 화단과 공원 등에 식재할 경우에는 몇

노루오줌

'Sister Teresa'

'Weisse Gloria'

그림 23.32 아스틸베

년이고 그대로 두고 손질하지 않아도 매년 같은 경관을 보존하는 것이 가능하다. 절화, 분화, 정원용 등 용도가 다양하다.

5 야생화

1) 범부채(*Belamcanda chinensis*, 붓꽃과)

들과 산지에 자라는 붓꽃과 다년초로, 근경이 발달하여 번식하며, 7~8월에 피는 호피무늬의 주황색 꽃과 가을의 검은색 열매가 아름다운 식물이다. 지면을 피복하는 효과도 높으며, 배수가 잘되는 척박한 토양에서 잘 자란다.

범부채 꽃 잎

그림 23.33 범부채

2) 구절초(*Chrysanthemum zawadskii*, 국화과)

우리나라 산기슭이나 비탈면에서 흔히 자라는 다년초로, 근경이 옆으로 뻗어서 번식하며, 8~10월에 흰색 또는 분홍색으로 개화한다. 군식으로 식재하는 것이 좋고, 특별한 관리를 요구하

그림 23.34 구절초

지 않지만 영양분이 많은 토양에서는 웃자라므로 주의를 요한다.

3) 매발톱꽃(*Aquilegia buregeriana* var. *oxysepala*, 미나리아재비과)

계곡의 양지나 숲 가장자리에서 생육하는 다년초로, 보습성이 좋으면서 배수가 잘되는 정원에 식재하는 것이 좋다. 꽃의 모양과 색이 독특하여 군식으로 식재하면 좋다. 종자가 영글면 바로 파종하여도 발아가 매우 잘된다.

매발톱 하늘매발톱 매발톱 화단

그림 23.35 매발톱

4) 둥굴레(*Polygonatum odoratum* var. *pluriflorum*, 백합과)

숲속의 반그늘에서 자라는 다년초로, 옆으로 뻗으며 자라는 뿌리줄기는 캐내어 식용이나 약제로 많이 활용한다. 양지, 반음지 모두에서 적응성이 뛰어나고, 녹색의 잎과 아래를 향해 달리는 흰색 또는 연녹색의 초롱 모양의 꽃이 관상가치가 높여 준다. 잎에 무늬가 있는 무늬둥굴레(*P. odoratum* var. *pluriflorum* f. *variegatum*)도 많이 활용되고 있다. 잎과 줄기를 잘라 꽂꽂이에 많이 활용한다.

그림 23.36 둥굴레

5) 삼지구엽초(*Epimedium koreanum*, 매자나무과)

숲속의 나무밑 그늘에 자라는 다년초로, 원줄기에서 가지가 3개씩 갈라지고, 가지에 잎이 각각 3개씩 모두 9개의 잎이 달려 있어 삼지구엽초(三支九葉草)라 불린다. 꽃의 모양이 독특하여 관상가치가 높으며, 부식질이 있는 반음지 토양에서 잘 자란다.

그림 23.37 삼지구엽초, 꽃, *E. grandiflorum* f. *vilaceum*

6) 복수초(*Adonis amurensis*, 미나리아재비과)

낙엽수 하단부에서 자라는 다년초로, 이른 봄에 노란색의 꽃을 피워 봄을 알리는 식물인데, 예로부터 새해에 장수와 복을 기원하면서 선물하는 꽃으로 알려져서 복수초(福壽草)라 불린다. 개화기간이 짧고 5월 중순 이후에는 하고현상으로 관상가치가 떨어진다. 부엽이 많고 배수성이 좋은 토양에 식재하는 것이 좋다.

그림 23.38 복수초

7) 용머리(*Dracocephalum arguense*, 꿀풀과)

전국 산지에서 자라는 다년초로, 꽃의 형태가 용의 머리 모양이라 하여 '용머리'라 부른다. 보라색 꽃이 무한화서로 달려 개화기간이 길다. 내척박성, 내건성이 강하고 햇빛이 잘드는 곳에서 잘 자라므로 암석원 등에 식재하면 좋다. 물리화학적 종피처리로 발아율을 향상시킬 수 있다.

그림 23.39 용머리 화단, 꽃, 흰용머리

8) 상사화(*Lycoris squamigera*, 수선화과)

중부 이남에서 자라는 다년초이나 경기도 남부지역에서도 생존이 가능하다. 봄에 생장하는 녹색의 선형 잎은 관상가치가 높지만, 여름이 되면 하고현상으로 사라진다. 잎이 사라진 여름에 분홍색의 꽃을 피우는데, 잎과 꽃이 만날 수 없다고 하여 상사화로 불린다. 햇빛이 잘 들고 배수가 잘되는 곳에서 잘 자란다. 국내에는 백양꽃(*L. sanguinea* var. *koreana*), 붉은백양꽃(*L. sanguinea*), 진노랑상사화(*L. chinensis* var. *sinuolata*, 개상사화), 붉노랑상사화(*L. flavescens*), 위도상사화(*L. uydoensis*), 제주상사화(*L. chejuensis*) 등이 자생하고 있다. 가을에 붉은색으로 개화하는 석산(*L. radiata*, 꽃무릇)은 일본 원산의 식물이다.

상사화 백양꽃 석산(꽃무릇)

그림 23.40 상사화류

6 관상용 그래스

1) 억새류(*Miscanthus* spp.)

억새류는 국내에서 조경용 그래스로 주로 식재되고 있으며, 참억새(*Miscanthus sinensis*), 물억새(*M. sacchariflorus*) 등이 전국에 자생하고 있다. 참억새는 산이나 초원에 자생하며 짧은 지하경이 있는 반면에, 물억새는 물가에서 자라며 긴 지하경을 가지고 있다. 외국에는 참억새를 모본으로 하는 많은 원예품종들이 개발되어 있다. 국내에는 엽맥과 무늬가 교차하는 얼룩말 무늬 형태의 'Zebrinus'. 'Gold Bar', 'Strictus', 엽맥과 평행하는 줄무늬 타입의 'Morning Light', 'Variegatus', 잎의 무늬가 없는 'Gracillimus', 'Kleine Fontane', 'Common' 등의 품종이 도입되어 있다(https://doi.org/10.12972/kjhst.20190028).

참억새 / 참억새 가을단풍 / 'Zebrinus'

그림 23.41 억새류

2) 수크령(*Pennisetum alopecuroides*)

우리나라 전역에 분포하는 화본과의 다년초로, 여름에 성숙한 잎은 쏟아지는 분수 같은 곡선 형태를 띠고 있어 fountain grass로 불린다. 흰색-갈색 빛이 드는 긴꼬리 모양의 화서가 가을에 출현하는데, 이삭 사이로 빛이 투영되는 모습이 매력적인 식물이다. 양지 바른 곳에 식재하며 적습토양에서 잘 자라지만 내건성도 비교적 좋은 편으로 관리요구도가 낮은 편이다. 보행로를 따라 군식하면 자연스러운 경계선을 형성한다. 국내에는 'Little Honey', 'Little Bunny', 'Hameln', 'Moudry', 'Caudatum' 등의 품종이 도입되어 있다.

수크령 | *P. setaceum* 'Rubrum' | 수크령 경계화단

그림 23.42 수크령

3) 사초류(*Carex* spp.)

사초속에는 2,000여 종이 온대지역에 주로 자생하지만, 생육조건이나 생육습성 등이 매우 다양하고 대부분 습기가 충분한 비옥한 토양에서 잘 자란다. 잎의 형태나 질감이 좋고 특별한 관리가 필요하지 않아 정원용으로서 수요가 증대되고 있다. *Carex oshimensis* 'Evergold' 'Gold Strike'는 내한성이 비교적 강하고 잎의 관상가치가 높은 상록성 사초로 국내에서 많이 이용되고 있다. 추위가 심한 곳에서는 잎이 갈변하거나 고사하므로 봄에 지상부를 제거해주는 것이 필요하다.

'Evergold' | *C. morrowii* 'Variegata' | 줄무늬대사초

그림 23.43 사초류

4) 무늬물대(*Arundo donax* 'Variegata')

기본종인 물대는 습지에 자라는 다년초로, 굵고 마디가 많은 땅속줄기가 옆으로 퍼지며 자란다. 키가 2~4 m로 크게 자라므로 **왕갈대**라고도 불리며, 남부지역에서는 정원이나 수변공원 등에 식재된다. 또한 무늬물대는 잎에 흰색의 줄무늬가 아름다워 정원용으로 많이 식재되고 있다. 중부지역에서는 월동이 어려운 경우가 많아 일년초로 취급하기도 한다. 국내에는 무늬물대와 유사하지

만 노란색 잎에 녹색 줄무늬가 있는 *A. donax* 'Golden Chain'이 도입되어 있다.

물대

무늬물대

'Golden Chain'

그림 23.44 물대

5) 팜파스그래스(*Cortaderia selloana*)

*Cortaderia*속은 상록성 또는 반상록성 다년초로, 뉴질랜드, 뉴기니, 남미 등에 23종이 분포하고 있다. 줄기는 총생하고 높이 1~3 m까지 자라며, 잎은 손이 베일 정도로 억세고 뻣뻣한 편이다. 가을에 개화하는 유백색의 대형 원추화서의 관상가치가 높아 정원식물로서의 이용이 증가하고 있다. 내건성과 내염성이 강하지만 내한성이 다소 약하여 남부지역과 인천의 영종도까지만 식재가 가능하다. 'Alboineata', 'Andes Silver', Auroeolineata', 'Bertini', 'Icalma', 'Monstrosa', 'Pink Feather', 'Rosea', 'Patagonia', 'Pumila'. 'Sunningdale Silver' 등의 품종이 있는데, 'Patagonia'와 'Pumila'는 내한성 지역 6에서 생존이 가능한 것으로 알려져 있다.

팜파스그래스

원추화서

'Pumila'

그림 23.45 팜파스그래스

참고문헌

- 국가표준식물목록. http://www.nature.go.kr/kpni/index.do
- 김기동. 2019. 억새 원예품종의 출수특성과 화서 가시성 평가. 원예과학기술지 37:290-303
- 김성수. 2007. 한국의 조경수목. 기문당
- 김완순. 2015. 정원산업 현황조사와 전망에 관한 연구 보고서
- 김종근 외. 2014. 테마가 있는 정원식물. 도서출판 한숲
- 농림축산식품부. 2019. 화훼재배현황
- 미국농무성 내한성 지도. http://planthardiness.ars.usda.gov/PHZWeb/
- 미국농무성 식물검색 서비스. https://plants.sc.egov.usda.gov/java/
- 미주리식물원. https://www.missouribotanicalgarden.org/
- 류병열, 2015. 정원과 식물. 플로라
- 산림청. 2019. 임산물 생산조사
- 시카고식물원. https://www.chicagobotanic.org/plantcollections/plantfinder
- 영국왕립원예협회 정원식물. https://www.rhsplants.co.uk/
- 이병철 외. 2011. 국내 자생종 및 도입종 만병초의 내한성과 관련된 형태 및 생리적변화. 원예과학기술지 29:561-567
- 정현환 외. 2011. 한국의 정원식물(초본류). 이담북스
- California flora nursery. http://www.calfloranursery.com/
- Daves garden plant database. https://davesgarden.com/guides/pf/
- Dutchmaster nursery. http://dutchmasternurseries.com/products/
- Grounds maintenance. https://grounds-maintenance.com
- Online plant guide. http://www.onlineplantguide.com/Index.aspx
- RHS. 2003. A-Z encyclopedia of garden plants. DK. London
- RHS. 2005. Encyclopedia of plants and flowers. DK. London
- Rick Darke, 2007. The encyclopedia of grasses for livable landscapes. Timber Press, Inc
- Sunset garden. https://sunset.com

FLORICULTURE

CHAPTER 24

잔디의 종류와 관리

이긍주·양근모·류주현·김영선

조원 및 조경용 지피류 화훼류의 대표적 소재인 잔디(turfgrass)는 대기 환경조절, 토양 및 지하수 보존, 그리고 이용자의 심미적 장점 또는 물리적 부상 방지 등의 다양한 기능을 갖는다. 잔디가 포함된 화본과 작물은 전 세계에 600속, 약 7,500 종이 있지만, 이 중 잔디로서 많이 활용되고 있는 것은 약 20여 종 정도이다. 잔디 산업은 뗏장과 종자를 중심으로 장비, 관수, 비료, 농약 및 생장조절제 등의 생산 및 서비스 공급자와 조경을 비롯한 시공 또는 잔디 관련 시설 관리자, 그리고 최종 소비자(골프장, 경기장, 묘지, 공원, 학교, 가정 등)로 구성되어 있다. 그러므로, 녹지공간이 필요한 정원, 경사지, 산소, 스포츠 및 운동장용 잔디의 품종 개발, 생산, 조성 및 관리를 포함하는 종합적인 산업의 소재라고 할 수 있다.

1 잔디의 종류 및 형태적 특성

1) 잔디의 종류

잔디는 생육적온 및 광합성 유형 또는 저장 탄수화물의 이용 형태에 따라 **난지형 잔디**와 **한지형 잔디**로 구분할 수 있다(Beard and Green, 1993; www.biobooks.co.kr). 난지형 잔디는 중저위도에서 잘 자라는 반면, 한지형 잔디는 중위도 이상에서 높은 생육 적응성을 보인다. 또한, 난지형 잔디는 주로 전분(starch)이나 자당(sucrose) 형태로 저장하고, 한지형 잔디는 과당 다당체인 프럭토산(fructosan)이나 올리고당(oligosaccharide) 형태로 탄수화물을 저장한다. 다년생 잔디의 경우 줄기, 지하경 및 포복경이 주요 탄수화물 저장 장소이지만, 비교적 이용이 용이한 포도당, 과당 또는 자당류는 뿌리 또는 잎에 저장하는 경향이 높다.

(1) 난지형 잔디

난지형 잔디(warm-season turfgrass)는 온대~열대 기후대의 고온지역에서 잘 적응하는 잔디로, 지상부 생육적온은 27~32°C이고, 지하 뿌리의 생육 적온은 24~29°C 범위이다. 난지형 잔디는

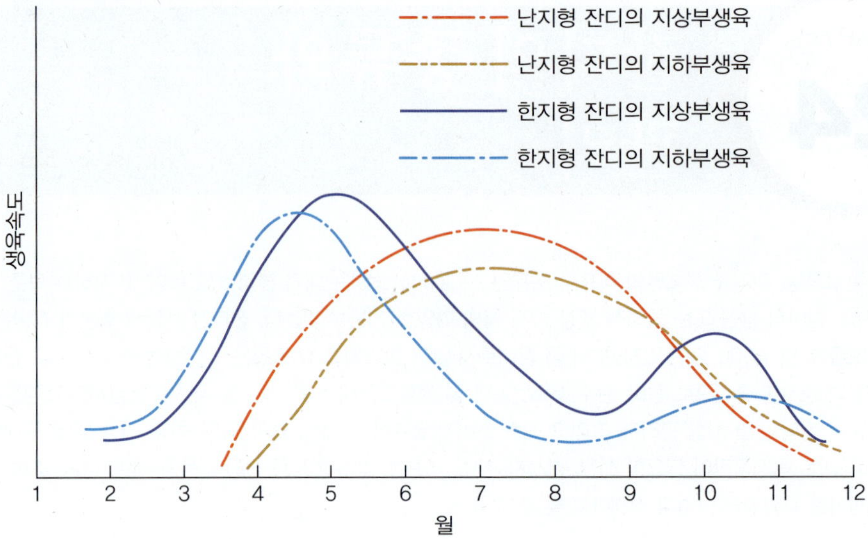

그림 24.1 연중 온도 변화에 따른 난지형 및 한지형 잔디의 생육 변화(한국잔디학회, 2021)

우리나라에서는 봄(4월)에 생육을 시작하여 고온기 최고 생육을 보이다가, 가을철(10월)에 들어서서 대기 온도가 강하함에 따라서 생육이 감소하다 휴면에 들어간다(그림 24.1). 따라서 하절기 고온 장일상태에서도 높은 광포화점과 속도를 보이는데, 이는 엽육 세포와 인접한 유관속초세포(vascular bundle sheath cell)에서 대기 중 이산화탄소를 PEP(phosphoenolpyruvate) carboxylase에 의해 말산(malate, 4탄당)으로 고정하였다가 엽록체에서 꺼내 쓰는 C4 형의 광합성 메커니즘을 갖기 때문이다. 한지형 잔디에 비하여 내한성이 대부분 낮고, 저온이 생육한계 요인이 된다. 대표적인 난지형 잔디로는 zoysiagrass(한국잔디류), bermudagrass, St. Augustinegrass, centipedegrass, seashore paspalum, carpetgrass, buffalograss 등이 있다.

(2) 한지형 잔디

한지형 잔디(cool-season turfgrass)는 한랭한 습윤 또는 건조 기후대에서 잘 생육하는 잔디로, 지상부 생육 적온은 18~24°C이고, 지하 뿌리의 생육적온은 10~18°C 범위이다. 한지형 잔디는 이른 봄(3월)부터 지속적인 생육 증가를 보이다가 고온기에 생육 최저 또는 휴면을 하며, 가을철(10월)에 2차 생육 상승을 보이는 쌍곡선형 생장 모습을 보인다(그림 24.1). 한지형 잔디의 탄소고정은 난지형 잔디와는 다르게 엽록체에서 대기 중의 이산화탄소를 고정하여 2분자의 유기물인 3-포스포글리세르산(3-phosphoglyceric acid, 3탄당)이 처음 합성된다. 이 과정에서 온도가 높지 않으며, Rubisco (ribulose-1,5-bisphosphate) 효소의 특징인 광호흡(photorespiration) 발생이 적고 탄소 고정율도 높아지므로, 난지형 잔디에 비하여 낮은 생육적온을 갖는다고 볼 수 있다. 난지형 잔디에 비하여 고온에 대한 내성이 낮고, 높은 온도가 생육한계 요인이 된다. 대표적인 한지형 잔디로는 bluegrass, bentgrass, fescue, ryegrass 등이 있다.

2) 잔디의 형태 및 생육 특성

(1) 잔디의 형태적 특성

단자엽 식물에 속하는 잔디는 **뿌리**, **잎줄기**, 그리고 **관부**(crown)로 구성되어 있다. 수염뿌리 형태의 잔디 뿌리는 잔디 종자에서 발생한 1차 뿌리와 줄기의 마디나 분얼경에서 발생한 2차 부정근으로 나뉜다. 대부분의 뿌리(약 80%)는 지표면 아래 20 cm 안에 분포하는데, 난지형 잔디는 최대 2.1 m까지 자라지만, 한지형 잔디는 0.6 m까지 자란다.

잔디의 지상부 줄기는 **관부**, **꽃대**, **측지** 등 3가지 형태로 나누어 볼 수 있다. 관부는 지표면 근

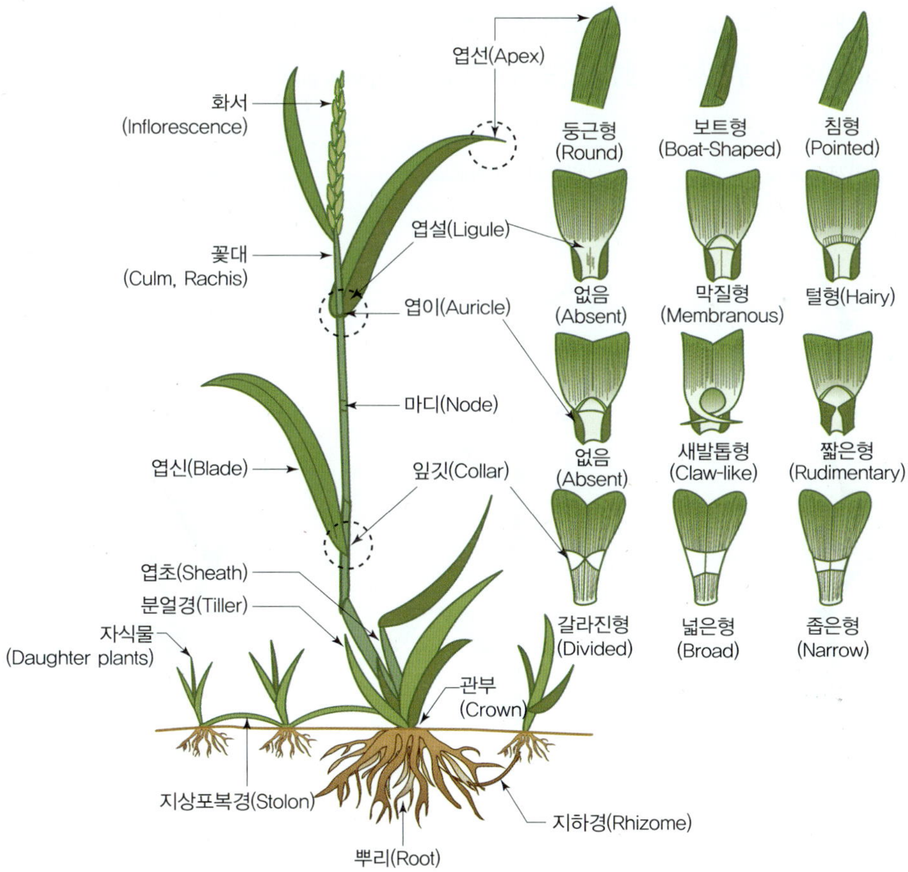

그림 24.2 잔디의 식물체적 형태 및 부위별 이름

처의 식물체 기저부에 위치한다. 다년생 식물인 잔디의 잎, 줄기, 뿌리 발생에 필수적이고 매우 중요한 역할을 담당한다. 일반적으로 잔디깎기는 관부의 위쪽에서 이루어지지만, 지면이 고르지 못하여 발생하는 scalping 또는 답압 등에 의한 피해로 인해 관부가 상하게 되면, 종자를 다시 파종하거나 이웃한 수평줄기를 사용하여 복구한다.

다른 화본과 식물처럼 잔디도 잎은 평행맥을 가지며, 끝이 점점 좁아지는 형태를 이룬다. 잎은 **엽초**(또는 잎집, leaf sheath)와 **엽신**(또는 잎몸, leaf blade)으로 나눌 수 있고, 또한 줄기 주변의 엽초와 엽신의 주변 모양에 따라 잔디를 식별하기도 한다. 잔디깎기(예초)를 하면 잎집 속에 있는 줄기의 마디에서 새로운 잎이 발생해서 최외각의 노화된 잎을 대신하여 광합성을 담당하게 된다. 따라서 예초 저항성이 높은 잔디들은 마디가 짧고, 엽초의 길이 또한 짧은 특징이 있다. 잔디의 잎 표면은 표피세포(epidermal cell)로 둘러져 있는데, 규소 성분이 많은 실리카 세포(silica cell)와 코르크 벽으로 된 코르크 세포(cork cell)로 이뤄져 있다. 이들 세포로부터 잎의 털(hair)이 발생한다. 잎에 있는 기공의 대부분은 잔디 윗면의 표피층에 주로 위치하고 있다.

지피식물인 잔디에서는 측지의 역할이 매우 중요하다. 측지는 수직 생장을 하는 1차 측지인 **분얼경**과 수평 생장 위주의 2차 측지인 **포복경**과 **지하경**으로 구분된다. **잔디의 화서**(종자머리)는 꽃대(culm 또는 rachis)의 끝 부분에 발생한다. 꽃대에서 소화경(pedicel)의 발생 여부 또는 길이에 따라 잔

그림 24.3 잔디의 화서에 따른 잔디 분류

디의 화서는 **총상화서**(raceme), **수상화서**(spike), **그리고 원추화서**(panicle)로 나누어진다(그림 24.3). 화서의 주축 위에 짧고 비슷한 길이의 소화경이 발생하고, 그 끝에 종자가 달리는 형태이면 총상화서이고, 총상화서와 달리 소화경이 없이 화서 주축에 종자가 달린 형태이면 수상화서이며, 총상화서 여러 개가 아래에서 위쪽 방향으로 발생하면서 삼각형 모양을 이루고 있으면 원추화서이다.

(2) 잔디의 생육형

지피식물로서 잔디의 지상 및 지하부 생육형태(growth type)는 줄기 발생 모양에 따라 **포기형**(bunch type, B-type), **지상포복형**(stoloniferous type, S-type), **지하경형**(rhizomatous type, R-type)으로 구분할 수 있지만, 잔디 종류에 따라 복합적인 생육형태를 보이기도 한다(그림 24.4). 포기형 잔디는 한 개의 생장점에서 비롯된 여러 개의 **분얼경**(tiller)이 포기 형태를 이루므로, 시간이 경과하면 종자를 추가 파종하여 피복 상태를 유지해야 한다. 포복형 잔디는 분얼경이 기본으로 있고, 추가적으로 지상포복경이나 지하경 등 수평줄기가 자라면서, 이들의 마디에서 새로운 신초가 발생하는 형태이므로, 시간이 지나면서 피복 밀도가 계속 증가하게 되는 장점이 있다.

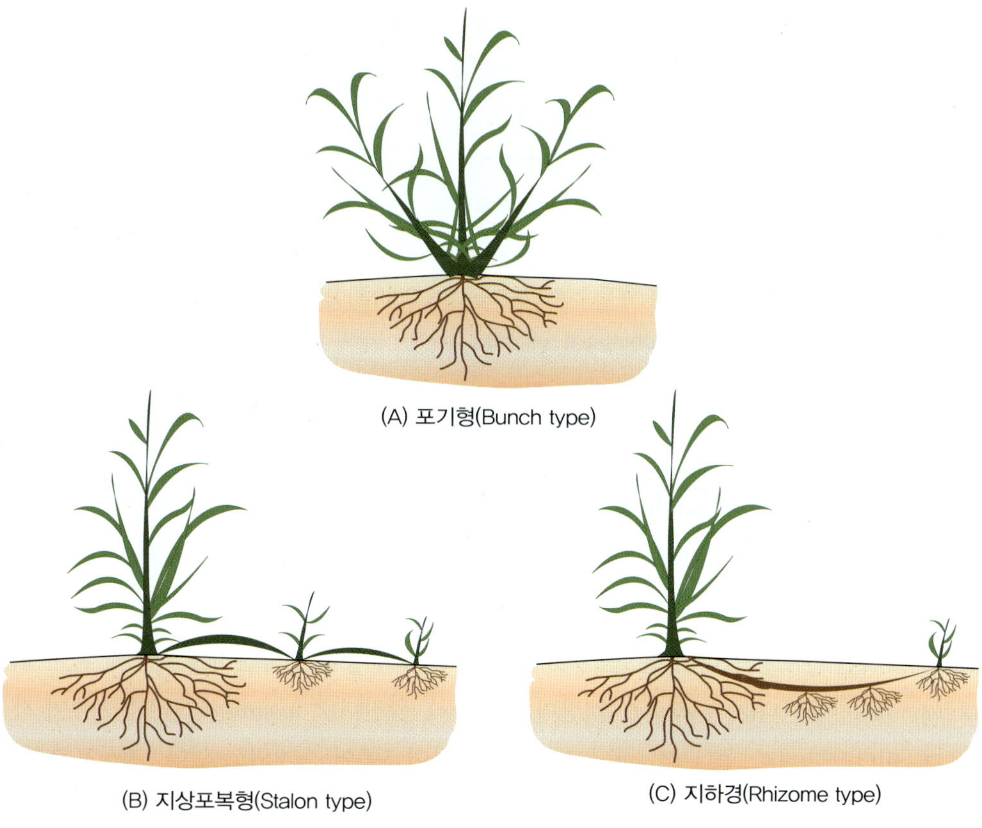

그림 24.4 잔디의 여러 가지 생육형태

표 24.1 난지형 및 한지형 잔디의 종류 별 생육형태 비교

구분	잔디 종류	대표 종(species)	줄기 형태
난지형 잔디	한국잔디(zoysiagrass)	들잔디(Korean lawngrass)	분얼경, 포복경, 지하경
		금잔디(Manila grass)	
		비단잔디(Korean velvetgrass)	
		갯잔디(coastal zoysiagrass)	
		왕잔디(giant zoysiagrass)	
	우산잔디 (bermudagrass)	2배체 우산잔디	분얼경, 포복경, 지하경
		4배체 우산잔디	
	St. Augustinegrass	*Stenotaphrum secundatum*	분얼경, 포복경
	centipedegrass	*Eremochloa ophiuroides*	분얼경, 포복경
	seashore paspalum	*Paspalum vaginatum*	분얼경, 포복경, 지하경
	bahiagrass	*Paspalum notatum*	분얼경, 포복경, 지하경
	carpetgrass	*Axonopus* spp.	분얼경, 포복경
	buffalograss	*Buchloe dactyloides*	분얼경, 포복경
한지형 잔디	bluegrass	Kentucky bluegrass	분얼경, 지하경
		annual bluegrass	분얼경(약한 포복경)
		rough bluegrass	분얼경, 포복경
	bentgrass	creeping bentgrass	분얼경, 포복경
		colonial bentgrass	분얼경(약한 지하경, 포복경)
	fescue (*Festuca* spp.)	tall fescue	분얼경(약한 지하경)
		fine fescue (red fescue, Chewings fescue)	분얼경, 지하경
	ryegrass (*Lolium* spp.)	perennial ryegrass	분얼경
		annual ryegrass	분얼경

3) 국내 주요 난지형 잔디의 종류 및 이용

(1) 한국잔디류(zoysiagrass, *zoysia* spp.)

국내 대표적인 난지형 잔디이다(그림 24.5). 전 세계 10여 종의 한국잔디류 가운데 국내에는 들잔디(*Z. japonica*), 금잔디(*Z. matrella*), 갯잔디(*Z. sinica*), 왕잔디(*Z. macrostachya*) 등 4종이 자생하고 있으며, 비단잔디(비로드잔디, *Z. tenuifolia*)를 포함하여 5종이 소개되고 있다. 지상포복경과 지하경을 이용하여 번식하는 대표종으로, 고온건조 및 내한성이 우수하나 휴면기간(가을~겨울) 동안은 녹색 유지가 어렵고, 생육 속도가 느려 피해 시 재생하는 데 많이 시간이 걸린다. 국내 경기장,

한국잔디

버뮤다그래스

그림 24.5 국내 이용 주요 난지형 잔디

골프장, 정원, 공원, 산소, 또는 절개지 사방공사용도로 주로 이용되고 있다.

(2) 버뮤다그래스(우산잔디, bermudagrass)

열대 또는 아열대, 그리고 우리나라의 경우 남해안 일부 지역 등 고온 지역에서 생육 적응력이 우수한 잔디로, 2배체(*Cynodon transvaalensis*)와 4배체(*C. dactylon*) 2종과 이들 사이의 3배체 잡종이 주를 이루고 있다(그림 24.5). 고온에 견디는 내서성은 강하지만, 추위에 비교적 약한 특성이 있고, 주로 지상포복경이나 지하경과 같은 영양기관으로 번식한다. 미국 남부 조지아대학교에서 잔디형으로 선발 육종된 3배체 세엽 왜성종은 골프장 그린용으로 많이 이용되고 있다. 생육 속도가 매우 빠르기 때문에(1년에 최대 1.8 m 길이 생장) 자주 깎아줘야 하지만, 재생력이 우수하여 경기장(축구장, 테니스장 등), 골프장, 정원, 공원 등에 많이 이용되고 있다.

4) 국내 주요 한지형 잔디의 종류 및 이용

(1) 포아풀류(bluegrasses, *Poa* spp.)

대표적인 한지형 잔디류로서 한랭습윤한 지역에 적응력이 우수하다. 주로 Kentucky bluegrass (*P. pratensis*), Canada bluegrass, annual bluegrass, 그리고 rough bluegrass 4종이 잔디로 이용되고 있다(그림 24.6). 엽색은 매우 진한 녹색을 가지고 있고, 잎 끝의 모양이 보트형인 특징을 보인다. 주로 종자를 이용하여 조성하지만, 그 이후에는 대부분 지하경을 이용하여 수평으로 번식하며 생장한다. 대표종인 켄터키 블루그래스의의 경우에는 봄철 그린업(green up)이 빠르고 가을에도 녹색을 유지하는 특성이 있어서, 경기장, 골프장, 정원, 공원, 묘지 등에 많이 이용된다. 우리나라에서는 여름철 고온기 하고(夏枯)현상이나 생육불량으로 인한 제약 때문에, 관리가 잘 이뤄지는 경기장 또는 골프장에서 주로 이용되고 있다.

(2) 벤트그래스류(bentgrasses)

한지형 잔디 가운데 가장 세엽을 가지고 있고 예초에 대한 저항성이 가장 우수하다(그림 24.6). 대표 종으로는 크리핑 벤트그래스(*Agrostis palustris*), 콜로니얼 벤트그래스(*A. tenuis*), 벨벳 벤트그래스(*A. canina*), 레드탑(*A. alba*) 등이 있고, 국내에서는 크리핑 벤트그래스가 주로 이용된다. 봄과 가을철에 지상포복경을 이용하여 생육이 우수하고 높은 피복율을 보이지만, 여름 고온시기에는 수분 부족에 의한 건조 피해와 생육불량으로 인한 병해 발생이 높은 편이다. 답압에 약한 편이지만 재생력이 우수하여 빨리 회복되는 특성을 가지고 있어, 국내 골프장의 그린용으로 주로 이용된다.

켄터키 블루그래스　　　크리핑 벤트그래스

그림 24.6 국내 이용 한지형 잔디: 켄터키 블루그래스(좌), 크리핑 벤트그래스(우)

(3) 훼스큐류(fescues)

한지형 잔디 중에서 고온 내성이 가장 우수한 잔디이다. 한지형과 난지형 기후대의 중간지대(transition zone)에서 적응력이 우수한 한지형 잔디이다. 목초용으로 쓰이던 톨 훼스큐(*Fescuca arundinacea*) 종들이 육종을 통해서 개발된 크리핑 레드 훼스큐(*F. rubra*), 츄잉스 훼스큐(*F. rubra* spp. *commutata*), 쉽 훼스큐(*F. ovina*), 하드 훼스큐(*F. longifolia*) 등 세엽형의 잔디가 많이 이용되고 있다. 원추화서이면서 잎의 윗면에 평행으로 발달된 뚜렷한 엽맥이 특징적이다(그림 24.7). 국내에서는 가정 정원, 공원, 그리고 경사면 녹화용으로 많이 이용되며, 켄터키 블루그래스나 라이그래스와 혼파하여 골프장 또는 경기장 조성에 주로 이용되고 있다.

(4) 라이그래스류(ryegrasses)

한지형 잔디 중에서 종자 파종 후 피복 속도가 가장 빠른 장점을 가지고 있다. 빠른 종자 발아 속도와 건조 토양 또는 음지 적응력이 우수하므로, 8월 말경 난지형 잔디 위에 오버씨딩하여 난지형 잔디 지역의 휴면기 녹색을 유지하는 데 이용된다. 잔디로 이용되는 라이그래스는 크게 일년생

훼스큐(상, 전체; 중, 화서; 하, 잎)

라이그래스(상, 전체; 중, 화서; 하, 잎)

그림 24.7 **국내 이용 한지형 잔디:** 훼스큐(좌), 라이그래스(우)

(annual ryegrass, *Lolium multiflorum*)과 다년생(perennial ryegrass, *L. perenne*)으로 나뉜다. 엽설 부위에 얇은 막(membrane)이 있고, 엽이(auricle) 부위가 길다란 발톱 모양으로 발달하는 특징이 있고, 수상화서를 가지고 있다(그림 24.7). 국내에서는 가정 정원, 공원, 골프장 페어웨이, 러프 그리고 경사지 등에 이용된다.

2 잔디의 번식 및 식재 방법

잔디밭을 조성하는 방법에는 **종자번식**과 **영양번식**이 있다. 골프장, 축구장 등 넓은 면적을 효율적으로 조성하고자 할 때는 종자번식이 효과적이다. 국내의 경우에는 골프장 그린을 조성하기 위해 creeping bentgrass를 파종하여 조성하고 있으며, 축구장을 조성하기 위해서는 Kentucky bluegrass를 파종하여 조성하고 있다. 종자번식이 쉽지 않은 난지형 잔디류인 zoysiagrass(한국잔디류)나 bermudagrass 등은 일반적으로 **뗏장이나 포복경**(지상 또는 지하경)을 이용한 영양번식을 통해 잔디밭을 조성한다. 그러나 zoysiagrass와 bermudagrass 조성 효율을 높이기 위한 종자형 품종이 개발되면서 넓은 면적을 조성할 때 종자번식이 사용되고 있다.

1) 장소 설정 및 준비

종자번식이나 영양번식을 위해서는 우선적으로 잡초가 없는 토양을 준비한다. 골프장의 경우 잡초가 없는 모래를 포설한 후 파종하는 경우가 대부분이다. 그러나 정원과 공원의 경우 일반토양에 파종을 하기 때문에 토양 내 잡초와 잔디 종자가 동시에 발아되므로 조성에 어려움이 있다.

파종 전에는 흙속에 돌, 뿌리, 나무 등 이물질을 충분하게 골라낸다. 파종지역이 준비되면 **토양조사**(soil testing)를 통해 배수성, 경도 등과 같은 물리적 성질과 질소(nitrogen; N), 인(phosphorus; P), 칼륨(potassium; K), 토양산도 (pH), 양이온 치환 용량(cation exchangeable capacity; CEC), 유기물(organic matter; OM) 함량 등의 화학적 성질을 조사한 후, 적정기준에 맞지 않으면 토양개량 작업을 수행한다. 잔디가 자라는 토양은 사질양토가 좋으므로 흙이 너무 점질이면 모래를 혼합하여 토성을 개량한다. 또한 토양 내 유기물 함량이 1.5% 이하가 되면 비료 효과 및 수분 보유력이 떨어지므로, 부숙퇴비 등 양질의 유기물을 혼합하여 토양을 개량한 후 종자번식이나 영양번식을 한다.

토양개량 작업이 완료되면 경작을 하여 흙을 부드럽게 해주어야 한다. 경작의 방법에는 주로 **쇄토**(rototilling) **작업**이 수행된다. 경작 후에는 잔디 면을 맞추기 위해 표면경사를 잡는다. 운동장의 경우 0.8% 수준으로 중앙 부위가 높게 하며, 정원의 경우 빗물이 떨어지는 지붕 쪽에서부터 밖으로 3% 경사를 준다. 빗물이 흐를 수 있는 경사를 잡은 후에는 갈퀴(rake) 등을 이용하여 표면을 부드럽게 정리하여야 한다. 잔디밭 주변에는 **명거배수로**를 설치해서 표면수가 빠지도록 하고, 운동장이나 골프장의 경우에는 깊이 45~60 cm, 간격 5~20 m로 유공관을 묻어 **암거배수** 작업을 수행한다. 토양개량, 표면경사, 배수작업이 완료되면, 질소, 인산, 칼리가 포함된 기비를 살포하여 초기 발아된 유묘가 잘 성장하게 한다. 기비의 살포량은 질소 순성분 기준량으로 4 g/m^{2}가 되도록 한다.

2) 종자 번식

(1) 파종시기 및 파종량

잔디 종자를 파종하기 위한 적정 시기를 선택한다(표 24.2). 켄터키 블루그래스 등과 같은 한지형 잔디의 적정 파종시기는 8~9월 또는 4~5월이며, 이 중에서도 가을 파종인 8~9월이 잡초와의 경합을 최소화할 수 있어서 유리하다. 난지형 잔디인 조이시아그래스는 5~6월이 파종 적기이다. 7월도 가능하지만 장마기와 겹치기 때문에 파종 후 토양 유실 등의 피해가 따를 수 있다. 종자를 파종할 때에는 바람이 없는 날을 택하여 두 방향으로 교차되도록 나누어서 살포하며, 파종된 종자가 토양 표면에서 3~6 mm 정도 묻히도록 한다. 또한 파종 전에 종자의 순도, 발아력을 확인한 후에 파종량을 결정한다. 켄터키 블루그래스는 10 g/m^2, 크리핑 벤트그래스는 5 g/m^2, 퍼레니얼 라이그래스는 40 g/m^{2}가 적정 파종량이며, 들잔디는 10 g/m^{2}가 적정 파종량이다. 파종량이 너무 많으면 유묘가 밀생하여 생장이 억제되고, 병이 발생하므로 피하는 것이 좋다. 파종 면적이 넓을 경우에는 기계를 이용하여 분사파종(hydroseeding)을 실시한다. 이 경우 종자 외에 피복(mulching) 재료, 비료, 녹색 염료 등이 추가된다.

표 24.2 국내 사용되고 있는 주된 잔디류의 생육형, 조성 방법, 파종시기 및 파종량

종류	초종명	주된 조성 방법	적정 파종시기(월)	파종량(g/m^2)
난지형 잔디	zoysiagrass	영양번식 > 파종	5~6	10~15
	bermudagrass	영양번식 > 파종	5~6	5~15
한지형 잔디	creeping bentgrass	파종 > 영양번식	8~9, 4~5	2.5~10
	Kentucky bluegrass	파종 > 영양번식	8~9, 4~5	10~15
	perennial ryegrass	파종	8~9, 4~5	30~40
	tall fescue	파종	8~9, 4~5	40~50

(2) 파종 후 관리

종자 파종 후에는 롤러(roller)를 사용하여 종자가 토양에 잘 붙어있도록 **다짐작업**을 한다(그림 24.8). 또한 한지형 잔디의 경우 다짐작업 후에 차광막이나 유공비닐 등을 덮어서 표면 습도를 유지시키고, 관수 시 흙이 유실되는 것을 방지한다. 들잔디와 같은 난지형 잔디의 경우 파종시기를 앞 당기기 위해서 파종 후 투명 비닐을 덮어 토양 온도를 높이고 수분 손실을 최소화한다. 잔디 종자의 발아는 파종 후 2~3주가 소요되므로, 최소 2주 동안은 매일 3 mm 수준의 관수를 실시한다. 관수는 한 번에 많이 주는 것 보다는 2~3회 나누어 조금씩 살포한다. 파종 후 유묘의 잎이 2~3개 나왔을 때 피복 재료를 철거한다. 유묘의 잎이 3개 발생된 이후부터는 일상적인 잔디깎기와 시비를 수행한다. 또한 종자가 발아된 후에는 메코프로프 액제(MCPP) 같은 광엽제초제를 사용하여 잡초 방제를 실시한다.

A. 파종 전 골파기

B. 파종 후 다짐작업

C. 차광막 포설 및 관수

D. 파종 4주 후 모습

그림 24.8 크리핑 벤트그래스 종자번식 과정

3) 영양 번식

(1) 영양 번식의 종류

영양번식에 의한 잔디밭 조성에는 **떼**(sod), **플러그**(plug), **스프릭**(sprig) 등을 이용한 방법이 있다(그림 24.9). 떼를 하는 경우에는 전면에 잔디를 식재하는 **평떼**(sodding), 떼를 길게 절단하여 줄 간격을 두고 식재하는 **줄떼**(strip sod), 떼를 사각으로 작게 잘라서 점점이 식재하는 **점떼** 방법 등이 사용되고 있다. 줄떼나 점떼는 뗏장의 소요량을 절약하고자 할 때 수행된다. 최근에는 식재 후 바로 사용할 수 있도록 전면에 잔디를 식재하는 평떼 방법이 주로 사용되고 있다. 또한 떼의 소요량을 더 줄이기 위해 포복경이나 지하경을 잘라서 만든 스프릭을 골을 파고 식재하는 식지법(sprigging)도 골프장과 같은 넓은 면적을 조성할 때 사용되며, 인력을 최소화하기 위해 스프릭을 취한 후 기계 장치로 흩어 뿌려 식재하는 하이드로스톨로나이징(hydrostolonizing) 방법이 개발되어 사용되고 있다. 지하경과 지상포복경을 갖고 있는 조이시아그래스의 경우에는 묘판에 파종이나 삽목을 한 후 성장된 묘를 토양에 식재하는 **플러깅**(plugging) 방법도 사용되고 있다.

A. 켄터키 블루그래스 평떼 식재 전 모습

B. 켄터키 블루그래스 평떼 식재 후 모습

C. 조이시아그래스 포복경(스프릭)

D. 조이시아그래스 플러그묘

그림 24.9 영양번식 방법(평떼, 스프릭, 플러그)

(2) 영양번식 후 관리

떼, 스프릭, 플러그 등을 식재한 후에는 롤러를 사용하여 잔디가 토양에 잘 붙어 있도록 다짐작업을 한다. 또한 다짐작업 후에 관수를 실시하여 습도가 유지되게 한다. 관수는 종자번식과 달리 가끔씩 충분하게 살포하는 것이 뿌리를 내리는 데 효과적이다. 스프링클러를 이용하여 3일 간격으로 1회 6 mm 정도 살포한다. 시비는 잔디용 복합비료(N-P_2O_5-K_2O=11-6-7)을 이용하여 질소 순성분량으로 생육기에 매월 4 g/m^2를 살포한다. 영양번식의 단점은 조성 직후 잔디면이 균일하지 못하다는 것이다. 그러므로 배토 작업을 통해 잔디 표면이 균일하게 되도록 관리해야 한다. 배토는 1회 5 mm 수준으로 모래를 균일하게 살포한다. 잡초 관리를 위해 식재 직후 발아전처리제를 살포하여 잡초 발생을 억제한다.

3 잔디 관리

잔디 관리란 잔디를 조성한 후 조성 목적에 맞게 사용하기 좋은 상태의 표면을 유지하기 위한 여러 가지 작업을 말한다. 주요 관리작업은 **물관리**, **잔디깎기**, **비료주기**, **갱신작업** 등을 포함한다. 잔디 관리 작업에 고려할 사항은 잔디의 종류와 기후, 토양, 노동력, 장비의 종류, 예산 등의 요인들 그리고 이들에 대한 기초적 지식과 실무 능력 등이다. 이들을 고려하여 이용 목적에 알맞은 관리가 이뤄지도록 해야 한다.

1) 관수(灌水, irrigation)

잔디는 생체중의 약 80~85%가 물로 구성되어 있는데, 이러한 수분은 잎의 증산작용과 토양표면의 증발 작용에 의하여 손실된다. 따라서 잔디의 생육은 물론이고, 좋은 잔디밭을 유지하기 위해 손실된 수분을 관리해 주어야 하며, 이때 다음의 몇 가지 사항을 고려하여야 한다.

(1) 관수 시기

관수 시기와 시간 또한 잔디밭 초종과 식재 토양의 종류, 그리고 기후 등에 영향을 많이 받는데, 일반적으로 이른 아침에 이슬이 맺히는 시점을 주 관수 시점으로 잡는다. 잔디밭 토양의 수분 상태와 잔디의 위조 상태 등에 따라 적절하게 관수를 실시하여 잔디가 건조 피해를 받지 않게 해야 한다. 잔디에 수분이 부족하게 되면, 엽색이 녹색에서 암녹색으로 변형되거나 잎이 말리는 등 형태적 변화가 나타나고, 잔디 잎의 탄력성이 떨어져 잔디밭에 발자국(foot printing)이 발생한다(그림 24.10). 이러한 초기 **위조현상**(incipient wilting)이 나타나면, 즉시 물주기를 해야 한다.

그림 24.10 잔디밭에 물주기가 필요한 시점

(2) 관수량

가능한 관수 빈도를 줄이고 꼭 필요한 경우에만 물을 충분히 준다. 조금씩 자주 관수하는 방법(light and frequent)은 수분 이용 효율이 낮고, 뿌리가 천근성으로 퍼지게 되어 나중에 가뭄에 대한 피해가 커진다. 또한 다량으로 자주 관수(deep and frequent)하게 되면 뿌리가 약해지므로 필요시에만 충분히 관수하는 방법(deep and infrequent)을 고려해야 한다(그림 24.11).

필요시만 다량 관수 / 다량 자주 관수 / 적게 자주 관수

그림 24.11 관수 방법에 따른 뿌리 생육 비교

(3) 토양 수분 상태

잔디밭 표면에 물이 고이면 잔디 생육에 있어서 매우 불리하다. 잔디 뿌리층이 형성되어 있는 토양층에 물이 빠지지 않은 채 오랫동안 흡착되어 있으면 영양분의 흡수와 뿌리 호흡을 방해하는 요인이 된다. 그러므로, 배수 상태를 확인하여 배수가 불량한 토양은 **갱신**(更新, renovation)**작업**을 해주어야 한다(그림 24.12).

그림 24.12 배수 불량으로 물이 고인 모습

2) 잔디깎기(예초 刈草, mowing)

잔디깎기는 잔디의 종류, 관리 수준, 이용 목적에 따라 다르며, 잔디의 품질을 유지하는 데 있어서 가장 기본적이고 중요한 유지관리 작업이다. 깎기가 부적절하면 잔디의 생육과 균일미가 저하됨은 물론이고, 환경 내성이 떨어져 잔디밭이 부실해진다. 잔디깎기를 잘하면 대부분의 잡초를 방제할 수 있고, 잔디 밀도를 높여 잡초와 병충해의 침입에 강해진다.

잔디는 일반적인 식물과는 달리, 생장점이 지표면 가까이에 위치하고 있는 관부(crown)에 있다. 따라서 이 생장점이 훼손되지 않는 높이에서의 잔디깎기 관리로 분얼이 촉진되고 신초가 계속 발생하면 잔디는 계속 생육할 수 있다. 잔디를 깎은 후에 남아 있는 잎들과 생장점(관부)에는 생육을 위해 필요한 양분이 저장되어 있어 잔디의 재생에 사용된다. 잔디의 재생 초기에는 잔디의 잎과 줄기, 포복경과 지하경, 뿌리에 저장되어 있는 물질이 직접 새 잎으로 이동돼서 잔디 잎 형성에 사용될 뿐만 아니라 호흡에도 사용된다. 이러한 저장 물질의 대부분은 가용성 탄수화물로 난지형 잔디는 전분, 한지형 잔디는 프럭토산이다. 광합성에 의해 합성되어 줄기 및 뿌리, 관부에 저장되었다가 잔디의 재생 및 생장의 에너지원으로 사용된다.

잔디깎기에 있어서 장비 종류별 작동원리를 요약해 보면 다음과 같다(그림 24.13).

그림 24.13 **잔디깎기 장비 종류별 작동 원리 및 예초날, 절단면 비교**(한국잔디학회, 2021)

(1) 깎기 장비

위치와 작업여건에 따라 릴(reel) 또는 로타리(rotary)형을 택한다.

① **릴형**(reel type)

원통형 실린더에 고정된 나선형의 회전날과 지표면 아래쪽에 고정된 밑날(bench knife)이 교차하여 예초가 이루어지는 유형의 예초 장비이다. 잔디 잎 조직이 깨끗하게 잘려 예초 후 잔디 면이 균일하고, 절삭면이 깨끗하다는 장점이 있다. 하지만, 실린더형 회전날을 가지고 있어서 초장이 높은 잔디밭에는 부적절하여 작업효율이 떨어지고, 지표면의 요철이 심한 곳에서는 사용이 곤란하다는 단점이 있다.

② **로터리형**(rotary type)

지면과 수평으로 프로펠러 같은 날이 회전하면서 잘리는 유형의 예초 장비이다. 엔진 출력이 높아 작업효율이 높고, 초장이 긴 잔디 또는 잡초를 깎는 데 적합하며, 장비 사용 지역에 제한이 적다는 장점이 있다. 하지만, 잎 끝이 찢겨지므로 깎은 후 잔디면이 불균일하고, 릴형보다 잔디질이 떨어진다는 단점이 있다.

(2) 깎기 높이(예고, cutting height, mowing height)

지표면에서 잔디가 잘리는 위치까지의 높이이다. 잔디밭의 이용 목적, 잔디 종류, 계절에 따라 다르며, 관리수준이 높을수록 예고를 낮게 관리한다(그림 24.14, 그림 24.15).

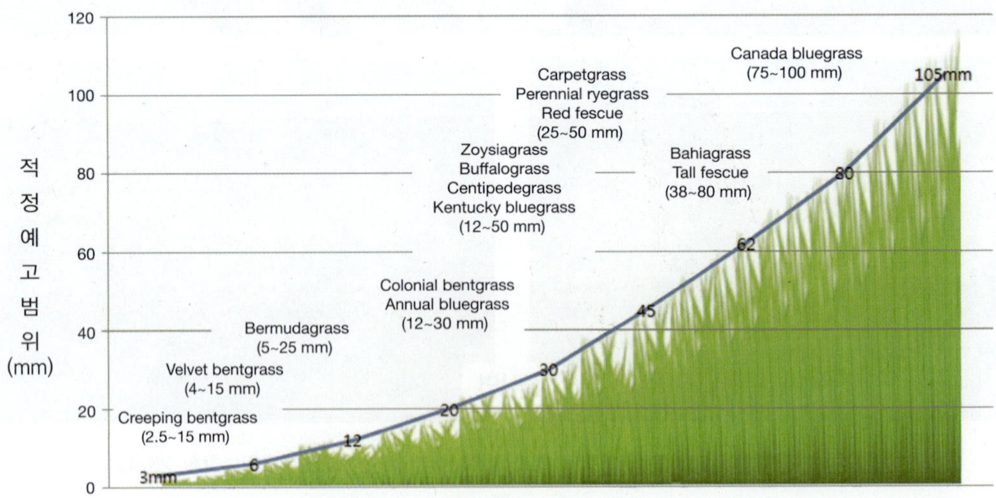

그림 24.14 잔디 종류에 따른 적정 깎기 높이 범위(한국잔디학회, 2021)

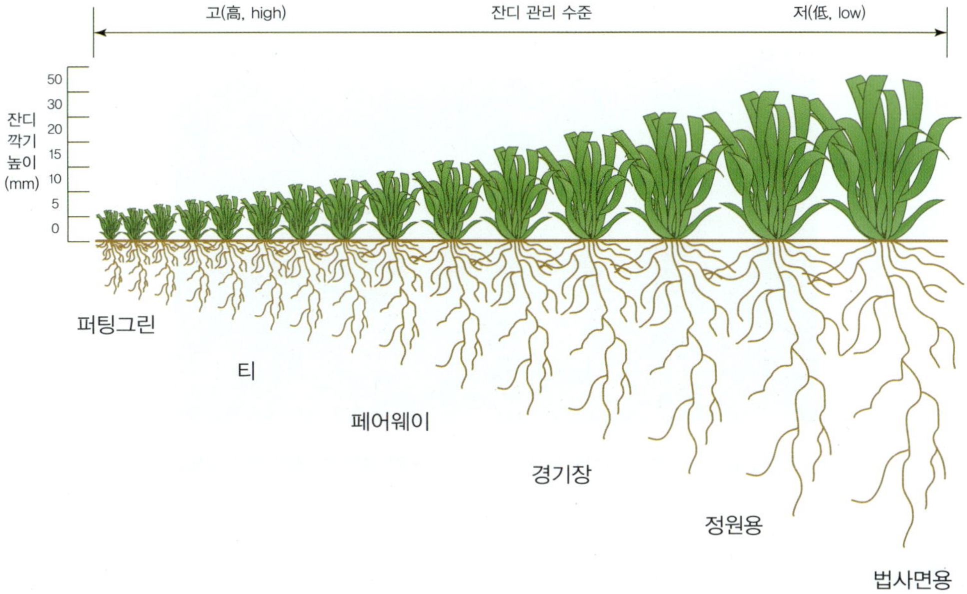

그림 24.15 잔디 관리 체계 수준별 깎기 높이 비교

(3) 깎기 빈도(cutting frequency)

생육 환경이 양호하고, 잔디깎기 높이가 낮으며, 고품질일수록 자주 깎는다. 이때 **스캘핑 현상**(scalping, 잔디 잎의 40% 이상 많이 깎으므로 녹색 잎이 과다하게 제거되어 잎이 죽거나 갈변하는 현상)이 나타나지 않도록 잔디 생육을 면밀히 관찰하여 1/3 이내로 잘리도록 잔디깎기 주기를 결정한다(그림 24.16, 그림 24.17).

- 깎인 잎(예지물, clipping)의 제거: 제거하는 것을 원칙으로 하되, 양이 적으면 그대로 두어도 좋다.

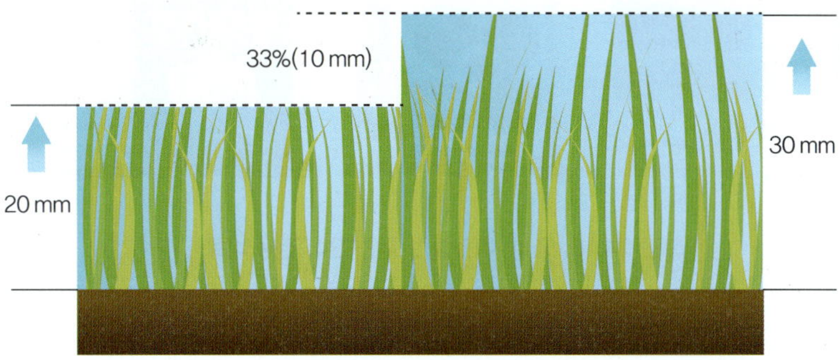

그림 24.16 잔디깎기 빈도의 1/3 규칙 개념도

그림 24.17 스캘핑 현상으로 줄무늬(우측 노란 부분)가 발생한 잔디밭

3) 시비(施肥, fertilization)

잔디 관리에 사용되는 단용(單用) 목적의 N, P, K 비료도 있지만, 일반적으로 이들 2~3가지와 기타 미량요소가 혼합된 비료들이 많이 사용되고 있다(그림 24.18). 일반적으로 새로 조성된 잔디밭의 경우에서는 미량요소의 결핍에 대한 우려가 있으므로 시비가 필요하다. 과다 시비는 지상부의 생육을 지나치게 촉진하여 뿌리가 깊어지지 못하게 할 뿐만 아니라, 포복경의 생육도 불량해져서 잔디의 밀도가 줄어들게 된다. 또한, 줄기가 연약해 답압에 약해지고 병해가 발생하기 쉽다(표 24.3). 따라서 적당량을 생육기에 여러 번 나누어 시비하여야 하는데, 일반적인 시비량은 표 24.4와 같다.

그림 24.18 국내 시판 중인 각종 잔디 전용 비료

표 24.3 필수원소의 결핍과 과잉 증상

원소	결핍 증상	과잉 증상
질소(N)	하엽부터 황화, 생육저해, 예지물의 감소, 달라스팟, 녹병 발생이 증가함	잎이 암록화되고, 잎과 줄기가 무성하고 약함, 병과 답압에 대한 저항성이 낮아짐
인산(P)	엽폭이 좁아지고, 줄기나 엽맥이 자주색이 됨, 분얼과 뿌리의 발달이 나쁨	잎이 두껍고 생육 불량, 꽃대가 빨리 올라오고 깎기 물량이 감소, 철 결핍을 유발함
칼륨(K)	초장과 엽폭의 생장이 억제, 병저항성과 답압 저항성 약화	마그네슘과 칼슘 결핍의 유발
칼슘(Ca)	신초 부위의 황화현상 및 회백색 반점, 새 뿌리에 코르크층이 생기고 뿌리 선단이 고사	망간, 철, 붕소, 아연 결핍을 유발함
마그네슘(Mg)	엽록소 합성의 저해, 광합성 효율이 낮아짐, 오래된 잎부터 황화현상	칼륨과 칼슘 결핍을 유발
철(Fe)	신엽부터 황화현상을 유발, 새 뿌리 발육 저해	망간과 인산 결핍 유발
아연(Zn)	신엽부터 황화현상 유발, 잎이 소형화	갈색 반점 생김, 지하경 발육이 나쁨

표 24.4 잔디 관리용 비료 3요소의 잔디 종류별 시비량(g/m²/year)

잔디 종류	질소(N)	인산(P_2O_5)	칼리(K_2O)
Zoysiagrass(들잔디)	10~20	10~20	1~20
Zoysiagrass(금잔디)	20~30	20~35	10~20
Creeping bentgrass	20~40	10~20	25~40
Bermudagrass	30~50	50~60	25~30
Kentucky bluegrass	20~30	15~25	15~25

비료의 종류와 사용량은 잔디 종류와 관리 정도에 따라 달리하여야 한다. 입상비료(화학비료)는 비료 농도가 높으므로 시비 후 반드시 살수하여야 하며, 토양이 과습하거나 강우 직후 또는 이른 아침에서와 같이 잔디 잎표면에 수분이 남아 있을 경우에는 마른 후에 시비하여야 한다. 또한, 혹서기에는 비료 피해가 쉽게 발생하므로 각별히 유의하여야 하고, 늦가을의 시비는 잔디의 동해, 병해, 잡초와의 경합을 유기시키므로 주의하여야 한다.

4) 잔디 토양의 갱신작업

잔디밭은 한번 조성되면 토양 또는 잔디 생육에 문제가 발생하더라도 경작지처럼 경운을 통해 개선할 수 없다. 따라서 사용이 많은 곳은 유기물 축적, 답압에 의한 토양의 고결화 및 배수

불량 등으로 인해 잔디 생육이 나빠지는데, 이때 잔디밭 고유의 특성이 파괴되지 않는 범위 내에서, 토양물리성을 개선시키거나 잔디 생육을 회복시키기 위해 실행하는 작업이 **토양의 갱신작업**(renovation)이다.

(1) 갱신작업의 이유

잔디밭은 비료주기와 잔디깎기에 의해 토양에 유기물이 축적되며, 사람과 장비에 의한 답압으로 인해 고결화(固結化, compaction)되기 쉽다. 축적된 유기물과 고결화된 토양은 잔디의 생육을 저하시키기 때문에 갱신작업은 토양에 축적된 유기물을 제거하고, 답압에 의해 다져진 토양을 완화시키며, 통기성과 투수성을 향상시켜 잔디 생육을 향상시키는 데 그 목적이 있다.

대취(thatch)란 토양 표면과 지상부 잔디 사이에, 잔디의 살아 있거나 죽은 줄기, 뿌리, 잎, 포복경 등이 부분적으로 분해되거나 미분해된 상태로 쌓인 유기물층을 일컫는다. 대취 아랫부분에 잔디뿌리, 토양, 분해된 유기물 등이 혼합되어 암갈색을 나타내는 층은 매트(mat)라고 한다(그림 24.19). 대취층과 매트층은 보비력이 약해서, 비효가 낮고, 비료를 다량 시비하면 비료의 농도 장해를 받기 쉽다. 또한 화학적으로 강한 산성을 나타내며, 뿌리의 발달을 저해하는 동시에 비료의 용해도를 저하시켜서 비효를 나쁘게 한다.

그림 24.19 골프장의 잔디 대취 축적 모습(왼쪽: Creeping bentgras, 오른쪽: Kentucky bluegras)

(2) 잔디 토양의 갱신작업 종류

① **통기작업**(aerification, coring)

통기작업은 고결화된 토양을 기계작업을 통해서 토양의 통기성 및 투수성을 개선하여 잔디의 생육을 촉진할 목적으로 잔디면에 구멍을 뚫는 관리작업(일반적으로 1회 통기작업으로 잔디 표면 토양 중 9% 정도 갱신)이다(그림 24.20, 그림 24.21).

그림 24.20 통기작업 중인 자주식 에어레이터

작업 전 작업 직후 작업 후 8~10주 경과

그림 24.21 통기작업 효과 및 작업 사진

② 수직깎기(버티컬 모잉 또는 버티 컷팅, vertical mowing)

수직깎기는 잔디의 포복경이나 지하경을 절단하여 신초 생장을 향상시키고 잔디의 직립생장을 유도하며, 밀생한 잔디를 솎아내어 밀도를 조절하거나 대취를 제거하기 위해 수행하는 갱신작업이다(그림 24.22, 그림 24.23).

그림 24.22 버티컬 모잉 작업 사진

그림 24.23 버티컬 모어

③ 배토작업(top-dressing)

표토층에 잔디의 생육에 알맞은 토양 환경을 유지하기 위해 잔디밭의 얕은 층(1~3 mm)의 상토와 비슷한 토양이나 모래를 복토하는 것이다. 적절한 배토작업은 뿌리, 포복경 및 직립경의 발달을 촉진시키고 대취층이 생기는 것을 억제시켜서, 균일한 잔디 표면을 유지하고 겨울철 잔디를 보호하는 역할을 한다(그림 24.24, 그림 24.25).

일반적으로 배토작업은 잔디가 휴면에 들어가기 전이나 맹아기, 생장기에 사용하는 것이 좋으며, zoysiagrass 등 난지형 잔디는 4~7월과 9월, 한지형 잔디는 3~6월과 10~11월에 한다.

그림 24.24 배토 장비 사진(회전형, 낙하형)

그림 24.25 배토량에 따른 생장점 위치의 변화

4 잔디의 병해충 및 잡초 관리

1) 잔디의 주요 병해 및 방제

(1) 잔디의 주요 병해

국내 잔디에 발생하는 병해는 현재 총 52종이 알려져 있으며, 잔디 종류와 발병 시기에 따라 구분한다. 난지형 잔디에 발생하는 주요 병으로는 라이족토니아마름병, 개발자국병, 라이족토니아잎마름병, 봄마름병 등이 있고, 한지형 잔디에서는 갈색잎마름병, 여름잎마름병, 피티움마름병, 설부소립균핵병(설부병), 황색마름병, 홍색설부병, 흰가루병, 흰마름병, 붉은뿔마름병 등이 있다. 또한 난지형 잔디와 한지형 잔디에서 공통적으로 발생하는 병에는 녹병, 노균병, 도열병, 동전마름병, 점균병 및 페어리링 등이 있다(그림 24.26).

그림 24.26 잔디에 발생하는 주요 병(한국잔디학회, 2021)

(2) 난지형 잔디의 주요 병과 방제

난지형 잔디에 발생하는 병은 주로 *Rhizoctonia* spp.에 의해 발생하는 병과 *Curvularia* spp.와 *Helminthosporium* spp.에 의해 발생하는 병이 있다. 이 중에서 발생이 많고, 피해 면적이 커서 주요 관리 대상인 라이족토니아마름병과 봄마름병에 대해 살펴본다.

① **라이족토니아마름병**(갈색퍼짐병, large patch)

난지형 잔디에 발생하는 대표적인 병으로 *Rizoctonia solani* AG2-2(IV)에 의해 발생된다. 병원균의 균사 최적 생육온도는 25~30°C이고, 발병 온도는 15~30°C의 범위로 최적 발병 온도는 약 23°C 정도이다. *R. solani* AG2-2(IV)는 포자를 형성하지 않으며, 균사 형태로 증식하고 전염된다. 병든 잔디의 잔사물, 대취, 잔디의 포복경 등에서 균사나 균핵으로 월동하며, 토양 중 분포밀도는 대취층이 가장 높아서 대취층에 묻혀 있는 지제부 줄기에 주로 감염된다. 병반의 크기는 0.6 m에서 6 m 정도까지 다양한 크기를 형성하며, 병반의 가장자리는 밝은 오렌지색으로 변한다. 봄철 병해 발생은 작년 가을에 발생했던 지역에 다시 발생하는데, 4~5월에 토양 온도가 상승하고 상대 습도가 90% 이상인 다습조건하에서 발생하기 시작하여 6월 하순부터 7월 중순까지 최성기를 이룬다. 30°C 이상의 고온기에는 병원균의 활성이 감소하여 7월 하순에서 8월 중순까지 소강 상태를 보이다가 8월 하순부터 9월 초순까지 발생한다. 라이족토니아마름병을 방제 방법은 **표 24.5**와 같다.

표 24.5 라이족토니아마름병의 방제 방법

구분		처리 내용	처리 효과
경종적 방제	대취 제거	버티컬 모잉, 스위퍼 작업(년 2회 이상)	• 병원균 밀도 감소 • 병원균 서식처 제거 • 살균제의 침투 저해 해결
	살수	봄·가을철 과다 살수 방지 배수불량지 암거배수 설치	• 발병 시기에 과습에 의한 발병 환경 방지
	시비 관리	발병 시기의 질소 시비 연기 소석회 시비(4월 하, 8월 중) 규산질비료	• 대취 분해, 토양 개량 • 규질화 세포 형성 → 병저항성 증대
화학적 방제	예방시약	발병시기 10일 전 실시 (1차: 4월, 2차: 5월, 3차: 8월, 4차: 9월경)	
	방제시약	20~28°C의 장마 직후	

② **봄마름병**(춘고병, spring dead spot)

*Rhizoctonia cerealis*에 의해 발생하는 병으로 균사의 최적 생육온도는 23°C이고, 발병 온도 범위는 10°C 전후이다. 3~4월경 맹아출현기에 발생하지만, 병원균은 전년도 가을(10월 하~11월 상)에 감염된 것이 봄철에 병징으로 나타난다.

③ **라이족토니아잎마름병**(Rhizoctonia leaf blight)

*Rhizoctonia cerealis*에 의해 발생하는 병으로 균사의 최적 생육온도는 23°C이고, 발병 온도 범위는 10~20°C이며, 발병 최적온도는 15~20°C이다. 8월 하순부터 발생하는데, 병반의 크기는 30~50 cm이다. 병반은 주로 암갈색을 띠고, 증상이 심화됨에 따라 하얗게 탈색된다.

봄마름병과 라이족토니아잎마름병 방제 방법은 **표 24.6**과 같다.

표 24.6 봄마름병과 라이족토니아잎마름병의 방제 방법

구분	처리 내용
경종적 방제	• 건조지역에서 주로 발생하므로 적절한 관수 실시 • 대취층 축적 지역에서 발생하므로 버티컬 모잉과 통기작업으로 잔디 밀도 증진 • 잔디 휴면기에 질소 함량이 높으면 발병이 조장되므로 가을철 시비 조절 • 가을 배토가 과도한 경우 발생하므로 배토는 조기에 과다하지 않도록 실시
화학적 방제	• 봄마름병은 전년도 가을에 병원균이 감염되므로 상습 발병지에는 살균제 처리 • 예방시약은 침투이행 살균제나 지효성 약제 사용 • 방제시약은 라이족토니아속 병 방제용 약제 사용

(3) 한지형 잔디의 주요 병과 방제

한지형 잔디에 주로 발생하는 병은 갈색잎마름병, 여름잎마름병, 피티움마름병, 설부소립균핵병, 황색마름병 등이 있다.

① **갈색잎마름병**(brown patch)

Rhizoctonia solani AG1-1A, AG1-1B, AG2-2(II B) 및 AG4에 의해 발병되고, 국내에서는 *R. solani* AG1-1A와 AG2-2(II B)에 의해 많이 발생한다. 균사의 최적 생육온도는 30°C이고, 병원성은 25~35°C에서 강하고, 대취 등에서 부생 생활한다. 수 cm에서 수십 cm의 원형으로 병반(patch)을 형성하고, 다른 병반과 융합하여 1주일 이내에 부정형으로 된다. 7월 상순의 고온·다습

표 24.7 갈색잎마름병의 방제 방법

구분	처리 내용	
경종적 방제	• 대취 제거(버티컬 모잉과 통기작업) • 과도한 관수 회피 • 불필요한 낮은 예고 피함	• 질소 과잉 및 질소 결핍 방지 • 인산비료 결핍 방지 • 봄철 적절한 잔디 밀도 유지(과밀 금지)
화학적 방제	• 방제시약: 발병 시 방제용 약제 살포(1주일 2회 정도) • 예방시약: 6~7월 장마기 월 2회 정도	

한 시기에 발생하기 시작하여 9월 하순까지 나타나고, 6월 이전과 10월 이후에는 발생하지 않는다. 감염 잔디의 지상부가 갈변하여 고사하면, 이후 지하부에 침입한다. 방제 방법은 **표 24.7**과 같다.

② 여름잎마름병(summer patch)

*Magnaporthiopsis poae*에 의해 발생하는 잔디병으로, Kentucky bluegrass와 fine fescue에서 주로 발생한다. 병원균은 토양 온도가 15~21°C 정도일 때 잔디 뿌리나 지하경에 침입·감염시키고, 병원균은 포복 균사 형태로 잔디 뿌리나 지하경을 따라 자란다. 6~7월경 28~30°C 정도에서 급격히 증식하고, 뿌리나 지하경의 생장을 억제시킨다. 병원균 감염 후 뿌리 기능이 손상되어 양·수분의 흡수가 불량하면 고온 건조 시 잔디는 고사한다. 병징은 개구리 눈 모양이며, 병반의 크기는 5~15 cm 정도를 나타낸다. 방제 방법은 **표 24.8**과 같다.

표 24.8 여름잎마름병의 방제 방법

구분	처리 내용
경종적 방제	• 깎기 높이를 높여 뿌리 생육 증진 • 알칼리 토양 교정: 생리적 산성비료 시비 • 대취 제거(통기작업, 버티컬 모잉)
화학적 방제	• 방제시약: 스트로빌루린계, 트리아졸계 및 티오파네이트계 살균제 사용(고온기에 트리아졸계 농약은 생육억제 및 약해가 발생하므로 주의 필요) • 예방시약: 5월경 월 2회(2주 간격) 정도 여름잎마름병용 살균제 살포

③ 피티움마름병

잔디에 병을 일으키는 *Pythium* 균은 *Pythium* 균의 적온 범위에 따라 *Pytium aphanidermatum, P. catenulatum, P. graminicola, P. myriotylum, P. periplocum, P. rostratum, P. ultimum*과 같은 고온성균과 *P. vanterpolii*와 같은 저온성균으로 나뉜다. 설부병(snow mold)을 일으키는 *Pythium* 균으로는 *P. horinouchiens, P. iwayamai, P. graminicola, P. paddicum* 등이 있다.

Pythium spp.는 토양에서 부생적으로 생존하거나 잔디에 기생하여 생존하고, 유기물 잔재나 감염된 잔디 내에서 균사나 휴면포자(난포자) 형태로 월동한다. 발병 환경이 주어지면 많은 유주자낭(sporangia)를 형성해서 수분의 이동에 따라 전파되고 식물체에 전염된다. 방제 방법은 **표 24.9**와 같다.

표 24.9 피티움마름병의 방제 방법

구분	처리 내용
경종적 방제	• 토양수분 과습방지(배수시설 점검) • 토양 갱신작업(통기작업)을 통해 배수성 개선
화학적 방제	• 방제시약: Pythium 병 방제용 약제 살포, • 메타락실 및 혼합제가 많이 사용되지만, 연용 시 내성균주가 발생하므로 작용 기작이 다른 약제를 교호하여 사용 • 예방시약: 6월부터 주기적 실시

④ **황색마름병**(yellow patch)

황색마름병은 *Rhizoctonia cerealis*에 의해 발병된다. 병원성은 5~20°C이고, 발병 최적온도는 10~15°C이며, 25°C 이상에서는 나타나지 않는다. 황색잎마름병은 20~50 cm의 원형의 병반(패취)을 형성하고, 지제부 줄기 부위를 통해 감염된다. 고사되는 경우는 드물지만 잔디의 시각적 품질을 떨어뜨린다. 방제 방법은 **표 24.10**과 같다.

표 24.10 황색마름병의 방제 방법

구분	처리 내용	
경종적 방제	• 초겨울 생리활성제 시용 • 질소 결핍 발생 방지 • 대취 제거	• 겨울에 적절한 관수 • 겨울철 피복 그린지역에 발생하므로 통풍하여 과습 방지
화학적 방제	• 예방시약: *Rhizoctonia* 병 방제용 약제 살포(10월 하순) • 봄철 발생했을 때, 생리활성제 사용 시 약 1주 정도 후 회복	

(4) 한지형 잔디와 난지형 잔디에 공통적으로 발생하는 주요 병과 방제

① **동전마름병**(dollar spot)

*Sclerotinia homoeocarpa*에 의해 발병되고, *Sclerotinia* spp.는 균핵을 형성하며, 발병 최적 온도는 15~30°C이다. 기주 범위가 넓어서, bentgrass, ryegrass, bluegrass, bermudagrass 및 zoysiagras류에 발생한다. 2~15 cm의 불규칙한 병반(patch)을 형성하고, 잎 조직의 자좌(stroma)나 감염된 조직 내에서 균사 형태로 생존하고, 감염 식물체에 의해 병이 전파(전반)된다. 병해의 발생은 4월 하순부터 발생하기 시작해서 6월 중·하순에서 7월 중순까지 최성기를 이룬다. 여름철에 병세가 약해지지만 8월 하순부터 9월 상순까지 다시 왕성하게 발생하며, 가을에 발생하면 10월 중·하순까지 이어진다. 방제 방법은 **표 24.11**과 같다. 동전마름병 방제에 이용하는 살균제는 이전에 발생한 병을 방제하기 위해 사용하는 약제에 내성을 나타내기도 하므로 방제용 살균제 선정

표 24.11 동전마름병의 방제 방법

구분	처리 내용
경종적 방제	• 발병 시기에 적절하게 질소를 공급 • 습도 스트레스가 발생하지 않도록 토양 깊이까지 수분 공급 • 늦은 오후나 저녁에 살수 삼가
화학적 방제	• 동전마름병 방제용 약제 살포

시 동일한 약제가 연용되지 않도록 주의하여야 한다.

② **녹병**(rust)

Puccinia 33종과 *Uromyces* 5종, *Physopella compressa* 및 *Uredo* spp. 등에 의해 발생한다. 감염된 잔디에 포자 형태로 월동하고, 기온이 15~20°C가 되면 잔디 잎에 침입하여 포자체를 형성한다. 포자는 바람, 플레이어, 예초 장비 등에 의해 전파되며, 식물체 침입 발생 시기는 2주 경과 시 여름포자를 형성한다. 녹병은 15~20°C의 안개가 많고 습한 시기에 발생하는데, 발생 시기는 6월 말경과 8월 중순 이후로 월동 영양분 축적 기간(8월 중순~10월 중순)에 발생한다. 녹병은 주로 한발, 영양결핍, 낮은 예고 및 그늘진 환경 등의 스트레스에 의해 발생한다. 방제 방법은 **표 24.12**와 같다.

표 24.12 녹병의 방제 방법

구분	처리 내용
경종적 방제	• 건조나 영양에 관계된 잔디 스트레스 억제 • 적절한 살수 및 시비
화학적 방제	• 녹병 방제용 약제 살포

③ **도열병**(gray leaf spot, blast)

화본과 식물에서 발생되는 대표적인 엽고병으로, 병원균은 *Pyricularia grisea*(*P. oryzae* Cavara)이며, 완전세대는 *Magnaporthe grisea*이다. 병원균의 생육적온은 25~30°C로, 부적절한 환경에서는 감염된 잎 조직 내에서 균사나 포자 상태로 휴면한다. 이후 발병 조건이 되면 건전 잎으로 침입하여 포자를 형성해서, 바람, 수분, 관리장비 및 동물 등에 의해 전파된다. 방제 방법은 **표 24.13**과 같다.

표 24.13 도열병의 방제 방법

구분	처리 내용
경종적 방제	• 가뭄, 토양 고결, 지나친 과습, 질소 과다 시비 및 제초제 스트레스 등 회피 • 저항성 품종 식재(피해가 심한 지역)
화학적 방제	• 예방시약: 도열병 방제용 약제 살포

④ 페어리링(fairy ring)

주름버섯목에 속하는 담자균에 의해 발생하지만 잔디에 직접적인 병원성은 없다. 하지만, 간접적인 영향을 줘서 잔디를 농록화하거나 수분침투를 저해하여 건조해를 일으킨다. 병원균은 토양의 유기물을 분해하여 잔디가 질소 성분을 이용하도록 해서 진한 녹색의 환을 형성한다. 병반지역 잔디는 질소의 흡수에 의해 생육이 왕성하고 수분요구량이 증가하지만, 균사가 근권층에 소수성 매트를 형성하여 수분의 침투를 방해함으로써, 수분 부족 현상에 의한 건조현상이 발생하여 잔디를 고사시킨다. *Marasmius oreades*의 경우에는 시안화수소를 생성하여 뿌리 생육을 억제하기도 한다. 병원균은 토양 깊이 10~15 cm 정도의 근권층과 대취층에 서식하는데, 5~6월과 9~10월 강우 직후에 발생하는 경우가 많다. 페어리링은 대취 축적이 많고, 미숙 유기질비료가 사용되거나 골프장 조성 시 수목 등이 매설된 곳에서 주로 발생한다. 방제 방법은 **표 24.14**와 같다.

표 24.14 페어리링의 방제 방법

구분	처리 내용
경종적 방제	• 골프장 조성 시 상토층에 식물 잔사, 피트 등을 혼입하지 않음 • 미숙 유기질비료 사용 금지 • 발생 지역에 대한 적절한 관수관리 및 갱신작업(통기작업, 버티컬 모잉) • 농녹색 병반 발생 시 예초 횟수 증대 및 시비를 통한 잔디 품질 균질화
화학적 방제	• 라지 패취 및 브라운 패취용 농약 살포 • 통기작업이나 계면활성제와 혼용하여 살균제의 토양 침투력 증대 필요

⑤ 설부소립균핵병(설부병; Typhula blight)

설부소립균핵병은 *Typhula incarnata, T. ishikariensis* var. *inshikariensis, T. ishikariensis* var. *idahoensis, T. ishikariensis* var. *canadensis* 등과 같은 병원균에 의해 발생한다. 이들은 담자균류에 속하며, 균핵을 형성하여 균핵에서 자실체(담자과, Sporecarps)를 형성한다. 균핵의 직경은 0.2~5 mm 정도로 성숙되면서, 흰색, 핑크색, 적갈색, 암갈색으로 변화한다. 병원균은 1~5°C에서 잘 자라고, 적설 시 토양이 얼지 않고 녹아서 수분이 과다 공급될 때 병 발생이 높아진다. 설부소립균핵병은 눈이 녹기 시작하는 시기부터 발생하며, 5~100 cm의 밝은 황색 또는 회갈색으로 나타난다. 설부소립균핵병의 방제는 **표 24.15**와 같다.

표 24.15 설부소립균핵병의 방제 방법

구분	처리 내용
경종적 방제	• 강설 시작 6주 전 (속효성)질소 비료의 시용을 피함 • 대취 제거 • 강설 시 답압 방지 • 이른 봄 잔디 생육을 위한 약간의 시비
화학적 방제	• 예방시약: 가을철, 침투성 살균제(가을 생육 종료 전), 접촉성 살균제(균핵 발아 전) • 치료시약: 이른 봄 • 설부소립균핵 병용 살균제 살포

2) 잔디의 주요 해충 및 방제

(1) 잔디의 주요 해충

잔디에 피해를 주는 해충은 나방류와 풍뎅이류 등의 유충에 의해 피해가 발생하고, 해충의 우화 시기에 따라 해충에 의한 피해 시기가 결정된다. 일반적으로 잔디 해충은 잔디의 피해 위치에 따라 구분한다. 잔디의 뿌리에 피해를 주는 해충에는 굼벵이류(Scarabaeidae), 땅강아지(*Gryllotalpa orientalis*; oriental mole cricket), 각다귀류(*Tipula* spp.; crane fly) 및 잔디왕바구미(*Sphenophorus venatus vestitus*) 등이 있는데, 이 중에서도 풍뎅이의 유충인 굼벵이류의 피해가 크다. 잔디밭에 유충이 서식하는 풍뎅이류에는 등얼룩풍뎅이(*Blitopertha orientalis*), 녹색콩풍뎅이(Popillia *quadriguttata*), 긴다색풍뎅이(*Heptophylla picea*), 주둥무늬차색풍뎅이(*Adoretus tenuimaculatus*), 참콩풍뎅이(*Popillia flavosellata*), 주황긴다리풍뎅이(*Ectinohoplia rufipes*), 애우단풍뎅이(*Maradera orientalis*) 등이 있다. 잔디의 경엽을 갉아 먹는 저작성 해충(chewing insects)에는 검거세미밤나방(*Agrotis ipsilon*, black cutworm), 잔디밤나방(*Spodoptera depravata*, Japanese lawngrass cutworm), 포

잔디뿌리 가해 해충 지상부 저작성 해충 지상부 흡즙성 해충

그림 24.27 잔디 가해 부위 및 해충 구기 종류별 해충의 구분(한국잔디학회, 2021; Jung 등, 2019)

충나방(*Parapediasia teterrellus*; bluegrass webworm) 및 멸강나방(*Pseudaleta separata*, armyworm) 등이 있고, 경엽의 즙을 빨아 먹는 흡즙성 해충(sucking insects)에는 잔디혹응애(*Aceria zoysiae*; zoysaigrass mite) 등이 있는데, 잎의 황화와 함께 3주 안에 잎의 가장자리가 말리거나 어린 잎이 나이 든 잎 안에 갇혀 구부러져 나오는 증상을 보인다(그림 24.27, 그림 24.28).

(2) 잔디 뿌리 가해 해충

① 굼벵이류 주요 해충 및 방제

굼벵이는 딱정벌레목 풍뎅이과에 속하는 곤충으로, 풍뎅이 유충이 토양 중 서식하면서 잔디의 뿌리를 가해하여 피해를 일으킨다. 굼벵이류의 피해 발생 시기는 성충의 교미와 산란 시기에 따라 다르게 나타나는데, 풍뎅이 종류별 유충의 피해 시기 및 피해 증상은 **표 24.16**과 같다.

표 24.16 굼벵이류 주요 해충의 피해 시기 및 피해 증상

해충의 종류	피해 시기	피해 증상
등얼룩풍뎅이 (*Blitopetha orientalis*)	• 유충: 시들음 증상(8월 하순), 고사(9월 하순) • 성충: 우화 탈출 시	• 유충: 가을철 엽색 감소, 잔디 잔뿌리 없음. 봄철 그린업 불량 • 성충: 그린에서의 공구름 방해
녹색콩풍뎅이 (*Popillia quadriguttata*)	• 유충: 3령 유충(8월 중순)	• 유충: 토양의 부식질과 잔디 가는 뿌리 가해
긴다색풍뎅이 (*Heptophylla picea*)	• 유충: 8월, 11월	• 유충: 땅속 부식질 및 잔디 뿌리 가해
주둥무늬차색풍뎅이 (*Adoretus tenuimculatus*)	• 유충: 5월 초순 • 성충: 산란 시	• 유충: 라이그래스의 피해 발생 • 성충: 잠입 구멍을 만들어 골프장 그린에서의 공구름을 방해
참콩풍뎅이 (*Popillia flavosellata*)	• 유충: 조사되지 않음. • 성충: 6월 중순~7월 하순	• 유충: 잔디 뿌리 가해 • 성충: 조경수 피해
주황긴다리풍뎅이 (*Ectiohopila rufipes*)	• 유충: 8월 중순 • 성충: 7월 초순	• 유충: 잔디 뿌리 가해 • 성충: 조경수 잎 가해
애우단풍뎅이 (*Maradera orientalis*)	• 유충: 7~8월	• 유충: 잔디 뿌리 가해 • 성충: 수목류 잎 가해

잔디에 발생하는 해충을 방제하기 위해서는 각 해충 별로 등록된 살충제나 천적을 이용한다. 살충제는 제형에 따라 입제의 경우에는 굼벵이 발생 시기에 토양처리하고, 다른 제형의 경우에는 물에 희석한 액을 유충 부화 시기에 토양으로 관주 처리한다. 유충의 방제 시 천적을 이용하는 경

등얼룩풍뎅이 성충 / 등얼룩풍뎅이 유충 / 등얼룩풍뎅이 피해 지역

녹색콩풍뎅이 성충 / 긴다색풍뎅이 성충 / 긴다색풍뎅이 피해 지역

주둥무늬차색풍뎅이 성충 / 주둥무늬차색풍뎅이 피해 지역 / 참콩풍뎅이 성충

주황긴다리풍뎅이 성충 / 주황긴다리풍뎅이 유충 / 애우단풍뎅이 성충

그림 24.28 잔디 주요 해충 형태 및 피해 증상(한국잔디학회, 2021; 국립생물자원관; BRIC 생물종)

우도 있는데, 곤충병원성 선충이나 기생성 또는 포식성 천적을 이용하기도 한다. 성충을 방제하는 경우에서는 살충제(접촉성 살충제, 이행성 살충제)를 처리한다. 페르몬 트랩의 경우 성충의 밀도와 발생 시기 등의 예찰에도 이용하지만, 특정 지역을 선정한 후 성충을 유인함으로써 해충 방제에 이용하기도 한다(그림 24.28).

② 땅강아지의 피해 및 방제

땅강아지는 메뚜기목 땅강아지과에 속하는 곤충으로서 한지형 잔디 식재지에서 피해를 입힌다. 피해가 발생하기 전까지는 증상의 관찰이 어려우므로 피해지도를 작성하여 관리해야 한다. 땅강아지는 잔디의 지상부와 지하부를 직접 가해하고, 식재지에 터널을 만들어서 잔디의 건조해를 유도한다. 땅강아지의 방제는 등록된 살충제를 사용하거나, 곤충병원성 곰팡이나 선충을 이용한다. 방제 효과를 높이기 위해 관수를 해서 땅강아지가 표층부에 올라오도록 유도하기도 한다.

③ 각다귀류의 피해 및 방제

각다귀류는 파리목 각다귀상과에 속하는 곤충으로 유충 시기에 피해를 입힌다. 유충의 발생 시기는 4~5월로, 한지형 잔디의 뿌리, 근경, 관부 및 엽초 등을 섭식하여 심각한 피해를 입힌다. 또한 토양에 터널을 만들어 파종한 잔디밭에 피해를 발생시킨다. 유기질이 많고, 습한 대취층과 같은 토양을 좋아한다. 각다귀류의 방제는 8~9월 관수를 줄여서 유충의 생존율을 낮추고, 잔디용으로 등록된 살충제나 곤충병원성 선충(*Steinernema carpocapsae*)을 이용한다.

(3) 경엽 저작성 해충(Chewing insect)

잔디의 잎과 줄기를 갉아 먹어 피해를 주는 해충으로, 검거세미밤나방, 잔디밤나방, 포충나방 및 멸강나방의 유충이 이에 속한다. 유충의 발생은 나방류의 생활환과 생태에 따라 다른데, 각 나방류에 의한 성충 발생 시기 및 피해 증상은 **표 24.17**과 같다.

표 24.17 나방류 주요 해충의 성충 발생 시기 및 피해 증상

해충의 종류	성충 발생 시기	피해 증상
검거세미밤나방 (*Agrotis ipsilon*)	6월 중순, 8월 중순, 9월 하순: 연 3회 발생	유충이 잔디의 엽초를 저작
잔디밤나방 (*Spodoptera depravata*)	5월 상순~6월 중순, 6월 하순~8월 상순, 8월 상순~9월 하순, 10월 상순: 연 2~4회 발생	유충에 의한 잔디 잎 저작
포충나방 (*Parapediasia teterrellus*)	5월 상순~6월 중순, 7월 상순~8월 중순, 8월 하순~10월 중순: 연 3회 발생	유충에 의한 잔디 잎의 저작
멸강나방 (*Pseudaletia separata*)	5월 하순~6월 하순, 7월 상순~8월 상순: 연 2회 발생	유충에 의한 잔디 잎의 저작

나방류의 방제를 위해서는 잔디관리용으로 등록된 살충제를 사용하며, 침투이행성 살충제(클로로피리포스메틸 등)나 접촉성 살충제(다이아지논, 에토펜프록스 등)를 유충기에 살포한다. 이외에도 나비세균, 곤충병원성 선충 등 천적을 이용한다.

3) 잔디의 주요 잡초 및 방제

(1) 잔디의 주요 잡초

국내 잔디밭에 발생하는 잡초는 70~100종 정도인데, 그중에서 약 40종이 빈번하게 발생한다(그림 24.29). 잔디밭에 주로 발생하는 잡초는 생육과 번식 방법에 따라서는 일년생 잡초와 다년생 잡초로, 그리고 식물의 형태적 특성에 따라서는 화본과 잡초, 사초과 잡초 및 광엽 잡초로 분류한다. 잔디밭에서 발생하는 주요 잡초의 분류 및 발생 시기는 표 24.18과 같다.

① 화본과 잡초

화본과류에 속하는 잡초로 형태에 따라서는 직립형, 굴곡형 및 포복형으로, 그리고 생활형에 따라서는 일년생과 다년생으로 구분한다. 잔디밭에 주로 발생하는 대표적인 화본과 잡초는 바랭

바랭이

새포아풀

뚝새풀

파대가리

방동사니

클로바

망초

매듭풀

서양민들레

그림 24.29 잔디밭에 발생하는 주요 잡초(한국잔디학회, 2021)

표 24.18 잔디밭에 발생하는 주요 잡초의 발생 시기와 방제 시기(한국잔디연구소, 1992)

구분		1월	2월	3월	4월	5월	6월	7월	8월	9월	10월	11월	12월
방제 시기				① 발아전 토양처리			② 생육기 경엽처리			③ 발아전 토양처리			④ 잔디휴면기 경엽처리
일년생 월년생	화본과	새포아풀			바랭이, 민바랭이, 왕바랭이, 강아지풀						새포아풀, 뚝새풀		
	광엽	별꽃, 닭의장풀, 마디풀류, 명아주			쇠비름, 매듭풀, 애기땅빈대, 실망초						벼룩나물, 개미자리, 개망초, 망초, 방가지똥, 냉이		
다년생	화본과	–			피, 띠, 참억새						–		
	광엽	민들레류			쑥, 향부자, 괭이밥, 클로바, 피막이풀, 질경이						애기수영, 참소리쟁이		
	사초과				파대가리								

표 24.19 잔디밭에 발생하는 화본과 잡초

잡초의 종류	생활형	번식	초장	개화기	발아 전 제초제 방제 시기
바랭이(*Digitaria sanguinalis*)	일년생	종자번식	10~50 cm	7~8월	4~6월
왕바랭이(*Eleusine indica*)	일년생	종자번식	15~60 cm (줄기 총생)	8~9월	5~6월
새포아풀(*Poa annua*)	일년생, 월년생	종자번식	10~25 cm	5월	8~9월
뚝새풀(*Alopecurus aequalis*)	월년생	종자번식	20~40 cm	5~6월	3~5월
향모(*Hierochloe odorata*)	다년생	종자번식 포복경번식	20~50 cm	4~5월	–
띠(*Imperata cylindrica*)	다년생	종자번식 포복경번식	30~40 cm	5~6월	–

이, 왕바랭이, 새포아풀, 뚝새풀, 향모, 띠 등이 있으며, 잡초의 생활형, 번식 및 특징은 **표 24.19**과 같다.

② 사초과 잡초

사초과류는 화본과 잡초와 유사하지만, 습지나 물속에서 자라고 줄기가 삼각형 모양이다. 잔디밭에 주로 서식하는 대표적인 화본과 잡초로는 금방동사니와 파대가리 등이 있다. 잡초의 생활형, 번식 및 특징은 **표 24.20**과 같다.

표 24.20 잔디밭에 발생하는 사초과 잡초

잡초의 종류	생활형	번식	초장	개화기	발아 전 방제 시기
금방동사니(*Cyperus microiria*)	일년생	종자번식	20~50 cm	7~8월	4~6월
파대가리 (*Kyllinga brevifolia*)	다년생	종자번식 포복경번식	5~25 cm	7~10월	–

③ 광엽류 잡초

광엽류는 화본과나 사초과 잡초에 해당하지 않는 것으로, 둥글고 크며 평평하고 엽맥이 그물처럼 얽혀 있다. 잔디밭에 주로 발생하는 대표적인 광엽류 잡초로는 토끼풀, 망초, 개망초, 매듭풀, 선피막이, 서양민들레, 질경이, 별꽃, 선개불알풀, 냉이, 제비꽃, 쑥 등이 있다. 잡초의 생활형, 번식 및 특징은 **표 24.21**과 같다.

표 24.21 잔디밭에 발생하는 광엽류 잡초

잡초의 종류	생활형	번식	초장	잎의 크기	개화기	종자 성숙기
토끼풀 (*Trifolium repens*)	다년생	종자번식 포복경번식	–	엽장: 15~25 mm 엽폭: 10~25 mm	5~8월	7월 이후
망초 (*Conyza canadensis*)	월년생	종자번식	1~2 m	엽장: 7~10 cm 엽폭: 1~1.5 cm	7~9월	8월
개망초 (*Erigeron annuus*)	월년생	종자번식	30~100 cm	엽장: 4~15 cm 엽폭: 1.5~3 cm	6~8월	8월
매듭풀 (*Kummerowia striata*)	일년생	종자번식	10~30 cm	엽장: 10~15 mm 엽폭: 5~8 mm	8~9월	10월
선피막이 (*Hydrocotyle matritima*)	다년생	종자번식 포복경번식	7~15 cm	–	6~9월	–
서양민들레 (*Tarasacum officinale*)	다년생	종자번식	25 cm	엽장: 7~25 cm 엽폭: 1.5~6 cm	3~6월	4월
질경이 (*Plantago asiatica*)	다년생	종자번식	20 cm	엽장: 4~15 cm 엽폭: 3~8 cm	6~8월	10월
별꽃 (*Stellaria media*)	월년생	종자번식	10~20 cm	엽장: 1~2 cm 엽폭: 8~15 mm	3~6월	5월
선개불알풀 (*Veronica arvensis*)	월년생	종자번식	10~40 cm	엽장: 6~20 mm 엽폭: 4~18 mm	5~6월	7월
냉이 (*Capsella bursa-pastoris*)	월년생	종자번식	10~50 cm	엽장: 10 cm	5~6월	–
제비꽃 (*Viola mandshruica*)	다년생	영양번식	20 cm	엽장: 3~8 cm 엽폭: 1~2.5 cm	4~5월	–
쑥 (*Artemisia princeps*)	다년생	뿌리줄기 번식	50~120 cm	엽장: 6~12 cm 엽폭: 4~8 cm	7~10월	–

(2) 잔디밭 잡초 방제 방법

① 화학적 방제

화학적 방제는 제초제를 이용하여 방제하는 방법으로, 제초 효과가 우수하고, 간편하며 효율적이다. 그러나 제초제는 사용자가 잡초의 특성을 바르게 이해하지 못한다면 오히려 약해를 유발하는 경우가 있으므로, 방제 방법에 대한 바른 이해가 필요하다. 잔디밭에서 시행하는 화학적 방제는 잡초 발아 전에 토양에서 잡초 종자가 발아하지 못하도록 약제를 살포하는 발아 전(pre-emergence) 방제와 잡초 발생 후 경엽에 처리하는 발아 후(post-emergence) 방제로 나뉜다. 또한 특정한 초종에 약효를 나타내는 선택성(selective) 제초제와 초종에 관계없이 살초 효과를 나타내는 비선택성(non-selective) 제초제로 구분한다. 비선택성 제초제라 하더라도 잡초와 잔디의 생육시기를 조절하거나 처리 농도를 조절하여 선택성을 부여하기도 한다. 제초제를 잡초 방제에 효율적으로 이용하고, 연용에 따른 저항성을 방지하며, 환경 중에서의 효과를 증대시키기 위해서는 제초제별 작용 메커니즘을 바르게 이해하여 사용해야 한다. 특히, 제초제를 사용한 장비는 깨끗이 세척하여 별도로 보관하고 다른 약제와 섞이지 않게 주의하여야 한다.

천연잔디(turfgrass)와 인조잔디(artificial turf)?

2017년도 국토교통부 도시공원, 녹지, 유원지 현황 자료에 따르면 우리나라 1인당 도시공원 면적(2016년 말 기준)은 9.2 m^2로 미국의 절반 수준이다. 미국의 James Beard 박사와 Robert Green 박사는 천연잔디의 환경보호 기능 및 사람에게 주는 다양한 혜택과 관련한 분석 내용을 발표하였다. 인조잔디(artificial turf)는 1965년 내구성과 연중 사용이 가능하다는 이유 등으로 잔디구장에 이용되기 시작하여 FIFA(the Federation International de Football Association)가 인조잔디의 사용을 허용하였지만, 몇몇 국제 축구팀들은 인조잔디에서 경기하는 것을 완강히 거부하고 있다. 그 이유는 단단한 지면에서 비롯된 볼 바운딩으로 경기 흐름이 끊기고, 선수들의 부상이 번번하게 일어나기 때문이다. 인조잔디는 폴리에틸렌 섬유에 실리콘을 입힌 매트로, 최하층에 건설 비용의 67%를 차지하는 배수매트 위에 충전재로서 폴리에틸렌층, 고무칩(주로 자동차 타이어를 재활용)과 모래를 설치한 후 섬유매트를 피복한 것이다. 미국의 Brigham Young 대학교의 연구와 Massachusetts 대학교의 사례에서와 같이, 조성비와 경기장 유지비 측면에서 봤을 때 천연잔디구장이 인조잔디구장보다 조성에서부터 관리에 이르기까지 연평균 비용으로 환산하면 약 26% 저렴한 것으로 나타났다. 경기장 수명(약 8~10년)이 다 한 후의 폐기비용까지 포함하면 그 차이는 훨씬 클 것이다. 면적 2,500 ft^2(약 232 m^2)의 천연잔디밭은 광합성을 통해서 4인 가족에게 충분한 산소를 공급하고, 약 8.8톤의 냉방 효과와 침식 방지 그리고 지표수 유실을 막아 지하수 공급에서 매우 유리한 장점을 보이는 것으로 알려졌다. 이처럼 천연잔디는 자연 생태계의 일부이고, 지피류로서의 활용이 증가할수록 사람과 환경 모두에게 가치 있는 선택이라고 할 수 있다.

② 경종적 방제

잡초는 제초제를 이용하여 방제하는 것이 일반적이지만, 잔디깎기, 시비 및 관수 등과 같은 잔디 관리에 의해서도 잡초의 밀도를 줄일 수가 있다. 잔디를 자주 깎을 경우 잡초의 생장점이 제거돼서 광합성을 저해하고, 비료의 공급은 잔디 뿐만 아니라 잡초의 생육을 조장하기도 하므로 주의가 필요하며, 관수를 깊게 하여 잔디의 생육을 도와준다.

③ 종합적 방제

제초제를 이용하는 화학적 방제 그리고 잔디를 올바르게 관리하여 잡초를 제거하는 경종적 방제를 2종 이상 적용해서 종합적으로 잡초의 발생을 줄이는 방법이 사용된다. 잔디밭에서 발생하는 잡초는 다양하고, 일년생 잡초와 다년생 잡초가 공존하는 경우에는 화학적 방제와 경종적 방제가 함께 수반될 때 방제 효과가 증대된다.

참고문헌

- 김경남. 2006. 잔디관리론. 삼육대학교 출판부. 서울
- 김경남. 2019. 최신잔디관리론. 케이에스출판사. 경기
- 김호준 외. 1997. 잔디 · 수목병해충 원색도감. 한국잔디연구소. 경기
- 김형기 외. 2010. 잔디학과 골프장, 선진문화사. 경기
- 미국골프협회. https://www.usga.org
- 사단법인 한국곤충학회. 1996. 일반곤충학. 법문사. 경기
- 사단법인 한국잔디학회 교재편찬위원회. 2021. 잔디학. (주)바이오사이언스. 서울
- 사단법인 한국조경학회. 2015. (신)조경관리학. 문운당. 서울
- 안용태 외. 1992. 골프장관리의 기본과 실제. 한국잔디연구소. 경기
- 이상기. 2011. NCS 조경 잔디관리. 신구대학 환경조경과. 경기
- 최수민 외. 2015. 잔디 표준재배관리기술. 국립산림과학원 연구자료 제615호. 한국장애인문화인쇄협회
- 한국잔디연구소. http://www.ktri.or.kr
- 한국잔디학회. http://www.turfgrass.kr
- 한상욱 외. 2017. 학교운동장 천연잔디 관리 현장매뉴얼. 경기도농업기술원. 경기
- Beard JB, Green RL. 1994. The role of turfgrasses in environmental protection and their benefits to humans. J Environ Qual 23:452-460
- Christians NE. 2007. Fundamentals of turfgrass management. John Wiley and Sons, Inc., Hoboken, NJ

- Christians NE, Ritchie A. 2002. Scotts lawns: Your guide to a beautiful yard. Meredith books, IA
- Colchester golf club. 2020. Available at https://twitter.com/ColchesterGC/status/1343153479502733312/ photo/1. Accessed by 09 March 2021
- Emmons RD. 1995. Turfgrass science and management. Delmar publishers, MA
- Jacob JW. 2021. Companion zoysia vs. Zenith zoysia. www.gardenguides.com.
- Jung DO, Park DS, Shim JK, Lee S, Pyee J, Lee KY. 2019. Occurrence and molecular identification of the zoysiagrass mite *Aceria zoysiae* (Acari: Eriophyidae) in turfgrassses in Korea. Entomol Res 49:72-77
- Kim JH, Choi HY, Shim GY, Kim YH. 2010. Chemical resistance and control of dollar spot caused by *Sclerotinia homoeocarpa* on turfgrass of golf courses in Korea. Kor Turfgrass Sci 24:170-175
- Kim JJ, Lee CM, Chung YH, Bae EJ, Lee GS, Choo HY, Jeon B, Lee DW. 2016. Damage of zoyisagrass mite, *Aceria zoyiae* on different species and individuals of turfgrass from Korea with reference to turftgrass genetic resources conservation area. Weed Turf Sci 6:136-150
- Kim YS, Jo KJ, Lee HS, Kang YN. 2013. Effects of several herbicides on control of creeping bentgrass in the kentucky bluegrass and its recovery. Weed Turf Sci 2:395-401
- Land impressions. 2021. Zoysiagrass sod in Jacksonville Florida. Accessed Feb. 15, 2021
- McKinley MD. 2005. Ortho's all about lawns. 2nd ed. Ortho books. San Francisco, CA
- Turgeon AJ. 2005. Turfgrass management 7th ed., Prentice-Hall, Inc., Upper Saddle River, NJ

찾아보기

ㅇ

A

B

M

N

O

P

Q

R

S

T

V

W

Z